•SI VERSION

•NFSC(화재안전기준)에 맞춘

소방설비개론

Fundamentals to Fire Protection

장태익 · 신철수 · 김동우 · 김원종
백승명 · 윤동원 · 정장근 · 황재호
공저

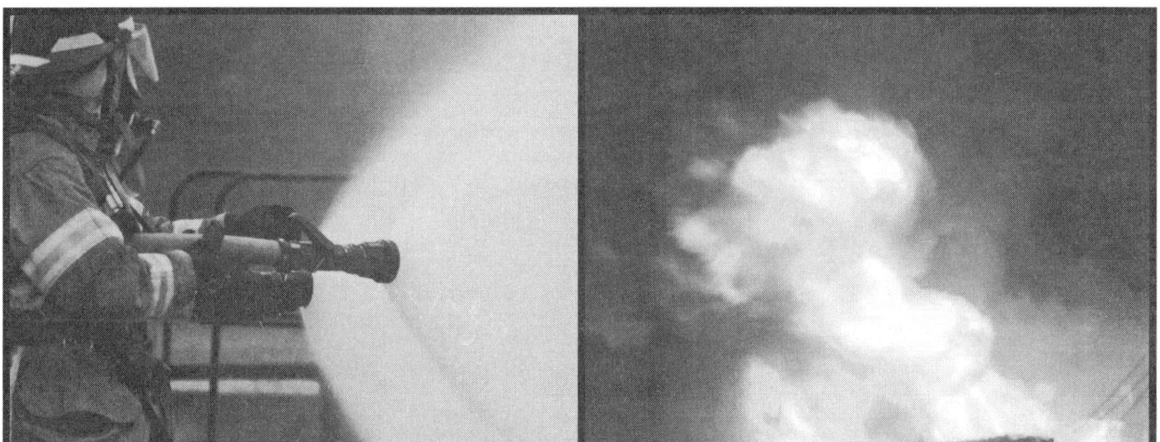

북스힐

서문

본 저서는, 기초적이며 중요한 내용을 상당량 포괄적으로 다루고자 많은 문헌을 참고로 심혈을 기울여 독창적이고 심도있게 집필하였다. 즉 소방에 필요한 기초부터 전문적인 분야까지 공부할 수 있도록 많은 내용을 최대한 수록하였으며, 특히 국가화재안전기준(NFSC)의 내용을 포함시켜 독자들의 혼란을 줄이려고 노력하였다. 따라서 이 책 한 권으로 소방관련법규정 및 공학적 개념과 정의를 해결할 수 있게 한 것이 가장 큰 특징이다.

많은 대학에서 소방 관련 교과목이 개설되어 강의되고 있으나, 뭔가 부족한 상태로 있어 본 저자는 이러한 점을 해소시키고자 대학 강단에서 강의 경험과 많은 저서를 집필한 경험을 토대로 총론서로서 부족함이 없도록 엮어 놓았으니, 한 단계씩 나아가는 과정에 그 흐름을 파악할 수 있을 것으로 판단하고 있다. 그러나 특정 내용들은 선수과목이나 학습의 기간 또는 목적 등에서 차이가 크면 어렵게 생각할 수 있는 내용도 일부 포함하고 있어, 이러한 다양성을 만족시키기 위해서는 오로지 쉽게 풀어 펼쳐 보여주면 된다고 생각하여 최대로 내용을 펼쳐 기술해 놓았으니 반복적인 학습만 있다면 큰 문제없이 목표치에 도달할 것으로 믿는다. 이제, 독자 여러분의 분발을 기대하면서 이만 서문을 줄이고자 한다.

이 책의 특징적인 내용을 요약하면 다음과 같다.

① 공학적 관점을 유지하면서도 쉽게 접근할 수 있도록 풀어서 서술하였다.

② 풍부한 내용을 담아 이 한 권으로 대부분의 문제들을 해결할 수 있게 하였다.

③ 국가화재안전기준을 풍부히 수록하여 법규정으로 인한 불필요한 오해의 소지를 줄이고자 하였다.

④ 사용된 단위는 일부 공학단위를 포함하고는 있으나, SI단위로 환산(또는 병용)하여 단위에 대한 공포를 줄였다.

⑤ 전체적으로는 각종 기술자격시험에 대응할 수 있도록 총론의 개념을 가지고 저술되었다.

마지막으로, 이 책의 출간을 위해 함께 노력하고 도움을 주신 많은 분들과 출판사의 영업부 및 출판부 관계자, 그리고 도서출판 북스힐 조승식 사장께도 깊이 감사드리는 바이다.

앞으로 독자 여러분께서 본 저서를 읽고 공부하는 과정에서 수정과 보완을 위한 의견과 지적 사항이 있다면 이를 개진해 주시길 기대하면서 항상 열린 마음으로 기다릴 것을 약속드리는 바다.

저자(화암) 일동

CONTENTS

Chapter 1

소방설비 일반

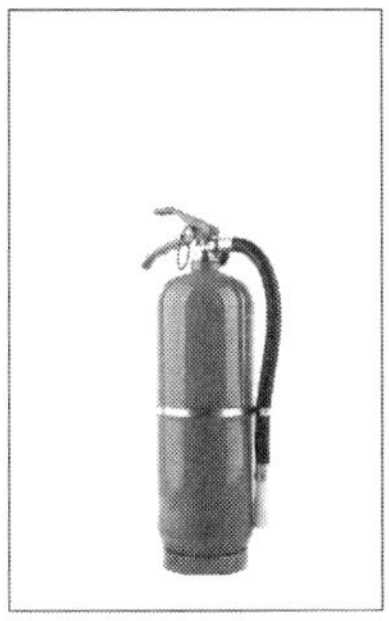
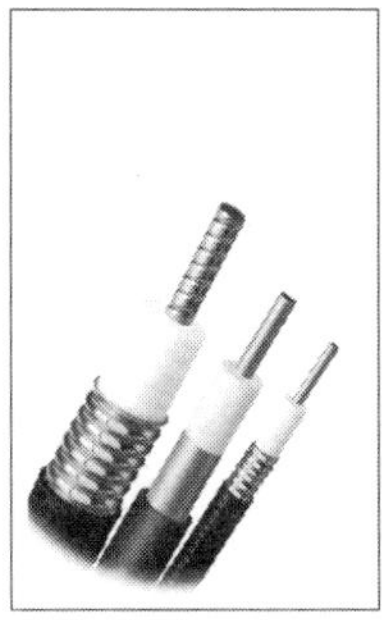

1.1 소방의 개요

(1) 화재의 정의 및 화재 현황

화재란 실화, 방화, 자연발화에 의한 것으로서 정상적인 생활인의 뜻과는 관계없이 인명과 재산의 손해를 주면서 발생하는 물질의 연소현상으로, 소화시설 등을 사용하여 소화할 필요가 있는 것을 화재로 정의할 수 있다. 즉 불이 그 사용 목적을 넘어 출화나 방화에 의하여 불이 확대하여 이로 인해 사람이 예기치 않은 경제적 손해를 주는 현상을 화재로 정의할 수 있다. 또 다른 표현으로는, 자연적·인위적 원인에 의하여 불이 물체를 연소시켜 인명과 재산의 손해를 주고 시간적·공간적으로 제어되지 않아 확대되어서 소화할 필요가 있는 급격한 연소현상을 화재라고 할 수 있다. 화재는 한마디로 불로 인하여 발생된 재앙이다. 따라서 화재의 주체인 불은 가연성 물질이 공기 중의 산소와 화합하여 빛과 열을 수반하는 연소현상으로서, 화재의 특성은 우발성, 확대성, 불안정성을 가지고 있으므로 불은 언제 어디서나 주의를 필요로 한다.

화재의 최근 현황을 살펴보면, 표 1-1의 소방방재청조사 2009년도 기준 화재 발생 일반현황은 다음과 같다. 즉 2009년 화재 발생건수는 2,313건, 인명피해 275명, 재산피해 131,290백만 원으로 전년대비 모든 사항에서 감소하는 경향을 보였으나 인명피해의 사망에 있어서는 아직도 그 감소폭은 크지 않다. 2009년도 일일 평균화재 발생현황은 화재건수 130건, 인명피해 6.7명, 재산피해 690백만 원으로 상당히 높은 수준이다. 화재의 발생시기는 매년 같은 경향으로, 1~4월까지는 화재건수가 월평균 4,900여 건으로 화재 발생이 가장 많았고, 반면 7월에는 2,790건 발생하였다. 이러한 불을 매개로 발생된 화재의 건수는 매년 4만 건 이상으로서(2009년 1~12월 47,318건) 경제손실액도 2,500억 이상이다.

다음 화재 발생의 주요 원인은 2009년도를 기준으로 표 1-2의 소방방재청조사 통계로부터, 부주의가 48.1%(22,763건)로 가장 높은 발생율을 보였고, 다음으로 전기적요인 22.8%(10,786건), 기계적요인 7.7%(3,651건), 방화와 방화의심 7.1%(3,361건), 교통사고 1.31%(622건), 화학적요인 0.6%(285건), 가스누출 0.45%(212건) 순으로 발생하였다. 여기서 부주의로 인한 화재 발생현황을 살펴보면 담배꽁초 방치 6,901건(30.3%), 음식물조리 중 3,255건(14.3%), 쓰레기소각 3,183건(14.0%), 불씨·불꽃·화원방치 2,439건(10.7%), 불장난 1,790건(7.9%), 용접·절단·연마 1,351건(6.0%), 논·임야태우기 1,190건(5.2%), 가연물근접방치 743건(3.2%), 빨래삶기 190건(0.8%), 유류취급 중 120건(0.5%), 폭죽놀이 39건(0.17%) 순으로 나타났다.

표 1-1 주요 화재 발생현황(2009년도 통계)

연도별 \ 구분		화재건수	인명피해 (명)			재산피해 (백만 원)
			계	사망	부상	
'09. 12월		3,963	213	44	169	28,388
'08. 12월		4,529	284	45	239	95,083
전년 대비	건수	−566	−71	−1	−70	−66,695
	비율(%)	−12.5%	−25%	−2.2%	−29.3%	−70.1%
'09.01~12월		47,318	2,441	409	2,032	251,853
'08.01~12월		49,631	2,716	468	2,248	383,143
누계 대비	건 수	−2,313	−275	−59	−216	−131,290
	비율(%)	−4.7%	−10.1%	−12.6%	−9.6%	−34.3%
2009. 일일평균		130건	6.7명	1.1명	5.6명	690백만 원

2009년 발화열원별 화재 발생현황을 살펴보면 작동기기가 32.7%로 가장 높은 발생율을 보였고, 다음으로 담배·라이터불(24.8%), 불꽃·불티(17.8%), 마찰·전도·복사열(6.5%), 화학적 발화열(0.47%), 자연적 발화열(0.4%), 폭발물·폭죽(0.2%) 순으로 발생하였다. 여기서 전기화재의 원인은 합선(단락), 과부하, 누전 등이며 이때 방화의 원인은 불만해소, 가정불화, 정신이상 등에 해당된다. 기타 화재현황을 살펴보면 다음과 같다. 다만, 이 통계는 2009년 통계(소방방재청)로 매년 다를 수 있다.

① 화재장소별 발생순서

비주거 34.8%(16,482건), 주거 24.9%(11,767건), 차량 12.6%(5,981건), 임야 8.8%(4,179건), 철도·선박·항공기 등 0.3%(142건), 위험물·가스제조소 등 0.1%(50건)이다.

② 최초착화물별 화재 발생현황

종이·목재 등(27.8%), 전기·전자가(17.4%), 쓰레기류(11.6%), 합성수지(8.7%), 운송수단(5.9%), 식품(5.4%), 침구·직물류(4.5%), 위험물 등(2.6%), 간판·차양막 등(1.2%), 가구(0.9%), 가연성 가스(0.8%) 순이다.

③ 인명피해 발생현황

부주의(34.6%), 방화와 방화의심(14.4%), 전기적요인(13.9%), 가스누출(6.1%), 기계적요인(3.6%), 교통사고(3.4%), 화학적요인(2.7%) 순이다.

표 1-2 화재 발생의 주요 원인(2009년도 통계)

구분(건)		계	전기적 요인	기계적 요인	가스 누출	화학적 요인	교통 사고	부주의	기타 실화	자연적 요인	방화	방화 의심	미상
'09. 12월		3,963	984	399	20	18	55	1,752	84	2	47	190	412
'08. 12월		4,529	1,035	332	33	15	64	2,086	78	10	79	305	492
전년 대비	건수	−566	−51	67	−13	3	−9	−334	6	−8	−32	−115	−80
	증감	−12.5%	−4.9%	20.2%	−39.4%	20.0%	−14.1%	−16%	7.7%	−80%	−40.5%	−37.7%	−16.3%
'09.01~12월		47,318	10,786	3,651	212	285	622	22,763	727	217	756	2,605	4,694
'08.01~12월		49,631	11,311	3,554	236	254	647	24,048	819	220	800	3,441	4,301
전년 대비	건수	−2,313	−525	97	−24	31	−25	−1,285	−92	−3	−44	−836	393
	증감	−4.7%	−4.6%	2.7%	−10.2%	12.2%	−3.9%	−5.3%	−11.2%	−1.4%	−5.5%	−24.3%	9.1%

④ **사망 발생비율**

부주의(21.2%), 방화와 방화의심(17.8%), 교통사고(8.56%), 화학적요인(3.18%), 가스누출(1.2%), 기계적요인(0.24%) 순이다.

⑤ **발화요인별 재산피해 발생현황**

전기적요인(24.7%), 부주의(16.7%), 기계적요인(7.7%), 방화와 방화의심(6.2%), 교통사고(1.7%), 화학적요인(1.1%), 가스누출(0.9%), 자연적요인(0.6%) 순으로 나타났다.

(2) 화재의 분류

급수는 국가별로 구분하는 방법에 차이가 있으나 국내에서는 통상 미국, 일본, 독일 등과 같이 A급에서 E급까지 분류하여 취급하고 있다. 이러한 급수는 물질의 종류와 성상에 따라 화재의 종류별로 급수를 정하며, 이론상 화재는 아래와 같이 분류하고 있다. 즉 A급부터 E급까지 분류하고 상세히 살펴보면 다음과 같다. 이때, 소화기 적응성에 대한 색은 A급 화재용은 백색의 원형 안에 흑색문자로 "보통화재용"으로 구분하고, B급 화재용은 황색의 원형 안에 흑색문자로 "기름화재용"으로, C급 화재용은 청색의 원형 안에 백색문자로 "전기화재용"으로 이 기준에 따라 소화기에 표기한다.

1) 일반화재

A급 화재로 분류되며 보통화재라고도 한다. 주요 화재대상물은 목재, 종이, 고무, 페놀수지,

폴리에틸렌, 면화류 등으로 화재 발생 시 생성된 연기는 백색이 대부분으로 연소 후에는 재를 남긴다. 이 화재 시 A급 소화기를 사용하고 주된 소화효과는 물을 포함하는 액체 냉각작용의 냉각소화방식이다.

2) 유류화재

B급 화재로 분류되며 화재의 진행속도가 매우 빠르다. 주요 화재대상물은 특수인화물류, 석유류, 알코올류, 동식물류 등으로 화재 발생 시 생성되는 연기는 검은색 연기가 대부분이며 연소 후에는 재를 남기지 않는 특징이 있다. 이 화재 시 B급 소화기를 사용하고 주된 소화효과는 공기의 차단효과인 질식효과에 의한 소화방식이다.

3) 전기화재

C급 화재로 분류되며 통전 중인 전기시설물로부터 유도되어 화재가 발생한다. 주요 화재원인은 합선과 단락, 과부하, 누전 전기스파크, 전기저항, 정전기, 낙뢰 등으로 화재 발생은 전기시설물이 점화원 기능을 하여서 일반화재 및 유류화재로 전환되기도 한다. 이 화재 시에 C급 소화기를 사용하고 주된 소화효과는 질식효과에 의한 소화방식이다.

4) 금속화재

D급 화재로 분류되며 물과 반응하면 수소 등 가연성 가스를 발생한다. 주요 화재대상물로는 칼륨, 나트륨, 알킬알루미늄, 철, 소디움, 지르코늄, 바륨, 포타슘, 우라늄 등이며, 화재 발생 원인은 금속분 분말 발생과 금속 작업 시 열의 축적·저장 보관시 수분의 접촉 등에 의해 발생한다. 이 화재 시 소화방법은 초기화재에 마른모래의 질식·피복효과에 의한 것으로 팽창질석이나 팽창진주암의 소화제가 더 효과적이다.

5) 가스화재

E급 화재로 분류되며 에너지 원천이 되는 연료용 가스에 의해 주로 발생한다. 주요 화재대상은 LPG, LNG, 도시가스, 석탄가스, 합성가스 등으로 화재 발생원인은 가스가 누설되어 공기와 일정 비율 혼합되면 불씨에 의해 연소·폭발되어 화재가 발생한다. 소화방법은 밸브류 등을 잠그거나 차단시키는 제거소화 효과에 의한 방식이다.

(3) 화재의 성상 및 플래시 오버

1) 실내화재의 성상

실내화재는 발화단계 → 성장단계 → 전실화재단계 → 성숙화재단계 → 소멸단계 순으로 진행된다. 단계별 화재의 성상을 살펴보면 다음과 같다.

① 발화단계

화재의 초기단계로서 가연물이 공기 중에서 산소와 반응하여 빛과 열을 내는 단계이다. 이 단계에서 내화조건물의 경우는 목조건물에 비하여 기밀성이 좋아 개구부가 닫혀있으면 산소공급이 중단되어 출화하여도 실내에 있는 산소만 사용되므로 산소의 감소에 따라 화점 부근에서 그다지 확대되지는 않는다. 또 이 시기에는 불완전연소로 인하여 다량의 연기가 발생하여서 실내에 충만하게 된다. 따라서 이 시기에 화염이 꺼지지 않고 방치되면 화염이 증대되어 창유리 등 불안전한 곳을 파괴하게 된다.

② 성장단계

성장단계는 크게 두 단계로 구분할 수 있다. 즉 제1성장기인 초기단계를 거치면서 크게 상승하지 않는 발화단계가 있고, 제1성장기를 지나 제2성장단계가 있는 경우도 있다. 이 제2성장기는 플래시 오버(flash over)에 이르는 단계로서, 실내가 순간적으로 화염이 충만한 단계이며 화재성장의 중기상태라 할 수 있다. 따라서 이러한 제1, 2성장단계에서는 창유리 등이 파괴되거나 문이 열리면 대류의 발생으로 인하여 연소가 왕성해지며 실내의 온도는 급격히 상승한다. 또한 결점 부분의 파괴개소는 점점 크게 되고 그 부분에서 검은 연기와 불꽃이 분출하는 단계이다.

③ 전실화재단계

플래시 오버 현상이 일어나는 단계로 실내화재의 연소열에 의하여 실내온도가 최고 온도에 이르러 천장, 대들보 등의 온도가 상승하여 600℃ 이상이 되면 천장에서 방출하는 복사열에 의해 실내 모든 가연물질이 열분해되고 가연성 증기를 발생하는 단계이다. 이때부터 구조체가 무너지기 시작한다.

④ 성숙화재단계(최성기)

플래시 오버 단계를 지나 열방출률이 최고가 되는 단계로서 연료지배형 화재와 환기지배형 화재로 나눌 수 있다. 즉 유리창이 깨지게 되면 환기가 양호하게 되어 연소에 필요한 산소가 충분히 공급되나, 반면 연료가 충분하지 못하면 연료량에 의해 화재가 지배되는 연료지배형 단계이다. 이때, 환기지배형 화재는 환기상태가 원활하지 못하여 공기의 유입상태에 의해 화재가 제어되는 경우를 말한다.

⑤ **소멸단계(감쇠기)**

성숙화재단계를 지나서 연료가 거의 소진되고 열방출률이 감소되기 시작하는 단계로서 화재의 세력이 부분 소멸되고 연기의 발생도 거의 정지되는 단계에 해당된다. 따라서 이 시점에서부터 진화가 시작된다.

2) 플래시 오버의 발생원인 및 현상

플래시 오버란 목조 건축물의 실내에서 화재가 발생하였을 때나 내화 구조체 건물의 옥내 또는 실내발화로부터 고열에 의해 내장새 및 물품 등으로 대류와 복사현상에 의해 화염이 옮겨 붙어 그 불길이 성장하여서 일정 공간 안에 가연성 가스가 축적되어 있다가 개구부가 개방되거나 물체의 표면이나 실 전체가 발화온도에 이르면 전면에 걸쳐 동시에 폭발적으로 전체가 화염에 휩싸이는 화재현상을 말한다. 즉 건물 실내화재에서 발생하는 성상의 하나로서 가연성 가스가 일시에 인화하여 화염이 충만되는 단계를 말하며, 옥내화재가 서서히 진행하여 열이 축적되었다가 일시에 화염이 실내 전체에 확대되는 현상으로 순간적인 연소 확대현상 또는 폭발적인 착화현상이라고도 한다. 그 발생원인은 기밀성이 좋은 실내에서 출화한 화재가 산소의 소비에 따라 실내가 고온이 되어 훈소상태로 옮겨져 가연성의 분해가스가 실내에 충만해져 있다가 인위적 또는 복사열에 의해 구조체가 폭발하거나 문이 열려 산소가 일시에 공급이 되면 화재가 빠른 속도로 확산되어 실내가 불꽃에 휩싸이게 되는 현상이라 할 수 있다.

플래시 오버의 징후로는 일정 공간 내에서 전면적인 자유연소와 계속적으로 열집적된 연기가 두텁고, 뜨겁고, 밀도가 높게 되면서 아래로 쌓인다. 따라서 실내의 모든 가연물이 동시에 발화되는 현상으로 바닥에서 천장까지 고온상태인 것이 특징이다.

① **플래시 오버의 발생시점**

㉠ 바닥면이 받는 복사열량 : 20kW/m^2

㉡ 상부연기층의 온도 : 500~600℃

㉢ 천장부의 온도 : 800~900℃

㉣ 플래시 오버 발생시점 : 제1성장기 및 제2성장기를 지나 실내의 온도가 급격히 상승하

여 검은 연기와 불꽃이 다량으로 분출되는 시점

ⓜ 플래시 오버점 : 성장단계에서 최성기인 성숙화재단계로 넘어가는 분기점을 말한다.

② **플래시 오버 도달시간의 영향인자**

㉠ 개구부의 조건에 따라서 화재에 영향을 준다. 즉 실내에 설치된 창의 높이, 창의 면적, 개구부 위치 및 크기 등의 조건이 화재에 영향을 주며, 밀폐된 공간보다 개구부가 크면 클수록 발생시각이 빠르다고 할 수 있다.

㉡ 화원의 위치와 크기에 따라 화재 발생시각과 진행시간이 다르다. 즉 화원이 크고 실외로부터 보다 노출되어 있을 때 화재 발생시각과 진행시간이 빠르다.

㉢ 실내의 내부에 수납된 가연물의 양과 그 성질에 따라서 화재에 영향을 준다. 즉 실내 마감재의 난연성 또는 연료의 적재높이, 밀도, 연속성에 따라서 영향을 주며, 벽재료보다는 천장재료가 발생시각에 큰 영향을 미친다.

(4) 소화의 정의 및 소화방법

화재, 즉 연소에 대한 소화란 화재 시 온도를 발화점 이하로 냉각하거나 또는 가연물을 화재장소로부터 제거하거나 또는 산소의 공급을 차단하여 연소반응이 일어나지 않도록 하는 것을 말한다. 즉 소화작용이란 결국 연소의 4요소 중 한 가지 이상을 제거하는 것을 말한다. 소화방법의 분류는 아직까지 정해진 방법은 없으나 대략 냉각·제거·질식 및 부촉매 등으로 나뉘고, 그 외로는 유화·희석·피복 등이 있다. 즉,

① 열에 대해서는 가연물을 발화점 이하로 낮추는 냉각효과에 의한 소화방법

② 가연물에 대해서는 연소하는 것을 없애는 제거효과에 의한 소화방법

③ 산소에 대해서는 질식효과 또는 희석효과에 의한 소화방법

④ 기타 화학반응의 계속에 대하여는 부촉매효과(억제효과)의 원리

등이다.

따라서 연소물의 대표적인 소화방식을 상세하게 알아보면 다음과 같다.

1) 냉각소화

가연물의 온도를 인화점 이하로 떨어뜨려 냉각시켜 소화하는 방법으로 연소의 3요소 중 점화원을 제거하는 방법이다. 냉각에 의한 소화는 가연성 증기나 가스의 발생을 줄여서 연소를

없애는 원리이다. 냉각소화의 효율성은 그 물질의 비열, 잠열, 비점에 따라 달라지기도 하나 일반적으로는 소화에 물이 사용되는데 물은 적외선을 흡수하고 비열, 증발잠열의 값이 다른 물질에 비해 가장 커 주로 냉각소화에 사용된다. 또한 물에 계면활성제를 첨가하여 침투를 빠르게 하거나 인산염, 탄산염, 붕산염 등을 첨가하여 방재효과를 얻거나, 포말원액과 혼합하여 포소화약제로 사용되기도 한다.

가연성 물질을 발화점 이하로 냉각시키는 냉각효과를 나타내는 소화약제로는 물, 강화액, CO_2, 할로겐, 포 그리고 분말 등이 있다. 냉각소화를 위한 방법은 다음과 같다.

① 물 등 액체를 사용하는 방법과 금속 등 고체원료를 사용하는 방법
② CO_2 등 소화약제에 의한 냉각 및 피복효과에 의한 방법

등이 있다.

2) 질식소화

가연물의 연소에 필요한 공기의 공급을 차단하여 소화하는 방법으로 대부분의 가연물 화재는 산소의 농도가 15% 이하가 되면 연소는 정지된다. 따라서 공기 중의 산소 농도를 희석시켜 질식효과가 얻어지면 소화가 된다. 즉 산소의 양을 차단하거나 15% 이하로 감소시켜 소화하는 것으로서 담요, 이불, 젖은 가마니 등을 덮어 소화하는 방법과 거품(포), 분말, 할로겐, CO_2로 연소물을 질식시키는 경우가 있다. 질식소화를 위한 방법으로는 다음과 같다.

① 젖은 가마니, 흙, 모래 등의 고체로 가연물을 덮는 방법
② 이산화탄소, 할로겐화합물 소화설비 등의 불연성 기체로 가연물을 덮는 방법
③ 화학포 또는 기계포의 포소화설비를 이용하여 불연성 거품으로 가연물을 덮는 방법
④ 분말소화약제 등의 소화분말로 연소물을 덮는 방법
⑤ 연소실을 완전히 밀폐하여 질식소화하는 방법

등이 있다.

3) 제거소화

연소반응이 일어나고 있는 연소물이나 화원을 제거하여 연소반응을 중지시켜 소화하는 방법을 제거소화라 한다. 이 방법은 가연성 물질을 파괴, 제거, 이동하여 수열면을 적게 하거나 완전히 이격시켜 소화하는 방식이다. 즉 가연물을 격리, 파괴, 소멸, 감량시키는 등의 방법으로 소화시키는 방법으로 그 예는 다음과 같다.

① 고체 가연물을 제거하거나 전기화재의 경우는 전원을 차단시키는 방법

② 화학반응기 등은 가스화재 시 원료 공급관의 밸브를 잠그는 것

③ 산불화재 시 화재 주위의 산림에 번지지 않도록 벌채하는 것

④ 유류탱크화재 시 탱크 밑으로 기름을 빼내는 방법

⑤ 이외 촛불을 입으로 끄거나 유전화재 시에 질소폭탄을 투하하여 폭풍을 이용해 순간적으로 유류표면의 증기를 날려 보내는 방법

등이 있다.

4) 희석소화

가연성 기체가 연소하기 위해서는 그 기체와 산소가 연소범위 내의 혼합기체를 만들지 않으면 안 된다. 따라서 산소나 가연성 기체의 농도를 연소 범위 이하로 희석시키면 소화할 수 있게 된다. 이와 같이 고체·액체·기체에서 나오는 분해가스의 농도를 적게 하여 연소를 중지시키는 방법을 희석소화법이라 하며, 또한 알코올과 같은 수용성 액체의 경우는 물에 잘 녹아 가연물의 연소농도 이하로 알코올과 물을 희석시키면 소화작용이 유발되어 소화되는 현상으로 그 예는 다음과 같다.

① 알코올, 아세톤 등 수용성 가연물에 물을 추가해 액체의 농도를 희석시켜 가스 발생을 억제하는 방법

② 가솔린, 등유 등 비수용성 가연물에 물을 가하여 표면을 유화시켜 가스 발생을 억제하는 방법

등이다.

이와 같이 대표적인 소화방법을 4가지로 분류할 수 있으며 정리요약하면 다음과 같다.

㉠ 냉각소화 : 액체 또는 고체를 사용하여 열을 내려 소화하는 방법

㉡ 질식소화 : 포말이나 불연성기체 등으로 가연성 연소물을 감싸 산소를 차단하는 방법

㉢ 제거소화 : 가연물을 화재장소로부터 제거하는 방법

㉣ 희석소화 : 산소농도와 가연물의 조성 및 연속성을 연소한계점보다 엷게 하는 방법

등이다. 연소방법에 따른 방화대상물은 다음 표 1-3과 같다.

기타 연소물의 소화방식으로는 다음과 같은 형식이 있다.

표 1-3 소방법에 따른 방화대상물

항	호	방화대상물	항	호	방화대상물
1	㉮ ㉯	극장·영화관·연예장·공회당·관람장 집회장	13	㉮ ㉯	차고·주차장 비행기·격납고
2	㉮ ㉯	캬바레·바·비어홀·살롱 등 유기장	14		창고
3	㉮ ㉯	요리점·요정 식당·다방·다과점·음악감상실·주점 등	15		관공서·회사·은행·이발소 점포 등
4		백화점·시장·각종 공제조합 판매장	16		복합건축물
5	㉮ ㉯	여관·호텔·여인숙 기숙사·하숙·공동주택	17		중요 문화재
6	㉮ ㉯ ㉰	병원·의원·조산소 양로원·구호시설·갱생시설 유치원·맹아학교·아동복지시설	18		아케이드(물품의 판매교환을 행하는 점포로서 연장 50미터 이상 연속하여 설치된 시설 및 건축물)
7		초등학교·중학교·고등학교 전문학교·대학교·각종학교 등	19		산림(시장 군수가 지정하는 산림)
8		도서관·박물관·미술관·과학관	20		행정자치부령으로 정하는 주차시설
9	㉮ ㉯	공중목욕탕·한증탕·사우나·실내풀장 기타 목욕탕			
10		터미널·선박 및 항공기 발착장			
11		사찰·교회			
12	㉮ ㉯	공장 영화 및 TV촬영소			

① 부촉매(억제)소화

연소의 4요소 중 연쇄적인 산화반응을 약화시켜 연소의 계속성을 불가능하게 하여 소화하는 방법으로, 연쇄반응의 속도를 빠르게 하는 정촉매를 억제시키는 방식으로 화학적 소화방법이다. 부촉매소화의 소화약제로는 할로겐화합물 소화약제, 분말소화약제 및 무상의 강하액 소화약제 등이 있다.

② 유화소화

유화소화란 물보다 비중이 큰 중유 등의 화재 시 무상주수할 경우 유류표면에 형성된 유화층은 물과 유류의 중간 성질을 가지게 되고, 물과 기름의 엷은 막으로서 산소를 차단시켜 소화효과를 형성하여 소화하는 방식으로, 유류화재 시 포소화약제를 방사하는 경우가 대표적이다.

③ **피복소화**

이산화탄소약제를 사용하여 소화하는 경우에 비중이 공기의 1.52배 정도로 커서 CO_2를 방사하면 가연물의 구석구석까지 침투효과뿐 아니라 피복효과가 발생하고 이어서 소화하게 된다. 이와 같은 소화방식을 피복소화라 한다.

1.2 소화기구 및 소방시스템의 종류

(1) 소화기구의 적용범위

소화기구의 적용범위는 소방시설설치유지 및 안전관리에 관한 법률(이하 "법"이라 한다.) 제9조 제1항 및 동법시행령(이하 영이라 한다.) 별표 4 소화설비의 소방시설 적용기준란 제1호의 규정에 따른 소화기구를 이 기준에 정하는 규정에 따라 설치하고 유지·관리하여야 하며, 소방시설에는 소방법 시행령에서 소화설비, 경보설비, 피난설비, 소화용수설비, 소화활동설비로 나누고 있다. 일반적으로 우리에게 익숙한 소화기, 소화전, 스프링클러 등은 소방시설 중 소화설비에 속하며 연결 송수관설비와 연결살수설비는 소방대원의 소화활동을 돕기 위한 소화활동설비에 속한다. 이때 별표 4에서 정한 소화기구를 설치하여야 하는 특정소방대상물은 다음과 같다.

① 수동식 소화기 또는 간이소화용구를 설치하여야 하는 것. 다만, 노유자시설의 경우에는 이들 시설물을 이용하는 노유자가 쉽게 사용할 수 있는 투척용 소화기 등을 소화기구의 화재안전기준 제4조에 따라 산정된 소화기 수량의 2분의 1 이상으로 설치하여야 한다.

㉠ 연면적 33제곱미터 이상인 것

㉡ ㉠목에 해당하지 아니하는 시설로서 지정문화재 및 가스시설

② 자동식 소화기를 설치하여야 하는 것 : 아파트

등이다.

1) 소방에 필요한 설비

① 소화설비

소화설비의 대표적인 것으로는 소화기 및 간이소화용구(물 양동이, 건조 모래, 수조, 팽창질석 또는 팽창진주암)가 있고, 이외에 옥내소화전설비, 스프링클러설비, 물분무소화설비, 포말소화설비, 이산화탄소소화설비, 할로겐화물소화설비, 분말소화설비, 옥외소화전설비, 동력소방펌프설비가 있다.

② 경보설비

경보설비로는 작동화재 예보설비, 누전 화재 경보기, 소방기관에 통보하는 화재경보설비, 경종, 휴대용 확성기, 수동식 사이렌, 기타 비상경보기구 및 비상경보설비, 비상벨, 자동식 사이렌, 방송설비 등이 있다.

③ 피난설비

피난설비에는 미끄럼대, 피난 사다리, 구조대, 완강기, 피난교, 기타 피난기구, 유도 등 및 유도표시 등이 있다.

2) 소화 활동상 필요한 시설

① 제연설비

제연설비는 화재에 의하여 발생하는 연기를 강제적으로 건축물 밖으로 배출하기 위한 일체의 설비를 말한다. 제연설비의 구성은 기계배연 방식에 따라 크게 배연기, 배출풍도, 전원 등으로 구성되어 있다. 연기의 배출방식의 종류로는, 연기를 흡입 배출하는 방식과 연기를 분출하는 방식으로 분류할 수 있는데, 일반적으로는 연기를 흡입 배출하는 방식이 사용된다.

② 연결살수설비

연결살수설비란 지하도나 건축물의 지층에서 화재 시에 연기나 열기가 충만되어 소화활동이 곤란할 것으로 예상될 때에 이들 부분에 미리 배관, 살수헤드, 송수구 등을 설치하였다가 화재 시 소방대의 소방 펌프 자동차로부터 송수구를 통해 압력수를 송수하고 살수헤드에서 방수함으로써 유효하게 소화하는 설비를 말한다. 연결살수설비의 주요 구성으로는 송수구, 배관, 살수헤드, 밸브류로 구성된다.

③ 연결송수관설비

연결송수관설비는, 소방대가 소화활동을 할 때에 소화용수를 화재 발생층까지 원활하게 송수하기 위해 미리 건물에 설치하는 송수 배관설비이다. 따라서 연결 송수관은 화재 시에 호스를 연장하는 것이 곤란한 고층 건축물, 아케이드 등에서 유효한 주수(注水) 소화를 목적으로 설치하는 것으로서, 방화 대상물에 설치되어 있는 송수구, 배관 등을 통하여 소방 자동차의 펌프로부터 송수하여 방수구에서 호스나 방수구 등에 의해 방수시켜 소화한다.

일반적으로 송수구, 배관, 밸브류로 구성되어 있고, 고층 건축물에 설치되는 것의 경우 가압송수장치와 방수용 기구를 적재한 케이스 등을 설치하게 되어 있다.

④ 비상콘센트설비

비상콘센트설비란, 고층 건물이나 지하도 등에서 화재 발생 시 소방대가 문이나 창을 파괴하기 위한 파괴기구용 또는 제연설비나 조명용 등에 전원을 공급하기 위한 콘센트설비를 말한다. 비상콘센트 설비의 주요 구성으로는 간선의 개폐기 및 자동 차단기, 분기 개폐기 및 자동 차단기, 접지형 2극 삽입콘센트, 표시 등이 있다.

표 1-4 소방에 필요한 설비

구 분		설 치 시 설
소방에 필요한 설비	소화설비	1. 소화기 및 간이소화용구(물양동이 · 소화수통 · 건조사 · 팽창질석 · 소화약제) 2. 옥내소화전설비 3. 스프링클러설비 4. 물분무소화설비 · 포소화설비 · 이산화탄소소화설비 · 할로겐화합물소화설비 · 분말소화설비 5. 옥외소화전설비 6. 동력소방펌프설비
	경보설비	1. 자동화재탐지설비 2. 전기화재경보기 3. 자동화재속보설비 4. 비상경보설비(비상벨 · 자동식 사이렌 · 방송설비)
	피난설비	1. 미끄럼대 · 피난사다리 · 구조대 · 완강기 · 피난교 · 피난밧줄 · 기타 피난기구 2. 유도등 또는 유도표지 3. 비상조명등 4. 방열복 · 공기 호흡기 등 인명구조장구
소화용수설비		1. 소화수조 · 저수조 기타 소화용수설비 2. 상수도 소화용수설비
소화활동설비		1. 배연설비 2. 연결송수관설비 3. 연결살수설비 4. 비상콘센트설비 5. 무선통신보조설비

⑤ 무선통신보조설비

무선통신보조설비란, 지하도나 터널과 같이 전파의 전달특성이 나쁜 소화현장에서 방재센터 또는 지상통제센터로부터 지휘하는 소방대원과 터널 내에 있는 소방대원 사이의 무선통신의 원활화를 도모하기 위한 설비이다. 주요 무선통신보조설비로는 누설동축케이블, 무선기기 접속 단자, 분배기 및 증폭기 등이 있다.

3) 기타

소방용수의 방화수조 및 이에 따르는 저수조 기타 용수 등이 있다.

(2) 소화설비 설치기준

1) 소화기구는 다음의 기준에 따라 설치하여야 한다.

① 소방대상물의 설치장소에 따라 별표 1에 적합한 종류의 것으로 한다.

② 소방대상물에 따라 능력단위(소화기구의 소화능력을 나타내는 수치로서 수동식 소화기 및 소화약제에 따른 간이소화용구에 있어서는 법 제36조 제5항의 규정에 따라 소방방재청장이 정하여 고시한 기술기준에 따른 측정된 수치를, 그 밖의 간이소화용구에 있어서는 별표 2에 따른 수치를 말한다. 이하 같다.)가 별표 3에 따른 기준 이상의 것으로 한다.

③ 제2호의 규정에 따른 능력단위 외에 별표 4의 규정에 따라 부속용도별로 사용되는 부분에 대하여는 소화기구의 능력단위를 추가하여 설치한다.

④ 수동식 소화기는 다음 각 목의 기준에 따라 설치한다.

㉠ 각 층마다 설치하되, 소방대상물의 각 부분으로부터 1개의 수동식 소화기까지의 보행거리가 소형 수동식 소화기의 경우에는 20m 이내, 대형 수동식 소화기의 경우에는 30m 이내가 되도록 배치할 것. 다만, 가연성 물질이 없는 작업장의 경우에는 작업장의 실정에 맞게 보행거리를 완화하여 배치할 수 있으며, 지하구의 경우에는 화재 발생의 우려가 있거나 사람의 접근이 쉬운 장소에 한하여 설치할 수 있다.

㉡ 소방대상물의 각 층이 2 이상의 거실로 구획된 경우에는 ㉠목의 규정에 따라 각 층마다 설치하는 것 외에 바닥면적이 33m^2 이상으로 구획된 각 거실(아파트의 경우에는 각 세대를 말한다.)에도 배치할 것

ⓒ 지하가 중 터널의 경우에는 능력단위 3단위 이상의 수동식 소화기를 주행방향의 측벽길이 50m 이내마다 2개 이상 설치할 것

⑤ 능력단위가 2단위 이상이 되도록 수동식 소화기를 설치하여야 할 소방대상물 또는 그 부분에 있어서는 간이소화용구의 능력단위수치의 합계수가 전체 능력단위 합계수의 2분의 1을 초과하지 아니하게 할 것. 다만, 노유자시설의 경우에는 이를 제외한다.

⑥ 소화기구(자동식 소화기 및 자동확산소화용구를 제외한다.)는 바닥으로부터 높이 1.5m 이하의 곳에 비치하고, 수동식 소화기에 있어서는 "소화기", 마른 모래에 있어서는 "소화용 모래", 팽창진주암 및 팽창질석에 있어서는 "소화질석"이라고 표시한 표지를 보기 쉬운 곳에 게시한다.

⑦ 자동식 소화기는 아파트의 각 세대별로 주방에 다음 각 목의 기준에 따라 설치한다.

ⓐ 소화약제 방출구는 환기구(주방에서 발생하는 열기류 등을 밖으로 배출하는 장치를 말한다. 이하 같다.)의 청소부분과 분리되어 있어야 하며, 해당 방호면적을 유효하게 소화할 수 있도록 설치할 것

ⓑ 감지부는 법 제36조 제5항의 규정에 따라 형식승인된 유효한 높이 및 위치에 설치할 것

ⓒ 자동식 소화기의 가스차단장치는 주방배관의 개폐밸브로부터 2m 이하의 위치에 설치하되, 상시 확인 및 점검이 가능하도록 설치할 것

ⓓ 자동식 소화기의 탐지부는 수신부와 분리하여 설치하되, 공기보다 가벼운 가스를 사용하는 경우에는 천장면으로부터 30cm 이하의 위치에 설치하고, 공기보다 무거운 가스를 사용하는 장소에는 바닥면으로부터 30cm 이하의 위치에 설치할 것

ⓔ 자동식 소화기의 수신부는 주위의 열기류 또는 습기 등과 주위온도에 영향을 받지 아니하고 사용자가 상시 볼 수 있는 장소에 설치할 것

⑧ 투척용 소화기 등은 「소방시설 설치유지 및 안전관리에 관한 법률 시행령」 별표 4에 따라 산정된 수량(별표 3 소방대상물란 제3호에 따라 산정한 능력단위를 말한다.)을 다음의 기준에 따라 설치하여야 한다.

ⓐ 투척용 소화기 등은 거주자 등이 손쉽게 사용할 수 있는 장소에 설치할 것

ⓑ 바닥으로부터 1.5m 이하에 설치하고 "투척용 소화기 등"이라고 표시한 표지를 설치할 것

2) 이산화탄소 또는 할로겐화합물(할론 1301을 제외한다.)을 방사하는 소화기구(분사식 자동확산소화용구를 제외한다.)는 지하층이나 무창층 또는 밀폐된 거실로서 그 바닥면적

이 $20m^2$ 미만의 장소에는 설치할 수 없다. 다만, 배기를 위한 유효한 개구부가 있는 장소인 경우에는 그러하지 아니하다.

(3) 수동식 소화기의 감소기준 및 설치 유지기준의 특례

1) 수동식 소화기의 감소기준

① 소형 수동식 소화기를 설치하여야 할 소방대상물 또는 그 부분에 옥내소화전설비·스프링클러설비·물분무등소화설비·옥외소화전설비 또는 대형 수동식 소화기를 설치한 경우에는 당해 설비의 유효범위의 부분에 대하여는 제4조 제1항 제2호 및 제3호의 규정에 따른 수동식 소화기의 3분의 2(대형 수동식 소화기를 둔 경우에는 2분의 1)를 감소할 수 있다. 다만, 지하층을 제외한 층수가 11층 이상인 부분, 근린생활시설, 위락시설, 문화십회 및 운농시설, 판매시설 및 영업시설, 숙박시설, 노유자시설, 의료시설, 아파트, 업무시설(무인변전소를 제외한다.), 통신촬영시설, 교육연구시설, 운수자동차관련시설, 관광휴게시설은 그러하지 아니하다.

② 대형 수동식 소화기를 설치하여야 할 소방대상물 또는 그 부분에 옥내소화전설비·스프링클러설비·물분무 등 소화설비 또는 옥외소화전설비를 설치한 경우에는 당해설비의 유효범위안의 부분에 대하여는 대형 수동식 소화기를 설치하지 아니할 수 있다.

2) 설치 유지기준의 특례

소방본부장 또는 소방서장은 소방대상물의 위치·구조·설비의 상황에 따라 유사한 소방시설로도 이 기준에 따라 당해 소방대상물에 설치하여야 할 소화기구의 기능을 수행할 수 있다고 인정되는 경우에는 그 효력범위 안에서 그 유사한 소방시설을 이 기준에 따른 소방시설로 보고 소화기구의 설치·유지기준의 일부를 적용하지 아니할 수 있다.

(4) 소화설비

1) 소화기

소화기는 물이나 그밖에 소화약제를 압력에 의하여 방사하는 기구로서 사람이 조작하여 소화하는 것(고정된 상태에서 사용하는 것은 제외)을 말한다.

소화기의 설치 대상은 시행령 제28조 제1항에 의거, 수동식 소화기 및 간이소화용구의 경우 연면적 33(m^2) 이상인 것과 지정문화재 및 가스시설이며, 간이소화용구란 소화약제에 의한 간이소화용구, 팽창질석 또는 팽창진주암, 마른 모래 등이 속한다.

자동식 소화기는 화재 발생 또는 가연성 가스의 누출을 자동으로 경보하고 소화약제를 방출하여 자동으로 소화하는 것으로, 자동식 소화기의 설치 대상은 기술기준 제2조 제1항 7호에 따라 11층 이상의 아파트로서 6층 이상의 세대별 주방(가스레인지 상부)에 설치하도록 되어 있으나(단, 자동식 소화설비가 설치된 층은 제외한다.), 새롭게 기준이 세워지고 있다. 즉 2004년 하반기 법개정추진으로 그 기준이 강화되어 아파트와 같은 공동주택의 경우 전 층에 설치하는 것으로 되어 있다.

소화기에는 수동식 소화기, 자동식 소화기 및 간이소화용구가 있다. 소화기의 종류와 사용대상 화재는 표 1-7 및 표 3-1과 같고 다음과 같이 요약하여 정리할 수 있다.

2) 소화기의 종류

소화기는 수동식 소화기, 자동식 소화기 및 간이소화용구의 3가지로 구별한다. 수동식 소화기는 화재 발생 시 사람이 직접 조작하여 소화약제를 방출하는 것으로 상세하게 구분하면 다음과 같다.

① 소화약제에 의한 분류

수계 소화기(Water-type fire extinguisher)에는 물 소화기, 산·알칼리 소화기, 강화액 소화기, 포말 소화기 등이 있다. 그리고 가스계 소화기에는 이산화탄소 소화기, 할론 소화기로 나누고, 분말계 소화기로는 분말 소화기가 있다.

② 가압방식에 의한 분류

가압방식에 의한 소화기로는 축압식 및 가압식이 있고 주로 초기소화의 사용에 제공하기 위하여 용기에다 물 또는 소화제를 넣은 후 압력에 의하여 노즐로 물이나 소화약제를 연속적으로 방사하는 구조의 소화기구를 말하며 약제의 종류, 방출구조에 따라 축압식과 가압식 등으로 나눌 수 있다.

축압식 소화기는 소화기의 용기 내부에 소화약제를 방사기키기 위한 압력원(가스)을 축압시킨 후 소화기 작동 시 축압된 가스압력에 의해 소화약제를 방사시키는 소화기를 말한다. 가압식 소화기는 용기 내가 항상 가압되어 있지 않고 소화기 내부 또는 외부에 별도의 압력용기를 설치한 후 사용 시에 가압 방출하는 방식으로서, 수동 펌프를 사용하는 것과 약제의 반응에 의해서 가압력이 생기는 것, 그리고 탄산가스 또는 질소의 가압용기의 압력에 의하는 것 등이 있다.

③ 용량에 의한 분류

소화능력에 따라 소형 소화기와 대형 소화기로 구분할 수 있고, 소형 소화기는 소화능력의 단위 A급 10단위, B급 20단위 이하의 소화기로서 물 양, 소화 수조, 건조 모래 등을 포함하여 말한다. 이에는, 수동펌프와 소화기(수조식, 물 소화기), 산·알칼리 소화기, 포말 소화기, 탄산가스 소화기, 분말 소화기, 강화에 소화기, 사염화탄소 소화기 등이 있다.

대형 소화기는 소화능력단위가 A급 10단위, B급 20단위 이상으로 규정하고 있으며, 용량이 크므로 운반에 편리하도록 차륜식 바퀴가 붙어있고, 긴 호스가 붙어있다. 소화기별 소화약제량은 표 1-5와 같다

대형 소화기의 성능을 요약하면 표 1-6과 같다. 여기서 물 소화기의 ( )는 무상으로 하였을 경우이고, 분말 소화기의 ( )는 A급 약제를 사용하였을 때이다.

④ 방출방식에 의한 분류

방출방식에 의한 분류로는 다음과 같이 4가지로 구분할 수 있다. 즉 자기방출식(Self expelling)은 가스계 소화기 중 증기압력이 높아 자기증기압으로 약제를 방출하는 방식을 말하며, 축압식(Stored pressure)의 경우는 용기 내 소화약제 및 축압용가스를 혼합하여 설치하고 축압가스의 가스압으로 방출하고 방식이다. 그리고 가압식은 용기 내에 소화약제 및 가압용기(Gas cartridge)를 설치하고 가압용기의 가스압으로 방출하는 방식을 말하며, 기계펌프식(machanically pumped)은 수동식 펌프를 사용하여 펌프의 압력으로 약제를 방출하는 방식으로 볼 수 있다.

표 1-5 중대형 소화기 충전소 약제의 양

소화기의 종류	약제의 중량
분말 소화기	200kg 이상
증발성 액체 소화기	20ℓ 이상
탄산가스 소화기	300kg 이상
강화액 소화기	60ℓ 이상
포말 소화기	80ℓ 이상
물 소화기	80ℓ 이상

표 1-6 대형 소화기의 각종 성능

소화기의 종류	능력단위	방사거리	방사시간	용 량
물 소화기	A−10	22m	3.5분	130ℓ
	A−10 (B−10, C)	22m	3.5분	150ℓ
포말 소화기	A−10, B−20	8~20m	90~180초	100형
	A−10, B−20	8~25m	180~240초	200형
탄산가스 소화기	B−20, C	약 5m	60초	23kg
	B−20, C	약 5m	120초	50kg
분말 소화기	(A−10), B−20, C	4~8m	30~45초	50형
	(A−10), B−20, C	6~12m	40~80초	100형
	(A−10), B−20, C	6~12m	60~70초	150형
	(A−10), B−20, C	6~12m	70~90초	200형

표 1−7은 소화기별 적용화재를 구분하였다. 분말 소화기와 이산화탄소 소화기의 경우는 적용범위가 넓어 A급, B급, C급 화재에 이용될 수 있다. 여기서 목재, 종이류, 직물 등 일반 가연물의 보통화재의 경우 A급(백색)은 물로 진화하고, 석유류, 가연성 액체 및 고체 기름 등에 의한 유류화재의 B급(황색)은 포(foam) 소화기, 전기시설의 누전 등에 의한 전기화재인 C급(청색)은 이산화탄소 소화기 등이 사용된다.

표 1-7 소화기의 종류에 따른 적용 화재

소화기의 종류	적용하는 화재 종류			비 고
	A	B	C	
산·알칼리 소화기	○	○	−	A : 보통화재 B : 기름화재 C : 전기화재
포말 소화기	○	○	−	
이산화탄소 소화기	○	○	○	
할로겐화합물 소화기	−	○	○	
분말 소화기	○	○	○	
수조 부착 펌프	○	−	−	
물	○	−	−	
건조 모래	−	○	−	

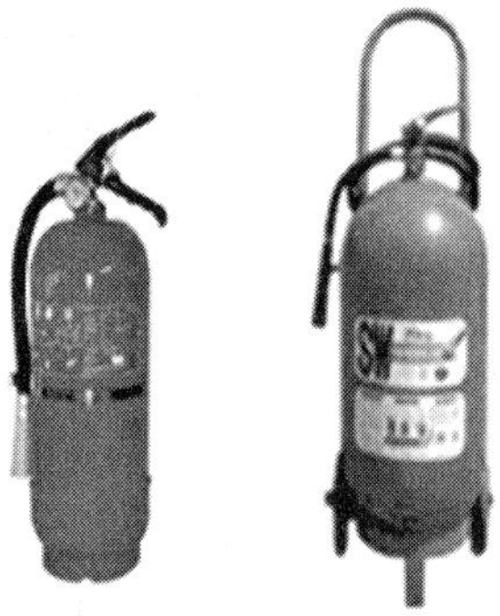

(a) ABC분말 소화기

(b) 이산화탄소 소화기

(c) 자동확산 소화기
(ABC분말약제+질소가스)

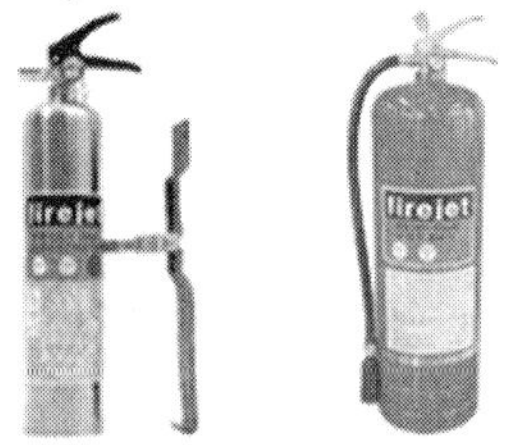

차량용 축압식 철제
(d) 할론 소화기

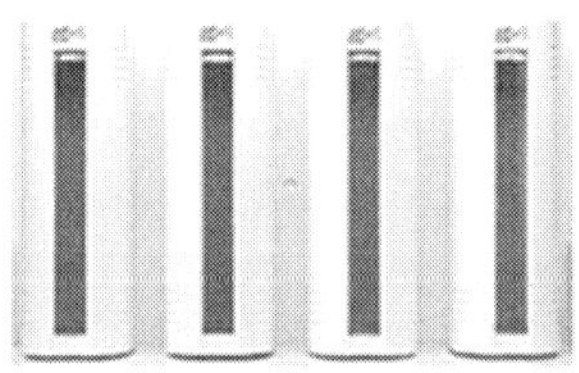

(e) 투척용

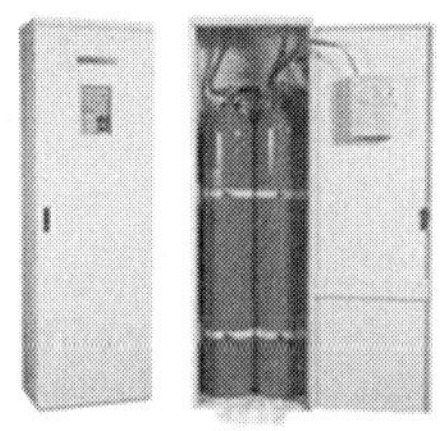

(f) 캐비넷형 하론

그림 1.1 각종 소화기류

⑤ 자동식 소화기

자동식 소화기는 화재 발생이나 가연성 가스의 누출 시 이를 자동으로 감지하여 경보를 발하고 이에 따라 소화약제를 자동으로 방출하는 소화기를 말하며, 경우에 따라서 소급하여 적용할 수 있다. 즉 소급에 대한 검토사항으로는, 자동식 소화기는 고정식 설비의 일종으로서 소방법 제31조 제1항(소방시설의 적응의 특례)에 고정식 설비의 경우 소급을 하지 아니하나 소화기는 이를 소급하도록 하고 있다.

자동식 소화기의 주요 기능은, 가스누설 시 자동경보 기능, 가스밸브의 자동차단 기능, 가스기구의 과열 시 감지 기능, 화재 시 소화약제 자동방사 기능 등이 있다.

자동식 소화기의 주요 구성부품과 그 기능을 요약하면 다음과 같다. 소화기 본체는 소화약제 ABC분말(또는 강화액약제)를 사용하여 약제를 자동방사하며, 약제방출 도관은 동관으로 말단에 분사노즐이 있다. 온도감지부의 경우는 1차 온도감지부 및 2차 온도감지부로 구성되어 있으며, 1차 온도감지부는 가스기구 과열 시 감지하여 경보를 발하고 가스밸브를 차단하며 수신기에 신호를 전달한다. 이때 감지부는 전기적으로 열감지 센서를 이용하여 90℃ 전후에서 동작한다. 2차 온도감지부는 주위온도가 140℃ 전후가 되면 이를 화재로 인식하여 소화약제를 방출하고 수신기에 방출신호를 보낸다. 이때는 기계적으로 용융도선(fusible link)을 이용하여 동작하게 된다.

다음은 수신부의 경우이다. 이 수신부는 제어부분으로서 가스 검지신호, 온도감지부의 동작신호, 가스방출신호, 소화기의 이상압력 등을 경보하고 제어하게 된다. 이때, 가스탐지부는 가연성 가스 누설 시 이를 탐지하는 가스감지기로서 LPG의 경우 0.06~0.45%, LNG는 0.06~1.25%의 범위 내에서 가스누출을 감지하여 동작한다.

마지막으로, 가스차단부는 가스 누설 시 이를 검출하여 원격으로 가스밸브를 차단하는 구동부분으로서 전동개폐식과 전자솔레노이드 밸브를 이용한 방식이 있다. 경우에 따라 수동으로 손잡이를 돌려 조작할 수도 있다.

자동식 소화기 설치 기술기준은 다음과 같다. 소화약제 방출구는 환기구의 청소부분과 분리하고 해당방호구역을 유효하게 소화할 수 있도록 설치하여야 하며, 감지부 위치는 형식승인의 유효설치 높이로 하여 환기구의 중앙부분에 설치한다. 가스차단장치는 주방의 개폐밸브에서 2m 이내 위치에 설치하되 상시 확인 및 점검이 가능하도록 위치한다. 탐지부의 경우 수신기와 분리하여 설치하되, 공기보다 가벼운 가스의 경우는 천장면에서 30cm 이하에 위치하도록 하고 공기보다 무거운 가스의 경우는 바닥면에서 30cm 이하에 위치하도록 설치한다. 여기서 감지부는 열을 이용하여 화재 발생을 감지하는 곳을 말하며, 탐지부는 누설가스를 감지하는 것을 말한다.

⑥ 간이소화용구

화재 초기에 소규모의 특정된 화재(주방의 가스레인지, 난로 등 난방기구 등)에 사용하는 소화용구로서, 보통 능력단위 1단위 이하의 제품이다. 이는 화재 발생 초기 단계에서 사용하지 않으면 소화효과를 기대하기 어려우며, 보통 일회용 제품의 소화 보조용구를 말한다.

종류로는 소화약제에 의한 간이소화용구로 구분할 경우 수동식과 자동식이 있고, 수동식에는 투척하여 사용하는 투척식 소화용구와 소화약제를 충전 후 수동으로 펌프질하여 사용하는 수동펌프식 소화용구, 한 손으로 조작하는 분사식의 Aerosol식 소화용구가 있다.

자동확산소화용구를 의미하는 자동식에는, 파열식(용기의 파열을 이용) 또는 분사식의 2종류가 있으며 분사식은 분사용 헤드가 부착되어 있다. 약제는 대부분 축압식의 ABC분말약제로서 질소가스를 축압하여 사용하며, 3kg 및 3.3kg의 2가지가 있다. 자동식의 적용은 보일러실, 건조실, 세탁소 등과 같은 화기취급장소, 음식점, 호텔, 기숙사, 의료시설, 업무시설, 공장의 주방이다(단, 방화구획된 아파트 보일러실 제외).

팽창질석은 운모가 풍화 변질되어 생성된 것으로 불연성 및 내화성의 재질로 내화도는 1400℃ 전후로 단열, 흡음, 방부성능이 있어 건축자재 및 요업 등에도 이용되고 주성분은 SiO_2(57.4%), Al_2O_3(15.9%)이며, 소화용의 질석은 가열공정에서 1300℃로 가열시켜 3~4배로 팽창하여 화재 시 질식소화의 약제로 사용할 수 있다.

팽창진주암은 화산암 지대에서 생산되는 암석을 분해 후 급속 가열하여 팽창시킨 것으로 팽창 질석과 성상은 유사하다. 소성 단계에서 8~20배로 팽창되며 내화도는 1200℃이고 단열, 보온, 내화용으로 사용되는 것으로서 주성분은 SiO_2(74.4%), Al_2O_3(12.1%)이다.

간이소화용구의 능력단위 산정과 설치기준의 경우, 능력단위 산정은 소화약제의 경우 소화약제를 방출하는 소규모의 소화용구를 포함하며 기타의 경우 마른 모래·팽창질석·팽창진주암 등이 이에 속한다. 간이소화용구의 설치기준은 소화기 능력단위의 1/2을 초과하지 않아야 한다.

1.3 옥내소화전설비

옥내소화전설비는 초기 소화를 목적으로 옥내의 문 또는 계단 가까이 설치하는 설비로서 그 구성은 일반수원, 고가 물탱크 또는 저수조 및 모타펌프 기동장치, 배관의 개폐밸브, 호스, 노즐 및 소화전함 등으로 구성되며 기동방식은 펌프기동식과 압력식(압력탱크설치) 2가지로 구분한다. 소화전에서 호스와 관창을 통하여 분출되는 물은 가연성 물질과 화재지역에 수동으로 방사한다. 건물 각층 벽면에 호스, 노즐, 소화전 밸브를 내장한 소화전함을 설치하고 화재 시에는 노즐을 손에 들고 호스를 끌어낸 후 화재 발생지점에 물을 뿌려 소화시키는 소화설비이다.

(1) 설치대상

소방시설설치유지 및 안전관리에 관한 법률(이하 "법"이라 한다.) 제9조 제1항 및 동법률시행령(이하 영이라 한다.) 별표 4 소화설비의 소방시설 적용기준란 제2호의 규정에 따른 옥내소화전설비는 이 기준에서 정하는 규정에 따라 설비를 설치하고 유지·관리하여야 하며, 별표 4의 옥내소화전설비를 설치하여야 하는 특정소방대상물(가스시설 및 지하구를 제외한다.)은 다음과 같다. 다만, 아파트·업무시설 또는 노유자시설에는 호스릴 옥내소화전설비를 설치할 수 있다.

① 연면적 3천 제곱미터 이상(지하가 중 터널을 제외한다.)이거나 지하층·무창층 또는 층수가 4층 이상인 것 중 바닥면적이 600제곱미터 이상인 층이 있는 것은 전 층
② 지하가 중 터널로서 길이가 1천 미터 이상인 터널
③ 위 ①에 해당하지 아니하는 근린생활시설·위락시설·판매시설 및 영업시설·숙박시설·노유자시설·의료시설·업무시설·통신촬영시설·공장·창고시설·운수자동차관련시설 또는 복합건축물로서 연면적 1천5백 제곱미터 이상이거나 지하층·무창층 또는 층수가 4층 이상인 층 중 바닥면적이 300제곱미터 이상인 층이 있는 것은 전 층
④ 건축물의 옥상에 설치된 차고 또는 주차장으로서 차고 또는 주차의 용도로 사용되는 부분의 면적이 200제곱미터 이상인 것
⑤ 위 ① 및 ③에 해당하지 아니하는 공장 또는 창고로서 소방기본법시행령 별표 2에서 정하는 수량의 750배 이상의 특수가연물을 저장·취급하는 것

등이다.

(2) 설치기준

옥내소화전설비의 설치기준을 간략하게 요약하면 다음과 같고, 자세한 기준들은 이후의 장에서 언급하기로 한다.

1) 수원의 양

옥내소화전설비의 수원은 그 저수량이 옥내소화전의 설치개수가 가장 많은 층의 설치개수(5개 이상 설치된 경우에는 5개)에 $2.6m^3$(호스릴 옥내소화전설비의 경우에는 $1.2m^3$)를 곱한 양 이상이 되도록 하여야 한다. 이 방수량은 1개의 소화전에서 130ℓ/min(호스릴 옥내소화전설비의 경우에는 60ℓ/min)으로 20분 동안 방사할 수 있는 양 이상이 되는 성능의 것으로 한 것이다.

2) 호스노즐의 방수압력

소방대상물의 어느 층에 있어서도 당해 층의 옥내소화전(5개 이상 설치된 경우에는 5개의 옥내소화전)을 동시에 사용할 경우 각 소화전의 노즐선단에서의 방수압력이 0.17MPa(호스릴 옥내소화전설비의 경우에는 0.25MPa) 이상이고, 방수량은 130ℓ/min(호스릴 옥내소화전설비의 경우에는 60ℓ/min) 이상이 되는 성능을 유지하여야 한다. 다만, 하나의 옥내소화전을 사용

하는 노즐선단에서의 방수압력이 0.7MPa을 초과할 경우에는 호스접결구의 인입 측에 감압장치를 설치하여야 한다. 따라서 이러한 방사압력을 유지하기 위한 장치로는 다음과 같다.

① 고가수조에 의한 가압송수장치

고가수조의 자연낙차를 이용한 가압송수장치는 다음 기준에 따라 설치하여야 한다. 즉, 고가수조의 자연낙차수두인 수조의 하단으로부터 최고층에 설치된 소화전 호스접결구까지의 수직거리는 다음의 식에 따라 산출한 수치 이상이 되도록 하여야 한다.

$$H = h_1 + h_2 + 17(\text{호스릴 옥내소화전설비의 경우에는 } 25)\ [\text{m}] \tag{1.1}$$

여기서, H : 필요한 낙차(m), h_1 : 소방용호스 마찰손실 수두(m),
h_2 : 배관의 마찰손실 수두(m)

② 압력수조에 의한 가압송수장치

압력수조를 이용한 가압송수장치는 다음의 기준에 따라 설치하여야 한다. 즉, 압력수조의 압력은 다음의 식에 따라 산출한 수치 이상으로 하여야 한다.

$$P = P_1 + P_2 + P_3 + 0.17(\text{호스릴 옥내소화전설비의 경우에는 } 0.25) \tag{1.2}$$

여기서, P : 필요한 압력(MPa), P_1 : 소방용호스의 마찰손실 수두압(MPa),
P_2 : 배관의 마찰손실 수두압(MPa), P_3 : 낙차의 환산 수두압(MPa)

3) 옥내소화설비 배관의 크기

펌프의 토출 측 주배관의 관경은 유속이 3m/s 이하가 될 수 있는 크기 이상으로 하여야 하고, 옥내소화전 방수구와 연결되는 가지배관의 관경은 40mm(호스릴 옥내소화전설비의 경우에는 25mm) 이상으로 하여야 하며, 주배관중 수직배관의 구경은 50mm(호스릴 옥내소화전설비의 경우에는 32mm) 이상으로 하여야 한다. 연결송수관설비의 배관과 겸용으로 할 경우 주배관은 구경 100mm 이상, 방수구로 연결되는 배관의 구경은 65mm 이상의 것으로 시공하여야 한다.

가압송수장치의 체절운전 시 수온의 상승을 방지하기 위하여 체크밸브와 펌프 사이에서 분기한 관경 20mm 이상의 배관으로 분기하여 체절압력 미만에서 개방되는 릴리프밸브를 설치시공한다.

4) 송수구의 설치

옥내소화전설비에는 소방차로부터 그 설비에 송수할 수 있는 송수구를 다음의 기준에 의하여 설치하여야 한다. 즉 소방차가 쉽게 접근할 수 있고 노출된 장소에 설치해야 하며, 송수구로부터 주배관에 이르는 연결배관에는 개폐밸브를 설치하지 아니한다. 다만, 스프링클러설비·물분무소화설비·포소화설비 또는 연결송수관 설비의 배관과 겸용하는 경우에는 그러하지 아니하다. 지면으로부터 높이는 0.5m 이상 1m 이하의 위치에 설치하여야 하고, 구경 65mm의 쌍구형 또는 단구형으로 한다. 또한 송수구의 가까운 부분에 자동배수밸브(또는 직경 5mm의 배수공) 및 체크밸브를 설치한다.

5) 옥내소화전함의 설치

옥내소화전설비의 함은 다음의 기준에 따라 설치하여야 한다. 즉 함의 재질은 두께 1.5mm 이상의 강판 또는 두께 4mm 이상의 합성수지재로 하고, 문짝의 면적은 0.5m^2 이상으로 밸브의 조작, 호스의 수납 등에 충분한 여유를 가질 수 있도록 해야 한다. 연결송수관의 방수구를 같이 설치하는 경우에도 같다.

6) 방수구의 설치

방수구는 소방대상물의 각 층마다 설치하되, 당해 소방대상물의 각 부분으로부터 하나의 옥내소화전 방수구까지의 수평거리는 25m(호스릴 옥내소화전설비의 경우에는 15m) 이하가 되도록 한다. 다만, 지하가 중 터널의 경우에는 옥내소화전 방수구를 주행방향의 측벽길이 50m 이내마다 설치할 수 있다. 바닥으로부터의 높이는 1.5m 이하가 되도록 해야 하고, 호스의 구경은 40mm(호스릴 옥내소화전설비의 경우에는 25mm) 이상의 것으로서 소방대상물의 각 부분에 물이 유효하게 뿌려질 수 있는 길이로 설치한다.

7) 표시등

표시등은 다음의 기준에 따라 설치하여야 한다. 옥내소화전설비의 위치를 표시하는 표시등은 함의 상부에 설치하되, 그 불빛은 부착면으로부터 15° 이상의 범위 안에서 부착지점으로부터 10m 이내의 어느 곳에서도 쉽게 식별할 수 있는 적색등으로 한다. 가압송수장치의 시동을 표시하는 표시등은 옥내소화전함의 상부 또는 그 직근에 설치하되 적색등으로 한다. 다만, 자체소방대를 구성하여 운영하는 경우(위험물 안전관리법 시행령 별표 8에서 정한 소방자동차와 자체소방대원의 규모를 말한다.) 가압송수장치의 시동표시등을 설치하지 않을 수 있다.

옥내소화전설비의 함에는 그 표면에 "소화전"이라는 표시와 그 사용요령을 기재한 표지판을 붙여야 한다.

8) 전원

옥내소화전설비에는 그 소방대상물의 수전방식에 따라 다음의 기준에 따른 상용전원회로의 배선을 설치하여야 한다. 저압수전인 경우에는 인입개폐기의 직후에서 분기하여 전용배선으로 하여야 하며, 전용의 전선관에 의해 보호되도록 한다. 특별고압수전 또는 고압수전일 경우에는 전력용 변압기 2차측의 주차단기 1차측에서 분기하여 전용배선으로 하되, 상용전원의 상시공급에 지장이 없을 경우에는 주차단기 2차측에서 분기하여 전용배선으로 한다. 다만, 가압송수장치의 정격입력전압이 수전전압과 같은 경우에는 비상전원을 설치하여야 한다.

9) 제어반

옥내소화전설비에는 제어반을 설치하되, 감시제어반과 동력제어반으로 구분하여 설치하여야 한다. 다만, 다음의 경우에 해당하는 옥내소화전설비에는 감시제어반과 동력제어반으로 구분하여 설치하지 아니할 수 있다. 즉, 제8조 제2항의 규정에 해당하지 아니하는 소방대상물에 설치되는 옥내소화전설비이거나, 내연기관에 따른 가압송수장치를 사용하는 옥내소화전설비 그리고 고가수조에 따른 가압송수장치를 사용하는 옥내소화전설비 등에는 감시제어반과 동력제어반으로 구분하여 설치하지 않을 수 있다.

10) 배선

옥내소화전설비의 배선은 전기사업법 제67조의 규정에 따른 기술기준에서 정한 것 외에 다음의 기준에 따라 설치하여야 한다. 비상전원으로부터 동력제어반 및 가압송수장치에 이르는 전원회로의 배선은 내화배선으로 한다. 다만, 자가발전설비와 동력제어반이 동일한 실에 설치된 경우에는 자가발전기로부터 그 제어반에 이르는 전원회로의 배선은 그러하지 아니하다. 상용전원으로부터 동력제어반에 이르는 배선, 그 밖의 옥내소화전설비의 감시·조작 또는 표시등회로의 배선은 내화배선 또는 내열배선으로 해야 한다. 다만, 감시제어반 또는 동력제어반 안의 감시·조작 또는 표시등회로의 배선은 그러하지 아니하다.

1.4 옥외소화전설비

옥외소화전설비는 그 특성이 옥내소화전설비와 같고 옥외에 설치하여 외부소화 및 근접건물로의 연소방지 목적으로 설치된다.

(1) 설치대상

소방시설설치유지 및 안전관리에 관한 법률(이하 "법"이라 한다.) 제9조 제1항 및 동법률시행령(이하 영이라 한다.) 별표 4 소화설비의 소방시설 적용기준란 제6호의 규정에 따른 옥외소화전설비는 이 기준에서 정하는 규정에 따라 설비를 설치하고 유지·관리하여야 하며, 별표 4의 옥외소화전설비를 설치하여야 하는 특정소방대상물(가스시설·지하구 또는 지하가 중 터널을 제외한다.)은 다음과 같다.

① 지상 1층 및 2층의 바닥면적이 합계가 9천 제곱미터 이상인 것. 이 경우 동일구 내에 2 이상의 특정소방대상물이 행정자치부령이 정하는 연소 우려가 있는 구조인 경우에는 이를 하나의 특정소방대상물로 본다.

② 지정문화재로서 연면적 1천 제곱미터 이상인 것

③ 위 ①에 해당하지 아니하는 공장 또는 창고로서 소방기본법시행령 별표 3에서 정하는 수량의 750배 이상의 특수가연물을 저장·취급하는 것

등이다.

(2) 설치기준

옥외소화전설비의 설치기준을 간략하게 요약하면 다음과 같고, 자세한 기준들은 이후의 장에서 언급하기로 한다.

1) 수원의 양

옥외소화전설비의 수원은 그 저수량이 옥외소화전의 설치개수(옥외소화전이 2개 이상 설치된 경우에는 2개)에 $7m^3$를 곱한 양 이상이 되도록 하여야 한다.

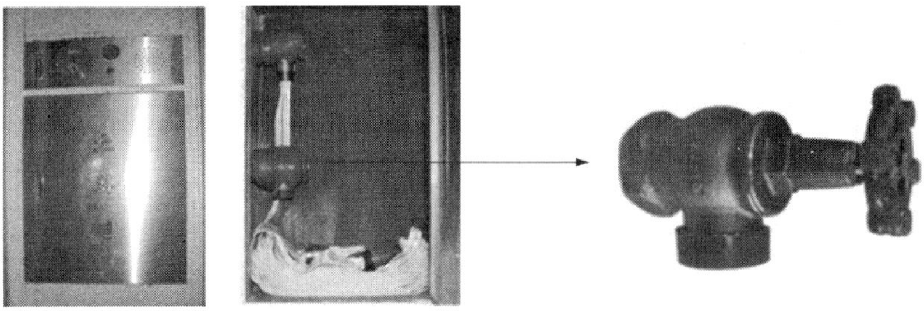

그림 1.2 옥내소화전함의 설치

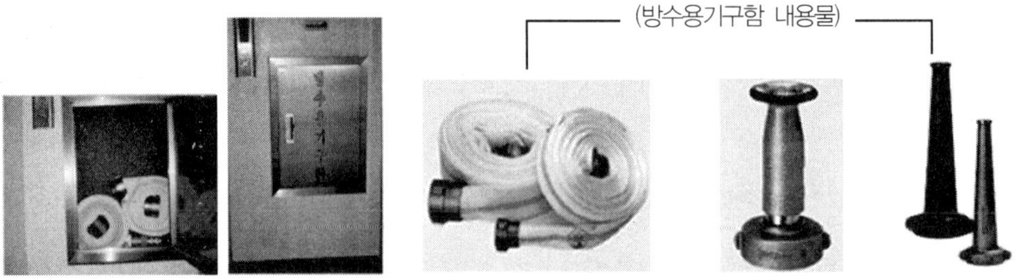

(a) 방수용 기구함 (b) 우레탄소방호스 (c) 분사형관창 (d) 직사형관창

그림 1.3 방수용 기구함

즉,

$$Q = 7 \times N \ [\mathrm{m}^3] \tag{1.3}$$

여기서, Q : 수원의 유효 수량(m^3)[1개의 경우 $7\mathrm{m}^3$ 이상, 2개 이상의 경우 14 m^3 이상],
N : 소화전의 동시 개구수(개)

옥외소화전설비의 수원은 설치규정에 따라 산출된 유효수량 외 유효수량의 3분의 1 이상을 옥상(옥외소화전설비가 설치된 건축물의 주된 옥상을 말한다.)에 설치하여야 한다. 다만, 다음의 경우에는 그러하지 아니하다. 즉, 옥상이 없는 건축물(공작물) 또는 지하층만 있는 건축물, 규정에 따른 고가수조를 가압송수장치로 설치한 옥외소화전설비, 수원이 건축물의 지붕보다 높은 위치에 설치된 경우, 건축물의 높이가 지표면으로부터 10m 이하인 경우, 주펌프와 동등 이상의 성능이 있는 별도의 펌프로서 내연기관의 기동과 연동하여 작동되거나 비상전원을 연결하여 설치한 경우 등은 그러하지 않을 수 있다.

옥외소화전설비의 수원을 수조로 설치하는 경우에는 소방설비의 전용수조로 하여야 한다. 다만, 다음에 해당하는 경우에는 그러하지 아니하다. 즉, 옥외소화전펌프의 후드밸브 또는 흡수배관의 흡수구(수직회전축펌프의 흡수구를 포함한다. 이하 같다.)를 다른 설비(소방용설비 외의 것을 말한다. 이하 같다.)의 후드밸브 또는 흡수구보다 낮은 위치에 설치한 경우 또는 규정에 따른 고가수조로부터 옥외소화전설비의 수직배관에 물을 공급하는 급수구를 다른 설비의 급수구보다 낮은 위치에 설치한 경우는 전용수조를 사용하지 않아도 된다.

2) 호스노즐의 방수압력

당해 소방대상물에 설치된 옥외소화전(2개 이상 설치된 경우에는 2개의 옥외소화전)을 동시에 사용할 경우 각 옥외소화전의 노즐선단에서의 방수압력이 0.25MPa 이상이고, 방수량이 350*l*/min 이상이 되는 성능의 것으로 한다. 이 경우 하나의 옥외소화전을 사용하는 노즐선단에서의 방수압력이 0.7MPa을 초과할 경우에는 호스접결구의 인입 측에 감압장치를 설치하여야 한다.

① 고가수조를 이용한 가압송수장치

고가수조의 자연낙차를 이용한 가압송수장치는 다음의 기준에 따라 설치하여야 한다. 즉, 고가수조의 자연낙차수두(수조의 하단으로부터 최고층에 설치된 소화전 호스 접결구까지의 수직거리를 말한다.)는 다음의 식에 따라 산출한 수치 이상이 되도록 해야 한다.

$$H = h_1 + h_2 + 25 \ \ [\text{m}] \tag{1.4}$$

여기서, H : 필요한 낙차(m), h_1 : 소방용호스 마찰손실수두(m),
h_2 : 배관의 마찰손실수두(m)

② 압력수조를 이용한 가압송수장치

압력수조를 이용한 가압송수장치는 다음의 기준에 따라 설치하여야 한다. 즉, 압력수조의 압력은 다음의 식에 따라 산출한 수치 이상으로 하여야 한다.

$$P = P_1 + P_2 + P_3 + 0.25 \ \ [\text{MPa}] \tag{1.5}$$

여기서, P : 필요한 압력(MPa), P_1 : 소방용호스의 마찰손실수두압(MPa)
P_2 : 배관의 마찰손실수두압(MPa), P_3 : 낙차의 환산수두압(MPa)

3) 옥외소화전설비 배관

호스접결구는 차입식과 나사식으로 되어있고 소방대상물의 각 부분으로부터 호스접결구까지의 수평거리가 40m 이하가 되도록 설치하여야 한다. 이 경우 수평거리가 40m 이상인 옥내부분에는 지름 65mm 이상의 방수구를 40m 이하마다 설치한다. 또한 호스는 구경 65mm의 것으로 하며, 노즐 구경은 10mm로 규정하고 있다. 그리고 옥외소화전함은 옥외소화전으로부터 5m 이내에 설치하여야 하며, 내부에는 호스, 노즐, 밸브 개폐용 핸들을 격납한다.

옥외소화전에는 그림 1.4와 같이 지상식과 자하식의 2종류가 있고, 보통의 것과 동파방지를 위한 부동식으로 구분할 수 있다. 배관은 배관용 탄소강관(KS D 3507) 또는 배관 내 사용압력이 1.2MPa 이상일 경우에는 압력배관용 탄소강관(KS D 3562)이나 이와 동등 이상의 강도·내식성 및 내열성을 가진 것으로 정하여 사용한다.

4) 펌프 설치

펌프의 성능은 체절운전 시 정격토출압력의 140%를 초과하지 아니하고, 정격토출량의 150%로 운전 시 정격토출압력의 65% 이상이 되어야 한다. 펌프의 성능시험배관은 다음의 기준에 적합하여야 한다. 즉, 성능시험배관은 펌프의 토출 측에 설치된 개폐밸브 이전에서 분기하여 설치하고, 유량측정장치를 기준으로 전단 직관부에 개폐밸브를 후단 직관부에는 유량조절밸브를 설치한다. 유량측정장치는 성능시험배관의 직관부에 설치하되, 펌프의 정격토출량의 175% 이상 측정할 수 있는 성능을 갖는 것으로 해야 한다. 펌프에 의한 가압송수 체절운전 시 수온의 상승을 방지하기 위하여 체크밸브와 펌프 사이에서 분기한 구경 20mm 이상의 배관에 체절압력 미만에서 개방되는 릴리프밸브를 설치하여야 한다.

펌프의 기동방식은 압력스위치에 의한 자동식이나 원격 조작법에 의한 수동식이다.

5) 소화전 및 소화전함의 설치

① 지상식 옥외소화전

옥외소화전은 지상수전(채수용도)이나 건물외부에 설치하여 본격 소화 및 화기제어 인접건물 연소방지 목적으로 설치한다. 설치 시에는 배수가 잘되도록 모래나 자갈 등으로 주변을 채운 다음에 매립한다. 표준 매물 깊이 600mm이나 설치지역의 동결선에 따라 매몰 깊이를 결정해서 주문하여야 한다.

② 지하식 옥외소화전

지하소화전은 지상수전으로 지하개설 맨홀에 설치하여 소화용수를 채수하는 용도로 사용한다.

(a) 지상식 옥외소화전　　(b) 지하식 옥외소화전　　(c) 옥외소화전함

그림 1.4 옥외소화전 및 소화전함

③ 옥외소화전함

옥외소화전설비에서 소화전함은 옥외소화전마다 그로부터 5m 이내의 장소에 설치한다. 옥외소화전이 10개 이하로 설치된 때에는 옥외소화전마다 5m 이내의 장소에 1개 이상의 소화전함을 설치하여야 한다. 옥외소화전이 11개 이상 30개 이하 설치된 때에는 11개 이상의 소화전함을 각각 분산하여 설치하여야 한다. 옥외소화전이 31개 이상 설치된 때에는 옥외소화전 3개마다 1개 이상의 소화전함을 설치하여야 한다.

옥외소화전설비의 함은 다음의 기준에 따라 설치하여야 한다. 즉 함의 재질은 두께 1.5mm 이상의 강판 또는 두께 4mm 이상의 합성수지재로 하고, 문짝의 면적은 0.5m^2 이상으로 하여 밸브의 조작, 호스의 수납 등에 충분한 여유를 가질 수 있도록 한다. 연결송수관의 방수구를 같이 설치하는 경우에도 또한 같다. 함의 재질이 강판인 경우 염수분무시험방법(KS D 9502)에 따라 시험했을 때 변색 또는 부식되지 아니하여야 하고, 합성수지재인 경우에는 내열성 및 난연성의 것으로서 8℃의 온도에서 24시간 이내에 열로 인한 변형이 생기지 아니하는 것으로 한다.

6) 전원

옥외소화전설비에는 그 소방대상물의 수전방식에 따라 다음의 기준에 따른 상용전원회로의 배선을 설치하여야 한다. 즉 저압수전인 경우에는 인입개폐기의 직후에서 분기하여 전용배선으로 하여야 하며, 전용의 전선관에 보호되도록 한다. 특별 고압수전 또는 고압수전일 경우에는 전력용 변압기 2차측의 주차단기 1차측에서 분기하여 전용배선으로 하되, 상용전원의 상시

공급에 지장이 없을 경우에는 주차단기 2차측에서 분기하여 전용배선으로 한다. 다만, 가압송수장치의 정격입력전압이 수전전압과 같은 경우에는 위의 기준에 따른다.

7) 제어반

옥외소화전설비에는 제어반을 설치하되, 감시제어반과 동력제어반으로 구분하여 설치하여야 한다. 다만, 다음의 경우에는 감시제어반과 동력제어반으로 구분하여 설치하지 아니할 수 있다. 즉 지하층을 제외한 층수가 7층 이상으로서 연면적이 2,000m^2 이상인 것 외에 소방대상물로서 지하층의 바닥면적의 합계가 3,000m^2 이상인 것으로 한다. 다만, 차고·주차장 또는 보일러실·기계실·전기실 등 이와 유사한 장소의 면적은 제외한다. 또한 내연기관에 따른 가압송수장치를 사용하는 옥외소화전설비, 고가수조에 따른 가압송수장치를 사용하는 옥외소화전설비 등은 구분하여 설치하지 아니할 수 있다.

8) 배선

옥외소화전설비의 배선은 전기사업법 제67조의 규정에 따른 기술기준에서 정한 것 외에 다음의 기준에 따라 설치하여야 한다. 즉, 비상전원으로부터 동력제어반 및 가압송수장치에 이르는 전원회로배선은 내화배선으로 한다. 다만, 자가발전설비와 동력제어반이 동일한 실에 설치된 경우에는 자가발전기로부터 그 제어반에 이르는 전원회로배선은 그러하지 아니하다. 상용전원으로부터 동력제어반에 이르는 배선, 그 밖의 옥외소화전설비의 감시·조작 또는 표시등회로의 배선은 내화배선 또는 내열배선으로 해야 한다. 다만, 감시제어반 또는 동력제어반의 감시·조작 또는 표시등회로의 배선은 그러하지 아니하다.

1.5 실내외 각종 감지기류 및 비상경보설비

(1) 각 감지기의 기능과 특성

감지기는 화재에 의하여 발생하는 열, 연기, 화염을 이용하여 자동적으로 화재의 발생을 감지하여 화재신호 또는 화재정보 신호를 수신기에 발하는 것으로 정의되고 있다. 여기서 화재정보 신호란 아날로그 시스템에서는 아날로그 신호에 상당한다. 감지기는 검출기능별로 크게 열 감지기, 연기 감지기, 화염 감지기, 열·연기 복합감지기, 다신호 감지기로 분류된다.

1) 열 감지기

열 감지기의 감지방식에는 주위의 온도가 상승률 이상이 된 것을 감지하는 차동식(그림 1.5)과 소정의 온도 이상에 도달한 것을 감지하는 정온식(그림 1.6)이 있다. 또한 차동식 감지기는 1국소의 열효과에 의하여 작동하는 스폿형과 광범위한 열효과의 축적에 의하여 작동하는 분포형으로 분류된다.

2) 연기 감지기

연기 감지기의 감지방식은 내부에 발광 및 수광소자를 가지고 있다. 이 발광소자의 광이 산란 또는 감쇠되는 것을 이용한 광전식 감지기와 미량의 방사성 물질로 공기를 이온화하여 이 이온 전류의 변화로 연기를 감지하는 이온화식 감지기로 분류된다. 광전식 감지기에는 국소적인 연기를 포착하는 스폿형과 보다 광범위한 공간의 연기를 포착하는 분리형이 있다. 대표적

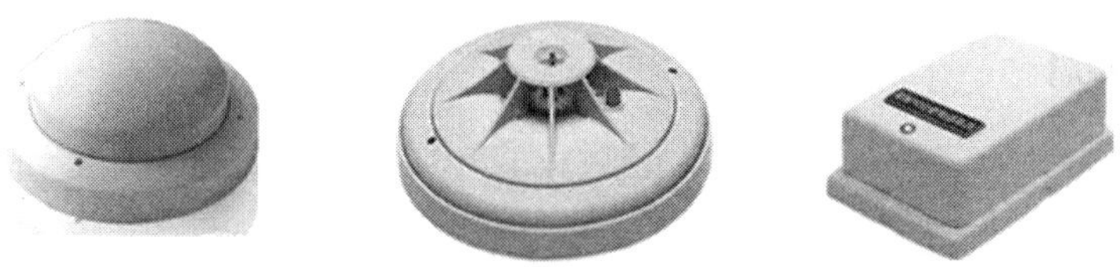

(a) 차동식 스폿형 감지기 (공기주머니식) (b) 차동식 스폿형 감지기 (반도체식) (c) 차동식 분포형 감지기 (공기관검출부)

그림 1.5 차동식 열감지기류

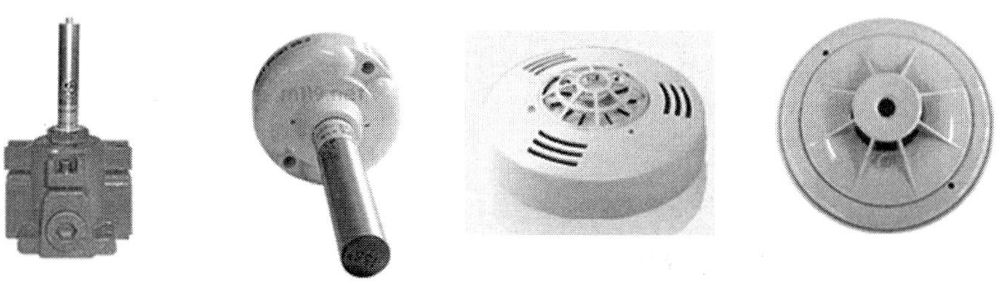

(a) 정온식 방폭형 감지기 (방수형) (b) 정온식 방수형 감지기 (c) 정온식 스폿형 감지기 (바이메탈형) (d) 정온식 스폿형 감지기 (반도체식)

그림 1.6 정온식 열감지기류

(a) 광전식 연기 감지기 (인공지능형) (b) 광전식 연기 감지기 (보통형) (c) 단독식 경보형 연기 감지기 (건전지 내장)

그림 1.7 연기감지기류

인 연기감지기류는 그림 1.7과 같다.

3) 화염 감지기

화염 감지기에는 화재의 화염에서 방출되는 적외선을 검출하는 적외선식 스폿형 감지기와 자외선을 검출하는 자외선식 스폿형 감지기가 있다. 자외선, 적외선 병용식 스폿형 감지기는 화염에서 방사되는 자외선 및 적외선의 방사량이 모두 소정량 이상으로 되었을 때에 화재신호가 발신되도록 구성된다. 이때, 화염 감지기의 감도는 각 시야 각 포인트별 감시 가능 거리로 규정되어 있다.

4) 복합식 감지기

복합식 감지기는 하나의 감지기에서 복수의 감지기능을 가진 감지기를 말한다. 가령, 열복합식 감지기는 차동식과 정온식의, 연기복합식 감지기는 광전식과 이온화식의, 또한 화염복합식 감지기는 적외선식과 자외선식의 기능을 겸비한 것이다. 또한 열·연기 복합식 감지기는 열 검출기능과 연기 검출기능을 동시에 겸비한 것이다.

그림 1.8은 정온식의 기능(서미스터 방식)과 광전식의 기능(산란방식)을 가진 열·연기 복합

그림 1.8 열·연기 복합형 감지기

그림 1.9 자외선 화염 감지기

식 스폿감지기의 외관이며 그림 1.9는 자외선 화염 감지기의 외관을 보여주고 있다.

5) 다신호 감지기

다신호 감지기는 하나의 감지기에서 감지기능과 종별 그리고 정온식에서의 작동온도별로 복수의 화재신호를 발신하는 기능을 가진 감지기이다. 복합식 감지기에서 복수의 감지기능에 대하여 개별적으로 화재신호를 발하는 것은 다신호 감지기이다. 아날로그식 감지기도 다단계(60~50 정도)의 신호를 발신하는데, 다신호 감지기의 신호수는 일반적으로 2~4신호이며 아날로그식 감지기를 다신호 감지기라고는 하지 않는다.

(2) 비상경보설비

비상경보설비는 화재가 발생한 경우에 방화 대상물의 내부에 있는 사람들에게 화재가 발생한 것을 알리는 설비이며 자동식 사이렌, 비상벨 또는 비상방송설비가 있다. 이 비상경보설비는 기동장치, 표시등, 음향장치, 비상전원, 조작장치(자동 사이렌 또는 비상벨에는 이것이 없는 것도 있다.) 등으로 구성되어 있다. 화재의 발생을 인지한 사람이 기동장치를 조작함으로써 계속적으로 경보를 발하거나 방송을 함으로써 경보를 발하는 것이다. 또한 비상방송설비에 대해서는 자동화재통보설비와 연동하여 감지기 작동정보, 화재정보 또는 비화재 정보를 음성에 의하여 방송하는 것이 기준화되어 있다.

1) 비상벨 및 자동식 사이렌 설비

비상벨의 설비는 그림 1.10과 같이 기동장치, 음향장치(벨), 표시등, 전원 및 배선으로 구성되는 것을 말한다. 화재를 발견한 사람이 기동장치를 조작하여 음향장치를 연동시킴으로써 화재가 발생한 것을 통보하는 것이다. 이 경우에 음향장치의 음압은 해당 음향장치의 중심에서 1m 떨어진 곳에서 90dB 이상의 음압을 가진 것으로 기동장치가 조작된 후 10초 이내에 이 음압으로 음향장치가 명동한다.

표시등은 기동장치가 설치된 장소를 많은 사람의 눈에 띄기 쉽게 하기 위해 설치하는 것으로, 불연 재료이면서 원형인 것으로 하고 그 크기는 전면 투영면적이 28cm^2 이상이며, 또한 측면 투영면적이 전면 투영면적의 1/4 이상인 것이다.

자동식 사이렌 설비는 기동장치, 음향장치(사이렌), 표시등, 전원 및 배선으로 구성되어 있

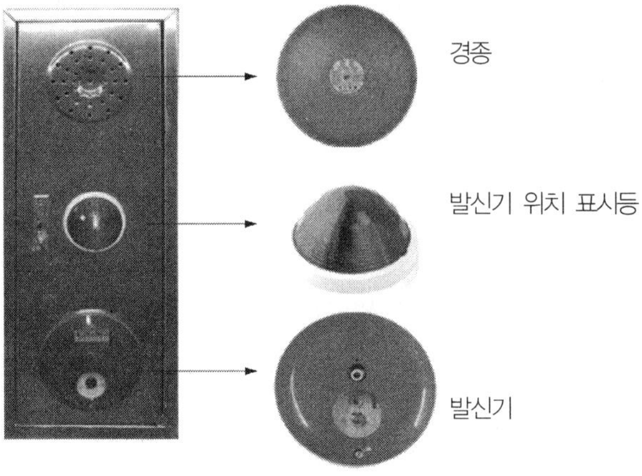

그림 1.10 비상벨 발신기 종합반

다. 화재의 발생을 발견한 사람이 기동장치를 조작함으로써 음향장치인 사이렌이 명동하여 건물 내에 있는 사람들에게 화재가 발생한 것을 알리는 것으로, 기동장치를 조작한 후 10초 이내에 사이렌의 중심에서 1m 떨어진 위치에서 90dB 이상의 음압을 발한다. 이 자동식 사이렌에는 비상전원을 부가 설치하게 되어 있으므로 정전 시에도 기능하는 것이 필요하다.

2) 비상방송설비

화재 발생 시에 건물 내에 있는 사람들에게 화재가 발생한 것을 음성으로 알리는 설비로 기동장치, 표시등, 스피커, 증폭기, 조작 장치, 전원 및 배선으로 구성되는 것을 말한다. 방송설비는 화재를 발견한 사람이 기동장치를 조작함으로써 증폭기의 전원을 자동적으로 넣거나 또는 자동화재 경보설비의 감지기가 작동하여 자동화재 경보설비의 수신기에 화재신호를 보내는 것으로, 자동으로 또는 수동으로 증폭기의 전원이 들어가 조작 장치의 마이크로폰을 사용하여 스피커를 통하여 음성으로 비상경보방송을 하는 것이다. 이때, 음성은 녹음 테이프를 사용하는 경우도 있다.

(3) 주요 비상경보설비의 설치

1) 스피커의 설치

① 방송구역을 바닥, 벽 또는 문(장지문, 미닫이 등 차음 성능이 현저하게 낮은 것은 제외)으로

구획된 부분으로 정의하여 원칙적으로 방송구역 단위로 스피커의 설치기준을 적용한다.

② 그림 1.11과 같이 방송구역의 넓이에 따라 스피커를 설치한다.

㉠ 100m^{2}를 초과하는 방송구역 : L급 스피커의 설치

㉡ 50m^{2}를 초과 100m^2 이하의 방송구역 : L급 또는 M급 스피커의 설치

㉢ 50m^2 이하의 방송구역 : S급, M급 또는 L급 스피커의 설치

㉣ 층계 또는 경사로 : L급 스피커의 설치

③ 스피커는 방송구역의 각 부분에서 10m(층계 또는 경사로의 경우에는 높이 15m마다) 이하가 되도록 설치한다.

④ 거실 및 거실에서 지상으로 통하는 주요 복도, 기타의 통로에서는 6m^2 이하, 기타의 부분에서 30m^2 이하의 방송구역에서는 스피커를 설치하지 않아도 된다. 단, 이 방송구역의 각 부분에서 인접한 방송구역에 설치된 스피커까지의 거리가 8m 이하가 되도록 설치되어 있어야 한다. 이 경우에는 인접하는 2개의 스피커도 무방하다.

스피커의 설치를 필요로 하지 않는 방송구역이 존재하는 경우에 인접하는 스피커가 담당하는 방송구역에 면적을 합산한다.

2) 조작부, 증폭기, 원격조작기의 설치

① 증폭기는 점검 및 사용상 필요한 공간을 확보할 수 있도록 설치한다.

② 조작부, 원격조작기에 대해서는 ①을 충족시키는 동시에 다음 사항에 유의하여 설치한다.

㉠ 조작부 또는 원격조작기 중 하나는 수위실, 기타 평상시 사람이 있는 장소에 설치한다. 단, 중앙관리실이 설치되어 있는 경우에는 중앙관리실에 설치한다.

㉡ 조작 스위치는 바닥면에서의 높이가 0.8m(의자에 앉아서 조작하는 경우에는 0.6m) 이상 1.5m 이하의 장소에 설치한다.

3) 배선

조작부, 증폭기에서 스피커, 원격조작기 및 기동장치까지의 배선은 그림 1.12와 같이 내열배선으로 해야 된다. 따라서 내열전선을 사용하여 노출 배선으로 하거나, 600V 2종 비닐 절연전선(HIV)을 사용하여 금속관 공사 또는 금속 덕트 공사를 해야 한다.

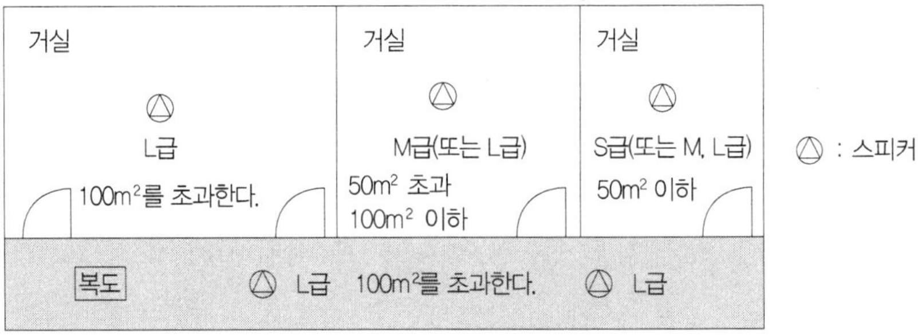

그림 1.11 스피커 설치 위치의 예

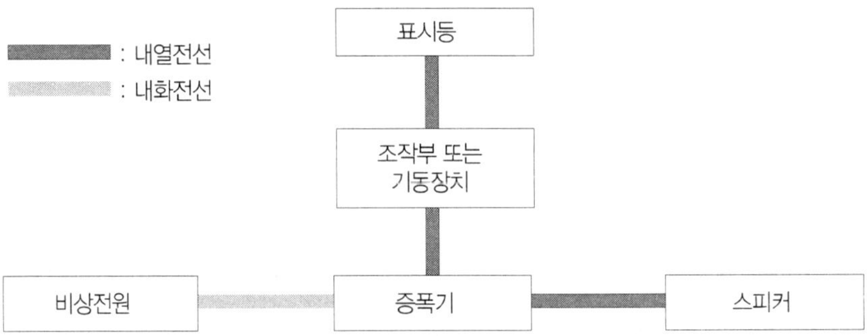

그림 1.12 방송설비의 배선

1.6 소화설비 계통도

(1) 옥내·외소화전설비 시스템의 구성

통상적인 옥내·외소화전설비 시스템의 구성은 그림 1.13과 같다. 옥내소화전설비는 초기화재의 소화를 목적으로 옥내의 출입문 또는 계단 가까이에 설치하는 설비로서 그 구성은 일반수원, 고가수조 및 저수조, 펌프 및 모터, 기동장치, 배관 및 개페밸브, 소방호스, 노즐 및 소화전함 등으로 구성되며, 기동방식은 펌프기동식과 압력탱크식의 2가지가 있다.

기동은 화재 발생 시 소화전에서 소방호스와 관창을 통하여 분출되는 물을 가연성 물질과 화재지역에 수동으로 방사하게 된다. 옥외소화전설비의 경우는 그 속성이 옥내소화전설비와 같으나 단지 옥내소화전설비에 비해 방수압력과 방사량이 크다. 옥외에 설치하여 소화대상건

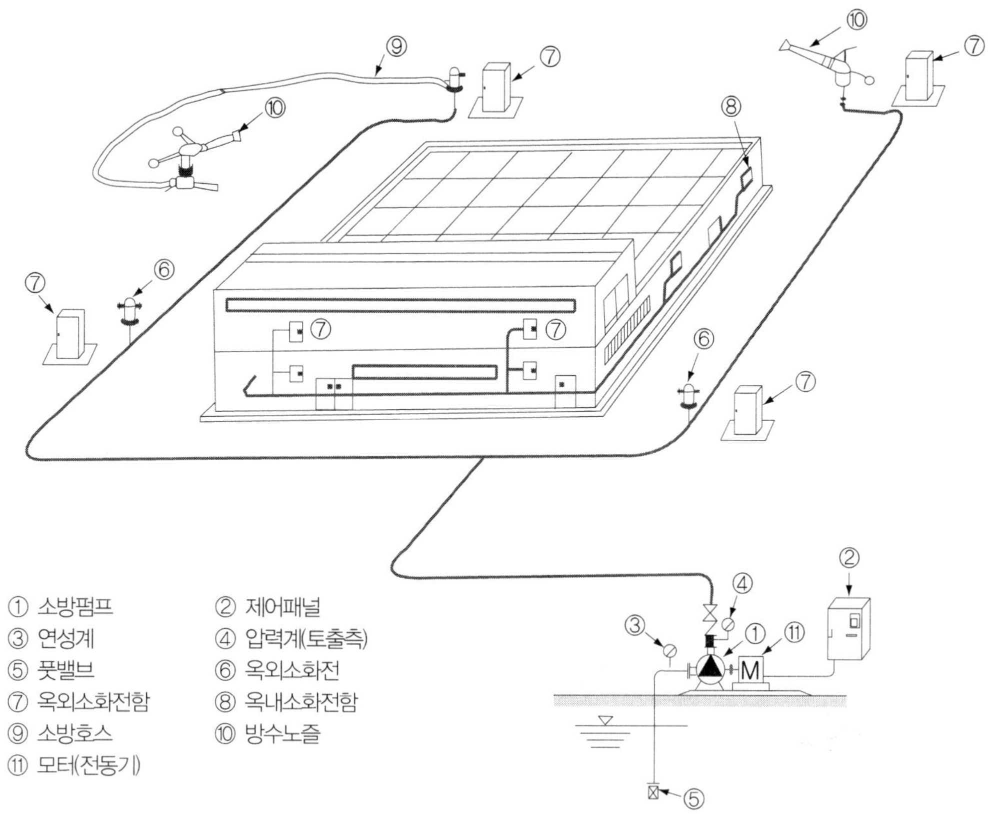

그림 1.13 옥내·옥외소화전설비 시스템 구성도

물의 1, 2층의 초기화재와 본격 화재 시에도 유효하며, 건물의 외부 소화 및 근접 건물의 화재에 대한 소화목적으로 설치한다. 고층건물 또는 지하층에 대하여는 소화활동이 불가능하다.

옥내소화전설비 시스템의 구성은, 수원, 가압송수장치, 개폐밸브, 호스, 노즐, 소화전함, 비상전원 등으로 되어 있고, 옥외소화전설비의 경우도 구성요소가 거의 같으나 수원의 양, 방사압력, 설치위치, 옥외소화전과 소화전함 및 부속장치 등의 구성이 다르다.

(2) 스프링클러 설비 시스템의 구성

통상적인 스프링클러 설비 시스템의 구성은 그림 1.14와 같다. 스프링클러 설비는 소방대상물의 방호공간에서 화재가 발생한 경우 천장, 벽면에 설치되어 있는 스프링클러 헤드가 열을 자동으로 감지하고 동시에 스프링클러 헤드로부터 화재가 발생한 지점에 물을 살수시켜 화재 초기 단계에서 효율적으로 소화할 수 있는 소화설비를 말한다.

주요 스프링클러 소화설비의 구성요소의 특징을 살펴보면 다음과 같다. 즉 스프링클러 헤드는 소방대상물의 천장·반자·천장과 반자 사이·덕트·선반 기타 이와 유사한 부분에 설치하는 것으로 물이 최종 단계에서 살수되며 폭이 9m 이하인 실내에 있어서는 측벽에 설치할 수도 있다. 유수검지장치는 습식유수검지장치(패들형을 포함한다.)와 건식유수검지장치 그리고 준비작동식유수검지장치가 있다. 이것은 유수현상을 자동적으로 검지하여 신호 또는 경보를 발하는 장치를 말한다. 가압송수장치는 일정 기준압력 이상의 압력을 발생 시키는 장치로써 정격

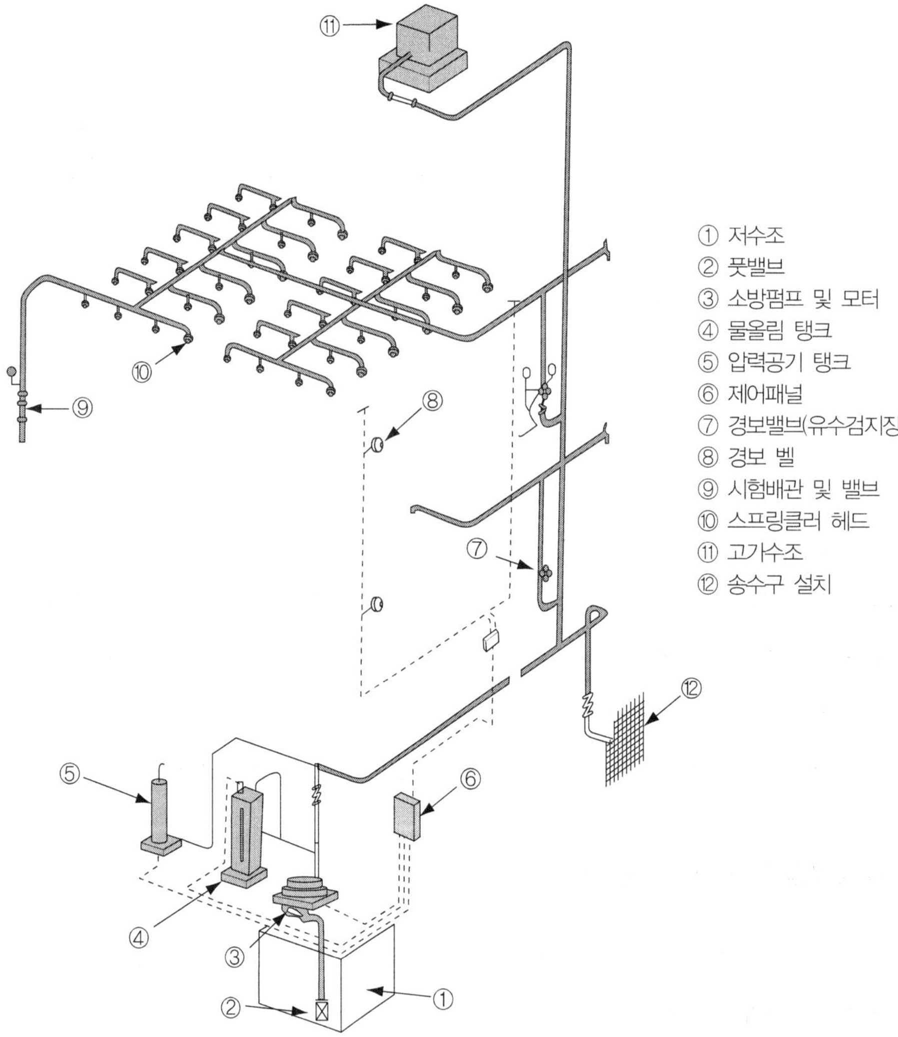

그림 1.14 스프링클러설비 시스템

토출압력이 하나의 헤드선단에서 0.1MPa 이상 1.2MPa 이하의 방수압력이 되게 하는 크기를 발생시키는 장치가 되어야 한다. 이것으로는 전동기 또는 내연기관에 따른 펌프를 이용하는 가압송수장치와 고가수조의 자연낙차를 이용한 가압송수장치, 그리고 가압원인 압축공기 또는 불연성 고압기체에 따라 소방용수를 가압시키는 압력수조 가압송수장치 등이 있다.

다음으로는 급수장치가 있다. 대표적인 급수장치로는 소방펌프가 있고, 송수구는 소방차로부터 스프링클러설비에 연결하여 송수할 수 있는 설비를 말한다. 이때 송수구의 설치는 주로 송수 및 그 밖의 소화작업에 지장을 주지 아니하는 장소로서 지면으로부터 높이 0.5m 이상 1m 이하의 위치에 구경 65mm의 쌍구형으로 설치한다.

마지막으로는 스프링클러의 수원이다. 이 설비에서의 수원은 방수구역에 설치된 스프링클러 헤드에 적정량의 물을 압송시켜 일정시간 동안 소화할 수 있는 수량을 저장하는 장치를 말하며, 대표적인 것으로는 수조가 있다.

(3) 할로겐화합물 소화설비 시스템의 구성

할로겐화합물 소화설비 시스템의 구성은 그림 1.15와 같고, 통상 소화약제 중 할론 1301 (CF_3Br)을 압축 액화시켜 고압용기 내에 충진하고 다시 질소를 용기에 가압하여 저장하였다가 화재 시 자동 또는 수동으로 조작하여 용기밸브를 개방함과 동시에 경보를 발하고 표시하도록 구성된 소화설비이다. 따라서 어느 소화설비보다 소화능력 및 안전성이 뛰어난 우수한 소화시스템이다.

시스템의 구성은 이산화탄소 소화설비와 거의 같다. 주요 구성요소에는 할론 저장용기, 기동용기, 안전밸브, 제어반, 할론 실린더, 집합관, 밸브헤더, 선택변, 분사헤드, 방출표시, 압력스위치 등이다. 이 설비 시스템으로는 가압식과 축압식이 있고, 방출방식은 전역 방출방식과 국소방출방식으로 구분된다. 방출시간은 30초 방출과 10초 방출이 있다. 특히, 10초 방출방식의 경우는 고속소화 및 고온으로 인한 화재피해 그리고 소화가스의 유해생성가스의 최소화를 목적으로 사용되는 안전성을 도모한 소화설비이다.

소화약제는, 할로겐화 탄화수소로서 소방법에서는 할로겐이라 칭하며 이는 메탄(CH_4), 에탄(C_2H_3) 등의 수소의 일부 또는 전부가 불소(F), 염소(Cl), 취소(Br), 요오드(I) 등의 할로겐원소로 치환된 화합물을 말한다. 약제의 특징은 화학적으로 C(탄소)-F(불소)의 결합으로서 안정성이 있고 저독성으로 Br(브롬)과 I(옥소)의 결합체보다 소화효과가 좋아 불소치환약제가 소화약

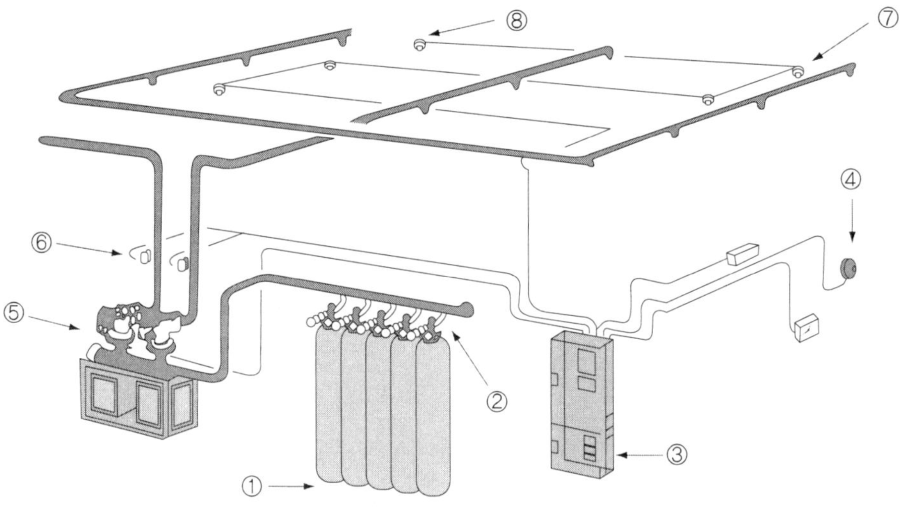

① 저장용기 ② 분배관 및 헤드 ③ 제어반 패널 ④ 경보 사이렌 ⑤ 선택밸브
⑥ 압력스위치 ⑦ 분사헤드 ⑧ 클리닝헤드

그림 1.15 할로겐화합물 소화설비 시스템

제로 가장 많이 사용되고 있다고 할 수 있다. 그러나 할로겐화합물 소화약제는 지상 약 30km 상공에 존재하는 오존층(O_3)의 파괴물질로 거론되어 생산이 제한되고 사용규제가 강화되고 있다. 할로겐화합물 소화약제는 이산화탄소 소화약제와 비교하면 방사 시 약 3배 더 많은 소화효과를 가지지만 독성이 있다고 할 수 있다.

(4) 분말 소화설비 시스템의 구성

분말 소화설비는 열과 연기가 충만되어 소화기로는 소화할 수 없는 특수 대상물 또는 연소 확대위험이 많은 경우에 설치하는 소화설비로서 수동 또는 자동 조작방법으로 작동시켜 질소와 같은 불연성 가스의 압력으로 소화분말을 배관 내로 압송시켜, 헤드나 노즐로부터 방호 혹은 소화대상물에 방출하는 소화설비이다. 즉 자체적으로 독성이 없는 분말약제를 연소물 표면에 뿌려주면 열에 의해 열분해반응을 일으킨 후 생성된 물질인 CO_2, H_2O, HPO_3 등에 의한 소화방법으로서 표면화재에 효용성이 매우 크다.

분말 소화설비의 방출방식으로는 전역 방출방식, 국소방출방식, 이동식 등의 3가지로 분류되고, 약제는 그 성분에 따라서 제1종 분말(탄산수소나트륨이 주성분 : B, C급 화재의 소화약제), 제2종 분말(탄산수소칼륨이 주성분), 제3종 분말(인산암모늄이 주성분 : A, B, C급 화재의 소화약제,

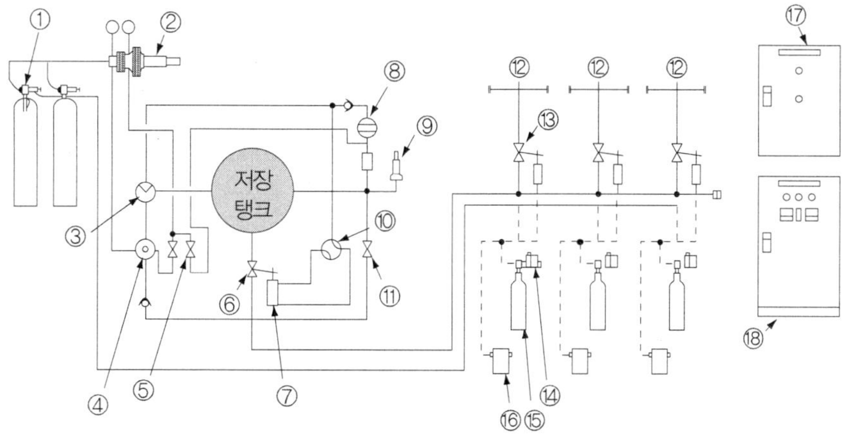

① 가압용 가스용기(질소가스) ② 압력조정기 ③ 유량제어밸브 ④ 클리닝밸브
⑤ 압력조성기 개폐밸브 ⑥ 방출밸브 ⑦ 방출 실린더 ⑧ 정압작동밸브
⑨ 안전밸브 ⑩ 실린더 조작밸브 ⑪ 배기밸브 ⑫ 소화 구획
⑬ 선택밸브 ⑭ 솔레노이드 용기(이산화탄소) ⑮ 기동용 가스 용기(이산화탄소)
⑯ 압력스위치 ⑰ 제어패널 ⑱ 전원장치(축전지설비)

그림 1.16 분말 소화설비 시스템

주차용에 제공되는 소화약제), 제4종 분말(탄산수소칼륨과 요소와의 반응물이 주성분)이 있다.

분말 소화설비 시스템의 구성은 그림 1.16과 같고 이산화탄소 소화설비와 거의 같으며, 다른 점으로는 소화약제가 분말 즉 고체라는 점과 또한 동시 방사 시 분사헤드의 방사 압력이 균일하도록 토너먼트 배관을 채용하고 있다는 점이다. 이때 주요 구성요소로는 그림과 같이 분말 소화약제 저장용기, 분말 소화약제 가압용 가스용기, 저장용기 주밸브, 압력조정기, 정압작동장치, 선택밸브, 분말 소화설비 배관 및 분사헤드 등이 있다.

(5) 이산화탄소 소화설비 시스템의 구성

이산화탄소 소화설비 시스템은 그림 1.17과 같고, 스프링클러 소화설비나 포 소화설비 등 물에 의한 피해가 예상되는 장소에 설치 사용되며 전기화재, 유류화재 등에 노출된 곳에 유용하다. 소화약재인 이산화탄소의 경우 화학적으로 안정된 약제이고 변질이 없어 반영구적으로 사용할 수 있다. 특히 이 약제는 소화대상물이 복잡하고 입체적인 구조물이라도 깊숙하게 침투하므로 완전소화가 가능하다. 따라서 A급, B급, C급 화재 등 어느 화재에도 적용 가능하고 소화 후 잔유물이 남지 않는다.

이산화탄소 소화설비의 구성으로는 기동장치, 저장용기, 배관설비, 선택밸브, 분사헤드, 제어

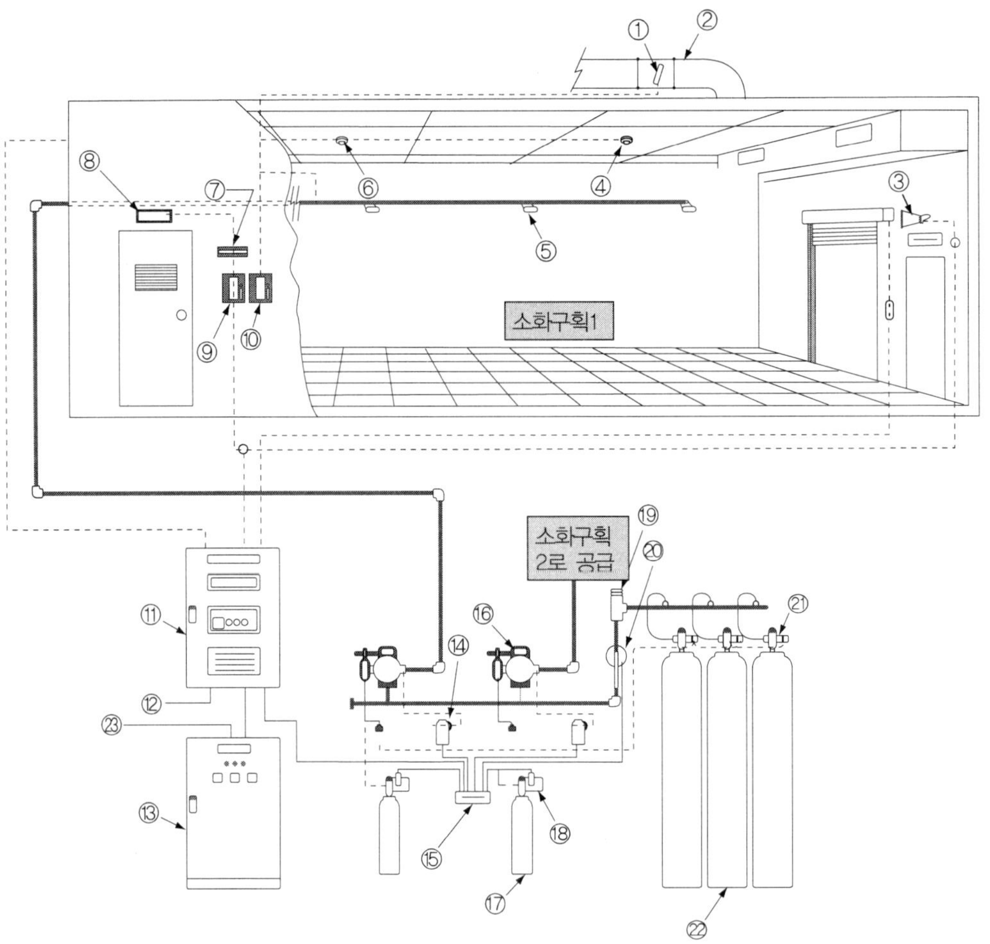

① 피스톤 릴리저	② 덕트	③ 스피커	④ 연기감지기(광전식)
⑤ 분사헤드	⑥ 화재감지기(정온식)	⑦ 표지판	⑧ 충만 표시등
⑨ 수동 기동장치	⑩ 복구밸브 케이스	⑪ 제어밸브	⑫ 이전통보 표시기기 장치로
⑬ 전원장치(축전지 설비)	⑭ 압력 스위치	⑮ 단자함	⑯ 선택밸브
⑰ 가스 용기	⑱ 용기밸브 솔레노이드	⑲ 안전장치	⑳ 점검용 폐지밸브
㉑ 용기밸브	㉒ 이산화탄소 저장용기	㉓ 전원으로부터	

그림 1.17 이산화탄소 소화설비 시스템

반, 화재감지기, 음향경보장치, 약제 자동폐쇄장치 등으로 구성되며 설비 시스템은 방출방식에 따라 전역 방출방식, 국소 방출방식, 이동식의 3종류로 구분한다.

약제의 특징은 화학식이 CO_2이며 기체상일 때 탄산가스, 액체상일 때 액화탄산가스, 고체일 때 드라이아이스라고 한다. 이산화탄소는 최종 산화물로서 더 이상 연소반응을 일으키지 않기 때문에 할론, 질소, 아르곤, 수증기 등의 불활성 기체와 함께 가스계의 소화약제로 널리 알려져 있다. 이산화탄소는 가격이 저렴한 편이며, 액화가 용이하고 더 이상 산소와 반응하지 않는 가스이기 때문에 심부화재 및 전기화재에도 적합하나 저장설비가 고압이어서 사용 시 소음이 크다. 특히 방사 시 −83℃까지 하강하므로 동상의 우려가 있다.

작동 원리로는, 자동식의 경우 감지기에 의해 화재가 감지되면 음향경보를 발하고 기동가스 용기밸브를 전기적으로 개방하여서 선택밸브 및 소화가스 용기의 밸브가 개방되고 가스를 방출하면 소화하게 된다. 수동식의 경우는 수동 기동장치의 문을 개방함과 동시에 음향경보를 발하게 되고, 누름단추를 누르면 기동가스밸브가 전기동기신호로부터 개방되어서 기동가스를 방출하고, 차례로 선택밸브 및 소화가스 용기의 밸브가 개방되면 소화가스가 방출 소화하게 된다. 이때, 기동가스밸브의 원격조작 방식으로는 전기조작식과 가스압조작방식이 있다.

(6) 포말 소화설비 시스템의 구성

포말 소화설비는 물에 의한 소화방법의 하나로서 이산화탄소 혹은 할로겐, 분말 등에 의한 소화설비이며, 소화효과가 적거나 화재 면적이 넓어 소화가 현저하게 곤란할 경우와 유류화재 등에 주로 사용되는 소화설비 시스템이다.

포말 소화설비 시스템의 구성은 그림 1.18과 같고, 고정 전역방사방식의 경우 기본 구성은 개방형 스프링클러 소화설비 시스템과 같다. 따라서 그 구성요소에는 수원, 가압송수장치, 약제 혼합장치, 발포기 및 포 방출구, 약제 저장탱크, 일제개방밸브, 자동화재탐지설비, 배관류 등이며 일반적인 포말 소화설비 시스템의 구성이 된다.

소화방식을 간단하게 소개하면, 가압 송수설비로부터 압송된 소화수에 3~6% 정도의 포말 소화약제를 혼합장치를 사용하여 혼합한 후 발포기기로 송출하면 기계적으로 공기와 혼합 교반되고 포말이 형성된다. 이 포말이 연소물을 덮게 되면 질식효과 및 냉각효과에 의해 소화되는 소화설비 일체를 말한다.

이때, 포(Foam)는 발포기구에 따라 화학포와 기계포(공기포)로 나누어진다. 화학포의 경우 외통제(A제)와 내통제(B제)로 되어 있고 황산알루미늄을 주원료로 하여 CO_2를 핵으로 이용한 주로 전도식이다. 특히 기계포의 경우는 기계적인 방법으로 발포기를 통해 공기와 혼합하여 거품을 형성한다. 기계포의 종류에는 단백포, 수성막포, 알코올포, 합성계면활성제포, 불화단백포 등이 있으며 특히, 수성막포는 단백포보다 효과가 3배 정도 뛰어나 비행기 격납고 등에 사용된다. 또한 기계포는 포의 팽창비가 커서 유류화재에는 적합하나 약 90% 이상이 물이므로 전기화재에는 절대 사용할 수 없다. 소화 효과는 질식·냉각효과 등이며 유류화재, 일반화재 등에 사용된다.

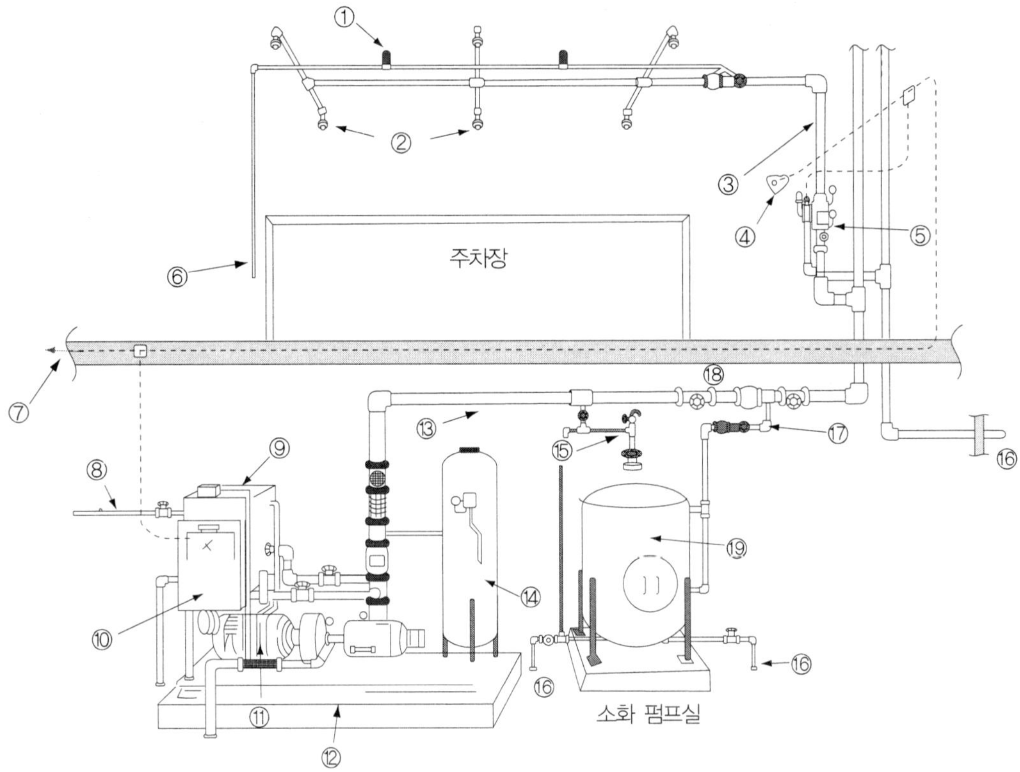

① 감지용 스프링클러 헤드 ② 폼 헤드 ③ 일제개방밸브(지구 선택밸브) ④ 경보 사이렌
⑤ 습식유수검지 장치 ⑥ 수동기동 장치 ⑦ 방재반으로 ⑧ 공급수
⑨ 물올림수조 ⑩ 펌프제어밸브 ⑪ 펌프 모터 ⑫ 가압송수 장치
⑬ 소화수 주관 ⑭ 압력 탱크 ⑮ 저장용기 가압관 ⑯ 배수
⑰ 소화약제 송액관 ⑱ 체크밸브 혼합기 ⑲ 소화약제 저장용기

그림 1.18 포말 소화설비 시스템

1.7 방화관리

(1) 특수장소의 방화관리

1) 소방대상물

소방대상물은 소방설비 등의 설치나 유지관리가 의무시되는 대상물이다. 영화관, 음식점, 백화점, 호텔, 병원, 학교, 역, 공장, 복합건물, 아케이트 창고 등이 여기에 속한다.

표 1-8 방화관리자를 선임해야 할 소방대상물

1급 방화관리 대상물	APT, 지하구, 철강 등 불연성 물품을 저장·취급하는 창고 및 동·식물원을 제외한 특수 장소로서 다음 각 항목의 1에 해당하는 것. ① 연면적이 15,000m^2 이상인 건축물 ② ①에 해당하지 아니하는 소방대상물로서 층수가 11층 이상인 건축물 ③ 가연성 가스를 1,000톤 이상 저장·취급하는 시설
2급 방화관리 대상물	1급 방화관리 대상물에 해당하지 아니하는 것으로서 다음 각 목의 1에 해당하는 것. ① 스프링클러 설비, 물분무등 소화설비를 설치하는 소방대상물 ② ①에 해당하지 아니하는 소방대상물로서 자동화재 탐지설비 또는 옥내소화전 설치대상(통신촬영시설, 관광 휴게실, 일반 목욕장, 관람장, 체육관 제외) ③ APT로서 주택관리령 제7조에 해당하는 것 ④ 가스 제조설비를 갖추고 도시가스 사업허가를 받아야 하는 시설 또는 가연성 가스 1,000톤 미만 저장·취급하는 시설 ⑤ 지하구

2) 방화관리자를 선임해야 할 소방대상물

방화관리자를 선임해야 할 1, 2급 방화관리 소방대상물은 표 1-8과 같다.

3) 방화관리자의 책임

① 소방대상물에 대한 소방계획 작성

② 소방계획에 기초한 소화

③ 소방계획 및 소화방법에 대한 정기적인 통보 및 대피훈련 실시

④ 소방설비의 점검 및 정비

⑤ 화기사용과 취급에 관한 감독

(2) 공동 방화관리

다음 각 항과 같은 소방대상물의 권인이 분리된 것 중 관리의 권인이 있는 사람은 소방본부분장 또는 소방서장이 지정한 날로부터 30일 이내에 대통령령이 정하는 사람을 공동방화관리자로 선임하여야 한다. 즉,

① 고층건축물(지하층을 제외한 층수가 11층 이상인 것을 말한다.)

② 지하가(지하의 공작물 안에 설치된 상점·사무실 그 밖의 이와 비슷한 시설이 연속하여 지

하도에 접하여 설치된 것과 당해 지하도를 합한 것을 말한다.)

③ 그 밖의 대통령령이 정하는 소방대상물

법 제10조 제1항 제3호에서 "그 밖의 대통령령이 정하는 소방대상물"이라 함은 다음 각 호의 1에 해당하는 특수 장소를 말한다.

① 별표 1의 복합 건축물로서 연면적 5,000m^2 이상인 것 또는 5층 이상인 것

② 별표 1의 판매시설 중 도매시장 및 소매시장

③ 제6조의 규정에 의하여 방화관리자를 두어야 할 특수 장소 중 화재 발생 시 다수의 인명피해 발생 또는 화재의 확대가 우려되는 별표 1의 근린생활시설·위락시설 또는 공장으로서 소방본부장 또는 소방서장이 지정하는 것

등이다.

1.8 소방설비의 검정제도와 정기점검제도

(1) 검정 및 점검제도

소방용 기계·기구 등은 화재 시 정확하게 작동되는 것이 필수조건이므로 제품의 품질을 확보하기 위해 검정제도가 실시되고 있다.

1) 소방용 기계·기구의 검정제도의 종류

① 형식승인

소방용기계·기구 등의 제조메이커의 신청에 근거 소방검정공사에서 기술상의 규격 적합여부를 시험하여 규격기준에 적합여부를 판단 행정자치부 장관이 형식승인을 부여한다.

② 개별검정

형식승인을 취득하여 생산된 제품이 규격대로 제조되었는지를 한국소방검정공사가 검시하는 절차이다.

(2) 소방설비 등의 정기점검 보고제도

① **외관점검**

㉠ 동력소방펌프나 비상전원공급자가 발전설비 정상작동 여부의 작동기능을 점검한다.

㉡ 소방설비 등의 기기의 적정배치나 손상 유무 등을 확인하고 외관을 점검한다.

② **기능점검**

기능 및 간단한 조작 등에 의해 정상임을 체크하는 기능점검을 말한다.

③ **종합정밀점검**

상호관련 있는 소방설비 등의 종합적인 기능에 대한 판단을 위하여 설비의 전부 또는 일부를 작동시키는 종합정밀점검을 말한다.

(3) 소방설비별 점검방법 및 기간

소방설비의 종류별 점검방법과 기간은 표 1-9와 같고, 정기점검 방법은 종합점검, 작동기능점검 등이 있다.

표 1-9 소방설비별 점검방법과 기간

<table>
<tr><th colspan="2">정기점검의 방법과 기간
소방용 설비 등의 종류</th><th>종 합
점 검</th><th>작동기능
점 검</th><th>점 검
기 간</th></tr>
<tr><td colspan="2">소화기구, 소방기관으로 통보하는 화재통보설비, 유도등, 유도표지, 소방용수, 비상콘센트설비, 무선통신 보조설비</td><td>○</td><td>○</td><td>점검별로
1년 1회</td></tr>
<tr><td colspan="2" rowspan="2">옥내소화전설비, 스프링클러설비, 물분무소화설비, 포소화설비, 이산화탄소소화설비, 할로겐화합물소화설비, 분말소화설비, 옥외소화전설비, 자동화재탐지설비, 가스누설경보기, 누전화재경보기, 비상경보기구 및 설비, 피난기구, 재연설비, 연결살수설비 및 연결송수관</td><td>○</td><td>○</td><td></td></tr>
<tr><td>○</td><td>○</td><td></td></tr>
<tr><td colspan="2" rowspan="2">동력소방 펌프설비</td><td></td><td>○</td><td></td></tr>
<tr><td>○</td><td></td><td></td></tr>
<tr><td rowspan="4">비상전원
(배선 부분을 제외)</td><td rowspan="2">비상전원 전용 수전설비
또는 축전지설비</td><td></td><td>○</td><td></td></tr>
<tr><td>○</td><td></td><td></td></tr>
<tr><td rowspan="2">자가발전설비</td><td></td><td>○</td><td></td></tr>
<tr><td>○</td><td></td><td></td></tr>
<tr><td colspan="2">배 선</td><td>○</td><td></td><td></td></tr>
</table>

제1장 연습문제

· e·x·e·r·c·i·s·e

01. 소화설비의 종류를 들고 간단히 설명하라.

02. 연소와 소화의 정의에 대하여 간단하게 비교 설명하라.

03. 우리 나라 화재의 원인 중 가장 큰 비율을 차지하는 화재원인과 화재의 발생현황을 최근 3년의 통계 수치를 기준으로 설명하라.

04. 실내 화재 성상의 발달단계와 단계별 특징은?

05. 화재의 성상 및 플래시 오버의 발생원인 및 현상에 대하여 기술하라.

06. 화재의 종류는 국가별로 약간의 차이는 있으나 통상 A급부터 E급까지 분류하고 있다. 화재를 분류하고 설명하라.

07. 소화활동상 필요한 시설과 설비의 종류를 들고 간단하게 설명하라.

08. 소방법상 특수소화설비의 종류를 설명하라.

09. 소화기는 보통 대형소화기 및 소형소화기로 구분하는데 이를 구분하고 그 기준에 대하여 설명하라.

10. 소방법에 따른 방화 대상물을 들고 연소물의 소화방식에 대하여 설명하라.

11. 옥내소화전과 옥외소화전의 설치기준에 대하여 간단하게 기술하라.

12. 옥내소화설비와 옥외소화설비를 들고 그 차이점을 간단하게 비교 설명하라.

13. 방화관리자를 선임하여야 할 소방대상물에 대하여 기술하라.

Chapter 2

소방 기초방정식 및 기초설비

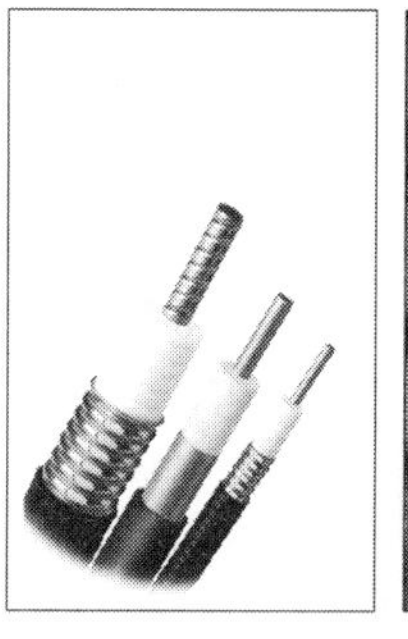

2.1 유체의 각종 정의

(1) 유체에 대한 기초

유체라는 단어가 언급될 때 대부분의 사람들은 물에 관한 것으로 생각한다. 그러나 유체의 모든 범위는 기체, 액체 그리고 습증기를 포함한다. 특히 소방설비시스템에서 유체란 주로 물을 의미하지만 몇 가지 다른 기체를 포함하기도 한다. 여기에서는 소방설비에서 가장 많은 영향을 미치는 물과 공기와 관련되는 유체역학의 기초를 소개한다.

1) 유체의 성질

유체의 성질에 대한 기본적인 범위는 열역학에서 정의된 것과 동일한 성질의 압축성, 점성, 밀도 또는 비중량, 체적 또는 비체적, 휘발성, 비열, 열용량 등이 있으나 여기에서는 중요한 몇 가지만 소개하고자 한다.

① 압축성

설비시스템에서 물은 압축되지 않는 것으로 취급된다. 반면 공기는 압축되는 유체로 취급되며, 그 체적은 $Pv = RT$ 식을 사용하여 예측할 수가 있다.

② 중량, 밀도, 비체적의 관계

유체의 중량(weight)은 킬로뉴턴(kN) 혹은 킬로그램중(kgf), 유체의 밀도는 단위체적에 대한 질량(kg/m^3)으로 측정하며, 비체적은 밀도의 역수이므로 단위 질량당 체적(m^3/kg)이 된다. 표준상태에서 공기와 물의 밀도 및 비체적의 크기는 다음과 같다.

공기의 밀도 : 1.204kg/m^3, 물의 밀도 : 1,000kg/m^3

공기의 비체적 : 0.831m^3/kg, 물의 비체적 : 0.001m^3/kg

위에 제시된 값들은 공기에 있어서 표준상태는 통산 건공기 온도는 21℃, 대기압의 크기는 101.325kPa이며, 물의 표준상태는 같은 압력조건에서 온도가 20℃이다.

③ 점성

점성(viscosity)은 유체의 변형에 저항하려는 성질을 말하고, 이 점성의 크기를 나타내는 척도로서 점성계수를 사용한다. 유체가 한 방향으로 흐를 때 유체 내에 작용하는 전단응력의 크기 τ는 속도 기울기 du/dy에 비례한다. 이 관계를 뉴턴의 점성법칙이라 하며 다음 식과 같다.

$$\tau = \mu \frac{du}{dy} \tag{2.1}$$

여기서, μ : 점성계수$[N \cdot s/m^2]$, $\nu = \mu / \rho [m^2/s]$: 동점성계수

이때, 물과 공기에서 20℃ 상온일 때 점성계수와 동점성계수의 크기는 각각 다음과 같다. 즉, $\mu_{water} = 1.0[N \cdot s/m^2]$, $\mu_{air} = 1.8 \times 10^{-6}[N \cdot s/m^2]$, $\nu_{water} = 1.0[mm^2/s]$, $\nu_{air} = 16[mm^2/s]$이다.

(2) 주요 기본단위와 SI단위

1) 절대단위 기본단위

절대단위계에서는 길이, 질량, 시간의 단위를 기본단위로 하고, 이것을 물리량의 기본량으로 하여 단위를 유도할 때 길이를 m, 질량을 kg, 시간은 sec의 기본단위계를 MKS단위계라 한다. 또 길이[cm], 질량[gr], 시간[sec]을 기본단위로 한 것을 CGS단위계라 한다. 이 단위계에서 힘의 유도단위인 1Newton의 힘의 단위는 질량 1kg의 물체에 $1m/sec^2$의 가속도를 생기게 하는 힘을 말하며, 1dyne은 1[gr]의 물체에 $1cm/sec^2$의 가속도를 생기게 하는 힘을 말한다.

2) 중력단위 기본단위

중력단위에서 길이, 힘, 시간을 기본단위로 하고, 이것을 물리량의 기본 양으로 하여 단위를 유도한다. 여기서, 힘의 단위로는 물체에 미치는 중력, 즉 질량 1kg의 물체의 무게를 1kg중[kgf]으로 표시한다. 보통, 공학에서는 힘을 kgf으로 표시하는데 이를 공학단위라고도 한다. 따라서, $1kgf = 1kg(질량) \times 9.81m/sec^2 = 9.81N[Newton]$이 된다.

3) 국제단위계(System International D'unite's : SI단위)

국제도량형기구에서 정의하여 사용하는 단위로는, 크게 SI 기본단위와 보조단위 그리고 유도단위가 있다.

SI 기본단위는 편의상 독립적으로 간주되는 단위를 선정하고 이를 SI단위의 기본으로 정의한 7가지의 단위를 말한다. 또 SI의 보조단위는 1960년 제11차 국제도량형총회의 결의에 의하여 라디안과 스테라디안의 두 가지가 정해져 사용되고 있고 이들은 차원을 갖지 않는다. 여기

서, SI 기본단위와 보조단위는 표 2-1 및 표 2-2와 같다. 그리고 SI 유도단위는 기본단위 및 보조단위를 사용하여 대수적인 방법으로 새롭게 정의하여 나타낸 단위가 된다. SI 기본단위계 중 미터계(절대단위계)의 기본단위인 길이[m], 질량[kg], 시간[s]의 기본단위로부터 유도된 대표적인 것의 하나는 힘을 N[Newton]으로 정의하여 사용한 것이 있다. 이때, 힘의 [kgf]와 [Newton]의 관계는 1[kgf] = 9.8[Newton]이다. 그 밖의 유도단위는 모두 이들 기본단위와 보조단위를 조합하여 만든 단위가 된다. 즉, 면적(m^2), 체적(m^3), 속도(m/sec), 주파수와 진동수(Hz), 힘(N), 압력(Pa), 일과 열(J), 동력(W), 전기량(C), 전위(V), 전기용량(F) 등이 그것이다.

표 2-1 SI 기본단위와 정의

양	단위의 명칭	단위 기호	정의
길이	미터	m	1m는 빛이 진공에서 299792458분의 1초 동안 진행한 경로의 길이다.
질량	킬로그램	kg	킬로그램은 질량의 단위이며, 1kg은 킬로그램국제원기의 질량과 같다.
시간	초	s	1초는 세슘-133 원자의 바닥 상태에 있는 두 초미세 준위 사이의 천이에 대응하는 복사선의 9192631770 주기의 지속시간이다.
전류	암페어	A	1A는 진공 중에 1m의 간격으로 평행하게 놓여 있는 무한히 작은 원형 단면적을 갖는 무한히 긴 2개의 직선 모양의 도체의 각각에 일정한 전류를 통하게 하여 이들 도체의 길이 1m당 2×10^{-7}뉴턴의 힘이 미치는 전류를 말한다.
열역학적 온도	켈빈	K	1켈빈은 물의 삼중점(三重點)에서 열역학적 온도의 1/273.16이다.
몰질량	몰	mol	1몰은 탄소-12의 0.012킬로그램에 존재하는 원자 수와 같은 수의 요소 입자(원자, 분자, 이온, 전자, 그 밖의 입자) 또는 요소 입자의 집합체(조성이 명확하지 않는 것에 한함)로서 구성된 계의 물질량이다.
광도	칸델라	cd	1칸델라는 주파수 540×10^{12}헤르츠의 단색 복사를 방출하고, 소정의 방향에서 복사 강도가 매 스테라디안당 1/683와트일 때의 광도이다.

표 2-2 SI 보조단위와 정의

양	단위의 명칭	단위 기호	정의
평면각	라디안	rad	라디안은 원의 원주상에서 반지름의 길이와 같은 길이의 호를 잘랐을 때 이루는 2개의 반지름 사이에 포함된 표면각이다.
체각	스테라디안	sr	스테라디안은 구의 중심을 꼭지점으로 하여 그 구의 반지름을 일변으로 하는 정방향 면적과 같은 면적을 그 구의 표면에서 절취한 입체각이다.

(3) 밀도, 비중량, 비체적, 비중의 정의

1) 밀도

물질의 단위체적당 질량을 밀도(density)라 한다. 질량을 m, 체적을 V, 밀도를 ρ라 하면 식 (2.2)로 정의된다.

$$\rho = \frac{질량}{단위체적당} = \frac{m}{V}[\mathrm{kg/m^3},\ N \cdot \mathrm{sec^2/m^4},\ \mathrm{kgf \cdot sec^2/m^4},\ \mathrm{kg/in.^3}] \tag{2.2}$$

또 물의 밀도를 ρ_w라 하면, 그 크기는 단위체적 m^3에 대하여 절대단위와 중력단위가 다음과 같다.

ρ_w=1,000[kg/m^3] : SI 기본단위, ρ_w=1,000[$N \cdot$sec^2/m^4] : SI 유도단위, ρ_w =102[kgf·sec^2/m^4] : 중력단위

2) 비중량

단위체적당 물질의 중량을 비중량(specific weight)으로 정의한다. 무게를 W, 중력가속도를 g, 비중량을 γ라 하면 식 (2.3)으로 정의된다.

$$\gamma = \frac{중량(무게)}{단위체적당} = \frac{W}{V}[\mathrm{kgf/m^3},\ \mathrm{kg/m^2 \cdot s^2},\ \mathrm{kgf/in.^3},\ \mathrm{N/m^3}\ :\ \mathrm{SI}\ 유도단위] \tag{2.3}$$

또 뉴턴(Newton)의 법칙에 의해서 밀도 ρ와 비중량 γ와의 관계는,

$$\rho = \frac{\gamma}{g} \tag{2.4}$$

가 된다.

상온에서 물의 비중량을 γ_w라 하면 물의 입방체적당 무게는 중력단위와 SI단위로 다음과 같이 나타낼 수 있다. 즉,

γ_w= 1,000[kgf/m^3] : 중력단위, γ_w= 9,800[kg/m^2·sec^2] = 9,800[N/m^3] : SI 유도단위

3) 비체적

어느 물질의 비체적(specific volume)은 단위질량당의 체적, 즉 밀도의 역수로 정의된다. 기

호는 v로 표기하고, 식 (2.5)의 정의식이 되며, 위의 밀도와 같이 강도성 상태량이다. 중력장에서 비체적은 각 점마다 위치에 따라 변할 수 있으나 우리가 고려하는 계는 비교적 작으며 높이에 따라 비체적이 현저하게 다르지는 않다.

$$v = \frac{\text{체적}}{\text{단위질량당}} = \frac{V}{m} = \frac{1}{\rho}\,[\mathrm{m^3/kg}]\ :\ \text{SI 기본단위} \tag{2.5}$$

공학단위 비체적은 $v = \dfrac{\text{체적}}{\text{단위중량당}} = \dfrac{V}{W}\,[\mathrm{m^3/kgf}]$이다. 따라서 다음과 같은 관계식이 성립한다.

$$\therefore v = \frac{1}{\rho}(\text{SI 기본단위})\ \text{또는}\ v = \frac{1}{\gamma}(\text{중력단위}) \tag{2.6}$$

여기서, v와 ρ는 질량기준과 몰(mol) 기준으로 하여 기호로 구분되며, 소문자 기호 위에 바(bar)가 있으면($\bar{v}$) 몰(mol) 기준의 상태량 값이다. 즉 $\bar{v}$나 $\bar{\rho}$는 몰 비체적과 몰 밀도가 된다.

4) 비중

같은 체적을 가진 4℃ 물의 질량 또는 무게에 대한 어떤 물질(대상 물질)의 질량비 또는 무게의 비를 비중(specific gravity)이라 정의하고, 식 (2.7)과 같이 정의된 식을 만들 수 있다. 이때 비중은 무차원이며, 물의 비중은 1이다. 즉 S_w가 1이 된다.

$$S = \frac{\text{대상물질의 비중량}(\gamma)}{\text{물의 비중량}(\gamma_w)}$$

$$\therefore S = \frac{\rho}{\rho_w} = \frac{\gamma}{\gamma_w} = \frac{m}{m_w} = \frac{W}{W_w} \tag{2.7}$$

여기서, ρ_w : 물의 밀도, γ_w : 물의 비중량
m_w : 물의 질량, W_w : 물의 무게

(4) 압력

유체(fluid)를 다룰 때 보통은 압력(pressure)에 대하여, 고체(solid)를 취급할 때는 응력(stress)에 대하여 말하게 된다. 압력이란 단위면적당 작용하는 수직방향의 힘을 말한다. 물리학상으로 압력의 단위는 $\mathrm{N/m^2}$, $\mathrm{dyne/cm^2}$, bar 등을 사용하고 있으며, 열역학에서는 $\mathrm{kg/cm^2}$을 주

로 사용하였으나 최근에는 미터계 유도단위의 바(bar) 또는 파스칼(Pa) 등을 사용하고 있다. 아직도 압력의 계기눈금으로 kg/cm^2가 많이 사용된다.

정지 유체 내 한 점에 작용하는 압력은 방향에 관계없이 동일하다. 다시 말하면 작은 미소 면적을 ΔA, ΔA의 수직성분의 힘을 ΔF라 하면 압력 P는 다음과 같이 정의된다.

$$P = \lim_{\Delta A \to 0} \frac{\Delta F}{\Delta A} \tag{2.8}$$

따라서, 전면적 A에 작용하는 평균압력 p는 F에 의해 다음 식과 같다.

$$p = \frac{F}{A} \quad : \text{평균압력}[kgf/m^2,\ N/m^2 = Pa] \tag{2.9}$$

이때, 전압력(total pressure)은 $P = F = p \times A$이다. 국제단위계(SI)에서는 압력의 단위로 파스칼(Pascal, Pa)을 사용하고 있고, 이때 1Pa는 $1m^2$의 단위면적에 작용하는 1N의 힘을 말한다. 즉 $1Pa = 1N/m^2$으로 나타낸다.

유도단위로는 바(bar)가 널리 이용되고 있고, 1bar의 크기는 $1bar = 10^5Pa[N/m^2] = 0.1MPa$이다. 또 대기압은 크게 표준대기압과 국소대기압으로 표현하고, 그 크기는 다음과 같다. 즉 표준대기압(standard atmospheric pressure)이란 바다의 수면 위의 대기의 압력을 말하고 그 값은, 1atm = 760mmHg(수은 높이) = 10.332mAq(물 높이) = $1.0332kgf/cm^2$ = 1013.25mbar = 1.01325bar = 101325Pa(단, $1bar = 10^5Pa$) = 1013.25HPa(단, 1HPa = 100Pa)의 크기가 된다.

국소대기압은 대기의 압력이 습도, 온도, 고도에 따라 달리 측정될 때의 대기의 압력을 말한다. 열역학적 연구에서는 절대압력(absolute pressure)을 주로 논한다. 절대압이란 완전진공 상태로부터 측정되어 나타난 압력의 크기로서 완전진공은 절대압력이 zero(0)값을 나타낸다. 그리고 대부분의 압력계 또는 진공계는 절대압력과 그 계기가 설치된 곳의 국소대기압과의 차이를 나타내어 눈금을 읽게 되어 있고, 이 계기상에 나타난 압력의 크기를 우리는 게이지압(gage pressure)이라고 부른다. 따라서, 그 압력들의 관계를 식으로 나타내면 식 2.10과 같고, 하나의 그래프로 표현하면 그림 2.1과 같이 된다.

$$P_{abs} = P_o + P_g = P_o + P_v \tag{2.10}$$

위 식에서 P_o는 국소대기압, P_v는 진공압(−게이지압)이다. 이때, 진공의 정도는 국소대기압과 비교하여 진공화된 정도를 말하며 백분율로 식 (2.11)과 같이 쓸 수 있다. 즉,

$$\text{진공도}(\%) = \frac{\text{진공압}}{\text{국소대기압}} \times 100 \tag{2.11}$$

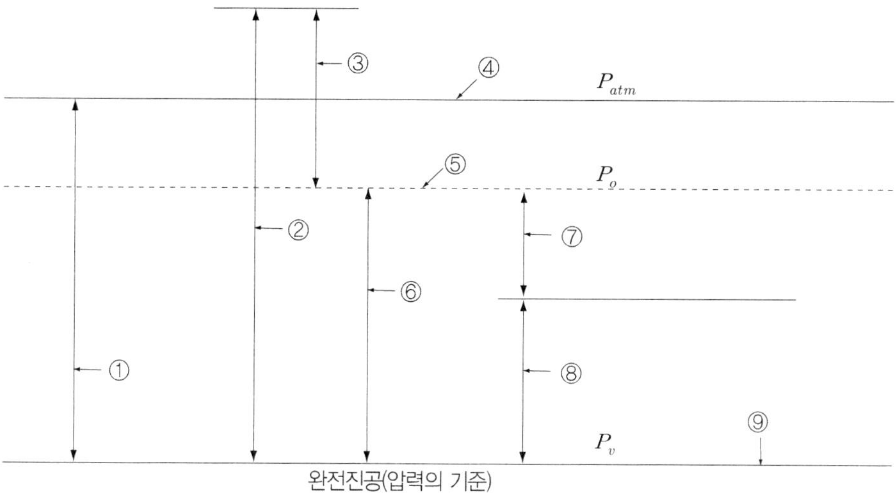

① 760mmHg, 29.92inHg, 1.033kgf/cm^2, 101.3kPa, 10.34mH$_2$O, 14.7psi
② 절대압력(+) ③ 계기압력(+) ④ 표준대기압(standard atmospheric pressure)
⑤ 국소대기압(local atmospheric pressure) ⑥ 국소대기압(barometric pressure)
⑦ 계기압력(−) = 진공게이지압 ⑧ 절대압력(−) ⑨ 절대영기압(absolute zero)

그림 2.1 절대압력과 계기압력의 관계

이다. 특히 공압기압으로는 at를 많이 사용하고 있고, 1at의 공압기압의 크기는 다음과 같다. 1at = 1kg/cm^2 = 735.6mmHg = 10mAq = 9.9807bar[SI] = 0.9678atm = 1ata = 14.22psi의 크기를 갖는다.

2.2 유체의 기초역학 및 관 마찰

(1) 유체 정역학

정수두란 정지되어 있는 계에서 유체의 무게에 의하여 발생하는 압력을 말한다. 계가 공기인 경우 정수두는 소방설비설계에서 중요하지 않게 취급되거나 무시되지만 물의 경우는 무게를 무시할 수 없어 정수압 계산 시 매우 중요하다.

표준대기압의 크기가 101.325kPa로 측정될 때 절대압력은 시스템의 정수두로 볼 수 있는 게이지 압력의 크기에 표준대기압 101.325kPa를 합하면 구할 수 있다.

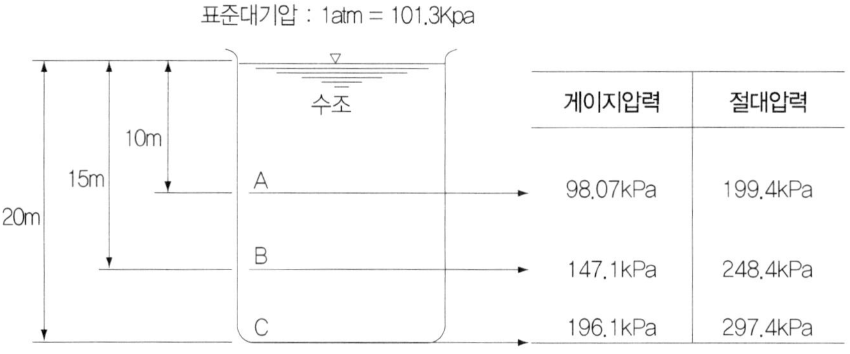

그림 2.2 정지상태의 수조 내 압력의 크기(수압)

만약 1mAq(물) = 9.807[kPa]로 나타나고, 1mHg(수은) = 133.33[kPa]일 때 100[kPa]인 압력에 대하여 U자관 마노미터 속에 수은 대신 물을 사용하려고 한다면 앞의 관계로부터 알 수 있듯이 이것은 매우 번거로운 일이 될 것이다. 따라서 공조시스템과 같이 낮은 압력을 측정할 때는 수은보다 물을 사용하는 것이 눈금차를 보다 확연하게 확대되어 적당하다 할 것이다. 그림 2.2는 개방형 물탱크이며, 높이와 압력의 관계를 보여준다. 그림에서 수두의 높이는 10m로서 게이지압력은 98.07[kPa], 절대압력은 199.4[kPa]로 나타낼 수 있다.

(2) 유체 동역학

1) 속도

유체 동역학이란, 계에서 유체의 동작상태를 표현하기 위하여 사용된다. 유체의 경우 속도는 배관 내의 유체의 체적과 유체가 흐르는 배관의 단면적에 기초를 두고 있다. 층류 상태에서 속도분포는 그림 2.3에서 보여주는 것처럼 배관 속에서도 변화한다. 속도형상으로 알려진 이 현상은 배관의 벽과 유체 사이의 점성에 의한 마찰로 인하여 발생한다. 흐름상태가 난류라면 속도형상은 층류상태와는 약간 다르게 나타난다. 이때 마찰은 증가하고 열교환기의 벽을 통한 열전달도 증가하며, 유체흐름으로 인한 계의 소음 등은 일반적으로 증가한다. 배관에서 유체의 체적유량을 Q[m^3/s]라고 하면 크기는 다음과 같다.

$$Q = AV \tag{2.12}$$

여기서, A : 단면적[m^2], V : 속도 [m/s]

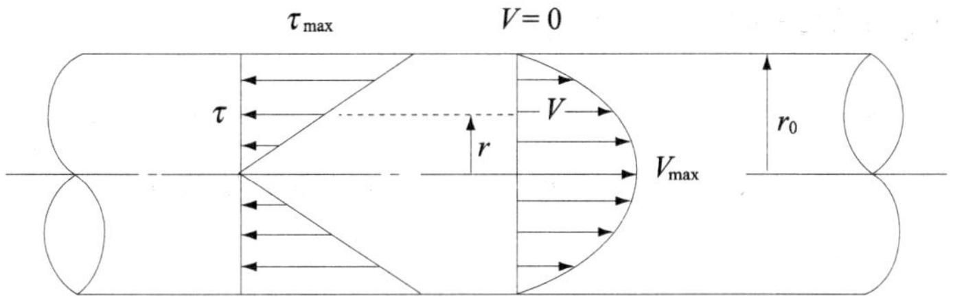

그림 2.3 점성유체의 관내 유동 시 전단응력과 속도분포

2) 마찰

유체가 흐를 때 마찰에 의하여 저항을 받게 되며, 마찰은 속도가 다른 유체와 유체, 유체와 고체 사이에 접촉함으로써 수반되는 자연적인 저항이라 할 수 있다. 여기서 접촉이란 다른 속도로 서로가 상대적으로 움직일 때를 말한다. 이때 유체가 층류를 이루며 흐를 때 속도 차로 인한 미끄럼이 일어나면 두 층 사이에 마찰이 생겨 서로 인접한 두 층에 전단력이 작용하게 되고 결국은 전단력에 저항하려는 유체마찰로 나타난다. 이때 유체마찰을 발생시키는 유체의 성질을 점성이라 한다. 따라서 점성유체의 경우 그림 2.3과 같이 마찰로 인해 관 벽에서 전단응력(τ)이 최대이고 관의 중앙에서 전단응력은 0(zero)이다.

만약 어떤 시스템에서 유체의 흐름이 시작되어서 그때 배관의 마찰손실과 이음쇠의 역학적 손실이 제거되는 것이 가능하다면 밀폐계에서 가압에 의한 펌핑 장치의 모든 동력소비를 제거할 수 있을 것이다. 이러한 가압장치의 펌프에서 단지 하나의 목적은 시스템이 만들어 내는 흐름의 결과로부터 발생하는 마찰손실을 극복하기 위한 것으로 볼 수 있다.

3) 압력의 발생

압력은 시스템의 마찰과 역학적 손실을 극복하기 위해 필요한 힘이다. 이때, 압력은 소방시스템에서 펌프(순환펌프) 등의 가압장치 등에 의하여 생성된다. 이러한 장치의 목적은, 유체의 흐름에서 시스템의 저항을 극복하기 위하여 충분한 압력을 만드는 것이다. 생성된 압력은 펌프의 입구로부터 출구까지 압력 차에 의하여 나타난다. 이러한 압력 차의 크기는 유동하기 위한 시스템의 마찰저항과 물에 있어서 퍼 올려야 하는 유체의 높이 차와 같다. 어느 종류든지 가압장치의 입구와 출구 사이의 압력 차 측정값은 특정 유량에서 시스템의 저항값으로 표현된다.

4) 오일러 운동방정식과 베르누이 방정식

소방설비에서 사용되는 유체가 비압축성, 정상상태, 비점성유체라고 가정하면 다음과 같은 식이 성립된다. 이 식은 오일러(Euler's)의 유체 운동방정식으로부터 적분하여 얻어진 베르누이(Bernoulli's)의 방정식이다.

$$\frac{\rho V_1^2}{2} + p_1 + \rho g z_1 = \frac{\rho V_2^2}{2} + p_2 + \rho g z_2 \tag{2.13}$$

위 식은 유선을 따라 유체의 단위체적당 에너지, 즉 전압력은 일정하다는 것을 의미하며, 동압과 정압 그리고 위치압의 합은 일정하다는 것을 말한다. 위 식을 정리하고 유체수두의 식으로 바꾸면 다음 식과 같다.

$$\frac{V_1^2}{2g} + \frac{p_1}{\gamma} + z_1 = \frac{V_2^2}{2g} + \frac{p_2}{\gamma} + z_2 = H \tag{2.14}$$

식 (2.14)에서 $\frac{V^2}{2g}$항은 속도수두, $\frac{p}{\gamma}$항은 압력수두, z항은 위치수두라 하며, 이 식 전체의 합이 전수두 H의 크기로 그림 2.4에 나타내었다. 실제 관로 속의 유체유동에서는 점성유동이므로 마찰에 따른 압력강하 손실이 발생한다. 이 크기를 h_L이라 할 때 다음과 같은 (2.15)식으로 나타낼 수 있다.

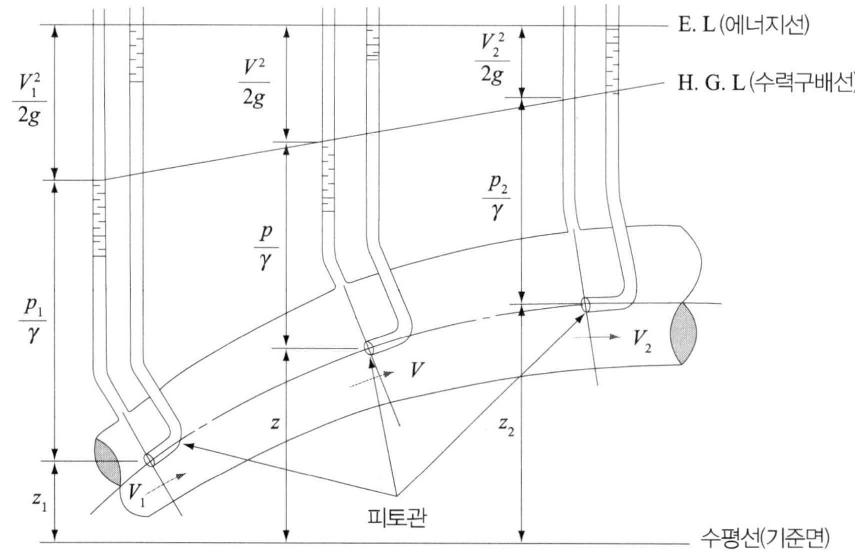

그림 2.4 베르누이 방정식에 의한 유체의 전수두

$$\frac{V_1^2}{2g} + \frac{p_1}{\gamma} + z_1 = \frac{V_2^2}{2g} + \frac{p_2}{\gamma} + z_2 + h_L \tag{2.15}$$

(3) 층류와 난류, 레이놀즈수 및 관 마찰

1) 층류와 난류

유체입자들이 층을 이루면서 규칙적으로 질서정연하게 흐르는 유동을 층류유동(laminar flow) 또는 층류라 한다. 이때 서로 이웃하는 층 사이에는 유체의 미시적 혼합은 있으나 입자의 거시적 혼합, 즉 큰 유체입자간 교환은 없다. 따라서 이웃하는 층과 층은 서로 원활하게 미끄러지면서 흐르는 경우다. 이러한 유체의 유동을 뉴턴(Newton) 유체라고 하고 이들 층 사이에 생기는 마찰력은 뉴턴의 점성법칙을 따른다.

유체입자들이 극히 불규칙한 경로를 따라 회전하면서 불규칙하게 흐르는 유동을 난류유동(turbulent flow) 또는 난류라 한다. 난류운동을 하는 유체의 입자들은 불규칙한 운동을 하며 속도 또한 불규칙하게 변한다. 난류에서의 점성법칙은 다음과 같이 표시된다.

$$\tau = (\mu + \eta)\left|\frac{d\bar{u}}{dy}\right| \tag{2.16}$$

여기서, η는 유체의 물성치가 아니고 난류의 정도와 유체밀도에 의하여 결정되는 계수로서 와점성계수(eddu viscosity)라 부른다. 일반적으로 η는 점성계수 μ의 값보다 상당히 큰 값을 가진다.

유체의 유동이 층류인가 난류인가 하는 문제는 유체가 갖는 관성력과 점성력의 상대적 크기에 의하여 결정된다. 점성력에 비하여 관성력이 상대적으로 커지면(점성이 작고 속도 또는 유량이 큰 경우) 층류는 불안정하게 되며 층류는 파괴되고 점차 난류로 성장해 유체 전역에 걸쳐 완전히 난류로 된다. 실제 유체의 유동은 층류와 난류 그리고 이 사이의 천이구역으로 구분된다.

층류의 파괴로부터 완전히 난류로 성장되기까지의 기간을 천이유동(transition flow)이라 말한다. 천이유동을 하는 유동장의 한 점이나 혹은 한 단면의 유동상태를 살펴보면 층류와 난류가 동시에 혼재하는 것이 아니고 층류와 난류가 교번해서 일어난다. 다시 말하면 어느 기간은 층류로 흐르다가 다음 순간 난류로 바뀌고 난류가 어느 기간 계속하다 다시 층류로 바뀐다. 이러한 과정이 계속되면서 난류기간이 점점 길어져 유체 전역이 난류로 성장한다.

2) 레이놀즈수

레이놀즈(Reynolds)는 실험장치를 만들어 층류와 난류를 구분하는 척도로 삼았다. 즉 저수 탱크의 유리관에 연결밸브를 달아 관속을 흐르는 물의 속도를 조절할 수 있도록 하고, 마찰을 줄이기 위한 종모양의 관 입구에는 물감을 공급하는 가는 관을 설치하였다. 이때 느린 속도에서 물감이 가는 선을 이루는 경우의 흐름은 층류유동이고, 속도가 빠를 때 물감이 흐트러져 선이 보이지 않는 경우는 난류유동을 보여주는 것으로 보았다.

층류는 유체층간에 미끄러짐이 있을 뿐 질서정연하게 흐르는 흐름이며 난류는 유체 입자가 난동을 일으키면서 무질서하게 흐르는 흐름을 말한다. 또 레이놀즈는 층류, 난류의 구분이 속도(V)에 의해서만 결정되는 것이 아니고 유체의 점성계수(μ), 밀도(ρ), 관의 직경(d)에도 관계됨을 알고 이들 변수에 의한 무차원 함수를 정의하여 사용하게 되었는데 이 함수를 레이놀즈수(Reynolds number; Re)라 부르며 원형 관에서는 다음과 같다.

$$Re = \frac{\rho V d}{\mu} = \frac{Vd}{\nu} \tag{2.17}$$

여기서, ρ : 유체의 밀도, V : 유체의 평균속도,
d : 관의 직경, μ : 유체의 점성계수,
ν : 유체의 동점성계수

단면이 일정한 원형 관에서의 레이놀즈수에 의한 층류와 난류의 구별은 실험에 의하여 Re가 약 2,100보다 작은 값일 때 층류이고, Re가 4,000을 넘을 때 난류가 되며, Re의 값 2,100 ~ 4,000 사이에서의 불안정한 과도적 현상을 천이흐름이라 한다. 그리고 속도를 높여갈 때 층류에서 난류로 변하는 Re의 값은 대체로 4,000이고, 다시 난류에서 층류로 변하게 되는 Re의 값은 2,100 부근이므로, 4,000을 상임계 레이놀즈수, 2,100을 하임계 레이놀즈수라고 부른다. 여기서 레이놀즈수의 정확한 값을 이야기하지 않는 까닭은 실험조건, 즉 관 입구의 형상이나 저장된 유체의 안정도 또는 관 벽면의 거칠기에 따라 다소 유동적이기 때문이며, 학자에 따라서는 2,100을 2,000 ~ 2,320의 값으로 취하기도 한다.

3) 관 마찰계수와 손실수두

① 달시-바이스바하 방정식

파이프 등에서 유체가 흐름에 따라 벽에서 전단응력이 생기며, 이로 인해 압력강하가 일어난

다. “실험에 의하면 손실수두(압력강하)는 속도수두에 정비례하고, 길이에도 정비례하며 관 직경에는 반비례한다.” 이에 따라 달시(Darcy)나 바이스바하(Weisbach) 등은 비례상수로서 관 마찰계수(friction factor in pipe flow)를 사용하여 손실수두 h_l를 다음과 같이 정의했다.

$$h_l = f\frac{l}{d}\frac{V^2}{2g} \tag{2.18}$$

여기서, f : 관 마찰계수, l : 관의 길이,
d : 관의 직경, V : 유체의 유동속도,
g : 중력가속도

위의 방정식을 일명 달시방정식이라 부르며 f의 값을 구하는 데도 쓰인다.

이때 관 마찰에 의한 압력강하 $\triangle P$는 다음 식과 같다.

$$\triangle P = f\frac{l}{d}\frac{\gamma V^2}{2g} \tag{2.19}$$

여기서, γ : 유체의 비중량

원형 관의 층류유동에서 마찰계수와 레이놀즈수와의 관계를 알아보자. 층류유동에서는 하이겐-포아젤(Hagen-poiseuille)에 의한 유량(Q) 식은 다음 식과 같다.

$$Q = \frac{\pi d^4}{128\mu l}\Delta P \tag{2.20}$$

위 식에서 ΔP를 구하고 Q 대신 $AV = (\pi d^2/4)V$를 적용하여 식 2.21과 등식화할 때 층류유동에서의 관 마찰계수 f는 다음 값으로 구한다.

$$f = \frac{64}{Re} \tag{2.21}$$

이 식으로부터 관유동이 층류이면 관 마찰계수 f가 레이놀즈수만의 함수임을 알 수 있다.

② 난류유동에서 관 마찰계수의 결정

층류운동에서 마찰계수는 오직 레이놀즈수와 채널의 형상에 의해서만 결정되는 것을 알았다. 이때 재미있는 현상은 관 벽의 거칠기에는 무관함을 알 수 있었다. 그 이유는 층류일 때는 속도 형태가 포물선이라 벽 근처에서는 속도가 매우 느리게 되므로 속도에 별로 영향을 미치지 않게 되기 때문이다. 그러나 난류에서는 속도가 벽 근처에서도 매우 빠르기 때문에 벽면의 거

칠기가 속도에 영향을 주게 되고 결국 관 마찰계수도 벽의 거칠기에 관여하게 된다.

층류일 때 관 마찰계수는 해석적으로 구할 수 있으나 난류일 때는 레이놀즈수와 거칠기에 관여하기 때문에 실험적으로 구해야 한다. 많은 연구자들이 관 마찰계수를 속도, 관 직경, 점성, 밀도, 거칠기로 나타내기 위해 많은 실험을 하였다. 이미 층류구역인 $Re < 2100$에서는 관 마찰계수 f는 레이놀즈수만의 함수가 됨을 알았다.

천이구역이라고 할 수 있는 $3{,}000 < Re < 100{,}000$일 때 관 마찰계수는 Blasius식과 Prandtl 식이 있으나, $Re > 4{,}000$일 때 매끈한 관의 경우 대표적으로 Blasius식을 많이 사용한다.

$$f = 0.3164\ Re^{-1/4} \quad \text{(Blasius 계산식)} \tag{2.22}$$

위 식에서 천이구역과 난류의 매끈한 관에서는 관 마찰계수는 레이놀즈수만의 함수임을 알 수 있다.

또 난류와 $3{,}000 < Re < 100{,}000$의 천이구역일 때 거친 관의 경우에서는 Nikurade식을 많이 사용한다.

$$\frac{1}{\sqrt{f}} = 1.14 - 0.86\ln\left(\frac{e}{d}\right) \quad \text{(Nikurade 실험식)} \tag{2.23}$$

위 두 식에서 천이와 난류구역에서 관 미찰계수는 결국 레이놀즈수 Re와 상대조도 $\frac{e}{d}$의 함수임을 알 수 있다.

유체유동에 대한 저항은 주로 벽에 솟은 돌기(protubrance)에 의해 빠른 속도구역에서 주로 영향을 미치는 것을 알 수 있다. 즉 관의 거칠기를 알아야 한다.

(4) 수두

앞서 소개한 베르누이 방정식을 다시 쓰면 다음 식과 같고, 이 식에서 ρ는 유체의 밀도이고, 밀도(density)란 단위체적당 유체의 질량을 말한다. 이때, 물의 밀도는 1,000kg/m^{3}이다.

$$\frac{\rho V^2}{2} + p + \rho g Z = C \tag{2.24}$$

1) 수두의 관점으로 본 베르누이 방정식

이 식을 정리하고 유체수두의 식으로 바꾸면 다음 식과 같다. 이 식에서 γ는 유체의 비중량

(specific weight)이며, 비중량을 단위체적당 유체의 무게로 정의할 때 물의 비중량은 1,000kgf/m^3 또는 9,800N/m^{3}이다.

$$\frac{V^2}{2g} + \frac{P}{\gamma} + Z = C \qquad (2.25)$$

이 식에서 각 항은 물리적 성격이 다른 물성값이 되나 길이[L]의 차원으로서 각각의 항을 수두(水頭, head)라 하고, SI단위는 m(미터)가 된다. 이때 각 항의 물리적 의미는 다음과 같다.

$\frac{V^2}{2g} = H_v$: 속도수두(velocity head), $\frac{P}{\gamma} = H_p$: 압력수두(pressure head)

$Z = H_h$: 위치수두(potential head)가 되고, 따라서 위 식(2.25)를 수두 H로 표현하면 그 합은 전수두 H_t이다. 즉,

$$\therefore \text{ 전수두(全水頭, total head) } = H_t = H_v + H_h + H_p = C(\text{상수}) \qquad (2.26)$$

이다. 이것을 그래프로 나타낸 것이 그림 2.4이다. 따라서 전수두는 에너지(energy line, E · L)를 표현하게 되고, 이때 "$\frac{P}{\gamma} + Z$"는 수력구배선(hydraulic grade line, H · G · L)이라 한다. 여기서, H · G · L은 E · L보다 속도수두만큼 아래에 위치하고, 각각의 항의 물리적 의미는 다음과 같이 설명할 수 있다.

① $\frac{V^2}{2g}$

에너지의 표현에서는 "운동에너지(kinetic energy)"가 되고, 수두의 개념으로는 속도수두(velocity head), 압력의 개념에서는 동압(dynamic pressure)에 해당한다.

② $\frac{P}{\gamma}$

역시, 에너지의 표현에서는 "압력에너지(pressure energy)"가 되고, 수두의 관점에서는 압력수두(pressure head), 압력의 관점에서는 정압(normal pressure)에 해당한다.

③ Z

에너지의 표현에서는 "위치에너지(potential energy)"라 하며, 수두의 개념으로는 위치수두(potential head), 압력의 개념에서는 낙차압(elevation pressure)에 해당한다.

2) 압력의 관점으로 본 베르누이 방정식

위 식 ②에 물의 비중량을 대입하면 다음과 같이 된다.

$$\frac{V^2}{2g} + \frac{P}{9,800} + Z = C \tag{2.27}$$

이때, 압력의 단위는 N/m²이므로 이를 공학단위인 중력단위 kgf/cm²로 환산하면 다음과 같다.

$$\frac{V^2}{2g} + 10P_n + Z = C \tag{2.28}$$

위 식의 양변을 다시 고치면,

$$\frac{V^2}{20g} + P_n + 0.1Z = C \tag{2.29}$$

가 되며, 압력으로 표현한 베르누이 방정식이 된다. 따라서 각 항목은 다음과 같은 물리적 의미를 갖게 된다. 즉,

$\frac{V^2}{20g}$(동압, dynamics pressure) : P_v, P_n(정압, normal pressure) : P_n, $0.1Z$(낙차압, elevation pressure) : P_h으로 각 항을 표현할 수 있고, 따라서 전압(total pressure)은 각 압력의 크기 합 P_t가 된다. 즉 다음 식과 같게 된다.

$$\therefore \text{ 전압(全壓, total head)} = P_t = P_v + P_n + P_h = C\text{(상수)} \tag{2.30}$$

2.3 펌프방식 및 가압송수설비

각 소화설비에 요구되는 방수량과 압력조건을 충족시키기 위하여 요구되는 장치를 가압수송장치라 하며, 이에는 펌프와 전동기를 이용하여 급수를 가압하는 방법의 펌프방식과 수조를 옥상이나 특정위치에 설치하여 저장한 수량을 저장하여 중력에 의한 자연낙차압을 이용하여 가압하는 방식의 수조방식 그리고 압력수조를 이용 공기압으로 물을 가압수송하는 압력수조방식이 있다. 따라서 가압장치의 종류별 특성을 살펴보면 다음과 같다.

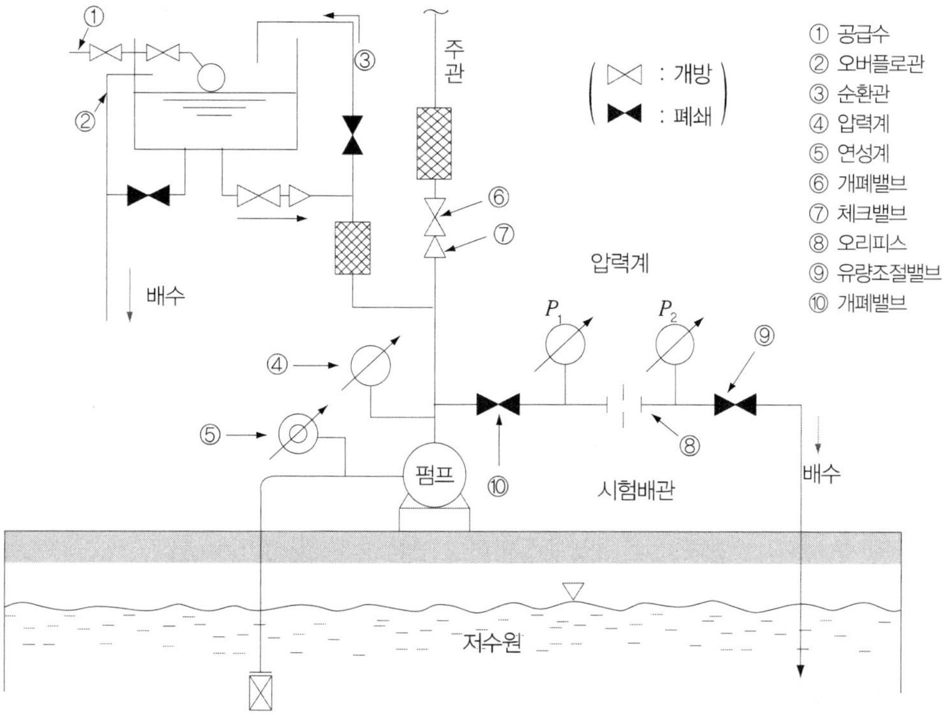

그림 2.5 펌프방식의 가압송수장치의 개략도

(1) 펌프방식

1) 펌프의 분류

펌프를 크게 분류하면 그림 2.6과 같다. 즉, 터보형 펌프(turbo pump)와 체적형 펌프(positive displacement pump), 특수형 펌프로 나눌 수 있다. 여기서, 터보형 펌프는 다시 원심식, 사류식, 축류식으로 분류하고 또 체적형(용적형) 펌프는 왕복식과 회전식으로 나눌 수 있다.

원심식 펌프의 특징은, 펌프 회전 시의 토출량이 부하에 따라 일정하지 않은 비용적(turbo)형의 펌프로서 임펠러(Impeller)의 회전으로 유체에 회전운동을 주고 이때 발생하는 원심력에 의한 속도에너지를 압력에너지로 변환하는 방식의 펌프이다. 대표적인 원심 펌프로는 볼류트(volute) 펌프와 터빈 펌프인 디퓨저(diffuser) 펌프가 있다. 이때 볼류트 펌프는 안내날개(guide vane)가 없으며 이로 인하여 임펠러(impeller)가 직접 물을 케이싱(casing)으로 유도하는 펌프로서 저양정 펌프에 주로 사용한다. 이에 반해 디퓨저 펌프인 터빈(turbine) 펌프는 안내날개가 있어 임펠러의 회전운동 시 물을 일정하게 유도하여 속도에너지를 효과적으로 압력에너지로

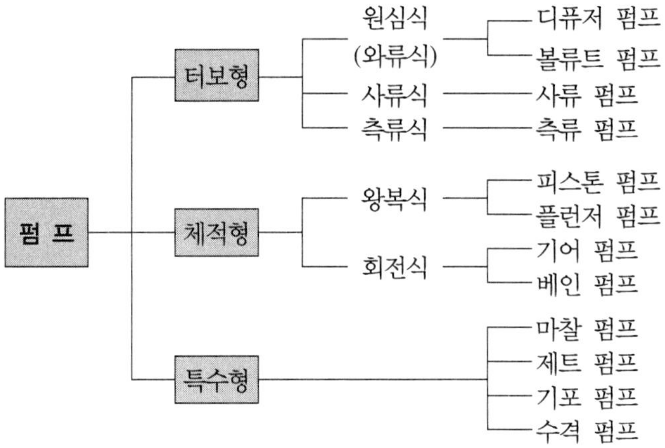

그림 2.6 펌프의 종류 및 분류

변환시킬 수 있다. 이 펌프는 안내날개로 인하여 난류(亂流)가 생기는 것을 감소시키므로 물의 압력이 증가한다. 따라서 터빈 펌프는 고양정 펌프에 주로 사용한다.

2) 펌프의 특징

① 원심 펌프

원심 펌프(centrifugal pump)의 종류에는 그림 2.7과 같이 임펠러의 회전차가 달려있고 임펠러 회전 시의 원심력으로 양수하는 저양정 대 양수량을 가지는 보일러 급수용으로 많이 이용되는 볼류트 펌프(volute pump)가 있고, 그림 2.8과 같이 외주부에 가이드 베인의 안내날개가 있는(디퓨저 펌프) 비교적 고압력의 물 흐름의 조절이 편리한 터빈 펌프(turbine pump)가 있다.

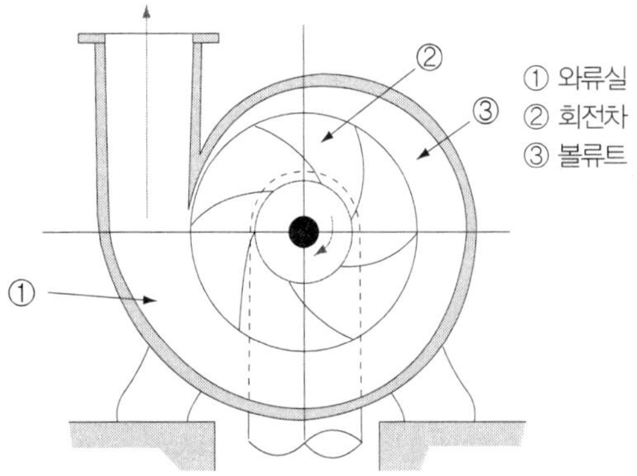

그림 2.7 볼류트 펌프

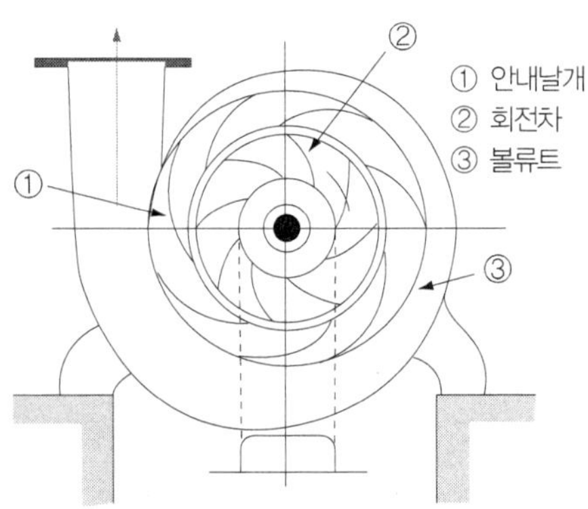

그림 2.8 터빈 펌프

두 가지 모두 임펠러 수에 따라 1단과 2~3단 등의 다단 펌프로 구분된다. 특히, 1단 터빈 펌프는 저양정에 사용하고 다단 터빈 펌프는 50m 이상의 고양정에 사용된다.

이 원심 펌프들은 비교적 양수량 조절이 용이하고 송수압 변동이 적으며, 고속도 운전이 가능해 양수량이 많고 고양정에 적합하다는 점과, 진동이 적어 어느 정도의 정숙운전이 가능하고 장치와 모양이 간단하여 설치가 쉽다는 특징을 갖는다.

② 왕복 펌프

왕복 펌프의 종류에는, 그림 2.9와 같은 모양을 갖는 피스톤 왕복에 의해 흡입·토출을 반복하는 펌프로서 주로 수량이 많고 이송 수압이 낮은 곳에 사용되는 피스톤 펌프(piston pump)와 그림 2.10과 같이 플런저의 왕복운동에 의해 흡입·토출이 발생되는 원리를 가지는 비교적 수량이 적고 모래가 섞여있는 물의 양수와 이송 수압이 높은 곳에 사용되는 플런저 펌프(plunger pump), 그리고 구조가 간단하고 고장이 비교적 적어 주로 보일러 급수용 펌프로 사용되는 워싱턴 펌프(worthington pump)가 있다. 특히, 워싱턴 펌프는 양수량은 적으나 양정이 큰 경우에 적합하다.

이러한 왕복 펌프는 양수량 조절이 비교적 힘들고 양수량이 적은 편이며 저양정, 고수압용으로 쓰인다. 또 왕복 운동에 의해 흡입·토출이 반복되므로 송수압과 송수량 변동이 심한 특징을 갖는다. 이때, 송수압 변동이 큰 것을 보완하기 위하여 토출변 근처에 에어첸버(공기실)을 두기로 한다.

왕복식 펌프의 양수량(Q)의 크기는 다음 식으로 구한다.

$$Q = A \cdot S \cdot N \cdot \eta_p \ [\text{m}^3/\text{min}] \tag{2.31}$$

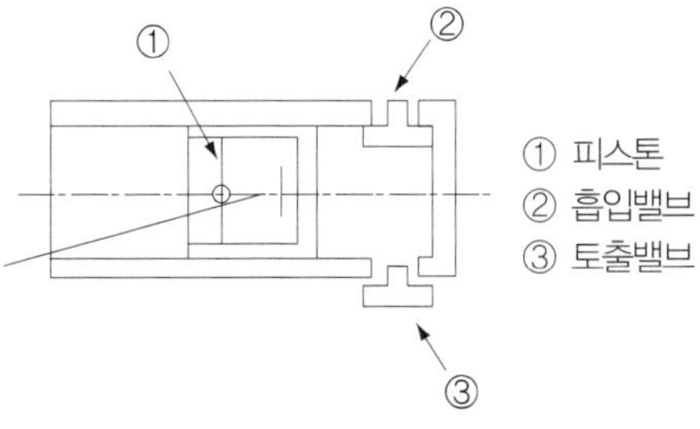

그림 2.9 피스톤 펌프

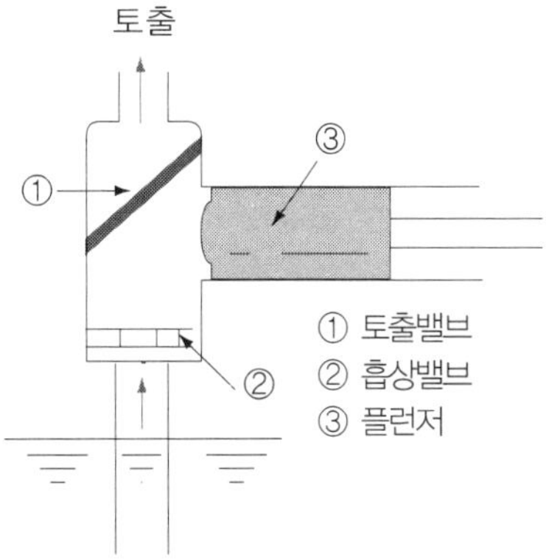

그림 2.10 플런저 펌프

여기서, A : 피스톤 또는 플런저의 단면적[m^2],
S : 피스톤 또는 플런저의 왕복운동 거리인 스트로크[m],
N : 분당 크랭크축 회전수[rpm],
η_p : 펌프 효율[%]

③ 특수 펌프

특수 펌프에는 기름 반송용에 적합한 기어 펌프(Gear pump), 오수 처리용 펌프로 사용되는 논-클러그 펌프(non-clog pump), 가정용 깊은 우물(25m 깊이)이나 소화용 펌프로 사용되는 제트 펌프(jet pump), 고형물이 포함된 물의 양수에 사용되는 에어 리프트 펌프(air lift pump) 등이 있다. 이 펌프의 특성을 좀 더 살펴보면 다음과 같다. 즉 기어 펌프의 경우 그림 2.9, 그림 2.11과 같이 두 개의 치차 회전에 의해 치차 사이에 끼여 있는 액체가 케이싱을 따라 이송되고 모여 송출되는 원리를 갖는 펌프이며, 주로 점성이 있는 기름이나 윤활유 등의 반송용에 사용된다.

논-클러그 펌프는 건축물 내의 오수나 그 잔해물에 고형물 또는 천조각 등이 섞여있는 물을 양수하는 데 편리한 펌프로, 주로 오·배수용 펌프가 이에 속한다. 다음, 제트 펌프는 그림 2.12와 같이 노즐로부터 고압의 물이나 증기를 고압·고속으로 분사시켜 노즐 끝의 압력이 낮아지게 하는 원리를 이용하여 물을 끌어올려 송수하는 펌프를 말하며, 주로 소화용 펌프에 사용된다.

에어 리프트 펌프의 경우는 양수관 하부에 압축공기를 관을 통해 불어 넣어 물과 공기가 혼합되면 기포의 혼합에 의한 물의 비중감소로 부력에 의해 양수하는 원리를 갖는 펌프를 말하며 일명 기포 펌프라고 부른다.

3) 펌프의 양정

펌프의 전양정은 그림 2.13과 같이 크게 펌프의 흡입양정(H_s)과 펌프의 토출양정(H_d)으로

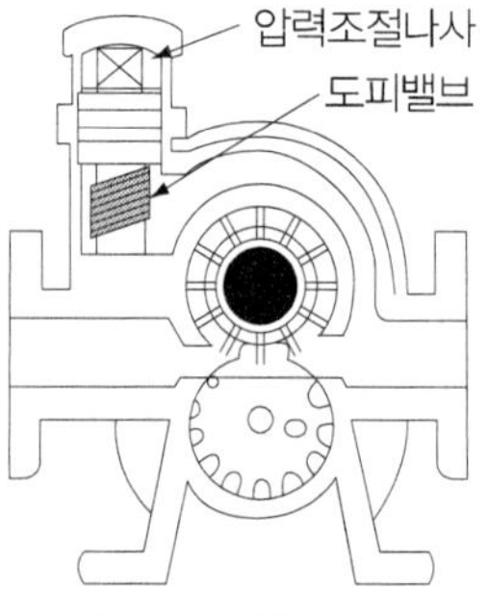

그림 2.11 기어 펌프

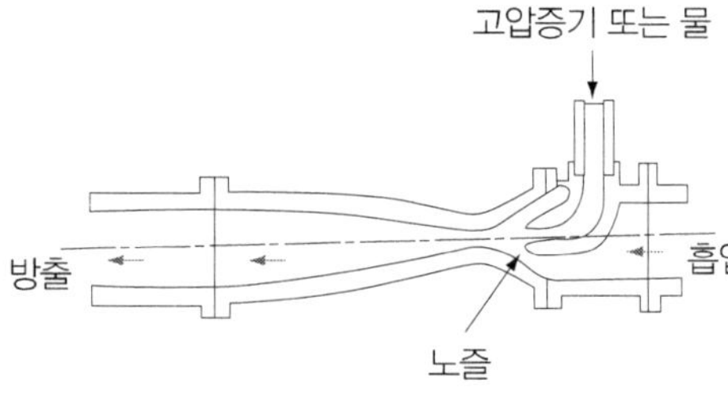

그림 2.12 제트 펌프

나눌 수 있다. 펌프의 흡입양정은 대기압과의 압력 차에 의해 발생하는 흡입 높이를 말하며 펌프의 왕복이나 회전에 의해 부압(진공)을 발생시켜 대기압의 크기로 수조(탱크)로부터 펌프까지 끌어올리게 된다. 이때 표준 대기압하에서 이론적으로는 10.33mAq이나 국소대기는 이것보다 작고 손실 등을 고려할 때 실제 흡입양정은 6~7m 정도에 불과하다. 따라서 이러한 흡입양정은 대기의 압력과 유체의 온도에 따라 다르게 나타난다(표 2-3, 표 2-4).

펌프의 토출양정은 펌프가 끌어올린 물의 운동에너지가 바뀌고 이 압력에 의해 토출관을 통해 소요의 높이까지 양수하는 높이를 말한다. 그러므로 하나의 관계식으로 표현하면 다음과 같다.

펌프가 유체에 부여하는 에너지로서, 일반적으로 높이 또는 압력의 단위로 표시한다.

표 2-3 고도 및 기압에 따른 흡입양정

(m)

고도(해발)	0	100	200	300	400	500	1,000	5,000
기압(Hg)	0.76	0.751	0.742	0.733	0.724	0.716	0.674	0.637
이론상 흡입높이(H_s)	10.33	10.20	10.08	9.97	9.83	9.70	9.00	8.66

표 2-4 물의 온도에 따른 흡입양정

(m)

수온(℃)	0	10	20	30	40	50	60	70	80	90	10
이론상 흡입높이(H_s)	10.3	–	9.7	–	–	9.0	7.9	7.2	5.6	2.9	0
실제상 흡입높이(H_s)	7.5	7.0	6.3	5.0	3.8	2.5	1.4	0	−1.1	−2.3	−3.5

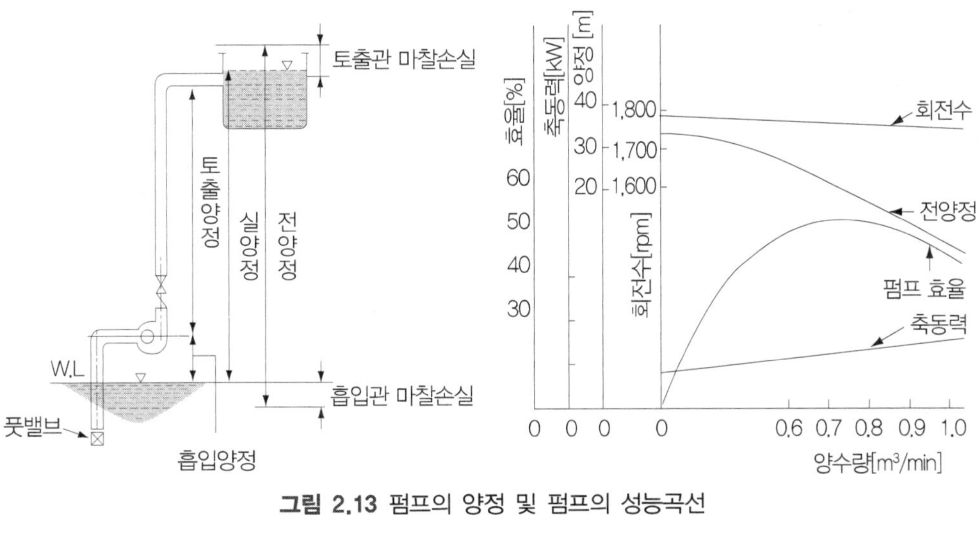

그림 2.13 펌프의 양정 및 펌프의 성능곡선

$$H = \left(\frac{P_d}{\gamma} + \frac{V_d^2}{2g} + Z_d\right) - \left(\frac{P_s}{\gamma} + \frac{V_s^2}{2g}\right)$$
$$= \frac{p_d - P_s}{\gamma} + \frac{V_d^2 - V_s^2}{2g} + Z_d \quad (2.32)$$

여기서, P_d : 송출압력, P_s : 흡입압력, γ : 액체의 비중량, g : 중력가속도
V_d : 송출관의 평균유속, V_s : 흡입관의 평균유속
Z_d : 송출관 압력계의 위치와 흡입관 압력계의 위치 사이의 수직거리

따라서, 펌프가 양수하기 위해 필요한 펌프 전양정이 H라면 그 크기는 다음과 같다.

$$H = H_s + H_d + H_f [m] \quad (2.33)$$

여기서, H_f : 관내의 마찰손실수두[m], H_s : 흡입수두,
H_d : 토출수두

따라서 양정 H는 다음 식과 같이 표현할 수 있다. 즉,

$$H = H_s + H_d + H_f = H_a + H_f \quad (2.34)$$

이다. 이 식의 $H_s + H_d$의 크기를 펌프의 실양정 H_a이라 하고 $H_a = H_s + H_d$로 나타낸다.

(2) 소방 펌프의 선정 및 설치

1) 소방 펌프의 선정

옥내소화전의 경우 소화전을 1개 사용하는 경우와 설치된 수량 전부를 사용하는 경우 등 여러 가지 상황이 발생할 수 있다. 소방용 펌프는 일반 공정용 펌프와 달리 펌프의 토출량이 항상 동일한 것이 아니고 개방된 소화전이 1개에서 5개까지 수량이 변화하여도 각각 규정압 0.17MPa(1.7kg/cm^2)과 규정 방사량(130ℓ/min)이 발생하여야 하는 특징이 있다. 따라서 소화설비용 펌프는 토출량의 큰 변화가 발생되며 이로 인하여 펌프의 방수량이 설계치 이상이 될 경우 펌프의 선정에 따라서는 과부하를 일으켜 펌프가 정지하는 현상이 발생할 수가 있다. 이를 방지하기 위하여 소화설비용 펌프는 다음과 같은 선정 조건이 필요하다. 즉 체절운전과 체절양정(shut off head)은 정격양정의 140%를 초과하지 않아야 하며, 정격토출량(설계수량)의

150%를 방사하여도 전양정은 정격양정의 65% 이상이 되어야 한다. 이때, 체절양정이란 펌프의 토출 측 밸브를 잠그고 펌프를 가동시키는 무부하 운전상태를 체절운전이라고 하며, 이 경우에는 압력 및 수온이 상승하여 펌프가 공회전하게 된다. 따라서 체절운전 시 펌프가 발생하는 상한압력을 체절양정이라 한다.

① **양정**

펌프의 흡입능력의 경우 물에 대하여 절대진공이면 이론상으로 10.33m까지 흡입할 수 있으나 펌프에서는 절대진공으로 할 수 없으므로 원심 펌프의 경우 6m 정도가 상한값이 된다. 대기압은 1.033(kg/cm^2)로 수두로는 10.33m가 된다. 흡입양정은 온도 및 점도에 따라 감소하게 되나 소방유체의 경우는 온도 및 점도를 고려하지 않는다. 토출 양정은 펌프의 중심부로부터 물이 방사되는 최고 높이까지의 수직거리와 배관의 각종 손실을 합친 것이 된다. 양정은 실흡입양정(actual suction head)과 실토출양정(actual delivery head)으로 구분하고 2가지를 합산한 것을 실양정(actual head)이라 부른다.

② **토출량**

단위시간당 방사되는 유량으로서, 펌프의 종류 및 구경에 따라서 결정되며 소방용 펌프의 경우는 설치된 층별 소화전 수량이나 스프링클러의 기준개수에 따라 법정 토출량이 결정된다.

③ **회전수**

회전수는 rpm(revolution per minute)으로 표현하며 분당 모터의 회전수를 의미한다. 회전수에 영향을 주는 요인으로는 모터의 극수(極數), 주파수, 전압, 부하상태, 구동방식에 따라 달라지며 회전수의 변화에 따라 펌프의 양정, 토출량, 소요동력에 변화를 주게 된다.

㉠ 원심 펌프의 경우 회전수에 비례하여 토출량이 증가한다.

㉡ 원심 펌프의 경우 회전수의 제곱에 비례하여 양정이 증가한다.

㉢ 원심 펌프의 경우 회전수의 세제곱에 비례하여 축동력이 증가한다.

④ **효율**

효율이란 축동력(모터에 의해 펌프에 주어지는 동력)에 의한 동력이 소방유체에 전달될 때 발생되는 손실을 보정한 것으로서 수력효율(η_h), 체적효율(η_v), 기계효율(η_m)로 구분한다. 따라서 전(total)효율 $\eta = \eta_h \times \eta_v \times \eta_m$이 된다.

㉠ 수력효율(水力效率, Hydraulic efficiency ; η_h)

펌프의 이론 양정 대 펌프의 실제 발생되는 양정의 비로 펌프 내 유체의 마찰, 충돌 손실 등에 의해 발생되며 값은 0.8~0.96 정도이다.

㉡ 체적효율(體積 效率, Volumetric feeiciency ; η_v)

펌프의 흡입유량과 실제 토출유량의 비로 펌프에서 누설 및 역류되는 유량을 감안한 것으로 값은 0.9~0.95 정도이다.

㉢ 기계효율(機械效率, Mechanical efficiency ; η_m)

전효율 중 가장 중요한 요소로서 펌프의 베어링, 축 등에 의한 기계적 마찰손실을 고려한 것으로 그 값은 0.9~0.97 정도이다.

2) 소방 펌프의 설치

① 펌프실의 조건

각종 기기의 반입, 펌프 및 원동기의 분해, 조립, 점검 및 보수에 필요한 공간으로 환기, 습도, 조명, 배수 등을 고려할 때 적어도 펌프장치와 실 벽면과의 간격을 0.5m 이상으로 하고 천장에 크레인 등의 설치도 필요하다. 내화구조의 벽, 기둥, 바닥 및 천장으로 방화 구획된 장소에 갑종 방화문 또는 을종 방화물을 설치한 전용실로 하여야 한다.

펌프실은 다음과 같은 조건을 만족해야 한다.

㉠ 동결방지조치를 하거나 동결의 우려가 없는 장소

㉡ 쉽게 접근할 수 있고 점검하기에 충분한 공간이 있는 장소

㉢ 화재 및 침수 등의 재해로 인한 피해를 받을 우려가 없는 장소

② 전용수원과 근접한 위치에 설치

㉠ 가능한 한 수원과 근접되게 설치하여 흡입수두를 줄이고 배관연결부위 등에서 공기흡입 등으로 정상운전에 악영향을 미칠 수 있는 요인을 제거한다.

㉡ 최저 흡입수위에서 펌프 중심선까지의 최대 높이가 일반적으로 4.5~5m 이내가 되게 설치하는 것이 바람직하다.

㉢ 흡입양정일 경우에 캐비데이션 현상이 발생할 가능성이 있으므로 유의하지 않으면 안된다. 가압송수펌프의 흡입관의 설치 예는 그림 2.14와 같다.

③ 적절한 공간배치

물올림장치, 펌프 성능시험 등 점검·정비 등의 유지관리가 효과적으로 행해질 수 있도록 설

치공간을 고려하여야 한다.

④ **전용 펌프**

㉠ 소화설비에 사용되는 송수펌프는 전용으로 설치하는 것을 원칙으로 한다.

㉡ 전동기는 물로 인한 피해가 발생하지 않도록 안전하게 설치한다.

㉢ 가압송수용 펌프를 겸용으로 사용하는 가압송수장치의 설치가 필요한 설비에 있어서 펌프의 토출량은 각 소화설비에 해당하는 토출량을 합한 양 이상이 되도록 하여야 한다. 그 예로는, 옥내소화전설비, 스프링클러설비, 물분무소화설비, 포소화설비 및 옥외소화전설비 등이 있다.

※ 일본의 경우 2종류 이상의 소화설비가 설치되는 경우에는 각 설비의 규정수량 중에서 최대 수량에 타 소화설비의 규정수량의 50% 이상을 가산한 용량을 선정하여 설치

⑤ **펌프 흡입 측 배관**

㉠ 흡입 측 배관은 전용 배관으로 하며, 기초부분의 부동침하, 지진 등으로 발생할 수 있는 변형에 견딜 수 있도록 가요성 연결관(flexible pipe)을 펌프와 흡입 측 배관 사이에 설치하여야 한다.

㉡ 흡입 측 배관 도중에 공기채류(air pocket)가 발생할 수 있는 구조의 배관은 피해야 한다.

㉢ 펌프의 흡입 측 플랜지 및 연결부분에는 흡수관, 밸브류 등의 하중이 직접 가해지지 않도록 흡수관을 설치하여야 한다.

㉣ 흡입 측 배관에 먼지, 침전물 등으로 펌프의 기능이 저하되는 것을 방지하기 위하여 여과기(strainer)를 설치하여야 한다. 즉 수원의 수위가 펌프의 설치위치보다 낮은 경우 펌

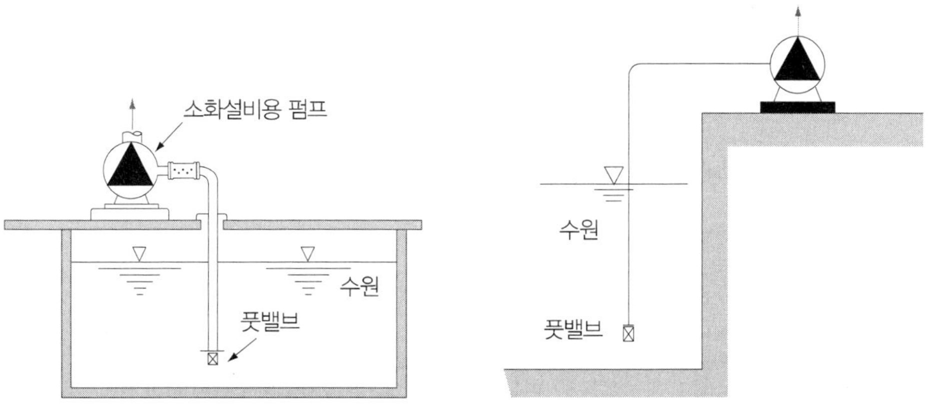

그림 2.14 펌프 흡입 측 배관 설치도(수원의 수위가 펌프의 설치위치보다 높은 경우)

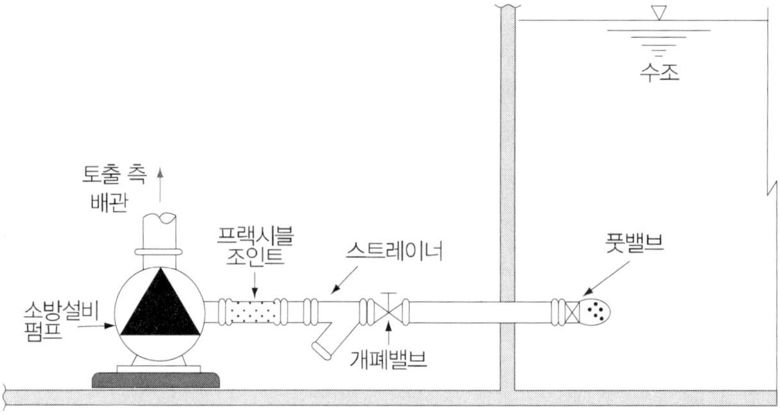

그림 2.15 펌프 흡입 측 배관 설치도(수원의 수위가 펌프의 설치위치보다 낮은 경우)

프의 정상운전을 확보하기 위하여 풋밸브(foot valve)를 설치하고 풋밸브는 여과장치가 부착된 것으로 하고 와이어 로프(wire rope) 등을 이용하여 수동으로 밸브 시트면의 작동 상황을 확인할 수 있는 구조로 하는 것이 바람직하다. 그림 2.14와 같이 수원의 수위가 펌프의 위치보다 높은 경우, 유지·점검 등을 원활하게 하기 위하여 흡입 측 배관에 개폐밸브를 설치한다.

⑥ **토출 측 배관**

㉠ 토출 측 배관과 가압송수펌프 장치에도 진동, 변형, 지진 등에 의한 영향이 직접 가해지지 않도록 가용성 연결관을 설치한다.

㉡ 펌프에서 가까운 위치의 토출 측 배관에 설비의 기능 발휘에 필요한 체크밸브, 게이트밸브 등을 설치한다.

㉢ 펌프의 성능 및 정상작동 관계를 확인할 수 있도록 펌프 성능시험 배관, 유량 측정장치, 압력계 등 필요한 부속장치를 설치한다.

(3) 소방 펌프 시스템의 부속 및 장치

1) 주펌프 및 충압펌프

① **소방 주펌프**

각 소화설비의 가압송수장치 전용의 소화펌프를 뜻하며, 소방 주펌프(main fire pump)는 필요한 소화수의 공급량에 따라 1대 또는 2대 이상의 펌프로 구성한다. 소방 주펌프 1대의 최대

용량은 1,134m³/hr 이하로 하며, 주요 설치내용은 다음과 같다.

㉠ 소방대상물에 필요한 법정 토출압력과 토출량을 확보하기 위하여 설치하는 펌프로서 필요 시에는 2대 이상을 병렬로 설치운전하기도 한다. 일례로, 2400lpm 펌프 1대 대신 1200lpm 펌프 2대를 설치할 수 있으나 이 경우 펌프 기동 시 진동이나 펌프 1대의 기동전류가 감소되는 반면에 설치공간의 확대 및 설치비용이 증가되는 단점이 있다.

㉡ 펌프를 병렬로 연결할 경우 이론상으로는 토출량이 2배가 되나 실제로는 토출관의 저항손실로 인하여 단독 운전 시의 2배보다는 작게 된다. 따라서 병렬운전 시는 여유율을 감안하여 펌프를 선정하여야 한다.

㉢ 주펌프의 고장, 수리 시를 대비하여 추가로 주펌프를 설치할 경우 이를 예비펌프(emergency pump)라 하며 석유화학 플랜트 등과 같은 중요한 업종은 엔진구동용 예비펌프를 설치 상용전원 차단 시 엔진펌프를 가동하여 신뢰도를 높여야 한다. 일본소방법은 체절양정이 170m 이상일 경우는 주펌프 이외에 부스터 펌프(booster pump)를 직렬로 설치하도록 규정하고 있다.

② 소방 예비펌프

소방 예비펌프(Emergency fire pump)는 소방 주펌프의 고장, 수리 또는 전원 공급이 차단되는 경우를 대비하여 예비로 설치하는 펌프를 말한다. 그러나 대부분의 건물에서는 별도의 예비펌프를 설치하지 않으며 대규모 플랜트의 경우 예비펌프를 엔진 구동펌프로 설치한다.

③ 충압펌프

수압개폐방식의 소화설비 배관에서는 언제나 배관 내 일정한 압력이 충압되어 있어 자동으로 펌프가 기동 및 정지되는 구조이다. 이때, 밸브 및 부속장치 등에서 미소하게 압력이 누설될 경우 압력을 보충하여 항상 일정한 설정압력까지 충압상태를 유지하기 위하여 설치하는 것이 충압펌프(Jokey pump)이다.

충압펌프의 역할은 소화설비의 토출 측 배관 압력을 상시 일정한 압력 이상으로 유지시켜줌으로써 화재 발생 시 방출구로부터 항상 규정압력 이상의 소화수를 방출시킬수 있도록 준비하여 조기에 화재진압이 가능하도록 하는 것이 충압펌프의 설치목적이다.

토출압력은 주펌프의 정격토출압력과 같거나 최고위 호스접결구의 자연압보다 0.2MPa 정도 더 크도록 한다. 토출량의 경우는 정상적인 누수량보다 적어서는 아니 되며 옥내소화전설비가 자동적으로 작동될 수 있도록 충분한 토출량을 유지하여야 한다. 따라서 충압펌프의 토출유

그림 2.16 충압펌프(대표적인 웨스코 펌프)

량은, 상시 가압되는 배관의 연결부위에서 발생할 수 있는 누수예상량을 계산하고 충압펌프가 기동하여 10분 이내에 보충할 수 있는 용량이거나 또는 분당 3.8ℓ 중에서 큰 쪽을 기준으로 충압펌프의 유량을 결정한다. 그리고 펌프의 토출 측 부근에 유효한 감압장치를 설치함으로써 옥내소화전의 개방 또는 스프링클러 헤드 개방 시 소방 주펌프가 자동적으로 기동할 수 있도록 설치하여야 한다. 이때 충압펌프의 작동압력은 정지압력보다 0.7MPa 낮게 설정하며 현장에서는 주펌프의 작동압력보다 0.5~1MPa 낮은 압력으로 설정한다.

충압펌프의 기동영향으로는 다음과 같다.

㉠ 빈번한 기동은 불필요한 에너지의 손실을 초래하게 된다.

㉡ 펌프의 갑작스런 기동 및 정지 시에는 수격현상이 발생하기 쉬우며 충격과 진동이 발생하게 된다.

㉢ 전기 계통기기의 마모·손실을 초래할 수 있으며 펌프 자체의 기계적인 마모손실을 가져올 수도 있다.

㉣ 기계실·방재실에서의 소음발생으로 인하여 방화담당자의 주의력 산만의 요인이 될 수도 있다.

2) 물올림탱크

수원의 수위가 펌프보다 낮은 위치에 있는 경우에도 원심 펌프의 임펠러실 내에 물을 충수시킨 상태에서 작동이 이루어져야 한다. 즉 어떤 이유로 인해 발생하는 펌프의 진공상태를 보호하기 위하여 펌프보다는 상단에 물올림탱크(Priming Tank)가 필요하게 된다. 이것을 그림 2.17에 상세하게 나타냈다. 이때 물탱크의 재료는 방식처리된 강판재를 주로 사용하나, 화재피해의 우려가 적은 곳의 경우는 합성수지류를 물탱크로 사용할 수 있다. 그림에서 오버플로관은 물올림탱크에 필요 이상의 물이 급수되는 경우 외부로 넘쳐흐르지 않도록 하기 위해 설치하며

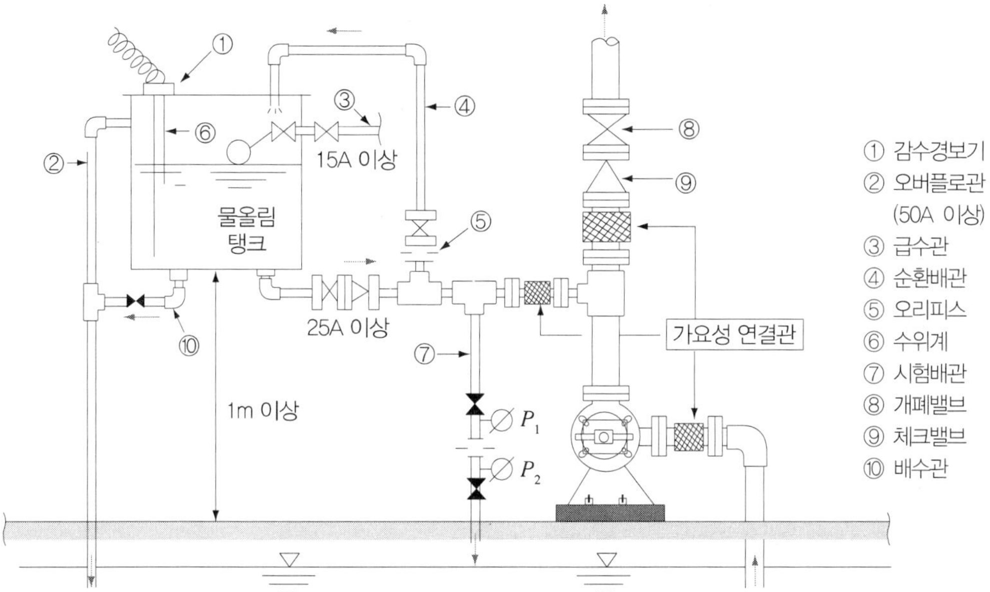

그림 2.17 물올림장치의 상세도

배관의 크기는 50mm 이상의 크기로 한다. 설치기준은 다음과 같다. 즉,

① 물올림장치에는 전용의 탱크를 설치한다.

② 탱크의 유효수량은 100ℓ 이상으로 하되, 구경 15mm 이상의 급수배관에 따라 당해 탱크에 물이 계속 보급되도록 한다.

3) 성능시험 배관

소방 펌프의 경우는 정격부하운전 시 펌프의 제성능을 시험하기 위하여 설치하는 것을 말하며 토출량, 전양정, 회전수, 축동력, 흡입성능과 운전상태 등을 파악하는 것으로 KS에 별도로 규정하고 있다. 그림 2.18은 시험배관의 설치관계를 보여주고 있다.

성능시험 관로에 설치하는 유량계는 일반적으로 오리피스와 같은 차압식 유량계, 로터 미터(rotor meter)와 같은 면적식 유량계가 주로 사용된다. 차압식 유량계로 유량을 구하는 식은 다음과 같다.

$$Q = K\sqrt{(P_1 - P_2)} \tag{2.35}$$

여기서, Q : 토출량(ℓ/min), K : 유량계수,

P_1 : 오리피스 전단의 압력(kg/cm^2), P_2 : 오리피스 후단의 압력(kg/cm^2)

① 소방기술기준에 관한 규칙에서 규정하고 있는 소화펌프의 성능시험 배관의 기준은 다음과 같다.

㉠ 체절운전 시 정격 토출압력의 140%를 초과하지 아니하고, 정격 토출량의 150%로 운전 시는 정격 토출압력의 65% 이상이 되어야 한다.

㉡ 성능시험 배관은 펌프의 토출 측에 설치된 개폐밸브 이전에서 분기하여야 한다.

㉢ 펌프의 성능시험 배관의 구경은 정격 토출량의 150% 이상을 토출할 수 있는 크기로 하여야 한다.

㉣ 유량 측정장치는 성능시험 배관의 직관부에 유량 측정장치를 설치하여야 하며 펌프의 정격 토출량의 175%까지 측정할 수 있는 성능이 있어야 한다.

② 가압송수장치의 성능시험의 순서는 다음과 같다.

㉠ 펌프의 토출 측 개폐밸브를 폐쇄시킨다.

㉡ 제어반의 수동기동스위치를 조작하여 펌프를 기동한다.

㉢ 펌프의 토출 측 압력계의 지시압력이 정격 부하운전 시 압력이 되도록 성능시험장치 개폐밸브를 서서히 열어 조정한다.

㉣ 성능시험 배관상에 설치된 유량측정장치의 유량을 확인한다.

㉤ 펌프의 흡입 측 배관의 연성계 압력을 확인한다.

㉥ 전동기의 회전수와 전류계로 전류량을 확인한다.

㉦ 제어반의 펌프 정지스위치를 조작하여 펌프를 정지시킨다.

㉧ 성능시험장치의 개폐밸브를 잠그고 펌프의 토출 측 개폐밸브를 개방한다.

4) 압력계 설치

그림 2.18(b)와 같이 펌프의 토출 측에는 양압(+)을 측정할 수 있는 압력계를, 흡입 측에는 음압(−)을 측정할 수 있는 진공계 또는 양압과 음압을 함께 측정할 수 있는 연성계를 설치하여야 한다.

5) 기동용 수압개폐장치 및 물 교환방법

① 기동용 수압개폐장치

압력스위치가 감지하여 설정압력범위 이하가 되는 경우 기동 수압개폐장치가 작동하여 주펌

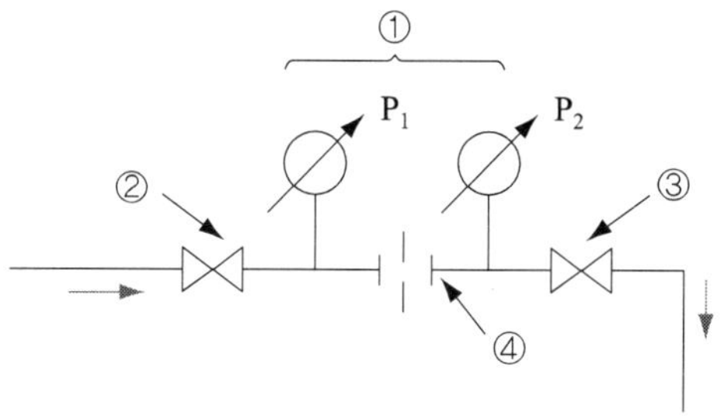

(a) 시험배관 압력계 설치위치

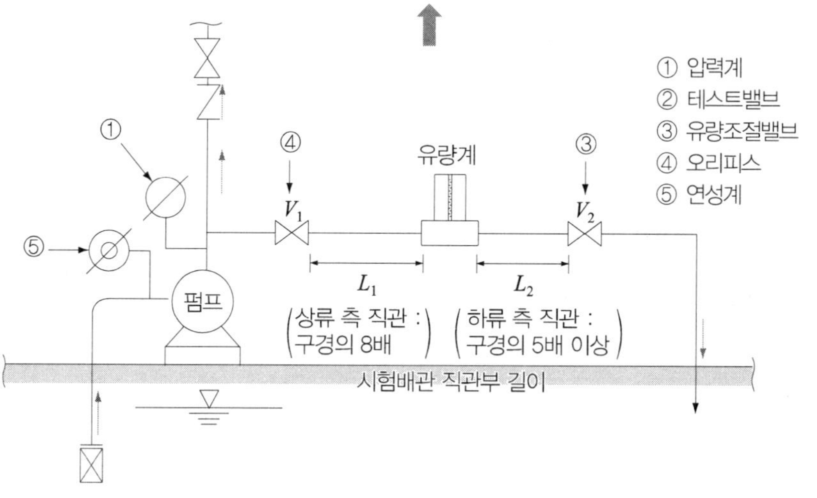

(b) 시험배관 주위의 소방설비

그림 2.18 펌프성능시험 배관의 설치 계통

프 또는 충압펌프를 운전시켜 항상 일정 압력이 유지되도록 하는 장치이다. 압력용기의 용량은 100ℓ 이상이 되어야 한다.

㉠ 압력스위치 : 소화설비의 2차측 압력 변화를 감지하여 가압송수장치가 기동, 정지할 수 있도록 지원해 주는 보조기구이다. 즉 압력스위치가 압력변화를 감지하여 펌프를 기동 및 정지시키는 역할을 하는 것이 압력스위치이다.

㉡ 안전밸브 : 압력체임버에 설치하여 가압송수펌프의 작동으로 인하여 발생할 수 있는 압력을 방출해 주는 안전장치이다.

㉢ 배수밸브 : 배수밸브는 압력체임버의 최하단에 부착하고 유지·보수 시 압력체임버 내의 물을 완전히 배수하는 경우와 침전물을 배출하는 데 이용된다.

② **수압개폐장치의 물 교환방법**

㉠ 펌프의 토출 측 개폐밸브 및 압력체임버의 급수를 위해 설치된 밸브를 잠근다.

㉡ 압력체임버의 배수밸브를 열고 배수시킨다.

㉢ 가압송수장치의 자동기동 확인 후 제어반의 수동기동스위치를 정지시킨다.

㉣ 압력체임버의 상부 플러그를 개방하고 탱크 내의 물을 완전히 배수시킨다.

㉤ 압력체임버의 상부 플러그 및 배수밸브를 잠근다.

㉥ 가압송수장치를 기동하고 펌프의 토출 측 게이트밸브를 서서히 개방한다.

㉦ 압력체임버 급수 측 개폐밸브를 개방하고 압력체임버 내로 가압수를 공급한다.

㉧ 압력체임버 내의 압력을 확인하면서 압력이 설정압력에 도달되었을 때 가압송수장치를 정지시킨다.

표 2-5 압력탱크의 주요사양

내용 \ 형식	DPT10-100	DPT10-200	DPT20-100	DPT20-200
크기	$10kg/cm^2-100\ell$	$14kg/cm^2-100\ell$	$14kg/cm^2-100\ell$	$14kg/cm^2-100\ell$
최대압력	$10kg/cm^2$		$20kg/cm^2$	
시험압력	$20kg/cm^2$		$40kg/cm^2$	
안전밸브압력	$11kg/cm^2$		$23kg/cm^2$	
무게	58kg	96kg	112kg	178kg
재료	SS41			

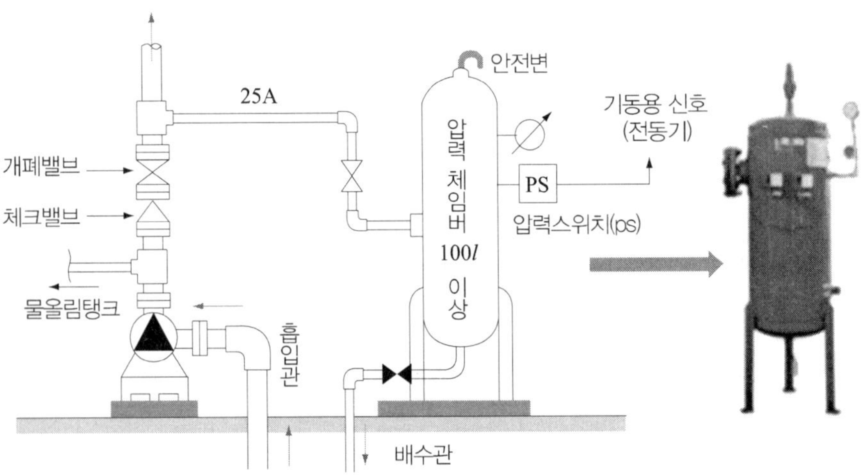

그림 2.19 수압 개폐기용 압력탱크

수압개폐기에 사용되는 압력탱크는 자동소화설비에 주펌프 및 보조펌프를 작동 기동시키거나 정지시키는 데 사용된다. 배관과 연결된 탱크 내부의 압력을 압력스위치로 감지하여 설정된 압력 범위를 유지해주며 과도한 압력발생 시에는 안전밸브가 작동하여 배관 및 용기를 보호한다.

6) 배관의 설치 및 누수

① 배관시공

배관이음 방법은 관 지름이 65mm 이상의 경우 용접이음 방식이 주로 사용되며, 관 지름이 40mm 이하인 배관시공에서는 나사이음 방식이 이용된다. 배관용 자재들은 그 자체로는 누수가 발생할 가능성이 매우 적으나 설치 후 오랜 시간이 경과하면 외부충격에 의한 관의 변형과 부식 등 노후현상이 발생하므로 누수의 가능성이 매우 크다. 따라서 관의 시험 및 관리가 철저해야 화재 시 소화를 위한 기동이 원활하게 소화시스템이 제 기능을 발휘할 수 있게 된다.

② 배관시공검사

㉠ 외관검사 : 배관 계통에 충수한 다음 물이 새는 부위가 있는지를 눈으로 검사하여 시공상태의 적정 여부를 판단하는 방법의 외관 검사가 있다.

㉡ 수압시험 : 소화설비 배관에 대한 수압시험 기준은 1.4MPa(14kg/cm^2) 압력 또는 사용수압이 10.5MPa(10.5kg/cm^2) 이상인 부분에 있어서는 그 상용수압에 0.35MPa(3.5kg/cm^2)을 더한 압력으로 2시간 이상 수압시험을 실시하여 누수현상이 없어야 한다.

㉢ 미국방화협회(NFPA)규정 : 13.8bar(200psi)의 압력 또는 최대 사용압력이 10.3bar(150psi) 이상인 경우 최대사용압력에 3.4bar(50psi)의 압력을 더한 압력으로 2시간 동안 수압시험을 시행하도록 규정되어 있으며, 수압시험 시에 아주 미소한 양의 누수에 대하여는 미국방화협회의 규정에서도 이를 허용하고 있는 실정이다. 즉 배관계통의 연결부위 100곳에 대하여 시간당 1.89ℓ 정도까지의 미소한 누수는 허용하고 있다.

③ 배관의 관리

㉠ 사용 중에 유지 관리를 철저히 하지 않을 경우 외부충격으로 인한 배관 변형 시 연결부위에 결함이 발생하게 되고 밸브 등의 무리한 조작으로 인한 마모 및 파손이 발생된다.

㉡ 이물질이 많이 함유된 오염된 소화수를 오랫동안 배관 내에 사용할 경우 고형의 불순물이 밸브 디스크 시트 등에 누적되어 체크밸브 등의 밀폐기능을 저하시키는 원인으로 인하여 누수가 발생하게 된다.

7) 수격방지장치

가압송수펌프는 기동 초기에 소화펌프로부터 급작스럽게 압력이 상승되어 관로망으로 퍼져 나간다. 이와 같은 현상을 줄이기 위하여 펌프 직상부위나 곡관부위 및 관의 말단에 수격방지기를 부착한다. 일반적인 수격방지기의 구조는 내부에 공기실이 있어 순간적인 이상 고압을 흡수할 수 있는 구조로 되어 있다. 그림 2.20은 수격방지기의 설치관계를 보여주고 있다.

8) 펌프 기동장치

① 내연기관

기계적 에너지, 즉 동력으로 바꾸는 기계를 원동기라고 부른다. 이러한 원동기로는 전동기, 육상용 디젤엔진, 증기터빈 및 수차 등이 있으나 대부분은 내연기관이다.

소화펌프를 구동하는 장치의 설치기준은 다음과 같다.

㉠ 엔진의 용량은 전동기 용량을 계산한 수치를 0.75로 나눈 수치 이상일 것

㉡ 내연기관의 기동은 원격조작이 가능하고, 기동을 명시하는 적색등을 설치할 것

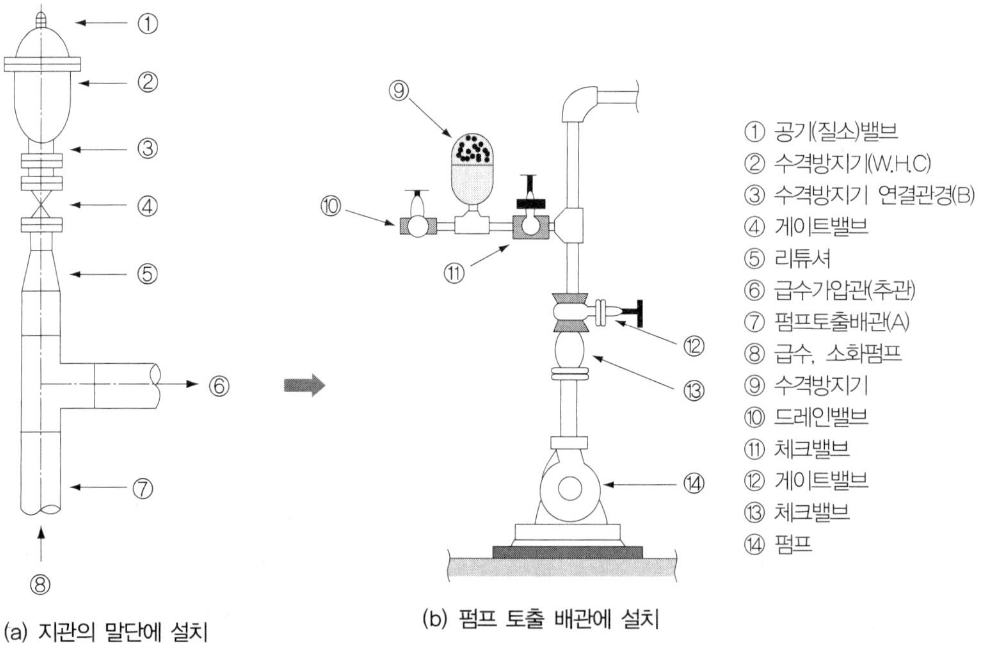

(a) 지관의 말단에 설치 (b) 펌프 토출 배관에 설치

그림 2.20 수격방지기의 설치계통

ⓒ 제어반에서 자동기동 및 수동기동이 가능하여야 하고, 상시 충전되어 있는 축전지 설비를 갖출 것

② **전동기**

펌프를 구동하는 원동기(prime mover)로서 대표적인 것의 하나가 전동기이다. 조작관리의 용이성, 운전의 정숙과 원활함 등의 많은 이점으로 인해 전동기가 가장 보편적으로 이용되고 있다.

9) 펌프의 소요동력 및 관 직경의 계산

펌프에 의해 유체에 가해지는 동력을 수동력이라 하고, 소방설비의 양수에 필요한 펌프의 소요동력이 된다. 즉 양수펌프의 소요동력 L_{KW}는 다음 식으로 계산한다.

$$L_{KW} = \frac{\gamma QH}{(102 \times 60)\eta_p}[KW] = \frac{\gamma QH}{6,120\eta_p}[KW] = 0.163\frac{QH}{\eta_p}[KW] \tag{2.36}$$

여기서, $\gamma = 1,000[\text{Kgf/m}^3]$: 유체(물)의 비중량, $Q[\text{m}^3/\text{min}]$: 양수량,
$H\,[\text{m}]$: 펌프의 전양정, $\eta_p[\%]$: 펌프의 효율

만약, 유체를 SI단위의 비중량 $\gamma[\text{N/m}^3]$을 사용하고, 양수량의 경우도 단위초당 $Q[\text{m}^3/\text{sec}]$, 그리고 펌프의 전양정 $H\,[\text{m}]$, 펌프의 효율을 $\eta_p[\%]$로 할 때는 다음 식으로 계산한다.

$$L_{KW} = \frac{\gamma QH}{1,000\eta_p} \quad [\text{KW}] \tag{2.37}$$

위 식에서, 전양정 H의 크기는 다음과 같다.

$$H = H_s + H_d + H_l \quad [\text{m}] \tag{2.38}$$

여기서, H_s : 흡입양정(저수조 수면에서 펌프 축까지 높이)[m],
H_d : 토출양정(펌프 축으로부터 고가수조의 출구 변까지 높이)[m],
H_l : 관의 마찰 전 손실수두(흡입관 및 토출관 내의 전 마찰손실)[m]

전 마찰손실은 통상 $H_l = f\frac{L}{d}\frac{V^2}{2g}$[m]로부터 구할 수 있고, f는 관 마찰계수이다. 만약, 펌프에 필요한 동력을 PS마력 L_{ps}으로 고쳐 쓰면 다음과 같다.

$$L_{ps} = \frac{\gamma QH}{(75 \times 60)\eta_p} = \frac{\gamma QH}{4,500\eta_p}[PS] = 0.22\frac{QH}{\eta_p}[PS] \tag{2.39}$$

그리고 펌프의 축을 회전시켜 운전하는 데 요구되는 동력을 축동력 L이라 할 때 $L > L_{KW}$ 관계가 성립하며, 이때 펌프의 전효율 η_p 관계는 다음과 같다. 즉,

$$\eta_p = \frac{L_{KW}}{L} \tag{2.40}$$

이다. 여기서, η_p를 결정하는 요소들은 수력효율 η_k, 체적효율 η_v, 기계효율 η_m이다. 따라서 $\eta_p = \eta_k \eta_v \eta_m$가 성립한다. 또 원동기 동력 L_d은 전동기나 기관을 사용하여 펌프축을 회전시키는 데 필요한 동력의 크기를 말하는 것으로, 원동기의 축과 펌프의 축을 직결하는 경우도 있으나 벨트나 치차를 이용하여 펌프축을 회전하게 된다. 따라서 $L_d > L$가 성립한다.

$$L_d = kL \tag{2.41}$$

이때, k는 원동기와 펌프축을 연결하는 방식에 따라 결정하는 값으로 통상적으로 원동기와 펌프직결의 경우가 1.1~1.2, V벨트 연결 시가 1.15~1.25, 평벨트 연결 시는 1.25~1.355, 평치차 연결의 경우는 1.20~1.25, 경사치차 연결에는 1.15~1.25이다. 그리고 원동기가 기관(엔진)일 경우 소요동력은 전동기보다 10% 큰 값으로 결정한다.

이때, 펌프 토출 측 직결 관 직경의 크기는 다음으로부터 계산된다.

$$d \fallingdotseq \sqrt{\frac{4Q}{\pi v}}\,[\mathrm{m}] \fallingdotseq 1.13\sqrt{\frac{Q}{v}}\,[\mathrm{m}] \tag{2.42}$$

단, $Q[\mathrm{m^3/sec}]$: 양수량, $v[\mathrm{m/sec}]$: 유속

【예제】 20m 높이에 있는 저수조에 매시 18m³의 물을 양수시키기 위한 양수펌프의 직경, 전양정, 축동력 등을 계산하라. 단, 배관계의 마찰손실 수두 $H_f = 10\mathrm{m}$, 토출양정 $H_d = 20\mathrm{m}$, 흡입양정 $H_s = 4\mathrm{m}$, 유속 $V = 2\mathrm{m/sec}$, 펌프의 효율 $\eta_p = 50\%$이다.

▎해설▎ 1) $Q = 18\mathrm{m^3/h} = 0.3\mathrm{m^3/min} = 0.005\mathrm{m^3/sec}$, $V = 2\mathrm{m/sec}$

$$\therefore d = \sqrt{\frac{4Q}{V\pi}} = \sqrt{\frac{4 \times 0.005}{2 \times 3.14}} = 0.0565(\mathrm{m}) = 5605\mathrm{mm} \fallingdotseq 65\mathrm{A}$$

2) 전양정 $H = H_d + H_s + H_f = 20+4+10 = 34(\mathrm{m})$

3) 펌프의 축동력(L_{ps})

$$L_{ps} = \frac{\gamma Q H}{4500\eta_p} = \frac{1000 \times 0.3 \times 34}{4500 \times 0.5} = 4.5[ps]$$

【예제】 시간당 최대 예상급수량이 12,000[ℓ/h]일 때 고가수조에 급수하는 펌프의 양수량, 전양정, 소요동력, 직경을 계산하라. 6층 건물로서 층고는 각 3.5m이며, 맨 위층에서 양수관까지는 3m, 펌프에서 1층까지는 0.5m, 흡입양정은 3m이다.
단, 양수량은 시간당 최대 예상급수량으로 하고 흡입관과 토출관의 마찰손실은 실양정(흡입양정+토출양정)의 25%, 양수관 토출구의 속도수두는 0.3mAq, 펌프의 효율은 55%, 펌프의 구동은 전동기 직결형이다.

| 풀이 | 1) 양수량 Q(m^3/min). 이때 양수량은 시간최대 예상급수량이다.

$$Q=12{,}000\ell/h=12m^3/min\times\frac{1}{60}=0.2m^3/min$$

2) 전양정 H(m)
흡입양정=3m, 토출양정=0.5+(3.5×6)+3=24.5m
따라서, 실양정은 3+24.5=27.5m, 마찰손실수두는 27.5×0.25=6.875m이다.
속도수두는 0.3mAq이므로 전양정(H)은 다음과 같다.

$$H=3+24.5+6.875+0.3=34.675m$$

3) 펌프의 소요동력은 전달효율을 고려한 소요 전동기의 동력으로 할 경우 다음과 같다.

$$L_d=0.163\frac{(1+\alpha)QH}{\eta_p}(kW)=0.163\frac{(1+0.1)\times0.2\times34.68}{0.55}=2.26(kW)$$

단, α : 여유율로 전동기가 펌프직결로 할 때는 0.1~0.2이다

2.4 고가수조 및 압력수조 가압방식

(1) 고가수조 가압방식

방호대상물의 옥상 또는 주변의 지형지물을 이용하여 일정한 높이에 각 소화설비마다 요구하는 용량의 물탱크를 설치하여 각 소화설비의 전용배관에 연결시켜 사용하는 방식으로, 옥내소화전의 경우는 소화전에서 17m 이상 높은 위치에 물탱크가 설치되어 있다. 고가수조방식의 개략도는 그림 2.21과 같고, 옥내소화전은 저수량의 크기를 13m^3 이상 확보할 수 있어야 한다.

1) 유효자연낙차압

고가수조의 유효낙차압력은 다음 식으로 산출한 수치 이상의 값으로 한다. 즉,

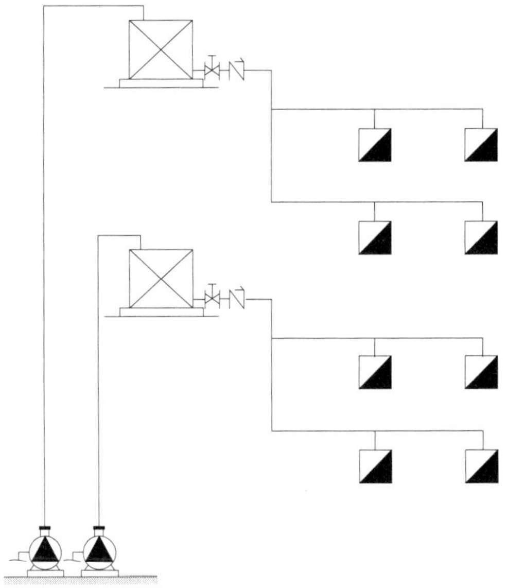

그림 2.21 고가수조방식의 가압설비 개략도

$$H = h_1 + h_2 + 17[\text{m}]$$

여기서, H : 유효자연낙차(m), h_1 : 소방용 호스 마찰손실수두(m)
h_2 : 배관 및 관 부속류의 마찰손실수두(m)

이다. 따라서 수두 H[m]를 유효한 압력으로 환산하면, $P = 0.1H[\text{kg/cm}^2] = 0.01H[\text{MPa}]$의 식으로 된다.

2) 고가수조의 구조

고수위 수조(고가수조, 옥상탱크의 설치)의 설치는, 고위치에서 중력의 급수압으로 건축물 내의 급수전 또는 소화설비 등에 물을 공급하기 위해 건물의 옥상이나 고가에 수조를 설치하는 것을 말한다. 이 방식은 저수조에 저장된 물을 펌프로 양수하여 저장하고 있다가 하향 급수하는 방법으로, 각 층으로의 급수가 합리적으로 공급될 수 있도록 압력 조정기를 달아 하위 층으로 내려보내면 급수압이 비교적 일정하게 유지·공급된다.

고위치 수조는 내식성, 내구성, 강도성이 있어야 되고 설치 시 반입과 보수, 점검, 청소 등이 용이해야 한다. 구조체의 재료로는 철근 콘크리트, FPR 등이 사용되며 탱크용량은 건물이나 사용급수전 등이 1일 사용하는 사용수량의 1/10 크기가 기준이 된다. 이 수조에 급수설비와 소화용 급수전이 동시에 이용될 때는, 역류방지 장치를 설치한 후 직결하면 사용할 수 있다. 그 설치방법과 모양은 그림 2.22와 같다.

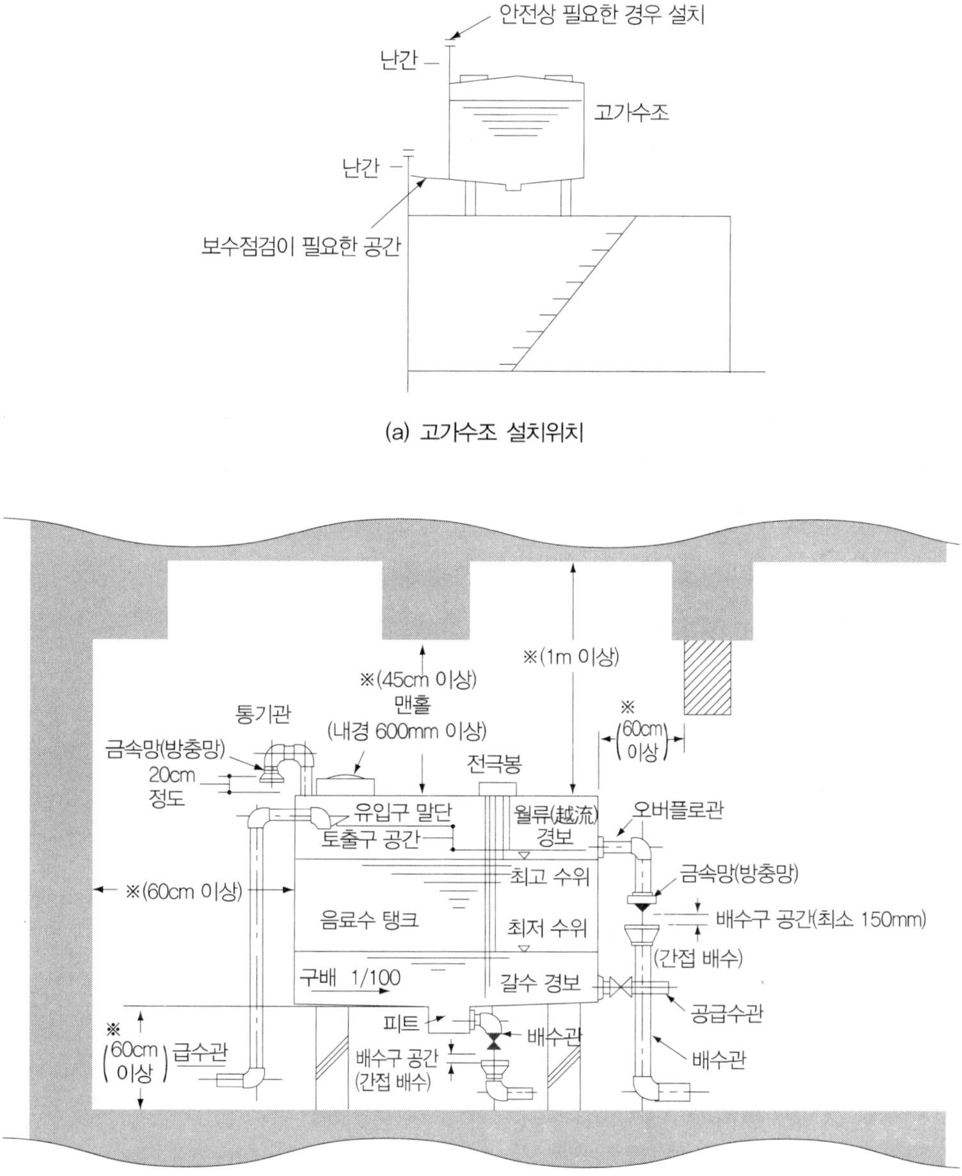

(a) 고가수조 설치위치

(b) 수조의 설치기준

그림 2.22 일반 저수조의 설치기준 및 주위배관

(2) 압력수조방식

1) 압력수조의 구조

① 압력수조의 주위에는 각종 부속기구가 부착되어 있고 공기 압축기에 의해 수조 내에 압력 변화를 감지하여 압축공기를 상시 공급해 준다.

② 펌프의 양수량은 시간당 최대 사용수량의 2배 정도로 하고 전양정의 계산은 최고압력에 상당하는 수두와 펌프의 흡입양정을 가산한 것에 10~20%의 여유가 있도록 한다.

③ 압력탱크 내부는 압력공기가 물에 혼입되어 기압의 저하가 발생되는 것을 방지하기 위하여 공기실과 수실을 각막으로 분리하고 공기실에는 사전에 압축공기를 충진한다.

④ 급수관은 관지름 80mm, 급기관은 20mm 이상으로 한다.

⑤ 안전장치는 작동압력의 10% 이상이 되면 작동하여야 한다.

⑥ 탱크는 모든 밸브를 잠근 상태에서 사용압력으로 24시간 유지하여 0.005MPa(0.05kg/cm^2) 이상의 압력저하가 발생하여서는 안 된다. 즉 압력수조는 일반적으로 2/3는 물로 채우고 나머지 부분은 공기압으로 적정한 압력을 유지될 수 있도록 하고 있다. 이러한 압력수조의 설치기준과 주위배관 선도의 개략을 그림 2.23이 보여주고 있다.

2) 압력수조의 압력

압력수조의 압력은, 다음 식으로 계산하여 필요압력이 상시 유지되도록 하여야 한다.

$$P = P_1 + P_2 + P_3 + P_4 \tag{2.43}$$

여기서, P : 필요한 압력(MPa, kg/cm^2)

P_1 : 호스의 마찰손실수두압(MPa, kg/cm^2, 호스를 사용하지 않는 경우 제외)

P_2 : 배관의 마찰손실수두압(MPa, kg/cm^2)

P_3 : 낙차의 환산수두압(MPa, kg/cm^2)

P_4 : 방사압(MPa, kg/cm^2)

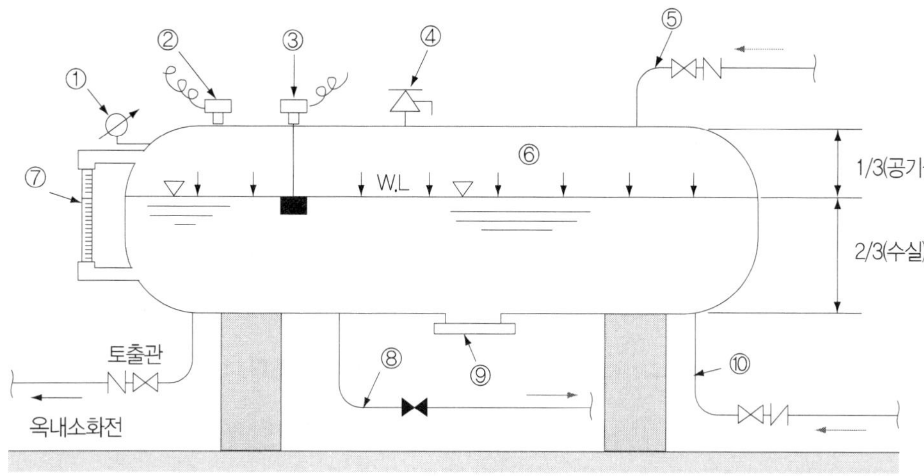

① 압력계 ② 감압경보(컴프레서 운전스위치) ③ 감수경보(보급수펌프 운전용 플로스위치 또는 압력스위치)
④ 안전밸브 ⑤ 급기관 ⑥ 가압(압축공기) ⑦ 수위계 ⑧ 배수관 ⑨ 맨홀 ⑩ 공급수관

그림 2.23 압력수조 주위 부소기구 설치의 개략도

2.5 펌프에서의 수리적 제현상

(1) 펌프의 NPSH

1) 펌프의 흡입 특성

수조의 수위가 펌프의 수위보다 낮은 경우 펌프에 의해 물이 흡입되는 것은 펌프의 가압력에 의해서 물이 흡입되는 것이 아니고, 펌프 구동에 따라 배관 내 대기압을 감소시키면 이때 외부대기압에 의해 배관 내로 물이 상승하는 것이다. 즉 흡입배관을 통해 물이 정상적으로 상승하여 펌프로부터 송출하려면 근본적으로 작용되는 대기압이 모든 저항력(펌프나 배관에서 물이 흡입되려는 것을 방해하는 모든 요소들에 의한 힘)보다 커야 한다. 따라서 그 크기는 다음 식과 같이 표현 가능하다.

$$[\text{대기압} - \text{저항력들의 합}] \geq 0 \tag{2.44}$$

2) NPSH의 개념과 적용

위의 식 (2.44)에서 표현된 저항력들을 살펴보면, 흡입 측 배관에 물이 H(m)만큼 상승함으로써 형성되는 수압을 $0.1H$(kg/cm^2)의 값으로 나타낼 수 있고, 또 흡입 측 배관에서의 물에 의한 배관의 마찰손실은 P_f(kg/cm^2)로 표현하며, 흡입 배관 내 물의 포화증기압의 크기는 흡입관 내의 압력이 흡입 시 대기압 이하가 되므로 증발된 공기가 형성하는 포화증기압은 P_v(kg/cm^2)이다. 그리고 펌프에 의해 배관 내 형성되는 진공도는 배관 내의 대기압이 감소되어 형성되는 공기의 압력이므로 그 크기를 N_p(절대압력－연성계 압력, kg/cm^2)라 할 때, 위 식 (2.44)는 다음과 같이 나타낼 수 있다. 단, 대기압의 크기 1.0332(kg/cm^2)은 약 1(kg/cm^2)로 계산한 경우이다.

$$[1(\text{kg/cm}^2)] - [H + P_f + P_v + N_p]\ (\text{kg/cm}^2) \geqq 0 \tag{2.45}$$

이 식의 1(kg/cm^2)은 수두로 환산하면 10m이므로 식 (2.45)를 수두로 표현할 경우는 다음과 같게 된다. 즉,

$$[(10) - (H_h + H_f + H_v + N)](\text{m}) \geqq 0 \tag{2.46}$$

여기서, $H_h = 10 \times (0.1H)$

$H_f = 10 \times P_f$

$H_v = 10 \times P_v$

$N = 10 \times N_p$

또한 위 식은 아래와 같이 N, 즉 “펌프의 NPSH(Required Net Positive Suction Head)”를 사용할 경우 다음과 같은 식으로 나타낼 수가 있다.

$$[(10) - (H_h + H_f + H_v)]\ (\text{m}) \geqq N \tag{2.47}$$

식 (2.47)의 좌변 $[10 - (H_h + H_f + H_v)]$를 “유효 NPSH(Available Net Positive Suction Head)”라 하며, 이 유효 NPSH는 NPSH$_{av}$로 표시하고, 이는 물이 보유하는 유효 흡입양정을 의미하는 것으로 소방대상물의 조건에 따라서 결정되는 값이다. 또한 펌프의 NPSH도 NPSH$_{rv}$로 표시하고, 이것은 펌프 자체가 보유한 흡입양정이다. 이때, 펌프의 NPSH$_{rv}$는 펌프 제작사에서 펌프의 제작 시 결정하는 값이 된다.

3) 설계 시 NPSH의 적용범위

토출량이 증가하면 $NPSH_{av}$는 감소하나 반면에 토출량이 증가하면 $NPSH_{re}$는 증가한다. 따라서 캐비테이션(cavitation)을 방지하고 펌프를 사용할 수 있는 범위는 그림 2.24에서 보듯이 $NPSH_{av} \geqq NPSH_{re}$ 영역이 된다. 이때 펌프의 설계 시 $NPSH_{av}$는 $NPSH_{re}$에 대하여 130% 이상 여유분을 갖도록 한다.

(2) 공동현상

① 개념

공동현상(cavitation)이란, 배관 내를 흐르는 액체의 압력이 해당온도에 대응하는 증기압 이하로 내려갈 때 국부적으로 비등현상이 일어나 증기포켓(vapor pocket)이 발생된다. 이와 같은 증기공동(空洞)을 만드는 현상을 말하며, 여기서 만들어진 액체거품들이 유동하여 압력이 높은 곳에 이르러 상호충돌과 함께 갑작스럽게 부분적으로 고압이 형성되어 높은 소음을 유발하는 현상을 공동현상이라고 한다.

② 발생원인 및 조건

펌프가 수원의 수위보다 높을 경우 소화설비용 흡입배관 내부 입구의 압력이 대기압 이하로 낮아져 공동현상이 발생하기 쉽게 된다. 통상 물은 1기압 100℃에서 비등하나 압력이 낮아질 때

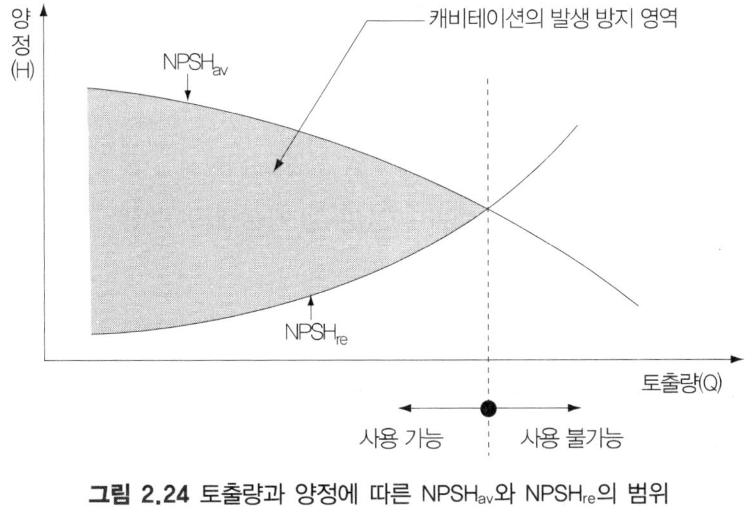

그림 2.24 토출량과 양정에 따른 $NPSH_{av}$와 $NPSH_{re}$의 범위

그 이하의 온도에서도 비등하다. 따라서 압력이 저하되면 상온에 가까운 온도에서도 비등현상이 국부적으로 발생하게 되고 물의 압력이 포화증기압 이하로 내려가게 되면 증발해 기포가 발생하게 된다. 따라서, 캐비테이션을 일으킬 경우($NPSH_{av} - NPSH_{re}$)의 크기는 해당유체의 증기압력보다 작거나 같을 때의 경우에 해당한다.

소화설비용 펌프에서 $NPSH_{re}$를 알게 되면 캐비테이션(cavitation)을 일으키지 않고 운전할 수 있는 펌프의 수조수면으로부터 고정위치를 결정할 수 있다. 즉 다음 관계를 고려한다.

㉠ $NPSH_{av} > NPSH_{re}$: 캐비테이션이 발생하지 않음

㉡ $NPSH_{av} = NPSH_{re}$: 캐비테이션의 발생임계 시점

㉢ $NPSH_{av} \geqq NPSH_{re} \times 1.3$: 펌프의 설계 시 적용 기준

특히, 소화설비에서는 흡입양정이 지나치게 높거나 유속이 빠른 부위에서 공동현상이 발생하기 쉬우므로 적절한 흡입양정을 유지하는 것이 매우 중요하다.

③ 공동현상 발생 시 제현상

㉠ 공동현상이 발생하면 기포는 펌프의 토출 측 부위에서 급격히 파괴되면서 그 주위에 충격을 주게 된다. 이때, 기포의 압력이 50MPa 이상인 경우가 있어 고압의 충격파를 발생 소음 및 진동, 재료의 피로현상, 부식 등의 원인을 제공하게 되며 때로는 운전불능 상태가 되기도 한다. 특히, 수력발전소의 압력관 내에서 발생하는 공동현상에 의한 부식 현상은 아주 심각한 문제가 될 수 있으므로 주의해야 한다.

㉡ 공동현상은 회전차 입구 부근의 뒤쪽에서 발생되는 경우도 있어, 이때는 회전차(임펠러) 내의 유체흐름을 파괴시켜 펌프의 효율과 축동력 등을 저하시켜 양정의 급격한 저하를 가져다주는 원인이 되기도 한다. 이러한 현상은 깃의 통로가 넓거나 비속도가 큰 펌프 종류인 축류펌프에서 큰 영향을 받게 된다.

㉢ 공동현상은 깃의 침식을 유발하므로 펌프의 성능을 저하시킬 뿐만 아니라 중대한 사고 발생으로 이어질 염려가 커서, 캐비테이션의 발생 상태로 장시간 운전을 하는 것은 매우 위험하므로 주의를 기울여야 한다.

④ 방지대책

펌프 내 포화증기압 이하의 부분이 발생되지 않도록 조치하여야 하고, 다음과 같은 점에 유의하여야 한다.

㉠ 펌프 흡입 측의 유량이 감소되지 않도록 흡입관의 지름을 크게 한다.

㉡ 단(單)흡입 펌프를 양(兩)흡입 펌프로 대체하여 사용한다.

㉢ 흡입양정을 낮추기 위하여 펌프의 설치위치를 낮게 한다. 즉 펌프의 유효 NPSH를 증가시킨다.

㉣ 흡입 측의 마찰손실을 적게 한다. 즉 손실을 줄이기 위한 흡입관의 길이, 부품 및 유동상태 등에 의한 손실을 경감시키는 조치를 취한다.

㉤ 펌프의 회전속도를 줄여 임펠러 속도를 작게 유지한다.

(3) 서징현상

① 개념

유체기계를 운전할 때 숨을 쉬는 것과 같은 소리가 나며 관 내의 압력에 순간적으로 변동이 발생한다. 따라서, 펌프의 출구 및 입구에서 압력계의 바늘이 흔들리고, 동시에 송출량의 급격한 변화가 일어나며, 또한 펌프의 압력과 송출량이 주기적(일반적으로 0.2~10초)으로 변동이 크게 될 뿐만 아니라 격한 진동을 수반하여 연속적인 운전이 곤란하게 되는 현상을 말한다. 즉 펌프의 운전 중에 압력계기의 눈금이 어떤 주기를 가지고 큰 진폭으로 흔들림과 동시에 토출량도 어떤 범위에서 주기적으로 변동이 발생하고 흡입 및 토출 배관의 주기적인 진동과 소음을 수반하는 현상을 서징현상(surging)이라고 한다.

② 발생원인 및 조건

그림 2.25의 유량곡선이 오른쪽 위로 향하는 선형구배 특성을 가지고 있을 때 또는 펌프의

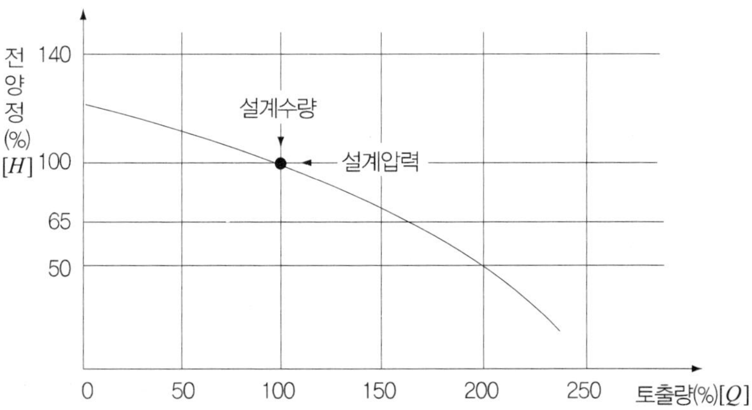

그림 2.25 양정-유량곡선(H-Q특성곡선)

토출 측 관로가 길고 배관 중간에 수조 또는 기체 상태의 부분이 존재할 때 발생한다. 그리고 정격 토출량이 요구 토출량 범위 이하에서 운전할 경우와 조절밸브의 진동, 공동현상, 외부의 공진현상 등 불안정이 있을 때도 발생한다. 단, 펌프가 산형 구배 특성을 가져도 상기 조건 중에서 어느 하나의 조건이라도 해당되지 않으면 서징은 발생하지 않는다.

③ **방지대책**

㉠ 펌프 $H-Q$ 유량-양정 특성곡선 상의 설계 시점보다 오른쪽 하향구배 특성을 가진 펌프를 채용한다. 즉, 정격토출량이 요구 토출량 이상 유지되도록 양정과 토출유량을 적절하게 유지시킨다.

㉡ 이 현상은 토출 측 양정에서 발생하므로 유량조절밸브의 위치를 펌프 토출 측 직후에 위치시켜 토출유량과 양정을 적절하게 유지시킨다.

㉢ 바이패스(by-pass)관을 사용하여 운전영역이 펌프의 $H-Q$ 곡신싱의 오른쪽 하향구배 범위에 있도록 한다.

㉣ 배관 중에 수조 또는 기체상태인 부분이 존재하지 않도록 설계·설치하여 안전영역에서 운전되도록 한다.

(4) 수격작용

① **개념**

관 내를 흐르던 물이 갑자기 정지 또는 압력이 급격히 상승하여 그 변화가 압력파로 변해 관 내로 전파해 간다. 관 내를 전파해 가던 압력파가 관성에 의해 마치 해머로 관을 때리는 듯한 이상음이 발생하는 현상을 수격작용(water hammer)이라 한다. 즉 수격현상을 한마디로 설명하면, 관로 내의 유체속도가 급격하게 변함에 따라 관 내의 유체압력이 상승 또는 강하하는 현상을 말한다. 이때, 송수관에서의 압력파의 관 내 전파속도 C는 다음 식으로부터 구할 수 있다.

$$C=\sqrt{\frac{K}{\rho(1+KD/ET)}} \tag{2.48}$$

여기서, ρ : 유체(물)의 밀도, K : 유체(물)의 체적탄성계수, E : 관 재료의 세로탄성계수, D : 관의 직경, T : 관의 두께

② **수격작용 발생 시 제현상**

급격한 압력변동으로 진동과 소음이 발생하고, 주기적인 압력변동으로 인하여 자동제어계 등의 압력조절 기기들이 난조를 일으키는 원인이 된다. 특히 압력 상승에 의해서는 펌프, 밸브, 플랜지, 관로 등 설비부분이 파손될 수 있으며 압력 강하에 의해서는 관로가 압괴되거나 수주 분리가 발생하여 재결합 시 생기는 격심한 충격파에 의해 관로 파손의 원인이 된다.

③ **방지대책**

수격작용을 방지하기 위해서는, 배관설치 상태를 면밀히 고려할 필요가 있으므로 각 설비에서 원활하게 운전될 수 있도록 대책을 세워야 한다. 즉 고압에 의한 충격압력 장치인 압력흡수 탱크(surge tank) 및 압력변동을 완화시키기 위한 그림 2.26과 같은 어큐뮬레이터(accumulator)의 완충장치를 설치한다. 또한 배관 및 밸브계통을 개선하고 유체의 유속을 작게 하며, 회전체의 관성 모멘트를 크게 한다. 양정 및 유량의 급격한 변화를 일으키지 않도록 주의를 기울이고, 급격한 밸브 폐쇄나 급격한 펌프운전 정지가 없도록 한다.

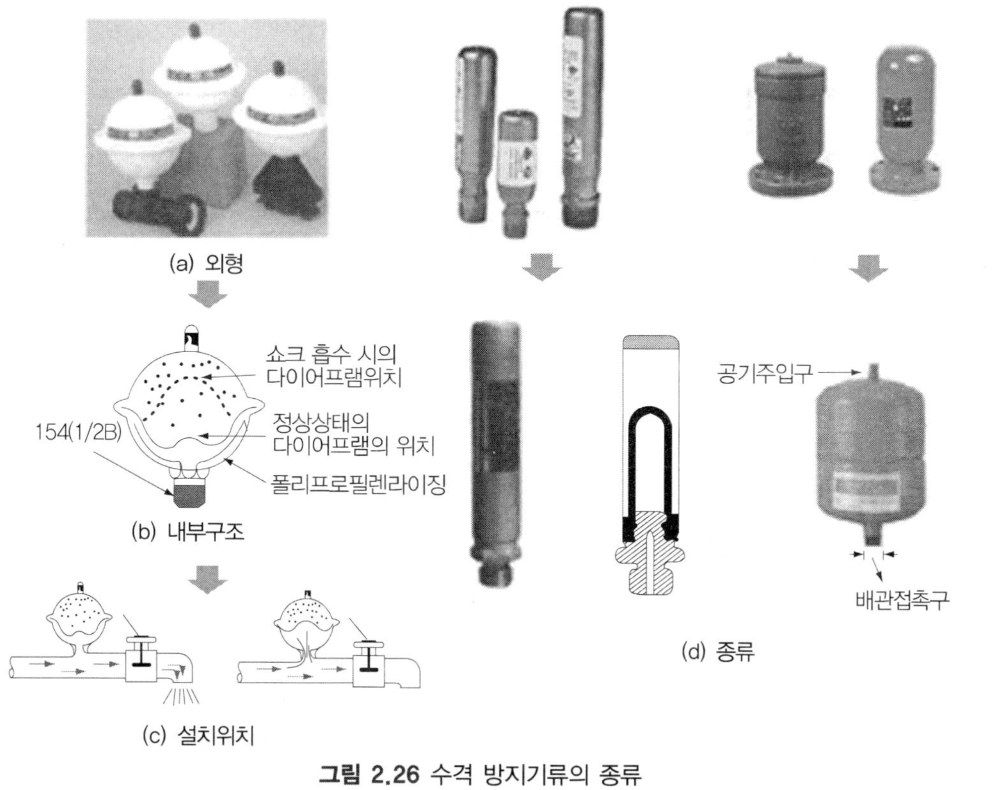

그림 2.26 수격 방지기류의 종류

(5) 프라이밍

원심 펌프 등을 작동시킬 때 초기 펌프 케이싱(casing)에는 공기가 채워져 있다. 이 경우 펌프 축의 회전에도 불구하고 물을 끌어들일 수가 없다. 따라서 물을 흡입하여 양수가 가능하도록 펌프 케이싱 내에 물을 채워주는 것을 프라이밍(priming) 작업이라 한다.

(6) 상사의 법칙 및 펌프의 직·병렬연결

소화설비용 원심 펌프에 있어서는 회전수(N), 임펠러(impeller)의 지름(D), 효율(E)에 따라 토출량(Q), 양정(H), 축동력(L)이 변화하게 된다.

1) 펌프 2대가 상사일 경우 상사법칙의 적용

① 토출량의 비는 회전수에 비례하며 지름의 세제곱에 비례한다.

$$\frac{Q_1}{Q_2} = \frac{N_1}{N_2} = \left(\frac{D_1}{D_2}\right)^3$$

② 양정의 비는 회전수 및 지름의 제곱에 비례하여 양정이 증가한다.

$$\frac{H_1}{H_2} = \left(\frac{N_1}{N_2}\right)^2 = \left(\frac{D_1}{D_2}\right)^2$$

③ 축동력의 비는 회전수의 세제곱, 지름의 다섯제곱에 비례하여 동력이 증가한다.

$$\frac{L_1}{L_2} = \left(\frac{N_1}{N_2}\right)^3 = \left(\frac{D_1}{D_2}\right)^5$$

2) 한 대의 펌프를 다른 속도로 운전할 경우 상사법칙의 적용

단일 펌프로부터 속도를 다르게 할 경우 $D_1 = D_2$, $E_1 = E_2$가 되며, 각각의 운전속도를 달리하여 운전할 때 펌프를 1, 2라 할 경우, 회전수에 대한 토출량의 비와 양정의 비 그리고 축동력의 비는 다음 식과 같다.

① 토출량의 비 : $\dfrac{Q_1}{Q_2} = \dfrac{N_1}{N_2}$

② 양정의 비 : $\dfrac{H_1}{H_2}=\left(\dfrac{N_1}{N_2}\right)^2$

③ 축동력의 비 : $\dfrac{L_1}{L_2}=\left(\dfrac{N_1}{N_2}\right)^3=\left(\dfrac{H_1}{H_2}\right)^{\frac{3}{2}}=\left(\dfrac{Q_1}{Q_2}\right)^3$

3) 펌프의 직·병렬연결 시 유량과 양정의 크기

펌프의 단수(stage)가 1단일 경우는 낮은 출력 범위 이내에서만 적용이 가능하며, 대용량의 펌프을 필요로 하는 경우는 펌프를 2대 이상 연결하여 사용하거나 다단형 펌프(multistage pump)를 사용한다. 따라서 대용량의 스프링클러용 펌프를 설계할 때는 주펌프를 2대로 하여 병렬운전을 하도록 설계하는 경우가 많은데, 2대의 펌프를 직렬 또는 병렬 연결함에 따라 펌프의 양정과 토출량은 다음과 같이 된다. 즉 직렬 연결 시는 유량의 변동은 없으나 양정은 2배가 되고, 병렬 연결 시는 양정의 변동은 없으나 토출량이 2배가 된다. 이때 설계자는 얻고자 하는 설계값에 따라 적절히 배치하고, 이때 유량 및 양정의 값은 대기로 방출될 때를 가정한 것으로 실제 밀폐관 내에서는 마찰저항 등의 원인 때문에 그 값이 작게 되는 것에 유의해야 한다.

(8) 펌프 체절운전 시 수온의 상승 방지대책

1) 개념 및 현상

펌프의 토출 측 밸브가 닫혀 있는 상태로 있거나 토출 측 배관라인이 막혀 토출되지 않고 펌프가 계속 회전하는 경우를 체절운전이라고 하며, 체절운전을 계속하면 펌프 안내실(impeller casing) 내에 있는 유체의 수온 상승으로 인하여 베어링이나 그랜드 패킹 등의 소손으로 펌프가 기능 장애를 일으키게 된다. 따라서 이러한 장애를 극복하기 위한 장치는 다음과 같다.

2) 방지대책

① 토출 측 배관에 순환배관을 별도로 설치하여 일정량의 물을 순환시키거나 외부로 배출시키기 위하여 오리피스 또는 릴리프밸브를 설치한다.

② 수온상승 방지장치의 순환배관은 펌프의 토출 측에 설치된 체크밸브와 펌프 사이 배관에서 분기하여야 하고, 배관의 구경은 20mm 이상으로 설치해 체절압력 미만에서 개방되는 릴리

프밸브를 설치한다. 이때 일반적으로 오리피스를 통한 배수량은 펌프 토출량의 2~5% 정도이다.

2.6 소방 펌프의 운전 및 수원의 확보

(1) 소방 펌프의 운전 및 관리

1) 운전 전

구동 기기로부터 배전판의 스위치와 전동기 단자 접속상태로부터, 펌프 축이음의 이상유무, 급유의 과소 및 과다의 점검, 본체와 흡입관로 내의 만수 상태를 확인한 후 펌프 주축을 손으로 회전시켜 이상유무를 파악한다.

2) 운전

펌프의 회전방향을 확인하여야 한다. 전동기스위치를 ON, OFF하여 회전방향을 확인한 후 기동하여야 하며, 또한 운전 중에 베어링이 정상적으로 기능을 하고 있는지를 확인한다.

3) 정지 시

송출 측의 밸브를 기동할 때의 상태로 하고 난 후 펌프를 정지시킨다. 만약, 장시간에 걸쳐 운전을 정지하거나 겨울에 동결이 될 수 있는 장소에서는 펌프 본체를 포함하여 배관계의 물을 모두 빼내 주어야 한다.

(2) 소화용 수원의 확보

각 소화설비에서 규정한 수원의 양을 유효수량이라 한다. 즉 방재공학 측면에서 유효수원의 양이란 저장된 물 중에서 화재 시 실제로 소방용으로 사용할 수 있는 수원의 양을 말한다.

1) 전용수조

전용수조란 각 소화설비별로 요구하는 규정 수원의 양(유효수량)을 타용도로 사용할 수 없도록 소방설비 전용으로 설치한 수조를 말한다.

2) 겸용수조

겸용수조는 흡입구(풋밸브)의 위치를 다르게 하여 소화용 유효수량이 확보되도록 설치되어 있는 수조로서, 다른 소화설비와 겸용으로 하는 것과 일반 급수원과 겸용으로 사용하는 수조를 말한다.

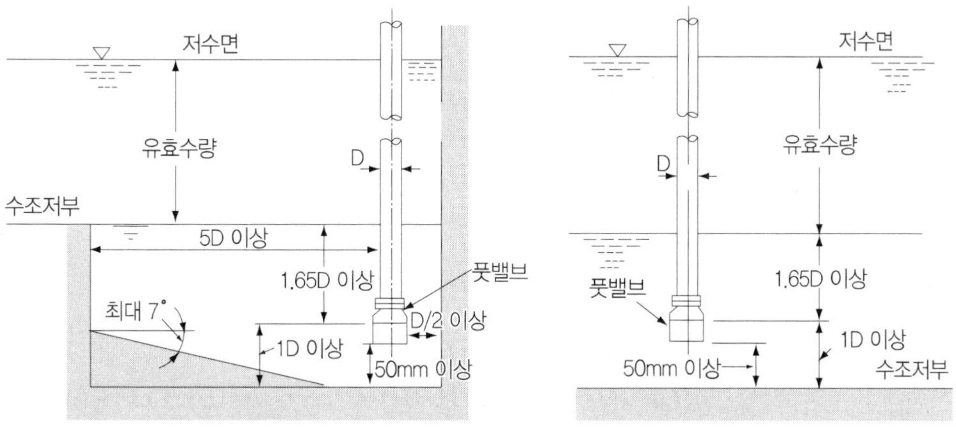

그림 2.27 소방 전용수조의 구조와 설치방식

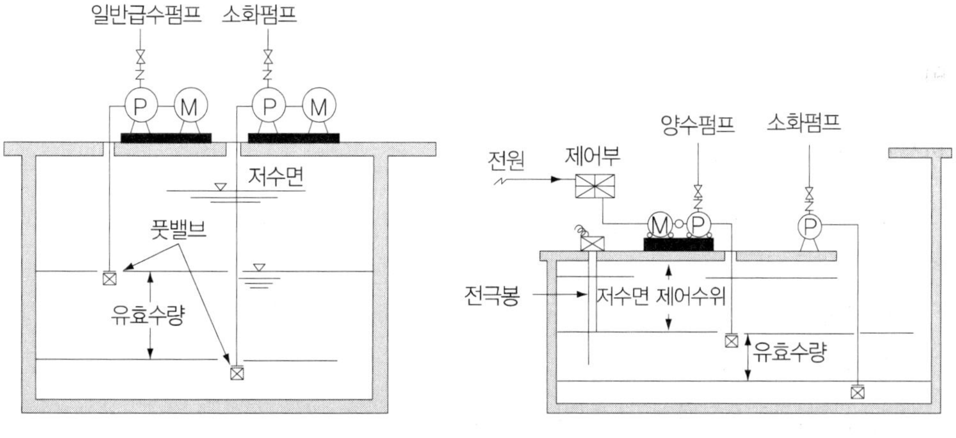

그림 2.28 소방 겸용수조의 구조와 설치방식

① 소방기술기준에 관한 규칙 80조에 의하면 옥내소화전설비, 스프링클러설비, 물분무소화설비, 포말소화설비, 옥외소화전설비, 동력소방펌프설비에 있어서 그 수원을 겸용하여 설치하는 경우의 저수량은 각 소화설비에 필요한 저수량을 합한 양 이상이 되도록 하여야 한다.

② 이들 소화설비 중 고정식 소화설비가 2개 이상 설치되어 있고, 그 소화설비가 설치된 부분이 방화벽과 방화문으로 구획되어 있는 경우에는 각 고정식 소화설비에 필요한 저수량 중 최대의 것 이상으로 할 수 있다.

③ 일반 수원과 겸용으로 사용하는 경우에는 소화설비의 흡입 측에 설치된 풋밸브와 다른 설비의 풋밸브와의 사이의 수량을 유효수량으로 한다.

2.7 각 소화설비의 배선구성도

(1) 옥내소화전설비의 배선도

1) 상용전원

① 저압수전 : 인입 개폐기 직후에서 분기하여 전용배선으로 사용한다. 그림 2.29가 그 예이다.

② 고압(특별고압)수전 : 전력용 변압기 2차측의 주 차단기 1차측에서 분기하여 전용배선으로 하며, 사용회로의 배선기능에 지장이 없을 경우는 주차단기 2차측에서 분기 가능하다. 그림 2.30이 그 예이다.

2) 비상전원

① **비상전원의 설치대상**

㉠ 7층 이상 연면적 2,000m^2 이상인 것

㉡ 지하층 바닥면적의 합계가 3,000m^2 이상인 것

단, 다음의 각 부분은 바닥면적에서 제외한다.

- 근린생활시설 중 목욕실·정구장·탁구장·헬스클럽 또는 체육도장
- 관람집회 및 운동시설 중 관람장·체육관 또는 운동장
- 교육연구시설

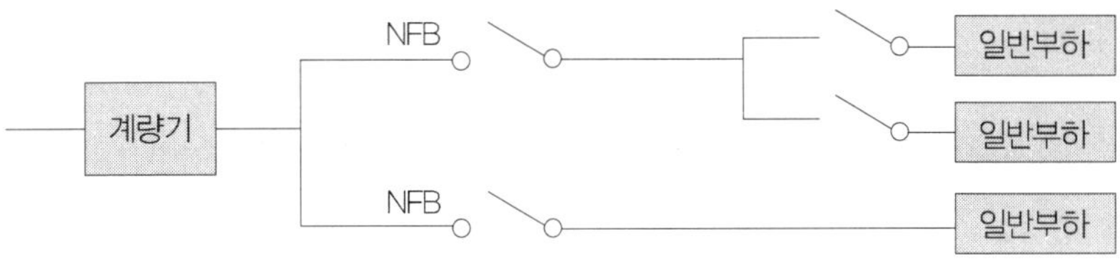

그림 2.29 저압수전의 배선도(NFB : 전용 개폐기)

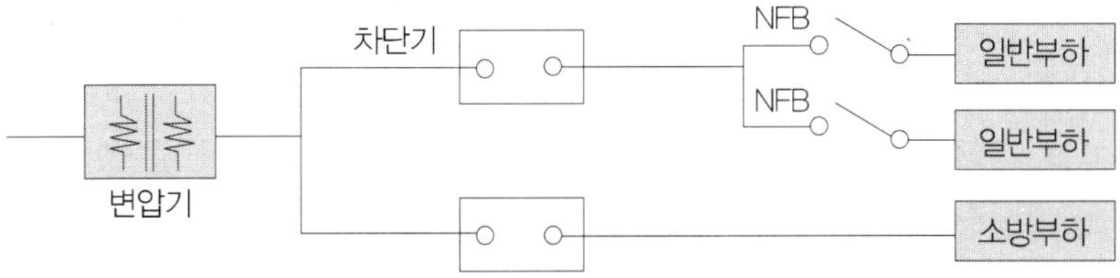

그림 2.30 고압수전의 배선도

- 창고시설
- 차고·주차장
- 동식물 관련 시설
- 보일러실·기계실 또는 전기실

㉢ 상용전원 또는 비상전원의 공급 여부 확인 및 상용 또는 비상전원으로의 전환 기능

㉣ 수조 또는 물올림탱크의 저수위 표시 및 경보 기능

㉤ 각 확인회로의 도통 및 작동시험 기능

㉥ 비상전원 확보 및 비상전원의 적합 여부 시험 기능

② 비상전원의 적용제한

발전설비 또는 축전지 설비에 한함

③ 비상전원의 설치기준

㉠ 점검이 편리하고 화재 및 침수 등의 재해로 인한 피해의 우려가 없는 곳일 것

㉡ 용량은 20분 이상일 것

㉢ 상용전원의 공급 중단 시 자동으로 비상전원으로부터 전력의 공급을 받을 것

㉣ 비상전원의 설치 장소는 다른 장소와 방화구획 및 비상전원 공급에 필요한 기구나 설비 외의 것을 두지 말 것

㉤ 비상전원을 실내에 설치할 때에는 비상조명등을 설치할 것

(2) 감시제어반

비상전원을 설치해야 하는 옥내소화전 설비는 감시제어반과 동력제어반으로 구분하여 설치하도록 되어 있다.

① **감시제어반의 기능**

㉠ 각 펌프의 작동 여부를 확인할 수 있는 표시등 및 음향 경보 장치 기능

㉡ 각 펌프를 자동 및 수동으로의 작동 및 작동 중단 기능

㉢ 상용전원 및 비상전원의 공급 여부 확인 및 상용 및 비상전원으로의 전환 기능

㉣ 수조 또는 물올림탱크의 저수위 표시 및 경보 기능

㉤ 각 확인회로의 도통 및 작동 시험 기능

㉥ 비상전원 획보 및 비상전원의 적합 여부 시험 기능

② **감시제어반의 설치기준**

㉠ 화재 및 침수 등의 피해를 받을 우려가 없는 곳에 설치할 것

㉡ 옥내소화전 설비 전용으로 하고, 단지 옥내소화전 제어에 지장이 없을 경우 탈 설비와 겸용 가능함

③ **다음 기준의 전용실내에 설치할 것**

㉠ 다른 부분과 방화구획을 실시

㉡ 피난층 또는 지하 1층에 설치하고, 다만 특별피난계단으로부터 보행거리 5m 이내 전용의 출입구가 있는 경우 지하 1층 또는 지상 2층에 설치가 가능함

㉢ 비상조명등 및 급배기 설비를 설치

㉣ 무선기 접속단자를 설치

㉤ 화재 시 소방대원이 감시제어반의 조작에 필요한 최소 면적 이상으로 할 것

㉥ 소방대상물의 기계·기구 또는 시설 등의 제어 및 감시설비 외의 것을 두지 말 것

(3) 동력제어반의 설치

소방기술기준에 규칙에 의하면, 비상전원을 설치해야 하는 옥내소화전설비는 감시제어반과 동력제어반으로 구분하여 설치하도록 되어 있다. 그림 2.31은 위치 및 기동표시등의 배선과

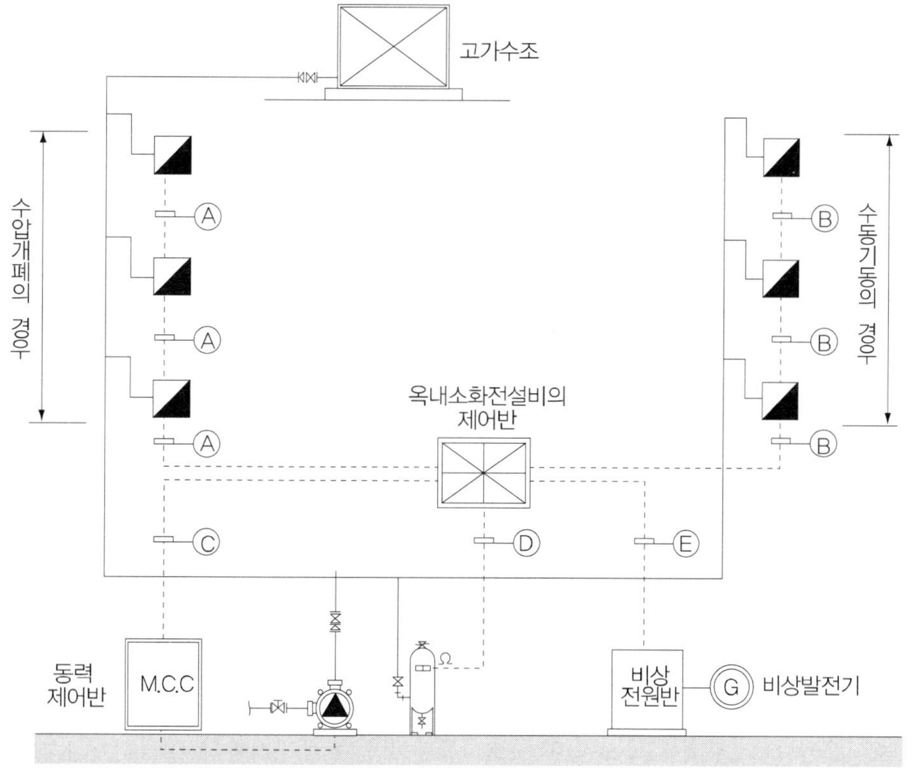

그림 2.31 옥내소화전 비상전원 및 제어반의 구성

제어반과 비상전원의 배선 그리고 제어반에 나타내는 표시등을 보여주고 있다.

① 앞면은 적색으로 하고 "옥내소화전 설비용 동력제어반"이라 표시한 표지를 설치

② 외함은 두께 1.5mm 이상 강판 또는 동등 이상의 강도 및 내열선이 있을 것

(4) 배선의 구분

배선의 적용은 다음과 같다.

① **내화배선**

비상전원으로부터 동력제어반 및 가압송수장치에 이르는 전원회로는 내화배선으로 한다. 단, 동일구역에 설치된 경우 발전기에서 제어반까지의 전원회로는 제외한다.

② **옥내내화 또는 내열배선**

㉠ 상용전원으로부터 동력제어반에 이르는 배선은 내화 및 내열배선으로 한다.

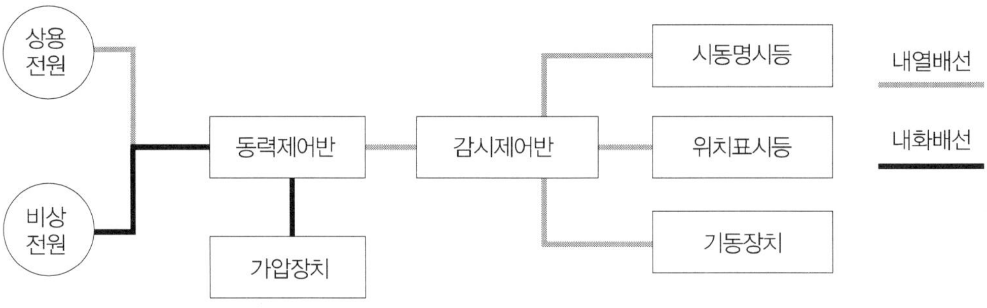

그림 2.32 옥내소화전설비 배선

ㄴ 옥내소화전 설비의 감시 조작·표시등 회로는 내열배선으로 한다.
단, 감시제어반, 동력제어반 내의 감시·조작·표시등은 제외한다.

※ 내화 및 내열배선에 사용되는 전선은 600볼트(V) 2종 비닐절연전선·가교폴리에틸렌 절연비닐외장케이블·클로로필렌외장케이블·강대외장케이블·버스 덕트 또는 행정자치부 장관이 정하여 고시하는 전선이다.

③ 스프링클러설비, 물분무소화설비, 포소화설비의 배선

이 경우 제어반으로부터 비상전원 또 동력기동제어반 및 준비작동식, 열감지기의 제어반 그리고 유수압력 검지 장치에서 헤드까지는 내화배선으로 해야 한다. 기타, 제어반으로부터의 배선은 내열선으로 한다.

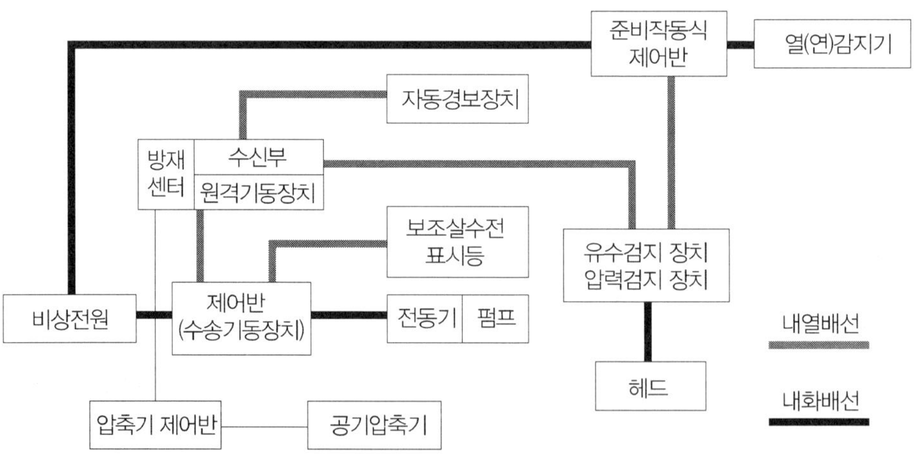

그림 2.33 스프링클러 및 물분무, 포말소화설비 배선

④ **이산화탄소소화설비, 할로겐화물소화설비, 분말소화설비의 배선**

이 경우, 제어반으로부터 비상전원 및 배출장치의 배선은 내화배선으로 하고 기타, 제어반으로부터 배선은 내열선으로 시공한다.

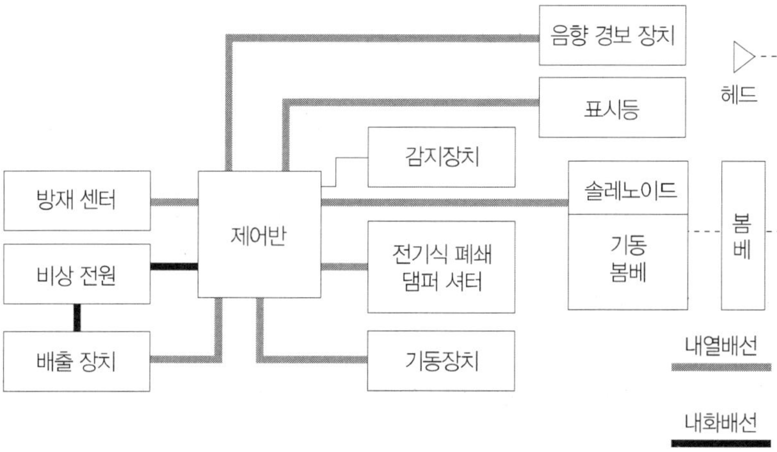

그림 2.34 이산화탄소 및 할로겐, 분말소화설비 배선

⑤ **제연설비의 배선**

이 경우, 제어반으로부터 비상전원 및 FAN 기동 전동기까지는 내화배선으로 하고 기타 제어반으로부터의 배선은 내열배선으로 한다.

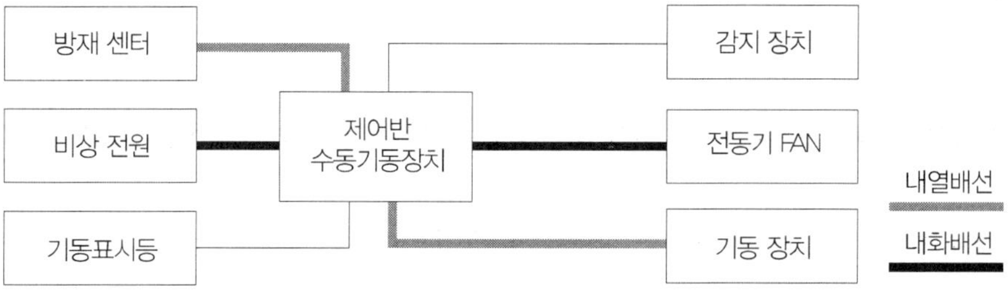

그림 2.35 제연설비의 배선

제2장 연습문제

•e·x·e·r·c·i·s·e

01. 유체 점성(viscosity)의 정의 및 소화설비에서 유체 점성의 영향에 대하여 기술하라.

02. 압력의 정의와 정수두, 절대압, 대기압, 게이지압, 진공압에 대하여 비교 설명하라.

03. 유체에서 오일러(Euler's)의 운동방정식과 베르누이(Bernoulli's)방정식을 비교 설명한다면?

04. 층류와 난류, 레이놀즈수란?

05. 유체유동 관의 수두에 적용하는 손실수두의 종류를 들고 발생원인에 대하여 기술하라.

06. 소화설비에 사용할 수 있는 가압송수장치를 들고 각각에 대하여 그 특징을 간단하게 기술하라.

07. 수압개폐장치용 압력탱크의 시설기준 및 그 작동관계, 주요 구성을 도시하라.

08. 펌프에 의한 제현상의 대표적인 몇 가지를 들고 그 방지대책에 대하여 비교 설명하라.

09. 보조펌프인 충압펌프와 부스터 펌프의 설치목적 및 설치위치 그리고 설치시공에 대하여 비교하여 기술하라.

10. 다른 가압송수장치와 비교할 때 가압송수장치의 하나인 압력수조방식의 장점과 단점은?

11. 펌프방식에서 펌프성능시험기준, 펌프성능시험 및 복구방법을 기술하라.

12. 펌프의 체절운전 시험방법에 관하여 설명하라.

13. 소화펌프로는 원심 펌프의 이용도가 높다. 그중 볼류트 펌프와 터빈 펌프의 특징 및 차이점을 설명하라.

14. 물올림탱크의 필요성과 그 설치기준 및 구조에 대하여 설명하라.

15. 소화설비에서 수조의 유효수원이란 무엇인가?

16. 가압송수장치 흡입 측에 설치하는 풋밸브의 누수에 대한 점검방법에 대하여 기술하라.

17. 소화설비에 흔히 사용되며 사용압력이 비교적 낮은(1.0MPa 이하) 물, 증기, 유류, 가스 및 공기배관에 많이 쓰이는 배관 재료들을 들고 관의 특징에 대하여 설명하라.

18. 소화배관에 설치하는 게이트(OS & Y)밸브와 일반 게이트밸브의 차이점이 있다면 다른 점이 무엇인지를 비교하여 설명하라.

19. 펌프의 전양정, 펌프효율에 대하여 설명하고 그 상관관계에 대하여 기술하라.

20. 수심이 3m인 소화급수용 수조탱크가 있다. 수심 2m의 깊이에 관의 직경 20mm의 강관을 급수용으로 사용하기 위하여 설치하고 유속과 유량을 측정하고자 한다. 출구속도 V(m/sec)와 유량 Q(m^3/sec)를 계산하라. 단, 손실은 고려하지 않는다.

21. 직경 13mm 급수관에 유량 Q = 0.3m^3/min가 흐른다. 흐르는 물의 레이놀즈수가 Re = 2,000의 층류유동일 때 관 길이 300m 동안의 유체 내의 관 마찰에 의한 손실수두 $h_L(m)$와 이로 인한 압력강하 ΔP(kg/cm^2 or MPa)가 각각 얼마인지 계산하라.

22. 관의 마찰손실 외에 부차적 손실 중 돌연확대관의 직경의 비가 1/2이고, 돌연축소관의 수축계수가 0.75일 때 손실계수 및 손실수두(m)는 각각 얼마인가? 단, 유량은 0.04[m^3/min]이고, 작은 관의 직경은 15mm이다.

23. 펌프효율의 80%를 사용하여 옥상에 있는 수조에 물을 시간당 10ton을 퍼올리려고 한다. 이때 지하의 저수조에서 펌프까지는 2.5m이고 펌프에 의한 토출수두는 30m일 때 실양정 Ha(m)와 필요 펌프동력 L_p(kW)는 각각 얼마인가? 단, 관의 마찰손실과 출구 쪽 속도수두는 고려하지 않는다.

24. 그림과 같은 옥내소화전 설비계통도에 대하여 표 1과 표 2를 이용하여 펌프의 다음 질문에 답하라. 이때 펌프효율은 80%이다.
단, 1. 입상관에서 각 층별 소화전 앵글밸브까지의 수평배관은 직경 40mm, 길이가 1.5m이다.
2. [40mm × 15m × 2본]의 호스 마찰손실수두는 8.2m이다.
3. 풋밸브에서 펌프 흡입구까지의 높이는 5m이고, 수평은 1m이며 그 사이에 90° 엘보가 설치되고 관 직경은 100mm이다. 풋밸브의 상당길이는 앵글밸브에 따른다.

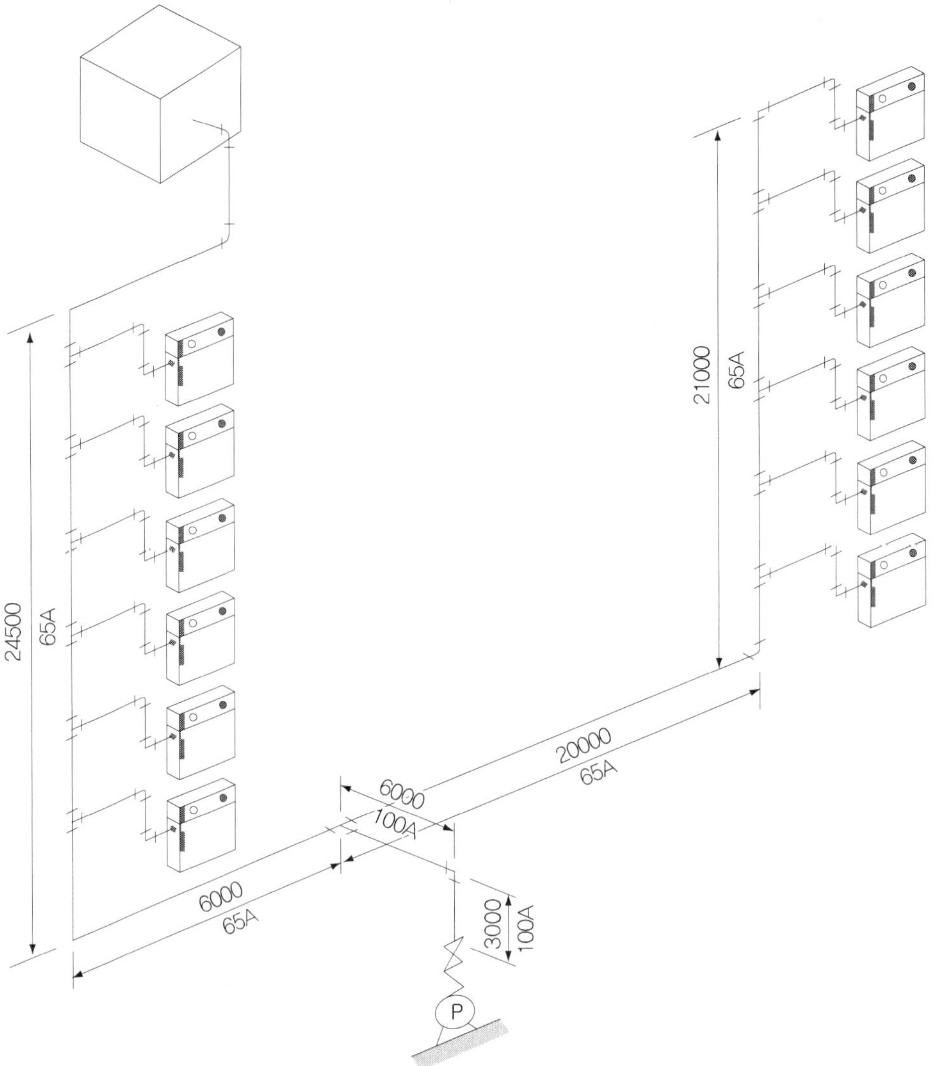

㉠ 토출량(m^3/min)

㉡ 전양정(m)

㉢ 필요한 수조 내의 수원의 양(m^3)

㉣ 전동기의 출력(kW)을 각각 구하라.

표 1 배관 상당장(相當長)의 경우

(단위 : m/개)

구분	종별	40mm	50mm	65mm	80mm	100mm
나사식 관부속	45° Elbow	0.6	0.7	1.0	1.1	1.5
	90° Elbow	1.3	1.6	2.0	2.4	3.2
	분류 Tee	2.5	3.2	4.1	4.9	6.3
밸브류	게이트밸브	0.3	0.3	0.4	0.5	0.7
	체크밸브	3.5	4.4	5.6	6.7	8.7
	앵글밸브	7.0	8.9	11.3	13.5	17.6

표 2 마찰손실수두의 계산값

(단위 : m/개)

유량 \ 관경	40mm	50mm	65mm	80mm	100mm
130(ℓ/min)	9.4	2.9	0.7	0.3	0.1
150(ℓ/min)	12.3	3.8	1.1	0.4	0.1
260(ℓ/min)	34.0	10.5	3.0	1.3	0.3
3000(ℓ/min)	–	13.7	4.0	1.7	0.4

Chapter 3

소화기 및 소화기구

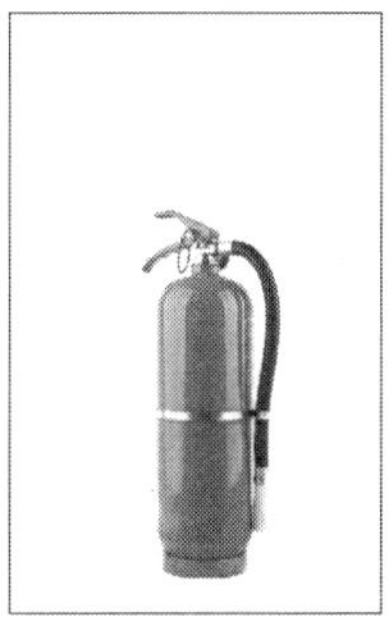
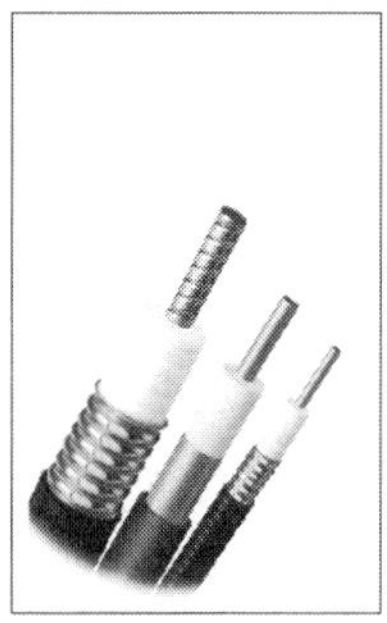

▣ 개요

소화기구란 화재 발생 시 초기에 소화할 목적으로 사용되는 소화기 및 소화기구를 말하며, 고정식 소화설비 이외의 것으로 물이나 가스, 분말, 청정약제 등 그밖의 소화약제를 일정한 용기에 저장하였다가 화재 시 직접 조작에 의해 약제를 방출시켜 화재를 초기에 진압하는 기구를 말한다. 따라서 소화기도 넓게 보면 하나의 소화기구에 속한다고 볼 수 있다. 따라서 소화기구의 설치목적은 초기 화재 시 화재의 확산저지와 진화에 있다.

그 종류로는 수동식 소화기, 자동식 소화기 및 간이소화용구의 3종류로 분류할 수 있다. 수동식 소화기는 사람이 직접 조작에 의해 소화약제를 방출하는 것으로 물 소화기, 산·알칼리 소화기, 강화액 소화기, 포 소화기, CO_2 소화기, 할론 소화기, 분말 소화기 등이 이에 속하고, 자동식 소화기는 화재 발생 또는 가연성 가스 누출을 자동적으로 감지 또는 경보하고 소화약제를 자동으로 방출하여 화재를 진압하는 소화설비를 말한다.

간이소화용구란, 소화기 외의 것으로서 물을 제외한 소화약제가 충전되어 있다가 화재 시 소화용기구로 사용되는 것을 말하고, 이에는 자동확산 간이소화용구, 투척용 간이소화용구, 수동펌프식 간이소화용구, 에어졸식 간이소화용구, 팽창질석 및 팽창진주암, 마른모래 등이 있다.

3.1 설치대상, 설치기준, 감소기준

(1) 설치대상 및 주요 용어의 정의

① 소화기구(수동식 소화기 또는 간이소화용구)를 설치하여야 하는 특정 소방대상물은 다음과 같다.

㉠ 수동식 소화기 또는 간이소화용구를 설치하여야 하는 것. 다만, 노유자시설의 경우에는 이들 시설물을 이용하는 노유자가 쉽게 사용할 수 있는 투척용 소화기 등을 소화기구의 화재안전기준 제4조에 따라 산정된 소화기 수량의 2분의 1 이상으로 설치하여야 한다.

- 연면적 33제곱미터 이상인 것
- 연면적 33제곱미터 이상에 해당하지 아니하는 시설로서 지정문화재 및 가스시설

ⓛ 자동식 소화기를 설치하여야 하는 것 : 아파트

② 소화기구의 기준에서 사용하는 주요 용어의 정의는 다음과 같다.
"소화약제"라 함은 방염성능이 있는 물질을 가공하여 소화에 사용하는 약제를 말하며, "수동식 소화기"라 함은 소화약제를 압력에 따라 방사하는 기구로서 사람이 수동으로 조작하여 소화하는 것(소화약제에 따른 간이소화용구를 제외한다.)을 말한다. 또 "자동식 소화기"라 함은 가연성 가스 등의 누출을 자동으로 차단하며, 소화약제를 압력 등에 따라 자동으로 방사하여 소화하는 것을 말하고, "소형 수동식 소화기"라 함은 능력단위가 1단위 이상이고 대형 수동식 소화기의 능력단위 미만인 수동식 소화기를 말한다. "대형 수동식 소화기"라 함은 화재 시 사람이 운반할 수 있도록 운반대와 바퀴가 설치되어 있고 능력단위가 A급 10단위 이상, B급 20단위 이상인 수동식 소화기를 말한다. 그리고 "자동확산소화용구"라 함은 밀폐 또는 반밀폐된 장소에 고정시켜 화재 시 화염이나 열에 따라 자동으로 소화약제가 확산하여 소화하는 소화용구를 말한다. 또한 "간이소화용구"라 함은 수동식 및 자동식 소화기 이외의 것으로서 간이소화용으로 사용하는 것을 말하며, "거실"이라 함은 거주·집무·작업·집회·오락 그 밖에 이와 유사한 목적을 위하여 사용하는 방을 말한다.

(2) 설치기준

1) 소화기구는 다음의 기준에 따라 설치하여야 한다.

① 소방대상물의 설치장소에 따라 표 3-1(별표 1)에 적합한 종류의 것으로 한다.

② 소방대상물에 따라 능력단위[소화기구의 소화능력을 나타내는 수치로서 수동식 소화기 및 소화약제에 따른 간이소화용구에 있어서는 법 제36조 제5항의 규정에 따라 소방방재청장이 정하여 고시한 기술기준에 따른 측정된 수치를, 그 밖의 간이소화용구에 있어서는 표 3-2(별표 2)에 따른 수치를 말한다. 이하 같다.]가 표 3-3(별표 3)에 따른 기준 이상의 것으로 한다.

③ 위 제②호의 규정에 따른 능력단위 외에 표 3-4(별표 4)의 규정에 따라 부속용도별로 사용되는 부분에 대하여는 소화기구의 능력단위를 추가하여 설치한다.

④ 수동식 소화기는 다음의 기준에 따라 설치한다.

㉠ 각 층마다 설치하되, 소방대상물의 각 부분으로부터 1개의 수동식 소화기까지의 보행거리가 소형 수동식 소화기의 경우에는 20m 이내, 대형 수동식 소화기의 경우에는 30m

이내가 되도록 배치한다. 다만, 가연성 물질이 없는 작업장의 경우에는 작업장의 실정에 맞게 보행거리를 완화하여 배치할 수 있으며, 지하구의 경우에는 화재 발생의 우려가 있거나 사람의 접근이 쉬운 장소에 한하여 설치할 수 있다.

㉡ 소방대상물의 각 층이 2 이상의 거실로 구획된 경우에는 가목의 규정에 따라 각 층마다 설치하는 것 외에 바닥면적이 33m^2 이상으로 구획된 각 거실(아파트의 경우에는 각 세대를 말한다.)에도 배치할 것

㉢ 지하가 중 터널의 경우에는 능력단위 3단위 이상의 수동식 소화기를 주행방향의 측벽길이 50m 이내마다 2개 이상 설치할 것

⑤ 능력단위가 2단위 이상이 되도록 수동식 소화기를 설치하여야 할 소방대상물 또는 그 부분에 있어서는 간이소화용구의 능력단위수치의 합계수가 전체 능력단위 합계수의 2분의 1을 초과하지 아니하게 한다. 다만, 노유자시설의 경우에는 이를 제외한다.

⑥ 소화기구(자동식 소화기 및 자동확산소화용구를 제외한다.)는 바닥으로부터 높이 1.5m 이하의 곳에 비치하고, 수동식 소화기에 있어서는 "소화기", 마른모래에 있어서는 "소화용 모래", 팽창진주암 및 팽창질석에 있어서는 "소화질석"이라고 표시한 표지를 보기 쉬운 곳에 게시할 것

⑦ 자동식 소화기는 아파트의 각 세대별로 주방에 다음 각 목의 기준에 따라 설치한다.

㉠ 소화약제 방출구는 환기구(주방에서 발생하는 열기류 등을 밖으로 배출하는 장치를 말한다. 이하 같다.)의 청소부분과 분리되어 있어야 하며, 해당 방호면적을 유효하게 소화할 수 있도록 설치할 것

㉡ 감지부는 법 제36조 제5항의 규정에 따라 형식승인된 유효한 높이 및 위치에 설치할 것

㉢ 자동식 소화기의 가스차단장치는 주방배관의 개폐밸브로부터 2m 이하의 위치에 설치하되, 상시 확인 및 점검이 가능하도록 설치할 것

㉣ 자동식 소화기의 탐지부는 수신부와 분리하여 설치하되, 공기보다 가벼운 가스를 사용하는 경우에는 천장면으로부터 30cm 이하의 위치에 설치하고, 공기보다 무거운 가스를 사용하는 장소에는 바닥면으로부터 30cm 이하의 위치에 설치할 것

㉤ 자동식 소화기의 수신부는 주위의 열기류 또는 습기 등과 주위온도에 영향을 받지 아니하고 사용자가 상시 볼 수 있는 장소에 설치할 것

⑧ 투척용 소화기 등은 「소방시설 설치유지 및 안전관리에 관한 법률 시행령」 별표 4에 따라

산정된 수량(별표 3 소방대상물란 제3호에 따라 산정한 능력단위를 말한다.)을 다음의 기준에 따라 설치하여야 한다.

㉠ 투척용 소화기 등은 거주자 등이 손쉽게 사용할 수 있는 장소에 설치할 것

㉡ 바닥으로부터 1.5m 이하에 설치하고 "투척용 소화기 등"이라고 표시한 표지를 설치할 것

2) 이산화탄소 또는 할로겐화합물(할론 1301을 제외한다.)을 방사하는 소화기구(분사식 자동확산소화용구를 제외한다.)는 지하층이나 무창층 또는 밀폐된 거실로서 그 바닥면적이 $20m^2$ 미만의 장소에는 설치할 수 없다. 다만, 배기를 위한 유효한 개구부가 있는 장소인 경우에는 그러하지 아니하다.

표 3-1 [별표 1] 소화기구의 설치장소별 적응성(제4조 제1항 제1호 관련)

소화기구 구분 / 설치장소별 적응대상		수동식 소화용구								자동식 소화용구		간이 소화용구		
		이산화탄소 소화기	할로겐화합물 소화기		청정소화약제 소화기	분말			액체계 소화기	파열식	분사식	마른모래	팽창질석 또는 팽창진주암	그밖의 것
			1211	1301		인산염류 소화기	탄산수소염류 소화기	그밖의 것						
건축물, 기타공작물		–	○	○	○	○	–	–	○	○	○	–	–	○
전기실 및 전산실		○	○	○	○	○	○	–	–	–	○	–	–	–
통신기기실		○	○	○	○	–	–	–	–	–	–	–	–	–
특수가연물	가연성고체류 또는 합성수지류	○	○	○	○	○	○	–	○	○	○	○	○	–
	가연성액체류	○	○	○	○	○	○	–	○	○	○	○	○	–
	그밖의 것	–	–	–	–	○	–	–	○	○	○	–	–	–
가연성 가스		○	○	○	○	○	○	–	○	–	○	–	–	–

표 3-2 [별표 2] 간이소화용구의 능력단위(제4조 제1항 제2호 관련)

간이소화용구		능력단위
1. 마른 모래	삽을 상비한 50ℓ 이상의 것 1포	0.5단위
2. 팽창질석 또는 팽창진주암	삽을 상비한 160ℓ 이상의 것 1포	1단위

표 3-3 [별표 3] 소방대상물별 소화기구의 능력단위기준(제4조 제1항 제2호 관련)

소방대상물	소화기구의 능력단위
1. 위락시설	당해 용도의 바닥면적 $30m^2$마다 능력단위 1단위 이상
2. 공연장·집회장·관람장·문화재 및 의료시설	당해 용도의 바닥면적 $50m^2$마다 능력단위 1단위 이상
3. 근린생활시설·판매시설 및 영업시설·숙박시설·노유자시설·전시장·의료시설〈삭제 2007.4.12. 1년 후 시행〉 공동주택·업무시설·통신촬영시설·공장·창고·운수자동차관련시설 및 관광휴게시설	당해 용도의 바닥면적 $100m^2$마다 능력단위 1단위 이상
4. 그 밖의 것	당해 용도의 바닥면적 $200m^2$마다 능력단위 1단위 이상

(주) 소화기구의 능력단위를 산출함에 있어서 건축물의 주요구조부가 내화구조이고, 벽 및 반자의 실내에 면하는 부분이 불연재료·준불연재료 또는 난연재료로 된 소방대상물에 있어서는 위 표의 기준면적의 2배를 당해 소방대상물의 기준면적으로 한다.

표 3-4 [별표 4] 부속용도별로 추가하여야 할 소화기구(제4조 제1항 제3호 관련)

용도별	소화기구의 능력단위
1. 다음 각 목의 시설. 다만, 스프링클러설비·간이스프링클러설비·물분무등소화설비 또는 자동식 소화기가 설치된 경우에는 자동확산소화용구를 설치하지 아니할 수 있다. 가. 보일러실(아파트의 경우 방화구획된 것을 제외한다.)·건조실·세탁소·대량 화기 취급소 나. 음식점(지하가의 음식점을 포함한다.)·다중이용업소·호텔·기숙사의료시설·업무시설공장의 주방. 다만, 의료시설·업무시설 및 공장의 주방은 공동취사를 위한 것에 한한다. 다. 관리자의 출입이 곤란한 변전실·송전실	당해 용도의 바닥면적 $25m^2$마다 능력단위 1단위 이상의 수동식 소화기로 하고, 그 외에 자동확산소화용구를 바닥면적 $10m^2$ 이하는 1개, $10m^2$초과는 2개를 설치할 것. 다만, 지하구의 제어반 또는 분전반의 경우에는 제어반 또는 분전반마다 그 상부에 자동확산소화용구를 설치하여야 한다.

<table>
<tr><th colspan="2">용도별</th><th colspan="3">소화기구의 능력단위</th></tr>
<tr><td colspan="2">·변압기실 및 배전반실(불연재료로 된 상자 안에 장치된 것을 제외한다.)
라. 지하구의 제어반 또는 분전반상부</td><td colspan="3"></td></tr>
<tr><td colspan="2">2. 발전실·변전실·송전실·변압기실·배전반실·통신기기실·기타 이와 유사한 시설이 있는 장소. 다만, 제1호 다목의 장소를 제외한다.</td><td colspan="3">당해 용도의 바닥면적 50m^{2}마다 적응성이 있는 수동식 소화기 1개 이상(다만, 통신기기실 전자기기실을 제외한 장소에 있어서는 교류 600V 또는 직류 750V 이상의 것에 한한다.)</td></tr>
<tr><td colspan="2">3. 위험물안전관리법시행령 별표 1의 규정에 따른 지정수량의 1/5 이상 지정수량 미만의 위험물을 저장 또는 취급하는 장소</td><td colspan="3">능력단위 2단위 이상</td></tr>
<tr><td rowspan="2">4. 소방기본법시행령 별표 2의 규정에 따른 특수가연물을 저장 또는 취급하는 장소</td><td>소방기본법시행령 별표 2에서 정하는 수량 이상</td><td colspan="3">소방기본법시행령 별표 2에서 정하는 수량의 50배 이상마다 능력단위 1단위 이상</td></tr>
<tr><td>소방기본법시행령 별표 2에서 정하는 수량의 500배 이상</td><td colspan="3">대형 수동식 소화기 1개 이상</td></tr>
<tr><td colspan="2" rowspan="2">5. 고압가스안전관리법·액화석유가스의 안전 및 사업관리법 또는 도시가스사업법에서 규정하는 가연성가스를 연료로 사용하는 장소</td><td colspan="2">액화석유가스 기타 가연성가스를 연료로 사용하는 연소기기가 있는 장소</td><td>각 연소기로부터 보행거리 10m 이내에 능력단위 3단위 이상의 수동식 소화기 1개 이상. 다만, 자동식 소화기가 설치된 장소는 제외한다.</td></tr>
<tr><td colspan="2">액화석유가스 기타 가연성가스를 연료로 사용하기 위하여 저장하는 저장실(저장량 300kg 미만은 제외한다.)</td><td>능력단위 5단위 이상의 수동식 소화기 2개 이상 및 대형 수동식 소화기 1개 이상</td></tr>
<tr><td rowspan="4">6. 고압가스안전관리법 액화석유가스의 안전 및 사업관리법 또는 도시가스사업법에서 규정하는 가연성가스를 제조하거나 연료 외의 용도로 저장·사용하는 장소</td><td rowspan="4">저장하고 있는 양 또는 1개월 동안 제조·사용하는 양</td><td rowspan="2">200kg 미만</td><td>저장하는 장소</td><td>능력단위 3단위 이상의 수동식 소화기 2개 이상</td></tr>
<tr><td>제조·사용하는 장소</td><td>능력단위 3단위 이상의 수동식 소화기 2개 이상</td></tr>
<tr><td rowspan="2">200kg 이상 300kg 미만</td><td>저장하는 장소</td><td>능력단위 5단위 이상의 수동식 소화기 2개 이상</td></tr>
<tr><td>제조·사용하는 장소</td><td>바닥면적 50m^{2}마다 능력단위 5단위 이상의 수동식 소화기 1개 이상</td></tr>
</table>

용도별		소화기구의 능력단위		
		300kg 이상	저장하는 장소	대형 수동식 소화기 2개 이상
			제조·사용하는 장소	바닥면적 $50m^2$마다 능력단위 5단위 이상의 수동식 소화기 1개 이상

※ 비고 : 액화석유가스·기타 가연성가스를 제조하거나 연료 외의 용도로 사용하는 장소에 수동식 소화기를 설치할 때에는 당해 장소 바닥면적 50 이하인 경우에도 해당 수동식 소화기를 2개 이상 비치하여야 한다.

(3) 수동식 소화기의 감소규정

① 소형 수동식 소화기를 설치하여야 할 소방대상물 또는 그 부분에 옥내소화전설비·스프링클러설비·물분무등소화설비·옥외소화전설비 또는 대형 수동식 소화기를 설치한 경우에는 당해 설비의 유효범위의 부분에 대하여는 제4조 제1항 제2호 및 제3호의 규정에 따른 수동식 소화기의 3분의 2(대형 수동식 소화기를 둔 경우에는 2분의 1)를 감소할 수 있다. 다만, 지하층을 제외한 층수가 11층 이상인 부분, 근린생활시설, 위락시설, 문화집회 및 운동시설, 판매시설 및 영업시설, 숙박시설, 노유자시설, 의료시설, 아파트, 업무시설(무인변전소를 제외한다.), 통신촬영시설, 교육연구시설, 운수자동차관련시설, 관광휴게시설은 그러하지 아니하다.

② 대형 수동식 소화기를 설치하여야 할 소방대상물 또는 그 부분에 옥내소화전설비·스프링클러설비·물분무등소화설비 또는 옥외소화전설비를 설치한 경우에는 당해설비의 유효범위 안의 부분에 대하여는 대형 수동식 소화기를 설치하지 아니할 수 있다.

(4) 설치 유지기준의 특례

소방본부장 또는 소방서장은 소방대상물의 위치·구조·설비의 상황에 따라 유사한 소방시설로도 이 기준에 따라 당해 소방대상물에 설치하여야 할 소화기구의 기능을 수행할 수 있다고 인정되는 경우에는 그 효력범위 안에서 그 유사한 소방시설을 이 기준에 따른 소방시설로 보고 소화기구의 설치·유지기준의 일부를 적용하지 아니할 수 있다.

3.2 소화능력단위의 부여

(1) A급 화재의 능력단위 부여

A급 화재의 소화능력 시험은, 그림 3.1의 제1모형 및 제2모형에 의해서 능력단위를 선정하여 부여하기 위하여 다음 절차를 거쳐 시험한다.

1) 시험모형의 설치

제1모형의 설치는 수분함유율 15% 이하로 건조된 소나무 또는 오리나무 규격[3cm × 3.5cm × 76cm 크기, 가로와 세로는 73cm, 높이는 70cm]인 크기로 목재 144개를 그림 3.1(a)와 같이 규정대로 쌓고 연소대에 뿌릴 휘발유 3ℓ를 준비한다.

제2모형의 설치는 규격[(30 ± 3mm) × (35 ± 3mm) × (730 ± 5mm)]인 크기로 같은 소화용 목재 90개의 나무를 역시 그림 3.1(b)와 같이 쌓고 연소대에 뿌릴 휘발유 1.5ℓ를 준비한다. 이때 소화하려는 해당 소화기의 능력단위에 따라 준비된 제1모형을 그림 3.2와 같이 보통화재 능력단위 시험모형의 배열방법에 따라 배열한다. 모형연소대가 홀수단위일 때는 끝에 제2모형을 배치하여 모형 간의 거리는 3m 이상 띄워 간격을 유지하여 배치한다. 이때, 제2모형은 2개 이상 사용할 수 없다.

2) 소화시험 방법 및 능력단위 산정

소화시험 요령은 최초 모형에서부터 차례로 불을 붙인 후 최초 모형에 불이 붙은 후 3분 이후에 소화를 점화 순서대로 시작한다. 이때 소화의 조건으로는, 전모형에 잔염 불꽃이 남아 있을 때에는 다음 모형에 대한 소화를 할 수 없고, 소화기를 조작하는 자는 방열복을 착용하지 않은 상태이어야 하며, 주위풍속은 무풍상태(0.5m/sec 이하)이어야 한다.

방사완료 후 2분 이내에 소화된 모형이 다시 불타지 않을 때 완전소화로 인정하여, 제1모형은 A급 2단위, 제2모형은 A급 1단위의 소화능력단위를 부여한다.

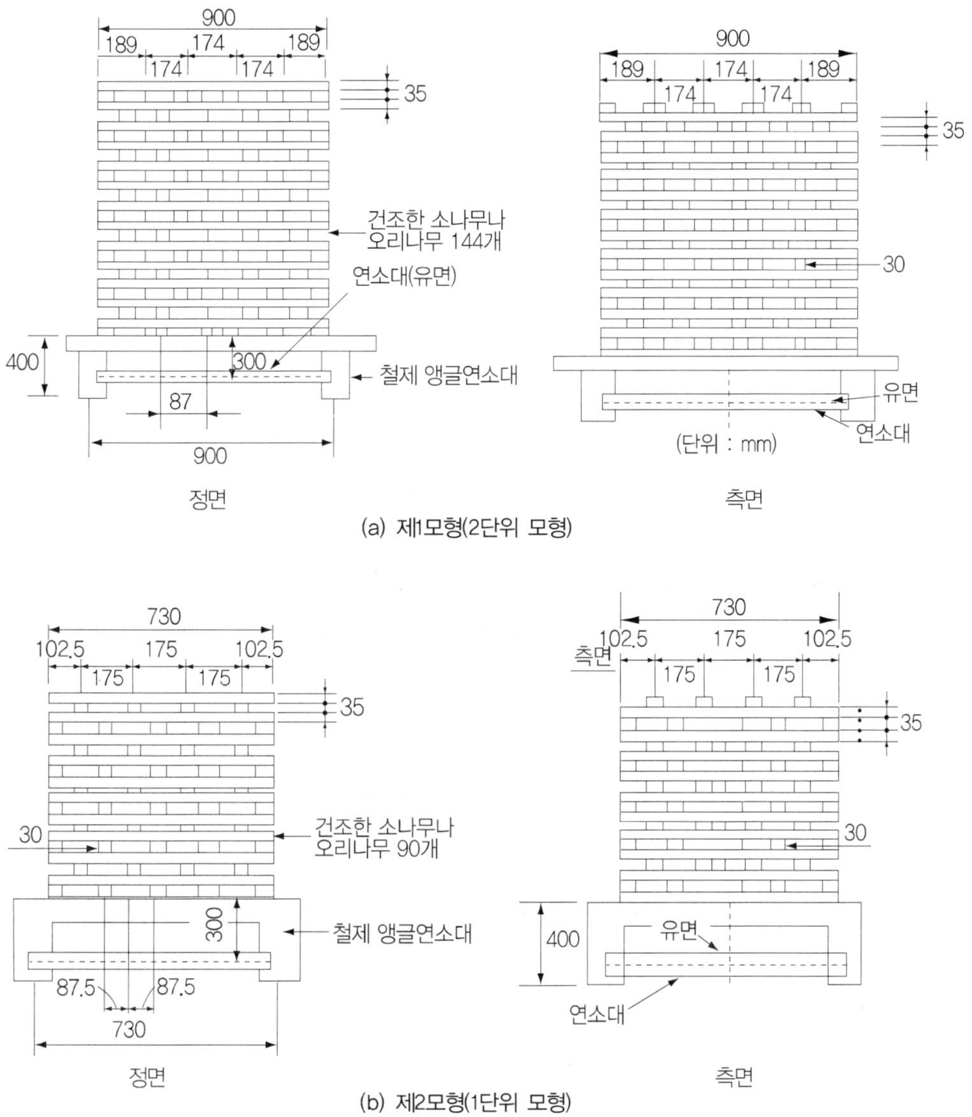

그림 3.1 A급 화재 소화능력선정 시험모형의 설치

(2) B급 화재의 능력단위 부여

1) 시험모형의 설치 및 능력단위 산정

B급 화재에 대한 소화기의 능력단위 산정 시험방법은, 그림 3.3과 같은 연소대를 해당 모형 번호수치(표 3-5)의 연소대를 선정 · 사용하여 1차(제2소화시험)적으로 소화시험을 한다. 다시 2차(제3소화시험)적으로 처음에 사용한 모형번호 수치의 1/2 이하인 것을 2개 이상 5개 이하로

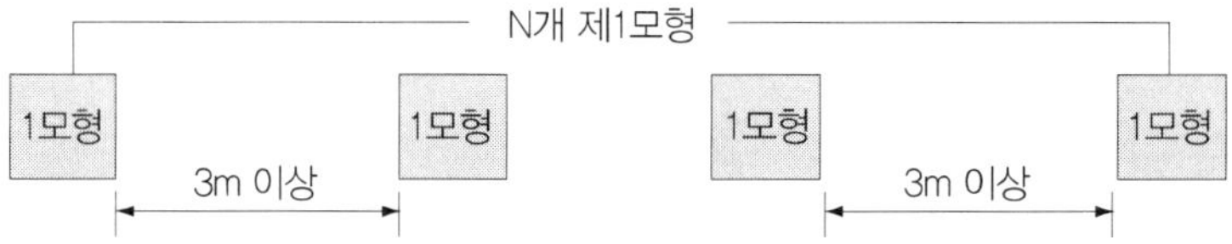

(a) 제1모형을 사용할 때의 모형배열형식(N은 모형의 수)

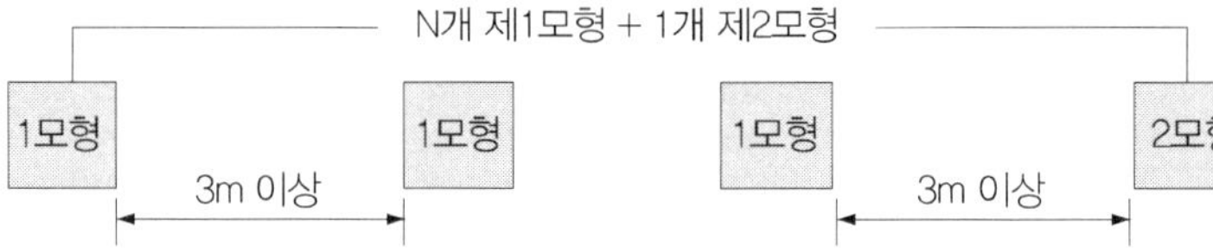

(b) N개의 제1모형과 1개의 제2모형을 사용할 때의 모형배열형식

그림 3.2 A급 보통화재 능력단위 선정 시험모형의 배열

선정, 재소화시험을 실시하여 1차시험 모형번호와 2차시험 모형번호를 합한 후 산술평균한 값으로 소화기 능력을 판단한다. 즉, B급 화재의 소화기 능력단위 산정은 제2소화시험에서 완전히 소화한 모형번호 수치와 제3소화시험에서 완전히 소화한 모형번호 수치의 합계 산술평균 수치값으로 한다. 이때 산술평균값에서 1 미만의 끝자리는 버린다. 그리고 B급 화재 능력단위의 경우 10단위 이하는 각 수치별로 능력단위가 있으나 10단위를 초과하는 경우는 짝수단위만 있다. 또한 C급 화재의 경우는 A급이나 B급 화재와 같이 단위수의 구분이 없다. 여기서, 제2소화시험과 제3소화시험 방법은 다음과 같다.

2) 제2소화시험(B급 화재 시)

제2소화시험은, 다음 ①호에서 ④호까지의 정해진 순서에 따라 시험하고, ⑤호의 기준에 의해서 판정한다. 즉,

① 모형은 다음과 같이 그림 3.3 형상을 가진 것으로 하고, 표 3-5 중에서 모형번호 수치가 1 이상인 것을 1개 이상 사용한다.

② 소화는 모형에 점화한 후 1분 후에 개시한다.

③ 조작자는 방화복을 착용하지 아니하여야 한다.

④ 소화는 무풍의 상태에서 실시한다.

⑤ 소화제 방사 완료 후 1분 이내에 재연소하지 않을 경우에는 그 모형은 완전소화된 것으로 판정한다.

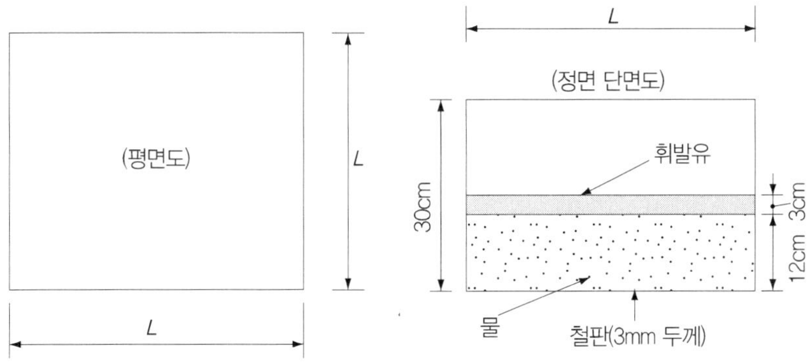

그림 3.3 B급 화재 소화능력선정 시험모형의 설치

표 3-5 모형의 종류

모형번호와 수치(T)	연소면적(m^2)	한 변의 길이 L(cm)
0.5	0.1	31.6
1	0.2	44.7
2	0.4	63.3
3	0.6	77.5
4	0.8	89.4
5	1.0	100.0
6	1.2	109.5
7	1.4	118.3
8	1.6	126.5
9	1.8	134.1
10	2.0	141.3
12	2.4	155.0
14	2.9	167.4
16	3.2	178.9
18	3.6	189.7
20	4.0	200.0

3) 제3소화시험(B급 화재 시)

제3소화시험은 다음 ①호부터 ⑥호까지 정해진 순서에 따라 실시하고, ⑦호의 규정에 준하여 판정한다. 즉,

① 제3소화시험에서는 소화기가 완전히 소화한 모형번호 수치의 1/2 이하인 것을 2개 이상 5

개 이하 사용한다.

② 모형의 배열방법은 모형번호의 수치가 큰 모형부터 작은 모형 순으로 평면 일직선으로 배열하고, 모형과 모형 간의 간격은 상호 인접한 모형 중 그 번호의 수치가 큰 모형 한 변의 길이 이상으로 한다.

③ 모형에 불을 붙이는 순서는 모형번호 수치가 큰 것부터 순차로 하되 시간 간격을 두지 않고 점화한다.

④ 소화는 최초의 모형에 점화 1분 후에 시작하되 점화 순으로 실시하고, 잔염이 있다고 인정될 경우에는 다음 모형에 대한 소화를 계속할 수 있다.

⑤ 소화기를 조작하는 자는 방화복을 착용하지 아니하여야 한다.

⑥ 소화는 무풍의 상태에서 실시하여야 한다.

⑦ 소화제 방사 완료 후 1분 이내에 재연하지 않을 경우 그 모형은 완전히 소화된 것으로 판정한다.

(3) C급 전기화재용 소화기의 전기 전도성

C급 화재용 소화기의 전기전도성은 다음 각 호의 이격거리, 즉 소화기 방사노즐 선단과 금속판 중심의 이격거리를 다음과 같이 유지하고 이에 대응한 전압을 가한 상태에서 소화약제를 방사할 경우 통전전류는 0.5mA 이하이어야만 한다.

① 이격거리 50cm인 경우 : AC 35 ± 3.5 kV

② 이격거리 90cm인 경우 : AC 100 ± 10 kV

3.3 소화기구의 종류 및 특징

(1) 작동방식에 따른 분류

1) 수동식 소화기

수동식 소화기는 물이나 소화약제를 압력원에 의하여 방사하는 기구로서, 사람이 직접 조작하여 소화기 본체에 있는 소화약제를 방출하는 소화기를 말한다. 이외 팽창질석 또는 팽창진주암, 마른모래 등 일정한 양을 저장하여 소화능력을 발휘할 수 있도록 한 간이소화용기구도 수동식 소화기에 속한다. 이 수동식 소화방법은 소화약제의 양, 방출시간, 방출거리, 화재의 종류 등 소화능력에 한계가 있으므로 초기소화에는 절대적인 효과가 있으나 플래시 오버(flash over) 시에는 효과가 없다. 수동식 소화기의 분류방법에는 일반적으로 소화능력단위, 소화약제 분출방법, 소화약제의 종류에 따라 분류하고 있다. 소화능력단위에 따른 분류에서 소형 소화기는 능력단위가 1단위 이상이면서 대형 소화기의 능력단위 미만인 소화기를 말하며, 대형 소화기란 소화능력단위가 A급은 10단위 이상, B급은 20단위 이상인 것으로서 소화약제 저장량은 표 3-8에 정한 양 이상으로 소화약제를 충전시킨 소화기를 말한다.

2) 자동식 소화기

화재의 발생 또는 가연성 가스의 누출을 자동으로 감지 및 경보하고 소화약제를 방출하여 자동으로 소화할 수 있는 고정식 소화기를 말한다. 주로 주방과 같이 상시적으로 불을 자주 사용하는 장소에 설치한다.

(2) 가압방식에 따른 분류

1) 가압식 소화기

그림 3.4(a)와 같이, 소화약제 방출을 위한 가압 가스용기가 소화기 내부 또는 외부에 부설되어 있고 압축가스용기의 봉판을 파괴시키면 방출되는 가스의 압력에 의해 소화기 내부의 소화약제가 방출된다. 이때, 소화약제의 방출원이 되는 압축가스는 별도의 전용 압력용기(압력봄베)에 충전하여 사용되며, 대형 소화기의 경우는 가압용 가스용기를 소화기 몸통 외부에 부착시키는 형태를 취하게 된다. 따라서 내부에 가압용 가스를 저장하여 사용하는 소화기의 경우 별도의 용기에 저장되므로 내부로 공기, 수분 등이 침입하여 약제가 응고할 우려가 있다. 따라서 정기점검 시 이에 대한 확인이 필요하다.

2) 축압식 소화기(Stored Pressure Extinguisher)

소화기의 용기 내부에 소화약제와 압축공기 또는 소화약제의 방출원이 되는 불연성 가스인

N_2, CO_2 등을 소화기 본체용기 중 함께 압축시켜 두었다가 그 압력에 의하여 약제가 방출되며, 모두 지시압력계가 부착되어 내부의 압력을 체크할 수 있도록 되어 있다. 그림 3.4(b)와 같이 압력계의 지시침이 적색을 지시하면 이상 과압상태, 녹색을 지시하면 정상상태의 압력을 의미하며, 내부에 가스압력 0.7~0.98MPa이 가압되어 있으므로 외부에서 소화기 내부로 공기 등이 침입할 수 없어 내부의 소화약제가 응고되는 일은 없다. 소화기별 가압방식은 표 3-6과 같다.

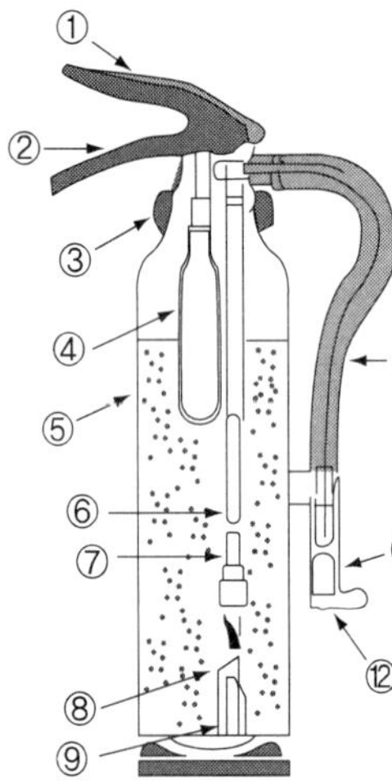

① 위 레버　② 아래 레버
③ 캡　④ 가압용 가스용기
⑤ 본체용기　⑥ 가스도입관
⑦ 분말역류방지장치　⑧ 사이폰관
⑨ 분말 역류 방지 봉판　⑩ 호스
⑪ 노즐폰　⑫ 노즐마개
⑬ 스프링　⑭ 패킹
⑮ 밸브　⑯ 본체캡
⑰ 납덮개　⑱ 수준선 표시
⑲ 내통약제용기　⑳ 외통약제용기
㉑ 상부손잡이　㉒ 스트레이너
㉓ 노들받침고리　㉔ 노즐
㉕ 하부손잡이

(a) 가압식 소화기

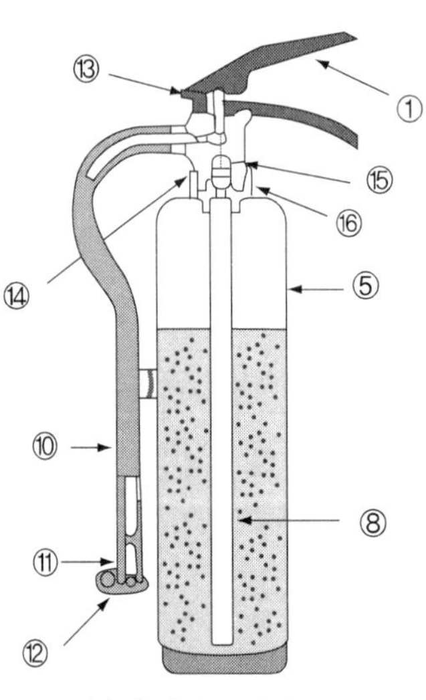

(b) 축압식 소화기

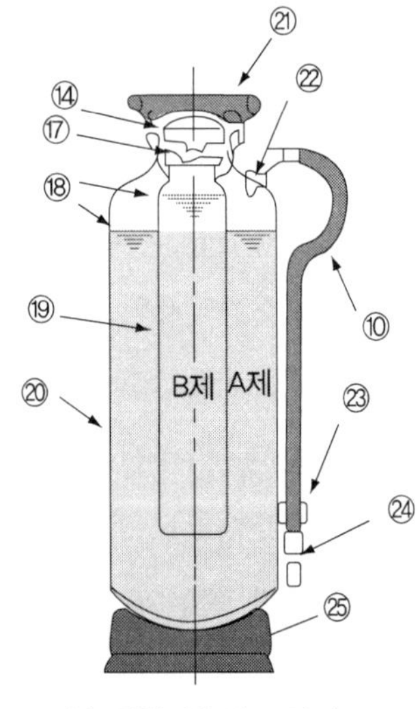

(c) 화학반응식 소화기

그림 3.4 가압방식에 따른 소화기

3) 화학반응식 소화기

그림 3.4(c)와 같이 소화기 내부에 소화약제의 한 가지 종류를 수용한 내통이 있고 그 주위에 소화기 몸통이 다른 소화약제를 수용하는 외통의 역할을 하는 구조로 되어 있다. 소화기를 전도 또는 내통을 파괴시키면 내부의 소화약제와 외통의 소화약제가 혼합되면서 화학반응을 일으키며 이에 따른 CO_2와 같은 생성가스의 압력에 의해 소화약제를 외부로 방출시키는 소화기를 말한다.

(3) 약제에 따른 분류

소화기 내부에 저장된 소화약제의 종류에 따라 소화기를 분류하면 물 소화기, 산·알칼리 소화기, 강화액 소화기, 포말 소화기, 할로겐화합물 소화기, 이산화탄소 소화기, 분말 소화기 등

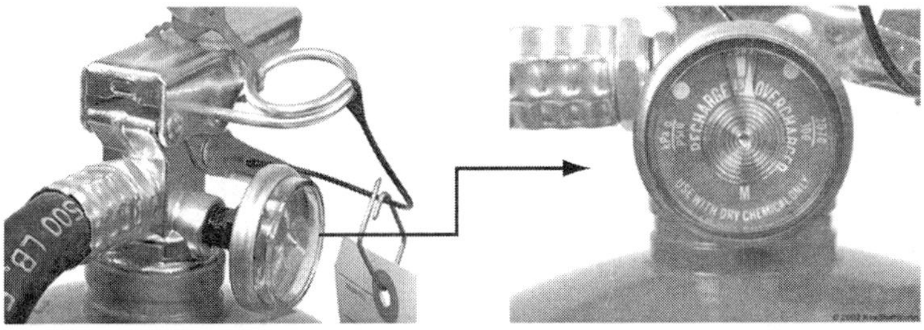

그림 3.5 소화기에 설치된 압력계의 표시

표 3-6 소화기별 가압방식 (○ : 적응가압방식)

가압방식 / 소화약제	축압식	가압식		
		가스압식	반응식	수동펌프식
물 소화기	○	○		○
산·알칼리 소화기			○	
강화액 소화기	○	○	○	
화학포 소화기			○	
기계포 소화기	○	○		
할론 소화기	○			
이산화탄소 소화기	○			
분말 소화기	○	○		

표 3-7 사용약제별 소화기의 종류

소화기명	소화약제	종류	적응화재	소화화재
산 · 알칼리 소화기	H_2SO_4, $NaHCO_3$	파병식, 전도식	A급 (무상 : C급)	냉각
강화액 소화기	H_2SO_4, K_2CO_3	축압식, 화학반응식, 가스가압식	A급 (무상 : A, B, C급)	냉각 (무상 : 질식)
이산화탄소 소화기	CO_2	고압가스용기	B, C급	질식, 냉각
할로겐화합물 소화기	할로겐화합물	축압식, 수동펌프식	B, C급	질식, 냉각, 부촉매
분말 소화기	제1종, 제2종, 제3종, 제4종 분말	축압식, 가스가압식	A, B, C급	질식, 냉각, 부촉매
포말 소화기	$Al_2(SO_4)_3 \cdot 18H_2O$ $NaHCO_3$	전도식, 내통밀폐식, 내통밀봉식	A, B급	질식, 냉각

7종류로 법에서 규정하여 나누고 있다. 여기서, 소화약제의 종류에 따른 적응화재와 소화능력에 대한 내용을 요약하면 다음 표 3-7과 같다.

(4) 소화약제 저장량에 따른 분류

소화기의 용기에 저장되어 있는 소화약제량에 따라 구분하면 표 3-8에 표시한 것과 같이 분류할 수 있다. 소화능력의 단위는 A급 화재를 기준으로 할 경우 10단위 이상, B급 화재를 기준으로 할 때는 20단위 이상의 것을 대형 소화기라 부른다. 여기서, 소화기의 능력단위는 소화기 설치기준에 있어 소요대수가 아닌 검정기술기준에 의한 소화능력 시험의 결과에 의하여 능력단위를 부여한 것이다. 이러한 소화능력 시험은 A급 화재 소화능력시험, B급 화재 소화능력시험 등을 실시한 결과에 의해서 능력단위를 인정하며, 소화기마다 소화능력단위가 표시되어 있다. 그러나 C급의 전기화재와 같은 경우는 소화능력단위가 없고, 방사된 약제가 전기에 의하여 절연성이 확보되면 C급 화재에 적응되는 것으로 나타낸다.

표 3-8 대형 소화기의 약제량

소화기의 종류	소화약제의 양(ℓ)	소화기의 종류	소화약제의 양(kg)
물 소화기	80ℓ 이상	이산화탄소 소화기	50kg 이상
화학포 소화기	80ℓ 이상	할론 소화기	30kg 이상
기계포 소화기	20ℓ 이상	분말 소화기	20kg 이상
강화액 소화기	60ℓ 이상	–	–

3.4 소화기별 구조와 소화약제의 특성

(1) 산·알칼리 소화기(Soda / Acid Extinguisher)

물 소화기의 일종으로 산(H_2SO_4)과 알칼리($NaHCO_3$) 수용액의 반응에 의해서 생성되는 이산화탄소(CO_2)의 가스압을 이용하여 소화약제를 방사한다. 소화기 내부에 중탄산나트륨 수용액과 황산을 각각 별개의 용기에 분리저장된 상태에서 상호 혼합하면 화학반응에 의해서 발생되는 이산화탄소를 가압원으로 하여 약제를 방사하며, 이 소화기는 봉상의 A급 소화에 효과적이며 전도식과 파병식이 있으나 주로 전도식을 사용하고 있다. 화학포 소화기와 유사하며 현재 유통되지 않고 있다. 소화약제의 주성분과 화학반응은 다음과 같다. 즉, [(황산) + (중탄산나트륨) → (황산나트륨) + (이산화탄소) + (물)]이다.

$$H_2SO_4 \quad + \quad 2NaHCO_3 \quad \rightarrow \quad 2Na_2SO_4 \quad + \quad 2CO_2\uparrow \quad + \quad 2H_2O$$

1) 방출방식

① 전도식

황산이 들어 있는 내통제와 알칼리의 탄산수소나트륨이 들어 있는 외통제를 화재 시 소화기를 거꾸로 하면 황산이 들어 있는 용기의 마개가 자동적으로 열려 두 가지 약제가 혼합되고 화학반응을 일으켜서 CO_2 가스 자체의 압력에 의해 소화약제인 물이 방사하는 방식이다.

(a) 이산화탄소(CO_2) 소화기

(b) ABC분말 소화기

그림 3.6 대형 소화기류

② **파병식**

역시, 내통제는 황산이 들어 있고 외통제는 알칼리의 탄산수소나트륨이 들어 있어 화재 시 용기의 상단부에 위치한 농황산병을 파열시켜 용기본체 내부의 중탄산나트륨 수용액과 혼합하여 생성된 CO_2 가스의 자체압력으로 약제가 방사되는 소화기이다.

2) 소화능력

소화기는 방출되는 것이 주로 물이기 때문에 냉각 효과가 가장 현저하게 나타나며, 일부 탄산가스에 의한 질식효과도 부가로 있게 된다.

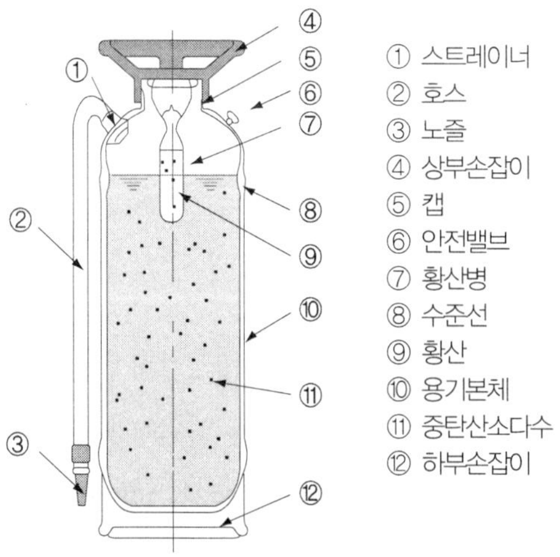

그림 3.7 산·알칼리 소화기(전도식)

적응화재로는 보통화재(A급 화재)에 적합하며, 무상방사할 경우 유류 및 전기화재 등도 사용이 가능하다. 우리나라에서는 현재 생산 및 사용되고 있지 않다.

(2) 강화액 소화기(Loaded Stream Fire Extinguisher)

강화액 소화기는 물의 소화능력을 향상시키기 위해 물에 탄산칼륨(K_2CO_3)이나 인산암모늄 등을 주성분으로 한 담황색의 강알칼리성(pH : 12 이상)의 수용액으로서 응고점은 −20~−30℃로 겨울철에도 얼지 않도록 하여 소화효과는 냉각 및 질식소화로 겨울철의 화재에도 적당하다. 독성이 적고 분해 침전 및 노화 등이 생기지 않으며, 무색 또는 황색으로 약간의 점성이 있는 액체로서 강알칼리성 수용액으로 연쇄반응이 억제되어 부촉매소화가 가능하다.

압력원으로는 압축공기 또는 질소가스로 축압하여 사용한다. 일반적인 구조는 그림 3.8과 같으며, 소화효과는 봉상의 A급 화재, 무상의 A, B, C급 화재의 소화에 사용된다. 소화기의 형식에는 가압식, 축압식, 화학반응식이 있고, 국내에서는 생산이 되지 않고 있다. 소화약제의 주성분인 황산과 탄산칼륨 수용액을 분리 저장하고, 화재 시 사용할 때 혼합하면 다음과 같은 반응이 일어난다.

$$H_2SO_2 \quad + \quad K_2CO_3 \rightarrow \quad K_2SO_4 \quad + \quad CO_2(\uparrow) + \quad H_2O$$

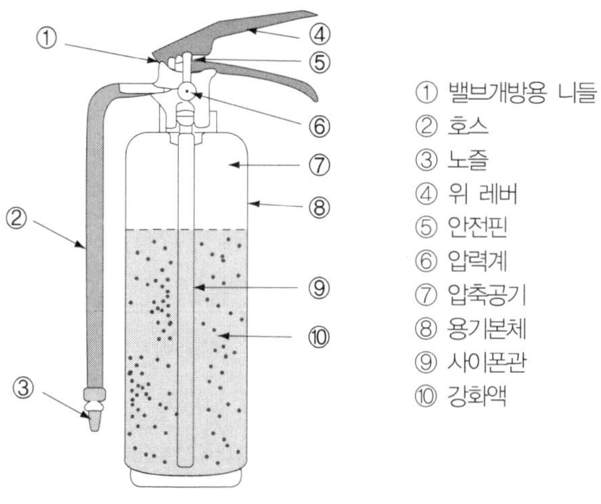

그림 3.8 축압식 강화액 소화기 구조

1) 방출방식

① **축압식**

강화액 소화약제(탄산칼륨 수용액)를 정량적으로 충전시킨 소화기이다.

② **가스 가압식**

강화액을 충전한 압력용기 본체 속에 별도의 가압용 가스봄베가 설치되어 있다.

③ **반응식**

용기 본체 내부에 소화약제가 충전되어 있고, 반응약제인 황산이 충전되어 있는 소화기이다.

2) 소화능력

연소 시 연쇄반응을 단절하고 반응을 억제하는 부촉매 효과로 화재 제어작용이 크다. 냉각, 질식, 재연소를 저지하는 소화작용을 하며 적응 화재로는 일반화재, 유류화재 등이며, 무상강화액 소화기의 경우는 변전실에 적합하다.

(3) 물 소화기(Water Based Extinguisher)

물은 쉽게 구할 수 있고 가격이 싸서 일반화재의 소화에 사용된다. 물을 주소화약제로 하고, 여기에 인산염 등의 침윤제 및 동결방지제 등을 추가하여 일정압력으로 용기에 저장하였다가 방사하는 소화기이다. 방출방식에 따라 수동펌프식, 축압식, 가압식이 있으나 단순히 물만을 사용하는 소화기는 현재 제조되고 있지 않고 국내에서도 사용되지 않고 있다.

일반적인 물 소화기의 구조는 그림 3.9와 같이 공기실을 갖춘 수동펌프식 소화기이다. 공기실에 들어간 물은 실내 약 0.5MPa(5kg/cm^2) 공기압으로 호스를 통해 노즐로부터 방수된다. 물 소화기의 구조와 방출방법은 개폐용의 뚜껑이 있는 양동이형의 수조에 공기실을 갖춘 수동펌프를 장치한 것으로 소화기 하단의 발판을 밟고 노즐출구를 손가락으로 막아 노즐선단을 화원에 향하게 한 뒤 펌프의 핸들을 상·하로 작동하여 약제를 방출한다. 이 소화방법은 봉상의 A급 화재 시 소화효과가 크다.

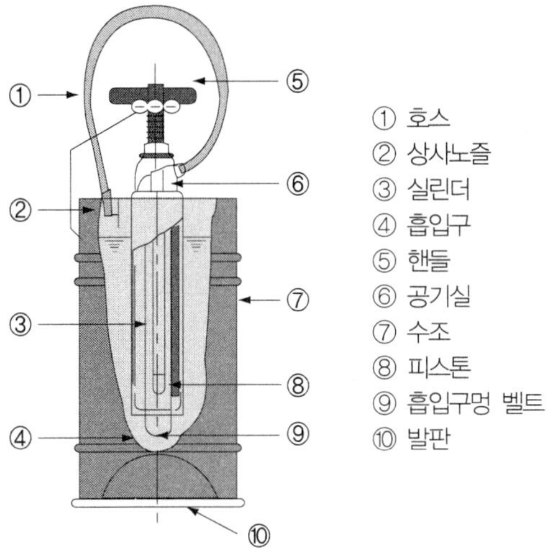

그림 3.9 수동펌프식 물 소화기 구조

1) 방출방식

가압방식은 축압식과 가스가압식 및 수동펌프식이 있으며 노즐의 구조에 따라 상방사(봉상, 적상)와 무상방사가 가능하다. 이때, 적상이란 방울모양으로 주수하는 소화방법으로 주로 스프링클러 설비나 연결살수 설비에서 사용되는 주수방식이다. 취급 시 유의사항은 다음과 같다.

① 물 저장 시 불순물의 혼입을 방지하여야 한다.

② 물이 주요 약제이므로 동결방지를 위한 보온조치를 하여야 한다.

③ 용기나 저수조의 부식을 방지하여야 한다.

④ 화재 시 사용되는 물로 인한 전기누전의 사고예방에 주의하여야 한다.

⑤ 적응 소방대상물에 바르게 설치되어 있는지 살핀다. 즉 B, C급 화재는 적응성이 거의 없으므로 필요한 조치가 선행되어야 한다.

⑥ 소화기 몸통에 표시된 규정선까지 소화수가 차 있는지 확인 및 점검한다.

⑦ 소화기에 설치된 피스톤이 상·하로 원활히 움직이는지 확인이 필요하다.

2) 소화능력 및 특성

물은 비열과 증발잠열의 값이 소화약제 중 가장 크므로 냉각효과가 뛰어나다. 즉 액체의 물 1g이 증발하는 데 약 539cal의 열을 흡수하는 효과가 있고 기화하면 체적은 약 1,700배 팽창한다. 따라서 가연성 물질을 발화점 이하로 냉각시키는 냉각효과와 질식효과를 갖는다. 또한 첨가제를 사용하여 쉽게 소화효과를 향상시킬 수 있다. 이때 사용되는 첨가제는 다음과 같다.

① 침윤제(wetting agent) : 물의 표면장력을 감소시켜 물의 침투성을 증가시켜서 면적화재 등의 심부화재에 사용한다.

② 농축제(thinken water) : 물의 점도를 증가시켜 산림화재에 사용한다.

③ 밀도개질제(density modifier) : 물의 밀도를 개질하는 첨가제이며, 주로 수용성 폼(거품)을 만들 수 있다.

④ 분말 소화약제(compatible dry chemical agent) : 물과 분말을 섞어서 분말 소화약제의 소화작용과 물의 소화작용의 상승작용으로 소화효과를 높이는 것으로서 인산염, 중탄산소다 등이 있다.

물을 주성분으로 사용하므로 온도가 낮은 곳이나 겨울철에는 동결온도에 따른 부동첨가제를 사용하여 동결을 예방할 수 있어야 한다. 그 대책으로 물에 부동액인 염화나트륨, 에틸렌글리콜, 프로필렌 글리콜 등을 희석하는 방법이 있고, 기타 동결방호 대책으로는 다음과 같은 방법이 있다.

① 평상시 건식설비로 시공한 후 화재 시 습식으로 전환하여 사용한다.

② 습식의 경우 보온시공을 한다.

③ 물을 미량 순환시켜 동결되는 것을 차단한다.

④ 증기나 전기코일 등 가열장치를 활용한다.

⑤ 상시 부동액을 혼입시켜 물의 응고점을 보다 낮춘다. 주요 동결방지제는 표 3-9와 같다.

⑥ 환경에 따라 위의 방법들을 혼용하여 사용한다.

물은 살수모델의 변형으로 소화효과를 높일 수 있다. 즉 물방울 직경을 작게 하여 표면적을 넓혀 흡열과 증발을 촉진하는 방식을 말하며 그 특성은 표 3-10과 같다.

표 3-9 물 소화기의 동결방지제

종별	기온(℃)	첨가농도(%)	첨가량(gr/ℓ)
염화칼슘	−10℃	20	230
	−20℃	27	340
식 염	−10℃	15	200
	−20℃	25	300

표 3-10 주수에 따른 특성

주수방법	적용설비	소화효과	적응화재
봉상주수	옥내소화전설비 옥외소화전설비	냉각효과	A급
적상주수	스프링클러 헤드 드렌처 헤드	냉각효과	B급
무상주수	물분무 헤드	냉각, 질식, 유화효과	A, B, C급

여기서, 봉상주수는 막대모양의 물줄기를 형성하여 화점이 멀리 있을 때 침투력을 향상시킬 수 있고, 적상주수방법은 방울모양의 작은 물방울을 형성하여 보다 넓은 표면적으로 열 흡수능력을 향상시킬 수 있으며, 무상주수는 안개와 같이 아주 미세한 입자로 고압에 의해 형성할 수 있어 질식의 효과와 냉각 및 유화소화 효과가 있게 된다.

(4) 이산화탄소 소화기(Carbon Dioxide Extinguisher)

CO_2는 이산화탄소 혹은 탄산가스라고도 부르며, 탄소의 최종 산화물로서 더 이상 연소반응이 일어나지 않기 때문에 질소, 수증기, 아르곤, 할론 등의 불활성 기체와 함께 소화약제로 널리 사용되고 있다. 질식과 냉각작용을 이용한 소화작용의 선택이며, 이산화탄소가 소화기에 충전된 상태에서는 액화상태이나 방출되면 기화되어 기체잠열에 의한 냉각작용으로 스스로 냉각 드라이아이스 상태가 된다.

이 소화기의 특징으로는, 액상의 약제가 방사된 후에 기체의 가스상태가 되므로 좁은 공간에도 침투가 잘되며 전기에 대해서도 절연성이 확보되고 방사 후에도 소화약제에 의한 파손이 없어 통신 기기나 컴퓨터 설비 등 소화 후 수리가 곤란한 소방 대상물에 적합한 소화기이다.

액화 탄산가스 1kg이 기화하였을 때 15℃에서 534ℓ의 기체로 변하며, 이 기체가 가연물 주위를 CO_2 가스로 즉시 채워 질식시킨다. 이때 CO_2 가스가 방출되어 드라이아이스 상태가 될 때 온도는 약 −78℃까지 급격히 냉각되기 때문에 냉각효과도 동반한다. 저장용기는 25MPa (250kg/cm^2)의 내압시험을 거쳐 내부에 약제를 충진하고 20~25MPa(200~250kg/cm^2)의 압력에 견디는 안전봉판이 부착되어 있다. 이 소화기는 B, C급의 화재 시 소화효과가 큰 소화기이다.

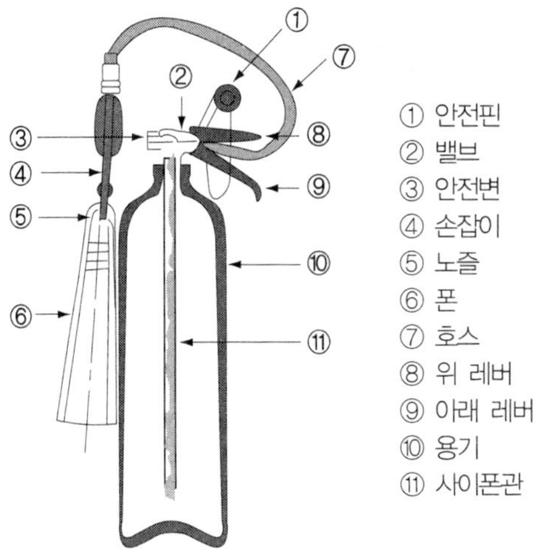

그림 3.10 이산화탄소 소화기

1) 이산화탄소 소화기의 특성

① 오손, 부식 등 손상의 염려가 없어 화재진압 후에도 깨끗하다.

② 비전도성 불연성 가스이기 때문에 전류가 통하는 방호공간에도 사용이 가능하다.

③ 자체의 압력으로 방출할 수가 있어 가압원이 불필요하다.

④ 기체이기 때문에 어떤 장소에도 침투해 확산소화할 수 있다.

⑤ 제5류 위험물과 같이 자체에 산소가 함유되어 있는 물질은 사용할 수 없다.

⑥ CO_2를 분해시키는 반응성이 큰 금속(예 : Na, K, Mg, Ti, Zr 등)과 금속수소화물(예 : LiH, NaH, CaH_2 등)에는 사용이 제한된다.

⑦ 방출 시 질식의 우려가 있는 장소 등에는 사용할 수 없다.

2) 이산화탄소 소화기의 크기별 종류

소형 소화기(레버식)의 경우 이음매 없는 강철제 고압가스 용기이며, 봄베이 본체는 20~25MPa(200~250kg/cm^2)에서 작동하는 안전장치가 있고, 전기 절연성이 좋은 베크라이트 재료의 폰으로부터 탄산가스의 자체 압력에 의해 방사되는 방식이다. 이에 비해 대형 소화기(핸들식)의 경우는 용기의 재질 및 구조가 레버식과 동일한 반면 무게에 대응하여 이동이 가능토록 바퀴가 달린 이송기구가 있다.

표 3-11 CO_2 소화기의 충전량과 크기에 따른 소화능력

충전량(kg)	능력단위	방사시간(초)	방사거리(m)	소화기 총중량(kg)
2.3	B-2, C	13~18	1~2	9.5
3.2	B-2, C	14~18	1~3	14
4.6	B-3, C	15~18	2~3	18
6.8	B-4, C	19~20	2~3	26
23	B-6, C	60~65	3~5	93
50	B-20, C	110~115	3~5	185

3) 이산화탄소 소화약제의 성질

이산화탄소(CO_2)는 상온, 상압에서 무색 무취의 기체로서 공기보다 1.5배 무겁다. 임계온도가 31℃이고 임계압력은 72.5[atm]이므로 쉽게 액화할 수 있는 기체이다. 압축하면 상온에서도 액화할 수 있다. 용기 속에서 약제는 액체이나 방출하면 즉시 기화하여 그 기화열과 단열 팽창 작용에 의해서 냉각되어서 드라이아이스가 된다. 따라서 이산화탄소의 물성치를 정리하면 표 3-12와 같다.

표 3-12 이산화탄소의 주요 물성치

구분	화학식	분자량	비중	삼중점	비점	임계 온도	임계 압력	증기압	정적 비열	정압 비열
물성값	CO_2	44	1.53	−56.3℃	−78℃	31℃	72.9 atm	59.8 kg/cm^2	0.153 kcal/kg℃	0.199 kcal/kg℃

표 3-13 이산화탄소(탄산가스) 농도에 따라 인체에 미치는 영향 및 증상

농도(V%)	증상
2%	불쾌감이 있다.
3%	호흡수가 증가하며 호흡이 깊어진다.
4%	눈, 목의 점막 자극, 두통, 귀울림, 어지러움, 혈압 상승 등의 현상
8%	호흡이 곤란해진다.
9%	구토를 하며 실신하는 경우가 발생한다.
10%	시력장애, 몸이 떨리며 1분 이내에 의식을 잃으며 방치 시 사망한다.
20%	중추신경이 마비되어 사망한다.

약제로서 품질기준은, 열에 의해 부식성이나 독성이 없어야 하고 충전비가 1.5 이상이며 순도는 99.5[체적농도비(Vol)%] 이상, 수분 0.05[체적농도비(Vol)%] 이하이다. 탄산가스의 소화효과로는 방출 시 기화열에 의한 냉각소화 효과와 공기 중의 산소 농도를 15% 이하로 낮추어 소화하는 질식소화효과 그리고 비중이 공기보다 1.53배 크기 때문에 가연물을 덮어서 소화하는 피복소화효과 등이 있다.

4) 소화약제의 충전비, 농도, 증발량의 계산

$$충전비 = \frac{용기의\ 내용적(\ell)}{용기\ 1병당\ 약제충전량(kg)}$$

$$\therefore\ CO_2\ 농도(\%) = \frac{21 - 산소농도}{21} \times 100$$

$$= \frac{방출된\ 가스량체적(m^3)}{방호구역\ 체적(m^3) + 방출된\ 가스량체적(m^3)} \times 100$$

$$CO_2\ 가스량체적\ V(m^3) = \frac{21 - 산소농도}{산소농도} \times 방호구역\ 체적[m^3]$$

$$\therefore\ V(m^3) = \frac{WRT}{PM}$$

단, P : 압력　M : 몰당 분자량　W : 무게　R : 기체상수　T : CO_2 가스온도

$$액화CO_2의\ 증발량(kg) = 4.19 \times 배관중량(kg) \times 배관재료의\ 비열(kcal/kg℃) \times \left(\frac{(T_1 - T_2)}{액화CO_2증발비열(kcal/kg℃)}\right)$$

(5) 할로겐화합물(할론) 소화기(Halogenated Agent Extinguisher)

할로겐화합물 소화약제란, 지방족 탄화수소 메탄(CH_4), 에탄 등의 탄화수소의 수소(H)원자 일부 또는 전부가 염소(Cl), 취소(Br), 불소(F), 요오드(I) 등의 할로겐족 원소를 하나 이상 치환한 화합물을 말하며, 약제의 명칭은 할로겐 번호로 명명한다. 할로겐족 원소는 다른 원소에 비해 높은 반응성을 갖고 있으며, 독성이 적고 안정된 화합물을 형성한다. 이 소화약제는 다른 소화약제와는 달리 연소의 4요소 중의 하나인 연쇄반응을 차단시켜 소화하게 된다. 이 소화기

는 B, C급 화재 시 소화효과가 크고, 할론 1211 소화기의 경우 A, B, C급 화재에 모두 소화효과가 있다.

이러한 장점으로 할로겐화합물은 냉매, 세정제, 발포제, 분사추진제, 용재 및 소화제로 널리 사용되고는 있으나, 최근(1980년대 이후)에 일부 할로겐화합물이 오존층을 파괴하고 지구 온난화를 촉진하는 물질로 알려지게 되면서 지구환경을 보호하려는 국제협약 즉 『오존층을 파괴하는 물질에 관한 몬트리올 협정서』에 의해 규제물질로 판명되어 선진국은 1994년 이후, 개발도상국의 경우 2003년부터 생산 및 사용이 중지되었으며 일부 생산 및 사용을 유예하고 있다. 그러나 할로겐 소화약제의 경우 동등 이상의 소화효과 및 안전성이 확보된 소화약제가 개발되어 있지 않아 이 할론 소화약제를 유효하게 사용하는 것이 필요하며, 이미 설치된 경우 대기 중에 함부로 방사되지 않도록 하는 것이 매우 중요하다.

1) 할로겐화합물 소화약제의 특성

불활성 기체로 안전하고 변질분해가 없어 영구보존이 용이하나, 분자량이 커지면 커질수록 융점, 비점은 상승하고 밀도도 커진다. 소화약제로 사용하는 것은 대체로 증발성 액체가 많으며 분자량이 크지 않다. 화학적으로 C-F 결합의 경우는 아주 강력하여 안정성이 높고 저독성으로 Br이나 I의 결합체보다 소화효과가 좋은 편이다.

전기 전열성 및 부식성이 적고 인체에 미치는 독성도 적으며, 소화한 후 잔사를 남기지 않고 오손이 없다. 단지, 타 약제보다 가격이 비싸고 지구환경문제 등으로 이미 사용이 금지되었거

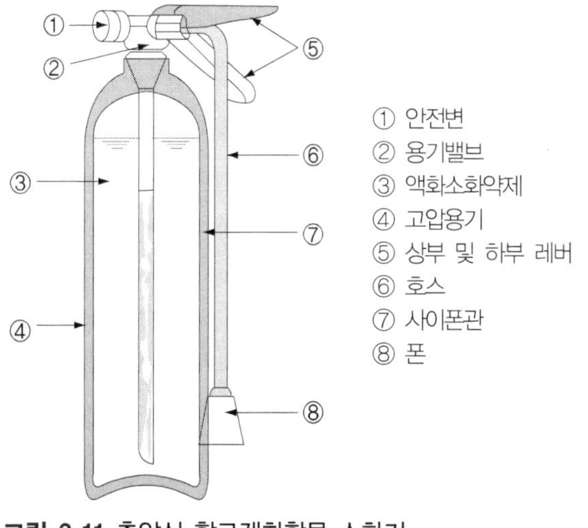

그림 3.11 축압식 할로겐화합물 소화기

나 각국의 사정에 따라 차후 금지될 것으로 보인다. 주로, B급, C급 화재에 뛰어난 소화능력을 갖는다.

2) 할로겐화합물 소화약제의 종류 및 특성, 방출방식

할로겐화합물 소화약제는 할론(halon)이란 할로겐화 탄화수소(halogenated hydro carbon)의 약칭으로서 사용되고, 이것은 탄소 또는 탄화수소에 불소, 염소, 브롬이 함께 포함되어 있는 물질을 총칭하는 말이다. 이 할론은 부르기 편하도록 각 물질을 일정한 약속에 따라 숫자로 표시하고 있다. 즉 할론 1211은 CF_2ClBr로서 1개의 탄소 원자, 2개의 불소 원자, 1개의 염소 원자 및 1개의 브롬 원자로 치환된 화합물을 의미한다.

할로겐화합물 소화설비의 방출방식으로는 전역 방출방식, 국소 방출방식, 이동식의 3종류가 있으며, 그 구성은 거의 이산화탄소 소화설비와 같고, 방출시간은 30초이다. 따라서 그 결합에 따라 대표적인 것을 살펴보면 다음과 같다.

① **할론 1301(CF_3Br)**

할론 1301은 할론 소화약제 중 가장 많이 사용되는 것으로 전역 및 국소 방출방식 또는 이동식 중 소화대상물에 따라 적당한 것으로 채택하고 있다. 이때, 국소 방출방식이란 화재 시의 연소 면이 한 면으로 한정되어 가연물이 비산될 우려가 없는 경우 채택하는 방식을 말한다. 약제의 설계농도는 5~8% 정도로 최고 농도는 10%로 제한하고 있다. 여기서, 농도는 다음 식으로 구하며, 약제의 특성을 살펴보면 다음과 같다. 즉,

$$\text{농도}(\%) = \frac{\text{소화용량[kg]} \times 0.16}{\text{방호구획용적}[m^2]} \times 100$$

㉠ 상온·상압에서는 기체이나 압축[21℃에서 약 1.5MPa(15kg/cm^2)]되면 액화되고 기화 시 증발잠열이 크다.

㉡ 주로 유류화재, 전기화재에 유효하며 밀폐된 장소에서 방출하는 전역 방출방식의 경우는 일반화재에 유효하다.

㉢ 증기압이 높고 인체에 끼치는 독성이 낮기 때문에 소방대상물에 전역 고정식 시스템으로 사용이 가능하다.

㉣ 약 482℃ 이상의 고온에서 불꽃이나 고열에 노출되면 열분해하여 불화수소, 취화수소 등에 의해 독성이 강해지고 부식성을 갖게 된다.

㉤ CF_3Br을 브로모트리플루오로메탄(bromotrifluoromethane)이라 부르며, 무색·무취이고 공기보다 5.2배 무거워 공간 내의 액체가스가 잘 혼합하도록 노즐의 배치를 적절히 해야 한다.

㉥ 불꽃연소에 특히 강한 소화력을 나타낸다.

㉦ 절연성이 높고 잔류물이 거의 없어 전자기기 등 정밀기기류의 소화에 적당하고 소화가스는 용적을 소량으로 할 수 있으므로 밀폐실의 압력 상승의 우려도 적다.

② **할론 1211(CF_2ClBr)**

할론 1211 소화약제는 가연성 고체류 또는 가연성 액체류에 관련되는 것에 사용되며, 축압식의 경우 충전비가 0.7~1.4이고, 저장압력은 20℃에서 고압식이 2.5MPa(25kg/cm^2), 저압식이 1.1MPa(11kg/cm^2)이다. 이동식으로 할 때 할론 1211의 소화약제의 양은 45kg, 방수구의 유량은 40kg/min 정도가 기준이고, 약제의 특성을 살펴보면 다음과 같다.

㉠ 할론 소화약제 중 안정성이 가장 높고 독성이 적은 편이며 상온에서 0.2MPa(2kg/cm^2)의 압력을 가하면 쉽게 액화된다.

㉡ CF_2ClBr은 브로모클로로디플루오로메탄(bromochlorodifuoromethane)이라 부르며, 무색·비전도성, 약간의 달콤한 냄새를 가지고 상온, 상압에서 기체로 존재하나 공기보다 5.7배 무겁다.

㉢ 자체 증기압이 낮기 때문에 소화 시 원활한 방출을 위하여 질소가스로 가압한다.

㉣ 액체상태로 방사되므로 이산화탄소나 할론 1301만큼 바람의 영향을 받지 않기 때문에 4~7m의 수평 방출범위를 갖고 있다.

㉤ 소화성능은 할론 1301과 동일하다. 이때, 안전성과 소화강도 및 오존층 파괴정도를 비교하면 다음과 같다.

- 안정성 : F > Cl > Br > I
- 소화강도 : F < Cl < Br < I
- 오존층 파괴 정도 : F < Cl < Br < I

③ **할론 2402($C_2Br_2F_4$)**

할론 2402의 가압식 저장용기는 스테인리스강관과 같이 내식성이 있는 것을 사용하고, 가압장치에 충분히 견디는 구조로 되어 있다. 가압용 가스용기는 질소가스가 10~15MPa(100~150kg/cm^2)의 압력으로 충전되어 있으며, 비중은 15℃에서 2.18~2.21, 충전비는 0.51~0.67 및

표 3-14 할론 소화약제의 종류 및 물성

종류 \ 물성	분자식	분자량	비점 (℃)	기체비중	임계온도 (℃)	임계압력 [MPa(kg/cm^2)]
할론 1011	CH2BrCl	129.4	67.8	4.5	283	6.2(62)
할론 2402	C2F4Br2	259.4	47.5	9.0	214.5	3.58(35.8)
할론 1211	CF2ClBr	165.4	−3.4	5.7	153.8	4.18(41.8)
할론 1301	CF3Br	148.9	−57.8	5.2	67.0	4.08(40.8)

0.67~2.75, 소화약제의 양은 50kg 충진되어서 방수구 유량 45kg/min으로 방사되는 기준으로 한다. 약제의 특성을 살펴보면 다음과 같다.

㉠ 상온·상압에서 액체상으로 존재하므로 주로 국소 방출방식에만 사용된다.

㉡ 분해성이 적고 화학적 안징성이 있는 약제로서 현재 옥외탱크저장소 등 옥외의 유류탱크 화재에 사용한다.

㉢ 제4류의 준위험물을 저장·취급하는 소방대상물 등에 사용한다.

㉣ 오존층을 파괴하는 오존파괴 지수는 높고(지수 약 6), 독성이 있기 때문에 매우 한정적으로 사용된다.

㉤ 할론 1211과 마찬가지로 액체상으로 방사되기 때문에 소화기의 경우 방사거리가 4~7m 정도 된다.

3) 할론 소화약제 취급 시 주의사항

직사광선을 받는 장소나 60℃ 이상의 고온의 장소에는 설치하지 말아야 한다. 소화 시에 독성 가스가 발생할 수 있으므로 지하가 및 환기용 개구부가 바닥면적의 1/30 이하 또는 바닥면적 20m^2 이하의 지하층, 무창층의 거실에 할로겐화합물 소화기를 설치할 수 없다. 단, 할론 1301 소화기에 한해서 위와 같은 좁은 공간에서도 사용할 수 있다.

4) 할론 소화기의 종류 및 점검사항

할론 소화기는 수동펌프식, 수동축압식, 축압식 등이 있으나 축압식이 가장 많이 활용된다. 축압식 소화기는 일반적으로 압축공기 또는 질소 가스를 넣어서 압축해 둔다. 동작원리는 안전핀을 뽑고 레버를 누르면 방사가 시작되고 레버 누름을 중단하면 밸브가 자동적으로 닫혀서 방사가 중지된다. 할론 1301은 소화약제가 액화가스라 자체압력이 높으므로 가압하지 않고도 사용이 가능하며 저온이 되면 압력이 저하하므로 한냉지용으로는 질소가스를 가압하여 20℃에서의 압력을 2.5MPa(25kg/cm^2)으로 하여 사용하고, 밸브는 레버개폐식을 사용하며 지시 압력계는 부착하지 않는다. 할론 소화기 점검사항은 다음과 같다. 즉 축압식 소화기 압력은 압력계가 설치되어 있으므로 압력계의 지시침이 정상 압력을 나타내고 있는지 확인한다. 이때 할론 1301 소화기는 압력계가 없으므로 중량을 측정하여 외부에 표시된 총중량과 비교하여 확인한다. 할론 소화기가 적응성이 있는 장소에 비치되어 있는지 확인한다.

(6) 분말 소화기(Dry Chemical Extinguisher)

국내에서 사용하는 소화기 중에서 가장 많이 사용되는 것으로, 현재 제조량의 약 60% 이상을 차지하고 있다. 이 분말 소화기는 본체 내에 건조된 10~70μm의 미세분말을 방습제 및 분산제를 혼입하여 방습성 및 유동성을 원활하게 한 것으로써 일반화재뿐만 아니라 특히 유류화재에 소화효과가 크다.

분말 소화기 중 고정식 분말소화설비에 사용하는 소화약제로는 제1종 분말, 제2종 분말, 제3종 분말, 제4종 분말 등 4종류가 있고, 주약제로는 인산염류를 주성분으로 한 약제만을 주로 사용하고 있다. 소화기의 종류로는 약제의 방출방식에 따라서 축압식과 가스가압식이 있으며 일반적인 분말 소화기의 구조는 그림 3.12와 같다.

사용방법은, 가스가압식 분말 소화기의 경우 먼저 손잡이 부분의 안전핀을 뽑고 손잡이 레버를 누르면 파괴침이 가압용기 내의 봉판을 파괴하게 되고, 이어 가압용기 내의 압축가스가 방출되면서 가스도입 관로를 따라 소화기 내부의 저부로 방사하여서 약제가 혼합되면 그 압력에 의하여 방출한다. 이때, 한 번 방출되면 사용 중에 중지할 수 없는 방식이다. 이 소화기의 점검방법은 소화기 뚜껑을 열면 뚜껑부분에서 가압용기가 소화기 몸통으로부터 분리되어 노출된다. 이때 소화약제의 착색 정도를 살펴보고 적용 약제인지 확인한 후 약제가 응고되어 사용에 지장이 없는지 점검하면 된다.

1) 분말 소화약제의 특징

분말 소화기는 유류화재에 대하여 소화효과가 크고, 가연성 액체 등의 표면화재 및 심부화재에도 사용이 적합하다. 거의 전기적 부도체이고 자체 독성은 없으나 방출 중에 노출되면 호흡

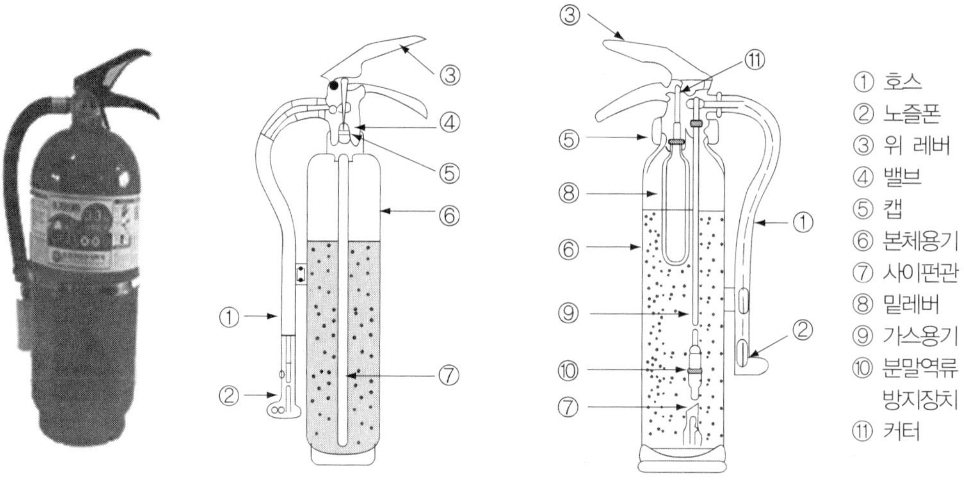

(a) 외형 (b) 축압식 (c) 가스압력식

그림 3.12 분말 소화기

장애나 시야 장애가 발생할 수 있다. 이산화탄소 소화기나 할론 1301 소화기와 달리 가스압력식의 경우는, 내부용기에서 압축가스의 작동으로 가스압이 발생되므로 별도의 추진가스가 필요하다.

121℃ 이상의 고온이나 상대습도가 50% 이상인 습한 장소에 노출되면 응고되어 쉽게 침전물이 생기고 퇴적되어 제거하기 어렵게 된다. 또 고정설비로 사용할 경우에는 별도의 보완설비를 갖추어야 한다.

2) 분말 소화약제의 종류 및 특성

분말약제는 입도가 클수록 연쇄반응이 적어지는 경향이 있으나 입도가 너무 작거나 입자가 커도 좋지 않다. 따라서 입자의 크기가 20~25μm 정도일 때 소화효과가 가장 좋다. 분말 소화약제는 제1종에서 제4종 분말이 있으며, 이들 약제가 응고되는 것을 막기 위해 금속의 스테아린산염이나 실리콘수지로 표면처리하고 유동성을 높여주기 위해 탄산마그네슘, 인산칼륨 등의 분사제를 첨가하여 사용한다. 현재 사용되고 있는 분말 소화약제의 종류 및 특성은 표 3-15와 같다.

3) 분말 소화약제의 기타 성능 표시

KS A 5101(표준체)의 표준체를 통과시켰을 경우 분말의 잔량은 표 3-16과 같다.

표 3-15 분말소화약제의 종류 및 성상

종류 \ 구분	주성분 및 분해방정식	착색	적용화재	비중	소화효과
제1종 분말	$2NaHCO_3 \rightarrow$ $Na_2CO_3 + CO_2 + H_2O$	백색	B, C급	2.18	유류, 전기, 알칼리금속, 식용유, 지방질유 등의 화재
제2종 분말	$2NHCO_3 \rightarrow$ $K_2CO_3 + CO_2 + H_2O$	담자색 (보라색)	B, C급	2.14	유류, 전기
제3종 분말	$NH_4H_2PO_4 \rightarrow$ $HPO_3 + NH_3 + H_2O$	담홍색	A, B, C급	1.82	일반, 유류, 전기
제4종 분말	$2KHCO_{3+}(NH_2)_2CO$ $\rightarrow K_2CO_3 + 2CO_2 + 2NH_3$	회백색	B, C급		유류, 전기

표 3-16 표준체의 크기에 따른 잔량 퍼센트 비

표준체의 크기 (μm)	BC용 분말(잔량 퍼센트)		ABC용 분말(잔량 퍼센트)	
	최 소	최 대	최 소	최 대
425	0	0.5	0	0
150	0	1	0	10
75	5	30	12	25
45	–	–	12	25
받침판	70	95	50	70

① 분말의 성분비는 다음에 적합한 것이어야 한다.

㉠ 주성분이 중탄산나트륨인 소화약제는 중탄산나트륨($NaHCO_3$)이 90중량% 이상이어야 한다.

㉡ 주성분이 중탄산칼슘인 소화약제는 중탄산칼슘($KHCO_3$)이 92중량% 이상이어야 한다.

㉢ 주성분이 인산염류 등인 소화약제는 제1인산암모늄($NH_4H_2PO_4$) 등 순분이 75중량% 이상이어야 한다.

② 상대습도가 50% 이하인 대기 중에서 시료를 칭량하여 농도 95~98% 내의 농황산을 건조제로 사용한 데시게이터 내에 18~24℃로 24시간 놓아둔 후 칭량하여 아래 수식으로 계산한 수분함유율이 0.2중량% 이하여야 한다.

$$M = \frac{W_1 - W_2}{W_1}(\%)$$

여기서, M : 수분함유율(%), W_1 : 원시료의 무게(g)
W_2 : 24시간 건조 후의 시료의 무게(g)

③ 온도가 섭씨 30±2°이고 상대습도가 60%인 항온·항습조 등에 48시간 놓아둔 후 칭량하고, 다시 온도가 30±2°이고 상대습도가 80% 항온·항습도조 등에 48시간 놓아둔 후 칭량하고 아래의 수식으로 계산한 흡습률 중탄산나트륨이 중성분인 것은 0.2중량%, 중탄산칼슘이 주성분인 것은 2중량%, 인산염류 등이 주성분인 것은 1.5중량% 이하여야 한다.

$$M = \frac{100(W_1 - W_2)}{W_1}(\%)$$

여기서, M : 흡습률(%)
W_1 : 온도가 섭씨 30±2°이고, 상대습도가 60%인 항온·항습조 등에 48시간 놓아 둔 후의 시료의 중량(g)
W_2 : 온도가 섭씨 30±2°이고, 상대습도가 80%인 항온·항습조 등에 48시간 놓아 둔 후의 시료의 중량(g)

④ 겉보기 비중은 0.820[g/ml] 이상이어야 한다.
⑤ 분말을 수면에 고르게 살포한 경우 1시간 이내에 침강하지 아니하여야 한다.
⑥ 칼륨의 중탄산염이 주성분인 소화약제는 담회색이고, 인산염들이 주성분인 소화약제는 담홍색(또는 황색)으로 각각 착색하여야 하며 이를 혼합하지 아니하여야 한다.
⑦ 분말상태의 소화약제는 굳거나 덩어리지거나 변질되는 등의 이상이 생기지 아니하여야 하며, 페네트로미터(penetrometer) 시험기로 시험한 경우 15mm 이상 침투되어야 한다.

(7) 포말 소화기(Foam Extinguisher)

물 소화기만 사용할 경우 소화효과가 떨어지거나 주수에 의하여 오히려 화재가 확대될 우려가 있는 화재 등에 사용하는 소화기가 포말 소화기이다. 즉 물과 포를 발생시키는 소화약제를 혼합한 후 공기를 주입시키거나 화학변화를 일으켜 발생긴 포를 사용하여 소화하는 방법으로, 냉각효과와 질식소화 효과를 갖는 소화기이다. 이때, 사용되는 약제는 탄산수소나트륨·카세인·젤라틴·사포닌·소다회 및 황산알루미늄이며, 이 소화약제는 목재·섬유 등 일반화재에도 사용되지만 특히, 가솔린과 같은 화재 시 타기 쉬운 유류나 화학약품의 화재에 적당하다. 소화기구조의 주요 부분으로는 손잡이·자동안전밸브·거름망·내통·외통·호스·노즐이 있다. 일부 물이 함유되어 있어 전기화재의 소화에는 부적당하다.

1) 사용방법

사용할 때는 먼저 소화기를 바르게 세워 손잡이를 잡고 화재현장 5∼6m 거리까지 옮긴 다음 소화기의 노즐구멍을 잡은 후 소화기를 거꾸로 뒤집어 4∼5회 흔든 다음 노즐구멍으로부터 손을 떼면서 화염을 향해 가까운 곳부터 차례로 방사한다.

포 소화기 사용 시 주의할 점은, 기포 검사를 통해 팽창성 및 내화성을 검사하고, 약제를 교환할 경우에는 내부를 완전히 물로 씻어내야 한다. 또, 겨울철 기온이 5℃ 이하로 떨어지는 장소에서는 보온조치가 필요하다. 만약, 작동하는 데도 노즐 끝에서 방사되지 않을 때에는 안전밸브를 열어야 한다.

2) 포 소화약제의 종류 및 특징

포 소화약제는 발포과정에 따라 화학포 소화약제와 공기포 소화약제로 구분하며, 화학포는 산성액과 알칼리성액의 두 액체 화학반응에 의해 발생되는 탄산가스를 핵으로 한 약제이다. 이때, 포의 생성방법에 있어 화학포는 화학반응에 의해 만들어진 포인 반면에, 공기포는 기계적으로 공기를 불어넣어 발생시키기 때문에 기계포라고도 부른다. 현재, 포말 소화약제는 주로 고정식 포말소화설비에 사용되고 있다. 화학포는 우리나라에 제일 먼저 보급된 것이었으나 1985년 이후 생산이 중단된 상태이다.

이 포 소화약제는 유류화재 중에서도 석유화재에 적합하며, A급 화재 등에도 사용할 수 있으나 알코올, 아세톤, 질산에스테리트와 같이 포를 용해시키는 데에는 사용할 수가 없다. 대표적인 포 소화기는 그림 3.13과 같다.

3) 포 성상(Foam Properties)의 종류

포 약제의 성상은 앞서 설명한 것과 같이 발포기구에 따라 화학포와 공기포로 나눌 수 있고, 공기포는 팽창비에 따라 저팽창포, 중팽창포, 고팽창포로 구분하며 이들의 구분은 각 나라마다 차이가 있으나 대부분의 경우 표 3-17과 같다.

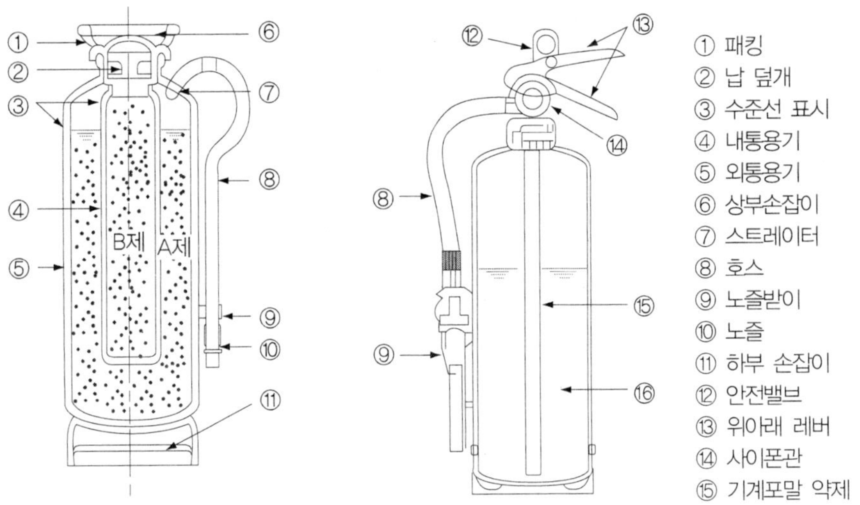

(a) 호학포말 소화기의 구조　　(b) 기계포말 소화기의 구조

그림 3.13 포말 소화기의 구조와 명칭(현재, 국내에서 사용되지 않음)

① **화학포(Chemical Foam)**

탄산수소나트륨($NaHCO_3$)의 A약제 수용액과 황산알루미늄($Al_2(SO_4)_3$)의 B약제 수용액의 화학반응에 의해 발생되는 이산화탄소를 핵으로 발생시킨 포이다. 탄산수소나트륨을 중조, 중탄산나트륨, 중탄산소다라고도 부르며 무색으로서 비중은 2.21이다. 그리고 황산알루미늄은 수화물과 무수물이 있다. 포의 안정제로는 카세인(casein), 젤라틴(gelatin), 사포닌 등이 주로 사용된다.

두 약제의 화학반응 즉 외통의 A제($6NaHCO_3$)와 내통의 B제($Al_2(SO_4)_3$)가 혼합하면 생성물의 방정식은 다음과 같다.

$$6NaHCO_3 + Al_2(SO_4)_3 \cdot 18H_2O \rightarrow 3Na_2SO_4 + 2Al(OH)_3 + 6CO_2 \uparrow + 18H_2O$$

(중탄산나트륨)+(황산알루미늄) → (황산나트륨)+(수산화알루미늄)+(이산화탄소)+(물)

이때, 반응에 의하여 발생된 포는 이산화탄소를 내장한 거품이 되고 점착성이 있어서 방사 시 연소물에 부착되어 냉각과 질식작용에 의해 소화가 된다. 특히, 유류화재 시 유면에 포가 부유하면서 연소면을 차단시켜 질식소화하게 된다.

화학포의 발생방식에 따른 종류로는 전도식과 파괴전도식이 있으나 주로 전도식을 사용하며 전도식 소화기의 구조와 포 발생원리는 다음과 같다. 즉 내통에는 황산알루미늄 수용액을, 외통에는 중탄산나트륨 수용액을 각각 분리 저장한 상태에서 소화기를 거꾸로 뒤집으면 내통 뚜껑이 이탈되면서 내통의 약제가 외통의 약제 속으로 흘러 들어가 혼합되고 화학반응에 의하여 발생된 이산화탄소의 가스압력으로 형성된 포를 소화기의 외부로 방출시켜 소화하게 된다. 따라서, 이 전도식 소화기의 특징은 포가 잘 깨어지지 않으나 5℃ 이하에서는 동결되어 포의 발생과 사용이 어렵고 가격이 고가라는 점이다.

② 공기포(Air Foam) 또는 기계포

공기포는 포 소화약제와 물을 기계적으로 교반시키면서 공기를 혼입하여 발생시킨 포로써 일명 기계포라고 한다. 압축식과 가압식의 2종류가 있으며, 수성막포나 계면활성제를 소화약제로 사용하여 소화기에서 방출될 때 노즐로부터 공기를 흡입하여 포가 생성하도록 하는 포를 말한다.

다음 기계포 소화기의 구조와 원리를 살펴보면 다음과 같다. 즉 안전핀을 빼고 레버를 누르면 압축된 불연성 가스나 공기의 압력에 의하여 소화약제가 관을 통해 방출되는데 이때 노즐이 공기를 흡입시키게 되고 거품을 생성해 발포기의 역할을 하면서 포를 방사하게 된다. 대형 소화기의 경우는 소화기 외부에 가압용 가스로 질소가스를 충전시켜 이 용기를 소화기에 부착해 사용하게 되며, 소화약제를 가압해 기계포를 발생시킨다.

표 3-17 약제의 종류 및 물성

물성 종류	단백포	합성계면활성제포	수성막포	알코올포
비중	1.1～1.2	0.9～1.2	1～1.15	0.9～1.2
팽창비	6～20배(저발포)	저 : 6～20배 고 : 80～1000배 미만	5～20배	6～20배
점도(CST)	400 이하	200 이하	200 이하	400 이하
유동점	−7.5	−12.5	−22.5	−22.5
주성분	동식물 단백질 가수분해 + 안정제	탄화수소계 계면활성제 + 안정제	불소계통의 습윤제 + 합성 계면활성제 (점성이 작아 기름 연소표면에 피막을 형성하므로 소화효과 뛰어남)	분해단백질 계면활성제 + 금속비누
특성	내열성이 우수하고 유동성 및 내유성이 낮다. 가격이 싸다. 수명이 짧다(3~4년).	유동성이 좋다. 고발포 또는 저발포로도 사용가능하다. 내유성, 내열성이 약하다. 유류저장탱크에 부적합.	내유성, 유동성이 좋다. 분말약제와 겸용가능. 약제가 반영구적이다. 내열성이 약하다. 값이 비싸다.	수용성 액체화재에 적합하고 내화성이 좋다. 시일이 경과되면 금속비누가 분리되어 침전된다.

기계포 소화약제의 종류로는, 단백포 소화약제(protein foaming foam), 합성계면활성제포 소화약제(synthetic foaming foam), 수성막포 소화약제(aqueous film foaming foam), 내알코올포 소화약제(alcohol-type foaming foam), 플루오르화단백포 소화약제(fluoro- protein foaming foam) 등이 있고 물성치 및 특징은 표 3-17과 같다.

이상으로부터 포 소화약제의 구비조건을 요약하면 다음과 같다.

㉠ 포의 유동성, 안전성, 내열성, 내유성이 좋아야 한다.

㉡ 유류화재 시 약재가 유류에 잘 접착해 막을 형성할 수 있어야 한다.

㉢ 비중이 작아야 한다.

㉣ 만들어진 포가 바람에 견디는 힘이 커야 한다.

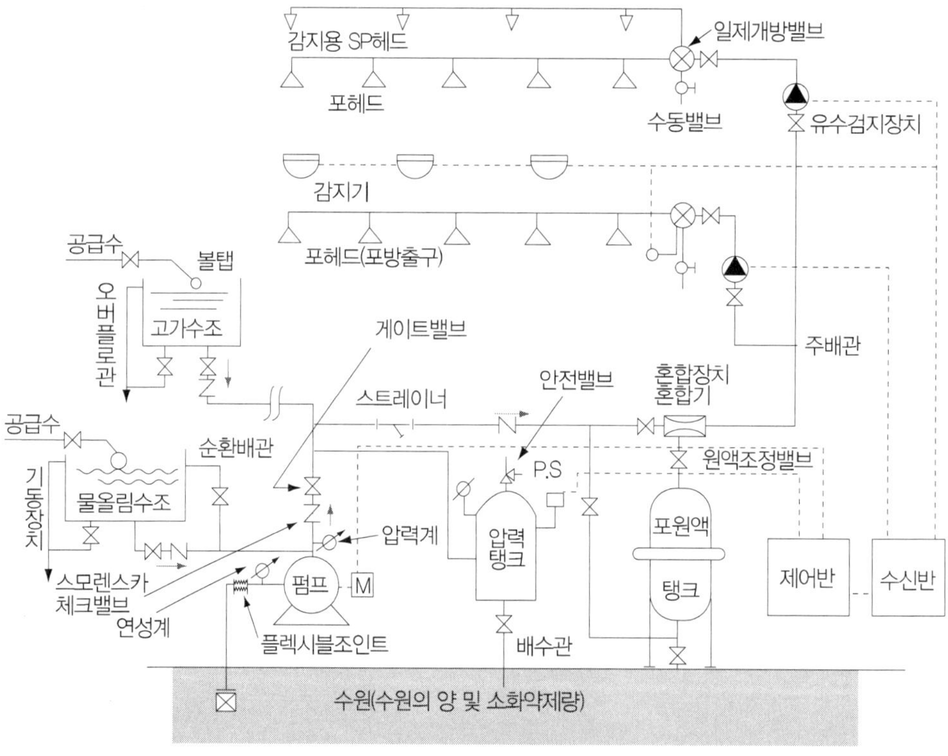

그림 3.14 포소화설비 계통도

(8) 투척용 소화기

1) 설치대상

소방시설의 설치유지 및 안전관리에 관한 법률 시행령 제15조(별표 4)에서는, 아동관련시설(아동복지시설, 영육아보육시설 등), 노인복지시설(노인복지시설, 경로당 등), 장애인시설(장애인재활시설, 요양시설, 이용시설 등), 그 밖에 사회복지시설 등의 노유자시설의 경우에는 이들 시설물을 이용하는 노유자가 쉽게 사용할 수 있는 투척용 소화기 등을 소화기구의 화재안전기준 제4조에 따라 산정된 소화기 수량의 2분의 1 이상으로 투척용 소화기를 설치하도록 규정하고 있다.

2) 설치기준

투척용 소화기 등은 「소방시설 설치유지 및 안전관리에 관한 법률 시행령」에 따라 산정된 수량(별표 3의 소방대상물란 제3호에 따라 산정한 능력단위)을 다음 각 호의 기준에 따라 설치하여야 한다.

① 투척용 소화기 등은 거주자 등이 손쉽게 사용할 수 있는 장소에 설치할 것

② 바닥으로부터 1.5m 이하에 설치하고 "투척용 소화기 등"이라고 표시한 표지를 설치 할 것

3) 소화원리 및 사용법

가연성 물질과 산소가 반응할 때 열이 발생하고 그 열에 의해 가연성 물질의 온도가 올라가 연쇄반응이 일어나는데, 던질 때의 충격으로 용기가 깨지면서 소화약제가 방출되어, 방출된 고농축 소화액이 연쇄반응을 차단하는 원리를 이용한 방법이다. 사용법은 그림 3.15와 같이 커버

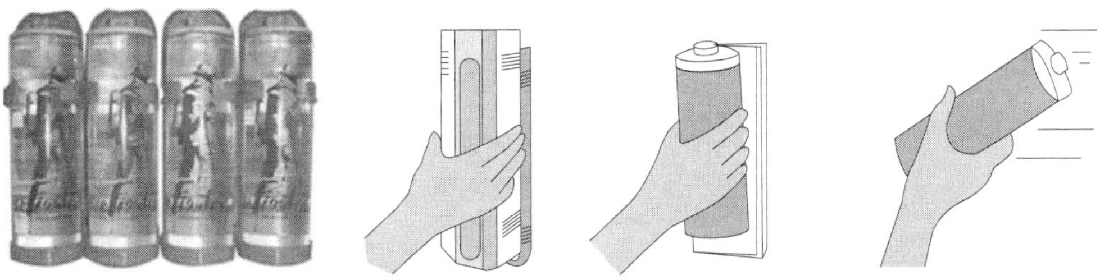

(a) 투척용 소화약제 (b) 소화 : 커버를 벗긴다. → 약제를 꺼낸다. → 화재를 향해 약제를 던진다.

그림 3.15 투척용 소화약제 및 소화방법

를 벗기거나 소화기를 꺼낸 후 불을 향해 투척용 소화기를 던진다. 일반화재의 경우에는 불 속에 직접 던지지 말고 불이 난 곳의 바닥 또는 벽에 던지며, 타는 물건이 목재와 같이 딱딱한 것일 경우에는 불 속 목재에 직접 던진다.

4) 소화능력단위 및 소화약제의 구성

4개의 액체소화기가 세트로 묶여서 판매되고 있으며, 4개의 전체 능력단위는 A급 1단위(당해 용도의 바닥면적 100m^{2}마다 1단위로 산정) 소화능력을 갖는다(한국소방검정공사의 검정품이어야 함).

투척용 소화기(1shot)는 중량 약 500~600g의 수지병에 식품첨가물과 국가검정품으로 인정된 안전한 물질(인산암모늄, 유산암모늄, 중탄산암모늄 또는 요소 등의 소화약제)로 구성되어야 한다.

(9) 소화기구의 설치장소와 기준

소화기구는 통행 또는 피난에 지장이 없고 동시에 사용에 있어서 용이하게 반출할 수 있는 곳에 설치하여야 한다. 즉 약제가 충약되어 있고 작동이 가능한 상태로 비치하여야 한다. 소화기구는 물 그외 소화제가 동결되고 변질되거나 잘못 분출할 우려가 적은 곳에 설치하여야 하며, 단 보호 때문에 유효한 조치를 강구할 때는 그렇지 아니하다. 소화기구는 바닥면에서의 높이가 1.5m 이하인 곳에 가능한 소화기 밑부분과 바닥과의 간격을 4cm 이상 이격시키는 것이 바람직하다.

지진으로 인한 진동 등에 의한 전도를 방지하기 위한 적당한 조치를 강구해야 하며 단 분말소화기 그외 전도에 의해 소화제가 누출될 우려가 없는 소화기는 무관하다.

지시압력계는 축압식의 소화기에 설치하는 것으로, 다만 할론 1301 소화기는 이산화탄소화기인 고압 가스에 속하는 소화기로서 가스 자체의 압력으로 방사할 수 있는 소화기이기 때문에 지시압력계를 장치하지 않은 것도 있다.

3.5 자동식 소화기

(1) 자동식 소화기

자동식 소화기의 설치대상으로, 아파트로서 11층 이상인 것은 6층 이상의 주방에 설치하도록 소방법에 규정하고 있다. 이 자동식 소화기는 주방에서 가연성 가스 누출을 감지하여 경보를 울리고 자동적으로 가스의 누출을 차단하며, 가스렌지의 화재 시에는 화재를 감지센서에 의하여 감지함과 동시에 가스를 차단하고 설치된 소화기를 자동적으로 개방하여 소화약제를 방출 소화하는 소화기이다. 따라서 대형사고를 미연에 방지하고 화재 및 가스누출을 자동적으로 감지, 차단하는 것을 목적으로 하는 소화방법이다. 이 설비의 구성과 설치는 그림 3.16과 같다.

1) 주요 구성요소

축압식 자동확산 소화기는 크게 소화기 본체와 감지부로 구성되며, 그에 따른 부속은 다음과 같다.

① 소화기

소화약제를 저장한 가스가압식 또는 축압식 소화기의 일종으로 휴즈블 링크가 분리되어 스

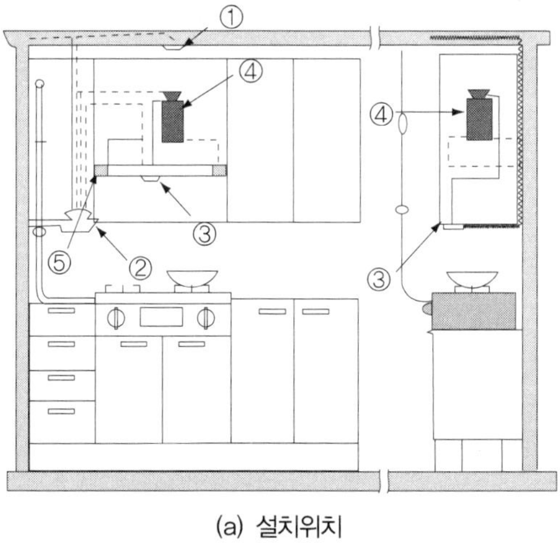

(a) 설치위치

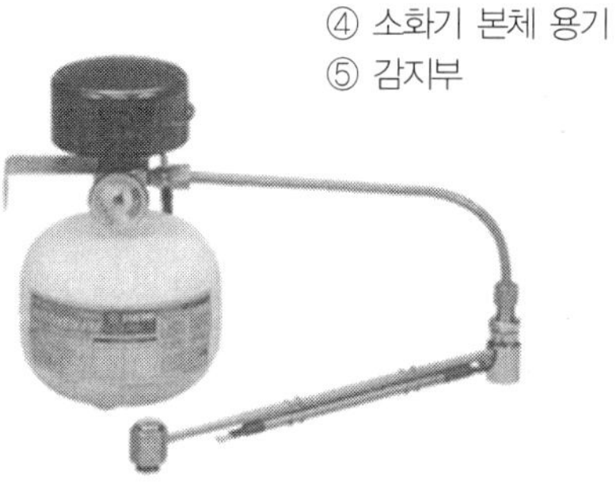

(b) 자동식 소화기의 형태

그림 3.16 자동식 소화기의 설치

프링 작용으로 소화기의 레버를 눌러서 소화기를 개방하게 된다. 이 방식은 기계적 방법이고, 이와는 달리 전기적 작동방법으로는 수신부로부터 발생된 신호를 수신하여 자동적으로 소화기의 밸브를 개방하는 방법도 사용되고 있다.

② 압력감지기

작동부의 압력감지기는 축압식의 경우 소화기의 압력에 이상이 발생되면 이를 감지하여 수신부에 신호로 전달하게 된다.

③ 소화약제 방출도관

소화약제의 방출도관이란, 소화기의 개방으로 소화약제가 압출되어 곧바로 도관을 통해 송출하면 분사헤드에서 소화약제가 방출되도록 하는 송출관로를 말하며, 재료는 동관으로 되어 있고 길이는 약 10m 이하로 시공하도록 되어 있다.

④ 감지부

감지부는 소화약제의 방출구, 온도센서, 휴즈블링크로 구성되어 있다. 이때, 화재감지에 의해서 소화기가 개방되면 소화약제 방출도관을 따라 약제가 송출되고 방출구에 도달된 소화약제가 방출구에서 분사되어 가스렌지를 포함한 화염 주위에 소화약제를 방출하게 된다. 이러한 구성 전체를 감지부라 한다.

⑤ 온도감지센서

온도감지센서란 80℃의 1차 온도와 100℃의 2차 온도를 감지하여 수신부에 송신하는 기능을 하는 것으로, 1차 온도를 감지하면 수신부에 화재 1램프를 점등시키고 경보가 울리는 동시에 차단부가 작동되어 가스공급 밸브를 차단시킨다. 온도가 더 상승하여 2차 온도에 도달되면 수신부에 화재 2램프가 점등되면서 소화기가 개방되고 약제를 방출하게 된다. 이것이 온도감지센서의 역할이다.

⑥ 휴즈블 링크

휴즈블 링크의 역할은 기계식 2차 온도감지부로서 2차 온도가 감지되면 휴즈블 링크가 분리되어 와이어를 통해 소화기 본체의 제어부에 전달되고, 이어 스프링에 의해 소화기의 개방용 레버가 작동되어 소화기를 개방하고 이어서 소화 약제가 방출하게 된다.

2) 가스 누설 경보기

가스 누설 경보기의 주요 구성은 전원표시등, 경보등, 가스감지부로 구성되어 있다.

① 전원표시등

전원표시등의 전원은 가스 누설 경보기에 공급되고 있는 전원감시 전원으로부터 공급된다. 이 경우 전원이 공급되는 상태에서 전원표시등이 전등되고 전원공급이 중단되면 소등된다.

② 경보등

가스가 누설되어 가스감지부에 감지되면 수신부의 가스표시등이 점등되게 되며, 이어 경보가 울리고 경보등이 점등되고 이어서 가스의 누설을 알려준다.

③ 가스감지부

가스감지부는 실내에 체류된 가스를 감지하는 기능으로서, 누출된 가연성 가스가 공기보다 가벼우면 천장으로부터 30cm 이내에 가스감지부를 설치하고, 가스가 공기보다 무거우면 바닥으로부터 30cm 이내에 가스감지부를 설치하도록 한다.

④ 가스차단부

가스차단부의 밸브는 온도감지센서가 1차 온도 80℃에 도달되거나 가스감지부가 작동되면 자동으로 가스밸브를 차단하게 된다.

3) 자동식 소화기의 동작

① 화재 시 동작순서

가스렌지 음식물 발화 → 감지부 1차 온도 80℃ 감지 → 수신기 화재경보 및 화재 1차표시등 점등 → 가스차단부 공급밸브 폐쇄 → 감지부 2차 온도 100℃ 감지 → 수신부 화재 2차표시등 점등 → 소화약제 방출도관의 약제 송출 → 방출구 약제 분사 → 동작 완료

② 가스 누설 시 가스 차단동작

가스 누설 → 가스감지부 작동 → 수신부 가스누설경보 → 가스차단 구동축 회전 → 가스공급밸브 차단 → 동작 완료

4) 자동식 소화기의 점검

① 예비전원 정상상태 통전시험

수신부 주전원을 차단하면 전원표시등이 녹색에서 적색으로 점등되는지 여부를 확인한다.

② 가스차단부 정상상태 동작시험

가스공급밸브를 열어놓은 상태에서 라이터용 부탄가스나 시험용 가스를 분사시켰을 때, 가스경보기가 울리고 수신부에 가스 누설 표시등이 점등됨과 동시에 수신부의 경보음이 울리고 이어서 가스차단 구동부가 동작하여 자동으로 가스공급밸브가 차단되는지 여부를 확인한다.

③ 소화기 내 정상압력의 확인

축압식 자동식 소화기의 경우에 있어 수신부의 소화기 압력감시등이 점등상태로 표시되면 소화기 내부의 압력이 미달된 상태임을 나타낸다.

④ 자동식 소화기 설치수량 확인

아파트로서 11층 이상인 것은 6층 이상(소방법 1999.2.5개정) 주방마다 자동식 소화기가 설치되어 있는지 확인한다.

⑤ 이상 발생 시 처리 및 대처방법

자동식 소화설비의 고장이 발생할 경우 표 3-18과 같은 조치를 취한다.

5) 자동식 소화기 설치기준

① 소화약제 방출구는 환기구의 청소부분과 분리 설치하고, 방호면적을 유효하게 소화할 수 있도록 설치한다.

② 감지부 위치는 형식 승인된 유효설치 높이로 하되 환기구 중앙 근처에 설치한다.

③ 자동식 소화기에 사용되는 가스누설경보차단장치는 주방배관의 개폐밸브로부터 1미터 이하의 위치에 설치한다.

④ 가스탐지부는 수신부와 분리하여 설치하되, 공기보다 가벼운 가스를 사용하는 것은 천장으로부터 30cm 이하, 공기보다 무거운 가스는 바닥면으로부터 30cm 이하의 위치에 설치한다.

⑤ 수신부는 주위의 열기류 또는 습기 등 주위의 온도에 영향을 받지 아니하고 사용자가 쉽게 볼 수 있는 장소에 설치한다.

표 3-18 자동 소화기 이상 발생에 따른 처리방법

<table>
<tr><th colspan="2">고장의 종류</th><th>원인</th><th>처리방법</th></tr>
<tr><td>가스누설 탐지기의 고장</td><td>전원램프가 꺼진 상태</td><td>전원램프의 고장</td><td>A/S센터로 문의한다.</td></tr>
<tr><td rowspan="3">가스차단부의 고장</td><td rowspan="3">작동 또는 복귀 불능상태</td><td>전원이 차단됨</td><td>제어부 전원연결한다.</td></tr>
<tr><td>제어부의 복귀스위치를 누르지 않음</td><td>제어부 복귀스위치를 누른 후 차단부의 스위치를 열어준다.</td></tr>
<tr><td>메인밸브의 고장</td><td>관할 도시가스 공급업체에 연락한 후 조치한다.</td></tr>
<tr><td rowspan="9">수신부의 고장</td><td rowspan="3">전원 중단에도 전원램프가 녹색에서 적색으로 전환이 안 될 경우</td><td>수신부 ON/OFF 스위치가 OFF 상태로 됨</td><td>스위치를 ON 상태로 전환한다.</td></tr>
<tr><td>배터리 수명이 종료됨</td><td>배터리를 교체한다.</td></tr>
<tr><td colspan="2">위의 조치에도 이상이 발생할 경우 A/S센터로 문의하여 조치</td></tr>
<tr><td>예비전원램프의 점등</td><td>수신부 ON/OFF 스위치가 OFF 상태로 됨</td><td>스위치를 ON 상태로 전환한다.</td></tr>
<tr><td rowspan="2">예비전원램프의 점멸</td><td>배터리 단락이나 접촉불량</td><td>배터리를 교체한다.</td></tr>
<tr><td colspan="2">위 조작에도 이상이 발생할 경우 A/S센터로 문의한다.</td></tr>
<tr><td rowspan="2">평시 압력누설 램프의 점등</td><td rowspan="2">소화기 내 가스압력 저하</td><td>압력 게이지 확인 후 압력이 저하되었을 경우 A/S센터로 문의한다.</td></tr>
<tr><td>압력 게이지가 정상일 경우 제어부 및 압력 감지기 이상이 없으므로 A/S센터로 문의하여 조치한다.</td></tr>
<tr><td>점검램프 점등</td><td>연결전선의 단선</td><td>제어부의 연결확인 및 A/S센터로 문의</td></tr>
<tr><td>소화기</td><td>지시압력계의 바늘이 비정상 상태</td><td>소화기 내의 가스압력 저하</td><td>A/S센터로 문의하여 충진 또는 교환</td></tr>
</table>

6) 자동식 소화기 주요 약제별 사양

자동식 소화기의 주요 규격에 따른 약제별 사양은 표 3-19와 같다.

표 3-19 자동소화기 약제별 사양

규격	약제중량	외형(mm)			화재감지온도	가스차단온도	방호면적
		폭	가로	높이			
DYA-1	분말 1.0kg	110	110	190	131℃	105℃	$0.5m^2$
DYB-1	강화액 1.0kg	110	110	190	131℃	105℃	$0.5m^2$

3.6 자동화재 탐지 및 속보설비 설치대상 및 기준

(1) 자동화재 탐지설비 및 시각경보장치

1) 설치대상

자동화재탐지설비를 설치하여야 하는 특정소방대상물은 다음 각 항목과 같다.

① 근린생활시설(일반목욕장을 제외한다.)·위락시설·숙박시설·의료시설 및 복합건축물로서 연면적 600제곱미터 이상인 것

② 근린생활시설 중 일반목욕장·문화집회 및 운동시설·통신촬영시설·관광휴게시설·지하가(터널을 제외한다.)·판매시설 및 영업시설·공동주택·업무시설·운수자동차관련시설·공장 및 창고시설로서 연면적 1천 제곱미터 이상인 것

③ 교육연구시설(교육연구시설 내에 있는 기숙사 및 합숙소를 포함하며, 숙박시설이 있는 청소년시설은 제외한다.)·동식물 관련 시설·위생 등 관련시설 및 교정시설로서 연면적 2천 제곱미터 이상인 것

④ 지하구

⑤ 길이 1천 미터 이상의 터널

⑥ 연면적 400제곱미터 이상인 노유자시설 및 숙박시설이 있는 청소년시설로서 수용인원 100인 이상인 것

⑦ 나목에 해당하지 아니하는 공장 및 창고시설로서 소방기본법시행령 별표 3에서 정하는 수량의 500배 이상의 특수가연물을 저장·취급하는 것

시각경보기를 설치하여야 하는 특정소방대상물은 제4호의 규정에 의한 자동화재 탐지설비를 설치하여야 하는 특정소방대상물 중 다음 각 호와 같다.

① 근린생활시설, 위락시설, 문화집회 및 운동시설, 판매시설 및 영업시설

② 숙박시설·노유자시설·의료시설 및 업무시설

③ 통신촬영시설 중 방송국, 교육연구시설 중 도서관

④ 지하상가

2) 설치기준

자동화재 탐지설비 및 시각경보장치의 설비로는 수신기, 중계기, 감지기, 음향장치 및 시각경보장치, 발신기, 전원, 배선 등이 있고, 이에 대한 설치기준은 자동화재 탐지설비 및 시각경보장치 설치기준에 대한 안전기준 NFSC 203에 따른다.

(2) 자동화재 속보설비 설치대상 및 설치기준

1) 설치대상

자동화재 속보설비를 설치하여야 하는 특정소방대상물은 다음 각 목과 같다.

① 공장 및 창고시설 또는 업무시설(사람이 근무하지 아니하는 시간에는 무인경비시스템으로 관리하는 시설에 한한다.)로서 바닥면적이 1,500제곱미터 이상인 층이 있는 것

② 노유자시설로서 바닥면적이 500제곱미터 이상인 층이 있는 것

③ 교육연구시설 중 청소년시설(숙박시설이 있는 건축물에 한한다.)로서 바닥면적이 500제곱미터 이상인 층이 있는 것

④ 「문화재보호법」 제5조에 따라 국보 또는 보물로 지정된 목조건축물

2) 설치기준

자동화재 속보설비는 다음 각 호의 기준에 따라 설치하여야 한다.

① 자동화재 탐지설비와 연동으로 작동하여 자동적으로 화재 발생상황을 소방관서에 전달되는 것으로 한다.

② 스위치는 바닥으로부터 0.8m 이상 1.5m 이하의 높이에 설치하고, 보기 쉬운 곳에 스위치임을 표시한 표지를 한다.

③ 속보기는 소방관서에 통신망으로 통보하도록 하며, 데이터 또는 코드전송방식을 부가적으로 설치할 수 있다. 단, 데이터 및 코드전송방식의 기준은 소방방재청장이 정한다.

④ 문화재에 설치하는 자동화재속보설비는 제1호의 기준에 불구하고 속보기에 감지기를 직접 연결하는 방식(자동화재탐지설비 1개의 경계구역에 한한다.)으로 할 수 있다.

⑤ 속보기는 「소방용 기계·기구의 형식승인 등에 관한 규칙」 제31조 및 별표 14 제22호에 적합한 것으로 설치하여야 한다.

관계인이 24시간 상시 근무하고 있는 경우에는 자동화재 속보설비를 설치하지 아니할 수 있다.

3.7 간이소화용구

(1) 자동확산 소화용구

자동확산 소화용구는 자동화 소화설비가 설치되지 않은 주방이나 보일러실, 건조실 등과 같이 직접적으로 화기를 취급하는 설비의 직상부에 설치하여 화재가 발생되면 자체적으로 열을 감지하여 일정 온도 이상에 도달 시 자동적으로 개방되어 직하방의 화재 부위에 소화약제를 확산 분사시켜서 화재를 자동적으로 소화하는 소화기구의 일종이다.

대표적인 자동확산 소화용구는 그림 3.17과 같다.

1) 동작원리

자동확산 소화용구의 동작은, 연소기구나 화기취급 시설로부터 화재에 의한 열기류가 직상승하여 자동확산 소화용구의 감지부에 도달되면 유리벌브가 체적팽창에 의해서 파괴되거나 또는 휴즈블 링크가 용융되어 소화약제의 방출구가 개방되면서 자동적으로 직하방의 화재 부위에 소화약제를 분사하여 소화를 하는 원리이다. 이때, 약제는 보통 9~11초 동안 방사가 이루어진다.

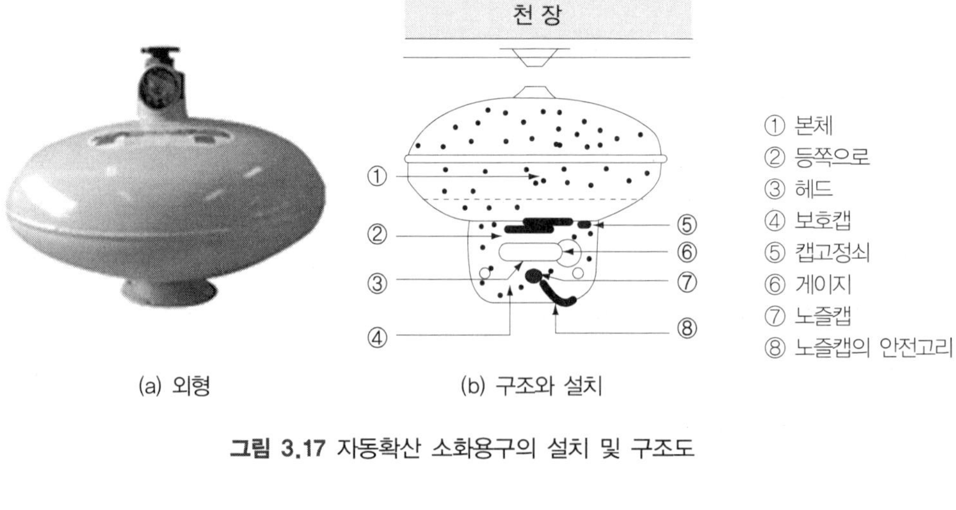

(a) 외형 (b) 구조와 설치

그림 3.17 자동확산 소화용구의 설치 및 구조도

2) 주요 구성요소

① 용기본체

자동확산 소화용구의 용기본체는 소화약제를 저장하는 곳으로 축압식과 가압식이 있으나 일반적으로 축압식의 저장용기를 사용하며, 소화약제의 충전압력은 0.7~0.98MPa(7~9.8 kgf/cm^2)로 축압되어 있다.

② 감지부

감지부는 화재온도를 감지하여 자동확산 소화용구의 소화약제의 방출구가 개방되도록 구성되어 있고, 종류에는 이융성 금속형 감지부와 유리벌브형 감지부 2종류가 있다. 일반적으로 통용되는 것으로는 이융성 금속형이 있고 동작온도 72℃에 이르면 이융성 금속인 휴즈블 링크가 용융되면서 방출구를 개방시켜 소화약제를 화재 부위에 방출한다.

③ 압력계

압력계는 소화용구 내의 내압을 나타내는 것으로 축압식의 경우에만 부착되어 있다.

(2) 기타 소화약제에 의한 간이소화용구

소화약제에 의한 간이소화용구는 크게 투척용과 수동펌프식, 에어졸식으로 구분되는데 투척용은 볼링핀 형태의 것으로 화재 부위에 그대로 던져서 소화시키는 간이소화용구이며, 수동펌프식은 수동펌프를 사용하여 화재 부위에 소화약제를 분사시키는 간이소화용구이다. 에어졸식은 안전핀을 뽑고 상단부의 누름핀을 누르면 내압에 의해서 소화약제가 스프레이처럼 분사되는 간이소화용구이다.

1) 수동펌프식 간이소화용구

수동펌프식 간이소화용구의 소화약제는 소화약제 중 A, B, C급 화재에 모두 사용하며, 총중량이 0.8kg을 초과하지 아니하도록 하고, 20초 이내에 소화약제의 90% 이상을 방출할 수 있는 구조로 되어 있다. 적응화재의 표시는 반지름 1cm 이상의 원형에 백색바탕에 흑색글씨로 "A(보통화재용)", 황색바탕에는 "B(유류화재용)"라 쓰고, 전기화재용의 경우는 청색바탕에 "C(전기화재용)"라고 백색으로 쓴다.

2) 에어졸식 간이소화용구

에어졸식 간이소화용구는 소화약제 중량이 0.7kg 미만으로 소화능력 1단위 미만이며 한 번 사용한 것은 재사용할 수 없다. 충전압력은 35±0.5℃에서 8MPa(8kgf/cm^2) 이하, 사용온도 범위는 0~40℃로 휴지통의 화재, 석유난로의 화재, 커튼의 화재, 방석의 화재, 튀김용기의 화재, 자동차 엔진실의 화재 중 1 이상의 적응성을 가지는 소화용구이다.

3) 투척용 간이소화용구

앞 3.4절의 (8)에서 소개했듯이 투척용 간이소화용구에 있어서 용기의 용량은 소화액을 600mℓ 이상 충전할 수 있는 크기의 것으로 하고, 용기의 재질은 경질유리로 한다. 이렇게 했을 때 용기의 전체 중량은 1.3kg이 되어 투척하는 데 무리가 없다. 기타 사용온도 범위는 −10~40℃이며, 소화약제는 불연성 성분의 암모늄염, 알칼리금속류, 탄산염, 중탄산염, 황산염(또는 인산염), 요소 등을 함유한 용액을 사용하고, 소화능력 1단위로 A급 화재 발생 시 적응 사용한다.

4) 팽창질석 및 팽창진주암

팽창질석은 운모가 풍화 또는 변질되어 생성된 것으로, 함유하고 있는 수분이 탈수되면 팽창하여 늘어지는 성질을 가지고 있다. 색깔은 금색, 은색, 갈색 등이 있으며 1400℃ 정도에서도 타지 않고 견디는 내화성을 갖는다. 또한 팽창진주암의 경우는 천연유리를 1cm 미만의 작은 진주암과 같은 조각으로 분쇄한 것으로, 팽창진주암 조각에 형성된 얇은 공기막으로부터 반사될 때 진주와 같은 빛을 발하거나 또는 녹색을 띠게 된다. 이때 팽창진주암의 경우 3~4%의 수분을 함유하고 있으며, 화재 시 820~1100℃ 온도에 노출되면 체적이 약 15~20배 정도 팽창하여 소화적응성이 있게 된다.

5) 마른 모래

화재 시 모래는 젖은 상태가 아닌 건조된 상태로 사용하여야 한다. 젖은 모래의 경우는 활성금속 등과 반응하면 발열 또는 가연성 가스가 발생할 우려가 있어 사용을 금해야 한다. 따라서 원칙적으로 건조사를 보관하였다가 이용하도록 주의를 요한다.

(3) 간이소화용구 능력단위

간이소화용구의 능력단위는 다음의 기준에 따라 정한다.

① 건축물의 주요 구조부가 내화구조이고 내장재 등이 불연재일 경우는 능력단위 계산 시 기준 면적을 2배로 적용한다.

② 소화설비 및 대형 소화기를 설치한 경우는 수동식 소화기 능력단위 수를 감소(11층 이상은 제외) 적용한다.

㉠ 소형 소화기 : 기본 소요단위 수의 2/3를 감소(결과적으로 소요단위 × 1/3만 설치함)

㉡ 대형 소화기 : 기본 소요단위 수의 1/2을 감소(결과적으로 소요단위 × 1/2만 설치함)

단, 옥내소화전 및 자동소화설비가 설치된 설치대상에는 대형 소화기가 면제되며, 기타 추가 소요 단위는 다음의 부속용도별로 추가할 소화기 별표 4를 참조하여 기준을 정하고, 소방대상물 및 위험물 소화설비의 적응성에 대하여는 별표 1 기술기준 규칙을 참조하여 부여한다.

표 3-20 간이소화용구 능력단위

간이소화용구		능력단위
마른모래	삽을 상비한 50리터 이상의 것 1포	0.5단위
팽창질석 또는 팽창진주암	삽을 상비한 160리터 이상의 것 1포	1단위

표 3-21 소화대상물에 따른 소화기 능력단위 선정기준

소방대상물	소화기능력단위
위락시설	능력단위 1단위/바닥면적 30m^2
공연장, 집회장, 관람장 및 문화재	능력단위 1단위/바닥면적 50m^2
근린생활, 판매, 숙박, 의료, 아파트 및 기숙사, 업무, 통신촬영, 전시, 공장, 창고, 운수자동차관련 및 휴게시설	능력단위 1단위/ 바닥면적 100m^2
기타 시설	능력단위 1단위/ 바닥면적 200m^2

3.8 소화기 소요대수의 계산 및 설치

소화기 총 소요대수를 산정하여 소화기를 배치할 경우 보행거리 20m 이내마다 배치가 다 되지 않을 때 20m 이내마다 1대씩 추가로 설치해야 한다. 즉,

∴ 총 소요대수 = 기본 소요량 + 추가 소요량

위에서 소화기를 설치할 때 보행거리 의미는 소화기 설치장소에서부터 정상적으로 걸어서 출입구를 통해 도달할 수 있는 가장 먼 거리 부분을 포함한다. 따라서 소화기 소요대수 설계기준 예시가 다음과 같은 조건일 때 소화기 설치대수를 산출하면 다음과 같게 된다.

예시) 각 층마다 A급 2단위 소화기를 설치하고, 주차장은 지하의 B1~B2에 두며, 단지 B2의 주차장 면적은 2,900m^{2}이며 이 중에서 변전실이 200m^2, 보일러실이 100m^{2}로 경유 400ℓ용 2기를 설치 사용한다. 그리고 1~8층은 백화점 매장으로, 8층의 경우 식당가로서 점포는 5개이며 각각의 주방 크기는 40m^{2}이고 열원은 도시가스를 사용한다. 또 9~15층은 오피스텔이며 건물구조는 내화구조로 시공하고 내장재는 불연재료이다. 각 층의 바닥면적은 2,900m^{2}로 전 층에 옥내소화전을 설치함과 동시에 SP(스프링클러)설비를 갖추는 경우에 대한 소화기 설치대수를 산출할 때 다음과 같다. 이상을 요약하여 다시 쓰면,

㉠ 각 층마다 A급 2단위 소화기를 설치한다.

㉡ B1~B2는 주차장. 이때 B2의 주차장 바닥면적은 2,900m^{2}이고, 이 중 변전실 200m^2, 보일러실 100m^{2}로 경유 400ℓ용 2기를 설치 · 사용한다.

㉢ 1~8층은 백화점. 이때 8층은 식당가로 점포가 5개이고, 각각의 주방 크기는 40m^2, 도시가스를 사용한다.

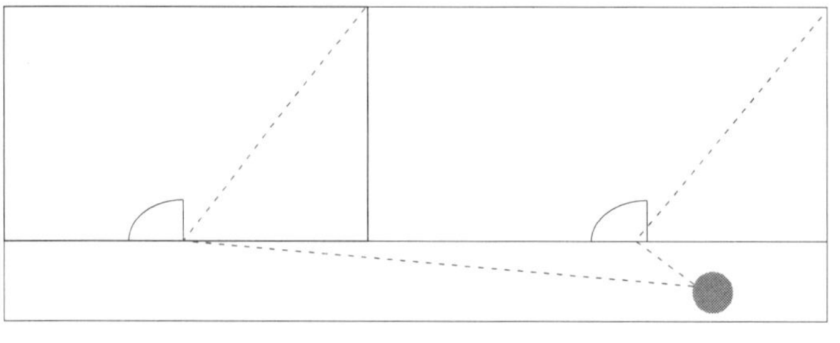

그림 3.18 소화기 설치위치

㉣ 9~15층은 오피스텔이다.

㉤ 전 층에 대하여 옥내소화전을 설치하고, SP설비를 한다.

㉥ 건물구조는 내화구조로 내장재는 불연재료로 시공한다.

㉦ 각 층의 바닥면적(연면적)은 2,900m²이다.

1) 기본 소요량의 산출

전 층이 판매, 숙박시설 및 부속 용도이므로 기준 면적 100m²당 1단위로 선정한다. 또한 내화구조이고 내장재가 불연재료이므로 2배를 적용하여 200m²당 1단위로 한다. 따라서 기준층 소요단위 수는,

$$\therefore \text{ 기준층 소요단위 수} = 2900\text{m}^2/200\text{m}^2 = 14.5\text{단위}$$

이다. 위 건물은 소화설비가 설치되어 있으므로 2/3를 감하여 단위를 결정하면 다음과 같다. 즉,

㉠ 10층 이하 : 14.5 × 1/3 = 4.83단위 → 5단위(2단위 × 3대)

㉡ 11층 이상 : 감면조항을 적용받지 않으므로 14.5단위(2단위 × 8대)

2) 추가 소요량의 계산

① 지하 2층 보일러실의 추가단위 수 및 설치 소요량은 다음과 같다.

㉠ 100m²/25m² = 4단위(2단위×2대)

㉡ 10m²를 초과하므로 자동확산 소화용구 2대(지하2층 보일러실 SP헤드가 설치되어 있으므로 자동확산 소화용구는 제외)

㉢ 경유는 지정수량 1000ℓ로 지정수량 미만으로 → 2단위 1대

② 지하 2층 변전실의 추가 단위 수 및 설치 소요량은 다음과 같다.

㉠ 200m²/50m² = 4대(C급 적응 소화기 4대)

③ 8층 주방의 추가 단위 소요량은 다음과 같다. 단, 자동소화설비가 설치되어 있으므로 자동확산 소화용구는 제외한다.

㉠ 40m²/25m² = 1.6단위(2단위 × 1대 × 점포5개) = 2단위 5대

㉡ 10m²를 초과하므로 자동확산 소화용구 2대 × 5 = 10대(이 경우 제외 적용)

㉢ LNG가스 사용 : 연소기로부터 보행거리가 10m 이내라고 가정할 경우, 3단위 이상 수동

식 소화기 각 주방마다 1대(총 5대)를 설치하며, 2단위 소화기를 5대 설치

3) 계산결과에 따른 소화기 설치

위의 계산결과에 따라 주어진 조건에 의해 기본적으로 2단위의 A급 소화기를 설치하는 것이므로 층별 수량은 표 3-22와 같다. 이때 상기 소요대수보다 보행거리 20m 이상 배치할 경우 상기 소요대수를 무시하고 20m 이내마다 설치한다. 그리고 아래 예시된 것으로부터 축압식 소화기의 가압충전량(m^3)을 산출하면 다음과 같다. 여기서, 부속용도의 추가 소요대수로는 2단위 8대(보일러실3, 주방5), 3단위 5대(주방), C급 소화기 4대(변전실)를 설치한다.

예시) 내용적 60ℓ 용기에 질소가스 120kg/cm²으로 충전된 가압용기로 축압식 소화기에 8MPa(8kg/cm²)의 압력을 가압하고자 할 때 소화기는 몇 개 충전할 수 있을까? 단, 소화기 내 소화약제량 6ℓ, 공기부용적 3ℓ이고, 약제 용해량 및 기타 손실은 무시할 때 그 결과는 다음과 같다. 즉, 압력 12.0MPa(120kg/cm²), 용적 60ℓ의 질소가스를 소화기에 압입하고자 하는 압력 0.8MPa(8kg/cm²)으로 가압하면 그 용적은 온도변화가 없으므로 보일법칙의 $P_1V_1 = P_2V_2$를 적용할 수 있다. 따라서 압력 0.8MPa(8kg/cm²)의 질소가 900ℓ로 이것을 각 소화기별로 3ℓ씩 나누는 것이 된다. 이 경우 900ℓ 중 질소가스 용기 중에 같은 압력의 가스가 남게 되므로 실제 소화기에 충전할 수 있는 질소가스량은, 900ℓ − 60ℓ = 840ℓ이다. 즉, 840ℓ ÷ 3ℓ = 280개를 충전할 수 있다.

$$V_2 = V_1 \times \frac{P_1}{P_2} = 60 \times \frac{120}{8} = 90\ \ell$$

표 3-22 각 층별 소화기 소요량 정리

층별	용도	기본 소요량	추가 소요량
B2	주차장	3대	보일러실(2대+1대), 변전실(C급 소화기 4대)
B1	〃	3대	
1~7층	백화점	21대(3대×7개층)	
8층	식당가	3대	식당 주방(5대)+(3단위 소화기 1대×5대)
9~10층	오피스텔	6대(3대×2개층)	
11~15층	〃	40대(8대×5개층)	
계		76대	2단위 8대, 3단위 5대, C급 소화기 4대

3.9 수동식 소화기의 점검 및 조치방법

(1) 일반점검과 정밀점검 및 조치방법

수동식 소화기의 일반점검 및 조치는 다음 순서에 준하여 실시한다. 즉 수동식 소화기가 지정된 장소에 비치되어 있는지 확인하고, 명판의 표시사항인 작동방법 등을 읽을 수 있도록 뚜렷한지, 바깥쪽을 향하여 있는지 확인한다. 봉인 및 안전핀이 파손되거나 분실되었는지 점검하며, 소화기 중량을 측정하거나 들어보아 소화약제가 차 있는지 확인한다. 축압식의 경우 지시압력계의 지침이 사용범위인 녹색범위에 있는지 점검하고, 소화기의 현저한 외형적 손상, 부식 등과 누설, 노즐의 막힘 등을 확인한다.

손잡이의 작동장치 등 외형적인 손상 및 부식 여부를 점검하고, 호스의 균열 및 손상 여부를 점검한다. 차륜식의 경우는 바퀴, 차륜, 개폐밸브 등의 손상 및 부식 여부를 확인한다. 위와 같은 확인 및 점검결과에 따른 조치는 항목 중 불량은 시정조치한다. 즉 불량한 경우는 정밀점검 후 교체하거나 폐기한다.

수동식 소화기의 정밀점검 및 조치방법은 다음과 같은 순서에 준하여 실시한다. 즉 작동장치 등의 작동부분이 원활하게 움직이고 내구성이 있는지 점검한다. 캡이나 플러그를 분리하여 충전된 소화약제가 불순물을 함유하고 있거나 고화되지는 않았는지 점검하며, 가스 소화약제가 충전된 수동식 소화기의 경우는 그러하지 아니한다. 가압식의 경우는 가스 도입관 또는 소화약제 방출도관의 손상 및 파손 여부를 확인하고, 수동식 소화기에 대하여 내압시험을 실시 내구성능을 확인한다. 이와 같은 점검결과에 따른 조치로 불량은 교체하거나 폐기한다.

(2) 분말 소화약제가 충전된 수동식 소화기의 점검 및 조치

분말 소화약제가 충전된 수동식 소화기의 점검 및 조치방법은 다음과 같은 순서에 준하여 실시한다. 즉, 외관점검을 실시하여 용기에 심한 녹이 있거나 흠이 있는지, 호스에 균열이 있는지 등을 확인하고, 봉인 및 안전핀이 파손되거나 분실되었는지 점검한다. 소화기의 총 중량 및 소화약제 중량이 소화기의 명판에 표시된 중량에 대한 허용범위 이내에 있는지를 확인하고, 작동레버 등의 작동부분이 원활하게 움직이는지 확인하여 원활하지 않은 경우 기름칠 등을 실시 작동이 원활하도록 한다. 또한, 노즐이 막혀 있는지 여부도 확인하여야 하며, 일부 방사가 되었던 수동식 소화기는 노즐 및 호스 내에 소화약제가 막혀 있는지를 확인한다. 특히, 축압식의 경우 한 번 방사되었던 소화기는 소화약제의 방출경로를 청소해 두어야 소화약제 방출 시 문제가 없다. 만약, 방사 후 청소되어 있지 않을 때 밸브 등의 부분에 약제로 인해 방출압력이 누출되어 일정시간 경과 후 사용할 수 없게 된다. 또, 용기로부터 밸브를 분리시켜 소화약제가 굳어 있는지 확인하여야 하며, 습도가 높은 날에는 분리 점검을 피하도록 한다.

가압식 소화기는 가압용 가스를 떼어내어 봉인판이 파괴되었는지 여부를 확인하고, 가압용기 내는 일반적으로 액화탄산가스가 충전되어 있으므로 봉인판에 이상이 없다 하여도 충전가스의 누출 여부를 확인하는 등 세심하게 점검하여야 한다. 축압식에서는 지시압력계의 지침이 사용압력범위인 녹색범위에 있는지를 확인하여 사용압력 미만인 경우에는 수동식 소화기를 재충전하여야 한다.

(3) 할로겐화합물 소화약제가 충전된 수동식 소화기의 점검 및 조치

할로겐화합물 소화약제가 충전된 수동식 소화기의 점검 및 조치방법은 다음과 같은 순서에 준하여 실시한다. 즉, 소화약제 저장용기의 심한 변형 및 부식 등 외관상 손상이 있는지를 확인하고, 소화기의 작동레버는 변형이나 손상이 없는지, 안전장치는 확실하게 고정되어 있고 봉인은 이탈되지 않았는지를 확인한다. 호스가 있는 소화기는 호스의 변형이나 손상 그리고 결합상태 등을 점검하며, 노즐의 막힘, 변형, 손상 및 노화 여부를 확인한다. 특히, 안전밸브의 변형 및 손상 이상 유무를 확인한다.

지시압력계가 설치되어 있는 소화기의 경우에는 지시압력계 지침이 사용압력범위인 녹색범위에 있는지를 확인하고, 만약 사용압력 미만인 경우에는 수동식 소화기를 재충전하여 사용한다. 정기적으로 소화기 총중량 및 소화약제 중량이 수동식 소화기의 명판에 표시된 중량의 허용범위 이내에 있는지 이상 여부를 확인한다.

(4) 이산화탄소 소화약제가 충전된 수동식 소화기의 점검 및 조치

이산화탄소 소화약제가 충전된 수동식 소화기의 점검 및 조치방법은 다음과 같은 순서에 준하여 실시한다. 즉 소화기가 설치 또는 비치된 장소의 주위온도가 −20~40℃인지 확인하고, 소화약제 저장용기의 심한 변형 및 부식 등 외관상 손상이 있는지를 확인한다. 소화기의 작동레버는 변형 또는 손상이 없는지 점검하며, 안전장치와 봉인은 확실하게 붙어있는지를 확인한다.

호스가 있는 소화기는 호스의 변형, 손상 여부, 결합상태 등을 확인하고, 노즐의 막힘이나 변형 또는 손상 및 노화 여부를 점검한다. 특히 안전밸브의 변형 및 손상 이상 유무를 확인한다. 정기적으로 소화기의 총중량 및 소화약제 중량이 소화기의 명판에 표시된 중량의 허용범위 이내에 있는지를 확인한 후 조치한다.

(5) 물이 충전된 수동식 소화기의 점검 및 조치

물을 충전한 수동식 소화기의 점검 및 조치방법은 다음과 같은 순서에 준하여 실시한다. 즉 물은 항상 청결하게 유지하고 소화기에 가득 채워 두며, 기능점검을 겸해서 방사를 실시해 보고 이상 유무를 확인한다. 펌프의 흡입 측 여과망인 스트레이너는 정기적으로 점검하여 항상 이물질이 없도록 청결하게 유지하여야 하며, 물이 충진된 소화기의 경우 동절기나 기온이 0℃ 이하의 장소에서 사용 또는 보관하는 것은 자제하고 부득이한 경우 염화칼슘 등이 용해된 물을 채워서 얼지 않도록 한다. 동절기 이후에는 새로운 깨끗한 물로 충전해둔다.

펌프식의 가스켓 부분에는 윤활유를 1년에 1회 정도 바르고, 축압식의 경우 지시압력계의 지침이 사용압력범위인 녹색범위에 있는지를 확인하여 사용압력 미만으로 충전되어 있는 경우에는 재충전한다. 이때, 재충전하기 전에는 기밀시험을 하여야 한다. 즉 용기 내에 공기를 충전한 다음 용기를 물속에 넣어 기밀이 유지되는지를 확인한 후 재충전하여야 한다. 소화기를 사용한 후 용기와 밸브는 물로 세척하고 남아 있는 소화약제의 잔액은 사용하지 않아야 한다. 그리고 소화수가 소화기 몸통에 표시된 규정선까지 차 있는지 확인한다. 특히 펌프식의 경우에서는 패킹과 밸브의 이상 유무를 점검하는 방법으로 피스톤을 상하로 움직여 원활하게 움직이는지를 확인한 다음, 피스톤을 2~3회 상하로 움직인 후 중간 정도까지 다시 누르고 손을 떼었을 때 순간적으로 피스톤이 낙하된다면 패킹 또는 밸브가 불량상태이므로 피스톤을 분리하여 점검 조치하도록 한다.

(6) 강화액 소화기의 점검 및 조치

강화액 소화기의 점검 및 조치방법은 다음과 같은 순서에 준하여 실시한다. 즉 강화액 소화약제는 일반적으로 부식성이 강하므로 약제 저장용기 및 밸브 등 주요 부분의 부식 여부와 내식 도장에 이상이 없는지를 확인한다. 소화기 사용 후에는 용기, 노즐, 여과망인 스트레이너 등을 깨끗이 청소한 후 재충전한다. 축압식인 경우는 소화기로부터 용기밸브의 분해를 자제하고 부득이하게 분해하여야 할 때 신중을 기하도록 한다. 정기 점검 시에는 지시압력계의 압력 지시정도가 사용압력범위인 녹색범위에 있는지 확인하며, 가압식에서는 캡의 풀림과 가압용 가스용기의 중량 등을 확인한다. 가압용기에 있는 봉인판이 파괴된 것은 이미 사용한 것으로 보고 가압용기를 교체 또는 가압가스를 재충전한 후 결합한다. 그리고 소화기의 작동상태는 가압용기를 분리시킨 상태에서 손잡이 부분의 누름레버를 눌러서 작동하는지 여부를 점검한다. 또 정기적으로 소화기의 총중량과 소화약제 중량이 명판에 표시된 중량의 허용범위 이내에 있는지를 확인한다. 소화약제에 불순물이 혼입되어 있지 않은지 변질 여부 등을 확인하고, 용기밸브를 분리하여 황산 앰플이 정상 상태로 결합되어 있는지 앰플 내의 소화약제 용액이 규정선까지 충전되어 있는지 확인 점검한다. 또한 외통의 소화약제 저장용기 내의 용액에는 청색 리트머스 시험지를 넣어 적색으로 변화되는지를 확인하여서 내통 내의 소화약제의 누출 여부를 확인한다.

(7) 포 소화기의 점검 및 조치

포 소화기의 점검 및 조치방법은 다음과 같은 순서에 준하여 실시한다. 즉 화학포의 경우는 1년 1회로 포 소화약제를 새로 충전하여야 한다. 노즐, 호스, 여과망인 스트레이너는 막힘이 없는지 수시로 확인하여야 하고, 방출한 후에는 호스, 노즐 등이 청소불량으로 인하여 막힘이 없도록 물로 세척해 둔다. 용기밸브 캡이 잘 조여져 있는지 확인하고, 동절기 및 기온이 0℃ 이하인 장소에서 사용하는 화학포 또는 동결의 우려가 있는 포 소화약제를 사용하는 소화기의 경우 보온조치를 하여서 만약의 경우 얼지 않도록 조치한다.

전도식과 파괴전도식에서는 소화기 밸브 캡을 열고 내통 뚜껑의 이상 유무를 확인한 후 내통의 소화약제가 규정선까지 충전되어 있는지 외통의 소화약제가 충분한지를 확인한다. 또한 지시압력계가 있는 경우 지시압력계의 지침이 사용압력범위인 녹색범위에 있는지를 확인하고 만약 사용압력 미만으로 충전되어 있을 때는 재충전하여야 한다.

(8) 산·알칼리 소화기의 점검 및 조치

산·알칼리 소화기의 점검 및 조치방법은 다음과 같은 순서에 준하여 실시한다. 즉 탄산수소나트륨 수용액은 시간이 경과하면 열화되므로 정기적으로 교환 또는 충전하여야 한다. 소화기 몸체가 넘어지지 않도록 보관에 주의하고, 노즐과 호스 그리고 여과망인 스트레이너의 막힘이 없도록 수시로 확인한다.

파병식은 외통 뚜껑을 용기로부터 분리하여 두고 황산병은 안전한 장소에 두며, 소화기의 누름판을 눌러 원활하게 작동하는지 여부를 확인하고, 황산병 앰플의 용액은 정상 수준까지 차 있는지 확인한다. 전도식 소화기의 경우는 내통의 뚜껑이 바르게 있는지 소화약제가 규정선까지 충전되어 있는지 확인 점검한다. 또한 내통이나 앰플을 들어내고 외통의 소화약제에 청색 리트머스 시험지를 넣어 적색으로 변하는지를 확인하여 내통 앰플 소화약제의 누출 여부를 확인한다.

(9) 수동식 소화기의 폐기처리 방법과 주의사항

수동식 소화기의 폐기처리 시 옥외 등에 방치되지 않도록 주의한다. 소화기의 점검 결과 부식, 손상 등 기타 이상이 인정되어 폐기해야 할 소화기로 판명된 것은 폐기처리 전까지 관계자 외에는 접근할 수 없는 장소에 보관하여야 한다. 이때, 고압가스안전관리법의 적용을 받는 가압용 가스용기도 포함한다. 수동식 소화기의 폐기처리는 폐기물처리관련법령, 고압가스관련법령, 독극물관련법령, 상하수도관련법령 등을 준수하여야 하며 수동식 소화기 저장용기의 처리 시 유의사항은 다음과 같다.

- 본체용기 및 부분품인 금속, 플라스틱류, 고무 등에 있어서는 그 재료별로 분리하여 폐기처리 하여야 한다.
- 고압가스안전관리법의 적용을 받는 이산화탄소 소화기(용기 상부가 녹색으로 도색된 것), 할론 소화기(용기 상부 부분이 쥐색으로 도색된 것)의 소화약제 저장용기 및 분말 소화기, 강화액 소화기의 가압용 가스용기는 소화기 제조업체 또는 고압가스용기 전문업체에 의뢰하여 빈 용기임을 확인하고 폐기하여야 한다.
- 고압가스안전관리법의 적용을 받지 않는 소화기의 가압용 가스용기도 상온에서 6.0MPa정도의 압력이 가해지고 있기 때문에 본체용기로부터 분리하여 처리를 의뢰하거나 압력배출구를 통하여 압력을 배출한 후 폐기 처리하여야 한다.
- 축압식 소화기는 0.70~0.98MPa의 충전압력이 가해지고 있기 때문에 소화기 소화약제 저장용기를 거꾸로 세워 밸브를 열어(손잡이를 움켜쥠) 충전압력을 배출한 후 폐기 처리하여야 한다.

다음, 소화기용 소화약제의 처리 시 유의사항은 다음과 같다. 이때, 각 시·도의 하수도 처리 조례 등을 준수하여야 한다.

- 산·알칼리 소화약제 : 본체용기 등에 손상이나 기타 이상이 없고 내압강도가 있다고 인정되는 것은 소화약제를 방사한 뒤 방류 처리하여야 한다. 그렇게 처리할 수 없는 경우의 것은 외통액(탄산수소나트륨) 및 내통액(황산)을 각각 배출한다. 이때 내통액은 농황산이기 때문에 취급에 주의해야 하며, 먼저 물로 수배 희석한 후 외통액에 내통액을 서서히 침지하여 중화한 뒤 물로 희석하면서 방류 처리하여야 한다.
- 강화액 소화약제 : 수소이온농도가 높기 때문에 다량의 물로 수소이온농도를 5.0 이상 9.0 이하로 희석한 후 물을 흘리면서 방류 처리하여야 한다.
- 화학반응식 포 소화약제 : 외통액(탄산나트륨)은 물로 희석하면서 방류 처리하여야 한다. 그리고 내통액(황산알루미늄)은 산성이기 때문에 수소이온농도를 5.0 이상 9.0 이하로 희석한 후 물을 흘리면서 방류 처리하여야 한다. 방류할 때에는 외통액과 내통액이 섞이지 않도록 하여야 하며, 또한 포 소화약제를 방사하여 처리하면 거품의 수집처리와 하수처리 등이 곤란하기 때문에 외통액과 내통액을 분리 처리하여야 한다.
- 분말 소화약제 : 분말 소화약제는 비산하지 않도록 자루에 넣어서 소화약제 제조업체나 전문처리업체에 처리를 의뢰한다.

제3장 연습문제

· e·x·e·r·c·i·s·e

01. 소화기의 사용방법 및 유지관리사항에 관하여 기술하라.

02. 소화기의 종류와 그 표기사항에 관하여 기술하라.

03. 가압식 소화기와 축압식 소화기의 차이점에 대하여 설명하라.

04. 소화 능력단위 부여에 대하여 간략하게 설명하라.

05. 소방대상물별 소화기구의 능력단위 기준에 관하여 설명하라.

06. 소화기구의 설치대상 및 설치기준을 기술하라.

07. 할론 및 CO_2는, 물과 접촉해서는 안 되는 활성화금속의 화재 시에는 적응성이 거의 없다고 볼 수 있다. 이 활성화금속에는 어떤 것이 있는가?

08. 할로겐화합물 소화기의 특성에 대하여 기술하라.

09. 할론 130ℓ의 물리적 및 화학적 성질에 대하여 기술하라.

10. 분말 소화약제의 이상 유무를 확인하기 위해 약제를 확인한 결과 약제의 색깔이 담홍색이었다. 이 약제의 주재료는 무엇이겠는가?

11. 수성막포액의 특성을 타 소화약제와 비교하여 설명하라.

12. 이산화탄소 소화약제의 특성과 소화기의 종류에 대하여 간단히 설명하라.

13. 각 소화기에서 소화능력이란?

14. 소형 소화기 및 대형 소화기의 보행거리에 대하여 설명하라.

15. 분말 소화약제의 종류와 각 약제의 반응식은?

16. 포 소화기의 특징과 포 성상(Foam Properties)에 대하여 설명하라.

17. 간이소화용구의 종류와 능력단위에 대하여 기술하라.

18. 물 소화기의 소화능력에 대하여 기술하라.

19. 자동식 소화기와 자동확산 소화기에 대하여 기술하라.

20. 투척용 소화기의 설치대상 및 설치기준, 능력과 소화약제의 구성, 소화기구 설치장소와 기준에 대하여 각각 설명하라.

21. 자동화재 속보설비의 설치대상 및 설치기준은?

22. 간이소화용구의 약제별 종류를 들고 그 특징을 설명하라.

23. 각종 소화기의 점검방법과 그 조치사항을 들어 설명하라.

Chapter 4

옥내소화전설비

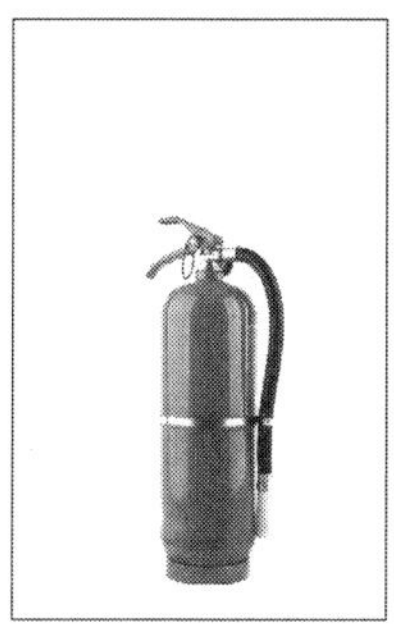
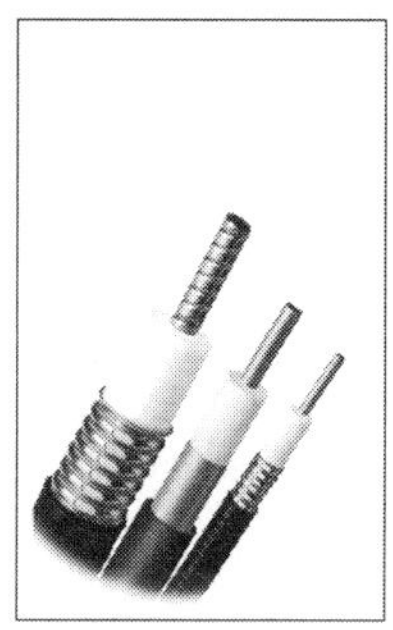

▣ 개요

옥내소화전설비란, 소방대상물의 방호공간 내부에서 화재 발생 시 당해 소화대상물의 거주자나 관계자 또는 자위소방대원으로 하여금 화재 초기에 신속하게 소화할 수 있도록 하기 위하여 설치하는 수동식 고정소화설비 전체를 말한다. 즉 중기화재로 성장하기 전이나 중기화재 단계에서 전문소방대원이 소화작업을 실시하기 전에 발화 초기단계에서 신속하게 진화작업을 수행할 수 있도록 방호공간 내부의 적절한 위치에 설치한 소화설비 일체를 옥내소화전설비라고 한다.

소화설비의 주요 구성요소를 살펴보면, 크게 1) 수원, 2) 가압송수장치, 3) 기동장치, 4) 배관 및 밸브류, 5) 호스, 노즐, 소화전함 등으로 되어 있고 옥내소화전설비의 시스템 구성은 그림 4.1과 같다.

4.1 설치대상 및 설치기준

옥내소화전설비의 적용범위는 소방시설설치유지 및 안전관리에 관한 법률(이하 "법"이라 한다.) 제9조 제1항 및 동법률시행령 별표 4 소화설비의 소방시설 적용기준란 제2호의 규정에 나타나 있으며, 옥내소화전설비는 이 기준에서 정하는 규정에 따라 설비를 설치하고 유지·관리하여야 하며 그 설치 특정소화대상물은 다음과 같다.

(1) 설치대상 및 주요 용어의 정의

옥내소화전설비를 설치하여야 하는 특정소방대상물(가스시설 및 지하구를 제외한다.)은 다음과 같다. 다만, 아파트·업무시설 또는 노유자시설에는 호스릴 옥내소화전설비를 설치할 수 있다. 즉,

① 연면적 3천 제곱미터 이상(지하가 중 터널을 제외한다.)이거나 지하층·무창층 또는 층수가 4층 이상인 것 중 바닥면적이 600제곱미터 이상인 층이 있는 것은 전 층에 설치한다.

② 지하가 중 터널로서 길이가 1천 미터 이상인 터널에 설치한다.

③ 위 ①에 해당하지 아니하는 근린생활시설 · 위락시설 · 판매시설 및 영업시설 · 숙박시설 · 노유자시설 · 의료시설 · 업무시설 · 통신촬영시설 · 공장 · 창고시설 · 운수자동차 관련 시설 또는

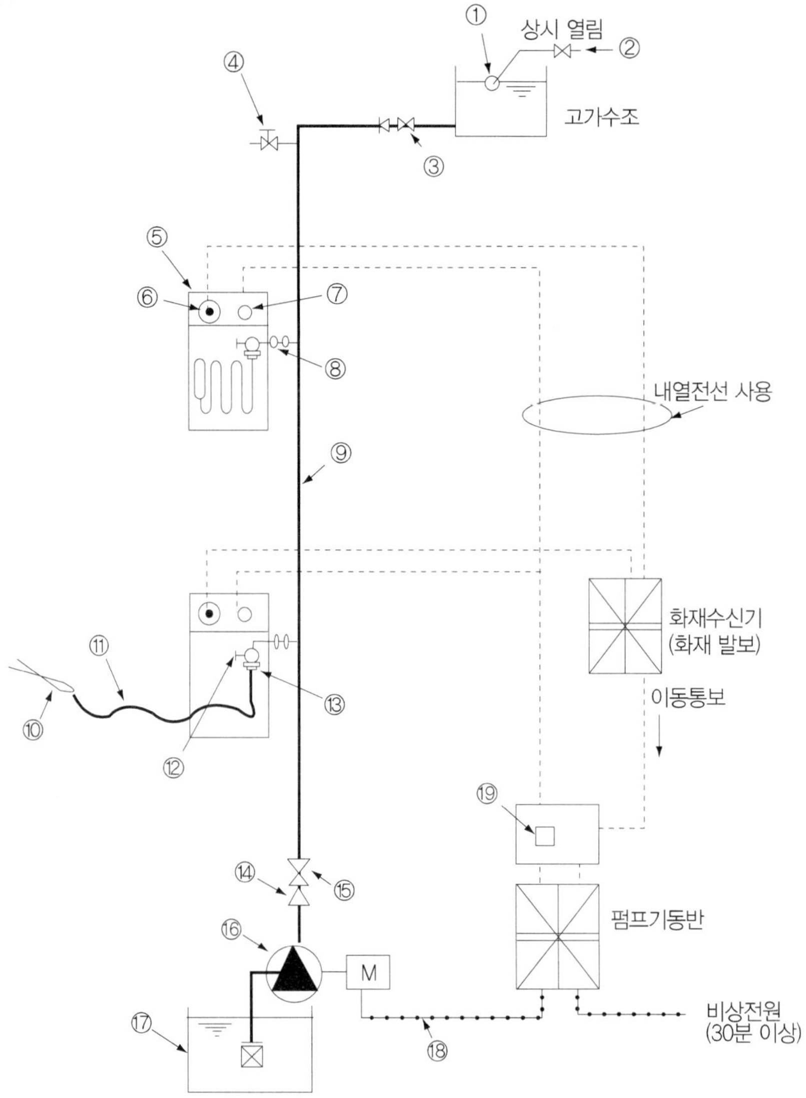

(a) 1호 소화전설비 시스템

① 볼탭 ② 공급수 ③ 상시 열림 ④ 시험 방수구 ⑤ 종합반 ⑥ 발신기 ⑦ 표시등 ⑧ 방수정지밸브(상시 열림) ⑨ 상승관(50mm 이상 압력손실 계산으로 지름을 결정) ⑩ 노즐 ⑪ 호스(호칭경 : 40mm, 길이 : 30m) ⑫ 개폐밸브 ⑬ 결합기구(나사식, 삽입식) ⑭ 체크밸브 ⑮ 방수정지밸브(상시 열림) ⑯ 펌프 ⑰ 소화저수조 ⑱ 동력선(내화전선 사용) ⑲ 소화전시동 릴레이함

그림 4.1 옥내소화전설비 시스템 구성도(계속)

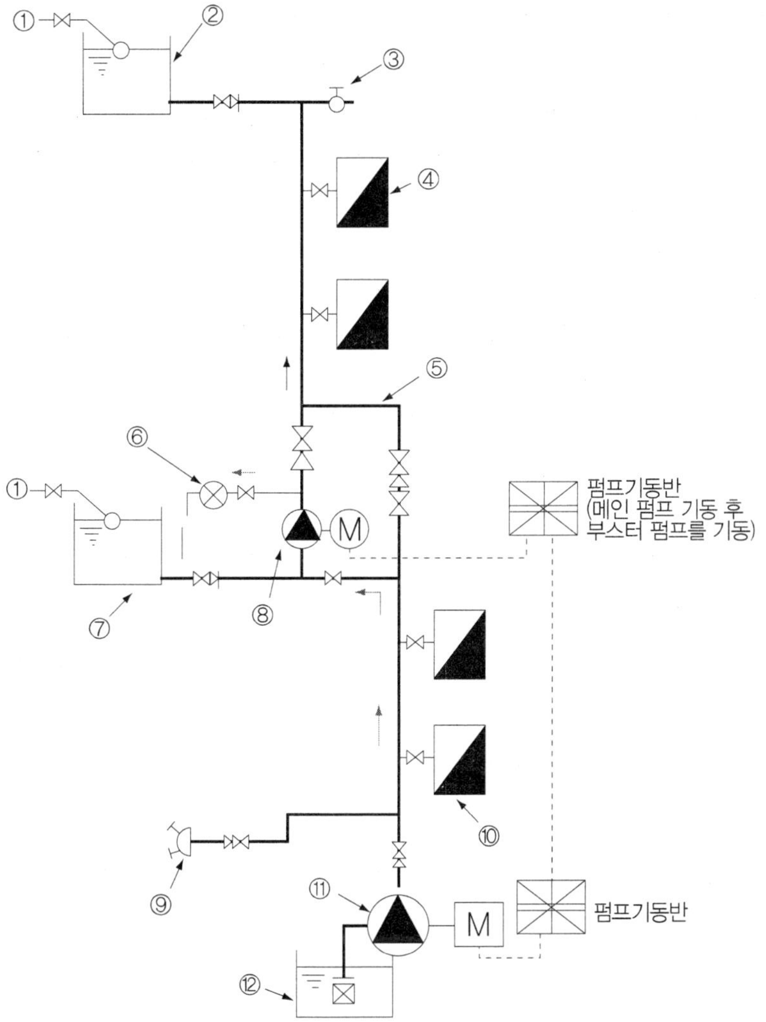

(b) 고층건물 부스터 방식의 소화전설비 시스템

① 공급수 ② 고가저수조 ③ 시험 방수구 ④ 소화전함 ⑤ 바이패스 회로(부스터 펌프 고장 시에 송수구에서 강제적으로 상층으로 송수 가능) ⑥ 1차 조정밸브(차단운전에서 송수압력이 높아지지 않도록 조정) ⑦ 중간저수조(메인 펌프가 운전하여 소화저수조에 급수) ⑧ 부스터 펌프 ⑨ 송수구 ⑩ 소화전함 ⑪ 메인 펌프 ⑫ 소화저수조

그림 4.1 옥내소화전설비 시스템 구성도

복합건축물로서 연면적 1천5백 제곱미터 이상이거나 지하층·무창층 또는 층수가 4층 이상인 층 중 바닥면적이 300제곱미터 이상인 층이 있는 것은 전 층에 설치한다.

④ 건축물의 옥상에 설치된 차고 또는 주차장으로서 차고 또는 주차의 용도로 사용되는 부분의 면적이 200제곱미터 이상인 것에 설치한다.

⑤ 위 ① 및 ③에 해당하지 아니하는 공장 또는 창고로서 소방기본법시행령 별표 2에서 정하는 수량의 750배 이상의 특수가연물을 저장·취급하는 것 등이다.

주의) 호스릴 옥내소화전설비란, 아파트 업무시설 또는 노유자시설에 한하여 설치할 수 있는 소화설비로서 옥내소화전과 유사한 설비이나 다음 사항에 준하여 설치한다. 즉, 수원의 양은 각 층의 호스릴 옥내소화전당 $1.2m^3$로 계산하여 산정하며(예 : 한 층에 5개 이상 설치된 경우 수원의 양은 $5 \times 1.2m^3$), 노즐선단 방수압력의 크기는 0.25MPa($2.5kg/cm^2$) 이상, 노즐선단 방수량은 60ℓ/min 이상, 호스와 연결되는 지관의 구경은 25mm 이상으로 한다. 또 호스의 구경은 25mm 이상의 것으로 길이는 소방대상물의 각 부분에 물이 유효하게 잘 뿌려질 수 있는 길이로 하고, 주입상 배관의 구경은 32mm 이상, 호스릴 옥내소화전 방수구 위치는 소방대상물의 각 부분으로부터 15m 이내의 거리에 있도록 한다.

옥내소화전설비설치 기준에서 사용하는 주요 용어의 정의는 다음과 같다. 즉, "고가수조"라 함은 구조물 또는 지형지물 등에 설치하여 자연낙차의 압력으로 급수하는 수조를 말하며, "압력수조"라 함은 소화용수와 공기를 채우고 일정압력 이상으로 가압하여 그 압력으로 급수하는 수조를 말한다. 또 "충압펌프"라 함은 배관 내 압력손실에 따른 주펌프의 빈번한 기동을 방지하기 위하여 충압역할을 하는 펌프를 말하고, "정격토출량"이라 함은 정격토출압력에서의 펌프의 토출량을 말한다. 이때 "정격토출압력"이라 함은 정격토출량에서의 펌프의 토출 측 압력을 말한다.

"진공계"라 함은 대기압 이하의 압력을 측정하는 계측기를 말하며, "연성계"라 함은 대기압 이상의 압력과 대기압 이하의 압력을 측정할 수 있는 계측기를 말한다. "체절운전"이라 함은 펌프의 성능시험을 목적으로 펌프토출 측의 개폐밸브를 닫은 상태에서 펌프를 운전하는 것을 말하고, "기동용 수압개폐장치"라 함은 소화설비의 배관 내 압력변동을 검지하여 자동적으로 펌프를 기동 및 정지시키는 것으로서 압력체임버 또는 기동용 압력스위치 등을 말한다. 그리고 "급수배관"이라 함은 수원 및 옥외송수구로부터 옥내소화전방수구에 급수하는 배관을 말하며, "개폐표시형밸브"라 함은 밸브의 개폐 여부를 외부에서 식별이 가능한 밸브를 말한다.

(2) 수원량의 설치기준

① 옥내소화전설비의 수원은 그 저수량이 옥내소화전의 설치개수가 가장 많은 층의 설치개수(5개 이상 설치된 경우에는 5개)에 $2.6m^3$(호스릴 옥내소화전설비의 경우에는 $1.2m^3$)를 곱한 양 이상이 되도록 하여야 한다. 따라서 본 옥내소화설비에 필요한 수원의 양(Q)의 계산

은 다음과 같은 식을 사용한다.

$$Q[m^3]=N\times 130[\ell/\text{min}]\times 20[\text{min}]$$

여기서, N : 가장 많이 설치된 층의 옥내소화전 설치개수(최대 5개소를 초과할 수 없다.)

그러므로 옥내소화전 전용수원의 최대수원의 양은 $2.6m^3 \times 5$개소, 즉 $13m^3$가 된다.

② 옥내소화전설비의 수원은 위 제1항의 규정에 따라 산출된 유효수량의 3분의 1 이상을 옥상(옥내소화전설비가 설치된 건축물의 주된 옥상을 말한다.)에 설치하여야 한다. 다만, 다음에 해당하는 경우에는 그러하지 아니하다.

㉠ 옥상이 없는 건축물 또는 공작물

㉡ 지하층만 있는 건축물

㉢ 제5조 제2항의 규정에 따른 고가수조를 가압송수장치로 설치한 옥내소화전설비

㉣ 수원이 건축물의 지붕보다 높은 위치에 설치된 경우

㉤ 지표면으로부터 당해 건축물의 상단까지의 높이가 10m 이하인 경우

㉥ 내연기관의 기동에 따른 펌프 또는 주펌프와 동등 이상의 성능이 있는 별도의 펌프에 비상전원을 연결하여 설치한 경우

③ 옥상수조(제1항의 규정에 따라 산출된 유효수량의 3분의 1 이상을 옥상에 설치한 설비를 말한다. 이하 같다.)는 이와 연결된 배관을 통하여 상시 소화수를 공급할 수 있는 구조인 소방대상물인 경우에는 둘 이상의 소방대상물이 있더라도 하나의 소방대상물에만 이를 설치할 수 있다.

④ 옥내소화전설비의 수원을 수조로 설치하는 경우에는 소방설비의 전용수조로 하여야 한다. 다만, 다음에 해당하는 경우에는 그러하지 아니하다.

㉠ 옥내소화전펌프의 후드밸브 또는 흡수배관의 흡수구(수직회전축펌프의 흡수구를 포함한다. 이하 같다.)를 다른 설비(소방용 설비 외의 것을 말한다. 이하 같다.)의 후드밸브 또는 흡수구보다 낮은 위치에 설치한 때

㉡ 제5조 제2항의 규정에 따른 고가수조로부터 옥내소화전설비의 수직배관에 물을 공급하는 급수구를 다른 설비의 급수구보다 낮은 위치에 설치한 때

⑤ 위 제1항 및 제2항의 규정에 따른 저수량을 산정함에 있어서 다른 설비와 겸용하여 옥내소화전설비용 수조를 설치하는 경우에는 옥내소화전설비의 후드밸브·흡수구 또는 수직배관의 급수구와 다른 설비의 후드밸브·흡수구 또는 수직배관의 급수구와의 사이의 수량을 그

유효수량으로 한다(그림 4.2).

⑥ 옥내소화전설비용 수조는 다음의 기준에 따라 설치하여야 한다.

㉠ 점검에 편리한 곳에 설치할 것

㉡ 동결방지조치를 하거나 동결의 우려가 없는 장소에 설치할 것

㉢ 수조의 외측에 수위계를 설치할 것. 다만, 구조상 불가피한 경우에는 수조의 맨홀 등을 통하여 수조 안의 물의 양을 쉽게 확인할 수 있도록 하여야 한다.

㉣ 수조의 상단이 바닥보다 높은 때에는 수조의 외측에 고정식 사다리를 설치할 것

㉤ 수조가 실내에 설치된 때에는 그 실내에 조명설비를 설치할 것

㉥ 수조의 밑부분에는 청소용 배수밸브 또는 배수관을 설치할 것

㉦ 수조 외측의 보기 쉬운 곳에 "옥내소화전설비용 수조"라고 표시한 표지를 할 것. 이 경우 그 수조를 다른 설비와 겸용하는 때에는 그 겸용되는 설비의 이름을 표시한 표지를 함께하여야 한다.

㉧ 옥내소화전펌프의 흡수배관 또는 옥내소화전설비의 수직배관과 수조의 접속부분에는 "옥내소화전설비용 배관"이라고 표시한 표지를 할 것. 다만, 수조와 가까운 장소에 옥내소화전펌프가 설치되고 옥내소화전펌프에 제5조 제1항 제14호의 규정에 따른 표지를 설치한 때에는 그러하지 아니하다.

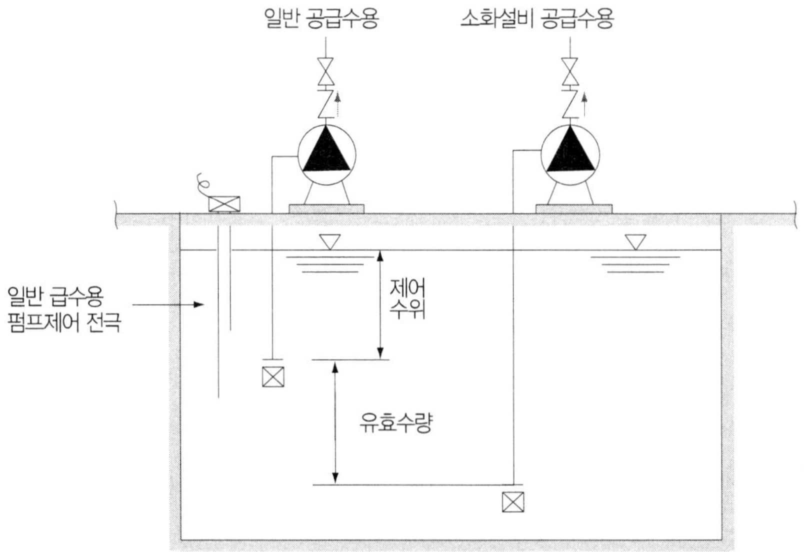

그림 4.2 겸용 저수조의 유효수량 관계

【예제】 옥내소화전설비의 전용수원으로 최대 수원의 양은 얼마 이상 되어야 하는가?

▎해설▎옥내소화전의 최대 수원의 양을 계산할 때 각 층 중에서 최대로 설치되어 있는 소화전 수를 기준으로 산정한다. 따라서, 옥내소화전 전용수원으로 최대는 다음과 같다.

$$Q = N \times 130\ell/\text{min} \times 20\text{min} = 13{,}000\ell = 13\text{m}^3$$

【예제】 한 층에 소화전 설치가 3개소 있을 경우 필요한 수원의 양과 펌프의 토출량(ℓ/min)은 얼마인가?

▎해설▎· $Q = N \times 130\ell/\text{min} \times 20\text{min} = 7{,}800\ell = 7.8\text{m}^3$

· 펌프의 토출량 $Q_p = 3 \times 130\ell/\text{min} = 390\ell/\text{min}$

(3) 가압송수장치의 설치기준

화재 시에 필요한 유동조건을 만족시키기 위해서 설치하는 것이 가압송수장치이다. 가압방식의 간략은 그림 4.3과 같다. 이때 충분한 방수량과 방수압력을 얻기 위해서는 배관 및 부속류와 밸브 등 마찰손실을 충분히 고려하여 결정하여야 한다.

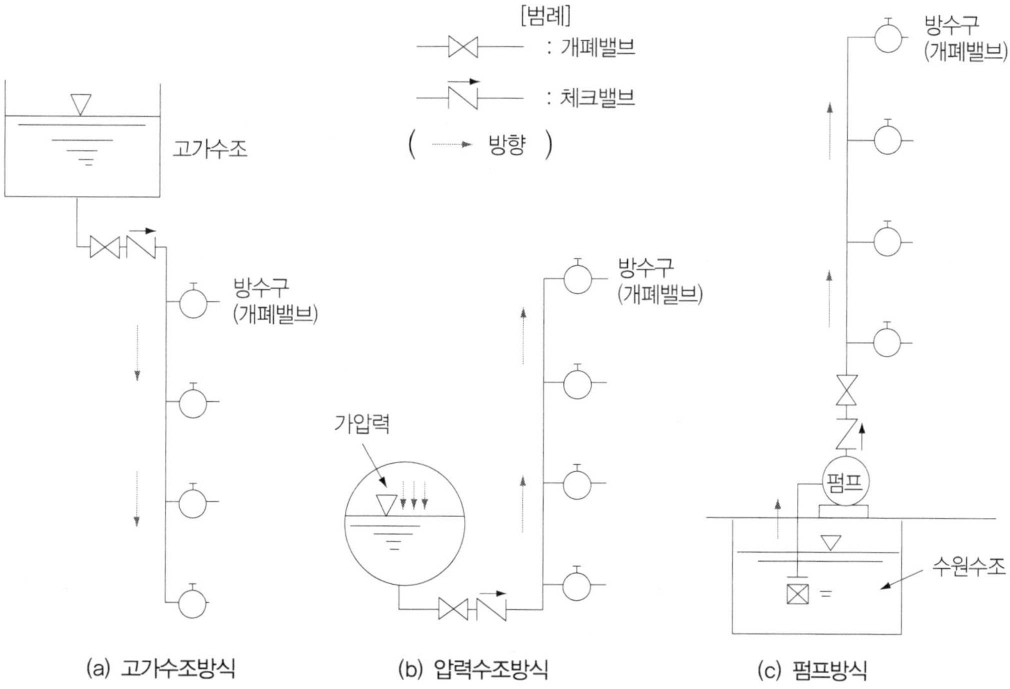

그림 4.3 옥내소화전설비의 송수가압방식

1) 전동기 또는 내연기관을 이용한 펌프방식

전동기 또는 내연기관에 따른 펌프를 이용하는 가압송수장치는 다음의 기준에 따라 설치하여야 한다.

① 쉽게 접근할 수 있고 점검하기에 충분한 공간이 있는 장소로서 화재 및 침수 등의 재해로 인한 피해를 받을 우려가 없는 곳에 설치할 것
② 동결방지조치를 하거나 동결의 우려가 없는 장소에 설치할 것
③ 소방대상물의 어느 층에 있어서도 당해 층의 옥내소화전(5개 이상 설치된 경우에는 5개의 옥내소화전)을 동시에 사용할 경우 각 소화전의 노즐선단에서의 방수압력이 0.17MPa (1.7kg/cm^2)[호스릴 옥내소화전설비의 경우에는 0.25MPa(2.5kg/cm^2)] 이상이고, 방수량이 130ℓ/min(호스릴 옥내소화전설비의 경우에는 60ℓ/min) 이상이 되는 성능의 것으로 한다. 다만, 하나의 옥내소화전을 사용하는 노즐선단에서의 방수압력이 0.7MPa(7kg/cm^2)을 초과할 경우에는 호스접결구의 인입 측에 감압장치를 설치하여야 한다.
④ 펌프의 토출량은 옥내소화전이 가장 많이 설치된 층의 설치개수(옥내소화전이 5개 이상 설치된 경우에는 5개)에 130ℓ/min를 곱한 양 이상이 되도록 할 것
⑤ 펌프는 전용으로 한다. 다만, 다른 소화설비와 겸용하는 경우 각각의 소화설비의 성능에 지장이 없을 때에는 그러하지 아니하다.
⑥ 펌프의 토출 측에는 압력계를 체크밸브 이전에 펌프토출 측 플랜지에서 가까운 곳에 설치하고, 흡입 측에는 연성계 또는 진공계를 설치한다. 다만, 수원의 수위가 펌프의 위치보다 높거나 수직회전축 펌프의 경우에는 연성계 또는 진공계를 설치하지 아니할 수 있다.
⑦ 가압송수장치에는 정격부하운전 시 펌프의 성능을 시험하기 위한 배관을 설치한다. 다만, 충압펌프의 경우에는 그러하지 아니하다.
⑧ 가압송수장치에는 체절운전 시 수온의 상승을 방지하기 위한 순환배관을 설치한다. 다만, 충압펌프의 경우에는 그러하지 아니하다.
⑨ 기동장치로는 기동용 수압개폐장치 또는 이와 동등 이상의 성능이 있는 것을 설치할 것. 다만, 아파트·업무시설·학교·전시시설·공장·창고시설 또는 종교시설 등(제4조 제2항의 규정에 따라 옥상수조를 설치한 대상은 제외한다.)으로서 동결의 우려가 있는 장소에 있어서는 기동스위치에 보호판을 부착하여 옥내소화전함 내에 설치할 수 있다.
⑩ 기동용 수압개폐장치(압력체임버)를 사용할 경우 그 용적은 100ℓ 이상의 것으로 할 것

⑪ 수원의 수위가 펌프보다 낮은 위치에 있는 가압송수장치에는 다음의 기준에 따른 물올림장치를 설치할 것

㉠ 물올림장치에는 전용의 탱크를 설치할 것

㉡ 탱크의 유효수량은 100ℓ 이상으로 하되, 구경 15mm 이상의 급수배관에 따라 당해 탱크에 물이 계속 보급되도록 할 것

⑫ 기동용 수압개폐장치를 기동장치로 사용할 경우에는 다음의 각 목의 기준에 따른 충압펌프를 설치한다. 다만, 옥내소화전이 각 층에 1개씩 설치된 경우로서 소화용 급수펌프로도 상시 충압이 가능하고 다음 가목의 성능을 갖춘 경우에는 충압펌프를 별도로 설치하지 아니할 수 있다.

㉠ 펌프의 토출압력은 그 설비의 최고위 호스접결구의 자연압보다 적어도 0.2MPa(2kg/cm^2)이 더 크도록 하거나 가압송수장치의 정격토출압력과 같게 할 것

㉡ 펌프의 정격토출량은 정상적인 누설량보다 적어서는 아니되며, 옥내소화전설비가 자동적으로 작동할 수 있도록 충분한 토출량을 유지할 것

⑬ 내연기관을 사용하는 경우에는 다음의 기준에 적합한 것으로 할 것

㉠ 내연기관의 기동은 제9호의 기동장치를 설치하거나 또는 소화전함의 위치에서 원격조작이 가능하고 기동을 명시하는 적색등을 설치할 것

㉡ 제어반에 따라 내연기관의 자동기동 및 수동기동이 가능하고, 상시 충전되어 있는 축전지설비를 갖출 것

⑭ 가압송수장치에는 "옥내소화전펌프"라고 표시한 표지를 하고 이 경우 그 가압송수장치를 다른 설비와 겸용하는 때에는 그 겸용되는 설비의 이름을 표시한 표지를 함께하여야 한다.

⑮ 소화설비에 사용하는 가압송수장치 중에서 펌프방식이 가장 많이 사용되는 방식으로 펌프의 전양정을 계산할 때에는 규정 방수압력의 환산수두, 호스의 마찰손실수두, 배관 및 관부속류의 마찰손실수두, 건축물에 따른 낙치수두 등을 고려하여 필요한 전양정을 계산하여야 하고 이를 수식으로 나타내면 다음과 같다.

$$H = H_1 + H_2 + H_3 + H_4 + H_5 + H_6$$

여기서, H : 펌프의 전양정(m)

H_1 : 흡입양정(m)

H_2 : 직관부의 마찰손실(m)

H_3 : 밸브류, 관이음쇠 등의 부차적 마찰손실수두(m)

H_4 : 소방호스의 마찰손실(m)

H_5 : 펌프로부터 최고위치에 설치된 소화전 방수구까지의 수직높이(m)

H_6 : 노즐 선단에서의 방수압력의 환산수두(1.7kgf/cm^2≒17m)

고가수조의 자연낙차를 이용한 가압송수장치는 다음의 기준에 따라 설치하여야 한다. 고가수조는 소방대상물의 옥상 또는 높은 지형을 이용하는 방식으로 수조의 하단부분에 소화배관을 연결, 자연낙차압력을 이용하는 방식으로 신뢰성이 가장 우수하고, 수원의 공급은 수시(상수) 또는 급수펌프에 의하여 자동적으로 물을 공급받을 수 있도록 시설되어야 한다.

① 고가수조의 자연낙차수두(수조의 하단으로부터 최고층에 설치된 소화전 호스접결구까지의 수직거리를 말한다.)는 다음의 식에 따라 산출한 수치 이상이 되도록 할 것

$$H = h_1 + h_2 + 17(\text{호스릴 옥내소화전설비의 경우는 } 25)$$

여기서, H : 필요한 낙차(m)

h_1 : 소방용 호스 마찰손실수두(m)

h_2 : 배관 마찰손실수두(m)

② 고가수조에는 수위계·배수관·급수관·오버플로관 및 맨홀을 설치하여야 하며, 고가수조 방식의 대략적인 배관계통도는 그림 4.4와 같다.

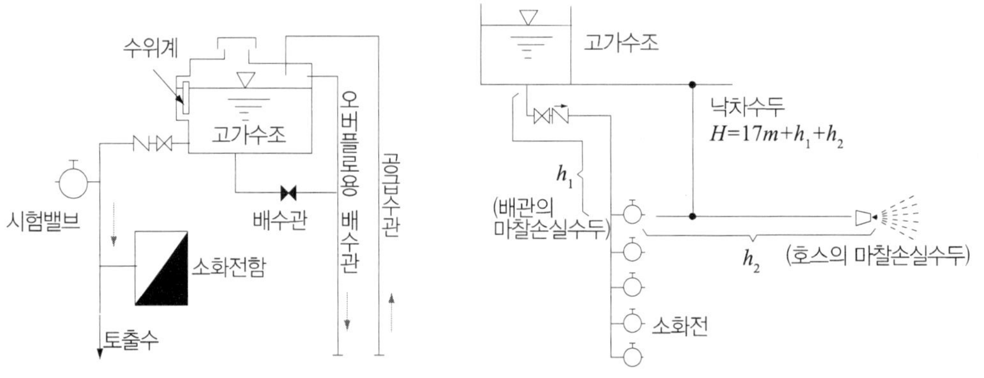

(a) 고가수조 주위 배관 (b) 고가수조방식의 수두 결정

그림 4.4 고가수조방식의 주요 설비

2) 압력수조를 이용한 가압송수장치

압력탱크방식은 그림 4.5와 같이 전용탱크 내에 물을 3분의 2를 채우고 나머지 부분은 압축공기를 충전하여 공기압력에 의하여 화재 위치까지 송수하는 방식으로, 수원과 압력송수장치가 일체식으로 구성되어 있다. 압력탱크의 구조는 그림에서 보듯이 내부가 공기실과 수실로 분리되어 있으며 급수관의 크기는 80mm 이상, 급기관은 20mm 이상으로 하고 안전장치는 작동압력의 10% 이상 크게 될 때 작동하도록 설정하여야 한다. 또한 압력수조는 모든 밸브를 잠근 상태에서 사용압력으로 24시간 유지하여 0.005MPa(0.05kg/cm^2) 이상의 압력저하가 되지 않아야 하고, 가압송수장치는 다음 각 호의 기준에 따라 설치되어야 한다.

① 압력수조의 압력은 다음 식에 따라 산출한 수치 이상으로 할 것

$$P = P_1 + P_2 + P_3 + 1.7[\text{kg/cm}^2] \text{ (호스릴 옥내소화전설비의 경우에는 2.5)}$$
$$= P_1 + P_2 + P_3 + 0.17[\text{MPa}] \text{ (호스릴 옥내소화전설비의 경우에는 0.25)}$$

여기서, P : 필요한 압력(kg/cm^2 또는 MPa)
P_1 : 소방용 호스의 마찰손실수두압(kg/cm^2 또는 MPa)
P_2 : 배관의 마찰손실수두압(kg/cm^2 또는 MPa)
P_3 : 낙차의 환산 수두압(kg/cm^2 또는 MPa)

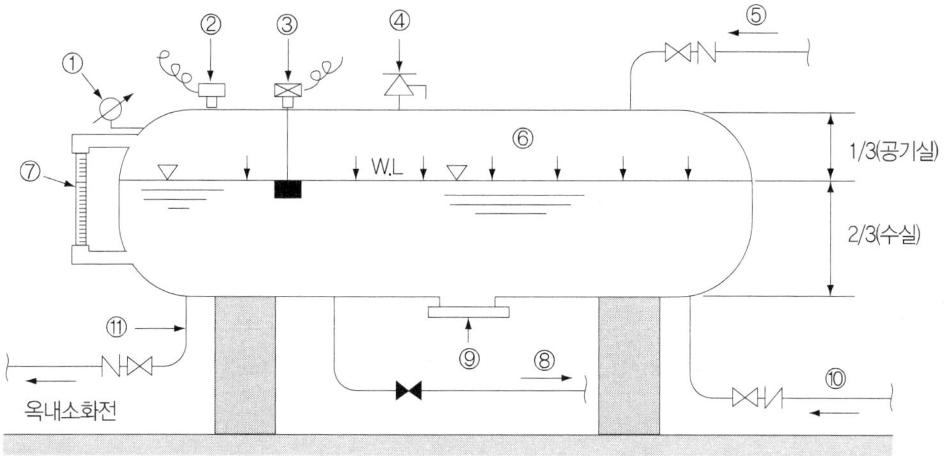

① 압력계 ② 감압경보(컴프레서의 운전스위치) ③ 감수경보(보급수펌프 운전용 플로스위치 또는 압력스위치)
④ 안전밸브 ⑤ 급기관 ⑥ 가압(압축공기) ⑦ 수위계 ⑧ 배수관 ⑨ 맨홀 ⑩ 공급수관 ⑪ 토출관

그림 4.5 압력수조와 주위 주요 설비

SI단위에서는 압력수조 압력의 크기는, 위에서 계산한 값 P에 0.1을 곱한, 즉 0.1P(MPa)가 된다.

② 압력수조에는 수위계 · 급수관 · 배수관 · 급기관 · 맨홀 · 압력계 · 안전장치 및 압력저하 방지를 위한 자동식 공기압축기(에어 컴프레서)를 설치한다.

③ 압력수조의 크기는, 규정 유효수량 확보에 해당하는 크기가 압력수조 체적의 2/3 이하가 되어서는 안 된다.

④ 압력수조를 이용한 소방설비 시스템은 그림 4.6과 같다.

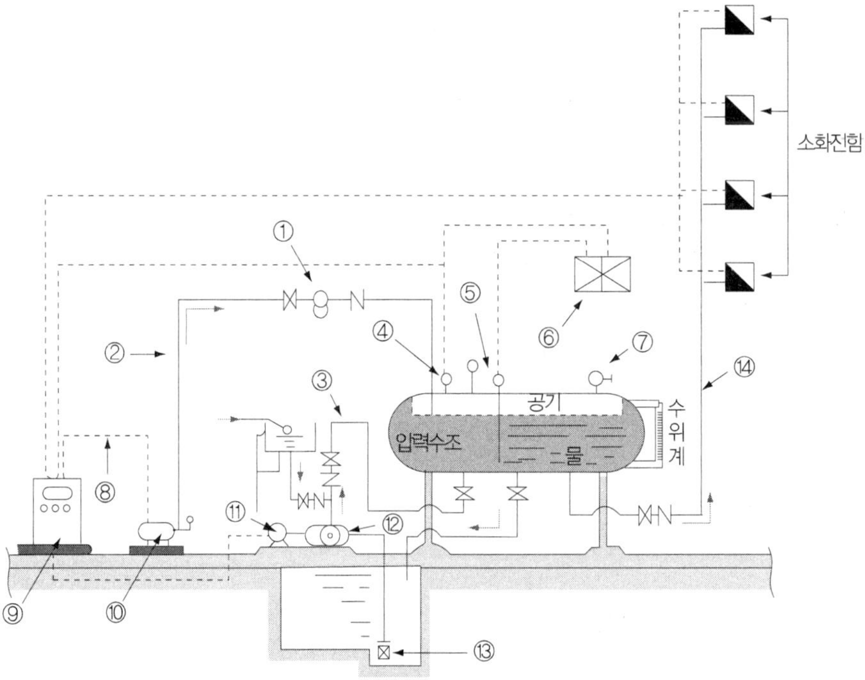

① 압력조정기 ② 급기관 ③ 급수관 ④ 압력스위치 ⑤ 감수스위치 ⑥ 경보반 ⑦ 안전밸브 ⑧ 압축기
⑨ 제어반 ⑩ 공기압축기 ⑪ 모터 ⑫ 펌프 ⑬ 풋밸브 ⑭ 소화전 토출관

그림 4.6 압력수조방식을 이용한 소방 시스템 구성도

4.2 옥내소화전설비 배관 및 펌프성능

(1) 배관의 설치기준

① 배관은 배관용 탄소강관(KS D 3507) 또는 배관 내 사용압력이 0.1MPa(10kg/cm^2) 이상일 경우에는 압력배관용 탄소강관(KS D 3562)이나 이와 동등 이상의 강도·내식성 및 내열성을 가진 것으로 하여야 한다.

② 위 제①항의 규정에도 불구하고 다음에 해당하는 장소에는 행정자치부장관이 정하여 고시하는 성능시험기술기준에 적합한 소방용 합성수지배관으로 설치할 수 있다. 즉,

㉠ 배관을 지하에 매설하는 경우

㉡ 다른 부분과 내화구조로 구획된 덕트 또는 피트의 내부에 설치하는 경우

㉢ 천장(상층이 있는 경우에는 상층바닥의 하단을 포함한다. 이하 같다.)과 반자를 불연재료로 설치하고 그 내부에 습식으로 배관을 설치하는 경우

③ 급수배관은 전용으로 하여야 한다. 다만, 옥내소화전의 기동장치의 조작과 동시에 다른 설비의 용도에 사용하는 배관의 송수를 차단할 수 있거나 옥내소화전설비의 성능에 지장이 없는 경우에는 다른 설비와 겸용할 수 있다.

③ 펌프의 흡입 측 배관은 다음의 기준에 따라 설치하여야 한다. 즉,

㉠ 공기고임이 생기지 아니하는 구조로 하고 여과장치를 설치할 것

㉡ 수조가 펌프보다 낮게 설치된 경우에는 각 펌프(충압펌프를 포함한다.)마다 수조로부터 별도로 설치할 것

⑤ 펌프의 토출 측 주배관의 구경은 유속이 3m/s 이하가 될 수 있는 크기 이상으로 하여야 하고, 옥내소화전방수구와 연결되는 가지배관의 구경은 40mm(호스릴 옥내소화전설비의 경우에는 25mm) 이상으로 하여야 하며, 주배관 중 수직배관의 구경은 50mm(호스릴 옥내소화전설비의 경우에는 32mm) 이상으로 하여야 한다.

⑥ 연결송수관설비의 배관과 겸용할 경우의 주배관은 구경 100mm 이상, 방수구로 연결되는 배관의 구경은 65mm 이상의 것으로 하여야 한다.

(2) 소방 펌프 성능 설치기준

① 그림 4.7에 나타낸 바와 같이 펌프의 성능은 체절운전 시 정격토출압력의 140%를 초과하지 아니하고, 정격토출량의 150%로 운전 시 정격토출압력의 65% 이상이 되어야 하며, 펌프의 성능시험배관은 다음의 기준에 적합하여야 한다. 즉,

㉠ 성능시험배관은 펌프의 토출 측에 설치된 개폐밸브 이전에서 분기하여 설치하고, 유량측정장치를 기준으로 전단 직관부에 개폐밸브를, 후단 직관부에는 유량조절밸브를 설치한다.

㉡ 유량측정장치는 성능시험배관의 직관부에 설치하되, 펌프의 정격토출량의 175%까지 측정할 수 있는 성능이어야 한다.

② 가압송수장치의 체절운전 시 수온의 상승을 방지하기 위하여 체크밸브와 펌프 사이에서 분기한 구경 20mm 이상의 배관에 체절압력 미만에서 개방되는 릴리프밸브를 설치하여야 한다.

③ 동결방지조치를 하거나 동결의 우려가 없는 장소에 설치하여야 한다.

④ 급수배관에 설치되어 급수를 차단할 수 있는 개폐밸브(옥내소화전방수구를 제외한다.)는 개폐표시형으로 하여야 한다. 이 경우 펌프의 흡입 측 배관에는 버터플라이밸브 외의 개폐표시형밸브를 설치하여야 한다.

⑤ 기계실·공동구 또는 덕트에 설치되는 배관은 다른 설비의 배관과 쉽게 구분이 될 수 있는 위치에 설치하거나, 그 배관표면 또는 배관 보온재표면의 색상은 적색으로 소방용 설비의 배관임을 표시하여야 한다.

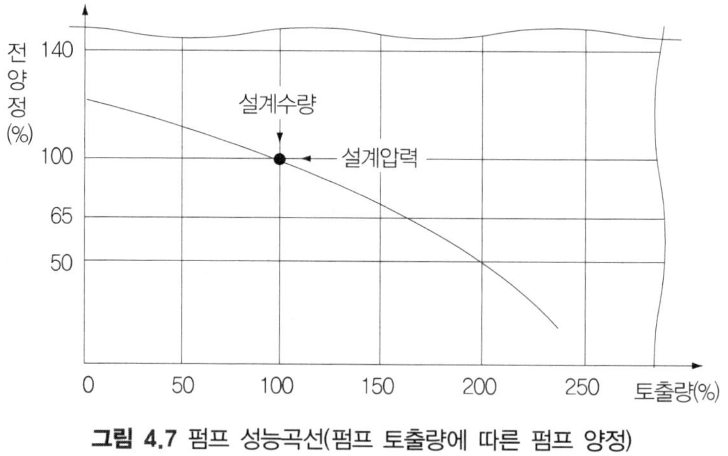

그림 4.7 펌프 성능곡선(펌프 토출량에 따른 펌프 양정)

4.3 송수구 설치기준

옥내소화전설비에는 소방차로부터 그 설비에 송수할 수 있는 송수구는 다음의 기준에 의하여 설치하여야 한다. 즉,

① 소방차가 쉽게 접근할 수 있고 노출된 장소에 설치한다.

② 송수구로부터 주배관에 이르는 연결배관에는 개폐밸브를 설치하지 아니해야 한다. 다만, 스프링클러설비·물분무소화설비·포소화설비 또는 연결송수관설비의 배관과 겸용하는 경우에는 그러하지 아니하다.

③ 지면으로부터 높이가 0.5m 이상 1m 이하의 위치에 설치한다.

④ 구경 65mm의 쌍구형 또는 단구형으로 한다.

⑤ 송수구의 가까운 부분에 자동배수밸브(또는 직경 5mm의 배수공) 및 체크밸브를 설치한다. 이 경우 자동배수밸브는 배관 안의 물이 잘 빠질 수 있는 위치에 설치하되, 배수로 인하여 다른 물건 또는 장소에 피해를 주지 아니하여야 한다.

4.4 소화전함, 방수구, 표시등의 설치기준

(1) 소화전함

옥내소화전설비의 함은 다음의 기준에 따라 설치하여야 한다. 즉,

① 함의 재질은 두께 1.5mm 이상의 강판 또는 두께 4mm 이상의 합성수지재로 하고, 문짝의

(a) 송수구(C형) (b) 송수구(E형) (c) 송수구(F형) (d) 송수구(A형)

그림 4.8 소방 송수구 및 방수구

면적은 0.5m^2 이상으로 하여 밸브의 조작, 호스의 수납 등에 충분한 여유를 가질 수 있도록 한다. 연결송수관의 방수구를 같이 설치하는 경우에도 또한 같다.

② 함의 재질이 강판인 경우에는 염수분무시험방법(KS D 9502)에 따라 시험한 경우 변색 또는 부식되지 아니하여야 하고, 합성수지재인 경우에는 내열성 및 난연성의 것으로서 80℃의 온도에서 24시간 이내에 열로 인한 변형이 생기지 아니하는 것으로 해야 한다.

(2) 방수구의 설치 및 설치 제외

① 옥내소화전 방수구는 다음의 기준에 따라 설치하여야 한다. 즉,

㉠ 소방대상물의 층마다 설치하되, 당해 소방대상물의 각 부분으로부터 하나의 옥내소화전

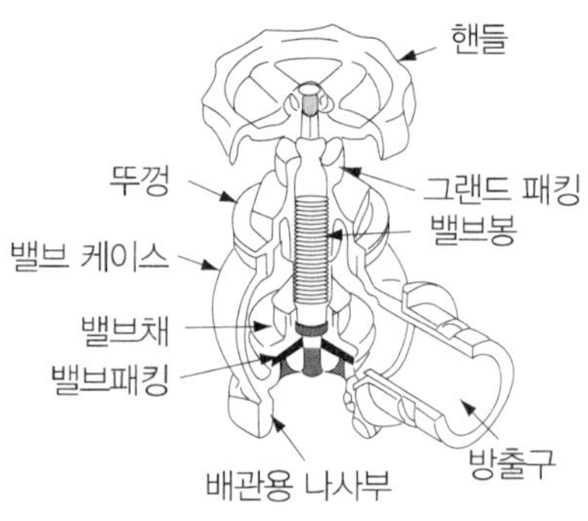

(a) 앵글밸브

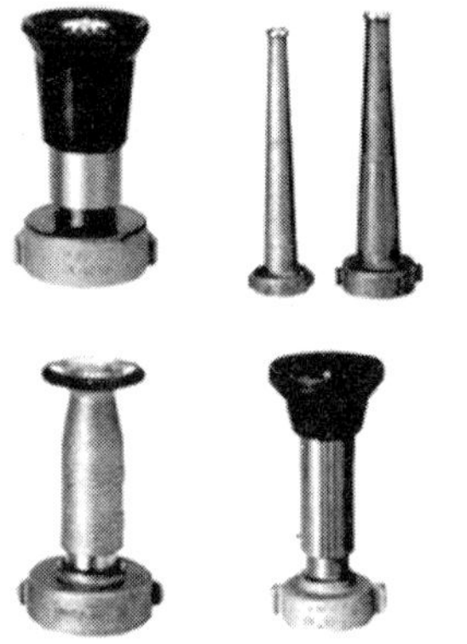

(b) 소방호스노즐

(c) 소방호스 및 연결금구

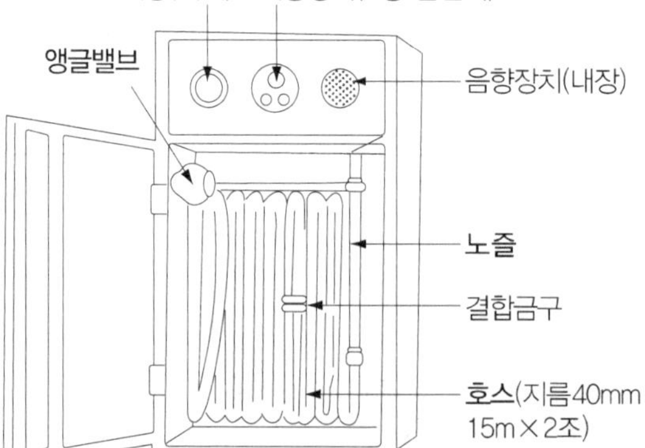

그림 4.9 옥내소화전함의 내용물

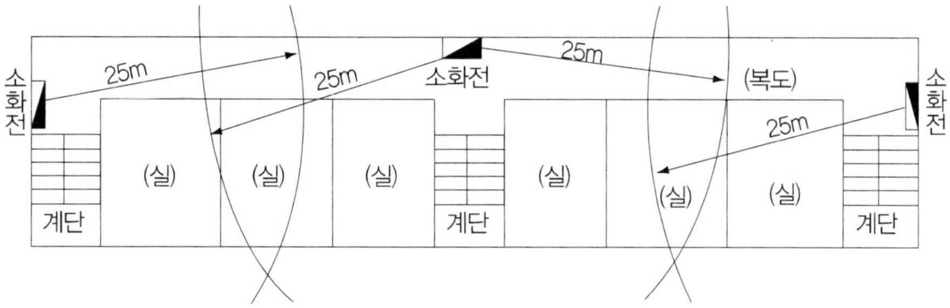

그림 4.10 옥내소화전의 배치도

방수구까지의 수평거리가 25m(호스릴 옥내소화전설비의 경우에는 15m) 이하가 되어야 한다. 다만, 지하가 중 터널의 경우에는 옥내소화전방수구를 주행방향의 측벽길이 50m 이내마다 설치할 수 있다.

㉡ 바닥으로부터의 높이가 1.5m 이하가 되도록 한다.

㉢ 호스는 구경 40mm(호스릴 옥내소화전설비의 경우에는 25mm) 이상의 것으로서 소방대상물의 각 부분에 물이 유효하게 뿌려질 수 있는 길이로 설치한다.

㉣ 호스릴 옥내소화전설비의 경우 그 노즐에는 노즐을 쉽게 개폐할 수 있는 장치를 부착한다.

② 불연재료로 된 소방대상물 또는 그 부분으로서 다음에 해당하는 곳에는 옥내소화전 방수구를 설치하지 아니할 수 있다. 즉,

㉠ 냉장창고의 냉장실 또는 냉동창고의 냉동실

㉡ 고온의 노가 설치된 장소 또는 물과 격렬하게 반응하는 물품의 저장 또는 취급 장소

㉢ 발전소·변전소 등으로서 전기시설이 설치된 장소

㉣ 식물원·수족관·목욕실·수영장(관람석 부분을 제외한다.) 또는 그 밖의 이와 비슷한 장소

㉤ 야외음악당·야외극장 또는 그 밖의 이와 비슷한 장소

(3) 표시등

① 표시등은 다음의 기준에 따라 설치하여야 한다. 즉,

㉠ 옥내소화전설비의 위치를 표시하는 표시등은 함의 상부에 설치하되, 그 불빛은 부착면으로부터 15° 이상의 범위 안에서 부착지점으로부터 10m 이내의 어느 곳에서도 쉽게 식별할 수 있는 적색등으로 한다.

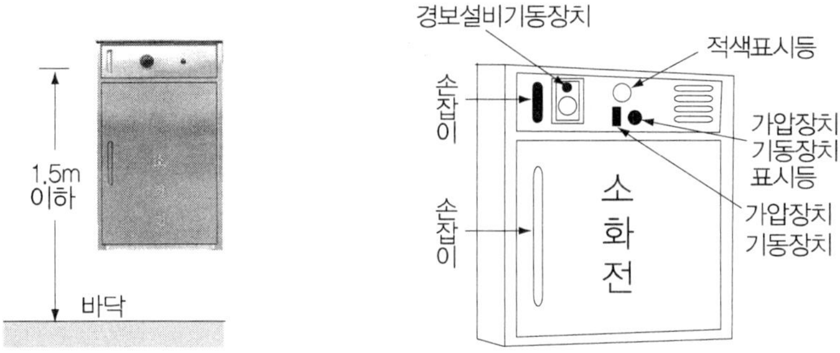

그림 4.11 옥내소화전함의 설치 및 표시

㉡ 가압송수장치의 시동을 표시하는 표시등은 옥내소화전함의 상부 또는 그 직근에 설치하되 적색등으로 한다.

㉢ 제1호의 규정에 따른 적색등은 사용전압의 130%인 전압을 24시간 연속하여 가하는 경우에도 단선, 현저한 광속변화, 전류변화 등의 현상이 발생되지 아니해야 한다.

② 옥내소화전설비의 함에는 그 표면에 "소화전"이라는 표시와 그 사용요령을 기재한 표지판을 붙여야 한다.

(4) 소화전 노즐

옥내소화전설비의 노즐은 호스결합기구로서 대부분의 경우 나사식으로 하며 방수구경은 호칭 12.7mm 이상의 것을 사용한다.

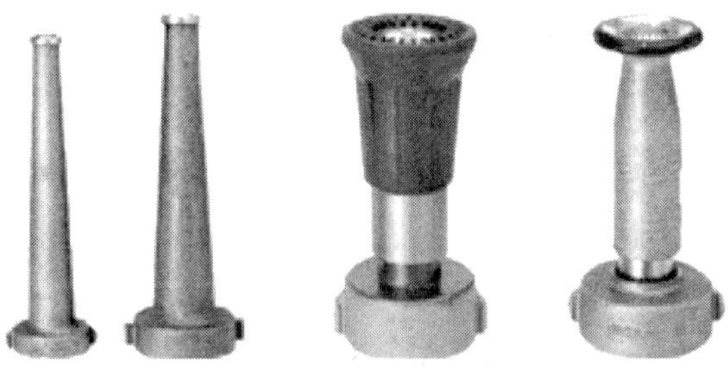

그림 4.12 소화전 소방호스 노즐

4.5 옥내소화전의 전원설비 및 비상전원

(1) 전원설비

옥내소화전설비에는 그 소방대상물의 수전방식에 따라 다음의 기준에 따른 상용전원회로의 배선을 설치하여야 하며, 이때 옥내소화전 전원공급 회로도는 그림 4.13과 같다.

① 저압수전인 경우에는 인입개폐기의 직후에서 분기하여 전용배선으로 하여야 하며, 전용의 전선관에 보호되도록 한다.

② 특별고압수전 또는 고압수전일 경우에는 전력용 변압기 2차측의 주차단기 1차측에서 분기하여 전용배선으로 하되, 상용전원의 상시공급에 지장이 없을 경우에는 주차단기 2차측에서 분기하여 전용배선으로 한다. 다만, 가압송수장치의 정격입력전압이 수전전압과 같은 경우에는 제1호의 기준에 따른다.

(2) 비상전원

① 다음에 해당하는 소방대상물의 옥내소화전설비에는 비상전원을 설치하여야 한다. 다만, 2 이상의 변전소(전기사업법 제67조의 규정에 따른 변전소를 말한다. 이하 같다.)에서 전력을 동시에 공급받을 수 있거나 하나의 변전소로부터 전력의 공급이 중단되는 때에는 자동으로 다른 변전소로부터 전원을 공급받을 수 있도록 상용전원을 설치한 경우에는 그러하지 아니하다. 즉,

㉠ 지하층을 제외한 층수가 7층 이상으로서 연면적이 2,000m² 이상인 것

㉡ 위 ㉠호에 해당하지 아니하는 소방대상물로서 지하층의 바닥면적의 합계가 3,000m² 이상인 것. 다만, 차고·주차장·보일러실·기계실·전기실 및 이와 유사한 장소의 바닥면적은 기준면적에서 제외한다.

② 위 ①항의 규정에 따른 비상전원은 자가발전설비 또는 축전지설비(내연기관에 따른 펌프를 사용하는 경우에는 내연기관의 기동 및 제어용 축전지를 말한다.)로서 다음의 기준에 따라 설치하여야 한다. 즉,

㉠ 점검에 편리하고 화재 및 침수 등의 재해로 인한 피해를 받을 우려가 없는 곳에 설치할 것

㉡ 옥내소화전설비를 유효하게 20분 이상 작동할 수 있어야 할 것

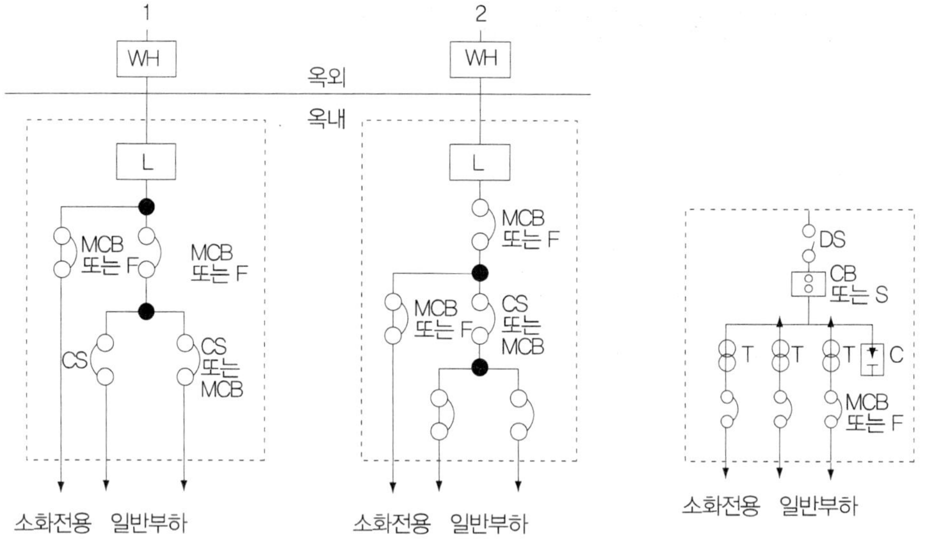

여기서, CB : 차단기 WH : 계량기 S : 개폐기 CS : 스위치(퓨즈 부착)
T : 변압기 L : 전류제한기 MCB : 배선용 차단기 DS : 단로기
DS : 분전반 또는 불연전용실

(a) 전압의 경우 2가지 (b) 고압의 경우

그림 4.13 옥내소화전 전원공급 회로도

㉢ 상용전원으로부터 전력의 공급이 중단된 때에는 자동으로 비상전원으로부터 전력을 공급받을 수 있도록 할 것

㉣ 비상전원의 설치장소는 다른 장소와 방화구획해야 한다. 이 경우 그 장소에는 비상전원의 공급에 필요한 기구나 설비 외의 것(열병합발전설비에 필요한 기구나 설비는 제외한다.)을 두어서는 아니된다.

㉤ 비상전원을 실내에 설치하는 때에는 그 실내에 비상조명등을 설치할 것

4.6 옥내소화전설비 제어반의 설치

① 옥내소화전설비에는 제어반을 설치하되, 감시제어반과 동력제어반으로 구분하여 설치하여야 한다. 다만, 다음에 해당하는 옥내소화전설비의 경우에는 감시제어반과 동력제어반으로

구분하여 설치하지 아니할 수 있다.

㉠ 제8조 제2항의 규정에 해당하지 아니하는 소방대상물에 설치되는 옥내소화전설비

㉡ 내연기관에 따른 가압송수장치를 사용하는 옥내소화전설비

㉢ 고가수조에 따른 가압송수장치를 사용하는 옥내소화전설비

② 감시제어반의 기능은 다음의 기준에 적합하여야 한다. 다만, 위 제①항 각호에 해당하는 경우에는 제㉢호 및 제㉥호의 규정을 적용하지 아니한다.

㉠ 각 펌프의 작동 여부를 확인할 수 있는 표시등 및 음향경보기능이 있어야 한다.

㉡ 각 펌프를 자동 및 수동으로 작동시킬 수 있어야 한다.

㉢ 비상전원을 설치한 경우에는 상용전원 및 비상전원의 공급 여부를 확인할 수 있어야 하고, 자동 또는 수동으로 상용전원 또는 비상전원으로의 전환이 가능해야 한다.

㉣ 수조 또는 물올림탱크가 저수위로 될 때 표시등 및 음향으로 경보한다.

㉤ 각 확인회로(기동용 수압개폐장치의 압력스위치회로·수조 또는 물올림탱크의 감시회로를 말한다.)마다 도통시험 및 작동시험을 할 수 있어야 한다.

㉥ 예비전원이 확보되고 예비전원의 적합 여부를 시험할 수 있어야 한다.

③ 감시제어반은 다음의 기준에 따라 설치하여야 한다.

㉠ 화재 및 침수 등의 재해로 인한 피해를 받을 우려가 없는 곳에 설치한다.

㉡ 감시제어반은 옥내소화전설비의 전용으로 한다. 다만, 옥내소화전설비의 제어에 지장이 없는 경우에는 다른 설비와 겸용할 수 있다.

㉢ 감시제어반은 다음 각 목의 기준에 따른 전용실 안에 설치한다. 다만, 제1항 각 호의 1에 해당하는 경우와 공장, 발전소 등에서 설비를 집중 제어·운전할 목적으로 설치하는 중앙제어실내에 감시제어반을 설치하는 경우에는 그러하지 아니하다.

- 다른 부분과 방화구획을 할 것. 이 경우 전용실의 벽에는 기계실 또는 전기실등의 감시를 위하여 두께 7mm 이상의 망입유리(두께 16.3mm 이상의 접합유리 또는 두께 28mm 이상의 복층유리를 포함한다.)로 된 $4m^2$ 미만의 붙박이창을 설치할 수 있다.
- 피난층 또는 지하 1층에 설치할 것. 다만, 다음에 해당하는 경우에는 지상 2층에 설치하거나 지하 1층 외의 지하층에 설치할 수 있다. 즉,
  - 건축법시행령 제35조의 규정에 따라 특별피난계단이 설치되고 그 계단(부속실을 포함한다.) 출입구로부터 보행거리 5m 이내에 전용실의 출입구가 있는 경우
  - 아파트의 관리동(관리동이 없는 경우에는 경비실)에 설치하는 경우

• 비상조명등 및 급·배기설비를 설치한다.
• 무선통신보조설비의 화재안전기준(NFSC 505) 제6조의 규정에 따른 무선기기 접속단자(영 별표 4 소화활동설비의 소방시설 적용기준란 제5호의 규정에 따른 무선통신보조설비가 설치된 특정소방대상물에 한한다.)를 설치한다.
• 바닥면적은 감시제어반의 설치에 필요한 면적 외에 화재 시 소방대원이 그 감시제어반의 조작에 필요한 최소면적 이상으로 한다.

㉣ 위 제㉢호의 규정에 따른 전용실에는 소방대상물의 기계·기구 또는 시설 등의 제어 및 감시설비 외의 것을 두지 아니한다.

④ 동력제어반은 다음의 기준에 따라 설치하여야 한다.

㉠ 앞면은 적색으로 하고 "옥내소화전설비용 동력제어반"이라고 표시한 표지를 설치한다.

㉡ 외함은 두께 1.5mm 이상의 강판 또는 이와 동등 이상의 강도 및 내열성능이 있는 것으로 한다.

㉢ 그 밖의 동력제어반의 설치에 관하여는 제3항 제1호 및 제2호의 기준을 준용할 것 등이다.

4.7 옥내소화전설비의 배선적용

① 옥내소화전설비의 배선은 전기사업법 제67조의 규정에 따른 기술기준에서 정한 것 외에 다음의 기준에 따라 설치하여야 하며 이때 배선적용에 관한 계통도는 그림 4.14와 같다.

㉠ 비상전원으로부터 동력제어반 및 가압송수장치에 이르는 전원회로의 배선은 내화배선으로 한다. 다만, 자가발전설비와 동력제어반이 동일한 실에 설치된 경우에는 자가발전기로부터 그 제어반에 이르는 전원회로의 배선은 그러하지 아니하다.

㉡ 상용전원으로부터 동력제어반에 이르는 배선, 그 밖의 옥내소화전설비의 감시·조작 또는 표시등 회로의 배선은 내화배선 또는 내열배선으로 한다. 다만, 감시제어반 또는 동력제어반 안의 감시·조작 또는 표시등 회로의 배선은 그러하지 아니하다.

② 위 제㉠항의 규정에 따른 내화배선 및 내열배선에 사용되는 전선 및 설치방법은 아래 별표 1의 기준에 따른다.

③ 옥내소화전설비의 과전류차단기 및 개폐기에는 "옥내소화전설비용"이라고 표시한 표지를

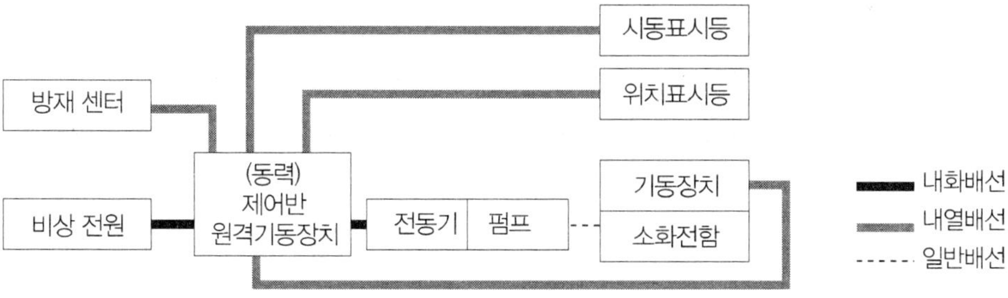

그림 4.14 옥내소화설비의 일반, 내화, 내열보호배선 적용범위

하여야 한다.

④ 옥내소화전설비용 전기배선의 양단 및 접속단자에는 다음의 기준에 따라 표시하여야 한다.

㉠ 단자에는 '옥내소화전단자'라고 표시한 표지를 부착한다.

㉡ 옥내소화전설비용 전기배선의 양단에는 다른 배선과 식별이 용이하도록 표시할 것 등이다.

4.8 소화전의 사용방법 및 유지관리

(1) 소화전의 기동방식

옥내소화전함의 내부 또는 외부에 설치된 가압장치의 기동스위치를 누르고 함에 설치된 앵글밸브를 열면 가압송수장치가 기동할 수 있도록 되어 있다. 이 기동방식을 수동 기동방식 또는 On-Off 기동방식이라 한다. 그리고 옥내소화전함 내에 설치되어 있는 방수구의 앵글밸브를 개방시키면 전용 배관 내의 압력변화를 감지하여 가압송수장치가 자동으로 기동하는 방식이 있고 이 방식을 압력탱크방식 또는 자동기동방식이라 한다.

(2) 소화전 사용방법

① 옥내소화전함의 상부 및 내부에 설치되어 있는 작동스위치(기동스위치)를 누른다. 만약에 버튼 스위치가 없을 경우에는 소화전함 내에 있는 개폐밸브(자동기동방식)를 개방한다. 이렇게 하여 펌프가 기동이 되면 기동표시등에 점등이 됨으로써 펌프가 정상적인 작동이 되

는지를 확인할 수가 있다.

② 소화전함 내에 있는 호스를 화재가 발생한 장소 근처까지 연장시킨다. 이때 개폐밸브가 완전하게 개방이 되지 않았을 경우에는 규정의 방수량과 방수압력을 얻을 수 없으므로 완전하게 개방하여야 한다.

③ 방수로 인한 반발력이 발생하므로 확실하게 소화전 노즐을 잡아 주어야 한다.

④ 소화 후에는 소화전함 내에 있는 개폐밸브와 기동스위치를 정지시켜야 한다.

⑤ 사용한 소화전 호스는 다음에 사용이 원활하도록 건조시킨 후 원래의 위치에 고정시킨다.

(3) 유지관리 및 확인사항

① 화재 및 침수 등에 피해를 입을 우려가 있는지 확인한다.

② 펌프의 양정 및 방수량은 규정 이상의 토출량과 압력을 송출할 수 있는지 확인한다.

③ 점검의 장애가 되는 물건은 없는지 확인한다.

④ 물올림탱크의 기능상의 문제점은 없는지 확인한다.

⑤ 펌프의 윤활유는 충만되어 있는지 여부를 확인한다.

⑥ 접지저항이 100Ω 이하인지 여부를 확인한다.

⑦ 내연기관의 전류계, 전압계 및 고장 표지 등은 정상 작동상태를 유지한다.

⑧ 내연기관의 기능은 소화전함으로부터 원격조작이 가능하며 기동표시등의 점등 사항은 정상적인가의 여부를 확인한다.

⑨ 필요한 소화수원의 확보량은 이상이 없는지 여부를 확인한다.

표 4-1 배선에 사용되는 전선의 종류 및 공사방법(제10조 제2항 관련) [별표 1]

1. 내화배선	
사용전선의 종류	공사방법
1. 300/500V 기기배선용 단심 비닐절연전선(90℃) 또는 300/500V 기기 배선용 유연성 비닐절연전선(90℃)(개정 : 09.10.22, 10.12.27) 2. 가교폴리에틸렌 절연비닐외장케이블 3. 클로로플렌외장케이블 4. 강대외장케이블 5. 버스덕트(Bus Duct)	금속관·2종 금속제 가요전선관 또는 합성 수지관에 수납하여 내화구조로 된 벽 또는 바닥 등에 벽 또는 바닥의 표면으로부터 25mm 이상의 깊이로 매설하여야 한다. 다만 다음 각 목의 기준에 적합하게 설치하는 경우에는 그러하지 아니하다. 가. 내화성능을 갖는 배선전용실 또는 배선을 배

6. 알루미늄피복 케이블 7. CD케이블(Combined Duct Cable) 8. 하이파론 절연전선 9. 4불화에틸렌 절연전선 10. 실리콘 절연전선 11. 연피케이블 12. 기타 공산품 품질규정에 따라 동등 이상의 내화성능이 있다고 주무부장관이 인정하는 것	선용 샤프트·피트·덕트 등에 설치하는 경우 나. 배선전용실 또는 배선용 샤프트·피트·덕트 등에 다른 설비의 배선이 있는 경우에는 이로부터 15cm 이상 떨어지게 하거나 소화설비의 배선과 이웃 다른 설비의 배선 사이에 배선지름(배선의 지름이 다른 경우에는 가장 큰 것을 기준으로 한다.)의 1.5배 이상 높이의 불연성 격벽을 설치하는 경우
내화전선·엠아이케이블	케이블공사의 방법에 따라 설치하여야 한다.

※ 비고 : 내화전선의 내화성능은 버너의 노즐에서 75mm의 거리에서 온도가 750±5℃인 불꽃으로 3시간 동안 가열한 다음 12시간 경과 후 전선 간에 허용전류용량 3A의 퓨즈를 연결하여 내화시험 전압을 가한 경우 퓨즈가 단선되지 아니하는 것 또는 행정자치부장관이 정하여 고시한 내화전선의 성능 시험기준에 적합한 것

2. 내열배선

사용전선의 종류	공사방법
1. 300/500V 기기배선용 단심 비닐절연전선(90℃) 또는 300/500V 기기 배선용 유연성 비닐절연전선(90℃)(개정 : 09.10.22, 10.12.27) 2. 가교폴리에틸렌 절연비닐외장케이블 3. 클로로플렌외장케이블 4. 강대외장케이블 5. 버스덕트(Bus Duct) 6. 알루미늄피복 케이블 7. CD케이블(Combined Duct Cable) 8. 하이파론 절연전선 9. 4불화에틸렌 절연전선 10. 실리콘 절연전선 11. 연피케이블 12. 기타 공산품 품질규정에 따라 동등 이상의 내화성능이 있다고 주무부장관이 인정하는 것	금속관·금속제 가요전선관·금속덕트 또는 케이블(불연성 덕트에 설치하는 경우에 한한다.) 공사방법에 따라야 한다. 다만, 다음 각 목의 기준에 적합하게 설치하는 경우에는 그러하지 아니하다. 가. 배선을 내화성능을 갖는 배선전용실 또는 배선용 샤프트·피트·덕트 등에 설치하는 경우 나. 배선전용실 또는 배선용 샤프트·피트·덕트 등에 다른 설비의 배선이 있는 경우에는 이로부터 15cm 이상 떨어지게 하거나 소화설비의 배선과 이웃하는 다른 설비의 배선 사이에 배선지름(배선의 지름이 다른 경우에는 지름이 가장 큰 것을 기준으로 한다.)의 1.5배 이상의 높이의 불연성 격벽을 설치하는 경우
내화전선·내열전선·엠아이케이블	케이블공사의 방법에 따라 설치하여야 한다.

※ 비고 : 내열전선의 내열성능은 온도가 816±10℃인 불꽃을 20분 간 가한 후 불꽃을 제거하였을 때 10초 이내에 자연소화가 되고, 전선의 연소된 길이가 180mm 이하이거나 가열온도의 값을 한국산업규격(KS F 2257-1)에서 정한 건축구조부분의 내화시험방법으로 15분 동안 380℃까지 가열한 후 전선의 연소된 길이가 가열로의 벽으로부터 150mm 이하일 것 또는 소방방재청장이 정하여 고시한 내열전선의 성능시험기준에 적합할 것(개정 : 06.12.30, 08.12.15)

제4장 연습문제

exercise

01. 옥내소화설비의 설치대상 및 설치기준에 대하여 설명하라.

02. 옥내소화설비에 필요한 수원의 양(Q)의 결정방법은?

03. 압력수조 가압송수장치에 대하여 계통도를 그리고 각 설비의 구성을 간략하게 설명하라.

04. 옥내소화전설비의 송수구의 설치기준과 설치방법을 설명하라.

05. 옥내소화전설비의 규정 방수압력과 방수량이란?

06. 옥내소화전설비의 주배관 및 소화전함에 설치하는 개폐밸브의 지름은 몇 mm 이상의 것으로 설치해야 하는가? 그 이유를 설명하라.

07. 옥내소화전설비에서 오리피스 유량계를 이용한 방수시험을 할 경우 유량과 압력 측정방법에 대하여 자세히 설명하라.

08. 옥내소화전의 방수구 및 송수구 설치위치의 기준, 설치 제외에 대하여 기술하라.

09. 옥내소화전설비의 기동방식에 대하여 간략하게 설명하라.

10. 옥내소화전설비의 배선의 종류와 설치방법은?

11. 옥내소화전설비에 사용되는 앵글밸브(A.V), 글로브밸브(G.V), 스루스밸브(S.V), 체크밸브(C.V)의 설치위치 및 각각의 밸브기능은?

12. 옥내소화전설비의 제어반에서 감시제어반과 동력제어반으로 구분하여 기능 및 설치기준을 간략하게 설명하라.

13. 옥내소화전설비에 설치되는 기동용 수압개폐장치에 대하여 기술하라.

14. 물분무소화설비의 특성과 계통도를 그리고 그 작동방법을 기술하라.

15. 포말소화설비의 특징과 설비시스템의 계통도를 그리고 그 작동방법을 기술하라.

16. 이산화탄소소화설비의 특징과 설비시스템의 계통도를 그리고 작동원리를 기술하라.

17. 할로겐화합물소화설비의 특징과 설비의 종류를 들고 그 작동방식을 설명하라.

18. 분말소화설비의 설비시스템의 계통도를 그리고 특성 및 특징과 작동원리를 설명하라.

19. 청정소화설비에서 소화약제의 종류를 들고 그 특성을 기술하라.

20. 소방노즐 선단의 방수량이 250[ℓ/min]이고, 노즐의 직경이 13mm일 때 방수 압력은 몇 MPa이 되겠는가?

21. 가로×세로가 40m×80m인 소방대상물에서 옥내소화전설비를 설치하고자 한다. 다음 질문에 답하라.

㉠ 이 건물에 설치해야 할 소화전함의 설치 소요개수는?

㉡ 가압장치를 펌프방식으로 할 경우 펌프의 소요토출량(ℓ/min)은?

22. 옥내소화전설비를 위하여 고가수조를 설치하여 설계하려고 한다. 이때, 소방호스의 마찰손실수두는 4.2m이고 배관의 마찰손실수두는 3.3m라 할 때 고가수조는 최소한 몇 m 위치에 설치하여야 규정 방수압을 유지하고 소화할 수 있겠는가?

23. 건물의 층고는 35m이고, 옥내소화전함이 각 층에 4개소씩 설치되어 있다. 이때, 흡입수두가 3.0m이고, 손실 전 수두는 5.5m일 때 다음 질문에 답하라. 여기서 층고 35m는 가압송수장치가 설치되어 있는 최하층에서 최고층 소화전까지의 수직 높이이다.

㉠ 가압을 펌프로 할 경우 필요한 전양정[m]은 얼마인가?

㉡ 이때 펌프의 소요토출량[ℓ/min]은?

㉢ 펌프효율은 70%이고 전달계수를 무시할 때 전동기의 용량(kW)은?

24. 지상 4층 건축물에 옥내소화전을 설치하려고 한다. 각 층에 소화전을 3개씩 설치하려 할 때 실양정은 40m이며, 배관의 손실수두는 실양정의 25%라 하자. 다음 질문에 답하라.

㉠ 펌프의 토출량 Q_1은 몇 m^3/min인가?

㉡ 전양정은 몇 m인가? 단, 호스 마찰손실수두는 3.5m이고, 소방호스노즐 끝의 방수압은 0.17MPa(17m)이다.

㉢ 펌프의 효율이 75%일 때 펌프용량은 몇 kW를 설치하여야 하나?

㉣ 이때 필요한 수원의 양 Q_2는 몇 m^3인가?

Chapter 5

옥외소화전 및 동력소방펌프 설비

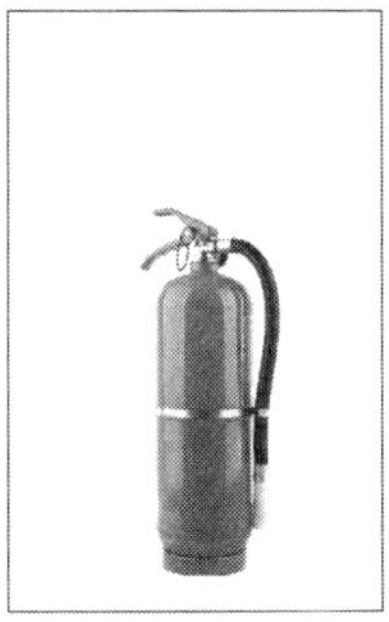
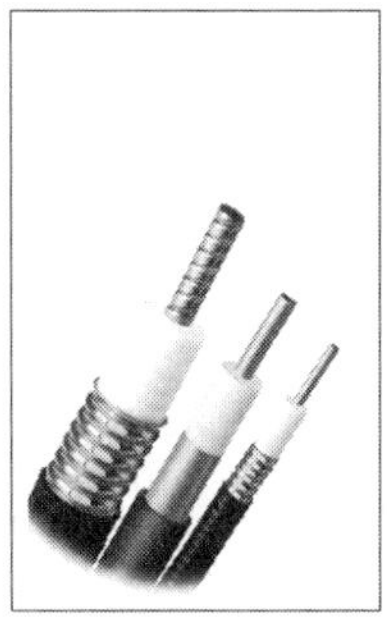

▣ 개요

옥외소화전설비란, 소방대상물의 1, 2층과 옥외설비 및 기타 이와 유사한 시설에서 발생하는 화재의 진압과 인접 건축물로의 연소 확대를 방지할 목적으로 방호대상물의 옥외에 설치하는 수동식 고정소화설비를 말한다. 본 설비는 화재 시 소방대상물의 전 층을 유효하게 소화할 수 있는 설비가 아니고 건축물의 1, 2층 화재에만 유효한 소화설비로서 초기화재는 물론 중기화재 이후의 대화재에도 어느 정도의 대응력이 있다.

옥외소화전설비의 주요 구성요소로는 수원, 가압송수장치, 배관, 호스, 소화전함 등으로 옥내소화전설비와 동일하며 소화작업의 순서 및 조작방법도 옥내소화전과 동일하다. 대화재나

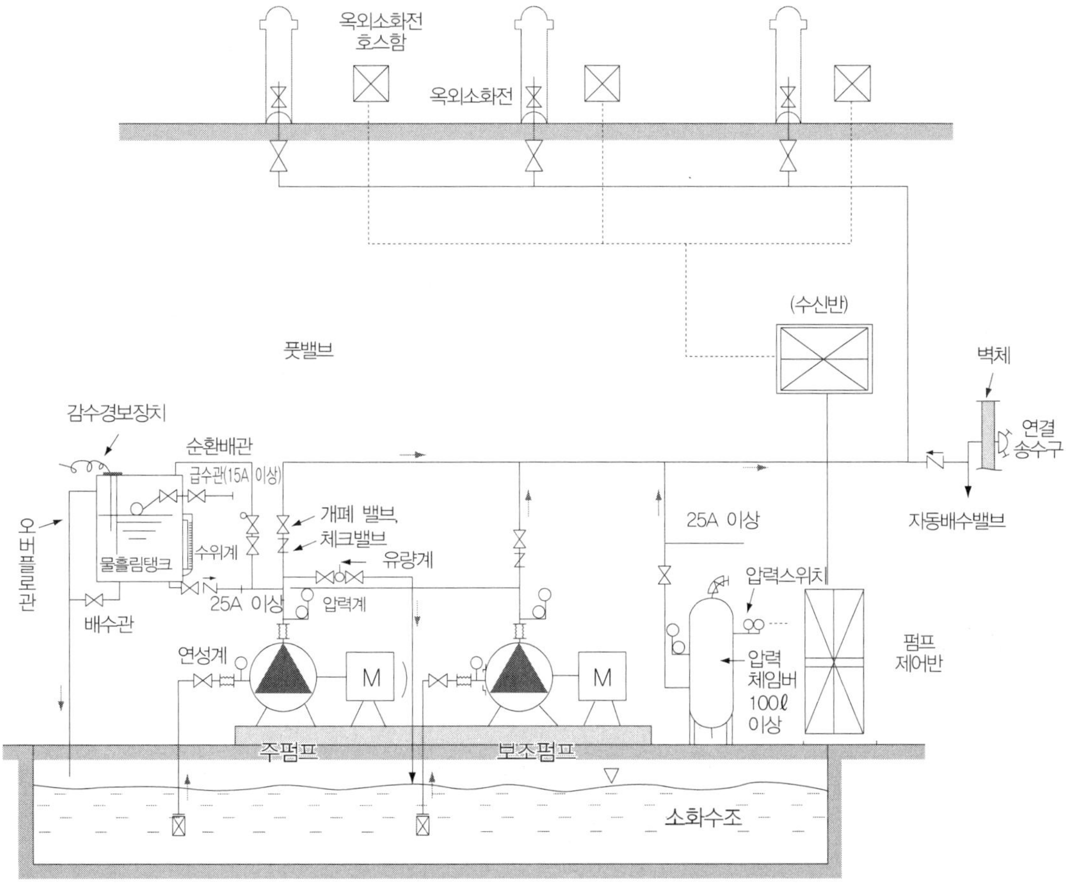

그림 5.1 옥외소화설비의 계통도

주위 건물로의 연소 확대에 대한 소화활동에도 대처해야 하므로 옥내소화전설비의 경우보다 방수압이 높으며 방수량도 많다. 즉 가압송수장치를 선정할 때 고려되는 부분이다. 옥외소화설비의 계통도는 그림 5.1과 같다.

5.1 옥외소화전의 설치대상 및 면제규정

(1) 설치대상

소방시설설치유지 및 안전관리에 관한 법률(이하 “법”이라 한다.) 제9조 제1항 및 동법률시행령(이하 영이라 한다.) 별표 4 소화설비의 소방시설 적용기준란 제6호의 규정에 따른 옥외소화전설비는 이 기준에서 정하는 규정에 따라 설비를 설치하고 유지·관리하여야 하며 그 옥외소화전설비를 설치하여야 하는 특정소방대상물(가스시설·지하구 또는 지하가 중 터널을 제외한다.)은 다음과 같다.

① 지상 1층 및 2층의 바닥면적이 합계가 9천 제곱미터 이상인 것. 이 경우 동일구 내에 2 이상의 특정소방대상물이 행정자치부령이 정하는 연소 우려가 있는 구조인 경우에는 이를 하나의 특정소방대상물로 본다.

② 지정문화재로서 연면적 1천 제곱미터 이상인 것

③ 위 ①항에 해당하지 아니하는 공장 또는 창고로서 소방기본법시행령 별표 3에서 정하는 수량의 750배 이상의 특수가연물을 저장·취급하는 것

(2) 면제규정

옥외소화전설비를 설치하여야 할 소방대상물에 스프링클러설비, 물분무등소화설비 또는 동력소방펌프설비를 행정자치부령이 정하는 기준에 적합하게 설치한 경우에는 그 설비의 유효한 범위에서는 옥외소화전설비를 설치하지 않을 수 있다.

5.2 옥외소화전설비의 종류 및 설치

(1) 방수구의 위치에 따른 종류

옥외소화전설비용 방수구(개폐장치)의 설치위치에 따라 지상식과 지하식으로 나눈다.

① 지상식은 방수구를 지상으로 노출시킨 것으로 개폐밸브가 지상에 있다.

② 지하식은 옥외소화전의 개폐밸브가 지면하에 설치되어 있는 것으로 지상에서 개폐기구를 이용하여 개방할 수 있도록 되어 있다. 이 지상식과 지하식 소화전은 그림 5.2와 같다.

(2) 방수구의 수에 따른 종류

① 단구형은 한쪽에서 물을 방출할 수 있도록 되어 있는 방수구를 말한다.

② 쌍구형은 양쪽에서 소화수를 방출할 수 있도록 되어 있는 방수구를 말한다.

(3) 소화전의 설치

1) 지상식 소화전의 설치

① 건물 외벽 주위의 지반보다 1.5m 이하의 곳에 소화전 몸체를 설치하고 개폐장치는 지상에

(a) 지상식　　(b) 지하식

그림 5.2 지상식 및 지하식 옥외소화전의 외형

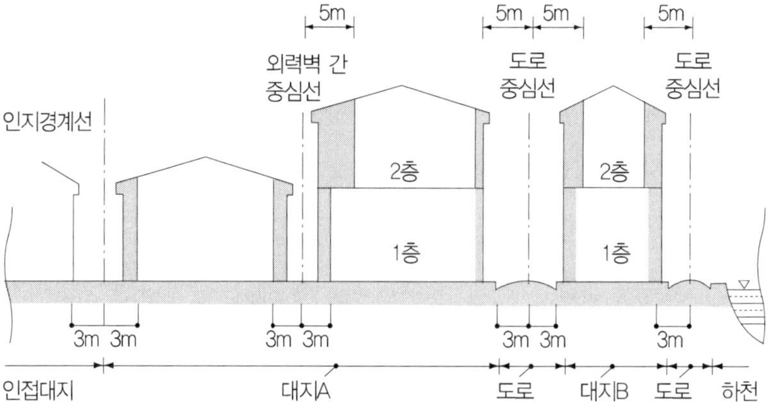

그림 5.3 동일 구내의 건축물 관계

서 제어할 수 있도록 설치되어 있어서 입관식 또는 스탠드식이라고도 한다.

② 이 지상식 소화전은 동결의 우려가 있어 소화전을 사용한 후에 밸브를 폐쇄하면 밸브시트의 옆에 설치된 자동배수밸브(지하)가 개방되어 입상관(개폐밸브 상부) 내의 물이 배수되도록 되어 있다.

③ 소화전 하부의 주위는 자갈로 채우는 방법 등 배수가 용이하도록 설치하여야 한다.

2) 지하식 소화전의 설치

① 소화전 상부의 밸브개방장치(밸브봉, 캡)가 건물 주위의 지반면에서 지중의 0.6m 이내에 설치되어 지상에서 개폐기구를 이용하여 개방할 수 있도록 지하에 설치한 소화전을 말한다.

② 지중에 설치하는 호스의 접결구는 지반 밑 0.3m 이내의 위치에 설치하여야 하며, 이 지하식 옥외소화전설비를 매립식이라고도 한다.

③ 대부분의 경우 지상식으로 설치되며 건물외벽의 지반에서 1.5m 이하의 곳에 소화전을 배치하는 측벽식이 있으나 이 방식은 지상식과 설치방법은 동일하므로 별도로 구분하지 않는 것이 일반적이다. 지상식과 지하식의 설치관계는 그림 5.4와 같다.

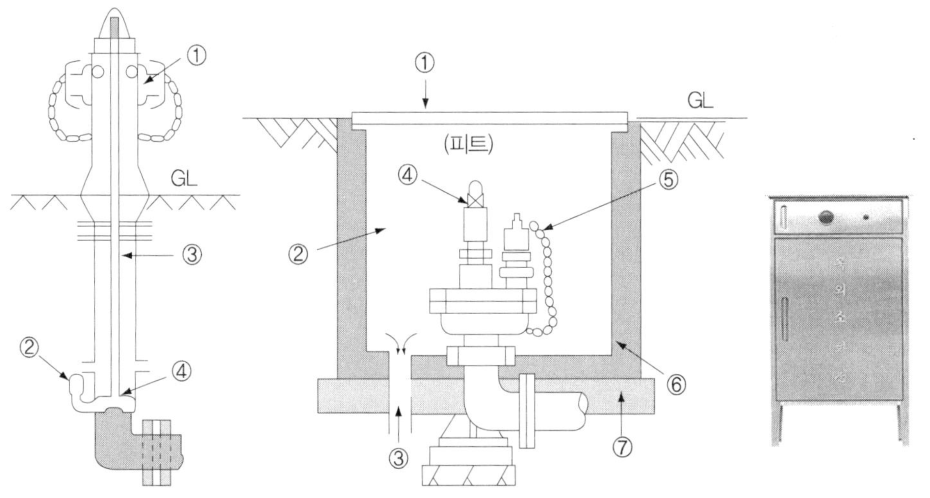

(a) 지상식 설치 (b) 지하식 설치 (c) 옥외소화전함

① 호스접결구 ② 배수밸브
③ 밸브봉 ④ 개폐밸브

① 소화전의 표시 ② 조작에 필요한 공간 ③ 배수구(자연침투식)
④ 밸브 ⑤ 캡(점결구 보호) ⑥ 콘크리트 ⑦ 지간

그림 5.4 옥외소화전 설치 상세도

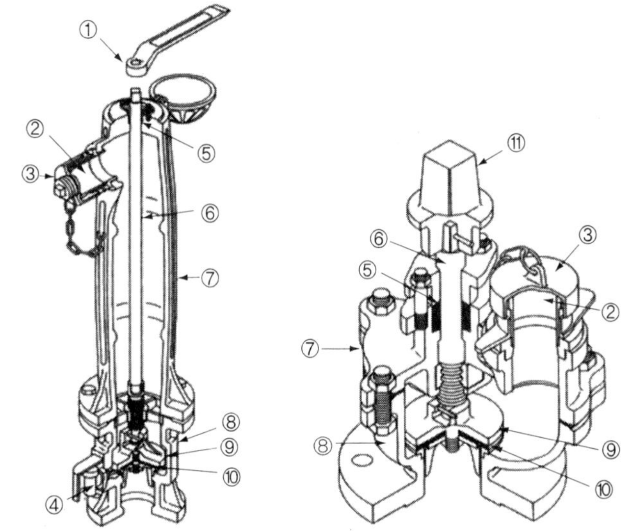

(a) 지상식 소화전 (b) 지하식 소화전

① 소화전 핸들
② 방수구
③ 방수구 캡
④ 배수밸브
⑤ 그랜드패킹
⑥ 밸브봉
⑦ 소화전 본체
⑧ 밸브케이스
⑨⑫ 밸브체
⑩⑬ 밸브 패킹
⑪ 핸들콕

그림 5.5 옥외소화전 구조의 상세도

5.3 옥외소화전의 설치기준

(1) 수원의 양

① 옥외소화전설비의 수원은 그 저수량이 옥외소화전의 설치개수(옥외소화전이 2개 이상 설치된 경우에는 2개)에 $7m^3$를 곱한 양 이상이 되도록 하여야 한다. 즉,

$$350\ell/\text{min} \times 20\text{min} = 7{,}000\ell = 7m^3$$

따라서 옥외소화전설비에 필요한 최대수원의 양은 $14m^3$이 된다. 수원을 겸용하는 경우에는 본 소화설비용으로 20분 동안 사용할 수 있는 양 이상을 저장해야 한다. 만약, 설치개수가 2개 이상 초과 시 2개로 계산한다. 또한 펌프의 양수량에 규정시간을 곱하여 얻은 양 이상이어야 한다.

옥외소화전 2개를 동시에 방사할 경우에는 방사압력은 개당 0.25MPa(2.5kg/cm^2) 이상, 방수량은 350ℓ/min 이상으로 하며 따라서 수원의 양 크기는 설치된 옥외소화전개수 × 개당 20분 동안의 방수량인 $7.0m^3$이 된다. 즉, $350\ell/\text{min} \times 20\text{min} = 7.0m^3$이다.

② 옥외소화전설비의 수원은 위 제①항의 규정에 따라 산출된 유효수량 외 유효수량의 3분의 1 이상을 옥상(옥외소화전설비가 설치된 건축물의 주된 옥상을 말한다.)에 설치하여야 한다. 다만, 다음에 해당하는 경우에는 그러하지 아니하다.

㉠ 옥상이 없는 건축물 또는 공작물

㉡ 지하층만 있는 건축물

㉢ 가압송수장치(제5조) 제2항의 규정에 따른 고가수조를 가압송수장치로 설치한 옥외소화전설비

㉣ 수원이 건축물의 지붕보다 높은 위치에 설치된 경우

㉤ 건축물의 높이가 지표면으로부터 10m 이하인 경우

㉥ 주펌프와 동등 이상의 성능이 있는 별도의 펌프로서 내연기관의 기동과 연동하여 작동되거나 비상전원을 연결하여 설치한 경우

③ 옥상수조(제1항의 규정에 따라 산출된 유효수량의 3분의 1 이상을 옥상에 설치한 설비를 말한다. 이하 같다.)는 이와 연결된 배관을 통하여 상시 소화수를 공급할 수 있는 구조인 소방대상물인 경우에는 둘 이상의 소방대상물이 있더라도 하나의 소방대상물에만 이를 설

치할 수 있다.

④ 옥외소화전설비의 수원을 수조로 설치하는 경우에는 소방설비의 전용수조로 하여야 한다. 다만, 다음에 해당하는 경우에는 그러하지 아니하다.

㉠ 옥외소화전펌프의 후드밸브 또는 흡수배관의 흡수구(수직회전축펌프의 흡수구를 포함한다. 이하 같다.)를 다른 설비(소방용설비 외의 것을 말한다. 이하 같다.)의 후드밸브 또는 흡수구보다 낮은 위치에 설치한 때

㉡ 제5조 제2항의 규정에 따른 고가수조로부터 옥외소화전설비의 수직배관에 물을 공급하는 급수구를 다른 설비의 급수구보다 낮은 위치에 설치한 때

⑤ 제1항 및 제2항의 규정에 따른 저수량을 산정함에 있어서 다른 설비와 겸용하여 옥외소화전설비용 수조를 설치하는 경우에는 옥외소화전설비의 후드밸브·흡수구 또는 수직배관의 급수구와 다른 설비의 후드밸브·흡수구 또는 수직배관의 급수구와의 사이의 수량을 그 유효수량으로 한다.

(2) 옥외소화전설비용 수조의 설치기준

옥외소화전설비용 수조는 다음의 기준에 따라 설치하여야 한다.

① 점검에 편리한 곳에 설치할 것

② 동결방지조치를 하거나 동결의 우려가 없는 장소에 설치할 것

③ 수조의 외측에 수위계를 설치한다. 다만, 구조상 불가피한 경우에는 수조의 맨홀 등을 통하여 수조 안의 물의 양을 쉽게 확인할 수 있도록 하여야 한다.

④ 수조의 상단이 바닥보다 높은 때에는 수조의 외측에 고정식 사다리를 설치할 것

⑤ 수조가 실내에 설치된 때에는 그 실내에 조명설비를 설치할 것

⑥ 수조의 밑부분에는 청소용 배수밸브 또는 배수관을 설치할 것

⑦ 수조의 외측의 보기 쉬운 곳에 "옥외소화전설비용 수조"라고 표시한 표지를 해야 한다. 이 경우 그 수조를 다른 설비와 겸용하는 때에는 그 겸용되는 설비의 이름을 표시한 표지를 함께 하여야 한다.

⑧ 옥외소화전펌프의 흡수배관 또는 옥외소화전설비의 수직배관과 수조의 접속부분에는 "옥외소화전설비용 배관"이라고 표시한 표지를 해야 한다. 다만, 수조와 가까운 장소에 옥외소화전펌프가 설치되고 옥내소화전펌프에 제5조 제1항 제13호의 규정에 따른 표지를 설치한 때에는 그러하지 아니하다.

(3) 수원 및 가압송수장치의 펌프 등의 겸용

① 옥외소화전설비의 수원을 옥내소화전설비·스프링클러설비·간이스프링클러설비·화재조기진압용스프링클러설비·물분무소화설비 및 포소화전설비의 수원과 겸용하여 설치하는 경우의 저수량은 각 소화설비에 필요한 저수량을 합한 양 이상이 되도록 하여야 한다. 다만, 이들 소화설비 중 고정식 소화설비(펌프·배관과 소화수 또는 소화약제를 최종 방출하는 방출구가 고정된 설비를 말한다. 이하 같다.)가 2 이상 설치되어 있고, 그 소화설비가 설치된 부분이 방화벽과 방화문으로 구획되어 있는 경우에는 각 고정식 소화설비에 필요한 저수량 중 최대의 것 이상으로 할 수 있다.

② 옥외소화전설비의 가압송수장치로 사용하는 펌프를 옥내소화전설비·스프링클러설비·간이스프링클러설비·화재조기진압용스프링클러설비·물분무소화설비 및 포소화설비의 가압송수장치와 겸용하여 설치하는 경우의 펌프의 토출량은 각 소화설비에 해당하는 토출량을 합한 양 이상이 되도록 하여야 한다. 다만, 이들 소화설비 중 고정식 소화설비가 2 이상 설치되어 있고, 그 소화설비가 설치된 부분이 방화벽과 방화문으로 구획되어 있으며 각 소화설비에 지장이 없는 경우에는 펌프의 토출량 중 최대의 것 이상으로 할 수 있다.

③ 옥내소화전설비·스프링클러설비·간이스프링클러설비·화재조기진압용스프링클러설비·물분무소화설비·포소화설비 및 옥외소화전설비의 가압송수장치에 있어서 각 토출 측 배관과 일반급수용의 가압송수장치의 토출 측 배관을 상호 연결하여 화재 시 사용할 수 있다. 이 경우 연결배관에는 개·폐표시형밸브를 설치하여야 하며, 각 소화설비의 성능에 지장이 없도록 하여야 한다.

5.4 제어반 및 전원의 설치기준

(1) 제어반의 설치기준

① 옥외소화전설비에는 제어반을 설치하되, 감시제어반과 동력제어반으로 구분하여 설치하여야 한다. 다만, 다음에 해당하는 경우에는 감시제어반과 동력제어반으로 구분하여 설치하지

아니할 수 있다.

㉠ 다음에 해당하지 아니하는 소방대상물에 설치되는 옥외소화전설비

• 지하층을 제외한 층수가 7층 이상으로서 연면적이 2,000m^2 이상인 것

• 제1호에 해당하지 아니하는 소방대상물로서 지하층의 바닥면적의 합계가 3,000m^2 이상인 경우 차고·주차장 또는 보일러실·기계실·전기실 등 이와 유사한 장소의 면적은 제외한다.

㉡ 내연기관에 따른 가압송수장치를 사용하는 옥외소화전설비

㉢ 고가수조에 따른 가압송수장치를 사용하는 옥외소화전설비

② 감시제어반의 기능은 다음의 기준에 적합하여야 한다. 다만, 위 제1)항 각 호에 해당하는 경우에는 다음 제㉢호 및 제㉥호의 규정을 적용하지 아니한다.

㉠ 각 펌프의 작동 여부를 확인할 수 있는 표시등 및 음향경보기능이 있어야 할 것

㉡ 각 펌프를 자동 및 수동으로 작동시킬 수 있어야 한다.

㉢ 비상전원을 설치한 경우에는 상용전원 및 비상전원의 공급 여부를 확인할 수 있어야 하고, 자동 또는 수동으로 상용전원 또는 비상전원으로의 전환이 가능할 것

㉣ 수조 또는 물올림탱크가 저수위로 될 때 표시등 및 음향으로 경보할 것

㉤ 각 확인회로(기동용 수압개폐장치의 압력스위치회로·수조 또는 물올림탱크의 감시회로를 말한다.)마다 도통시험 및 작동시험을 할 수 있어야 할 것

㉥ 예비전원이 확보되고 예비전원의 적합 여부를 시험할 수 있어야 할 것

③ 감시제어반의 설치기준은 다음과 같다.

㉠ 화재 및 침수 등의 재해로 인한 피해를 받을 우려가 없는 곳에 설치한다.

㉡ 감시제어반은 옥외소화전설비의 전용으로 한다. 다만, 옥외소화전설비의 제어에 지장이 없는 경우에는 다른 설비와 겸용할 수 있다.

㉢ 감시제어반은 다음의 기준에 따른 전용실 안에 설치한다. 다만, 위 제1)항 각 호에 해당하는 경우와 공장, 발전소 등에서 설비를 집중 제어·운전할 목적으로 설치하는 중앙제어실 내에 감시제어반을 설치하는 경우에는 그러하지 아니하다.

• 다른 부분과 방화구획을 하는 경우 전용실의 벽에는 기계실 또는 전기실 등의 감시를 위하여 두께 7mm 이상의 망입유리(두께 16.3mm 이상의 접합유리 또는 두께 28mm 이상의 복층유리를 포함한다.)로 된 4m^2 미만의 붙박이창을 설치할 수 있다.

• 피난층 또는 지하 1층에 설치한다. 다만, 다음에 해당하는 경우에는 지상 2층에 설치하

거나 지하 1층 외의 지하층에 설치할 수 있다.

– 건축법시행령 제35조의 규정에 따라 특별피난계단이 설치되고 그 계단(부속실을 포함한다.) 출입구로부터 보행거리 5m 이내에 전용실의 출입구가 있는 경우

– 아파트의 관리동(관리동이 없는 경우에는 경비실)에 설치하는 경우

• 비상조명등 및 급·배기설비를 설치할 것

• 무선통신보조설비의 화재안전기준(NFSC505) 제6조의 규정에 따른 무선기기 접속단자(영 별표 4 소화활동설비의 소방시설 적용기준란 제5호의 규정에 따른 무선통신보조설비가 설치된 특정소방대상물에 한한다.)를 설치한다.

• 바닥면적은 감시제어반의 설치에 필요한 면적 외에 화재 시 소방대원이 그 감시제어반의 조작에 필요한 최소면적 이상으로 한다.

㉣ 위 제㉢호의 규정에 따른 전용실에는 소방대상물의 기계·기구 또는 시설 등의 제어 및 감시설비 외의 것을 두지 아니한다.

④ 동력제어반의 설치는 다음 기준을 따라야 한다.

㉠ 앞면은 적색으로 하고 "옥외소화전설비용 동력제어반"이라고 표시한 표지를 설치한다.

㉡ 외함은 두께 1.5mm 이상의 강판 또는 이와 동등 이상의 강도 및 내열성능이 있는 것으로 한다.

㉢ 그 밖의 동력제어반의 설치에 관하여는 제3)항 제①호 및 제②호의 기준을 준용한다.

(2) 전원의 설치기준

옥외소화전설비에는 그 소방대상물의 수전방식에 따라 다음 각 호의 기준에 따른 상용전원회로의 배선을 설치하여야 한다.

① 저압수전인 경우에는 인입개폐기의 직후에서 분기하여 전용배선으로 하여야 하며, 전용의 전선관에 보호되도록 한다.

② 특별고압수전 또는 고압수전일 경우에는 전력용 변압기 2차측의 주차단기 1차측에서 분기하여 전용배선으로 하되, 상용전원의 상시 공급에 지장이 없을 경우에는 주차단기 2차측에서 분기하여 전용배선으로 한다. 다만, 가압송수장치의 정격입력전압이 수전전압과 같은 경우에는 위 제①호의 기준에 따른다.

5.5 가압송수장치의 설치기준

(1) 방수압 및 수원의 일반기준

전동기 또는 내연기관에 따른 펌프를 이용하는 가압송수장치는 다음의 기준에 따라 설치하여야 한다.

① 쉽게 접근할 수 있고 점검하기에 충분한 공간이 있는 장소로서 화재 및 침수 등의 재해로 인한 피해를 받을 우려가 없는 곳에 설치한다.

② 동결방지조치를 하거나 동결의 우려가 없는 장소에 설치한다.

③ 당해 소방대상물에 설치된 옥외소화전(2개 이상 설치된 경우에는 2개의 옥외소화전)을 동시에 사용할 경우 각 옥외소화전의 노즐선단에서의 방수압력이 0.25MPa(2.5kg/cm^2) 이상이고, 방수량이 350ℓ/min 이상이 되는 성능의 것으로 한다. 이 경우 하나의 옥외소화전을 사용하는 노즐선단에서의 방수압력이 0.7MPa(7kg/cm^2)을 초과할 경우에는 호스접결구의 인입 측에 감압장치를 설치하여야 한다.

(2) 펌프에 의한 설치기준 및 기동

1) 펌프의 설치기준

① 펌프는 전용으로 한다. 다만, 다른 소화설비와 겸용하는 경우 각각의 소화설비의 성능에 지장이 없을 때에는 그러하지 아니하다.

② 펌프의 토출 측에는 압력계를 체크밸브 이전에 펌프토출 측 플랜지에서 가까운 곳에 설치하고, 흡입 측에는 연성계 또는 진공계를 설치한다. 다만, 수원의 수위가 펌프의 위치보다 높거나 수직회전축 펌프의 경우에는 연성계 또는 진공계를 설치하지 아니할 수 있다.

③ 가압송수장치에는 정격부하 운전 시 펌프의 성능을 시험하기 위한 배관을 설치한다. 다만, 충압펌프의 경우에는 그러하지 아니하다.

④ 가압송수장치에는 체절 운전 시 수온의 상승을 방지하기 위한 순환배관을 설치한다. 다만, 충압펌프의 경우에는 그러하지 아니하다.

⑤ 펌프의 토출량

$$Q = N \times 350[\ell/\text{min}]$$

여기서, N은 동시에 개방하는 옥외소화전의 수(옥외소화전 개수가 2인 이상인 경우는 2개로 하여 토출량을 산정한다.)

⑥ 펌프의 전양정(m)

$$H = H_1 + H_2 + H_3 + H_4 + H_5 + H_6(25\text{m})$$

여기서, H : 옥외소화전의 총양정(m)
H_1 : 펌프 흡입높이(양정 : m)
H_2 : 펌프 중심에서 옥외소화전이 설치된 위치까지의 높이(m)
H_3 : 직관 부분의 마찰손실수두(m)
H_4 : 관 이음쇠, 밸브류 등의 마찰손실수두(m)
H_5 : 호스의 마찰손실수두(m)
H_6 : 최상부 옥외소화전 방수압력의 환산수두(25m)

2) 기동방식

① 기동장치로는 기동용 수압개폐장치 또는 이와 동등 이상의 성능이 있는 것을 설치한다. 다만, 아파트·업무시설·학교·전시시설·공장·창고시설 또는 종교시설 등으로서 동결의 우려가 있는 장소에 있어서는 기동스위치에 보호판을 부착하여 옥외소화전함 내에 설치할 수 있다.

② 기동용 수압개폐장치(압력체임버)를 사용할 경우 그 용적은 100ℓ 이상의 것으로 한다.

③ 수원의 수위가 펌프보다 낮은 위치에 있는 가압송수장치에는 다음의 기준에 따른 물올림장치를 설치한다.

㉠ 물올림장치에는 전용의 수조를 설치할 것

㉡ 수조의 유효수량은 100ℓ 이상으로 하되, 구경 15mm 이상의 급수배관에 따라 당해수조에 물이 계속 보급되도록 할 것

④ 기동용 수압개폐장치를 기동장치로 사용할 경우에는 다음 각 목의 기준에 따른 충압펌프를 설치해야 한다. 다만, 옥외소화전이 1개 설치된 경우로서 소화용 급수펌프로도 상시 충압이 가능하고 다음 각 목의 성능을 갖춘 경우에는 충압펌프를 별도로 설치하지 아니할 수 있다.

㉠ 펌프의 토출압력은 그 설비의 최고위 호스접결구의 자연압보다 적어도 0.2MPa(2kg/cm^2) 이상 더 크도록 하거나 가압송수장치의 정격토출압력과 같게 할 것

㉡ 펌프의 정격토출량은 정상적인 누설량보다 적어서는 아니되며, 옥외소화전설비가 자동적으로 작동할 수 있도록 충분한 토출량을 유지하여야 한다.

⑤ 내연기관을 사용하는 경우에는 다음의 기준에 적합한 것으로 한다.

㉠ 내연기관의 기동은 제8호의 기동장치를 설치하거나 또는 소화전함의 위치에서 원격조작으로 가능하고 기동을 명시하는 적색등을 설치할 것

㉡ 제어반에 따라 내연기관의 자동기동 및 수동기동이 가능하고, 상시 충전되어 있는 축전지설비를 갖출 것

⑥ 가압송수장치에는 "옥외소화전펌프"라고 표시한 표지를 한다. 이 경우 그 가압송수장치를 다른 설비와 겸용하는 때에는 그 겸용되는 설비의 이름을 표시한 표지를 함께 하여야 한다.

⑦ 가압송수장치가 기동이 된 경우에는 자동으로 정지되지 아니하도록 하여야 한다.

(3) 고가수조방식의 설치기준

가장 확실한 가압방법으로 실제 소방대상물에 적용하는 데는 어려움이 있으나 가압송수장치를 기동하기 위한 별도의 에너지는 필요 없게 된다. 따라서 이 방식은 수원의 높이를 조절하여 소화설비에서 필요로 하는 규정의 방수압력과 방수량을 얻을 수가 있고, 수원을 일정한 높은 위치에 저장해 두었다가 사용자가 소화전함에 설치되어 있는 개폐밸브를 개방하여 사용할 수 있도록 하는 방식이 가압방식이다. 따라서 이 고가수조방식의 설치기준은 다음과 같다.

① 고가수조의 자연낙차수두(수조의 하단으로부터 최고층에 설치된 소화전 호스접결구까지의 수직거리를 말한다.)는 다음의 식에 따라 산출한 수치 이상이 되도록 한다.

$$H = h_1 + h_2 + 25$$

여기서, H : 필요한 낙차(m), h_1 : 소방용호스 마찰손실수두(m)
h_2 : 배관의 마찰손실수두(m)

② 고가수조에는 수위계·배수관·급수관·오버플로관 및 맨홀을 설치한다.

③ 고가수조의 방수량(ℓ/min)은 다음 식으로 계산한다.

$$Q = N \times 350 \ [\ell/\text{min}]$$

(4) 압력수조방식의 설치기준

압력수조방식은 소화수조, 즉 압력탱크에 1/3 정도는 물을 채우고 나머지 부분은 공기를 채워서 공기압축기를 이용해 규정 방수량과 압력을 낼 수 있도록 만들어진 압력탱크를 사용하는 방식(1, 2층의 건물 외부 화재 시에 사용할 수 있도록 구성되어 있는 가압송수장치)으로 다음의 기준에 따라 설치하여야 한다. 즉,

① 압력수조의 압력은 다음의 식에 따라 산출한 수치 이상으로 한다.

$$P = P_1 + P_2 + P_3 + 0.25 [\mathrm{MPa}]$$

여기서, P : 필요한 압력(MPa)

P_1 : 소방용호스의 마찰손실수두압(MPa)

P_2 : 배관의 마찰손실수두압(MPa)

P_3 : 낙차의 환산수두압(MPa)

② 압력수조에는 수위계·급수관·배수관·급기관·맨홀·압력계·안전장치 및 압력저하 방지를 위한 자동식 공기압축기를 설치한다.

5.6 배관 및 펌프의 성능 설치기준

(1) 배관의 일반기준

① 호스접결구는 소방대상물의 각 부분으로부터 하나의 호스접결구까지의 수평거리가 40m 이하가 되도록 설치하여야 한다. 이 경우 수평거리가 40m 이상인 옥내부분에는 지름 65mm 이상의 방수구를 40m 이하마다 설치하여야 한다.

② 호스는 구경 65mm의 것으로 하여야 한다.

③ 배관은 배관용 탄소강관(KS D 3507) 또는 배관 내 사용압력이 1.2MPa(12kg/cm^2) 이상일 경우에는 압력배관용 탄소강관(KS D 3562)이나 이와 동등 이상의 강도·내식성 및 내열성을 가진 것으로 하여야 한다. 다만, 다음에 해당하는 장소에는 소방방재청장이 정하여 고시

하는 성능시험기술기준에 적합한 소방용 합성수지배관으로 설치할 수 있다.

㉠ 배관을 지하에 매설하는 경우

㉡ 다른 부분과 내화구조로 구획된 덕트 또는 피트의 내부에 설치하는 경우

㉢ 천장(상층이 있는 경우에는 상층바닥의 하단을 포함한다. 이하 같다.)과 반자를 불연재료 또는 준불연재료로 설치하고 그 내부에 습식으로 배관을 설치하는 경우

④ 급수배관은 전용으로 하여야 한다. 다만, 옥외소화전의 기동장치의 조작과 동시에 다른 설비의 용도에 사용하는 배관의 송수를 차단할 수 있거나, 옥외소화전설비의 성능에 지장이 없는 경우에는 다른 설비와 겸용할 수 있다.

(2) 펌프 주위 배관 및 펌프 성능 기준

① 펌프의 흡입 측 배관은 다음의 기준에 따라 설치하여야 한다.

㉠ 공기 고임이 생기지 아니하는 구조로 하고 여과장치를 설치한다.

㉡ 수조가 펌프보다 낮게 설치된 경우에는 각 펌프(충압펌프를 포함한다.)마다 수조로부터 별도로 설치한다.

② 펌프의 성능은 체절 운전 시 정격토출압력의 140%를 초과하지 아니하고, 정격토출량의 150%로 운전 시 정격토출압력의 65% 이상이 되어야 하며, 펌프의 성능시험배관은 다음의 기준에 적합하여야 한다.

㉠ 성능시험배관은 펌프의 토출 측에 설치된 개폐밸브 이전에서 분기하여 설치하고, 유량측정장치를 기준으로 전단 직관부에 개폐밸브를 후단 직관부에는 유량조절밸브를 설치한다.

㉡ 유량측정장치는 성능시험배관의 직관부에 설치하되, 펌프의 정격토출량의 175% 이상 측정할 수 있는 성능이 있어야 한다.

③ 가압송수장치의 체절 운전 시 수온의 상승을 방지하기 위하여 체크밸브와 펌프 사이에서 분기한 구경 20mm 이상의 배관에 체절압력 미만에서 개방되는 릴리프밸브를 설치하여야 한다.

④ 동결방지조치를 하거나 동결의 우려가 없는 장소에 설치하여야 한다.

⑤ 급수배관에 설치되어 급수를 차단할 수 있는 개폐밸브(옥외소화전방수구를 제외한다.)는 개폐표시형으로 하여야 한다. 이 경우 펌프의 흡입 측 배관에는 버터플라이밸브 외의 개폐표시형 밸브를 설치하여야 한다.

⑥ 기계실·공동구 또는 덕트에 설치되는 배관은 다른 설비의 배관과 쉽게 구분이 될 수 있는 위치에 설치하거나 그 배관 표면 또는 배관 보온재 표면의 색상을 달리하는 방법 등으로 소방용 설비의 배관임을 표시하여야 한다.

⑦ 분기배관을 사용할 경우에는 한국소방검정공사 또는 법 제42조 제1항의 규정에 따라 성능시험기관으로 지정받은 기관에서 그 성능을 검증받은 것으로 설치하여야 한다.

5.7 옥외소화전설비의 설치위치

(1) 방수구의 설치위치

옥외소화전설비의 방수구의 설치위치는 방호대상물의 1, 2층 부분을 유효하게 포용할 수 있도록 그림 5.6과 같이 설치하여야 한다. 즉,

① 반지름 40m의 원 중시에 소화전이 위치하도록 설치한 위치이다. 즉, 호스접결구는 소방대상물의 각 부분으로 하나의 접결구까지의 수평거리가 40m 이하일 것

② 옥외소화전의 호스 구경은 65mm의 것으로 조작·취급이 원활한 장소에 설치한다.

③ 화재 시 피난에 장애가 되지 않는 장소에 설치하며 기타는 옥내소화전설비에 준한다.

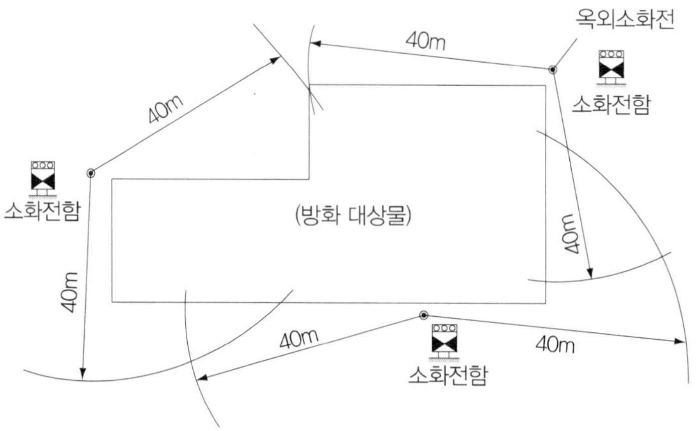

그림 5.6 옥외소화전 설치위치

(2) 소화전함의 설치위치

① 옥외소화전설비에는 옥외소화전마다 그로부터 5m 이내의 장소에 소화전함을 설치하여야 한다.

㉠ 옥외소화전이 10개 이하 설치된 때에는 옥외소화전마다 5m 이내의 장소에 1개 이상의 소화전함을 설치하여야 한다.

㉡ 옥외소화전이 11개 이상 30개 이하 설치된 때에는 11개 이상의 소화전함을 각각 분산하여 설치하여야 한다.

㉢ 옥외소화전이 31개 이상 설치된 때에는 옥외소화전 3개마다 1개 이상의 소화전함을 설치하여야 한다.

② 옥외소화전설비의 함은 다음의 기준에 따라 설치하여야 한다.

㉠ 함의 재질은 두께 1.5mm 이상의 강판 또는 두께 4mm 이상의 합성수지재로 하고, 문짝의 면적은 $0.5m^2$ 이상으로 하여 밸브의 조작, 호스의 수납 등에 충분한 여유를 가질 수 있도록 해야 한다. 연결송수관의 방수구를 같이 설치하는 경우에도 또한 같다.

㉡ 함의 재질이 강판인 경우에는 염수분무시험방법(KS D 9502)에 따라 시험한 경우 변색 또는 부식되지 아니하여야 하고, 합성수지재인 경우에는 내열성 및 난연성의 것으로서 8℃의 온도에서 24시간 이내에 열로 인한 변형이 생기지 아니하는 것으로 할 것

③ 옥외소화전설비의 소화전함 표면에는 "옥외소화전"이라고 표시한 표지를 하고, 가압송수장치의 조작부 또는 그 부근에는 가압송수장치의 기동을 명시하는 적색등을 설치하여야 한다.

④ 호스의 길이는 20m의 것 2개, 구경 19mm의 노즐 1개를 수납하여야 하고, 호스의 재료로는 고무내장 및 면 호스가 있으며 호칭지름에 따라 40mm, 50mm, 65mm로 구분하나 이것 중에서 65mm의 것을 주로 사용한다.

⑤ 방수압력(MPa)과 노즐의 구경(mm)에 대한 방사량 Q[ℓ/min]은 다음 식을 이용하여 구한다.

$$Q = 0.653D^2\sqrt{P} \qquad [\ell/\text{min}]$$

여기서, P는 피토튜브 게이지로 노즐의 수압을 측정한 것으로, 이때 노즐 선단의 방수압력 측정은 그림 5.7과 같은 방법으로 한다.

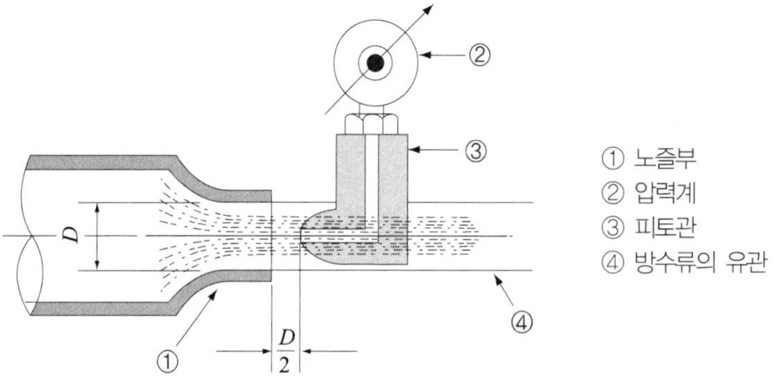

그림 5.7 노즐선단으로부터 방수압의 측정

(3) 옥외소화전설비의 위치표시

표시등은 다음의 기준에 따라 설치하여야 한다. 즉,

① 옥외소화전설비의 위치를 표시하는 표시등은 함의 상부에 설치하되, 그 불빛은 부착면으로부터 15° 이상의 범위 안에서 부착지점으로부터 10m 이내의 어느 곳에서도 쉽게 식별할 수 있는 적색등으로 한다.

② 가압송수장치의 시동을 표시하는 표시등은 옥외소화전함의 상부 또는 그 직근에 설치하되 적색등으로 할 것. 다만, 자체소방대를 구성하여 운영하는 경우(위험물 안전관리법 시행령 별표 8에서 정한 소방자동차와 자체소방대원의 규모를 말한다.) 가압송수장치의 시동표시등을 설치하지 않을 수 있다.

③ 위 제①호의 규정에 따른 적색등은 사용전압의 130%인 전압을 24시간 연속하여 가하는 경우에도 단선, 현저한 광속변화, 전류변화 등의 현상이 발생되지 아니할 것 등이다.

(4) 사용노즐 및 기타 설비

① 소방호스 노즐은 방사형(19mm)으로 한다.

② 기타의 내용은 옥내소화전설비의 시설기준과 동일하다.

③ 옥외소화전 배관의 최소 구경은 65mm의 것으로 한다.

이상 옥외소화전설비 설치기준에 따라 설치된 소방설비 시스템 구성의 계략은 그림 5.8과 같다.

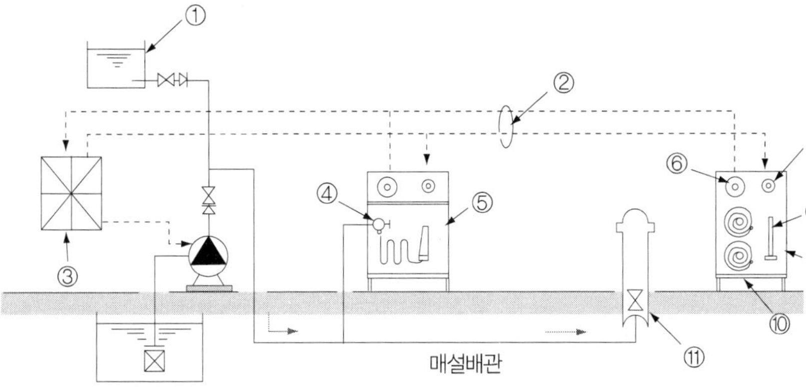

① 고가수조
② 제어표시선 (내열전선)
③ 펌프기동반
④ 소화전밸브
⑤ 옥외소화전함
⑥ 푸시버튼
⑦ 표시등
⑧ 노즐
⑨ 호스격납함
⑩ 호스(20m×2개)
⑪ 스탠드형 부동소화전

그림 5.8 옥외소화전설비 시스템 구성의 계략도

제5장 연습문제

exercise

01. 옥외소화전의 설치대상, 옥외소화전설비의 종류 및 설치방법은?

02. 옥외소화전설비에서 수원의 저수량(Q)과 옥외소화전의 설치개수의 기준에 대하여 설명하라.

03. 옥외소화전설비에서 제어반의 종류와 설치기준은?

04. 옥외소화전설비의 호스접속구는 호칭구경이 얼마 이상의 것을 사용하여야 하는가? 그 이유를 설명하라.

05. 옥외소화전을 사용하는 노즐선단에서 방수압력이 0.7MPa을 초과할 경우에는 호스 접결구의 인입측에 감압장치를 설치하여야 한다. 이때, 감압방식의 종류와 감압방식에 대하여 기술하라.

06. 옥외소화전설비의 점검 및 보수의 주안점에 대하여 설명하라.

07. 옥외소화설비의 구성을 그리고 각 설비의 기능에 대하여 간략하게 설명하라.

08. 옥내소화전과 옥외소화전의 큰 차이점에 대하여 기술하라.

09. 옥내소화전설비는 대체로 동력소방펌프를 설치하는 경우, 펌프 성능과 수원의 양은 얼마 이상이어야 하는가?

10. 옥외소화전설비의 방수구 설치위치와 소화전함의 설치위치, 설치기준에 대하여 기술하라.

11. 노즐에서 측정한 방수압력이 0.25MPa이고, 방수량이 520[ℓ/min]인 경우 사용한 노즐의 구경은 몇 mm인지 계산하라.

12. 옥외소화전설비의 노즐선단 방수압력을 측정하기 위하여 피토튜브를 사용할 경우 압력측정방법에 대하여 기술하라.

13. 건물 1, 2층의 바닥면적의 합계가 9,000m^3이고, 1층은 가로가 100m, 세로가 60m이다. 이 건축물에 옥외소화설비를 펌프 방식으로 설치하고자 할 때 다음 질문에 답하라.

㉠ 옥외소화전은 몇 개를 설치하여야 하는가?

㉡ 펌프의 송수량의 크기는 몇 [ℓ/min]인가?

㉢ 옥외소화전용 수원의 확보량은 기준상 얼마 이상이어야 하는가?

14. 옥외소화전 노즐을 통한 방수량이 350[ℓ/min]이다. 이때의 방수 압력의 크기가 0.25MPa이면 소방호스 노즐의 직경은 몇 mm인가?

15. 옥외소화전이 건물의 1층 주위에 3개가 설치되어 있다. 가압수송장치는 펌프 방식으로 하여 소화수를 공급할 때 흡입양정이 4.5m이고, 직관부 및 관 부속류의 손실합은 15m이며, 저수조 펌프로부터 옥외소화전함까지 수직 설치위치는 6m이다. 기타 소방호수 손실 등 나머지 손실은 무시한다면 다음 질문에 답하라.

㉠ 전수두 H는 몇 m인가?

㉡ 펌프로부터 소화수 토출량(Q)은 몇 ℓ/min인가?

㉢ 저수조에 저장하여야 하는 최저수원의 양(V)은 몇 m^3인가?

㉣ 이때 펌프를 구동하는 전동기는 몇 [kW]를 선택하여야 하는가? 단, 펌프의 효율은 85% 성능을 갖는다.

Chapter 6

스프링클러설비 시스템 일반

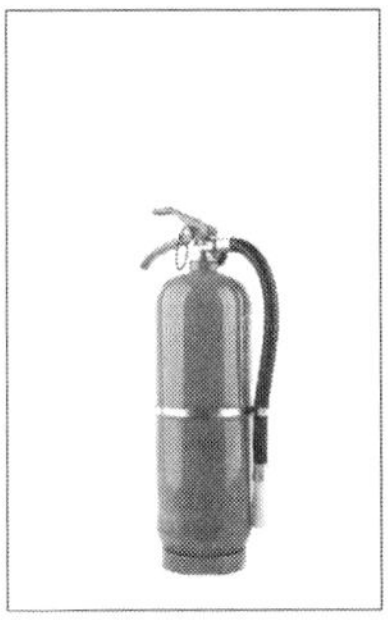
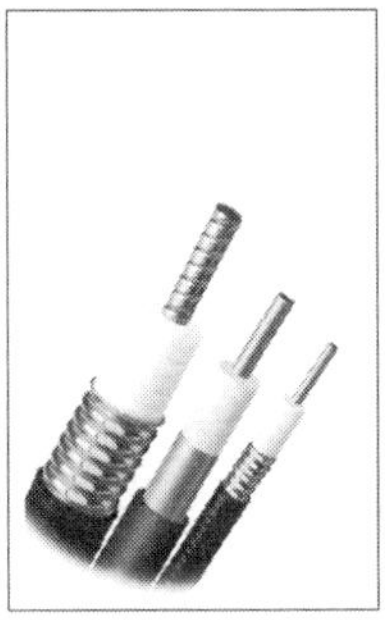

▣ 개요

소방대상물의 방호공간에서 화재가 발생한 경우 천장 또는 벽면에 설치되어 있는 스프링클러 헤드가 화재에 의해 발생하는 열을 자동으로 감지함과 동시에 스프링클러 헤드로부터 화재가 발생한 지점에 물을 살수시켜 화재의 초기단계에서 효율적으로 소화할 수 있는 고정식 소화설비를 말한다.

스프링클러 소화설비의 특징을 살펴보면 다음과 같다.

① 화재의 감지와 소화를 동시에 수행하는 기계식 소화설비로서 현재 국제적으로 가장 많이 사용되고 있는 소화설비이다.

② 다른 소화설비에 비해 매우 안정적이며 자동 소화능력이 뛰어난 소화설비이다.

③ 스프링클러 소화설비의 화재진압율에 있어 미국의 통계에 의하면, 초기 소화성공률이 96.2%이고 1개 또는 2개 정도의 스프링클러 헤드 작동으로 소화되므로 물로 인한 손실도 매우 적은 편으로 소개되고 있다.

④ 자동식 스프링클러 소화설비가 개발되기 이전인 1860년대에는 미국의 화재로 인한 재산손실이 100달러 재산에 대하여 평균 30%의 피해였으나 스프링클러설비가 널리 보급된 최근에는 피해 정도가 단지 2~3%에 불과한 것으로 보고되고 있다. 그만큼 화재 초기 소화율이 뛰어나고 화재 확산 방지에도 탁월하여 자동화설비로 가장 유효함을 알 수 있다.

6.1 스프링클러 소화설비의 구성요소

(1) 자동식 스프링클러 소화설비의 주요 구성요소

스프링클러 소화설비의 주요 구성요소는 아래와 같고, 그림 6.3의 스프링클러 소화설비 시스템의 설치를 살펴볼 수 있다. 구성요소 중 특히 대표적인 요소로는 그림 6.1과 같은 스프링클러 헤드가 있고, 자동화를 위한 대표적인 부품으로는 그림 6.2와 같은 유수검지장치가 있다. 따라서 시스템에 필요한 각 요소 및 용도 그리고 특징을 간략히 요약하면 다음과 같다. 즉,

① 스프링클러 헤드 : 소방대상물의 천장·반자·덕트·천장과 반자 사이·선반·기타 이와 유사한 부분인 폭이 1.2m를 초과하는 것에 한해 설치하는 부품으로, 최종단계에서는 물이 살수된다. 폭이 9m 이하인 실내의 경우 측벽에 헤드를 설치하여 화재에 대비할 수도 있다.

② 배관 : 급수장치를 통해 살수헤드까지 물이 이송되는 통로이며, 이때 배관은 배관용 탄소강관이나 사용압력이 1.0MPa(10kg/cm^2) 이상일 경우에는 압력배관용 탄소강관 또는 이와 동등 이상의 강도와 내식성, 내열성을 가진 관을 설치할 수 있다. 특히 습식 스프링클러설비 배관의 경우는 이음매 없는 동 및 동합금의 배관을 대신 사용할 수도 있다.

③ 유수검지장치 : 주로 습식유수검지장치, 건식유수검지장치, 준비작동식 유수검지장치를 말하며, 유수현상을 자동적으로 검지하여 신호 또는 경보를 발하는 부품을 말한다.

④ 가압송수장치 : 일정 기준압력 이상의 압력을 발생시키는 장치로, 가압송수장치의 정격토출압력은 하나의 스프링클러 헤드 선단에 0.1MPa 이상 1.2MPa 이하의 방수압력이 될 수 있도록 적정 압력 이상의 압력을 발생시키는 장치여야 한다. 이러한 가압송수장치에는 전동기 또는 내연기관에 펌프를 설치한 가압송수장치와 고가수조의 자연낙차를 이용한 가압송수장치, 그리고 가압원인 압축공기 또는 불연성 고압기체에 압력을 가해 소방용수를 가압시켜 토출시키는 가압송수장치 등이 있다.

⑤ 급수장치 : 원칙적으로 물을 이용하는 소화설비의 대표적인 급수장치로는 소방펌프가 있다.

⑥ 수원 : 스프링클러설비의 수원은 방수구역에 설치된 스프링클러 헤드로 적정설계 이상의 물을 압송시켜 일정시간 동안 소화할 수 있는 수량을 저장해두는 설비를 말하고, 대표적인 것으로는 고가수조, 저수조, 압력수조 등의 수조가 있다.

⑦ 송수구 : 주로 송수 및 그 밖의 소화작업에 지장을 주지 아니하는 장소에 지면으로부터 높이 0.5m 이상 1m 이하의 위치에 설치하였다가 화재 시 소방차로부터 연결하여 스프링클러설비에 송수할 수 있는 설비를 말하는 것으로, 통상 구경 65mm의 쌍구형으로 설치된다.

⑧ 물올림장치 : 일명 프라이밍 탱크로 불리며 수평회전축 펌프를 사용하는 지하 저수조방식의 가압송수장치에 필요로 하는 설비이다. 이것은 흡수관에 공기가 들어 있으면 펌프가 공회전하여 양수능력이 떨어져 적정량의 방수를 할 수 없을 때를 대비하기 위해 설치하는 것으로, 상시 펌프에 물이 충만하도록 설치되는 소화설비로서 보통 물을 사용하는 소화설비에는 대부분 설치되어 있다.

(a) 하향형 헤드 (b) 원형 헤드 (c) 상향형 헤드

그림 6.1 스프링클러 헤드의 외형

그림 6.2 유수검지장치의 외형

(2) 스프링클러 소화설비의 계통도와 설비의 종류

가장 일반적인 스프링클러 소화설비의 계통도는 그림 6.3과 같고, 주요 구성요소는 앞의 설명과 같다. 따라서 이 소화설비의 일반적인 시스템 구성과 작동원리를 살펴보면 다음과 같다.

1) 폐쇄형 스프링클러 헤드 방식

헤드마다 감열부가 있어 이 부분의 감열에 의해 화재 시 헤드부에 있는 퓨즈가 끊어지면 디플렉터(deflector)로부터 살수되어 소화활동하는 것으로 평시에는 폐쇄되어 있다. 이 방식에는 다음과 같은 형식이 있다.

① 습식 스프링클러설비(Wet-pipe sprinkler system) : 상시 배관 내에 압력수를 충만시켜 두는 방식으로 화재 시 스프링클러 헤드로 즉시 물이 방수되는 방식이다.

② 건식 스프링클러설비(Dry-sprinkler system) : 한랭 시나 동결 시를 대비하여 관 내에 압축공기를 충만시켜 두었다가 화재 시에 관 내의 공기가 방출되고 이어서 물이 방수되는 방식이다.

③ 준비작동식 스프링클러설비(Pre-action sprinkler system) : 통상 건식 스프링클러설비라고 하며 습식 스프링클러설비의 알람밸브 대신 프리액션 밸브(또는 델류지 밸브 설치) 시스템을 설치하고 펌프의 토출 측으로부터 프리액션 밸브 1차측까지 물이 충만되어 있는 상태(2차측은 물이 없는 상태의 관)에서, 화재 발생 시 감지용 헤드가 작동 전자변이 개방되어 밸브체임버 속의 물을 배수시키면 밸브 내의 압력 불균형으로 밸브가 개방된다. 이어서 2차측 배관 내로 물이 통수되고 스프링클러 헤드(폐쇄형 스프링클러 헤드)까지 물이 가압된 상태로 있다가 스프링클러 헤드에 있는 휴즈블 링크(용융 와이어)가 화염에 의해 융해되면 곧바로 물이 분사되어서 소화가 이루어진다. 이때, 프리액션 밸브 대신 델류지 밸브(deluge

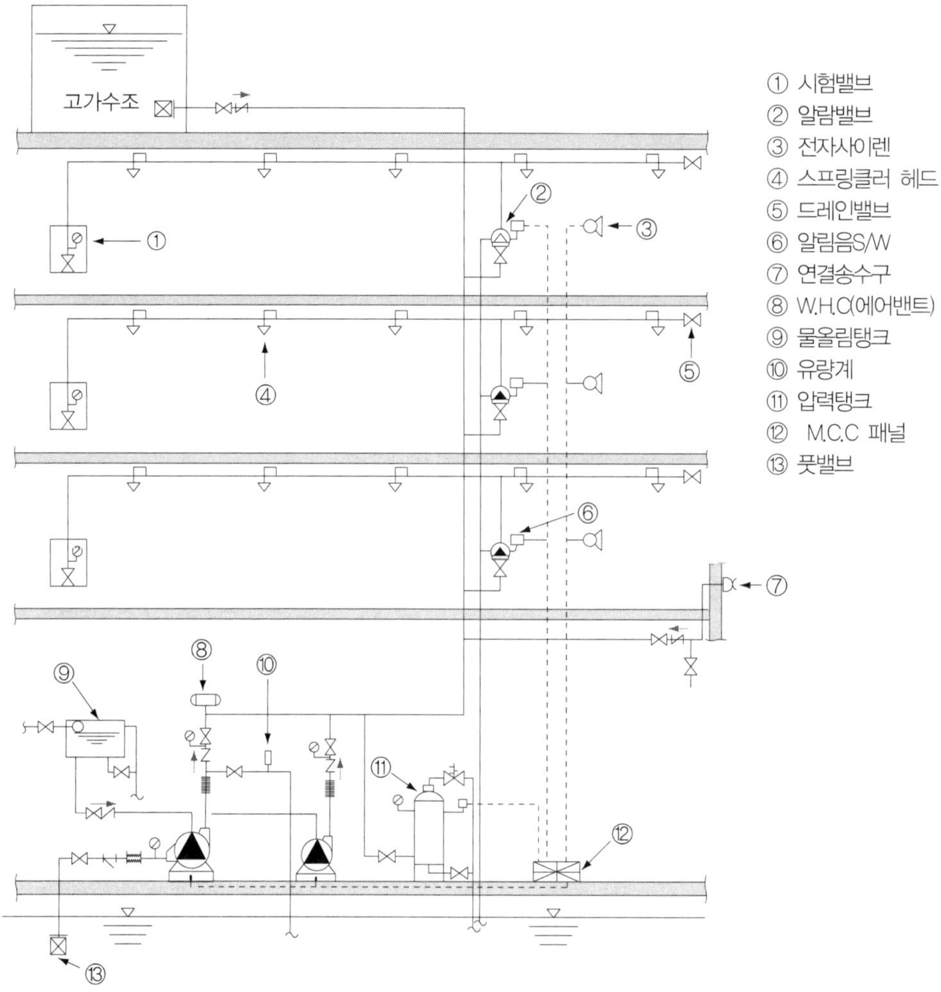

그림 6.3 자동식 습식 스프링클러 소화설비 시스템 구성도

valve)가 설치된 경우에는 개방형 스프링클러 헤드가 설치된다.

2) 개방형 스프링클러 헤드 방식

위에서 설명한 바와 같이 델류지 밸브가 설치된 시스템으로 여러 개의 개방형 스프링클러 헤드가 설치되어 화재 시 방사구획 내에 살수하는 소화설비로, 감열기구는 없고 감지기 혹은 감지용 헤드가 화염으로 동작하면 델류지 밸브의 1, 2차측 수압의 불균형으로 크래퍼가 개방되어서 개방형 스프링클러 헤드로부터 일제살수가 발생하고 소화가 이루어지는 형식이다. 이 방식의 대표적인 경우가 일제살수식이다.

① 일제살수식(Deluge sprinkler system) : 대표적인 개방형 스프링클러 헤드 방식으로, 천장이 높은 장소와 화재가 급격히 확대될 수 있는 장소에 사용되며 대표적인 장소로는 무대, 특수한 공장, 창고 등 대량의 물을 동시에 살수하여야 하는 장소에 설치되는 소화설비이다.

6.2 스프링클러 소화설비 설치대상 및 헤드의 설치제외

(1) 설치대상

소방시설설치유지 및 안전관리에 관한 법률(이하 "법"이라 한다.) 제9조 제1항 및 동법률시행령(이하 영이라 한다.) 별표 4 소화설비의 소방시설 적용기준란 제3호의 규정에 따른 스프링클러설비는 이 기준에서 정하는 규정에 따라 설비를 설치하고 유지·관리하여야 하며, 스프링클러설비를 설치하여야 하는 특정소방대상물(가스시설 또는 지하구를 제외한다.)은 다음과 같다. 즉,

① 문화집회 및 운동시설(사찰·제실·사당 및 동식물원은 제외한다.)로서 다음에 해당하는 경우에는 전 층에 스프링클러설비를 설치하여야 한다.
  ㉠ 수용인원이 100인 이상인 것
  ㉡ 영화상영관의 용도로 쓰이는 층의 바닥면적이 지하층 또는 무창층인 경우 500제곱미터 이상, 그 밖의 층의 경우에는 1천 제곱미터 이상인 것
  ㉢ 무대부가 지하층·무창층 또는 4층 이상의 층에 있는 경우에는 무대부의 면적이 300제곱미터 이상인 것
  ㉣ 무대부가 ㉢호 외의 층에 있는 경우에는 무대부의 면적이 500제곱미터 이상인 것

② 판매시설 및 영업시설로서 다음에 해당하는 경우에는 전 층에 스프링클러설비를 설치하여야 한다.
  ㉠ 층수가 3층 이하인 건축물로서 판매시설 및 영업시설의 바닥면적 합계가 6천 제곱미터 이상인 것
  ㉡ 층수가 4층 이상인 건축물로서 판매시설 및 영업시설의 바닥면적 합계가 5천 제곱미터 이상인 것

㉢ 수용인원 500인 이상인 것

③ 층수가 11층 이상인 특정소방대상물의 경우에는 전 층

④ 다음의 어느 하나에 해당하는 경우에는 전 층에 스프링클러설비를 설치하여야 한다.

㉠ 노유자시설 또는「정신보건법」제3조 제2호에 따른 정신보건시설(이하 "정신보건시설"이라 한다.)로서 연면적 600제곱미터 이상인 것

㉡ 교육연구시설 중 숙박이 가능한 청소년시설로서 연면적 600제곱미터 이상인 것

⑤ 천장 또는 반자(반자가 없는 경우에는 지붕의 옥내에 면하는 부분)의 높이가 10미터를 넘는 래크식 창고(선반 또는 이와 비슷한 것을 설치하고 승강기에 의하여 수납물을 운반하는 장치를 갖춘 것을 말한다.)로서 연면적 1천5백 제곱미터 이상인 것

⑥ 지하가(터널을 제외한다.)로서 연면적 1천 제곱미터 이상인 것

⑦ 위 ①목 내지 ⑤목에 해당하지 아니하는 특정소방대상물(냉동창고를 제외한다.)의 지하층·무창층 또는 층수가 4층 이상인 층으로서 바닥면적이 1천 제곱미터 이상인 층

⑧ 위 ①목 내지 ⑦목의 특정소방대상물에 부속된 보일러실

⑨ 복합건축물 또는 교육연구시설 내에 있는 학생수용을 위한 기숙사로서 연면적 5천 제곱미터 이상인 경우에는 전 층에 스프링클러설비를 설치하여야 한다.

⑩ 위 ⑤목에 해당하지 아니하는 공장 또는 창고로서 다음의 어느 하나에 해당하는 시설에 스프링클러설비를 설치하여야 한다.

㉠「소방기본법 시행령」별표 2에서 정하는 수량의 1천 배 이상의 특수가연물을 저장·취급하는 시설

㉡「원자력법 시행령」제2조 제1호에 따른 중·저준위방사성폐기물(이하 "중·저준위방사성폐기물"이라 한다.)의 저장시설 중 소화수를 수집·처리하는 설비가 있는 저장시설

⑪ 교정시설 중 다음의 어느 하나에 해당하는 경우에는 해당 장소에 스프링클러설비를 설치하여야 한다.

㉠ 교도소(구치소·소년원·소년분류심사원을 포함한다.) 및 치료감호소의 수용거실

㉡「출입국관리법」제52조 제2항에 따른 보호장소(외국인보호소의 경우에는 피보호자의 생활공간으로 한정한다. 이하 같다.)로 사용하는 부분. 다만, 보호장소가 임차건물에 있는 경우는 제외한다.

㉢「경찰관직무집행법」제9조에 따른 유치장 등이다.

(2) 스프링클러 헤드의 설치제외

① 스프링클러설비를 설치하여야 할 소방대상물에 있어서 다음에 해당하는 장소에는 스프링클러 헤드를 설치하지 아니할 수 있다. 즉,

㉠ 계단실(특별피난계단의 부속실을 포함한다.)·경사로·비상용승강기의 승강장·파이프 피트 및 덕트 피트·목욕실·수영장(관람석 부분을 제외한다.)·화장실·직접 외기에 개방되어 있는 복도·기타 이와 유사한 장소

㉡ 통신기기실·전자기기실·기타 이와 유사한 장소

㉢ 발전실·변전실·변압기·기타 이와 유사한 전기설비가 설치되어 있는 장소

㉣ 병원의 수술실·응급처치실·기타 이와 유사한 장소

㉤ 천장과 반자 양쪽이 불연재료로 되어 있는 경우로서 그 사이의 거리 및 구조가 다음에 해당하는 부분

- 천장과 반자 사이의 거리가 2m 미만인 부분
- 천장과 반자 사이의 벽이 불연재료이고 천장과 반자 사이의 거리가 2m 이상으로서 그 사이에 가연물이 존재하지 아니하는 부분

㉥ 천장·반자 중 한쪽이 불연재료로 되어 있고 천장과 반자 사이의 거리가 1m 미만인 부분

㉦ 천장 및 반자가 불연재료 외의 것으로 되어 있고 천장과 반자 사이의 거리가 0.5m 미만인 부분

㉧ 펌프실·물탱크실·엘리베이터 권상기실 그 밖의 이와 비슷한 장소(개정 : 08.12.15)

㉨ 아파트의 세대별로 설치된 보일러실로서 환기구를 제외한 부분이 다른 부분과 방화구획되어 있는 보일러실

㉩ 현관 또는 로비 등으로서 바닥으로부터 높이가 20m 이상인 장소

㉪ 영하의 냉장창고의 냉장실 또는 냉동창고의 냉동실(개정 : 08.12.15)

㉫ 고온의 노가 설치된 장소 또는 물과 격렬하게 반응하는 물품의 저장 또는 취급장소

㉬ 불연재료로 된 소방대상물 또는 그 부분으로서 다음 각 목에 해당하는 장소

- 정수장·오물처리장 그 밖의 이와 비슷한 장소
- 펄프공장의 작업장·음료수공장의 세정 또는 충전하는 작업장, 그 밖의 이와 비슷한 장소
- 비불연성의 금속·석재 등의 가공공장으로서 가연성 물질을 저장 또는 취급하지 아니

하는 장소

ⓗ 실내에 설치된 테니스장 · 게이트볼장 · 정구장 또는 이와 비슷한 장소로서 실내 바닥· 벽· 천장이 불연재료 또는 준불연재료로 구성되어 있고 가연물이 존재하지 않는 장소로서 관람석이 없는 운동시설(지하층은 제외한다.)

② 제10조 제7항 제6호의 연소할 우려가 있는 개구부에 다음의 기준에 따른 드렌처설비를 설치한 경우에는 당해 개구부에 한하여 스프링클러 헤드를 설치하지 아니할 수 있다.

ⓐ 드렌처 헤드는 개구부 위측에 2.5m 이내마다 1개를 설치할 것

ⓑ 제어밸브(일제개방밸브· 개폐표시형 밸브 및 수동조작부를 합한 것을 말한다. 이하 같다.)는 소방대상물 층마다에 바닥면으로부터 0.8m 이상 1.5m 이하의 위치에 설치할 것

ⓒ 수원의 수량은 드렌처 헤드가 가장 많이 설치된 제어밸브의 드렌처 헤드의 설치개수에 $1.6m^3$를 곱하여 얻은 수치 이상이 되도록 할 것

ⓓ 드렌처설비는 드렌처 헤드가 가장 많이 설치된 제어밸브에 설치된 드렌처 헤드를 동시에 사용하는 경우에 각각의 헤드 선단에 방수압력이 0.1MPa 이상, 방수량이 80ℓ/min 이상이 되도록 할 것

ⓔ 수원에 연결하는 가압송수장치는 점검이 쉽고 화재 등의 재해로 인한 피해 우려가 없는 장소에 설치할 것

6.3 스프링클러설비의 소화특성

화재의 특성에 따라 적용되는 소화용 스프링클러가 갖추어야 할 중요한 소화특성은 화재감지 특성과 방사 특성의 두 가지로 크게 분류할 수 있다.

(1) 화재감지특성

① 1980년대에 미국, 영국 등 선진국에서 소화용 스프링클러 헤드의 개발에 가장 중요한 기술 중의 하나는 화재감지와 직결된 감도(sensitivity)를 확실하게 할 수 있는 방법을 찾는 것이었다. 따라서 주요 연구 중심은 감도 범위를 정하는 반응시간지수(response time index :

RTI)와 전도열전달계수(conductivity : C)를 규정하는 연구이다.

㉠ 반응시간지수는 스프링클러의 작동에 필요한 충분한 양의 열을 주위로부터 얼마나 빠른 시간 내에 흡수할 수 있는지를 나타내는 특성값으로서 가열공기의 온도 및 속도에 의해 결정된다.

㉡ 반응시간지수는 열기류 감도시험기와 같은 시험장치를 이용하여 측정하며, 반응시간지수의 값이 작을수록 감열체의 온도상승 비율이 커져 헤드가 조기에 작동하게 된다.

㉢ 전도열전달계수는 스프링클러 헤드의 주위로부터 흡수된 열량 중 스프링클러 배관 및 수로 등으로 방출되는 열손실량에 대한 특성값으로 값이 작을수록 전도열손실량이 적어져 헤드가 빨리 작동하게 된다.

② 화재 발생으로 생성된 열기류에 의한 스프링클러 헤드의 각 부분으로 열이 전달되는 방향을 간단하게 표시하면 그림 6.4와 같다.

③ 소화설비에서 화재감지는 매우 중요한 요소로서 자동식 스프링클러 소화설비의 경우에는 반응시간지수 등의 특성치를 개발하여 방호대상물의 화재특성에 따라 화재감지시간을 제어할 수 있도록 한다.

④ 인명안전 및 재산상의 손실을 감소시키기 위해서는 화재가 완전히 성장하기 전인 화재의 초기단계에서 소화작업이 이루어져야 하므로 스프링클러설비가 작동하는 시간과 직결되는 감도문제는 화재를 유효하게 제어 및 진압할 수 있는 전제조건이라고 할 수 있다.

⑤ ISO 기준에서는 스프링클러의 감도 범위를 그림 6.5와 같이 fast response, special response, standard response의 3개의 영역으로 분류하고 있다.

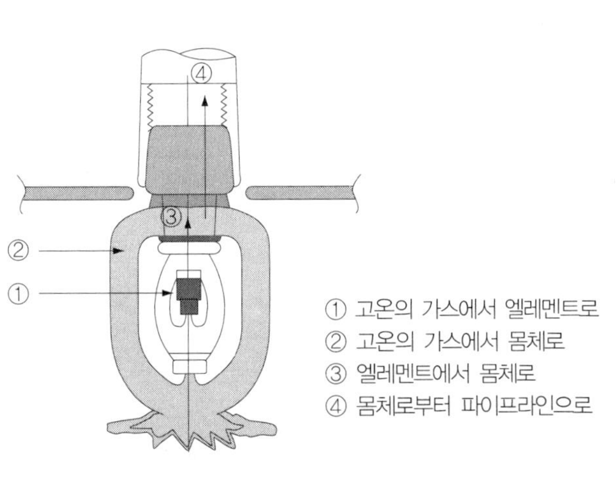

그림 6.4 스프링클러의 열전달 방향

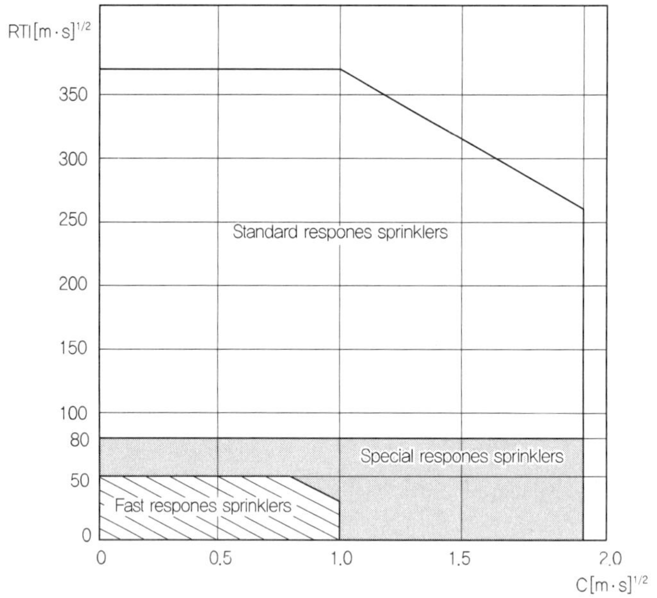

그림 6.5 스프링클러 헤드의 감도범위(ISO 규정)

(2) 방사특성 및 화재진압방법

스프링클러 소화설비의 소화방법으로는, 그림 6.6과 같이 화재로 인한 가연성 물질의 열방출비(heat release rate)을 감소시킬 수 있도록 물을 방사하여 주위 가연물질을 미리 물로 적심으로써 화재의 확산을 제어하고 소방대상물의 구조 및 피해가 최소화될 수 있도록 천장부의 온도를 일정온도로 제어하여 타 부분으로 연소가 확대되는 것을 방지하는 화재제어(fire control)방법과 스프링클러로부터 방사되는 물방울의 침투력을 증가시켜 방사된 물이 화염을 지나 연소하는 표면까지 충분히 도달하게 함으로써 열방출 비를 급격히 저하시켜 화재의 성장을 억제하거나 재연소를 방지하는 화재진압(fire suppression)방법으로 나눌 수 있다.

소요방사량이란 대상물의 위험도에 따른 화재특성과 관련된 것으로 소화목적을 달성하기 위하여 연소표면에 도달되어야 할 방사량을 의미한다. 실제 방사량은 방사 형태와 관련된 것으로 화재 시 발생하는 화염에 침투하여 실제로 연소 표면에 도달되어진 방사량을 의미한다. 특히, 실제방사량은 화재 시 형성되는 화재의 강도 및 열방출률에 의해 영향을 받을 뿐만 아니라 살수되는 물의 입자 크기와 운동량에 의해서도 영향을 받는다. 따라서 화재진압에 필요한 방사량의 크기는, 각 용도 및 화재하중에 따른 방호대상물의 소요방사량과 실제 소화작업에 필요한 실제방사량을 측정·비교하여 실제방사량이 소요방사량보다 많은 상태가 될 수 있도록 화재하

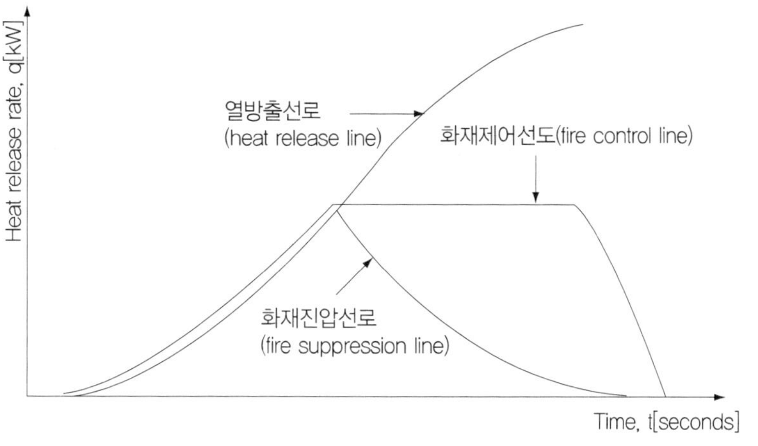

그림 6.6 화재의 제어 및 진압

중에 따른 소요량을 산출하여야 한다.

(3) 스프링클러설비의 장단점

시스템의 종류에 따라서 약간의 차이는 있으나 일반적으로 스프링클러 소화설비를 타 소화설비와 장단점을 비교하면 다음과 같다.

1) 장점

① 자동소화설비로서 사람이 없는 경우나 또는 야간에도 자동으로 화재를 방어하고 소화한다.

② 화재의 초기진압에 절대적으로 유리하다.

③ 감지부의 구조가 기계적이므로 오보 및 오동작이 적은 편이다.

④ 시설이 반영구적이며, 조작이 비교적 쉽고 안전하다.

⑤ 소화약제가 물이므로 경제적이고 소화 후 복구가 용이하다.

2) 단점

① 설비 초기 및 시설 투자비용이 많이 들어간다.

② 타 소화설비보다 시공이 비교적 어렵고 복잡한 편이다.

③ 유지관리에 주의를 요하며, 상시 동작상태가 양호한지 유념해야 한다.

④ 화재의 진압과정에서 물을 사용하므로 물로 인한 수손 피해가 크다.

6.4 스프링클러설비의 주요 구성요소

자동식 스프링클러 소화설비는 시스템의 종류에 따라 주요 구성요소가 차이는 있으나, 전체적인 작동원리에 있어서는 별다른 차이는 없다. 따라서 이 절에서는 주요 구성요소 중에서 스프링클러 헤드와 유수검지장치에 대하여 설명하고 기타 구성요소에 대해서는 스프링클러 시스템의 종류와 작동원리를 기술하는 절에서 설명하도록 한다.

(1) 스프링클러 헤드

화재를 감지하고 소화수를 방사하는 가장 중요한 기능을 가진 것으로는 스프링클러 헤드가 있고, 헤드는 특성에 따라 그 종류가 다양하며 몇 가지 살펴보면 그림 6.7과 같다. 이때 스프링클러 헤드를 연결하는 조인트(SP JOINT)류는 그림 6.8과 같고, 습식 스프링클러설비의 지관에 주로 사용되는 조인트의 경우 내식성이 우수한 재질을 사용하여야 장기간 사용 시 부식으로 인한 배관 누설 피해를 방지할 수가 있다. 대표적인 스프링클러 헤드에 종류별 특성의 설명은 다음과 같다. 즉,

(a) 하향형 헤드 (b) 원형 헤드 (c) 상향형 헤드 (d) 측벽형 헤드 (e) 조기진압형 헤드

(f) 살수헤드 (g) 플러시 헤드 (h) 드라이팬던트 헤드 (i) 컨실드 헤드 (j) 프리액션 헤드

그림 6.7 스프링클러 헤드

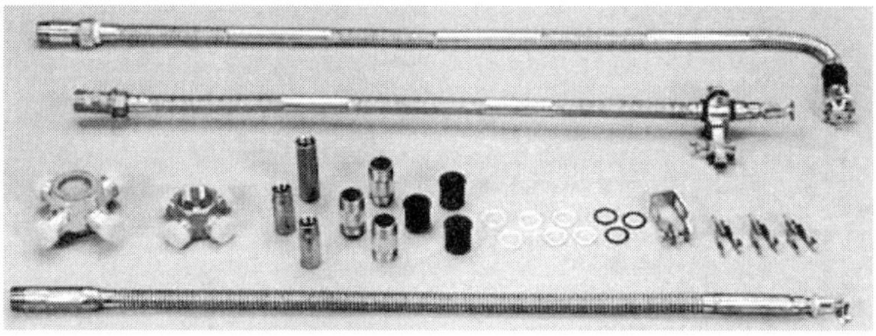

그림 6.8 스프링클러 조인트(SP JOINT)류

1) 감도 특성에 의한 스프링클러 헤드

① 속동형 스프링클러(fast response sprinkler) : 속동형 또는 조기작동형 스프링클러라고 하며, 그림 6.5에 나타난 반응시간지수가 $50(m \cdot s)^{1/2}$보다 작고 전도열전달계수(C)의 값이 $1.0(m/s)^{1/2}$ 이하인 스프링클러 헤드를 말한다.

② 특수형 스프링클러(special response sprinkler) : 특수용도의 방호를 위하여 사용되는 스프링클러 헤드의 일종으로서 반응시간지수가 $50 \sim 80(m \cdot s)^{1/2}$ 이내인 스프링클러 헤드를 말한다.

③ 일반(표준)감도형 스프링클러(standard response sprinkler) : 일반적으로 널리 사용되고 있는 화재제어용 스프링클러로서 반응시간지수가 $80 \sim 350(m \cdot s)^{1/2}$ 이내이며 전도열전달계수가 $2.0(m/s)^{1/2}$를 초과하지 않는 스프링클러 헤드이다.

2) 감열부의 종류에 의한 스프링클러 헤드

① 휴즈블 링크 스프링클러(fusible element sprinkler) : 스프링클러의 감열부가 저용융 합금으로 되어 열에 의하여 용융되어 오리피스가 개방되는 스프링클러 헤드로서 그림 6.9(a)와 같다.

② 유리벌브 스프링클러(glass bulb sprinkler) : 유리벌브(glass bulb) 내부에 있는 유체가 열에 의한 팽창으로 유리벌브 내부 압력이 증가하면서 유리벌브가 파괴되어 오리피스가 개방되는 형식의 스프링클러 헤드로서 감열부의 종류에 따른 스프링클러의 종류는 그림 6.9(b)와 같다.

3) 방사 형태에 의한 스프링클러 헤드

① 보통형 스프링클러(conventional sprinkler) : 방호구역의 천장부분에 설치되어 총방사량의 40~60%를 하방향 및 상방향(천장부분)으로 각각 방사하며[그림 6.11(a)], 구형(球形)의 방사형태를 갖는 스프링클러 헤드이다. 일명 상향식 스프링클러라고 하고 그림 6.7(c)가 그것이다.

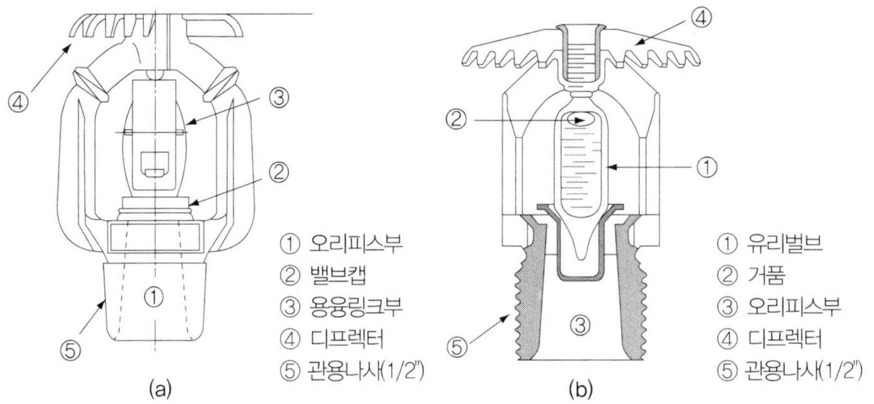

그림 6.9 감열부 종류에 따른 스프링클러 헤드부의 상세

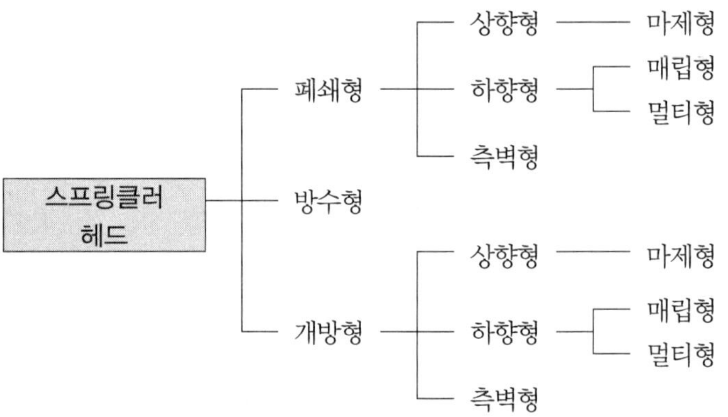

그림 6.10 스프링클러 헤드의 방사 형태에 따른 분류

② 분사형 스프링클러(spray sprinkler) : 방호구역의 천장부분에 설치되어 총방사량의 80~100%를 하방향으로만 물을 방사하여 광범위한 화재위험에 대해 화재제어를 제공할 수 있는 성능을 갖고 있으며[그림 6.11(b)], 포물선형의 방사형태를 갖는다. 일명 하향형 스프링클러라고 하며 그림 6.7(a)가 그것이다.

③ 수평분사형 스프링클러(flat spray sprinkler) : 방호구역의 천장부분에 설치되어 총방사량의 60~80%를 하방향으로 방사하고 상방향으로도 일부 물을 방사하여 포물선형의 방사형태를 갖는 스프링클러 헤드로, 일명 상향형 스프링클러[그림 6.7(c)]라고 한다.

④ 측벽형(sidewall sprinkler) : 방호구역의 측면에 설치되어 한쪽 방향으로 물을 방사하여 반포물선형의 방사형태를 갖는 스프링클러 헤드[그림 6.7(d)]를 말한다.

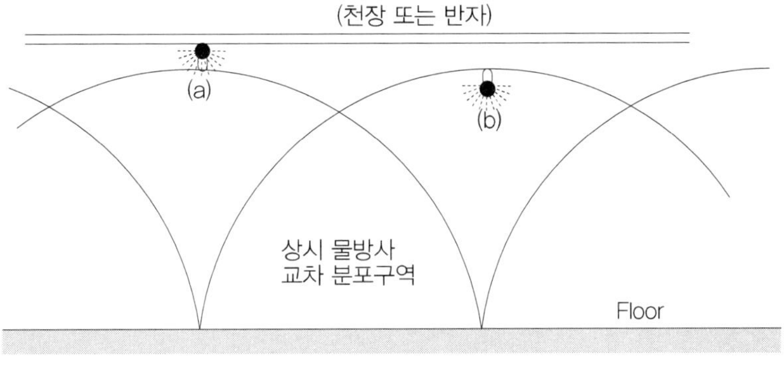

그림 6.11 스프링클러의 방사분포

4) 사용목적에 의한 스프링클러 헤드

① 표준형(standard sprinkler) : 표준 스프링클러의 감도 특성 및 스프레이형의 방사 형태를 갖고 있으며, 스프링클러 헤드 1개당 방호면적이 일정한 범위 이내에서 화재제어용으로 사용되는 스프링클러 헤드를 말한다[그림 6.7(a)].

② 확장형(extended coverage sprinkler) : 스프레이형의 방사형태를 갖는 스프링클러 헤드로서 1개당 방호면적이 표준형 스프링클러보다 넓은 공간의 화재를 제어하기 위하여 개발된 스프링클러이며, 표준 감도 또는 속동형 감도특성을 갖는 스프링클러 헤드를 말한다[그림 6.7(b)].

③ 주거용(residential sprinkler) : 주거용도의 인명안전을 위하여 사용되는 화재제어용 스프링클러로서 속공형의 감도특성을 갖고 있으며, 표준 스프링클러보다 벽면을 더 높이 적시는 방사형태로 물을 방사하며 주거부분의 화재를 제어하는 스프링클러 헤드로서 동작시간이 기타 스프링클러보다 짧다.

④ 화재조기진압형 스프링클러(early suppression fast response spinkler : ESFRS) : 일정 규모의 래크식 창고(rack storage)를 방호하기 위하여 개발된 스프링클러 헤드로서 래크식 창고(12.2m 이하)의 천장부분에만 헤드를 설치하여 화재를 초기에 감지, 진압하는 스프링클러이다. ESFRS 스프링클러의 개념은 화재가 심하게 확산되기 전에 초기단계에서 충분한 물이 화염을 뚫고 가연물의 연소면에 도달할 수가 있어 적은 수의 스프링클러 헤드의 개방으로도 화재를 약화시키고, 물로 인한 피해를 적게 하여 화재를 진압할 수 있는 스프링클러 헤드[그림 6.17(e)]이다.

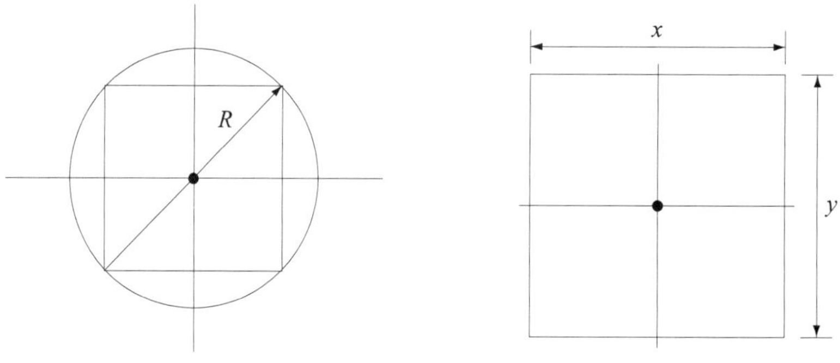

(a) Standard Sprinkler (b) Extended Coverage Sprinkler

그림 6.12 스프링클러 헤드의 방호공간

5) 특수형 스프링클러 헤드

① 건식 스프링클러(dry type sprinkler : pendent/upright) : 스프링클러 헤드 본체에 특수배관이 연결되어 있는 헤드로서 동파방지를 위하여 특수 배관 내에 질소가스 또는 부동액 등이 충전된 스프링클러 헤드이며, 준비작동식 및 건식 스프링클러설비 등의 가지배관에 직접 설치하여 사용하는 스프링클러 헤드이다[그림 6.7(h)].

② 반매입형 스프링클러(flush sprinkler) : 방호구역의 천장부분에 설치된 반자를 중심으로 하여 감열부분을 제외한 스프링클러 헤드의 본체부분은 반자 내부에 설치되고 감열부분은 반자 아래에 설치되어 감열부분만 방호구역에 노출시키는 스프링클러 헤드를 말한다[그림 6.7(g)].

③ 매립형 스프링클러(recessed sprinkler) : 스프링클러 헤드의 본체 일부 또는 전부가 반자의 오목하게 들어간 부분에 설치되는 스프링클러 헤드[그림 6.7(g)]이다.

④ 은폐형 스프링클러(concealed sprinkler) : recessed sprinkler에 보호판(cover plate)을 설치한 스프링클러 헤드로서 화재 발생 시 보호판이 먼저 이탈된 후 오리피스가 개방되는 스프링클러 헤드[그림 6.7(i)]이다.

⑤ 유동 제어 스프링클러(flow control sprinkler : on-off식) : 스프링클러가 화재를 감지하여 소화작업을 실시한 후에도 지속적으로 방사되는 물로 인한 피해를 감소시키기 위해 개발된 스프링클러로서, 방호구역 내의 온도를 감지하는 감열부분이 스프링클러의 오리피스를 개폐하는 작동부와 연결되어 있다. 소화작업 후 주위 온도가 일정 온도 이하가 되었을 때 스프링클러로부터 방수를 자동으로 차단할 수 있는 스프링클러 헤드이다.

⑥ 다중-오리피스형 스프링클러(multi-orifice sprinkler) : 제한된 방호구역 범위 이내에서 사용되는 스프링클러로서 두 개 이상의 오리피스로부터 물을 방사하는 스프링클러를 말한다.

⑦ 코팅형 스프링클러(coated sprinkler) : 부식성 가스가 많이 발생되는 방호대상물에 사용할 수 있도록 폴리에스터(polyester), 테플론(teflon), 왁스(wax) 등의 방식재료로 코팅 제작한 내식성의 스프링클러 헤드를 말한다.

⑧ 속동형 스프링클러 헤드(fast response sprinkler) : 반응시간지수(response time index)가 $50(m \cdot s)^{1/2}$보다 작고, 전도 열전달계수 값이 $1.0(m/s)^{1/2}$ 이하인 스프링클러 헤드로서 화재 시 표준형 스프링클러 헤드보다 빠르게 작동한다. 화재 초기에 작동하는 이러한 헤드는 초기 소규모 화재를 효과적으로 진압하기 위한 것이다. 따라서 연소속도가 빠른 화재의 진압 또는 연소 확대를 방지하기 위하여 사용한다.

⑨ 즉동형 스프링클러 헤드(quick response sprinkler) : 의료시설, 고층건물, 아파트 등에서 인명 안전을 위해 표준형 스프링클러 헤드보다 더 빠르게 작동하여 신속히 화재를 제어하고, 연소 확대를 방지하기 위한 헤드로서 감열소자 표면적과 열량의 비가 클수록 더 빨리 작동한다. 이 헤드는 써머스타트를 이용하여 전자 뇌관(squib)을 작동시켜 헤드를 개방한다. 이 헤드는 화재 시 너무 많은 헤드가 개방되어 수손을 일으킬 우려가 있다.

(2) 유수검지장치

스프링클러 소화설비는 화재를 가장 확실하고 효과적으로 소화할 수 있는 자동소화설비로서, 소화약제로 사용하는 물은 자연에 대량으로 존재하며 값싸게 사용할 수 있는 것 등 많은 장점을 가지고 있다. 이러한 이유로 스프링클러설비가 개발된 이래 지금까지도 새로운 스프링클러설비 방식을 개발하기 위한 연구가 계속 진행되고 있다. 특히 국내외의 보험회사들은 스프링클러설비가 설치된 소방대상물에 대해서는 파격적인 보험료 할인 혜택을 주고 있어 이 설비가 더욱 널리 사용되는 것을 촉진시키고 있으며, 미국에서는 원자력발전소 케이블 화재 시 이산화탄소소화설비가 화재를 진압하지 못한 이후, 실험을 통하여 스프링클러 소화설비가 케이블 화재에도 효과적인 결과를 얻자 스프링클러 소화설비를 더욱 신뢰하고 있다.

스프링클러 소화설비의 구성요소에서 헤드 못지않게 중요한 기능과 역할을 하는 것이 유수검지장치와 일제개방밸브라 할 수 있다. 유수검지장치의 종류에는 습식 유수검지장치, 건식 유수검지장치, 준비작동식 유수검지장치가 있으며 이들 장치는 유수현상을 자동으로 검지하여 신호와 경보를 발하는 기능을 가지고 있다. 이와 비슷한 기능과 구조로 일제개방밸브의 경우 스프링클러 소화설비는 물론, 물분무 소화설비, 포말 소화설비에도 사용하는 밸브로서 화재감지기의 작동에 의해서 화재의 발생을 감지하여 기동장치에 의하여 유수검지밸브가 작동하는 구조로 되어 있는 것을 말한다. 즉 화재 경계 구역에 설치된 감지기 또는 기타의 감지장치(스프링클러 헤드)가 화재를 감지하면 유수검지장치 또는 일제개방밸브가 작동하게 되어 스프링클러 소화설비의 가압송수장치가 작동하게 되면서 설비 시스템이 제 기능을 발휘하게 된다. 일반적으로 스프링클러 소화설비의 종류를 분류하는 경우에는 유수검지장치의 종류에 따라 그림 6.13과 같이 시스템을 구분하고 그 특성을 알아보면 다음과 같다.

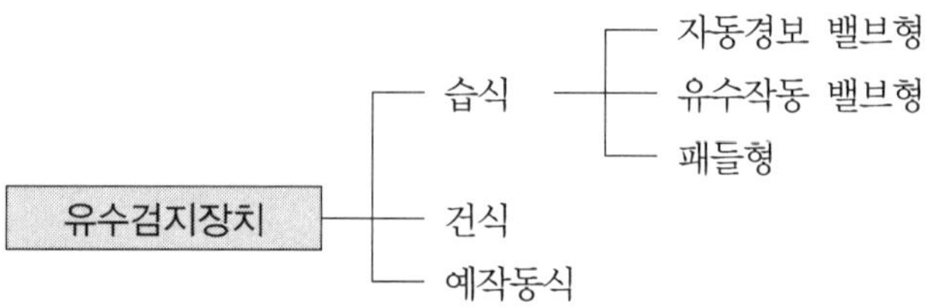

그림 6.13 유수검수장치의 분류

1) 습식 유수검지장치(알람밸브 경보체크밸브)

습식 유수검지장치는 습식 스프링클러 소화설비 또는 포말 소화설비에 사용되는 자동경보밸브로서 1차측과 2차측에 가압수 또는 가압된 포수용액이 가득 채워진 상태에서 감지폐쇄형 헤드의 작동으로 2차측의 압력저하로 이어져 경보밸브시트(클래퍼)가 개방되고 가압수가 2차측으로 유수하는 검지장치로서, 파일럿형과 분리시트링형(그루브시트형)의 두 가지 종류가 있다.

① 파일럿형 경보체크밸브

경보체크밸브는 제조업체에 따라 외형의 차이는 있으나 기본적인 작동원리는 동일하다. 파일럿형 경보체크밸브의 기본구조는 그림 6.14(a)와 같고, 클래퍼는 금속으로 된 것과 한쪽이 힌지로 된 고무제품의 클래퍼가 있다. 주클래퍼의 반대쪽 말단에 파일럿밸브가 부착되어 있고, 파일럿밸브는 스프링에 의해 하중을 받는 피스톤 또는 다른 메커니즘으로 작동이 될 수 있도록 설치되어 있으며, 주클래퍼는 파일럿밸브의 개방이 없이도 약간 움직일 수 있도록 되어 있다. 이와 같은 구조는 주클래퍼가 서징현상으로 움직여 약간의 물이 누수되더라도 경보장치에 연결된 파일럿밸브로 물의 유출을 방지하기 위함이다.

스프링클러 헤드가 작동하면 약 0.1MPa(1kg/cm^2)에서 82ℓ/min, 0.05MPa(0.5kg/cm^2)에서는 약 38ℓ/min의 유량이 발생하게 되므로 밸브시트에 있는 주클래퍼가 열리게 된다. 이때 일부의 물은 파일럿밸브를 통하여 흐르게 되고 곧이어 경보장치가 경보를 울린다. 이 경우 경보장치의 작동범위는 최소 6g/min에서 최대 24g/min으로 시스템의 정압상태에 따라서 다르다. 즉 화재 시 스프링클러 헤드의 파열로 2차측의 압력이 저하됨으로써 알람밸브 디스크가 개방됨과 동시에 가압송수장치가 기동하여 2차측(헤드 측)으로 가압수를 방수하고 알람스위치는 이 흐름을 감지하여 화재경보를 울리고 수신반에서도 경보램프로 확인할 수 있도록 되어 있다.

알람체크밸브의 세팅 및 작동관계를 알아보면, 소화동작 후 1차측 주밸브와 경보체크밸브를 닫고 주 드레인 밸브를 개방하여 2차측 배관을 완전하게 드레인시킨 다음, 손상된 헤드를 교체

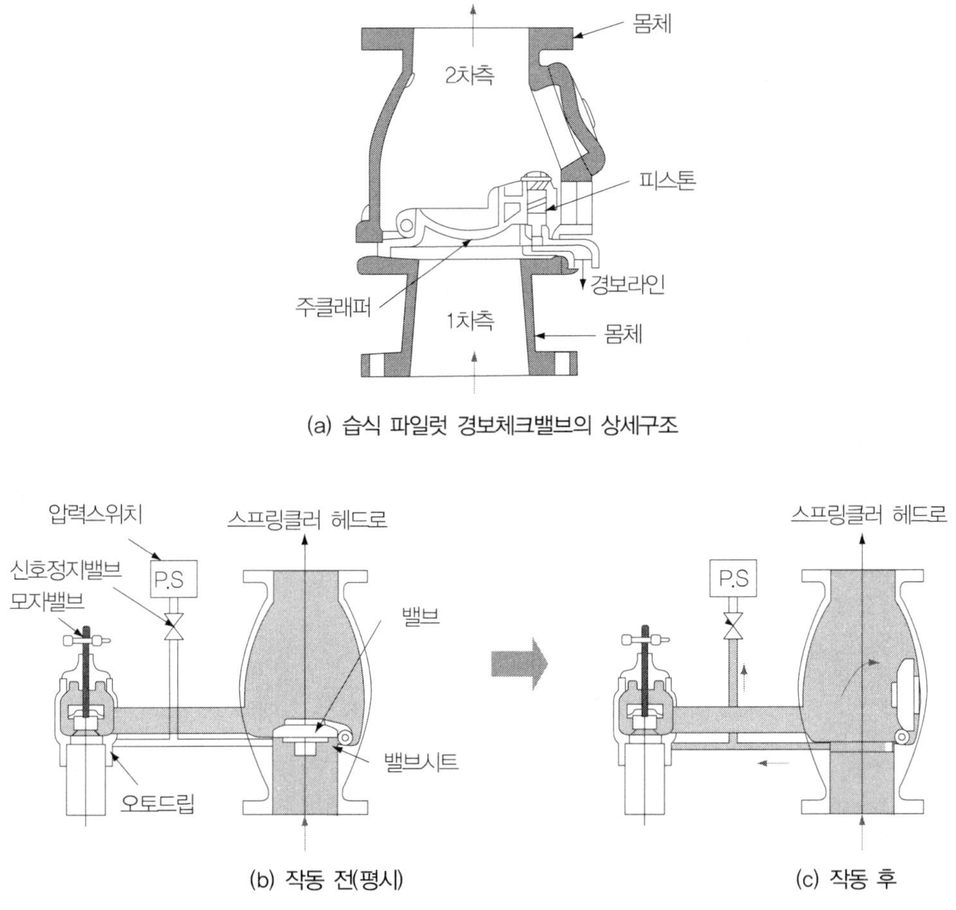

그림 6.14 습식 유수검지장치의 구조와 동작

한다. 이어서 경보체크밸브를 폐쇄시킨 후 1차측 메인밸브를 서서히 개방하여 관 내를 다시 충수시킨다. 1, 2차측의 압력이 같아지게 되면 경보체크밸브는 자동으로 폐쇄되며 동시에 가압송수장치도 정지하게 된다. 그리고 경보체크밸브를 개방하여 누수에 의한 디스크의 개방 및 경보가 없음이 확인되면 완전하게 세팅이 완료된다.

② 분리시트링형 경보체크밸브

분리시트링형 경보체크밸브의 경우 한쪽에 힌지가 달린 주클래퍼는 파일럿형 경보체크밸브와 같지만, 물의 출구와 유체의 통로 배열이 다르다. 경보장치로 통하는 개구부는 클래퍼로부터 먼 시트 측에 있고 시트 속의 그루브(groove)에 여러 개의 작은 구멍으로 되어 있고, 이 클래퍼는 항상 고무 또는 네오프렌(neoprene) 시트 위에 있게 된다. 클래퍼의 경보체크밸브 측은 급수 측보다 약간 크므로 차압밸브의 일종이라 할 수도 있다. 이 크기의 차이가 체크밸브 기능을 주어 주클래퍼 밸브를 움직이는 수격과 약간의 파동에 대항하며 경보장치로 물을 흐르게 한다. 경보체크 분리시트링형은 고압으로 인한 수격이 우려되는 곳에서 자주 사용되고 있다.

2) 건식 유수검지장치

건식 유수검지밸브는 그림 6.15에서 보는 바와 같이 공기(또는 질소)와 물을 동시에 사용할 수 있는 일체형 시트로 구성되어 있는 밸브로 습식밸브를 개선한 것으로 보면 된다. 낮은 온도 유지가 가능하여 동파의 우려가 있는 건물에 사용하기 위해 개발된 것이다. 초기(1885년)에 차압밸브로 특허를 받아 사용된 후 여러 종류의 건식밸브가 개발되어 사용되고 있다. 습식과 특별한 차이점은 건식밸브의 경우 습식에서 2차측 물 대신 압축공기가 충전된다는 점이다. 이때, 1차측 수압과 2차측 가압공기 압력비율은 약 6 대 1 정도의 비를 가진다. 그리고 주변기기로 사용되는 공기 압축기는 적어도 30분 이상 시스템에 정상 압력을 공급할 수 있는 용량 이상의 것을 설치해야 한다.

일반적으로 건식밸브는 두 개의 클래퍼(clapper)와 시트링(seat ring)으로 된 차압식의 건식 밸브형식이고 공기압을 제지시키는 상부시트는 수압을 제지시키는 하부시트보다 더 크다. 상부에 있는 시트가 큰 이유는 낮은 공기압으로도 높은 수압을 저지하기 위해서이다. 즉 면적이 크면 단위면적당 동일 압력에 대하여 큰 힘이 걸리기 때문이다. 건식밸브의 물 공급압력은 어떠한 경우에도 밸브클래퍼가 닫힌 상태에서 시스템 파이프 내부에서 60psi의 압력을 절대로 초과해서는 안 된다. 특히, 건식시스템은 습식시스템에 비해 화재 초기에 소화진압 시간이 늦기 때문에 이를 보완해 주기 위하여 급속개방장치가 필요하다. 그러나 모든 건식밸브가 급속개

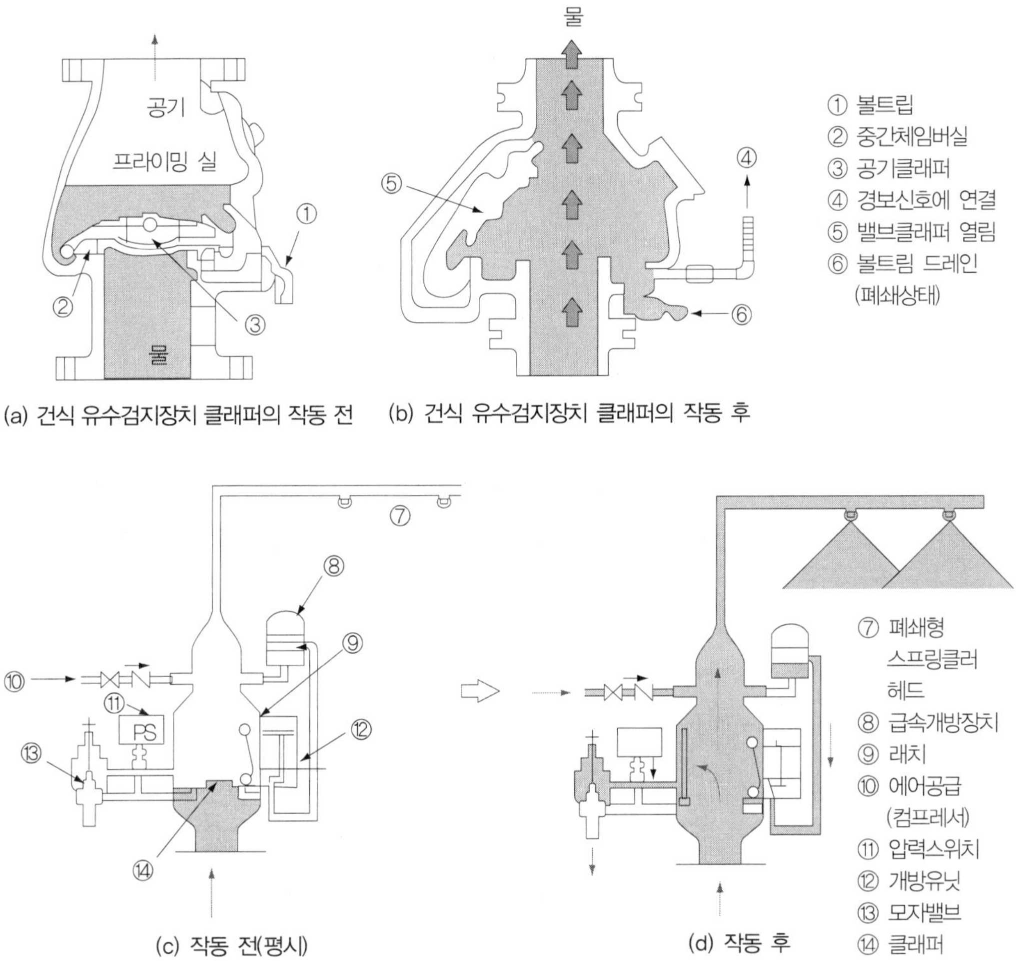

(a) 건식 유수검지장치 클래퍼의 작동 전 (b) 건식 유수검지장치 클래퍼의 작동 후

(c) 작동 전(평시) (d) 작동 후

그림 6.15 건식 유수검지장치의 구조와 동작

방장치가 필요로 한 것은 아니며, 시스템이 클수록 공기압 감소력의 둔화로 건식시스템의 작동을 늦추게 되기 때문이다. 통상은, 국제화재방지협회(National Fire Protection Association : NFPA) 13 기준에 의하면 500갤런 이상의 건식시스템에서 급속개방장치가 필요한 것으로 되어 있다. 이 장치는 건식밸브 2차측에 설치하며 클래퍼를 신속하게 개방시키기 위한 보조장치이고, 사용되는 대표적인 것으로는 액셀러레이터(accelerator)와 이그조스터(exhauster)가 있다.

3) 준비작동식 유수검지장치

준비작동식 유수검지장치는 그림 6.16에서 보는 바와 같이 1차측에 가압수를 채우고 2차측에 공기나 질소를 저압 또는 대기압으로 유지한 상태에서 자동화재 탐지설비의 감지기, 화재감지용 헤드, 그 밖의 감지장치의 작동에 의하여 밸브시트가 개방되어 가압수를 2차측으로 유출하는 장치를 말한다.

화재감지에는 일반적으로 감지기를 사용하므로 감응지수가 스프링클러 헤드보다 빠른 점을 이용한 방식이다. 즉 감지기가 스프링클러 헤드보다 빠르게 먼저 화재를 감지함으로써 전자밸브의 개방으로 준비작동식 유수검지장치를 작동하게 되고, 방호구역 내에 설치되어 있는 스프링클러 헤드 말단까지 가압수를 채운 후 화재로 실내온도가 계속 상승하면 스프링클러 헤드의 감열부가 파열되어 가압수를 방출시키는 구조가 준비작동식 유수검지장치이다.

일제개방밸브와 유사하나 2차측의 구성을 어떻게 하느냐에 따라서 준비작동식과 일제개방식으로 구분이 된다. 준비작동식에 사용하는 유수검지장치는 플라이밍 워터(priming water)를 채우는 별도의 체임버가 있다. 준비작동식 유수검지장치에는 공기식·전기식·기계식(수압식)

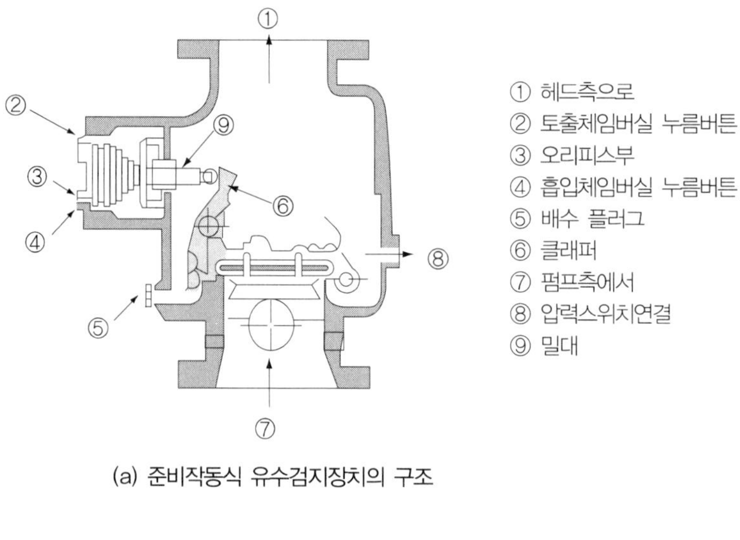

(a) 준비작동식 유수검지장치의 구조

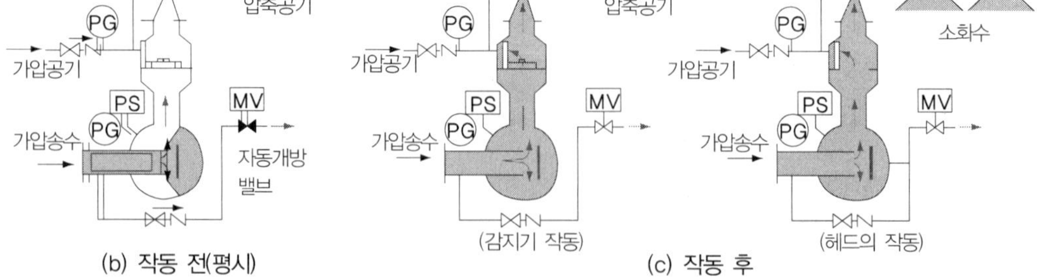

(b) 작동 전(평시) (c) 작동 후

그림 6.16 준비작동식 유수검지장치의 구조 및 동작

밸브의 종류가 있으며, 동작원리는 다음의 일제살수식 개방밸브 동작내용을 살펴보면 쉽게 구분하여 이해할 수가 있게 된다.

(3) 일제살수식 개방밸브

그림 6.17과 같이 일제살수식 개방밸브를 사용하는 스프링클러 소화설비에서 인화성 액체, 목가공 공장, 냉각탑, 폭발물을 취급하는 무기공장, 항공기 격납고 등과 같이 화재가 급격히 확산될 우려가 있는 장소에 주로 설치하는 소화설비이다. 이들 용도는 화재 발생 시 개개의 스프링클러 헤드가 녹아 작동되는 습식 스프링클러설비로는 화재를 효과적으로 제어할 수 없기 때문이다. 이 설비의 중요한 특징은 개방형 스프링클러 헤드나 노즐을 갖추고 있으며, 스프링클러 헤드와 노즐에는 감열부가 없어 화재를 자동으로 감지할 수 없어서 별도의 감지장치를 갖추고 있다는 점이다. 따라서 감지설비에 의해 일제살수식 개방밸브가 작동하며, 일제개방밸브에 연결된 각 방출장치인 개방형 노즐을 통해 소화약제를 살수하게 된다. 특히, 넓은 방호공

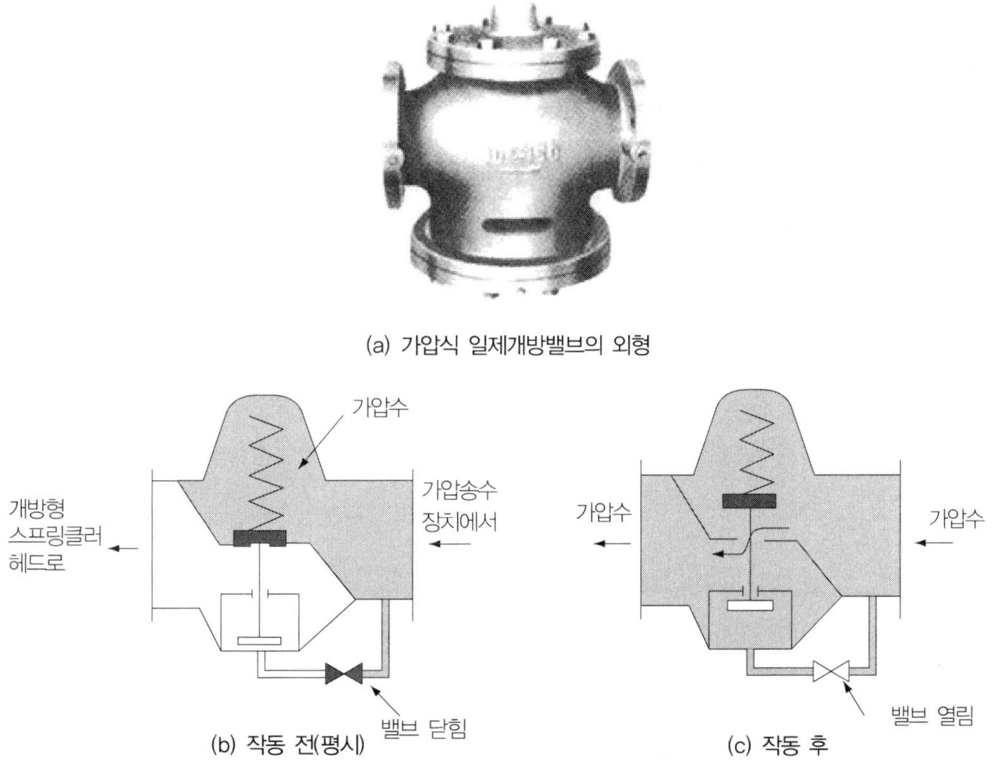

그림 6.17 가압작동식 일제개방밸브의 외형 및 동작

간에 동시에 소화약제를 살수시킬 수 있는 공간에 유용하게 사용된다.

화재가 항공기 격납고와 같은 곳에 발생할 경우는 넓은 면적을 동시에 방호하기 위하여 일제살수밸브가 동시에 열릴 때 모든 스프링클러에서 방출되는 물이 다량이므로 별도의 배수설비가 필요하다. 또한 이 설비를 항공기 격납고에 설치하는 경우 기계포 약제혼합설비를 동시에 갖추는 것이 대부분이다. 그리고 NFPA 13 기준에서는 20개 이상의 스프링클러 헤드가 있는 방호공간에는 감시설비를 설치하도록 되어 있다.

일제살수식 스프링클러 소화설비 시스템에서 작동방법에 따른 유수검지장치별 동작기능을 설명하면 다음과 같다.

1) 전기작동식

평상시 클래퍼는 벨브 1차측의 수압을 전기적인 장치로 구속하여 개방되지 못하도록 하고 있다. 화재 시 감지기로부터 화재신호가 발신되면 전기적으로 클래퍼를 구속하고 있던 잠금장치가 해제되어, 결국 클래퍼가 1차측의 수압에 의하여 개방된다. 이때 클래퍼가 열리면서 가압수의 일부가 경보용으로 추출되어 경보를 발신하게 된다.

그림 6.18은 전기작동식 일제살수밸브의 구조를 보여주고 있다. 이 전기적 작동의 장점은 감지기가 작동되면 감지설비를 통한 신호의 전달 및 동작을 포함한 전체 응답시스템의 작동이 신속하게 이뤄지는 데 있다. 따라서 전기작동식 일제살수밸브의 작동을 보장하는 것은 비상축전지나 비상전원을 신뢰성 있게 공급하는 일이 매우 중요하다.

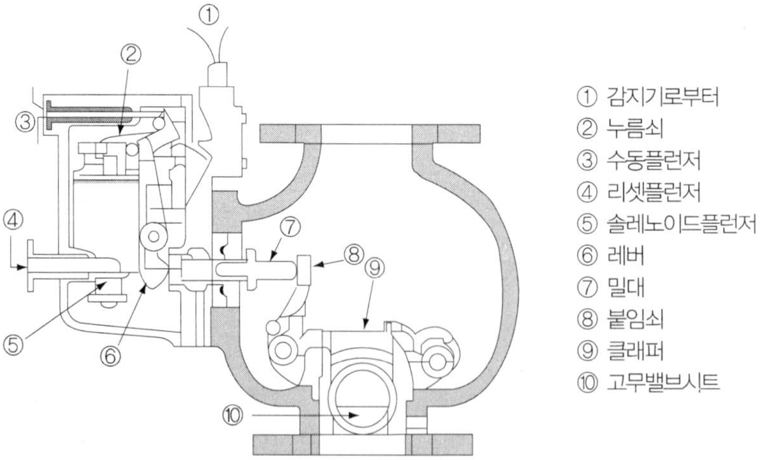

그림 6.18 전기작동식 일제살수밸브의 구조

2) 공기작동식

그림 6.19는 공기작동식 일제살수밸브 시스템을 보여주고 있다. 이 공기작동식은 통상 온도 상승에 의해 작동하는 공기관 차동식 감지기와 일체로 구성되어 있으며, 일제살수밸브의 작동은 기본적으로 공기의 방출에 의한 기계적인 방법을 채택하고 있다. 공기관은 지름 3mm의 동관으로 회로당 5~6개의 차동식 감지기가 설치되고 공기감지기와 공기관 회로는 소량의 공기나 질소(보통 1.5psi)가 충전된다. 따라서 감지기가 파손되어 누설되거나 공기관이 새면 감지를 할 수 없게 되므로 감지압력이 설정압력보다 낮아질 때는 고장 신호가 발하게 된다.

화재 시 발생하는 열은 차동식 감지기 및 동관의 설정된 압력과 부피를 증가시키는 원인이 되므로 높아진 압력에 의한 충격력은 수은검지장치가 있는 매니폴드나 헤더로 신호를 보내 다이어프램을 작동시킬 수 있도록 되어서 물이 입상관으로 흐르도록 한다. 이때 다이어프램 방출 기능은 공기감지기와 하나의 회로인 설비에서 보상배기장치를 갖추도록 하고 있다. 보상배기장치는 주위 온도의 변화로 일어날 수 있는 공기팽창을 배출하도록 감지회로에 설치한다. 이것은 대기상태에서 일제살수밸브의 작동을 막는 역할을 하기 때문이다.

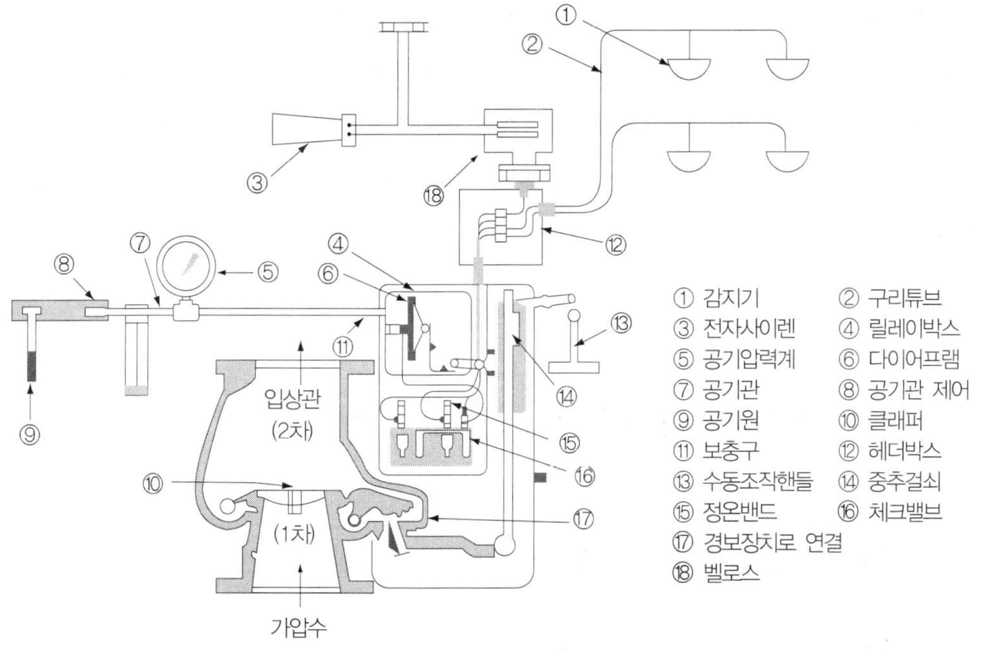

그림 6.19 공기작동식 일제살수밸브 시스템의 동작

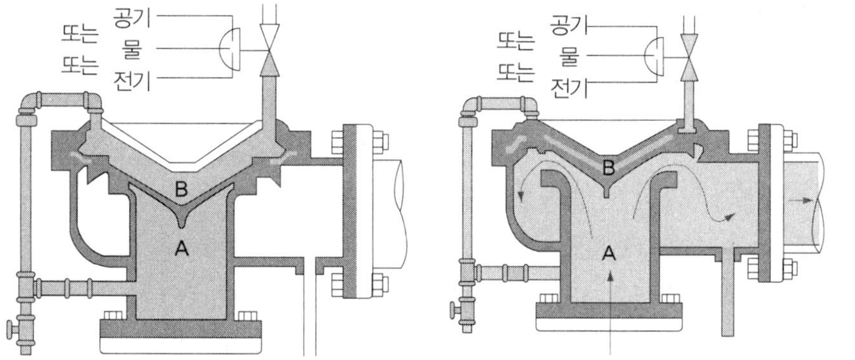

(a) 작동 전(평시)

(b) 작동 후

그림 6.20 수압식 일제개방밸브의 구조 및 작동

3) 수압작동식

그림 6.20(a)는 평시 준비상태에서 수압작동식 일제살수밸브의 체임버 A, B가 같은 수압상태임을 보이고 있다. 이때 체임버 B는 압력에 노출된 클래퍼의 표면적이 더 크므로 이 압력이 클래퍼를 폐쇄상태로 유지시키면서 물이 입상관으로 들어가지 않도록 하게 된다. 만약 감지기에서 화재 발생이 감지되면 감지설비에 연결된 밸브의 작동으로 수압이 체임버 B로 방출되며, 수압이 입구 오리피스를 통하게 되므로 수압은 같아지지 않게 되어 패쇄된 클래퍼가 위로 올라가 물이 관을 통해 흐르게 된다. 이어서 밸브를 통하여 물이 일제살수설비의 입상관으로 들어가 일제살수설비의 모든 스프링클러 헤드로부터 유출하게 된다. 그림 6.20(b)에서 보듯이 낮아진 압력이 밸브 아래쪽에 있는 바이패스 물 라인에 있는 제한오리피스에 의해 체임버 B가 계속 유지된다.

6.5 일반 스프링클러설비 시스템의 종류와 동작

(1) 습식 스프링클러설비 시스템

1) 동작원리

스프링클러 소화설비 중에서 가장 먼저 개발된 시스템으로 신뢰성이 가장 우수하고 설비구성도 다른 설비방식보다 비교적 간단한 시스템으로, 가장 많이 사용하는 스프링클러 소화설비의 표준 설비방식이다. 사용되는 헤드는 폐쇄형이고 동작 시 전 배관 내에 가압수가 이미 충만되어 있어서 화재 발생의 감지와 동시에 즉시 설비가 작동, 일정한 분사패턴을 이루며 소화하게 되는 시스템이다. 습식 스프링클러설비(wet-pipe type sprinkler system)는 설치장소의 온도

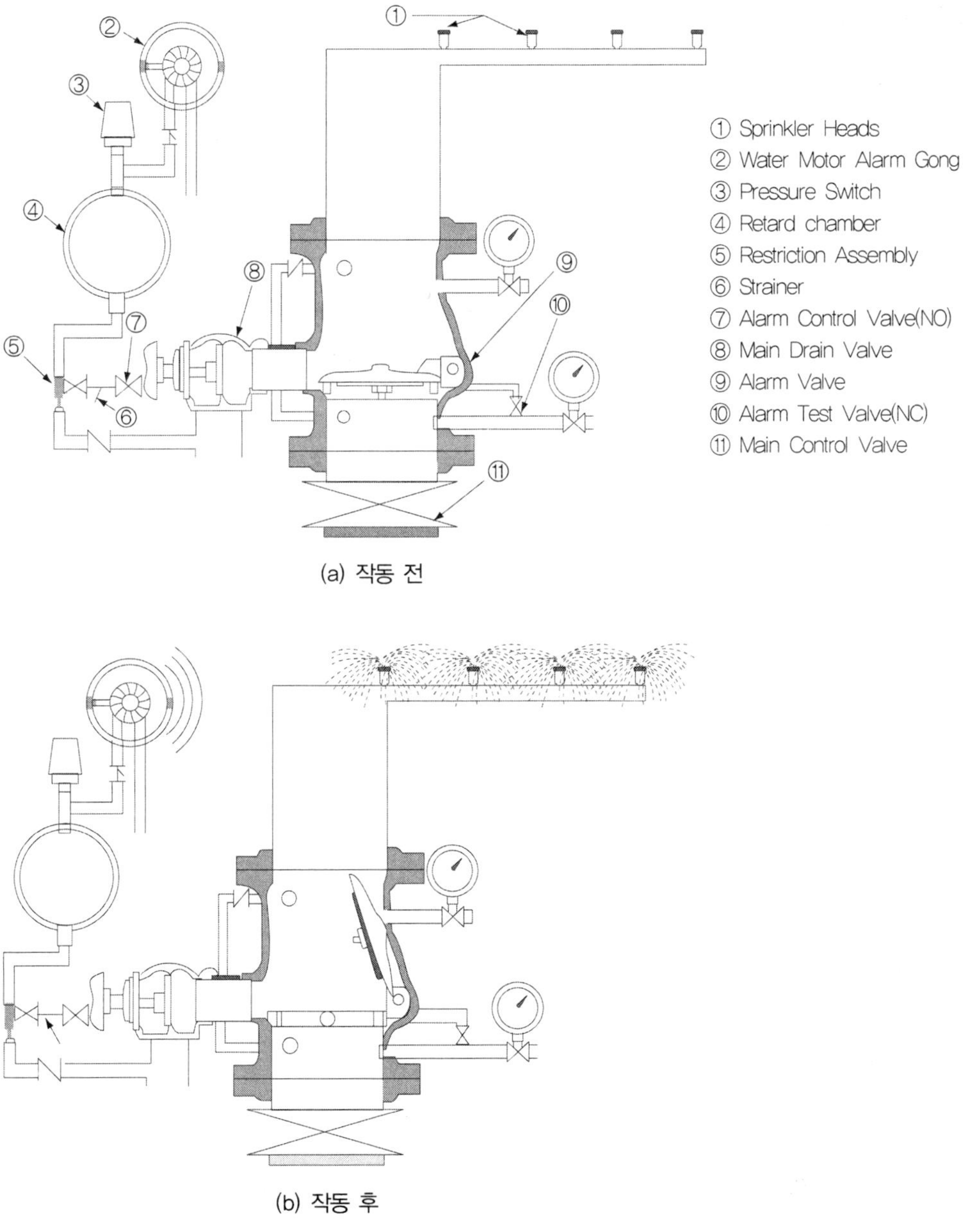

그림 6.21 습식 유수검지장치 알람밸브 작동 예

가 영상을 유지하는 소방대상물에 설치하여야 하고, 특히 소화약제가 물이기 때문에 유지비가 저렴하나 물로 인한 수손이 있으므로 관리를 철저히 해야 한다. 본 설비의 가장 일반적인 계통은 그림 6.24와 같고, 그림 6.21(a), (b)는 습식 스프링클러설비의 밸브 작동 전후 관계를 나타낸 것이다. 본 시스템의 구성요소별 주요 기능은 다음과 같다.

2) 습식 유수검지장치의 종류

헤드가 살수를 개시하면 배관 내의 유수로 유수검지장치가 작동되고 화재 발생을 알리는 알람기능을 동시에 가진 것으로, 습식 스프링클러 시스템에 사용되는 유수검지장치의 종류는 다음과 같다.

① 자동경보 체크밸브형 유수검지장치

자동경보밸브는 그림 6.22와 같이 1차측과 2차측에 각 1개씩의 압력계가 부착되어 항상 같은 압력값을 지시하고 있다가 화재 시 헤드가 개방되면 2차측의 압력이 감소되면서 알람밸브가 개방되고 수신반에 화재표시등을 점등시킴과 동시에 경보를 발령하게 된다. 즉 평상시에는 클래퍼가 닫혀 있으면서 펌프 측과 헤드 측의 압력이 동일하게 유지되거나 헤드 측의 압력이 1차측보다는 약간 높게 설정되는 경우가 일반적이다. 이 상태에서 화재에 의한 열로 폐쇄형 헤드의 개방으로 알람밸브의 2차측의 압력이 감소되어 1차측의 압력에 의해 클래퍼가 개방되는 구조로 되어 있다. 자동경보밸브는 본체, 압력스위치, 리타딩 체임버, 경보장치, 드레인밸브 등으로 구성되어 있고, 이에 대한 각 기능 및 동작은 다음 장에서 설명한다.

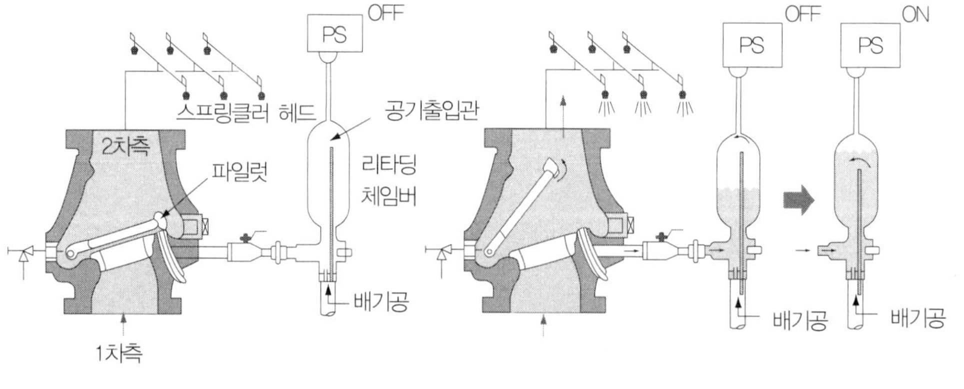

(a) 작동 전(평시) (b) 작동 후

그림 6.22 자동경보(알람신호) 체크밸브 유구조 및 작동

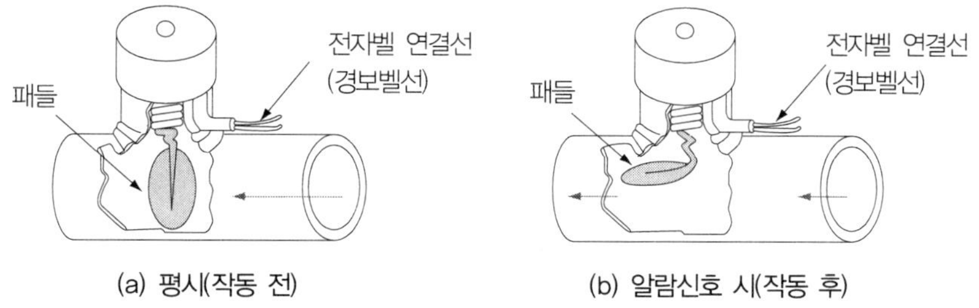

그림 6.23 패들형 유수검지장치의 작동 전후

② **패들형 유수검지장치**

패들형 유수검지장치는 그림 6.23과 같이 배관 내에 패들(paddle)이 부착되어 있고, 유수에 의해 패들의 위치가 변동됨에 따라 접점을 이루게 되면 회로가 연결되어 경보를 발하게 된다. 이 유수검지장치는 설치장소를 가장 적게 차지하며 방호구역 내에서 배관의 유로가 많이 분기한 곳에 적합하고 경보체크밸브와 조합하여 보조역할로도 사용한다. 즉 세분된 분기구획이 많은 경우에 각 분기구획으로 유수를 알리기 위한 목적으로도 유효하게 사용한다. 이 패들형 유수검지장치의 작동 전후의 관계는 그림 6.23과 같다.

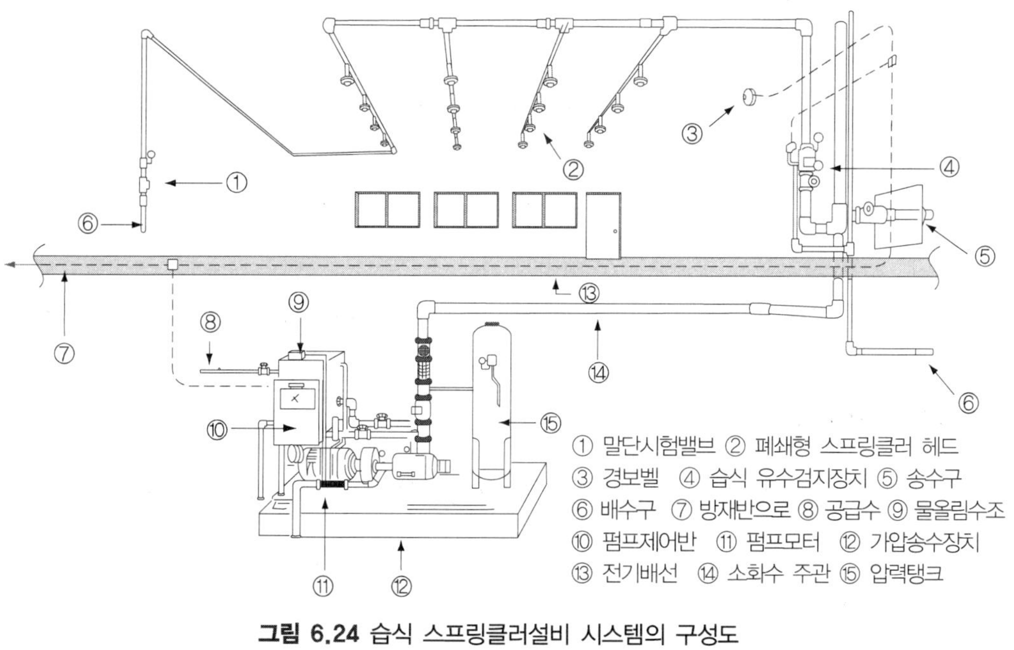

그림 6.24 습식 스프링클러설비 시스템의 구성도

③ **밸브형 유수검지장치**

체크밸브형 유수검지장치를 간이화한 것으로 마이크로 스위치가 설치되어 있고 밸브가 개방될 때 마이크로 스위치가 작동되어 이 신호가 수신반으로 전달되면 경보 및 화재를 발하게 된다.

④ **오리피스형(또는 벤투리형) 유수검지장치**

관 내에 유수가 있을 때 오리피스 또는 벤투리부의 전후에 압력차가 발생된다. 이것을 이용하여 유수신호를 발생시키는 장치를 말한다.

(2) 건식 스프링클러설비 시스템

1) 동작원리

건식 스프링클러설비(dry-pipe type sprinkler system)도 결국 습식 스프링클러설비의 알람체크밸브와 같은 역할을 수행한다. 단지 건식밸브의 1차측에는 물을 가압시키고, 2차측에는 압축공기 또는 질소가스를 충전시켜 화재 발생 시 폐쇄형 헤드가 개방되면 가압송수장치가 기동하여 일정압력의 가압수를 보내면 헤드를 통해 살수하는 시스템이다.

건식밸브에서는 차압형이 대부분을 차지하고 있고, 1차측 물 시트보다 2차측 공기 시트의 면적이 더 크기 때문에 통상 클래퍼는 1파운드의 공기압력으로도 5~6파운드의 1차측 수압을 받아낼 수 있게 된다. 이 설비에서는 2차측 배관 내의 압축공기나 질소가스를 신속하게 배출시켜 주는 것이 매우 중요하다. 따라서 이를 위해 액셀러레이터 또는 이그조스터와 같은 배기 가속장치의 설치가 필요하게 되고, 이 가속장치로 인해 신속하게 2차측 기체를 방출시킬 수 있게 된다. 건식 스프링클러설비는 배관 내의 압력이 습식 스프링클러설비의 1/5~1/6 정도로서 배관의 안전 유지에도 좋고 2차측이 기체로 채워져 있어 배관 외의 보온 조치가 필요 없게 된다.

2) 시스템의 계통도와 구성요소

건식 스프링클러시스템의 구성과 작동관계는 그림 6.25에서 보여주고 있고, 주요 구성요소의 내용과 작동은 다음과 같다.

① **급속개방장치**

건식 스프링클러시스템의 급속개방장치는 7장 “스프링클러설비 시스템 부속설비”의 건식 유수검지장치 중 급속개방장치에서 상세하게 동작원리를 설명하므로 참고하면 된다.

② **건식 스프링클러 헤드**

상향식 헤드만을 사용할 수 있고, 하향식 헤드를 설치한 경우는 드라이팬던트형(dry pendant type)을 설치하여서 롱 니플 속에 부동액을 봉입시켰다가 헤드가 작동한 후에도 부동액이 남아 동파를 방지할 수 있게 한다.

③ **공기압축기**

건식 스프링클러시스템의 경우 2차측에 압축공기를 채우기 위하여 설치하는 것으로 공기압축기가 있고 스프링클러설비 전용의 것이 있으나, 만약 일반 압축기를 사용하는 경우 드라이밸브와 주공기공급관 사이에 공기조절기를 반드시 설치하도록 한다.

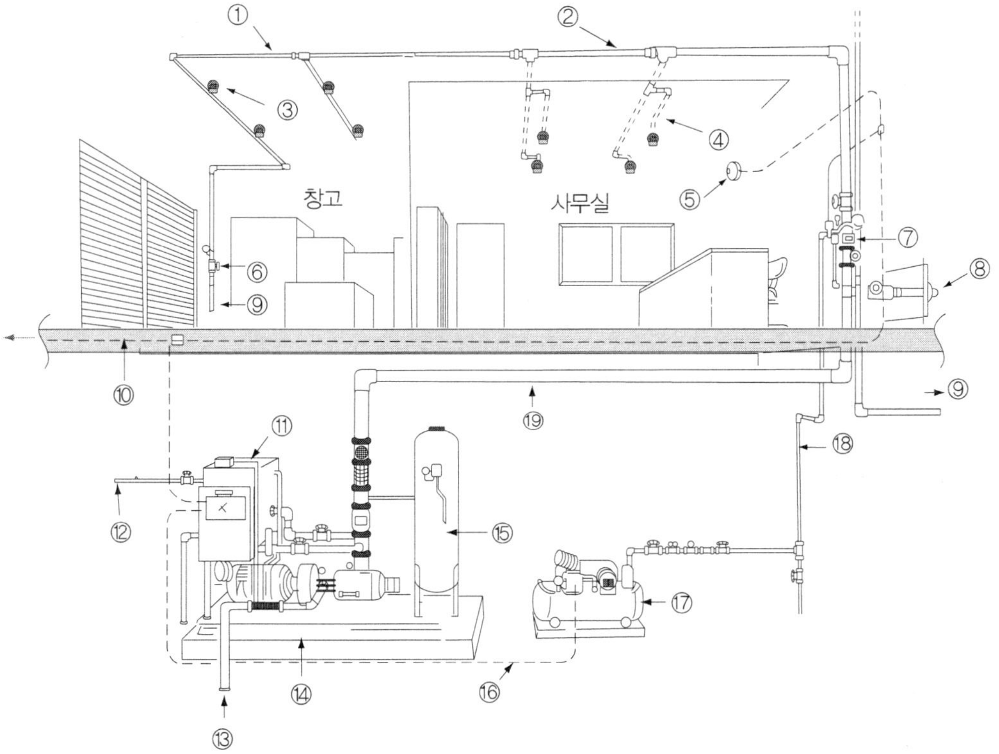

① 노출배관 ② 은폐배선 ③ 상향형 스프링클러 헤드 ④ 폐쇄형 스프링클러 헤드 ⑤ 경보벨 ⑥ 말단시험밸브 ⑦ 건식 유수검지장치 ⑧ 송수구 ⑨ 배수 ⑩ 방재반으로 ⑪ 물올림수조 ⑫ 공급수 ⑬ 저수조 ⑭ 펌프 및 모터 ⑮ 압력탱크 ⑯ 전기배선 ⑰ 컴프레서 ⑱ 공기배관 ⑲ 소화수 주관

그림 6.25 건식 스프링클러설비 시스템의 구성도

(3) 준비작동식 스프링클러설비 시스템

1) 동작원리

준비작동식 스프링클러설비(pre-action sprinkler system)의 동작을 살펴보면 다음과 같이 2단계로 이루어진다. 즉 준비작동 밸브의 1차측에는 가압수를, 2차측에는 저압 또는 무압 상태로 유지하고 있다가 화재가 발생하면 방호공간에 설치되어 있는 감지기가 먼저 작동하게 되고 이어서 준비작동 밸브가 개방되어 물이 각 헤드 부분까지 송수되어 있다가 화재 온도의 상승에 의해 폐쇄형 헤드가 개방되면서 살수된다. 이와 같이 2단계 신호로 소화가 이루어지는 시스템으로서, 최근 대형건물의 경우에 대부분 준비작동식 스프링클러설비 시스템을 채택하고 있다.

2) 시스템의 계통도와 구성요소

준비작동식 스프링클러설비 시스템은 그림 6.26과 같이 이루어져 있으며, 주요 구성요소는 다음과 같다.

① **전기식 준비작동형 밸브**

㉠ 클래퍼를 중심으로 2차측에는 무압 상태의 공기가, 1차측에는 가압수가 채워져 있고 평상시에는 걸림쇠에 의해 클래퍼가 고정되어 있다.

㉡ 감지기가 화재를 감지하게 되면 전기적인 해제가 일어나고 이어 솔레노이드를 작동시켜 걸림쇠를 밖으로 끌어내게 된다. 결국, 걸림쇠가 해제되면 클래퍼를 가압수의 압력으로 밀어내면서 배관 내로 가압송수를 시작하게 된다.

② **기계식 준비작동형 밸브**

㉠ 역시 클래퍼를 중심으로 2차측에는 무압 상태의 공기가, 1차측에는 가압수가 채워져 있게 된다.

㉡ 비화재 시 다이어프램 전실과 파일럿 라인에서 감지용 헤드까지 저압의 압축공기가 충전되어 다이어프램을 가압함에 따라 밀대로 클래퍼 걸림쇠를 밀어서 클래퍼가 고정되게 된다.

㉢ 화재 시 파일럿 라인 말단에 설치된 감지 헤드가 개방되면 압축공기가 배출되어 다이어프램 전실의 압력이 감압됨에 따라 다이어프램이 밀고 있는 밀대가 클래퍼를 해제시켜서 결국은 클래퍼가 열리고 가압송수가 시작된다.

기타 준비작동식 밸브에는 온도차에 의한 공기의 팽창압을 이용하는 방식의 뉴메틱식(공기관식) 준비작동형 밸브도 있다.

③ **슈퍼바이죠리와 패널**

㉠ 준비작동식 밸브의 조정장치로 이것이 작동하지 않으면 밸브의 작동이 불가능하다.

㉡ 전원 이상과 자체의 고장을 알리는 경보장치를 가지고 있다.

㉢ 감지기이상 회로, 패널표시등 회로, 전원이상 회로, 고장신호 회로 등의 기능이 있으며, 슈퍼바이죠리 및 패널(SVP)의 전원은 교류 110~120V 및 직류 36~40V을 공급한다.

④ **감지기(detector)**

㉠ 준비작동식 스프링클러 소화설비에 사용하는 감지장치에는 차동식, 정온식, 복합형, 연기감지기 등을 사용한다.

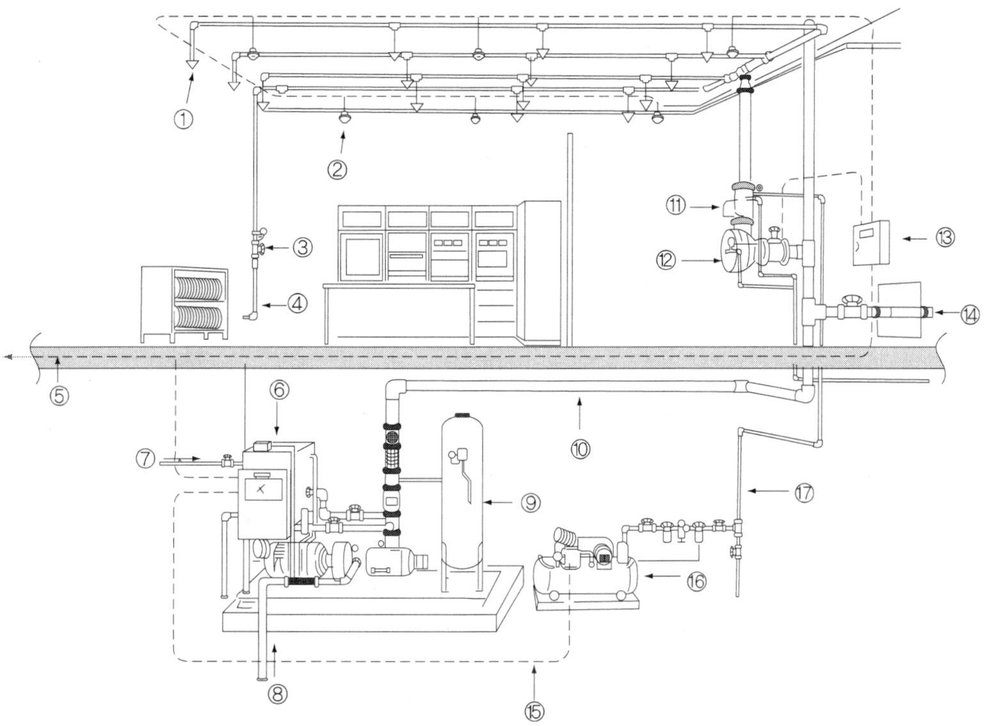

① 폐쇄형 스프링클러 헤드 ② 감지기 ③ 말단시험밸브 ④ 배수 ⑤ 방제반으로 ⑥ 물올림수조
⑦ 공급수 ⑧ 저수조 ⑨ 압력탱크 ⑩ 소화수 주관 ⑪ 예작동식 유수검지장치 ⑫ 예작동밸브
⑬ 예작동밸브 제어기 ⑭ 송수구 ⑮ 전기배선 ⑯ 컴프레서 ⑰ 공기배관

그림 6.26 준비작동식(예작동식) 스프링클러설비 시스템의 구성도

㉡ 감지기회로는 교차회로로 되어 있고 각 회로상의 감지기가 동시감지에 의하여 준비작동밸브가 작동하도록 되어 있다.

㉢ 일제개방밸브가 사용되는 일제살수식 설비에서도 화재감지기의 작동으로 일제개방밸브가 작동하고 경보도 이루어지도록 되어 있다.

㉣ 화재감지기의 회로는 준비작동식과 마찬가지로 교차회로 방식으로 되어 있고 하나의 감지기가 작동했을 때는 음향장치도 경보하도록 되어 있다.

㉤ 음향장치의 설치간격은 자동화재탐지설비의 설치기준과 마찬가지로 25m 이하가 되도록 하여야 한다. 이때 화재감지기의 설치기준은 10장의 감지기에 대한 설치기준을 참고하면 된다.

(4) 일제살수식 스프링클러설비 시스템

일제살수식 스프링클러설비(deluge sprinkler)에서 밸브의 동작에는 다음과 같은 방식이 있다. 즉 화재 발생 시 감지기의 동작에 의해 전자밸브가 신호를 받아 일제개방밸브가 개방되어 송수가 되는 방법과 화재 발생 시 방호구역에 설치한 감지용 폐쇄형 헤드가 화열에 의하여 개방이 되면 일제개방밸브가 개방되고 송수되는 방법이 있다.

1) 동작원리

하나의 일제개방밸브 방호구역에 2개 이상의 화재감지기를 설치하고 화재 시 인접한 2개 이상의 화재감지기가 동시에 감지될 때에 일제개방밸브가 작동되는 방식을 일제살수식 스프링클러설비 시스템이라 한다. 즉 시스템의 말단에 개방형 헤드를 설치하고 화재 발생 시 화재감지기에 의하여 화재를 감지하면 감지신호를 받아 방호구역마다 설치된 일제개방밸브가 개방되어 모든 헤드로부터 물이 동시에 방수가 일어나 소화되는 시스템이다.

이 설비의 주요 설치장소로는 비행기 격납고, 화염이 급격히 확대되는 유류저장고와 같은 인화성이 강한 물질이 있는 공장 등이 있다. 특히, 공장과 같이 천장이 높아 기류의 영향으로 헤드가 개방되지 않거나 물로 인한 손실의 우려가 적은 곳에 설치한다. 따라서 이 설비는 대량의 물을 급수할 수 있는 대규모의 급수설비가 필요하고, 광범위하게 방호공간에 살수되므로 물로 인한 2차적인 손해가 큰 단점이다.

2) 시스템 계통도와 구성요소

그림 6.27(a), (b)는 일제개방밸브의 작동관계를 나타낸 것으로, 주요 구성요소에 대한 동작 관계는 다음의 설명과 같고, 일제살수식 스프링클러설비 시스템의 구성은 그림 6.28과 같다.

① 일제개방밸브

일제개방밸브(deluge valve)는 그림과 같이 2차측 배관에 설치된 개방형 헤드와 항상 같이 개방되고, 개방형 헤드의 종류에는 스프링클러 헤드와 물분무 헤드 그리고 드렌처 헤드 등으로서 일제개방밸브와 같이 배관상에 설치할 수 있다. 작동형식은 가압개방식과 감압개방식으로 구분하며 그 작동관계는 다음과 같다.

㉠ 가압개방식

화재감지기의 신호를 받으면 밸브 1차측과 실린더가 연결된 배관상에 설치된 솔레노이

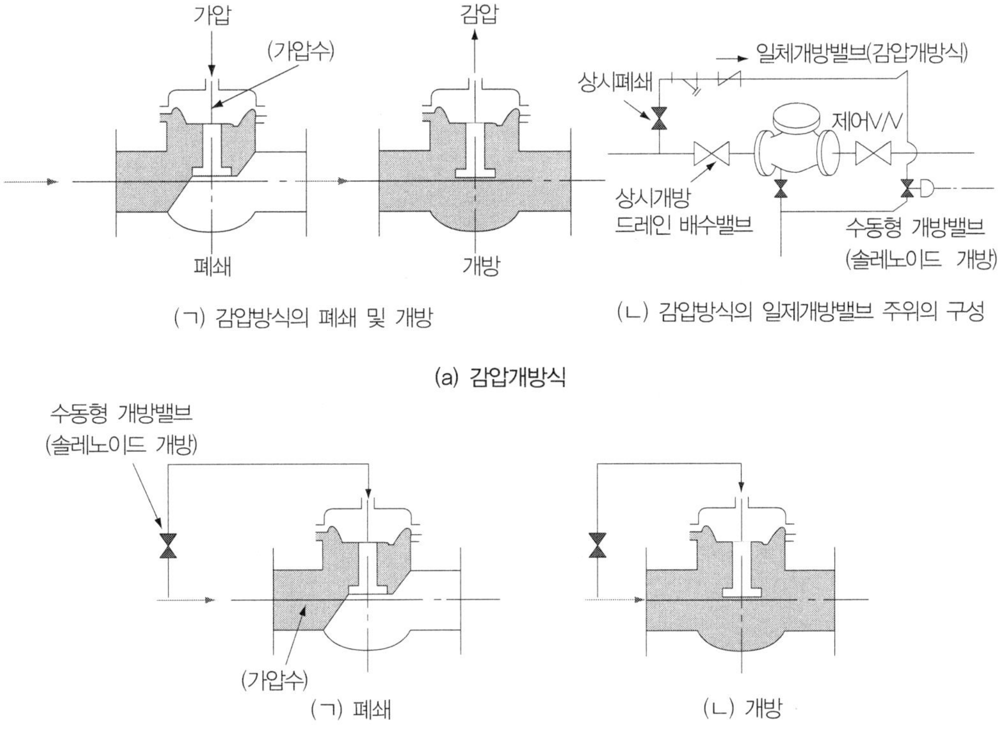

(ㄱ) 감압방식의 폐쇄 및 개방 (ㄴ) 감압방식의 일제개방밸브 주위의 구성

(a) 감압개방식

(ㄱ) 폐쇄 (ㄴ) 개방

(b) 가압개방식

그림 6.27 일제개방밸브의 작동원리

드 밸브가 개방되어서 1차측의 가압수가 실린더 내로 송수가압되어 밸브가 개방된다. 즉 배관에 전자개방밸브 또는 수동개방밸브가 설치되어 있다가 화재 감지기에 의해 전자개방밸브가 작동하거나 수동개방밸브가 개방되면 가압된 물이 일제개방밸브의 밸브 피스톤을 밀어 올려 밸브가 개방되는 형태이다.

㉡ 감압개방식

바이패스 배관상에 전자밸브 또는 수동개방밸브가 설치되어 있다가 화재감지기에 의하여 전자밸브가 작동하거나 또는 수동개방밸브가 개방되면서 생긴 압력 감압으로 밸브 피스톤을 끌어 올려 밸브가 열리는 방식이다. 이때 가압실의 물은 상시 충만되어 가압 상태를 유지하고 감압에 의해서 개방되는 형식이다.

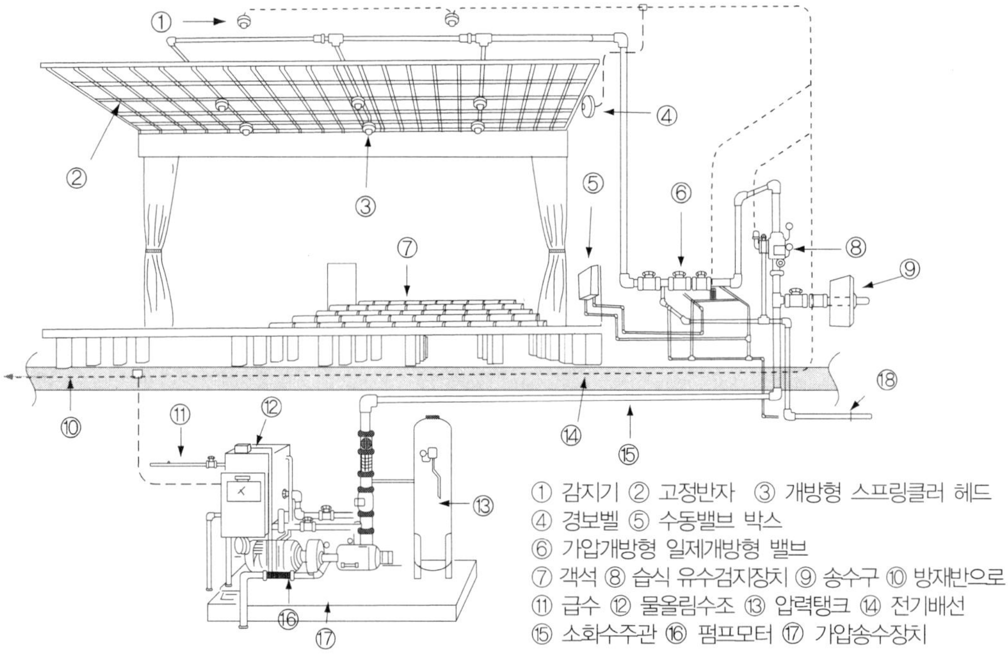

그림 6.28 일제살수식(개방식) 스프링클러설비 시스템의 구성도

6.6 일반 스프링클러설비의 설치기준

(1) 수원의 양

① 스프링클러설비의 수원은 그 저수량이 다음의 기준에 적합하도록 하여야 한다.

㉠ 폐쇄형 스프링클러 헤드를 사용하는 경우에는 표 6-1의 스프링클러설비 설치장소별 스프링클러 헤드의 기준개수[스프링클러 헤드의 설치개수가 가장 많은 층(아파트의 경우에는 설치개수가 가장 많은 세대)에 설치된 스프링클러 헤드의 개수가 기준개수보다 작은 경우에는 그 설치개수를 말한다. 이하 같다.]에 $1.6m^3$를 곱한 양 이상이 되도록 한다.

㉡ 개방형 스프링클러 헤드를 사용하는 스프링클러설비의 수원은 최대 방수구역에 설치된 스프링클러 헤드의 개수가 30개 이하일 경우에는 설치헤드의 수에 $1.6m^3$를 곱한 양 이상으로 하고, 30개를 초과하는 경우에는 가압송수장치의 규정에 따라 산출된 가압송수장치의 1분당 송수량에 20을 곱한 양 이상이 되도록 한다.

② 스프링클러설비의 수원은 위 제①항의 규정에 따라 산출된 유효수량 외 유효수량의 3분의 1 이상을 옥상(스프링클러설비가 설치된 건축물의 주된 옥상을 말한다. 이하 같다.)에 설치하여야 한다. 다만, 다음에 해당하는 경우에는 그러하지 아니하다.

㉠ 옥상이 없는 건축물 또는 공작물

㉡ 지하층만 있는 건축물

㉢ 제5조(가압송수장치) 제2항의 규정에 따라 고가수조를 가압송수장치로 설치한 스프링클러설비

㉣ 수원이 건축물의 지붕보다 높은 위치에 설치된 경우

㉤ 건축물의 높이가 지표면으로부터 10m 이하인 경우

㉥ 주펌프와 동등 이상의 성능이 있는 별도의 펌프로서 내연기관의 기동과 연동하여 작동되거나 비상전원을 연결하여 설치한 경우

㉦ 제5조(가압송수장치) 제4항의 규정에 따라 가압수조를 가압송수장치로 설치한 스프링클러설비

③ 옥상수조(위 제①항의 규정에 따라 산출된 유효수량의 3분의 1 이상을 옥상에 설치한 설비를 말한다.)는 이와 연결된 배관을 통하여 상시 소화수를 공급할 수 있는 구조인 소방대상물인 경우에는 둘 이상의 소방대상물이 있더라도 하나의 소방대상물에만 이를 설치할 수 있다.

④ 스프링클러설비의 수원을 수조로 설치하는 경우에는 소방설비의 전용수조로 하여야 한다. 다만, 다음에 해당하는 경우에는 그러하지 아니하다.

㉠ 스프링클러펌프의 풋밸브 또는 흡수배관의 흡수구(수직회전축펌프의 흡수구를 포함한다. 이하 같다.)를 다른 설비(소방용설비 외의 것을 말한다. 이하 같다.)의 풋밸브 또는 흡수구보다 낮은 위치에 설치한 때

㉡ 제5조(가압송수장치) 제2항의 규정에 따른 고가수조로부터 스프링클러설비의 수직배관에 물을 공급하는 급수구를 다른 설비의 급수구보다 낮은 위치에 설치한 때

⑤ 위 제①항 및 제②항의 규정에 따른 저수량을 산정함에 있어서 다른 설비와 겸용하여 스프링클러설비용 수조를 설치하는 경우에는 스프링클러설비의 풋밸브·흡수구 또는 수직배관의 급수구와 다른 설비의 풋밸브·흡수구 또는 수직배관의 급수구와의 사이의 수량을 그 유효수량으로 한다.

⑥ 스프링클러설비용 수조는 다음의 기준에 따라 설치하여야 한다. 즉,

㉠ 점검에 편리한 곳에 설치할 것

㉡ 동결방지조치를 하거나 동결의 우려가 없는 장소에 설치할 것

표 6-1 스프링클러설비 설치장소별 스프링클러 헤드의 기준개수

<table>
<tr><th colspan="3">스프링클러설비 설치장소</th><th>기준개수</th></tr>
<tr><td rowspan="6">지하층을 제외한 층수가 10층 이하인 소방대상물</td><td rowspan="2">공장 또는 창고(래크식 창고를 포함한다.)</td><td>특수가연물을 저장·취급하는 것</td><td>30</td></tr>
<tr><td>그 밖의 것</td><td>20</td></tr>
<tr><td rowspan="2">근린생활시설·판매시설 및 영업시설 또는 복합건축물</td><td>슈퍼마켓·도매시장·소매시장 또는 복합건축물(슈퍼마켓·도매시장·소매시장이 설치되는 복합건축물을 말한다.)</td><td>30</td></tr>
<tr><td>그 밖의 것</td><td>20</td></tr>
<tr><td rowspan="2">그 밖의 것</td><td>헤드의 부착높이가 8m 이상인 것</td><td>20</td></tr>
<tr><td>헤드의 부착높이가 8m 미만인 것</td><td>10</td></tr>
<tr><td colspan="3">아파트</td><td>10</td></tr>
<tr><td colspan="3">지하층을 제외한 층수가 11층 이상인 소방대상물(아파트를 제외한다.)·지하가 또는 지하역사</td><td>30</td></tr>
</table>

비고 : 하나의 소방대상물이 2 이상의 "스프링클러 헤드의 기준개수"란에 해당하는 때에는 기준개수가 많은 란을 기준으로 한다. 다만, 각 기준개수에 해당하는 수원을 별도로 설치하는 경우에는 그러하지 아니하다.

㉢ 수조의 외측에 수위계를 설치한다. 다만, 구조상 불가피한 경우에는 수조의 맨홀 등을 통하여 수조 안의 물의 양을 쉽게 확인할 수 있도록 하여야 한다.

㉣ 수조의 상단이 바닥보다 높은 때에는 수조의 외측에 고정식 사다리를 설치할 것

㉤ 수조가 실내에 설치된 때에는 그 실내에 조명설비를 설치할 것

㉥ 수조의 밑부분에는 청소용 배수밸브 또는 배수관을 설치할 것

㉦ 수조의 외측의 보기 쉬운 곳에 "스프링클러설비용 수조"라고 표시한 표지를 한다. 이 경우 그 수조를 다른 설비와 겸용하는 때에는 그 겸용되는 설비의 이름을 표시한 표지를 함께하여야 한다.

㉧ 스프링클러펌프의 흡수배관 또는 스프링클러설비의 수직배관과 수조의 접속부분에는 "스프링클러설비용 배관"이라고 표시한 표지를 한다. 다만, 수조와 가까운 장소에 스프링클러펌프가 설치되고 스프링클러펌프에 제5조(가압송수장치) 제1항 제⑮호의 규정에 따른 표지를 설치한 때에는 그러하지 아니하다.

(2) 가압송수장치

① 전동기 또는 내연기관에 따른 펌프를 이용하는 가압송수장치는 다음의 기준에 따라 설치하여야 한다.

㉠ 쉽게 접근할 수 있고 점검하기에 충분한 공간이 있는 장소로서 화재 및 침수 등의 재해로 인한 피해를 받을 우려가 없는 곳에 설치한다.

㉡ 동결방지조치를 하거나 동결의 우려가 없는 장소에 설치한다.

㉢ 펌프는 전용으로 한다. 다만, 다른 소화설비와 겸용하는 경우 각각의 소화설비의 성능에 지장이 없을 때에는 그러하지 아니하다.

㉣ 펌프의 토출 측에는 압력계를 체크밸브 이전에 펌프 토출 측 플랜지에서 가까운 곳에 설치하고, 흡입 측에는 연성계 또는 진공계를 설치한다. 다만, 수원의 수위가 펌프의 위치보다 높거나 수직회전축 펌프의 경우에는 연성계 또는 진공계를 설치하지 아니할 수 있다.

㉤ 가압송수장치에는 정격부하 운전 시 펌프의 성능을 시험하기 위한 배관을 설치한다. 다만, 충압펌프의 경우에는 그러하지 아니하다.

㉥ 가압송수장치에는 체절 운전 시 수온의 상승을 방지하기 위한 순환배관을 설치한다. 다

만, 충압펌프의 경우에는 그러하지 아니하다.

ⓢ 기동용 수압개폐장치(압력체임버)를 사용할 경우 그 용적은 100ℓ 이상의 것으로 한다.

ⓞ 수원의 수위가 펌프보다 낮은 위치에 있는 가압송수장치에는 다음의 기준에 따른 물올림장치를 설치한다.

- 물올림장치에는 전용의 수조를 설치한다.
- 수조의 유효수량은 100ℓ 이상으로 하되, 구경 15mm 이상의 급수배관에 따라 당해 수조에 물이 계속 보급되도록 한다.

ⓩ 가압송수장치의 정격토출압력은 하나의 헤드 선단에 0.1MPa 이상 1.2MPa 이하의 방수압력이 될 수 있게 하는 크기로 한다.

ⓒ 가압송수장치의 송수량은 0.1MPa의 방수압력 기준으로 80ℓ/min 이상의 방수성능을 가진 기준개수의 모든 헤드로부터의 방수량을 충족시킬 수 있는 양 이상의 것으로 한다. 이 경우 속도수두는 계산에 포함하지 아니할 수 있다.

ⓚ 위 제ⓒ호의 기준에 불구하고 가압송수장치의 1분당 송수량은 폐쇄형 스프링클러 헤드를 사용하는 설비의 경우 제4조(수원) 제1항 제1호의 규정에 따른 기준개수에 80ℓ를 곱한 양 이상으로도 할 수 있다.

ⓣ 위 제ⓚ호의 기준에 불구하고 가압송수장치의 1분당 송수량은 제4조 제1항 제2호의 개방형 스프링클러 헤드수가 30개 이하의 경우에는 그 개수에 80ℓ를 곱한 양 이상으로 할 수 있으나 30개를 초과하는 경우에는 제ⓩ호 및 제ⓒ호의 규정에 따른 기준에 적합하게 한다.

ⓟ 기동용 수압개폐장치를 기동장치로 사용하는 경우에는 다음 각 목의 기준에 따른 충압펌프를 설치한다.

- 펌프의 토출압력은 그 설비의 최고위 살수장치(일제개방밸브의 경우는 그 밸브)의 자연압보다 적어도 0.2MPa이 더 크도록 하거나 가압송수장치의 정격토출압력과 같게 할 것
- 펌프의 정격토출량은 정상적인 누설량보다 적어서는 아니되며 스프링클러설비가 자동적으로 작동할 수 있도록 충분한 토출량을 유지할 것

ⓗ 내연기관을 사용하는 경우에는 제어반에 따라 내연기관의 자동기동 및 수동기동이 가능하고, 상시 충전되어 있는 축전지설비를 갖출 것

㉮ 가압송수장치에는 "스프링클러펌프"라고 표시한 표지를 한다. 이 경우 그 가압송수장치

를 다른 설비와 겸용하는 때에는 그 겸용되는 설비의 이름을 표시한 표지를 함께 하여야 한다.

㈏ 가압송수장치가 기동된 경우에는 자동으로 정지되지 아니하도록 하여야 한다. 다만, 충압펌프의 경우에는 그러하지 아니하다.

② 고가수조의 자연낙차를 이용한 가압송수장치는 다음 각 호의 기준에 따라 설치하여야 한다.

㉠ 고가수조의 자연낙차수두(수조의 하단으로부터 최고층에 설치된 헤드까지의 수직거리를 말한다.)는 다음의 식에 따라 산출한 수치 이상이 되도록 한다.

$$H = h_1 + 10\ [m]$$

여기서, H : 필요한 낙차(m), h_1 : 배관의 마찰손실수두(m)

㉡ 고가수조에는 수위계 · 배수관 · 급수관 · 오버플로관 및 맨홀을 설치한다.

③ 압력수조를 이용한 가압송수장치는 다음의 기준에 따라 설치하여야 한다.

㉠ 압력수조의 압력은 다음의 식에 따라 산출한 수치 이상으로 한다.

$$P = P_1 + P_2 + 0.1\ [\text{MPa}]$$

여기서, P : 필요한 압력(MPa), P_1 : 낙차의 환산수두압(MPa)
P_2 : 배관의 마찰손실수두압(MPa)

㉡ 압력수조에는 수위계 · 급수관 · 배수관 · 급기관 · 맨홀 · 압력계 · 안전장치 및 압력저하방지를 위한 자동식 공기압축기를 설치할 것

④ 가압수조를 이용한 가압송수장치는 다음의 기준에 따라 설치하여야 한다.

㉠ 가압수조의 압력은 제1항 제10호의 규정에 따른 방수량 및 방수압이 20분 이상 유지되도록 할 것

㉡ 가압수조의 수조는 최대상용압력 1.5배의 물의 압력을 가하는 경우 물이 새지 않고 변형이 없을 것

㉢ 가압수조 및 가압원은 「건축법 시행령」 제46조에 따른 방화구획된 장소에 설치할 것

㉣ 가압수조에는 수위계 · 급수관 · 배수관 · 급기관 · 압력계 · 안전장치 및 수조에 소화수와 압력을 보충할 수 있는 장치를 설치할 것

㉤ 가압수조를 이용한 가압송수장치는 소방용기계기구의 승인 등에 관한 규칙 제31조 및 별표 14 제30호에 적합한 것으로 설치할 것

(3) 폐쇄형 스프링클러설비의 방호구역 및 유수검지장치

폐쇄형 스프링클러 헤드를 사용하는 설비의 방호구역(스프링클러설비의 소화범위에 포함된 영역을 말한다. 이하 같다.) 및 유수검지장치는 다음의 기준에 적합하여야 한다.

① 하나의 방호구역의 바닥면적은 3,000m²를 초과하지 아니한다. 다만, 폐쇄형 스프링클러설비에 격자형 배관방식(2 이상의 수평주행배관 사이를 가지배관으로 연결하는 방식을 말한다.)을 채택하는 때에는 펌프용량, 배관의 구경 등을 수리학적으로 계산한 결과가 헤드의 방수압 및 방수량이 방호구역 범위 내에서 소화목적을 달성하는 데 충분하다고 인정되는 경우로서 중앙소방기술심의위원회 또는 지방소방기술심의위원회의 심의를 거친 경우에는 그러하지 아니하다.

② 하나의 방호구역에는 1개 이상의 유수검지장치를 설치하되, 화재 발생 시 접근이 쉽고 점검하기 편리한 장소에 설치한다.

③ 하나의 방호구역은 2개층에 미치지 아니하도록 한다. 다만, 1개층에 설치되는 스프링클러 헤드의 수가 10개 이하인 경우와 복층형 구조의 공동주택에는 3개층 이내로 할 수 있다.

④ 유수검지장치를 실내에 설치하거나 보호용 철망 등으로 구획하여 바닥으로부터 0.8m 이상 1.5m 이하의 위치에 설치하되, 그 실 등에는 가로 0.5m 이상, 세로 1m 이상의 출입문을 설치하고 그 출입문 상단에 "유수검지장치실"이라고 표시한 표지를 설치할 것. 다만, 유수검지장치를 기계실(공조용 기계실을 포함한다.) 안에 설치하는 경우에는 별도의 실 또는 보호용 철망을 설치하지 아니하고 기계실 출입문 상단에 "유수검지장치실"이라고 표시한 표지를 설치할 수 있다.

⑤ 스프링클러 헤드에 공급되는 물은 유수검지장치를 지나도록 한다. 다만, 송수구를 통하여 공급되는 물은 그러하지 아니하다.

⑥ 자연낙차에 따른 압력수가 흐르는 배관상에 설치된 유수검지장치는 화재 시 물의 흐름을 검지할 수 있는 최소한의 압력이 얻어질 수 있도록 수조의 하단으로부터 낙차를 두어 설치한다.

⑦ 조기반응형 스프링클러 헤드를 설치하는 경우에는 습식 유수검지장치를 설치한다.

(4) 개방형 스프링클러설비의 방수구역 및 일제개방밸브

개방형 스프링클러설비의 방수구역 및 일제개방밸브는 다음의 기준에 적합하여야 한다.

① 하나의 방수구역은 2개층에 미치지 아니한다.

② 방수구역마다 일제개방밸브를 설치한다.

③ 하나의 방수구역을 담당하는 헤드의 개수는 50개 이하로 한다. 다만, 2개 이상의 방수구역으로 나눌 경우에는 하나의 방수구역을 담당하는 헤드의 개수는 25개 이상으로 한다.

④ 일제개방밸브의 설치위치는 제6조 제4호의 기준에 따르고, 표지는 "일제개방밸브실"이라고 표시한다.

(5) 배관의 설치

① 배관은 배관용 탄소강관(KS D 3507) 또는 배관 내 사용압력이 1MPa(10kg/cm^2) 이상일 경우에는 압력배관용 탄소강관(KS D 3562)이나 이와 동등 이상의 강도·내식성 및 내열성을 가진 것으로 하여야 한다. 다만, 습식 스프링클러설비의 배관은 이음매 없는 동 및 동합금(KS D 5301)의 배관용 동관을 사용할 수 있다.

② 제1항의 규정에 불구하고 다음의 1에 해당하는 장소에는 소방방재청장이 정하여 고시하는 성능시험기술기준에 적합한 소방용 합성수지배관으로 설치할 수 있다.

㉠ 배관을 지하에 매설하는 경우

㉡ 다른 부분과 내화구조로 구획된 덕트 또는 피트의 내부에 설치하는 경우

㉢ 천장(상층이 있는 경우에는 상층바닥의 하단을 포함한다. 이하 같다.)과 반자를 불연재료로 설치하고 그 내부에 습식으로 배관을 설치하는 경우

③ 급수배관은 다음 1의 기준에 따라 설치하여야 한다.

㉠ 전용으로 한다. 다만, 스프링클러설비의 기동장치의 조작과 동시에 다른 설비의 용도에 사용하는 배관의 송수를 차단할 수 있거나, 스프링클러설비의 성능에 지장이 없는 경우에는 다른 설비와 겸용할 수 있다.

㉡ 급수를 차단할 수 있는 개폐밸브는 개폐표시형으로 할 것. 이 경우 펌프의 흡입 측 배관에는 버터플라이밸브 외의 개폐표시형 밸브를 설치하여야 한다.

㉢ 배관의 구경은 제5조 제1항 제10호의 규정에 적합하도록 수리계산에 의하거나 표 6-2 [별표 1]의 기준에 따라 설치할 것. 다만, 수리계산에 따르는 경우 가지배관의 유속은 6m/s, 그 밖의 배관의 유속은 10m/s를 초과할 수 없다.

④ 펌프의 흡입 측 배관은 다음 1의 기준에 따라 설치하여야 한다.

표 6-2 [별표 1] 스프링클러 헤드 수별 급수관의 구경(제8조 제3항 제3호 관련)

(단위 : mm)

구분 \ 급수관의 구경	25	32	40	50	65	80	90	100	125	150
가	2	3	5	10	30	60	80	100	160	161 이상
나	2	4	7	15	30	60	65	100	160	161 이상
다	1	2	5	8	15	27	40	55	90	91 이상

(주) 1. 폐쇄형 스프링클러 헤드를 사용하는 설비의 경우로서 1개층에 하나의 급수배관(또는 밸브 등)이 담당하는 구역의 최대면적은 3,000m^{2}를 초과하지 아니할 것

2. 폐쇄형 스프링클러 헤드를 설치하는 경우에는 "가"란의 헤드수에 따를 것. 다만, 100개 이상의 헤드를 담당하는 급수배관(또는 밸브)의 구경을 100mm로 할 경우에는 수리계산을 통하여 제8조 제3항 제3호에서 규정한 배관의 유속에 적합하도록 할 것

3. 폐쇄형 스프링클러 헤드를 설치하고 반자 아래의 헤드와 반자 속의 헤드를 동일 급수관의 가지관상에 병실하는 경우에는 "나"란의 헤드수에 따를 것

4. 제10조 제3항 제1호의 경우로서 폐쇄형 스프링클러 헤드를 설치하는 설비의 배관구경은 "다"란에 따를 것

5. 개방형 스프링클러 헤드를 설치하는 경우 하나의 방수구역이 담당하는 헤드의 개수가 30개 이하일 때는 "다"란의 헤드수에 의하고, 30개를 초과할 때는 수리계산 방법에 따를 것

㉠ 공기고임이 생기지 아니하는 구조로 하고 여과장치를 설치할 것

㉡ 수조가 펌프보다 낮게 설치된 경우에는 각 펌프(충압펌프를 포함한다.)마다 수조로부터 별도로 설치할 것

⑤ 연결송수관설비의 배관과 겸용할 경우의 주배관은 구경 100mm 이상, 방수구로 연결되는 배관의 구경은 65mm 이상의 것으로 하여야 한다.

⑥ 펌프의 성능은 체절 운전 시 정격토출압력의 140%를 초과하지 아니하고, 정격토출량의 150%로 운전 시 정격토출압력의 65% 이상이 되어야 하며, 펌프의 성능시험배관은 다음 1의 기준에 적합하여야 한다.

㉠ 성능시험배관은 펌프의 토출 측에 설치된 개폐밸브 이전에서 분기하여 설치하고, 유량측정장치를 기준으로 전단직관부에 개폐밸브를 후단직관부에는 유량조절밸브를 설치할 것

㉡ 유량측정장치는 성능시험배관의 직관부에 설치하되, 펌프의 정격토출량의 175% 이상 측정할 수 있는 성능이 있을 것

⑦ 가압송수장치의 체절운전 시 수온의 상승을 방지하기 위하여 체크밸브와 펌프 사이에서 분기한 구경 20mm 이상의 배관에 체절압력 미만에서 개방되는 릴리프밸브를 설치하여야 한다.

⑧ 동결방지조치를 하거나 동결의 우려가 없는 장소에 설치하여야 한다.

⑨ 가지배관의 배열은 다음 1의 기준에 따른다.

㉠ 토너먼트(tournament) 방식이 아닐 것

㉡ 교차배관에서 분기되는 지점을 기점으로 한쪽 가지배관에 설치되는 헤드의 개수(반자 아래와 반자 속의 헤드를 하나의 가지배관상에 병설하는 경우에는 반자 아래에 설치하는 헤드의 개수)는 8개 이하로 할 것. 다만, 다음 각 목의 1에 해당하는 경우에는 그러하지 아니하다.

- 기존의 방호구역 안에서 칸막이 등으로 구획하여 1개의 헤드를 증설하는 경우
- 습식 스프링클러에 격자형 배관방식(2 이상의 수평주행배관 사이를 가지배관으로 연결하는 방식을 말한다.)을 채택하는 때에는 펌프의 용량, 배관의 구경 등을 수리학적으로 계산한 결과 헤드의 방수압 및 방수량이 소화목적을 달성하는 데 충분하다고 인정되는 경우. 다만, 중앙소방기술심의위원회 또는 지방소방기술심의위원회의 심의를 거친 경우에 한한다.

㉢ 가지배관과 스프링클러 헤드 사이의 배관을 신축배관으로 하는 경우에는 다음 각 목의 기준에 적합할 것

- 최고 사용압력은 1.4MPa 이상이어야 하고, 최고 사용압력의 1.5배의 수압에 변형·누수되지 아니할 것
- 진폭을 5mm, 진동수를 매초당 25회로 하여 6시간 동안 작동시킨 경우 또는 매초 0.35MPa부터 3.5MPa까지의 압력변동을 4,000회 실시한 경우에도 변형·누수되지 아니할 것
- 신축배관의 설치길이는 제10조 제3항의 거리를 초과하지 아니할 것

⑩ 교차배관의 위치·청소구 및 가지배관의 헤드 설치는 다음 1의 기준에 따른다.

㉠ 교차배관은 가지배관과 수평으로 설치하거나 또는 가지배관 밑에 설치하고, 그 구경은 제3항 제3호의 규정에 따르되 최소구경이 40mm 이상이 되도록 한다. 다만, 패들형 유수검지장치를 사용하는 경우에는 교차배관의 구경과 동일하게 설치할 수 있다.

㉡ 청소구는 교차배관 끝에 개폐밸브를 설치하고, 호스접결이 가능한 나사식 또는 고정배수 배관식으로 한다. 이 경우 나사식의 개폐밸브는 옥내소화전 호스접결용의 것으로 하고, 나사보호용의 캡으로 마감하여야 한다.

㉢ 하향식 헤드를 설치하는 경우에 가지배관으로부터 헤드에 이르는 헤드접속배관은 가지

관상부에서 분기한다. 다만, 소화설비용 수원의 수질이 먹는 물 관리법 제5조의 규정에 따라 먹는 물의 수질기준에 적합하고 덮개가 있는 저수조로부터 물을 공급받는 경우에는 가지배관의 측면 또는 하부에서 분기할 수 있다.

⑪ 준비작동식 유수검지장치 또는 일제개방밸브를 사용하는 스프링클러설비에 있어서 동밸브 2차측 배관의 부대설비는 다음 1의 기준에 따른다.

㉠ 개폐표시형 밸브를 설치할 것

㉡ 제㉠호의 규정에 따른 밸브와 일제개방밸브 사이의 배관은 다음 각 목과 같은 구조로 할 것

- 수직배수배관과 연결하고 동 연결배관상에는 개폐밸브를 설치할 것
- 자동배수장치 및 압력스위치를 설치할 것
- 위 목의 규정에 따른 압력스위치는 수신부에서 일제개방밸브의 개방 여부를 확인할 수 있게 설치할 것

⑫ 습식 유수검지장치 또는 건식 검지장치를 사용하는 스프링클러설비에는 동장치를 시험할 수 있는 시험장치를 다음 각 호의 기준에 따라 설치하여야 한다. 즉,

㉠ 유수검지장치에서 가장 먼 가지배관의 끝으로부터 연결하여 설치할 것

㉡ 시험장치 배관의 구경은 유수검지장치에서 가장 먼 가지배관의 구경과 동일한 구경으로 하고, 그 끝에 개방형 헤드를 설치한다. 이 경우 개방형 헤드는 반사판 및 프레임을 제거한 오리피스만으로 설치할 수 있다.

㉢ 시험배관의 끝에는 물받이통 및 배수관을 설치하여 시험 중 방사된 물이 바닥에 흘러내리지 아니하도록 한다. 다만, 목욕실·화장실 또는 그 밖의 곳으로서 배수 처리가 쉬운 장소에 시험배관을 설치한 경우에는 그러하지 아니하다.

⑬ 배관에 설치되는 행거는 다음 각 호의 기준에 따라 설치하여야 한다. 즉,

㉠ 가지배관에는 헤드의 설치지점 사이마다 1개 이상의 행거를 설치하되, 헤드 간의 거리가 3.5m를 초과하는 경우에는 3.5m 이내마다 1개 이상 설치한다. 이 경우 상향식 헤드와 행거 사이에는 8cm 이상의 간격을 두어야 한다.

㉡ 교차배관에는 가지배관과 가지배관 사이마다 1개 이상의 행거를 설치하되, 가지배관 사이의 거리가 4.5m를 초과하는 경우에는 4.5m 이내마다 1개 이상 설치한다.

㉢ 제1호 내지 제2호의 수평주행배관에는 4.5m 이내마다 1개 이상 설치한다.

⑭ 수직배수배관의 구경은 50mm 이상으로 하여야 한다. 다만, 수직배관의 구경이 50mm 미만

인 경우에는 수직배관과 동일한 구경으로 할 수 있다.

⑮ 주차장의 스프링클러설비는 습식 외의 방식으로 하여야 한다. 다만, 다음 각 호에 해당하는 경우에는 그러하지 아니하다. 즉,

㉠ 동절기에 상시 난방이 되는 곳이거나 그 밖에 동결의 염려가 없는 곳

㉡ 스프링클러설비의 동결을 방지할 수 있는 구조 또는 장치가 된 것

⑯ 급수배관에 설치되어 급수를 차단할 수 있는 개폐밸브에는 그 밸브의 개폐상태를 감시제어반에서 확인할 수 있도록 급수개폐밸브 작동표시 스위치를 다음 각 호의 기준에 따라 설치하여야 한다. 즉,

㉠ 급수개폐밸브가 잠길 경우 탬퍼스위치의 동작으로 인하여 감시제어반 또는 수신기에 표시되어야 하며 경보음을 발할 것

㉡ 탬퍼스위치는 감시제어반 또는 수신기에서 동작의 유무 확인과 동작시험, 도통시험을 할 수 있을 것

㉢ 급수 개폐밸브의 작동표시 스위치에 사용되는 전기배선은 내화전선 또는 내열전선으로 설치할 것

⑰ 스프링클러설비 배관의 배수를 위한 기울기는 다음 각 호의 기준에 따른다. 즉,

㉠ 습식 스프링클러설비의 배관을 수평으로 한다. 다만, 배관의 구조상 소화수가 남아 있는 곳에는 배수밸브를 설치하여야 한다.

㉡ 습식 스프링클러설비 외의 설비에는 헤드를 향하여 상향으로 수평주행배관의 기울기를 500분의 1 이상, 가지배관의 기울기를 250분의 1 이상으로 한다. 다만, 배관의 구조상 기울기를 줄 수 없는 경우에는 배수를 원활하게 할 수 있도록 배수밸브를 설치하여야 한다.

⑱ 배관은 다른 설비의 배관과 쉽게 구분이 될 수 있는 위치에 설치하거나, 그 배관 표면 또는 배관 보온재 표면의 색상은 적색으로 소방용 설비의 배관임을 표시하여야 한다.

⑲ 분기배관을 사용할 경우에는 한국소방검정공사 또는 법 제42조 제1항의 규정에 따라 성능시험기관으로 지정받은 기관에서 그 성능을 검증받은 것으로 설치하여야 한다.

(6) 음향장치 및 기동장치

① 스프링클러설비의 음향장치 및 기동장치는 다음 각 호의 기준에 따라 설치하여야 한다. 즉,

㉠ 습식 유수검지장치 또는 건식 유수검지장치를 사용하는 설비에 있어서는 헤드가 개방되면 유수검지장치가 화재신호를 발신하고 그에 따라 음향장치가 경보되도록 한다.

㉡ 준비작동식 유수검지장치 또는 일제개방밸브를 사용하는 설비에는 화재감지기의 감지에 따라 음향장치가 경보되도록 한다. 이 경우 화재감지기회로를 교차회로방식(하나의 준비작동식 유수검지장치 또는 일제개방밸브의 담당구역 내에 2 이상의 화재감지기회로를 설치하고 인접한 2 이상의 화재감지기가 동시에 감지되는 때에 일제개방밸브가 개방·작동되는 방식을 말한다.)으로 하는 때에는 하나의 화재감지기회로가 화재를 감지하는 때에도 음향장치가 경보되도록 하여야 한다.

㉢ 음향장치는 유수검지장치 및 준비작동식 유수검지장치 또는 일제개방밸브의 담당구역마다 설치하되 그 구역의 각 부분으로부터 하나의 음향장치까지의 수평거리는 25m 이하가 되도록 한다.

㉣ 경종 또는 사이렌을 1개 이상 설치하여야 하며, 그 사이렌은 자동화재 탐지설비·비상벨설비 또는 자동식 사이렌설비의 음향장치와 겸용할 수 있다.

㉤ 주음향장치는 수신기의 내부 또는 그 직근에 설치한다.

㉥ 5층(지하층을 제외한다.) 이상으로서 연면적이 3,000m^2를 초과하는 소방대상물 또는 그 부분에 있어서는 2층 이상의 층에서 발화한 때에는 발화층 및 그 직상층에 한하여, 1층에서 발화한 때에는 발화층·그 직상층 및 지하층에 한하여, 지하층에서 발화한 때에는 발화층·그 직상층 및 기타의 지하층에 한하여 경보를 발할 수 있도록 한다.

㉦ 음향장치는 다음 각 목의 기준에 따른 구조 및 성능의 것으로 한다. 즉,

- 정격전압의 80% 전압에서 음향을 발할 수 있는 것으로 할 것
- 음량은 부착된 음향장치의 중심으로부터 1m 떨어진 위치에서 90dB 이상이 되는 것으로 할 것

② 스프링클러설비의 가압송수장치로서 펌프가 설치되는 경우에는 그 펌프의 작동은 다음 각 호의 기준에 적합하여야 한다. 즉,

㉠ 습식 유수검지장치 또는 건식 유수검지장치를 사용하는 설비에 있어서는 동장치의 발신이나 기동용 수압개폐장치에 의하여 작동되거나 또는 이 두 가지의 혼용에 따라 작동될 수 있도록 한다.

㉡ 준비작동식 유수검지장치 또는 일제개방밸브를 사용하는 설비에 있어서는 화재감지기의 화재감지나 기동용 수압개폐장치에 따라 작동되거나 또는 이 두 가지의 혼용에 따라

작동할 수 있도록 한다.

③ 일제개방밸브의 작동은 다음 각 호의 기준에 적합하여야 한다. 즉,

㉠ 담당구역 내의 화재감지기의 동작에 따라 개방 및 작동될 것

㉡ 화재감지기회로는 교차회로방식으로 한다. 다만, 다음 각 목에 해당하는 경우에는 그러하지 아니하다.

- 스프링클러설비의 배관 또는 헤드에 누설경보용 물 또는 압축공기가 채워지는 경우
- 화재감지기를 자동화재 탐지설비의 화재안전기준(NFSC 203) 제7조 제1항 단서의 각 호의 감지기로 설치한 때

㉢ 일제개방밸브의 인근에서 수동기동(전기식 및 배수식)에 따라서도 개방 및 작동될 수 있게 한다.

㉣ 제1호 및 제2호의 규정에 따른 화재감지기의 설치기준에 관해서는 자동화재 탐지설비의 화재안전기준(NFSC 203) 제7조 및 제11조의 규정을 준용한다. 이 경우 교차회로방식에 있어서의 화재감지기의 설치는 각 화재감지기 회로별로 설치하되, 각 화재감지기회로별 화재감지기 1개가 담당하는 바닥면적은 자동화재탐지설비의 화재안전기준(NFSC 203) 제7조 제3항 제5호·제8호 내지 제10호의 규정에 따른 바닥면적으로 한다.

㉤ 화재감지기 회로에는 다음 각 목의 기준에 따른 발신기를 설치한다. 다만, 자동화재 탐지설비의 발신기가 설치된 경우에는 그러하지 아니하다. 즉,

- 조작이 쉬운 장소에 설치하고, 스위치는 바닥으로부터 0.8m 이상 1.5m 이하의 높이에 설치한다.
- 소방대상물의 층마다 설치하되, 당해 소방대상물의 각 부분으로부터 하나의 발신기까지의 수평거리가 25m 이하가 되도록 한다. 다만, 복도 또는 별도로 구획된 실로서 보행거리가 40m 이상일 경우에는 추가로 설치하여야 한다.
- 발신기의 위치를 표시하는 표시등은 함의 상부에 설치하되, 그 불빛은 부착면으로부터 15° 이상의 범위 안에서 부착지점으로부터 10m 이내의 어느 곳에서도 쉽게 식별할 수 있는 적색등으로 한다.

(7) 헤드의 설치

① 스프링클러 헤드는 소방대상물의 천장·반자·천장과 반자 사이·덕트·선반, 기타 이와 유사한 부분(폭이 1.2m를 초과하는 것에 한한다.)에 설치하여야 한다. 다만, 폭이 9m 이하인

실내에 있어서는 측벽에 설치할 수 있다.

② 래크식 창고의 경우로서 소방기본법시행령 별표 2의 특수가연물을 저장 또는 취급하는 것에 있어서는 래크 높이 4m 이하마다, 그 밖의 것을 취급하는 것에 있어서는 래크 높이 6m 이하마다 스프링클러 헤드를 설치하여야 한다. 다만, 래크식 창고의 천장 높이가 13.7m 이하로서 화재조기진압용 스프링클러설비의 화재안전기준(NFSC 103B)의 규정에 따라 설치하는 경우에는 천장에만 스프링클러 헤드를 설치할 수 있다.

③ 스프링클러 헤드를 설치하는 천장·반자·천장과 반자 사이·덕트·선반 등의 각 부분으로부터 하나의 스프링클러 헤드까지의 수평거리는 다음과 같이 하여야 한다. 다만, 성능이 별도로 인정된 스프링클러 헤드를 수리계산에 따라 설치하는 경우에는 그러하지 아니하다. 즉,

㉠ 무대부·소방기본법시행령 별표 2의 특수가연물을 저장 또는 취급하는 장소에 있어서는 1.7m 이하

㉡ 래크식 창고에 있어서는 2.5m 이하
다만, 특수가연물을 저장 또는 취급하는 래크식 창고의 경우에는 1.7m 이하

㉢ 공동주택(아파트) 세대 내의 거실 3.2m(스프링클러 헤드의 형식승인 및 검정기술기준 유효반경의 것으로 한다.)에 있어서는 3.2m 이하

㉣ 위 제㉠호 내지 제㉢호 외의 소방대상물에 있어서는 2.1m 이하(내화구조로 된 경우에는 2.3m 이하)

④ 영 별표 4 소화설비의 소방시설 적용기준란 제3호 가목의 규정에 따른 무대부 또는 연소할 우려가 있는 개구부에 있어서는 개방형 스프링클러 헤드를 설치하여야 한다.

⑤ 다음의 어느 하나에 해당하는 장소에는 조기반응형 스프링클러 헤드를 설치하여야 한다.

㉠ 공동주택·노유자시설의 거실

㉡ 오피스텔·숙박시설의 침실, 병원의 입원실

⑥ 폐쇄형 스프링클러 헤드는 그 설치장소의 평상시 최고 주위 온도에 따라 다음 표 6-3에 따른 표시온도의 것으로 설치하여야 한다. 다만, 높이가 4m 이상인 공장 및 창고(래크식 창고를 포함한다.)에 설치하는 스프링클러 헤드는 그 설치장소의 평상시 최고 주위 온도에 관계없이 표시온도 121℃ 이상의 것으로 할 수 있다.

⑦ 스프링클러 헤드는 다음의 방법에 따라 설치하여야 한다.

㉠ 살수가 방해되지 아니하도록 스프링클러 헤드로부터 반경 60cm 이상의 공간을 보유할 것. 다만, 벽과 스프링클러 헤드 간의 공간은 10cm 이상으로 한다.

표 6-3 설치장소의 최고 주위 온도에 따른 폐쇄형 스프링클러 헤드의 표시온도

설치장소의 최고 주위 온도	표시온도
39℃ 미만	79℃ 미만
39℃ 이상 64℃ 미만	79℃ 이상 121℃ 미만
64℃ 이상 106℃ 미만	121℃ 이상 162℃ 미만
106℃ 이상	162℃ 이상

ⓛ 스프링클러 헤드와 그 부착면(상향식 헤드의 경우에는 그 헤드의 직상부의 천장·반자 또는 이와 비슷한 것을 말한다. 이하 같다.)과의 거리는 30cm 이하로 한다.

ⓒ 배관·행거 및 조명기구 등 살수를 방해하는 것이 있는 경우에는 위 제㉠호 및 제ⓛ호의 규정에 불구하고 그로부터 아래에 설치하여 살수에 장애가 없도록 한다. 다만, 스프링클러 헤드와 장애물과의 이격거리를 장애물 폭의 3배 이상 확보한 경우에는 그러하지 아니하다.

ⓔ 스프링클러 헤드의 반사판은 그 부착면과 평행하게 설치한다. 다만, 측벽형 헤드 또는 아래 제ⓗ호의 규정에 따른 연소할 우려가 있는 개구부에 설치하는 스프링클러 헤드의 경우에는 그러하지 아니하다.

ⓜ 천장의 기울기가 10분의 1을 초과하는 경우에는 가지관을 천장의 마루와 평행하게 설치하고, 스프링클러 헤드는 다음 각 목의 기준에 적합하게 설치한다.

- 천장의 최상부에 스프링클러 헤드를 설치하는 경우에는 최상부에 설치하는 스프링클러 헤드의 반사판을 수평으로 설치한다.
- 천장의 최상부를 중심으로 가지관을 서로 마주 보게 설치하는 경우에는 최상부의 가지관 상호 간의 거리가 가지관상의 스프링클러 헤드 상호 간의 거리의 2분의 1 이하(최소 1m 이상이 되어야 한다.)가 되게 스프링클러 헤드를 설치하고, 가지관의 최상부에 설치하는 스프링클러 헤드는 천장의 최상부로부터의 수직거리가 90cm 이하가 되도록 한다. 톱날지붕, 둥근지붕 기타 이와 유사한 지붕의 경우에도 이에 준한다.

ⓗ 연소할 우려가 있는 개구부에는 그 상하좌우에 2.5m 간격으로(개구부의 폭이 2.5m 이하인 경우에는 그 중앙에) 스프링클러 헤드를 설치하되, 스프링클러 헤드와 개구부의 내측면으로부터 직선거리는 15cm 이하가 되도록 한다. 이 경우 사람이 상시 출입하는 개구부로서 통행에 지장이 있는 때에는 개구부의 상부 또는 측면(개구부의 폭이 9m 이하인 경우에 한한다.)에 설치하되, 헤드 상호 간의 간격은 1.2m 이하로 설치하여야 한다.

표 6-4 소방대상물의 보와 스프링클러 헤드 반사판 사이의 거리

스프링클러 헤드의 반사판 중심과 보의 수평거리	스프링클러 헤드의 반사판 높이와 보의 하단 높이의 수직거리
0.75m 미만	보의 하단보다 낮을 것
0.75m 이상 1m 미만	0.1m 미만일 것
1m 이상 1.5m 미만	0.15m 미만일 것
1.5m 이상	0.3m 미만일 것

ⓢ 습식 스프링클러설비 외의 설비에는 상향식 스프링클러 헤드를 설치할 것. 다만, 다음 각 목에 해당하는 경우에는 그러하지 아니하다.

- 드라이펜던트 스프링클러 헤드를 사용하는 경우
- 스프링클러 헤드의 설치장소가 동파의 우려가 없는 곳인 경우
- 개방형 스프링클러 헤드를 사용하는 경우

ⓞ 측벽형 스프링클러 헤드를 설치하는 경우 긴 변의 한쪽 벽에 일렬로 설치(폭이 4.5m 이상 9m 이하인 실에 있어서는 긴 변의 양쪽에 각각 일렬로 설치하되 마주 보는 스프링클러 헤드가 나란히꼴이 되도록 설치)하고 3.6m 이내마다 설치한다.

ⓩ 상부에 설치된 헤드의 방출수에 따라 감열부에 영향을 받을 우려가 있는 헤드에는 방출수를 차단할 수 있는 유효한 차폐판을 설치한다.

⑧ 위 제⑦항 제ⓛ호의 규정에 불구하고 소방대상물의 보와 가장 가까운 스프링클러 헤드는 다음 표 6-4의 기준에 따라 설치하여야 한다. 다만, 천장면에서 보의 하단까지의 길이가 55cm를 초과하고 보의 중심으로부터 스프링클러 헤드까지의 거리가 스프링클러 헤드 상호 간 거리의 2분의 1 이하가 되는 경우에는 스프링클러 헤드와 그 부착면과의 거리를 55cm 이하로 할 수 있다.

(8) 헤드의 설치제외

① 스프링클러설비를 설치하여야 할 소방대상물에 있어서 다음 각 호에 해당하는 장소에는 스프링클러 헤드를 설치하지 아니할 수 있다. 즉,

㉠ 계단실(특별피난계단의 부속실을 포함한다.)·경사로·비상용 승강기의 승강장·파이프 피트 및 덕트 피트·목욕실·수영장(관람석 부분을 제외한다.)·화장실·직접 외기에 개

방되어 있는 복도·기타 이와 유사한 장소

㉡ 통신기기실·전자기기실·기타 이와 유사한 장소

㉢ 발전실·변전실·변압기·기타 이와 유사한 전기설비가 설치되어 있는 장소

㉣ 병원의 수술실·응급처치실·기타 이와 유사한 장소

㉤ 천장과 반자 양쪽이 불연재료로 되어 있는 경우로서 그 사이의 거리 및 구조가 다음 각 목에 해당하는 부분

- 천장과 반자 사이의 거리가 2m 미만인 부분
- 천장과 반자 사이의 벽이 불연재료이고 천장과 반자 사이의 거리가 2m 이상으로서 그 사이에 가연물이 존재하지 아니하는 부분

㉥ 천장·반자 중 한쪽이 불연재료로 되어 있고 천장과 반자 사이의 거리가 1m 미만인 부분

㉦ 천장 및 반자가 불연재료 외의 것으로 되어 있고 천장과 반자 사이의 거리가 0.5m 미만인 부분

㉧ 펌프실·물탱크실·엘리베이터 권상기실 그 밖의 이와 비슷한 장소

㉨ 아파트의 세대별로 설치된 보일러실로서 환기구를 제외한 부분이 다른 부분과 방화구획되어 있는 보일러실

㉩ 현관 또는 로비 등으로서 바닥으로부터 높이가 20m 이상인 장소

㉪ 영하의 냉장창고의 냉장실 또는 냉동창고의 냉동실

㉫ 고온의 노가 설치된 장소 또는 물과 격렬하게 반응하는 물품의 저장 또는 취급장소

㉬ 불연재료로 된 소방대상물 또는 그 부분으로서 다음 각 목에 해당하는 장소

- 정수장·오물처리장·그 밖의 이와 비슷한 장소
- 펄프공장의 작업장·음료수공장의 세정 또는 충전하는 작업장·그 밖의 이와 비슷한 장소
- 비불연성의 금속·석재 등의 가공공장으로서 가연성 물질을 저장 또는 취급하지 아니하는 장소

㉭ 실내에 설치된 테니스장·게이트볼장·정구장 또는 이와 비슷한 장소로서 실내 바닥·벽·천장이 불연재료 또는 준불연재료로 구성되어 있고 가연물이 존재하지 않는 장소로서 관람석이 없는 운동시설(지하층은 제외한다.)

② 위 헤드의 설치 제⑦항 제㉥호의 연소할 우려가 있는 개구부에 다음의 기준에 따른 드렌처 설비를 설치한 경우에는 당해 개구부에 한하여 스프링클러 헤드를 설치하지 아니할 수 있다.

㉠ 드렌처 헤드는 개구부 위측에 2.5m 이내마다 1개를 설치할 것

㉡ 제어밸브(일제개방밸브·개폐표시형 밸브 및 수동조작부를 합한 것을 말한다. 이하 같다.)는 소방대상물 층마다에 바닥면으로부터 0.8m 이상 1.5m 이하의 위치에 설치할 것

㉢ 수원의 수량은 드렌처 헤드가 가장 많이 설치된 제어밸브의 드렌처 헤드의 설치개수에 1.6m^{3}를 곱하여 얻은 수치 이상이 되도록 할 것

㉣ 드렌처설비는 드렌처 헤드가 가장 많이 설치된 제어밸브에 설치된 드렌처 헤드를 동시에 사용하는 경우에 각각의 헤드 선단에 방수압력이 0.1MPa 이상, 방수량이 80ℓ/min 이상이 되도록 할 것

㉤ 수원에 연결하는 가압송수장치는 점검이 쉽고 화재 등의 재해로 인한 피해 우려가 없는 장소에 설치할 것

등이다.

(9) 송수구의 설치

① 스프링클러설비에는 소방차로부터 그 설비에 송수할 수 있는 송수구를 다음 각 호의 기준에 따라 설치하여야 한다. 즉,

㉠ 송수구는 화재층으로부터 지면으로 떨어지는 유리창 등이 송수 및 그 밖의 소화작업에 지장을 주지 아니하는 장소에 설치한다.

㉡ 송수구로부터 스프링클러설비의 주배관에 이르는 연결배관에 개폐밸브를 설치한 때에는 그 개폐상태를 쉽게 확인 및 조작할 수 있는 옥외 또는 기계실 등의 장소에 설치한다.

㉢ 구경 65mm의 쌍구형으로 한다.

㉣ 송수구에는 그 가까운 곳의 보기 쉬운 곳에 송수압력 범위를 표시한 표지를 한다.

㉤ 폐쇄형 스프링클러 헤드를 사용하는 스프링클러설비의 송수구는 하나의 층의 바닥면적이 3,000m^{2}를 넘을 때마다 1개 이상(5개를 넘을 경우에는 5개로 한다.)을 설치한다.

㉥ 지면으로부터 높이가 0.5m 이상 1m 이하의 위치에 설치한다.

㉦ 송수구의 가까운 부분에 자동배수밸브(또는 직경 5mm의 배수공) 및 체크밸브를 설치한다. 이 경우 자동배수밸브는 배관 안의 물이 잘 빠질 수 있는 위치에 설치하되, 배수로 인하여 다른 물건 또는 장소에 피해를 주지 아니하여야 한다.

㉧ 송수구에는 이물질을 막기 위한 마개를 씌워야 한다.

(10) 전원설비

① 스프링클러설비에는 다음 각 호의 기준에 따른 상용전원회로의 배선을 설치하여야 한다. 다만, 가압수조방식으로서 모든 기능이 20분 이상 유효하게 지속될 수 있는 경우에는 그러하지 아니하다. 즉,

㉠ 저압수전인 경우에는 인입개폐기의 직후에서 분기하여 전용배선으로 하여야 하며, 전용의 전선관에 보호되도록 할 것

㉡ 특별고압수전 또는 고압수전일 경우에는 전력용 변압기 2차측의 주차단기 1차측에서 분기하여 전용배선으로 하되, 상용전원의 상시공급에 지장이 없을 경우에는 주차단기 2차측에서 분기하여 전용배선으로 한다. 다만, 가압송수장치의 정격입력전압이 수전전압과 같은 경우에는 제1호의 기준에 따른다.

② 스프링클러설비에는 자가발전설비 또는 축전지설비에 따른 비상전원을 설치하여야 한다. 다만, 차고·주차장으로서 스프링클러설비가 설치된 부분의 바닥면적[포소화설비의 화재안전기준(NFSC 105) 제13조 제2항 제2호의 규정에 따라 차고·주차장의 바닥면적을 포함한다.]의 합계가 1,000m^2 미만인 경우에는 비상전원수전설비로 설치할 수 있으며, 2 이상의 변전소(전기사업법 제67조의 규정에 따른 변전소를 말한다. 이하 같다.)에서 전력을 동시에 공급받을 수 있거나 하나의 변전소로부터 전력의 공급이 중단되는 때에는 자동으로 다른 변전소로부터 전력을 공급받을 수 있도록 상용전원을 설치한 경우와 가압수조방식에는 비상전원을 설치하지 아니할 수 있다.

③ 위 제②항의 규정에 따라 비상전원 중 자가발전설비 또는 축전지설비(내연기관에 따른 펌프를 설치한 경우에는 내연기관의 기동 및 제어용 축전지를 말한다.)는 다음의 기준에 따라 비상전원수전설비는 소방시설용 비상전원수전설비의 화재안전기준(NFSC 602)에 따라 설치하여야 한다.

㉠ 점검에 편리하고 화재 및 침수 등의 재해로 인한 피해를 받을 우려가 없는 곳에 설치할 것

㉡ 스프링클러설비를 유효하게 20분 이상 작동할 수 있어야 할 것

㉢ 상용전원으로부터 전력의 공급이 중단된 때에는 자동으로 비상전원으로부터 전력을 공급받을 수 있도록 할 것

㉣ 비상전원(내연기관의 기동 및 제어용 축전지를 제외한다.)의 설치장소는 다른 장소와 방화구획한다. 이 경우 그 장소에는 비상전원의 공급에 필요한 기구나 설비 외의 것(열병

합발전설비에 필요한 기구나 설비는 제외한다.)을 두어서는 아니 된다.

ⓜ 비상전원을 실내에 설치하는 때에는 그 실내에 비상조명등을 설치할 것

등이다.

(11) 제어반의 설치

① 스프링클러설비에는 제어반을 설치하되, 감시제어반과 동력제어반으로 구분하여 설치하여야 한다. 다만, 다음 각 호에 해당하는 경우에는 감시제어반과 동력제어반으로 구분하여 설치하지 아니할 수 있다. 즉,

ⓐ 다음 각 목에 해당하지 아니하는 소방대상물에 설치되는 스프링클러설비

- 지하층을 제외한 층수가 7층 이상으로서 연면적이 2,000m^2 이상인 것
- 위 목에 해당하지 아니하는 소방대상물로서 지하층의 바닥면적의 합계가 3,000m^2 이상인 것. 다만, 차고·주차장 또는 보일러실·기계실·전기실 등 이와 유사한 장소의 면적은 제외한다.

ⓑ 내연기관에 따른 가압송수장치를 사용하는 스프링클러설비

ⓒ 고가수조에 따른 가압송수장치를 사용하는 스프링클러설비

ⓓ 가압수조에 따른 가압송수장치를 사용하는 스프링클러설비

② 감시제어반의 기능은 다음 각 호의 기준에 적합하여야 한다. 다만, 위 제①항 각 호에 해당하는 경우에는 아래 제ⓒ호 및 제ⓜ호의 규정을 적용하지 아니한다.

ⓐ 각 펌프의 작동 여부를 확인할 수 있는 표시등 및 음향경보 기능이 있어야 할 것

ⓑ 각 펌프를 자동 및 수동으로 작동시키거나 작동을 중단시킬 수 있어야 할 것

ⓒ 비상전원을 설치한 경우에는 상용전원 및 비상전원의 공급 여부를 확인할 수 있어야 할 것

ⓓ 수조 또는 물올림탱크가 저수위로 될 때 표시등 및 음향으로 경보할 것

ⓜ 예비전원이 확보되고 예비전원의 적합 여부를 시험할 수 있어야 할 것

③ 감시제어반은 다음 각 호의 기준에 따라 설치하여야 한다.

ⓐ 화재 및 침수 등의 재해로 인한 피해를 받을 우려가 없는 곳에 설치한다.

ⓑ 감시제어반은 스프링클러설비의 전용으로 한다. 다만, 스프링클러설비의 제어에 지장이 없는 경우에는 다른 설비와 겸용할 수 있다.

ⓒ 감시제어반은 다음 각 목의 기준에 따른 전용실 안에 설치한다. 다만, 위 제①항 각 호에

해당하는 경우와 공장, 발전소 등에서 설비를 집중 제어·운전할 목적으로 설치하는 중앙제어실내에 감시제어반을 설치하는 경우에는 그러하지 아니하다.

- 다른 부분과 방화구획한다. 이 경우 전용실의 벽에는 기계실 또는 전기실 등의 감시를 위하여 두께 7mm 이상의 망입유리(두께 16.3mm 이상의 접합유리 또는 두께 28mm 이상의 복층유리를 포함한다.)로 된 $4m^2$ 미만의 붙박이창을 설치할 수 있다.
- 피난층 또는 지하 1층에 설치한다. 다만, 다음에 해당하는 경우에는 지상 2층에 설치하거나 지하 1층 외의 지하층에 설치할 수 있다. 즉,
  - 건축법시행령 제35조의 규정에 따라 특별피난계단이 설치되고 그 계단(부속실을 포함한다.) 출입구로부터 보행거리 5m 이내에 전용실의 출입구가 있는 경우
  - 아파트의 관리동(관리동이 없는 경우에는 경비실)에 설치하는 경우
- 비상조명등 및 급·배기설비를 설치할 것
- 무선통신보조설비의 화재안전기준(NFSC 505) 제6조의 규정에 따른 무선기기 접속단자(영 별표 4 소화활동설비의 소방시설 적용기준란 제5호의 규정에 따른 무선통신보조설비가 설치된 특정소방대상물에 한한다.)를 설치할 것
- 바닥면적은 감시제어반의 설치에 필요한 면적 외에 화재 시 소방대원이 그 감시제어반의 조작에 필요한 최소면적 이상으로 할 것

㉣ 위 제㉢호의 규정에 따른 전용실에는 소방대상물의 기계·기구 또는 시설 등의 제어 및 감시설비 외의 것을 두지 아니한다.

㉤ 각 유수검지장치 또는 일제개방밸브의 작동 여부를 확인할 수 있는 표시 및 경보 기능이 있도록 한다.

㉥ 일제개방밸브를 개방시킬 수 있는 수동조작스위치를 설치한다.

㉦ 일제개방밸브를 사용하는 설비의 화재감지는 각 경계회로별로 화재 표시가 되도록 한다.

㉧ 다음의 각목 확인회로마다 도통시험 및 작동시험을 할 수 있도록 할 것

- 기동용 수압개폐장치의 압력스위치회로
- 수조 또는 물올림탱크의 저수위감시회로
- 유수검지장치 또는 일제개방밸브의 압력스위치회로
- 일제개방밸브를 사용하는 설비의 화재감지기회로
- 제8조 제16항의 규정에 따른 개폐밸브의 폐쇄상태 확인회로
- 그 밖의 이와 비슷한 회로

㉨ 감시제어반과 자동화재탐지설비의 수신기를 별도의 장소에 설치하는 경우에는 이들 상

호 간에 동시 통화가 가능하도록 한다.

④ 동력제어반은 다음 각 호의 기준에 따라 설치하여야 한다.

㉠ 앞면은 적색으로 하고 "스프링클러설비용 동력제어반"이라고 표시한 표지를 설치한다.

㉡ 외함은 두께 1.5mm 이상의 강판 또는 이와 동등 이상의 강도 및 내열성능이 있는 것으로 한다.

㉢ 그 밖의 동력제어반의 설치에 관하여는 위 제③항 제㉠호 및 제㉡호의 기준을 준용한다.

(12) 배선 등

① 스프링클러설비의 배선은 전기사업법 제67조의 규정에 따른 기술기준에서 정한 것 외에 다음의 기준에 따라 설치하여야 한다.

㉠ 비상전원으로부터 동력제어반 및 가압송수장치에 이르는 전원회로배선은 내화배선으로 한다. 다만, 자가발전설비와 동력제어반이 동일한 실에 설치된 경우에는 자가발전기로부터 그 제어반에 이르는 전원회로배선은 그러하지 아니하다.

㉡ 상용전원으로부터 동력제어반에 이르는 배선, 그 밖의 스프링클러설비의 감시·조작 또는 표시등회로의 배선은 내화배선 또는 내열배선으로 한다. 다만, 감시제어반 또는 동력제어반 안의 감시·조작 또는 표시등회로의 배선은 그러하지 아니하다.

② 위 제①항의 규정에 따른 내화배선 및 내열배선에 사용되는 전선 및 설치방법은 옥내소화전설비의 화재안전기준(NFSC 102)의 별표 1의 기준에 따른다.

③ 스프링클러설비의 과전류차단기 및 개폐기에는 "스프링클러설비용"이라고 표시한 표지를 하여야 한다.

④ 스프링클러설비용 전기배선의 양단 및 접속단자에는 다음의 기준에 따라 표지하여야 한다.

㉠ 단자에는 "스프링클러설비단자"라고 표시한 표지를 부착한다.

㉡ 스프링클러설비용 전기배선의 양단에는 다른 배선과 식별이 용이하도록 표시한다.

(13) 수원 및 가압송수장치의 펌프 등의 겸용

① 스프링클러설비의 수원을 옥내소화전설비·간이 스프링클러설비·화재조기진압용 스프링클러설비·물분무소화설비·포소화전설비 및 옥외소화전설비의 수원과 겸용하여 설치하는 경

우의 저수량은 각 소화설비에 필요한 저수량을 합한 양 이상이 되도록 하여야 한다. 다만, 이들 소화설비 중 고정식 소화설비(펌프·배관과 소화수 또는 소화약제를 최종 방출하는 방출구가 고정된 설비를 말한다. 이하 같다.)가 2 이상 설치되어 있고, 그 소화설비가 설치된 부분이 방화벽과 방화문으로 구획되어 있는 경우에는 각 고정식 소화설비에 필요한 저수량 중 최대의 것 이상으로 할 수 있다.

② 스프링클러설비의 가압송수장치로 사용하는 펌프를 옥내소화전설비·간이 스프링클러설비·화재조기진압용 스프링클러설비·물분무소화설비·포소화설비 및 옥외소화전설비의 가압송수장치와 겸용하여 설치하는 경우의 펌프의 토출량은 각 소화설비에 해당하는 토출량을 합한 양 이상이 되도록 하여야 한다. 다만, 이들 소화설비 중 고정식 소화설비가 2 이상 설치되어 있고, 그 소화설비가 설치된 부분이 방화벽과 방화문으로 구획되어 있으며 각 소화설비에 지장이 없는 경우에는 펌프의 토출량 중 최대의 것 이상으로 할 수 있다.

③ 옥내소화전설비·스프링클러설비·간이 스프링클러설비·화재조기진압용 스프링클러설비·물분무소화설비·포소화설비 및 옥외소화전설비의 가압송수장치에 있어서 각 토출 측 배관과 일반급수용의 가압송수장치의 토출 측 배관을 상호 연결하여 화재 시 사용할 수 있다. 이 경우 연결배관에는 개폐표시형 밸브를 설치하여야 하며, 각 소화설비의 성능에 지장이 없도록 하여야 한다.

④ 스프링클러설비의 송수구를 옥내소화전설비·간이 스프링클러설비·화재조기진압용 스프링클러설비·물분무소화설비·포소화설비·연결송수관설비 또는 연결살수설비의 송수구와 겸용으로 설치하는 경우에는 스프링클러설비의 송수구의 설치기준에 따르되 각각의 소화설비의 기능에 지장이 없도록 하여야 한다.

6.7 특수목적용 스프링클러설비 시스템

(1) 사이클링 스프링클러설비 시스템

1) 동작원리 및 특징

기본적으로 준비작동식 스프링클러설비의 변형이라 할 수 있고, 케이블에 부착된 감지기로부터 신호를 받아 작동하는 일제살수밸브가 사용된다. 사이클링 스프링클러설비의 개발목적은 화재 진압 시 소화수로 인한 수손을 방지 또는 최소화하기 위하여 개발된 것으로 ON-OFF형 스프링클러설비라고도 한다.

감지기가 화재를 감지하면 솔레노이드밸브가 작동하여 클래퍼를 개방시키고, 이어서 폐쇄형 스프링클러 헤드가 개방되어 살수를 시작 화재를 소화한다. 소화로 인해 감지기 주변의 온도가 낮아지면 일정시간 지난 후 클래퍼를 다시 닫아주게 되는 시스템이다.

(2) 증발수 스프링클러설비 시스템

1) 동작원리 및 특징

소화수에 증발약제를 주입한 것으로 고층 래크식 물류창고의 화재와 같은 강한 열기류가 약 12m/sec 정도를 약제와 혼합된 물방울이 뚫고 들어가 화재를 진압하는 데 주로 사용되는 스프링클러설비이다. 따라서 연소속도가 빠른 화재의 경우 이 설비가 가장 효과적이다.

여기에서 사용된 증발약제는 헤드에서 살수되는 물방울을 크게 하거나 연소 중인 연소물 표면에 물방울이 붙어 있도록 한다. 또한 분사된 물방울은 서서히 흘러서 연소 중인 연소물 표면의 복사와 대류를 방해하며, 연소물은 증발약제의 증발로 인하여 열저항이 매우 커져 화재 확산을 어느 정도 막아주고 소화에 도달하게 한다.

(3) 유리벽 방호용 스프링클러설비 시스템

1) 동작원리 및 특징

유리벽 방호용 스프링클러는 아트리움의 유리벽 등을 방호하기 위해 사용되며, 본 설비가 설치된 유리벽은 방화벽으로도 사용할 수 있다. 이때 유리벽은 망입유리 또는 복층유리 등으로 하고, 스프링클러가 작동하기 전에 유리가 깨지지 않아야 된다. 이때 사용된 유리벽 방호용 스프링클러는 유리틀의 변형에도 제위치에 유지되어야 하며, 유리벽의 아트리움 측에는 설치하지 않는다.

(4) 라지-드롭 스프링클러설비 시스템

1) 동작원리 및 특징

화재 시 고속의 열기류와 대량의 열방출에 대하여 화재를 제어하기 위한 소화설비이다.

일반 스프링클러설비와 그 구성면에서 동일하나 분사압 0.175MPa(1.75kg/cm^2) 이상의 압력으로 헤드당 208ℓ/min의 방수량으로 설계되어야 하므로 이는 표준형 스프링클러 헤드의 약 2배가 된다. 이때 사용되는 스프링클러 헤드는 일반 스프링클러의 헤드와는 다른 라지-드롭(large-drop) 헤드를 사용한다.

(5) 조기진압용 스프링클러설비 시스템

1) 동작원리 및 특징

소방법상의 화재 조기진압용(early suppression fast response ; ESFR) 스프링클러설비로서 방수특성과 감도특성의 개념을 동시에 이용한 설비로 일반 스프링클러 헤드와 다른 ESFR 헤드를 사용한다. 적절한 배관에 설치되면 예정된 온도에서 자동방수되어 화재를 초기에 소화할 수 있고, 여기에서 사용되는 ESFR 헤드는 특정 패턴과 방사량으로 분사하는 헤드이다. 따라서 헤드를 제외하면 일반 스프링클러설비와 그 구성면에서 같다.

설치 위치는 높이 12.2m 이하의 래크식 창고에만 유효하며, 일반 스프링클러설비보다 많은 양의 수원과 헤드 방사량의 크기 203ℓ/min을 가지나 설치높이에 따라 그 값을 달리한다.

소방법상의 기준은, 높이 9.1m 미만의 창고에서 방수압력은 0.35MPa(3.5kg/cm^2), 수원의 양은 273ton이고, 높이 9.1m 이상 12.2m 이하의 창고에서 방수압력은 0.51MPa(5.1kg/cm^2), 수원의 양은 330톤이다.

2) 설치장소 및 설치기준

당해 층의 높이가 12.2m 이하여야 한다. 다만, 2층 이상일 경우에는 당해 층의 바닥을 내화구조로 하고 다른 부분과 방화구획을 한다. 천장의 기울기가 1,000분의 168을 초과하지 않아야 하고, 이를 초과하는 경우에는 반지름을 지면과 수평으로 설치한다. 천장은 평평하여야 하며 철재나 목재 트러스 구조인 경우 철재나 목재의 돌출 부분이 102mm를 초과하지 아니해야 한다. 보로 사용되는 목재, 콘크리트 및 철재 사이의 간격은 0.9m 이상, 2.3m 이하여야 한다. 다만, 보의 간격이 2.3m 이상인 경우에는 스프링클러 헤드의 동작을 원활히 하기 위하여 보로 구획 부분의 천장 및 반자의 넓이는 28m^{2}를 초과하지 아니해야 한다. 창고 내의 선반의 형태는 하부로 물이 침투되는 구조로 한다.

(6) 즉동형(quick response) 스프링클러설비 시스템

1) 동작원리 및 특징

화재 초기에 작동하여 화원 및 그 주위에 살수하며, 화재의 확대를 방지하는 소화설비이다. 인명의 안전을 주목적으로 개발된 것으로, 다수의 사람이 거주하거나 활동이 빈번한 고층건물, 아파드, 의료시설 등에서 주로 사용한다. 작은 면적이나 빠르게 연소하는 화재에서 효과적으로 작동하여 연소생성물의 양을 감소시킴으로써 인명을 최대한 보호할 수 있도록 설치하는 소화설비이다.

6.8 간이 스프링클러설비 시스템

(1) 설치대상 및 장소

소방시설설치유지 및 안전관리에 관한법률(이하 "법"이라 한다.) 제9조 제1항 및 동법률시행령(이하 영이라 한다.) 별표 4 소화설비의 소방시설 적용기준란 제4호의 규정에 따른 간이 스프링클러설비는 이 기준에서 정하는 규정에 따라 설비를 설치하고 유지·관리하여야 하며, 따라서 간이 스프링클러설비를 설치하여야 하는 특정 소방대상물은 다음과 같다.

① 근린생활시설로 사용하는 부분의 바닥면적의 합계가 1천 제곱미터 이상인 것은 전 층

② 교육연구시설 내에 있는 합숙소로서 연면적 100제곱미터 이상인 것

③ 노유자시설 또는 정신보건시설(입원실이 없는 정신과 의원은 제외한다.)로서 다음의 어느 하나에 해당하는 시설

㉠ 해당 시설로 사용되는 바닥면적의 합계가 300제곱미터 이상 600제곱미터 미만인 시설

㉡ 해당 시설로 사용하는 바닥면적의 합계가 300제곱미터 미만이고, 창살(철재 · 플라스틱 또는 목재 등으로 사람의 탈출 등을 막기 위하여 설치한 것을 말하며, 화재 시 자동으로 열리는 구조로 되어 있는 창살은 제외한다.)이 설치된 시설

④ 건물을 임차하여 「출입국관리법」 제52조 제2항에 따른 보호 장소로 사용하는 부분

※ 다중이용업소의 안전관리에 관한 특별법 시행령 제9조 : 간이 스프링클러설비는 영업장이 지하층에 설치된 경우로서 그 바닥면적(계단·화장실·복도 등 공유면적을 포함한다.)이 150m^2 이상인 다중이용업의 영업장에 설치한다.

(2) 간이 스프링클러 헤드의 설치기준

간이헤드는 다음 각 호의 기준에 적합한 것을 사용하여야 한다. 즉,

① 폐쇄형 간이헤드를 사용한다. 다만, 동파 등의 우려가 있는 장소에는 개방형 간이헤드를 사용할 수 있다.

② 간이헤드의 작동 온도는 실내의 최대 주위 천장 온도가 0℃ 이상 38℃ 이하인 경우 공칭작동 온도가 57℃에서 77℃의 것을 사용하고, 39℃ 이상 66℃ 이하인 경우에는 공칭작동 온도가 79℃에서 109℃의 것을 사용한다.

③ 하나의 간이 스프링클러 헤드 방호면적은 13.4m^2 이하로 하고 헤드와 헤드 사이의 거리는 3.7m 이하(표준형 스프링클러 헤드를 설치하는 경우에는 헤드 하나의 방호면적은 21m^2 이하, 헤드와 헤드 사이의 거리는 4.6m 이하), 간이헤드에서 벽이나 칸막이까지의 거리는 0.3m에서 1.8m 이내가 되도록 설치한다.

④ 상향식 간이헤드 또는 하향식 간이헤드의 경우에는 간이헤드의 디플렉터에서 천장 또는 반자까지의 거리는 25mm에서 102mm 이내가 되도록 설치하여야 하며, 측벽형 간이헤드의 경우에는 102mm에서 152mm 사이에 설치한다. 다만, 플러시 스프링클러 헤드의 경우에는 천장 또는 반자까지의 거리를 102mm 이하가 되도록 설치할 수 있다.

⑤ 간이헤드는 천장 또는 반자의 경사·보·조명장치 등에 따라 살수장애의 영향을 받지 아니하도록 설치한다.

⑥ 위 제④호의 규정에 불구하고 소방대상물의 보와 가장 가까운 간이헤드는 표 6-5의 기준에 따라 설치한다. 다만, 천장면에서 보의 하단까지의 길이가 55cm를 초과하고 보의 중심으로부터 간이헤드까지의 거리가 간이헤드 상호 간 거리의 2분의 1 이하가 되는 경우에는 간이

표 6-5 간이 스프링클러 헤드와 보의 수평 및 수직거리

(단위 : m)

간이헤드의 반사판 중심과 보의 수평거리	간이헤드의 반사판 높이와 보의 하단 높이의 수직거리
0.75m 미만	보의 하단보다 낮을 것
0.75m 이상 1m 미만	0.1m 미만일 것
1m 이상 1.5m 미만	0.15m 미만일 것
1.5m 이상	0.3m 미만일 것

헤드와 그 부착면과의 거리를 55cm 이하로 할 수 있다.

⑦ 상향식 간이헤드 아래에 설치되는 하향식 간이헤드에는 상향식 헤드의 방출수를 차단할 수 있는 유효한 차폐판을 설치한다.

⑧ 간이 스프링클러설비를 설치하여야 할 소방대상물에 있어서 간이헤드 설치 제외에 관한 사항은 스프링클러설비의 화재안전기준 제15조 제1항의 규정을 준용한다.

(3) 수원의 확보

① 간이 스프링클러설비의 수원은 다음과 같다.

㉠ 상수도설비에 직접 연결하는 경우에는 수돗물

㉡ 위 ㉠호 외의 수조를 설치하고자 하는 경우에는 적어도 1개 이상의 자동급수장치를 갖추어야 하며, 2개의 간이헤드에서 최소 10분(근린생활시설의 경우에는 20분) 이상 방수할 수 있는 양 이상으로 한다.

② 간이 스프링클러설비의 수원을 수조로 설치하는 경우에는 소방설비의 전용수조로 하여야 한다. 다만, 다음에 해당하는 경우에는 그러하지 아니하다.

㉠ 간이 스프링클러펌프의 풋밸브 또는 흡수배관의 흡수구(수직회전축펌프의 흡수구를 포함한다. 이하 같다.)를 다른 설비(소방용 설비 외의 것을 말한다. 이하 같다.)의 풋밸브 또는 흡수구보다 낮은 위치에 설치한 때

㉡ 제5조(가압송수장치) 제3항(고가수조낙차에 관한 사항)의 규정에 따른 고가수조로부터 간이 스프링클러설비의 수직배관에 물을 공급하는 급수구를 다른 설비의 급수구보다 낮은 위치에 설치한 때

③ 위 제①항 제㉡호의 규정에 따른 저수량을 산정함에 있어서 다른 설비와 겸용하여 간이

스프링클러설비용 수조를 설치하는 경우에는 간이 스프링클러설비의 풋밸브·흡수구 또는 수직배관의 급수구와 다른 설비의 풋밸브·흡수구 또는 수직배관의 급수구와의 사이의 수량을 그 유효수량으로 한다.

④ 간이 스프링클러설비용 수조는 다음의 기준에 따라 설치하여야 한다.

㉠ 점검에 편리한 곳에 설치할 것

㉡ 동결방지조치를 하거나 동결의 우려가 없는 장소에 설치할 것

㉢ 수조의 외측에 수위계를 설치한다. 다만, 구조상 불가피한 경우에는 수조의 맨홀 등을 통하여 수조 안의 물의 양을 쉽게 확인할 수 있도록 하여야 한다.

㉣ 수조의 상단이 바닥보다 높은 때에는 수조의 외측에 고정식 사다리를 설치할 것

㉤ 수조가 실내에 설치된 때에는 그 실내에 조명설비를 설치할 것

㉥ 수조의 밑부분에는 청소용 배수밸브 또는 배수관을 설치할 것

㉦ 수조의 외측의 보기 쉬운 곳에 "간이 스프링클러설비용 수조"라고 표시한 표지를 한다. 이 경우 그 수조를 다른 설비와 겸용하는 때에는 그 겸용되는 설비의 이름을 표시한 표지를 함께하여야 한다.

㉧ 간이 스프링클러펌프의 흡수배관 또는 간이 스프링클러설비의 수직배관과 수조의 접속부분에는 "간이 스프링클러설비용 배관"이라고 표시한 표지를 한다. 다만, 수조와 가까운 장소에 간이 스프링클러펌프가 설치되고 "간이 스프링클러설비펌프"라고 표지를 설치한 때에는 그러하지 아니하다

(4) 가압송수장치의 설치기준

① 상수도설비에 직접 연결하거나 펌프·고가수조·압력수조·가압수조를 이용하는 가압송수장치를 설치하는 경우에 있어서의 정격토출압력은 가장 먼 가지배관에서 2개의 간이헤드를 동시에 개방할 경우 간이헤드 선단의 방수압력은 0.1MPa, 간이 스프링클러 헤드 1개의 방수량은 50ℓ/min(표준형 헤드를 설치하는 경우에는 80ℓ/min) 이상이어야 한다.

② 전동기 또는 내연기관에 따른 펌프를 이용하는 가압송수장치는 다음의 기준에 따라 설치하여야 한다.

㉠ 쉽게 접근할 수 있고 점검하기에 충분한 공간이 있는 장소로서 화재 및 침수 등의 재해로 인한 피해를 받을 우려가 없는 곳에 설치할 것

㉡ 동결방지조치를 하거나 동결의 우려가 없는 장소에 설치할 것

㉢ 펌프는 전용으로 한다. 다만, 다른 소화설비와 겸용하는 경우 각각의 소화설비의 성능에 지장이 없을 때에는 그러하지 아니하다.

㉣ 펌프의 토출 측에는 압력계를 체크밸브 이전에 펌프 토출 측 플랜지에서 가까운 곳에 설치하고, 흡입 측에는 연성계 또는 진공계를 설치한다. 다만, 수원의 수위가 펌프의 위치보다 높거나 수직회전축 펌프의 경우에는 연성계 또는 진공계를 설치하지 아니할 수 있다.

㉤ 가압송수장치에는 정격부하 운전 시 펌프의 성능을 시험하기 위한 배관을 설치한다. 다만, 충압펌프의 경우에는 그러하지 아니하다.

㉥ 가압송수장치에는 체절 운전 시 수온의 상승을 방지하기 위한 순환배관을 설치한다. 다만, 충압펌프의 경우에는 그러하지 아니하다.

㉦ 기동장치로는 기동용 수압개폐장치 또는 이와 동등 이상의 성능이 있는 것을 설치한다.

㉧ 수원의 수위가 펌프보다 낮은 위치에 있는 가압송수장치에는 다음 각 항목의 기준에 따른 물올림장치를 설치할 것

- 물올림장치에는 전용의 탱크를 설치할 것
- 탱크의 유효수량은 100ℓ 이상으로 하되, 구경 15mm 이상의 급수배관에 따라 당해탱크에 물이 계속 보급되도록 할 것

㉨ 내연기관을 사용하는 경우에는 제어반에 따라 내연기관의 자동기동 및 수동기동이 가능하고, 상시 충전되어 있는 축전지설비를 갖춘다.

㉩ 가압송수장치가 기동이 된 경우에는 자동으로 정지되지 아니하도록 하여야 한다. 다만, 충압펌프의 경우에는 그러하지 아니하다.

㉪ 가압송수장에는 "간이 스프링클러펌프"라고 표시한 표지를 한다. 이 경우 그 가압송수장치를 다른 설비와 겸용하는 때에는 그 겸용되는 설비의 이름을 표시한 표지를 함께 하여 한다.

③ 고가수조의 자연낙차를 이용한 가압송수장치는 다음의 기준에 따라 설치하여야 한다. 즉,

㉠ 고가수조의 자연낙차수두(수조의 하단으로부터 최고층에 설치된 헤드까지의 수직거리를 말한다.)는 다음의 식에 따라 산출한 수치 이상이 되도록 할 것

$$H = h_1 + 10[\text{m}]$$

여기서, H : 필요한 낙차(m)

h_1 : 배관의 마찰손실수두(m)

㉡ 고가수조에는 수위계·배수관·급수관·오버플로관 및 맨홀을 설치할 것

④ 압력수조를 이용한 가압송수장치는 다음의 기준에 따라 설치하여야 한다.

㉠ 압력수조의 압력은 다음의 식에 따라 산출한 수치 이상으로 할 것

$$P = P_1 + P_2 + 0.1\,[\text{MPa}]$$

여기서, P : 필요한 압력(MPa)

P_1 : 낙차의 환산수두압(MPa)

P_2 : 배관의 마찰손실수두압(MPa)

㉡ 압력수조에는 수위계·급수관·배수관·급기관·맨홀·압력계·안전장치 및 압력저하 방지를 위한 자동식 공기압축기를 설치할 것

⑤ 가압수조를 이용한 가압송수장치는 다음의 기준에 따라 설치하여야 한다.

㉠ 가압수조의 압력은 간이헤드 2개를 동시에 개방할 때 적정방수량 및 방수압이 10분 이상 유지되도록 한다.

㉡ 가압수조의 수조는 최대상용압력 1.5배의 물의 압력을 가하는 경우 물이 새거나 변형이 없어야 한다.

㉢ 가압수조에는 수위계·급수관·배수관·급기관·압력계 및 안전장치를 설치한다.

(5) 배관 및 밸브의 설치기준

① 배관은 배관용 탄소강관(KS D 3507) 또는 배관 내 사용압력이 1.2MPa 이상일 경우에는 압력배관용 탄소강관(KS D 3562)이나 이와 동등 이상의 강도·내식성 및 내열성을 가진 것으로 하여야 한다. 다만, 습식 간이 스프링클러설비의 배관은 이음매 없는 동 및 동합금(KS D 5301)의 배관용 동관을 사용할 수 있다.

② 위 제①항의 규정에 불구하고 다음에 해당하는 장소에는 소방방재청장이 정하여 고시하는 성능시험기술기준에 적합한 소방용 합성수지배관으로 설치할 수 있다.

㉠ 배관을 지하에 매설하는 경우

㉡ 다른 부분과 내화구조로 구획된 덕트 또는 피트의 내부에 설치하는 경우

ⓒ 천장(상층이 있는 경우에는 상층바닥의 하단을 포함한다. 이하 같다.)과 반자를 불연재료 또는 준불연재료로 설치하고 그 내부에 습식으로 배관을 설치하는 경우

③ 급수배관은 다음의 기준에 따라 설치하여야 한다.

㉠ 전용으로 할 것. 다만, 간이 스프링클러설비의 기동장치의 조작과 동시에 다른 설비의 용도에 사용하는 배관의 송수를 차단할 수 있거나, 간이 스프링클러설비의 성능에 지장이 없는 경우에는 다른 설비와 겸용할 수 있다.

㉡ 급수를 차단할 수 있는 개폐밸브는 개폐표시형으로 한다. 이 경우 펌프의 흡입 측 배관에는 버터플라이밸브 외의 개폐표시형 밸브를 설치하여야 한다.

ⓒ 배관의 구경은 제5조 제1항의 규정에 적합하도록 수리계산에 의하거나 별표 1의 기준에 따라 설치한다. 다만, 수리계산에 의하는 경우 가지배관의 유속은 6m/s, 그 밖의 배관의 유속은 10m/s를 초과할 수 없다.

④ 펌프의 흡입 측 배관은 다음의 기준에 따라 설치하여야 한다.

㉠ 공기고임이 생기지 아니하는 구조로 하고 여과장치를 설치할 것

㉡ 수조가 펌프보다 낮게 설치된 경우에는 각 펌프(충압펌프를 포함한다.)마다 수조로부터 별도로 설치할 것

⑤ 연결송수관설비의 배관과 겸용할 경우의 주배관은 구경 100mm 이상, 방수구로 연결되는 배관의 구경은 65mm 이상의 것으로 하여야 한다.

⑥ 펌프의 성능은 체절 운전 시 정격토출압력의 140%를 초과하지 아니하고, 정격토출량의 150%로 운전 시 정격토출압력의 65% 이상이 되어야 하며, 펌프의 성능시험배관은 다음의 기준에 적합하여야 한다.

㉠ 성능시험배관은 펌프의 토출 측에 설치된 개폐밸브 이전에서 분기하여 설치하고, 유량측정장치를 기준으로 전단 직관부에 개폐밸브를 후단 직관부에는 유량조절밸브를 설치할 것

㉡ 유량측정장치는 성능시험배관의 직관부에 설치하되, 펌프의 정격토출량의 175% 이상 측정할 수 있는 성능이 있을 것

⑦ 가압송수장치의 체절운전 시 수온의 상승을 방지하기 위하여 체크밸브와 펌프 사이에서 분기한 구경 20mm 이상의 배관에 체절압력 미만에서 개방되는 릴리프밸브를 설치하여야 한다.

⑧ 동결방지조치를 하거나 동결의 우려가 없는 장소에 설치하여야 한다.

⑨ 가지배관의 배열은 다음의 기준에 따른다.

㉠ 토너먼트(tournament) 방식이 아닐 것

㉡ 교차배관에서 분기되는 지점을 기점으로 한쪽 가지배관에 설치되는 간이헤드의 개수(반자 아래와 반자 속의 헤드를 하나의 가지배관상에 병설하는 경우에는 반자 아래에 설치하는 헤드의 개수)는 8개 이하로 할 것. 다만, 다음 각 항목에 해당하는 경우에는 그러하지 아니하다.

- 기존의 방호구역 안에서 칸막이 등으로 구획하여 1개의 간이헤드를 증설하는 경우
- 습식 간이 스프링클러에 격자형 배관방식(2 이상의 수평주행배관 사이를 가지배관으로 연결하는 방식을 말한다.)을 채택하는 때에는 펌프의 용량, 배관의 구경 등을 수리학적으로 계산한 결과 간이헤드의 방수압 및 방수량이 소화목적을 달성하는 데 충분하다고 인정되는 경우. 다만, 중앙소방기술심의위원회 또는 지방소방기술심의위원회의 심의를 거친 경우에 한한다.

㉢ 가지배관과 간이헤드 사이의 배관을 신축배관으로 하는 경우에는 다음 각 항목의 기준에 적합할 것

- 최고사용압력은 1.4MPa 이상이어야 하고, 최고사용압력의 1.5배의 수압에 변형·누수되지 아니할 것
- 진폭을 5mm, 진동수를 매초당 25회로 하여 6시간 동안 작동시킨 경우 또는 매초 0.35MPa부터 3.5MPa까지의 압력변동을 4,000회 실시한 경우에도 변형·누수되지 아니할 것
- 신축배관의 설치길이는 스프링클러설비의 화재안전기준 제10조 제3항의 거리를 초과하지 아니할 것

⑩ 습식 간이 스프링클러설비의 가지배관에 하향식 간이헤드를 설치하는 경우에 가지배관으로부터 간이헤드에 이르는 헤드접속배관은 가지관상부에서 분기할 것. 다만, 소화설비용 수원의 수질이 먹는 물관리법 제5조의 규정에 따라 먹는 물의 수질기준에 적합하고 덮개가 있는 저수조로부터 물을 공급받는 경우에는 가지배관의 측면 또는 하부에서 분기할 수 있다.

⑪ 준비작동식 유수검지장치 또는 일제개방밸브를 사용하는 간이 스프링클러설비에 있어서 동 밸브 2차측 배관의 부대설비는 다음의 기준에 따른다.

㉠ 개폐표시형 밸브를 설치할 것

㉡ 위 제㉠호의 규정에 따른 밸브와 일제개방밸브 사이의 배관은 다음 각 목과 같은 구조로 할 것

• 수직배수배관과 연결하고 동 연결배관상에는 개폐밸브를 설치할 것
• 자동배수장치 및 압력스위치를 설치할 것
• 나목의 규정에 따른 압력스위치는 수신부에서 일제개방밸브의 개방 여부를 확인할 수 있게 설치할 것

⑫ 습식 유수검지장치 또는 건식 유수검지장치를 사용하는 간이 스프링클러설비에는 동장치를 시험할 수 있는 시험장치를 다음의 기준에 따라 설치하여야 한다.

㉠ 유수검지장치에서 가장 먼 가지배관의 끝으로부터 연결·설치할 것

㉡ 시험장치배관의 구경은 유수검지장치에서 가장 먼 가지배관의 구경과 동일한 구경으로 하고, 그 끝에 개방형 간이헤드를 설치한다. 이 경우 개방형 간이헤드는 반사판 및 프레임을 제거한 오리피스만으로 설치할 수 있다.

㉢ 시험배관의 끝에는 물받이통 및 배수관을 설치하여 시험 중 방사된 물이 바닥에 흘러내리지 아니하도록 하여야 한다. 다만, 목욕실·화장실 또는 그 밖의 곳으로서 배수처리가 쉬운 장소에 시험배관을 설치한 경우에는 그러하지 아니하다.

⑬ 배관에 설치되는 행거는 다음의 기준에 따라 설치하여야 한다.

㉠ 가지배관에는 간이헤드의 설치지점 사이마다 1개 이상의 행거를 설치하되, 간이헤드 간의 거리가 3.5m를 초과하는 경우에는 3.5m 이내마다 1개 이상 설치할 것. 이 경우 상향식 간이헤드와 행거 사이에는 8cm 이상의 간격을 두어야 한다.

㉡ 교차배관에는 가지배관과 가지배관 사이마다 1개 이상의 행거를 설치하되, 가지배관 사이의 거리가 4.5m를 초과하는 경우에는 4.5m 이내마다 1개 이상 설치할 것

㉢ 위 제㉠호 내지 제㉡호의 수평주행배관에는 4.5m 이내마다 1개 이상 설치할 것

⑭ 급수배관에 설치되어 급수를 차단할 수 있는 개폐밸브에는 그 밸브의 개폐 상태를 감시제어반에서 확인할 수 있도록 급수개폐밸브 작동표시 스위치를 다음의 기준에 따라 설치하여야 한다.

㉠ 급수개폐밸브가 잠길 경우 탬퍼스위치의 동작으로 인하여 감시제어반 또는 수신기에 표시되어야 하며 경보음을 발할 것

㉡ 탬퍼스위치는 감시제어반 또는 수신기에서 동작의 유무 확인과 동작시험, 도통시험을 할 수 있을 것

㉢ 급수개폐밸브의 작동표시 스위치에 사용되는 전기배선은 내화전선 또는 내열전선으로 설치할 것

⑮ 간이 스프링클러설비 배관의 배수를 위한 기울기는 다음의 기준에 따른다.

㉠ 습식 간이 스프링클러설비의 배관을 수평으로 할 것. 다만, 배관의 구조상 소화수가 남아 있는 곳에는 배수밸브를 설치하여야 한다.

㉡ 습식 간이 스프링클러설비 외의 설비에는 헤드를 향하여 상향으로 수평주행배관의 기울기를 500분의 1 이상, 가지배관의 기울기를 250분의 1 이상으로 할 것. 다만, 배관의 구조상 기울기를 줄 수 없는 경우에는 배수를 원활하게 할 수 있도록 배수밸브를 설치하여야 한다.

⑯ 간이 스프링클러설비의 배관 및 밸브 등의 순서는 다음의 기준에 따라 설치하여야 한다.

㉠ 상수도설비에서 직접 연결하여 배관 및 밸브 등을 설치하는 경우에는 다음 각 목의 기준에 따라 설치할 것

- 폐쇄형 간이헤드를 사용하는 경우에는 수도용 계량기, 개폐표시형 개폐밸브, 체크밸브, 압력계, 유수검지장치(압력스위치 등 유수검지장치와 동등 이상의 기능과 성능이 있는 것을 포함한다. 이하 같다.), 시험밸브. 다만, 『다중이용업소의 안전관리에 관한 특별법 시행령』 제9조에 따라 다중이용업소에 설치하는 상수도 직결방식의 간이 스프링클러설비의 경우에는 유수검지장치를 설치하지 아니할 수 있다.
- 개방형 간이헤드를 사용하는 경우에는 수도용 계량기, 개폐표시형 개폐밸브, 압력계, 체크밸브, 압력 등 확인시험배관, 압력계, 일제개방밸브, 개폐표시형개폐밸브

㉡ 펌프 등의 가압송수장치를 이용하여 배관 및 밸브 등을 설치하는 경우에는 다음 각 목의 기준에 따라 설치할 것

- 폐쇄형 간이헤드를 사용하는 경우에는 수원, 연성계 또는 진공계(수원이 펌프보다 높은 경우를 제외한다. 이하 같다.), 펌프 또는 압력수조, 압력계, 체크밸브, 성능시험배관, 개폐표시형 개폐밸브, 유수검지장치, 시험밸브
- 개방형 간이헤드를 사용하는 경우에는 수원, 연성계 또는 진공계, 펌프 또는 압력수조, 압력계, 체크밸브, 성능시험배관, 압력계, 일제개방밸브, 개폐표시형 개폐밸브

㉢ 가압수조를 가압송수장치로 이용하여 배관 및 밸브 등을 설치하는 경우에는 다음 각 목의 기준에 따라 설치할 것

- 폐쇄형 간이헤드를 사용하는 경우에는 수원, 가압수조, 압력계, 체크밸브, 성능시험배관, 개폐표시형 개폐밸브, 유수검지장치, 시험밸브
- 개방형 간이헤드를 사용하는 경우에는 수원, 가압수조, 압력계, 체크밸브, 성능시험배관, 압력계, 일제개방밸브, 개폐표시형 개폐밸브

⑰ 배관은 다른 설비의 배관과 쉽게 구분이 될 수 있는 위치에 설치하거나 그 배관 표면 또는 배관 보온재 표면의 색상을 달리하는 방법 등으로 소방용 설비의 배관임을 표시하여야 한다.

⑱ 분기배관을 사용할 경우에는 한국소방검정공사 또는 법 제42조 제1항의 규정에 따라 성능시험기관으로 지정받은 기관에서 그 성능을 검증받은 것으로 설치하여야 한다.

(6) 음향장치 및 기동장치의 설치기준

① 간이 스프링클러설비의 음향장치 및 기동장치는 다음의 기준에 따라 설치하여야 한다.

㉠ 습식 유수검지장치 또는 건식 유수검지장치를 사용하는 설비에 있어서는 간이헤드가 개방되면 유수검지장치가 화재신호를 발신하고 그에 따라 음향장치가 경보되도록 한다.

㉡ 음향장치는 유수검지장치 및 일제개방밸브의 담당구역마다 설치하되 그 구역의 각 부분으로부터 하나의 음향장치까지의 수평거리는 25m 이하가 되도록 한다.

㉢ 음향장치는 경종 또는 사이렌(전자식 사이렌을 포함한다.)으로 하되, 주위의 소음 및 다른 용도의 경보와 구별이 가능한 음색으로 한다. 이 경우 경종 또는 사이렌은 자동화재탐지설비·비상벨설비 또는 자동식 사이렌설비의 음향장치와 겸용할 수 있다.

㉣ 주음향장치는 수신기의 내부 또는 그 직근에 설치한다.

㉤ 5층(지하층을 제외한다.) 이상으로서 연면적이 3,000m^{2}를 초과하는 소방대상물 또는 그 부분에 있어서는 2층 이상의 층에서 발화한 때에는 발화층 및 그 직상층에 한하여, 1층에서 발화한 때에는 발화층·그 직상층 및 지하층에 한하여, 지하층에서 발화한 때에는 발화층·그 직상층 및 기타의 지하층에 한하여 경보를 발할 수 있도록 한다.

㉥ 음향장치는 다음 각 목의 기준에 따른 구조 및 성능의 것으로 한다.

- 정격전압의 80% 전압에서 음향을 발할 수 있는 것으로 한다.
- 음량은 부착된 음향장치의 중심으로부터 1m 떨어진 위치에서 90dB 이상이 되는 것으로 한다.

② 간이 스프링클러설비의 가압송수장치로서 펌프가 설치되는 경우에는 그 펌프의 작동은 다음의 기준에 적합하여야 한다.

㉠ 유수검지장치를 사용하는 설비에 있어서는 동장치의 발신이나 기동용 수압개폐장치에 따라 작동되거나 또는 이 두 가지의 혼용에 따라 작동될 수 있도록 한다.

㉡ 준비작동식 유수검지장치 또는 일제개방밸브를 사용하는 설비에 있어서는 화재감지기

의 화재감지나 수압개폐장치에 따라 작동되거나 또는 이 두 가지의 혼용에 따라 작동할 수 있도록 한다.

③ 준비작동식 유수검지장치 또는 일제개방밸브의 작동은 다음의 기준에 적합하여야 한다.

㉠ 담당구역 내의 화재감지기의 동작에 따라 개방·작동될 것

㉡ 폐쇄형 스프링클러 헤드를 사용하는 설비의 경우에 화재감지기회로는 교차회로방식으로 한다. 다만, 다음 각 목에 해당하는 경우에는 그러하지 아니하다.

- 간이 스프링클러설비의 배관 또는 헤드에 누설경보용 물 또는 압축공기가 채워지는 경우
- 화재감지기를 자동화재탐지설비의 화재안전기준(NFSC 203) 제7조 제1항 단서의 각 호의 감지기로 설치한 때

㉢ 준비작동식 유수검지장치 또는 일제개방밸브의 인근에서 수동기동(전기식 및 배수식)에 따라서도 개방·작동될 수 있게 한다.

㉣ 위 제㉠호 및 제㉡호의 규정에 따른 화재감지기의 설치기준에 관하여는 자동화재탐지설비의 화재안전기준(NFSC 203) 제7조 및 제11조의 규정을 준용할 것. 이 경우 교차회로방식에 있어서의 화재감지기의 설치는 각 화재감지기 회로별로 설치하되, 각 화재감지기회로별 화재감지기 1개가 담당하는 바닥면적은 자동화재탐지설비의 화재안전기준(NFSC 203) 제7조 제3항 제5호·제8호 내지 제10호의 규정에 따른 바닥면적으로 한다.

㉤ 화재감지기 회로에는 다음 각 목의 기준에 따른 발신기를 설치한다.

- 조작이 쉬운 장소에 설치하고, 스위치는 바닥으로부터 0.8m 이상 1.5m 이하의 높이에 설치한다.
- 소방대상물의 층마다 설치하되, 당해 소방대상물의 각 부분으로부터 수평거리가 25m 이하가 되도록 할 것. 다만, 복도 또는 별도로 구획된 실로서 보행거리가 40m 이상일 경우에는 추가로 설치하여야 한다.
- 발신기의 위치를 표시하는 표시등은 함의 상부에 설치하되, 그 불빛은 부착면으로부터 15° 이상의 범위 안에서 부착지점으로부터 10m 이내의 어느 곳에서도 쉽게 식별할 수 있는 적색등으로 한다.

④ 위 제①항 내지 제③항의 배선(감지기와 감지기간의 배선은 제외한다.)은 옥내소화전설비의 화재안전기준(NFSC 102) 별표 1의 규정에 따라 내화 또는 내열성능이 있는 배선을 사용하되, 다른 배선과 공유하는 회로방식이 되지 아니하도록 하여야 한다. 다만, 음향장치의

작동 및 일제개방밸브의 기동에 지장을 주지 아니하는 회로방식의 경우에는 그러하지 아니하다.

(7) 송수구의 설치기준

간이 스프링클러설비에는 소방차로부터 그 설비에 송수할 수 있는 송수구를 다음의 기준에 따라 설치하여야 한다. 다만, 『다중이용업소의 안전관리에 관한 특별법 시행령』 제9조에 따라 다중이용업소에 설치하는 상수도 직결방식의 간이 스프링클러설비의 경우에는 송수구를 설치하지 아니할 수 있다.

① 송수구는 화재층으로부터 지면으로 떨어지는 유리창 등이 송수 및 그 밖의 소화작업에 지장을 주지 아니하는 장소에 설치한다.
② 송수구로부터 간이 스프링클러설비의 주배관에 이르는 연결배관에 개폐밸브를 설치한 때에는 그 개폐 상태를 쉽게 확인 및 조작할 수 있는 옥외 또는 기계실 등의 장소에 설치한다.
③ 구경 65mm의 단구형 또는 쌍구형으로 하여야 하며, 송수배관의 안지름은 40mm 이상으로 할 것
④ 지면으로부터 높이가 0.5m 이상 1m 이하의 위치에 설치한다.
⑤ 송수구의 가까운 부분에 자동배수밸브(또는 직경 5mm의 배수공) 및 체크밸브를 설치한다. 이 경우 자동배수밸브는 배관 안의 물이 잘 빠질 수 있는 위치에 설치하되, 배수로 인하여 다른 물건 또는 장소에 피해를 주지 아니하여야 한다.
⑥ 송수구에는 이물질을 막기 위한 마개를 씌울 것 등이다.

6.9 화재조기진압용 스프링클러설비 시스템

(1) 설치대상 및 설치장소

1) 설치대상

소방시설설치유지 및 안전관리에관한법률(이하 "법"이라 한다.) 제9조 제1항 및 동법률시행

령(이하 영이라 한다.) 별표 4 소화설비의 소방시설 적용기준란 제3호의 규정에 따른 스프링클러설비 중 스프링클러설비의 화재안전기준(NFSC 103) 제10조 제2항의 래크식 창고에 설치하는 화재조기진압용 스프링클러설비는 이 기준에서 정하는 규정에 따라 설비를 설치하고 유지·관리하여야 하며, 설치대상은 다음과 같다.

래크식 창고의 경우로서 소방기본법시행령 별표 2의 특수가연물을 저장 또는 취급하는 것에 있어서는 래크 높이 4m 이하마다, 그 밖의 것을 취급하는 것에 있어서는 래크 높이 6m 이하마다 스프링클러 헤드를 설치하여야 한다. 다만, 래크식 창고의 천장 높이가 13.7m 이하로서 화재조기진압용 스프링클러설비의 화재안전기준(NFSC 103B)의 규정에 따라 설치하는 경우에는 천장에만 스프링클러 헤드를 설치할 수 있다.

2) 설치장소

다음 화재조기진압용 스프링클러설비를 설치할 장소의 구조는 다음에 적합하여야 한다.

① 당해 층의 높이가 13.7m 이하여야 한다. 다만, 2층 이상일 경우에는 당해 층의 바닥을 내화구조로 하고 다른 부분과 방화구획한다.

② 천장의 기울기가 1,000분의 168을 초과하지 않아야 하고, 이를 초과하는 경우에는 반자를 지면과 수평으로 설치한다.

③ 천장은 평평하여야 하며 철재나 목재트러스 구조인 경우, 철재나 목재의 돌출 부분이 102mm를 초과하지 아니한다.

④ 보로 사용되는 목재·콘크리트 및 철재 사이의 간격이 0.9m 이상 2.3m 이하여야 한다. 다만, 보의 간격이 2.3m 이상인 경우에는 화재조기진압용 스프링클러 헤드의 동작을 원활히 하기 위하여 보로 구획된 부분의 천장 및 반자의 넓이가 $28m^2$를 초과하지 아니한다.

⑤ 창고 내의 선반의 형태는 하부로 물이 침투되는 구조로 한다.

(2) 수원의 확보

① 화재조기진압용 스프링클러설비의 수원은 수리학적으로 가장 먼 가지배관 3개에 각각 4개의 스프링클러 헤드가 동시에 개방되었을 때 헤드 선단의 압력이 별표 3에 의한 값 이상으로 60분간 방사할 수 있는 양으로 계산식은 다음과 같다.

$$Q = 12 \times 60 \times k\sqrt{10P} \quad [\ell]$$

여기서, Q : 수원의 양(ℓ), k : 상수[ℓ/min(MPa)$^{1/2}$]
P : 헤드 선단의 압력(MPa)

② 화재조기진압용 스프링클러설비의 수원은 위 제①항의 규정에 따라 산출된 유효수량 외 유효수량의 3분의 1 이상을 옥상(화재조기진압용 스프링클러설비가 설치된 건축물의 주된 옥상을 말한다.)에 설치하여야 한다. 다만, 다음에 해당하는 경우에는 그러하지 아니하다.

㉠ 옥상이 없는 건축물 또는 공작물

㉡ 지하층만 있는 건축물

㉢ 제6조 제2항의 규정에 따라 고가수조를 가압송수장치로 설치한 화재조기진압용 스프링클러설비

㉣ 수원이 건축물의 지붕보다 높은 위치에 설치된 경우

㉤ 건축물의 높이가 지표면으로부터 10m 이하인 경우

㉥ 주펌프와 동등 이상의 성능이 있는 별도의 펌프로서 내연기관의 기동과 연동하여 작동되거나 비상전원을 연결하여 설치한 경우

㉦ 제6조 가압송수장치 다음 제④항의 규정에 따라 가압수조를 가압송수장치로 설치한 화재조기진압용 스프링클러설비

③ 옥상수조(위 제①항의 규정에 따라 산출된 유효수량의 3분의 1 이상을 옥상에 설치한 설비를 말한다. 이하 같다.)는 이와 연결된 배관을 통하여 상시 소화수를 공급할 수 있는 구조인 소방대상물인 경우에는 둘 이상의 소방대상물이 있더라도 하나의 소방대상물에만 설치할 수 있다.

④ 화재조기진압용 스프링클러설비의 수원을 수조로 설치하는 경우에는 소방설비의 전용수조로 하여야 한다. 다만, 다음에 해당하는 경우에는 그러하지 아니하다.

㉠ 화재조기진압용 스프링클러펌프의 풋밸브 또는 흡수배관의 흡수구(수직회전축펌프의 흡수구를 포함한다. 이하 같다.)를 다른 설비(소방용 설비 외의 것을 말한다. 이하 같다.)의 풋밸브 또는 흡수구보다 낮은 위치에 설치한 때

㉡ 제6조 가압송수장치 이 제②항의 규정에 따른 고가수조로부터 화재조기진압용 스프링클러설비의 수직배관에 물을 공급하는 급수구를 다른 설비의 급수구보다 낮은 위치에 설치한 때

⑤ 위 제①항 및 제②항의 규정에 따른 저수량을 산정함에 있어서 다른 설비와 겸용하여 화재조기진압용 스프링클러설비용 수조를 설치하는 경우에는 화재조기진압용 스프링클러설비의 풋밸브·흡수구 또는 수직배관의 급수구와 다른 설비의 풋밸브·흡수구 또는 수직배관의 급수구와의 사이의 수량을 그 유효수량으로 한다.

⑥ 화재조기진압용 스프링클러설비용 수조는 다음의 기준에 따라 설치하여야 한다.

㉠ 점검에 편리한 곳에 설치한다.

㉡ 동결방지조치를 하거나 동결의 우려가 없는 장소에 설치한다.

㉢ 수조의 외측에 수위계를 설치한다. 다만, 구조상 불가피한 경우에는 수조의 맨홀 등을 통하여 수조 안의 물의 양을 쉽게 확인할 수 있도록 하여야 한다.

㉣ 수조의 상단이 바닥보다 높은 때에는 수조의 외측에 고정식 사다리를 설치한다.

㉤ 수조가 실내에 설치된 때에는 그 실내에 조명설비를 설치한다.

㉥ 수조의 밑부분에는 청소용 배수밸브 또는 배수관을 설치한다.

㉦ 수조의 외측의 보기 쉬운 곳에 "화재조기진압용 스프링클러설비용 수조"라고 표시한 표지를 한다. 이 경우 그 수조를 다른 설비와 겸용하는 때에는 그 겸용되는 설비의 이름을 표시한 표지를 함께하여야 한다.

㉧ 화재조기진압용 스프링클러펌프의 흡수배관 또는 화재조기진압용 스프링클러설비의 수직배관과 수조의 접속 부분에는 "화재조기진압용 스프링클러설비용 배관"이라고 표시한 표지를 한다. 다만, 수조와 가까운 장소에 화재조기진압용 스프링클러펌프가 설치되고 화재조기진압용 스프링클러펌프에 제6조 제1항 제12호의 규정에 따른 표지를 설치한 때에는 그러하지 아니하다.

(3) 가압송수장치

① 전동기 또는 내연기관에 따라 펌프를 이용하는 가압송수장치는 다음의 기준에 따라 설치하여야 한다.

㉠ 쉽게 접근할 수 있고 점검하기에 충분한 공간이 있는 장소로서 화재 및 침수 등의 재해로 인한 피해를 받을 우려가 없는 곳에 설치한다.

㉡ 동결방지조치를 하거나 동결의 우려가 없는 장소에 설치한다.

㉢ 펌프는 전용으로 한다. 다만, 다른 소화설비와 겸용하는 경우 각각의 소화설비의 성능에

지장이 없을 때에는 그러하지 아니하다.

㉣ 펌프의 토출 측에는 압력계를 체크밸브 이전에 펌프 토출 측 플랜지에서 가까운 곳에 설치하고, 흡입 측에는 연성계 또는 진공계를 설치한다. 다만, 수원의 수위가 펌프의 위치보다 높거나 수직회전축 펌프의 경우에는 연성계 또는 진공계를 설치하지 아니할 수 있다.

㉤ 가압송수장치에는 정격부하 운전 시 펌프의 성능을 시험하기 위한 배관을 설치한다. 다만, 충압펌프의 경우에는 그러하지 아니하다.

㉥ 가압송수장치에는 체절운전 시 수온의 상승을 방지하기 위한 순환배관을 설치한다. 다만, 충압펌프의 경우에는 그러하지 아니하다.

㉦ 기동용 수압개폐장치(압력체임버)를 사용할 경우 그 용적은 100ℓ 이상의 것으로 할 것

㉧ 수원의 수위가 펌프보다 낮은 위치에 있는 가압송수장치에는 다음의 기준에 따른 물올림장치를 설치한다.

- 물올림장치에는 전용의 수조를 설치한다.
- 수조의 유효수량은 100ℓ 이상으로 하되, 구경 15mm 이상의 급수배관에 따라 당해 수조에 물이 계속 보급되도록 한다.

㉨ 위 제⑤조(수원)의 방사량 및 헤드 선단의 압력을 충족하도록 한다.

㉩ 기동용 수압개폐장치를 기동장치로 사용하는 경우에는 다음 각 목의 기준에 따른 충압펌프를 설치한다.

- 펌프의 토출압력은 그 설비의 최고위 살수장치의 자연압보다 적어도 0.2MPa이 더 크도록 하거나 가압송수장치의 정격토출압력과 같게 한다.
- 펌프의 정격토출량은 정상적인 누설량보다 적어서는 아니 되며 화재조기진압용 스프링클러설비가 자동적으로 작동할 수 있도록 충분한 토출량을 유지한다.

㉪ 내연기관을 사용하는 경우에는 제어반에 따라 내연기관의 자동기동 및 수동기동이 가능하고, 상시 충전되어 있는 축전지설비를 갖춘다.

㉫ 가압송수장치에는 "화재조기진압용 스프링클러펌프"라고 표시한 표지를 한다. 이 경우 그 가압송수장치를 다른 설비와 겸용하는 때에는 그 겸용되는 설비의 이름을 표시한 표지를 함께 하여야 한다.

㉬ 가압송수장치가 기동이 된 경우에는 자동으로 정지되지 아니하도록 하여야 한다. 다만, 충압펌프의 경우에는 그러하지 아니하다.

② 고가수조의 자연낙차를 이용한 가압송수장치는 다음 각 호의 기준에 따라 설치하여야 한다.

㉠ 고가수조의 자연낙차수두(수조의 하단으로부터 최고층에 설치된 헤드까지의 수직거리를 말한다.)는 다음의 식에 따라 산출한 수치 이상이 되도록 한다.

$$H = h_1 + h_2 \quad [m]$$

여기서, H : 필요한 낙차(m)

h_1 : 배관의 마찰손실수두(m)

h_2 : 별표 3에 의한 최소방사압력의 환산수두(m)

㉡ 고가수조에는 수위계 · 배수관 · 급수관 · 오버플로관 및 맨홀을 설치한다.

③ 압력수조를 이용한 가압송수장치는 다음 각 호의 기준에 따라 설치하여야 한다.

㉠ 압력수조의 압력은 다음의 식에 따라 산출한 수치 이상으로 한다.

$P = P_1 + P_2 + 0.35$(천장의 높이가 9.1m 이상 13.7m 이하인 경우 0.51)[MPa]

여기서, P : 필요한 압력(MPa), P_1 : 낙차의 환산수두압(MPa)

P_2 : 배관의 마찰손실수두압(MPa)

㉡ 압력수조에는 수위계 · 급수관 · 배수관 · 급기관 · 맨홀 · 압력계 · 안전장치 및 압력저하 방지를 위한 자동식 공기압축기를 설치한다.

④ 가압수조를 이용한 가압송수장치는 다음의 기준에 따라 설치하여야 한다.

㉠ 가압수조의 압력은 제1항 제9호의 규정에 따른 방수량 및 방수압이 20분 이상 유지되도록 한다.

㉡ 가압수조의 수조는 최대상용압력 1.5배의 물의 압력을 가하는 경우 물이 새지 않고 변형이 없어야 한다.

㉢ 가압수조 및 가압원은 「건축법 시행령」 제46조에 따른 방화구획된 장소에 설치한다.

㉣ 가압수조에는 수위계 · 급수관 · 배수관 · 급기관 · 압력계 · 안전장치 및 수조에 소화수와 압력을 보충할 수 있는 장치를 설치한다.

㉤ 가압수조를 이용한 가압송수장치는 소방용 기계기구의 승인 등에 관한 규칙 제31조 및 별표 14 제30호에 적합한 것으로 설치한다.

(4) 배관의 설치기준

① 화재조기진압용 스프링클러설비의 배관은 습식으로 하여야 한다.

② 배관은 배관용 탄소강관(KS D 3507) 또는 배관 내 사용압력이 1.2MPa 이상일 경우에는 압력배관용 탄소강관(KS D 3562) 또는 이음매 없는 동 및 동합금(KS D 5301)의 배관용 동관이나 이와 동등 이상의 강도·내식성 및 내열성을 가진 것으로 하여야 한다.

③ 위 제②항의 규정에 불구하고 다음에 해당하는 장소에는 소방방재청장이 정하여 고시하는 성능시험기술기준에 적합한 소방용 합성수지배관으로 설치할 수 있다.

㉠ 배관을 지하에 매설하는 경우

㉡ 다른 부분과 내화구조로 구획된 덕트 또는 피트의 내부에 설치하는 경우

㉢ 천장(상층이 있는 경우에는 상층바닥의 하단을 포함한다. 이하 같다.)과 반자를 불연재료 또는 준불연재료로 설치하고 그 내부에 습식으로 배관을 설치하는 경우

④ 급수배관은 다음의 기준에 따라 설치하여야 한다.

㉠ 전용으로 한다. 다만, 화재조기진압용 스프링클러설비의 기동장치의 조작과 동시에 다른 설비의 용도에 사용하는 배관의 송수를 차단할 수 있거나, 화재조기진압용스프링클러의 성능에 지장이 없는 경우에는 다른 설비와 겸용할 수 있다.

㉡ 급수를 차단할 수 있는 개폐밸브는 개폐표시형으로 한다. 이 경우 펌프의 흡입 측 배관에는 버터플라이밸브 외의 개폐표시형 밸브를 설치하여야 한다.

㉢ 배관의 구경은 제5조 제1항의 규정에 적합하도록 수리계산에 따라 설치한다. 다만, 이 경우 가지배관의 유속은 6m/s, 그 밖의 배관의 유속은 10m/s를 초과할 수 없다.

⑤ 펌프의 흡입 측 배관은 다음의 기준에 따라 설치하여야 한다.

㉠ 공기고임이 생기지 아니하는 구조로 하고 여과장치를 설치할 것

㉡ 수조가 펌프보다 낮게 설치된 경우에는 각 펌프(충압펌프를 포함한다.)마다 수조로부터 별도로 설치할 것

⑥ 연결송수관설비의 배관과 겸용할 경우의 주배관은 구경 100mm 이상, 방수구로 연결되는 배관의 구경은 65mm 이상의 것으로 하여야 한다.

⑦ 펌프의 성능은 체절운전 시 정격토출압력의 140%를 초과하지 아니하고, 정격토출량의 150%로 운전 시 정격토출압력의 65% 이상이 되어야 하며, 펌프의 성능시험배관은 다음의 기준에 적합하여야 한다.

㉠ 성능시험배관은 펌프의 토출 측에 설치된 개폐밸브 이전에서 분기하여 설치하고, 유량측정장치를 기준으로 전단직관부에 개폐밸브를 후단직관부에는 유량조절밸브를 설치할 것

㉡ 유량측정장치는 성능시험배관의 직관부에 설치하되, 펌프의 정격토출량의 175%이상 측정할 수 있는 성능이 있을 것

⑧ 가압송수장치의 체절운전 시 수온의 상승을 방지하기 위하여 체크밸브와 펌프 사이에서 분기한 구경 20mm 이상의 배관에 체절압력 미만에서 개방되는 릴리프밸브를 설치하여야 한다.

⑨ 동결방지조치를 하거나 동결의 우려가 없는 장소에 설치하여야 한다.

⑩ 가지배관의 배열은 다음의 기준에 따른다.

㉠ 토너먼트(tournament) 방식이 아닐 것

㉡ 가지배관 사이의 거리는 2.4m 이상 3.7m 이하로 한다. 다만, 천장의 높이가 9.1m 이상 13.7m 이하인 경우에는 2.4m 이상 3.1m 이하로 한다.

㉢ 교차배관에서 분기되는 지점을 기점으로 한쪽 가지배관에 설치되는 헤드의 개수(반자 아래와 반자 속의 헤드를 하나의 가지배관상에 병설하는 경우에는 반자 아래에 설치하는 헤드의 개수)는 8개 이하로 한다. 다만, 다음 각 목에 해당하는 경우는 그러하지 아니하다.

- 기존의 방호구역 안에서 칸막이 등으로 구획하여 1개의 헤드를 증설하는 경우
- 격자형 배관방식(2 이상의 수평주행배관 사이를 가지배관으로 연결하는 방식을 말한다.)을 채택하는 때에는 펌프의 용량, 배관의 구경 등을 수리학적으로 계산한 결과 헤드의 방수압 및 방수량이 소화목적을 달성하는 데 충분하다고 인정되는 경우. 다만, 중앙소방기술심의위원회 또는 지방소방기술심의위원회의 심의를 거친 경우에 한한다.

㉣ 가지배관과 화재조기진압용 스프링클러 헤드 사이의 배관을 신축배관으로 하는 경우에는 다음 각 목의 기준에 적합할 것

- 최고사용압력은 1.4MPa 이상이어야 하고, 최고사용압력의 1.5배의 수압에 변형·누수되지 아니할 것
- 진폭을 5mm, 진동수를 매초당 25회로 하여 6시간 동안 작동시킨 경우 또는 매초 0.35MPa부터 3.5MPa까지의 압력변동을 4,000회 실시한 경우에도 변형·누수되지 아니할 것
- 신축배관의 설치길이는 스프링클러설비의 화재안전기준 제10조 제3항의 거리를 초과하지 아니할 것

⑪ 교차배관의 위치·청소구 및 가지배관의 헤드 설치는 다음의 기준에 따른다.

㉠ 교차배관은 가지배관과 수평으로 설치하거나 또는 가지배관 밑에 설치하고, 그 구경은 제4항 제3호의 규정에 따르되, 최소구경이 40mm 이상이 되도록 할 것

㉡ 청소구는 교차배관 끝에 40mm 이상 크기의 개폐밸브를 설치하고, 호스접결이 가능한 나사식 또는 고정배수 배관식으로 한다. 이 경우 나사식의 개폐밸브는 옥내소화전 호스 접결용의 것으로 하고, 나사보호용의 캡으로 마감하여야 한다.

㉢ 하향식 헤드를 설치하는 경우에 가지배관으로부터 헤드에 이르는 헤드접속배관은 가지관상부에서 분기한다. 다만, 소화설비용 수원의 수질이 먹는 물관리법 제5조의 규정에 따라 먹는 물의 수질기준에 적합하고 덮개가 있는 저수조로부터 물을 공급받는 경우에는 가지배관의 측면 또는 하부에서 분기할 수 있다.

⑫ 유수검지장치를 시험할 수 있는 시험장치를 다음의 기준에 따라 설치하여야 한다.

㉠ 유수검지장치에서 가장 먼 가지배관의 끝으로부터 연결·설치할 것

㉡ 시험장치 배관의 구경은 유수검지장치에서 가장 먼 가지배관의 구경과 동일한 구경으로 하고, 그 끝에 개방형 헤드를 설치한다. 이 경우 개방형 헤드는 반사판 및 프레임을 제거한 오리피스만으로 설치할 수 있다.

㉢ 시험배관의 끝에는 물받이통 및 배수관을 설치하여 시험 중 방사된 물이 바닥에 흘러내리지 아니하도록 해야 한다. 다만, 목욕실·화장실 또는 그 밖의 곳으로서 배수처리가 쉬운 장소에 시험배관을 설치한 경우에는 그러하지 아니하다.

⑬ 배관에 설치되는 행거는 다음의 기준에 따라 설치하여야 한다.

㉠ 가지배관에는 헤드의 설치지점 사이마다 1개 이상의 행거를 설치하되, 헤드 간의 거리가 3.5m를 초과하는 경우에는 3.5m 이내마다 1개 이상 설치할 것. 이 경우 상향식 헤드와 행거 사이에는 8cm 이상의 간격을 두어야 한다.

㉡ 교차배관에는 가지배관과 가지배관 사이마다 1개 이상의 행거를 설치하되, 가지배관 사이의 거리가 4.5m를 초과하는 경우에는 4.5m 이내마다 1개 이상 설치할 것

㉢ 위 제㉠호 내지 제㉡호의 수평주행배관에는 4.5m 이내마다 1개 이상 설치할 것

⑭ 수직배수배관의 구경은 50mm 이상으로 하여야 한다.

⑮ 급수배관에 설치되어 급수를 차단할 수 있는 개폐밸브에는 그 밸브의 개폐 상태를 감시제어반에서 확인할 수 있도록 급수개폐밸브 작동표시 스위치를 다음의 기준에 따라 설치하여야 한다.

㉠ 급수개폐밸브가 잠길 경우 탬퍼스위치의 동작으로 인하여 감시제어반 또는 수신기에 표

시되어야 하며 경보음을 발할 것

㉡ 탬퍼스위치는 감시제어반 또는 수신기에서 동작의 유무 확인과 동작시험, 도통시험을 할 수 있을 것

㉢ 급수개폐밸브의 작동표시 스위치에 사용되는 전기배선은 내화전선 또는 내열전선으로 설치할 것

⑯ 화재조기진압용 스프링클러설비 배관을 수평으로 하여야 한다. 다만, 배관의 구조상 소화수가 남아 있는 곳에는 배수밸브를 설치할 수 있다.

⑰ 배관은 다른 설비의 배관과 쉽게 구분이 될 수 있는 위치에 설치하거나 그 배관 표면 또는 배관보온재 표면의 색상을 달리하는 방법 등으로 소방용설비의 배관임을 표시하여야 한다.

⑱ 분기배관을 사용할 경우에는 한국소방검정공사 또는 법 제42조 제1항의 규정에 따라 성능시험기관으로 지정받은 기관에서 그 성능을 검증받은 것으로 설치하여야 한다.

(5) 헤드의 설치기준

화재조기진압용 스프링클러설비의 헤드는 다음 각 호에 적합하여야 한다. 즉,

① 헤드 하나의 방호면적은 $6.0m^2$ 이상 $9.3m^2$ 이하로 한다.

② 가지배관의 헤드 사이의 거리는 천장의 높이가 9.1m 미만인 경우에는 2.4m 이상 3.7m 이하로, 9.1m 이상 13.7m 이하인 경우에는 3.1m 이하로 한다.

③ 헤드의 반사판은 천장 또는 반자와 평행하게 설치하고 저장물의 최상부와 914mm 이상 확보되도록 한다.

④ 하향식 헤드의 반사판의 위치는 천장이나 반자 아래 125mm 이상 355mm 이하로 한다.

⑤ 상향식 헤드의 감지부 중앙은 천장 또는 반자와 101mm 이상 152mm 이하여야 하며, 반사판의 위치는 스프링클러배관의 윗부분에서 최소 178mm 상부에 설치되도록 한다.

⑥ 헤드와 벽과의 거리는 헤드 상호 간 거리의 2분의 1을 초과하지 않아야 하며 최소 102mm 이상으로 한다.

⑦ 헤드의 작동 온도는 74℃ 이하여야 한다. 다만, 헤드 주위의 온도가 38℃ 이상의 경우에는 그 온도에서의 화재 시험 등에서 헤드 작동에 관하여 공인기관의 시험을 거친 것을 사용한다.

⑧ 헤드의 살수분포에 장애를 주는 장애물이 있는 경우에는 다음 각 호에 적합해야 한다.

㉠ 천장 또는 천장 근처에 있는 장애물과 반사판의 위치는 표 6-6[별표 1] 또는 표 6-7[별

표 2]과 같이 하며, 천장 또는 천장 근처에 보·덕트·기둥·난방기구·조명기구·전선관 및 배관 등의 기타 장애물이 있는 경우에는 장애물과 헤드 사이의 수평거리에 따른 장애물의 하단과 그보다 윗부분에 설치되는 헤드 반사판 사이의 수직거리는 표 6-6[별표 1] 또는 표 6-8[별표 3]에 따른다.

㉡ 헤드 아래에 덕트·전선관·난방용 배관 등이 설치되어 헤드의 살수를 방해하는 경우에는 표 6-6[별표 1] 또는 표 6-8[별표 3]에 따른다. 다만, 2개 이상의 헤드의 살수를 방해하는 경우에는 표 6-7[별표 2]을 참고한다.

표 6-6 [별표 1] 보 또는 기타 장애물 아래에 헤드가 설치된 경우 반사판 위치(제10조 제8호 관련)

장애물과 헤드 사이의 수평거리	장애물의 하단과 헤드의 반사판 사이의 수직거리	장애물과 헤드 사이의 수평거리	장애물의 하단과 헤드의 반사판 사이의 수직거리
0.3m 미만	0mm	1.1m 이상 1.2m 미만	300mm
0.3m 이상 0.5m 미만	40mm	1.2m 이상 1.4m 미만	380mm
0.5m 이상 0.7m 미만	75mm	1.4m 이상 1.5m 미만	460mm
0.7m 이상 0.8m 미만	140mm	1.1m 이상 1.2m 미만	300mm
0.8m 이상 0.9m 미만	200mm	1.7m 이상 1.8m 미만	660mm
1.0m 이상 1.1m 미만	250mm	1.8m 이상	790mm

표 6-7 [별표 2] 저장물 위에 장애물이 있는 경우의 헤드 설치 기준(제10조 제8호 관련)

<table>
<tr><th colspan="2">장애물의 류(폭)</th><th>조건</th></tr>
<tr><td rowspan="2">돌출장애물</td><td>0.6m 이하</td><td>1. 별표 1 또는 별표 2에 적합하거나
2. 장애물의 끝 부근에서 헤드 반사판까지의 수평거리가 0.3m 이하로 설치할 것</td></tr>
<tr><td>0.6m 초과</td><td>별표 1 또는 별표 3에 적합할 것</td></tr>
<tr><td rowspan="4">연속장애물</td><td>5cm 이하</td><td>1. 별표 1 또는 별표 3에 적합하거나
2. 장애물이 헤드 반사판 아래 0.6m 이하로 설치된 경우는 허용한다.</td></tr>
<tr><td>5cm 초과
0.3m 이하</td><td>1. 별표 1 또는 별표 3에 적합하거나
2. 장애물의 끝 부근에서 헤드 반사판까지의 수평거리가 0.3m 이하로 설치할 것</td></tr>
<tr><td>0.3m 초과
0.6m 이하</td><td>1. 별표 1 또는 별표 3에 적합하거나
2. 장애물이 끝 부근에서 헤드 반사판까지의 수평거리가 0.6m 이하로 설치할 것</td></tr>
<tr><td>0.6m 초과</td><td>1. 별표 1 또는 별표 3에 적합하거나
2. 장애물이 평편하고 견고하며 수평적인 경우에는 저장물의 최상단과 헤드반사판의 간격이 0.9m 이하로 설치할 것
3. 장애물이 평편하지 않거나 비연속적인 경우에는 저장물 아래에 평편한 판을 설치한 후 헤드를 설치할 것</td></tr>
</table>

표 6-8 [별표 3] 화재조기진압용 스프링클러 헤드의 최소방사압력(MPa)(제5조 제1항 관련)

최대 층고	최대 저장 높이	화재조기진압용 스프링클러 헤드				
		K = 360 하향식	K = 320 하향식	K = 240 하향식	K = 240 하향식	K = 200 하향식
13.7m	12.2m	0.28	0.28	–	–	–
13.7m	10.7m	0.28	0.28	–	–	–
12.2m	10.7m	0.17	0.28	0.36	0.36	0.52
10.7m	9.1m	0.14	0.24	0.36	0.36	0.52
9.1m	7.6m	0.10	0.17	0.24	0.24	0.34

⑨ 상부에 설치된 헤드의 방출수에 따라 감열부에 영향을 받을 우려가 있는 헤드에는 방출수를 차단할 수 있는 유효한 차폐판을 설치한다.

(6) 저장물품 간격 및 환기구의 설치기준

저장물품 사이의 간격은 모든 방향에서 152mm 이상의 간격을 유지하여야 한다.

화재조기진압용 스프링클러설비의 환기구는 다음에 적합하여야 한다.

① 공기의 유동으로 인하여 헤드의 작동온도에 영향을 주지 않는 구조일 것

② 화재감지기와 연동하여 동작하는 자동식 환기장치를 설치하지 아니한다. 다만, 자동식 환기장치를 설치할 경우에는 최소 작동온도가 180℃ 이상일 것

(7) 송수구의 설치기준

화재조기진압용 스프링클러설비에는 소방차로부터 그 설비에 송수할 수 있는 송수구를 다음의 기준에 따라 설치하여야 한다. 즉,

① 송수구는 화재층으로부터 지면으로 떨어지는 유리창 등이 송수 및 그 밖의 소화작업에 지장을 주지 아니하는 장소에 설치한다.

② 송수구로부터 주배관에 이르는 연결배관에 개폐밸브를 설치한 때에는 그 개폐상태를 쉽게 확인 및 조작할 수 있는 옥외 또는 기계실 등의 장소에 설치한다.

③ 구경 65mm의 쌍구형으로 한다.

④ 송수구에는 그 가까운 곳의 보기 쉬운 곳에 송수압력 범위를 표시한 표지를 한다.

⑤ 송수구는 하나의 층의 바닥면적이 3,000m^2를 넘을 때마다 1개(5개를 넘을 경우에는 5개로 한다.) 이상을 설치한다.
⑥ 지면으로부터 높이가 0.5m 이상 1m 이하의 위치에 설치한다.
⑦ 송수구의 가까운 부분에 자동배수밸브(또는 직경 5mm의 배수공) 및 체크밸브를 설치한다. 이 경우 자동배수밸브는 배관 안의 물이 잘 빠질 수 있는 위치에 설치하되, 배수로 인하여 다른 물건 또는 장소에 피해를 주지 아니하여야 한다.
⑧ 송수구에는 이물질을 막기 위한 마개를 씌워야 한다.

(8) 설치제외

다음에 해당하는 물품의 경우에는 화재조기진압용 스프링클러를 설치하여서는 아니 된다. 다만, 물품에 대한 화재 시험 등, 공인기관의 시험을 받은 것은 제외한다.

① 제4류 위험물
② 타이어, 두루마리 종이 및 섬유류, 섬유제품 등, 연소 시 화염의 속도가 빠르고 방사된 물이 하부까지에 도달하지 못하는 것 등이다.

기타 소화설비의 설치기준은 화재조기진압용 스프링클러설비의 화재안전기준(NFSC 103B)의 기준에 따른다.

제6장 연습문제

· e·x·e·r·c·i·s·e

01. 스프링클러 소화설비 습식 및 건식 시스템을 구성하고 각 구성요소의 기능을 간략하게 설명하라.

02. 스프링클러 소화설비 설치대상 및 헤드의 설치제외에 대하여 설명하라.

03. 스프링클러설비의 소화특성에 대하여 기술하라.

04. 유수검지장치를 습식, 건식, 준비작동식으로 분류할 때 각각의 유수검지장치의 특징을 비교하여 간략하게 기술하고, 작동점검 및 작동 후 복구방법에 관하여 설명하라.

05. 유수검지장치인 일제살수식 개방밸브에서 전기작동방식, 공기작동방식, 수압작동방식을 비교 설명하라.

06. 스프링클러설비에서 수원의 저수량 기준을 설명하라.

07. 스프링클러 소화설비 송수구의 설치기준에 대하여 기술하라.

08. 개방형 스프링클러 소화설비에 있어서 방수구역 선정조건에 대하여 설명하라.

09. 무대부 및 연소할 우려가 높은 곳에는 개방형 스프링클러 헤드를 설치한다. 그 이유에 대하여 설명하라.

10. 스프링클러 헤드의 설치기준 및 설치방법은?

11. 스프링클러 소화설비 배관에서 말단시험밸브를 설치하는 목적, 설치위치 및 방법을 기술하라.

12. 표준형 스프링클러설비에 사용하는 헤드 선단 허용 방수압력의 크기 및 범위는 얼마인지 기술하라.

13. 자동경보밸브의 압력스위치와 압력탱크 설치목적 및 작동방법을 설명하라.

14. 스프링클러 소화설비의 음향장치 및 기동장치의 설치기준을 기술하라.

15. 특수목적용 스프링클러설비 시스템의 종류를 3가지만 들고 시스템 구성을 간략하게 설명하라.

16. 간이 스프링클러설비 시스템의 설치대상 및 설치기준을 기술하라.

17. 건물에 폐쇄형 스프링클러 헤드(습식)를 35개 사용하여 자동소화설비를 설치하려 한다. 펌프로부터 최상층 스프링클러 높이는 40m, 관의 전손실수두가 30m일 때 다음 질문에 답하라. 단, 펌프효율은 60%이고, 유량계수는 K=0.98이며, 전동기 전달계수는 1.1이다.

㉠ 수원의 양(m^3)과 펌프의 토출량(ℓ/mim)은?

㉡ 펌프의 전양정(m)은?

㉢ 펌프동력(kW)을 각각 계산하라.

Chapter 7

스프링클러 시스템 부속설비

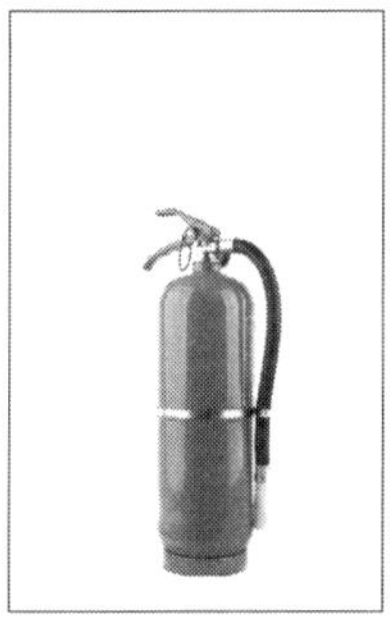
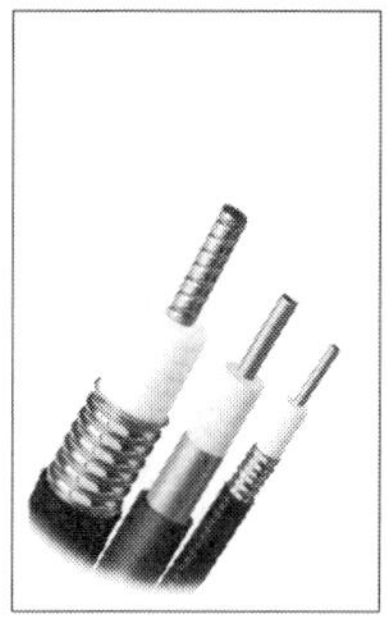

7.1 일반적인 부속장치 및 기기

(1) 개폐밸브 및 부속

① OS & Y 개폐밸브

소방설비용으로 사용되는 OS & Y 개폐밸브(outside screw & york gate valve)의 구조는 그림 7.1과 같고, 밸브에 탬퍼스위치를 설치하여 사용할 수도 있다. 이 밸브의 개폐 여부는 육안으로도 쉽게 확인 가능하며 물과 같은 액체류에 사용 가능한 밸브이다. 적용 가능 압력은 1.0MPa 이하, 적용 가능 온도는 120℃ 이하, 시험압력은 2.0MPa 정도이다. OS & Y 개폐밸브의 주요 특징은 다음과 같이 요약된다.

㉠ 밸브 몸체의 암나사와 밸브 봉의 수나사에 의해 상하로 이동되어 밸브가 개폐된다.

㉡ 서지에 대한 안정성은 좋으나 나사부에 이물질이 들어가면 완전하게 밸브가 개폐되지 않는 단점이 있다.

㉢ 이러한 밸브를 일반적으로 게이트밸브(gate valve)라고 부른다.

② 탬퍼스위치 설치

탬퍼스위치(tamper switch)란 그림 7.2와 같이 OS & Y 밸브나 버터플라이밸브와 같은 개폐밸브 등에 부착하여 밸브의 닫힘과 열림 상태를 제어반이나 혹은 수신반에서 확인할 수 있도

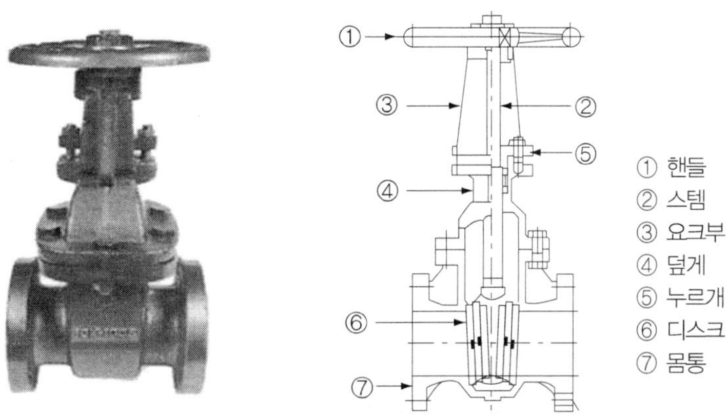

(a) OS & Y 밸브의 외형 (b) OS & Y 밸브의 상세구조

그림 7.1 OS & Y 밸브

록 하기 위해 개폐밸브의 특정 위치에 부착하는 것을 말한다. 즉 그림과 같이 게이트밸브의 요크부에 걸어 설치 사용함으로써 밸브의 개폐 상태를 수신기에 전기적인 신호로 보내어 밸브의 개폐 여부를 알게 하는 것이다. 보통 게이트밸브에는 리미트식과 자석식을, 버터플라이밸브에는 리미트식만을 주로 사용한다. 여기서 리미트식은 기계적인 힘이 가해져 접점이 붙는 방식이고, 자석식의 경우는 밸브 봉에 자석이 박혀 있어 밸브가 닫히면 자석이 멀어져 접점이 붙게 되는 원리로서, 만약 밸브가 닫힌 경우 수신기상에 탬퍼스위치 표시창이 점등되고 동시에 버저가 울려 밸브상태를 알게 되며 밸브가 열린 때는 탬퍼스위치 표시창이 소등된다. 이때, 탬퍼스위치 선정 시 주위사항은 다음과 같다.

㉠ 자석스위치 방식에서는 재료가 주강밸브, 황동밸브, SUS(스테인레스 게이트밸브) 등의 경우 오작동의 가능성이 있어 사용을 배제한다.

㉡ 리미트스위치 방식의 경우 플라스틱 제료로 만들어진 밸브에서는 사용이 불가능하며, 탬퍼스위치의 몸체가 SUS로 된 제품의 경우에는 사용 가능하다.

㉢ 버터플라이밸브의 기어형 또는 레버형에 사용하는 경우에는 특수스위치를 사용하고 방폭형이나 방수형 등 특수 소방설비의 밸브에 설치하는 경우는 역시 특수 스위치를 사용하도록 한다.

㉣ 탬퍼스위치에 사용되는 전기선은 그림 7.3과 같이 설계 시 고려하여 2선 또는 3선으로 할 수가 있다.

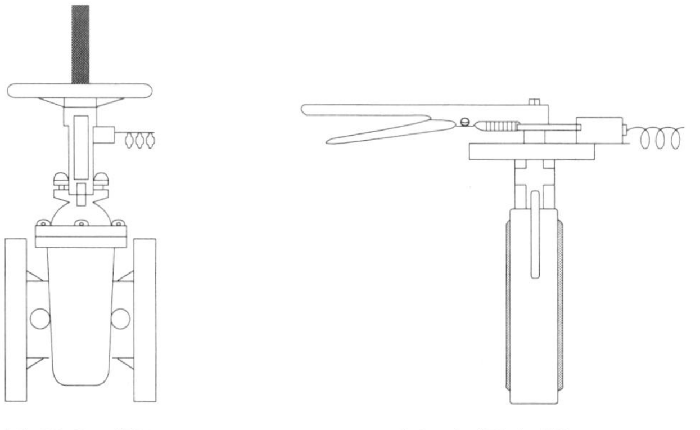

(a) OS & Y 밸브　　(b) 버터플라이밸브

그림 7.2 개폐밸브 탬퍼스위치의 설치

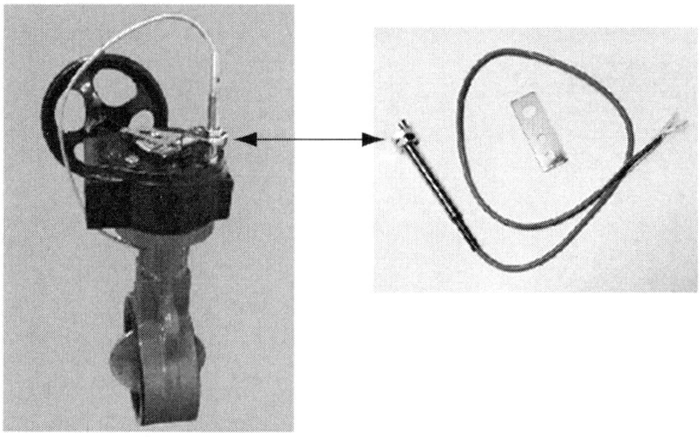

(a) 밸브의 템퍼스위치 설치　　　　(b) 템퍼스위치 및 배선

그림 7.3 탬퍼스위치 설치 및 배선

③ **앵글밸브**

그림 7.4와 같이 유체의 입구와 출구의 방향이 직각으로 되어 있고 배관의 중심선은 밸브가 설치된 곳에서 L자형이 되는 구조이다. 소화설비의 소화전함에서와 같이 구조물의 유체출구에 앵글밸브(angle valve)를 붙이면 구조물의 벽면에 평행한 배관이 되어 공간이나 관 이음새가 적게 사용된다. 열린 상태의 저항계수의 경우 대형에서는 볼밸브의 약 1/2, 소형에서는 볼밸브 약 2/3 정도이고, 주요 특징은 다음과 같다.

㉠ 엘보와 글러브밸브를 조합한 형식으로 유체의 흐름 방향을 직각으로 변환한다.

㉡ 소형밸브로서 주로 옥내·외 소화전의 방수구 및 스프링클러 소화설비의 유수검지장치, 배수밸브 등에 주로 사용된다.

④ **콕밸브**

관로 도중에 장치하여 액체의 흐름을 멈추게 하거나 유량을 조절하는 밸브로, 일명 플러그 밸브라고도 한다. 즉 그림 7.5와 같이 액체의 통로에 뚫려 있는 원뿔형 또는 원통형 구멍에 끼워 있는 플러그를 돌려서 액체의 흐름을 멈추게 하거나 유량을 가감하는 밸브이다. 즉 관 속을 흐르는 기체나 액체의 양을 조절하기 위한 마개나 구멍이 있는 쐐기모양이다.

출입구가 세 방향으로 나 있는 것을 3면 콕, 네 방향으로 나 있는 것을 4면 콕이라고 하고, 액체가 아닌 공기의 흐름에 사용하기도 하는 에어 콕이 있다. 수증기나 연료유 등의 배관 도중에 사용되는 것은 포금 황동 등으로 만든다. 또 화학실험에서 사용되는 작은 것은 유리로 만든 것도 있다. 주요 특징은 다음과 같다.

(a) 앵글밸브 외형

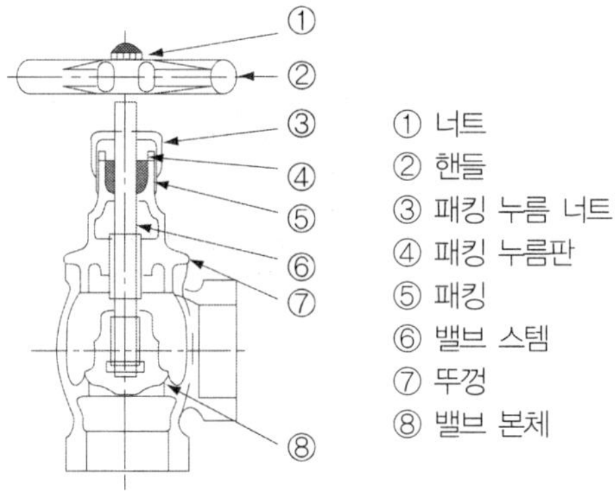

(b) 앵글밸브 상세구조

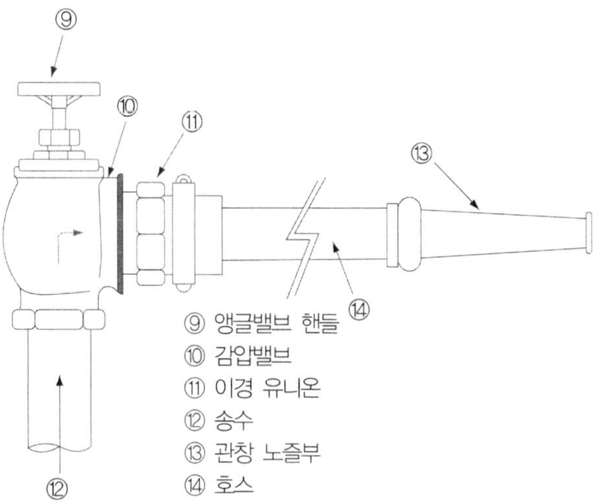

(c) 앵글밸브 소화전함 설치 예

그림 7.4 앵글밸브의 구조 및 설치

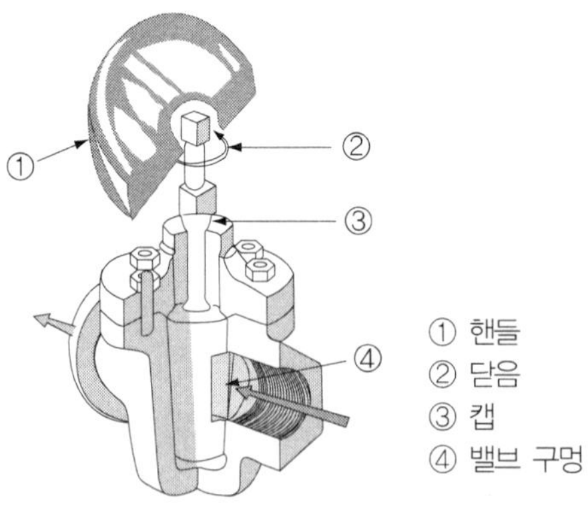

그림 7.5 콕밸브(cock valve)

㉠ 구멍이 뚫린 원추를 90° 회전하여 개폐되며 계기용에도 사용된다.

㉡ 유체 저항이 적으며 가장 신속한 개폐를 할 수 있는 밸브에 속한다.

㉢ 소형 밸브로 주로 소화설비에서는 계기용으로 많이 사용된다.

(2) 기타 소방설비밸브

① 글러브밸브

스톱밸브의 일종으로 그림 7.6과 같이 외형이 구형(球形)인 밸브로서 주요 장점으로는 밸브의 개폐를 빠르게 할 수 있고, 밸브 본체와 밸브 시트의 조합도 쉽다. 단점으로는 밸브 내에서 흐름의 방향이 바뀌게 된다는 점 외에, 밸브가 전부 열려도 밸브 본체가 유체 중에 잠겨 있기 때문에 유체의 에너지 손실이 큰 편이며, 주요 특징으로는 다음과 같은 것들이 있다.

㉠ 유체의 흐름 방향을 평행(180°)으로 개폐하며 밸브 디스크가 상하로 이동하면서 유량을 조절하게 되므로 비교적 유량의 개폐가 쉽다. 따라서 유량조절밸브로 쓰인다.

㉡ 유체의 마찰 손실이 크다는 단점이 있다.

② 슬루스밸브

그림 7.7과 같이 밸브의 본체가 흐름에 직각으로 놓여 있어 밸브 시트에 대해 미끄럼 운동을 하면서 개폐하는 형식의 밸브로, 주요 용도는 고압의 유로의 차단이다. 따라서 게이트밸브로 사용되며, 주요 특징은 다음과 같다.

(a) 외형

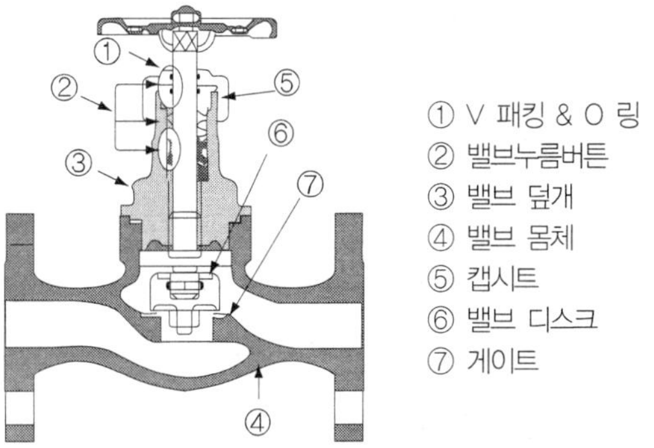

(b) 상세구조

그림 7.6 글러브밸브(glove valve)

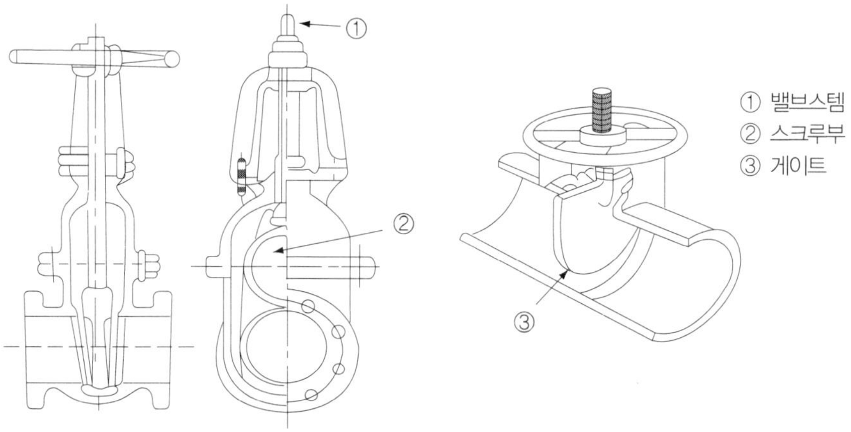

그림 7.7 슬루스밸브(sluice valve)

㉠ 밸브를 전개하면 밸브 속에서 유체가 흐르는 방향이 변하지 않기 때문에 유체에 미치는 영향이 적다.

㉡ 주로 관로의 개폐용으로 쓰이며 유체의 흐름을 직각으로 개폐하므로 유체 저항은 크다.

③ **체크밸브**

유체가 한 방향으로만 흐르고 반대로 흐르고자 하면 밸브가 즉시 폐쇄되어 역류를 방지하는 것을 목적으로 작동하는 밸브의 총칭이다. 여기서는 그림 7.8과 같이 배관용 체크밸브, 유압·공기압 장치용 체크밸브 등에 쓰이고 있다. 따라서 체크밸브를 유형별로 나누어 그 특징을 살펴보면 다음과 같다.

㉠ 스윙 체크밸브(swing check valve) : 상부의 핀을 축으로 회전하여 개폐되므로 유체의 마찰 손실이 리프트형보다 작다. 소형이며 주배관이 아닌 물올림장치와 같은 유량이 적은 곳에 사용된다. 체크밸브 중에서 가장 널리 쓰이고 있는 형식으로 간단한 구조와 신뢰성 있는 동작을 특징으로 한다. 유체의 흐름이 원활하여 압력 손실이 적으므로 대구경의 배관에 쓰인다. 단점으로는 슬램(slamming)현상과 불규칙한 유체 흐름 시 디스크의 빈번한 운동으로 인하여 상부 힌지 핀의 마모가 예상되며 밸브의 구조상 완벽한 기밀 유지가 곤란한 단점이 있다.

㉡ 웨이퍼 체크밸브(wafer check valve) : 여닫이 창문 모양의 싱글 또는 여미의 디스크판을 스프링으로 고정하여 체크밸브의 역할을 수행하는 밸브로서, 펌프의 토출구 혹은

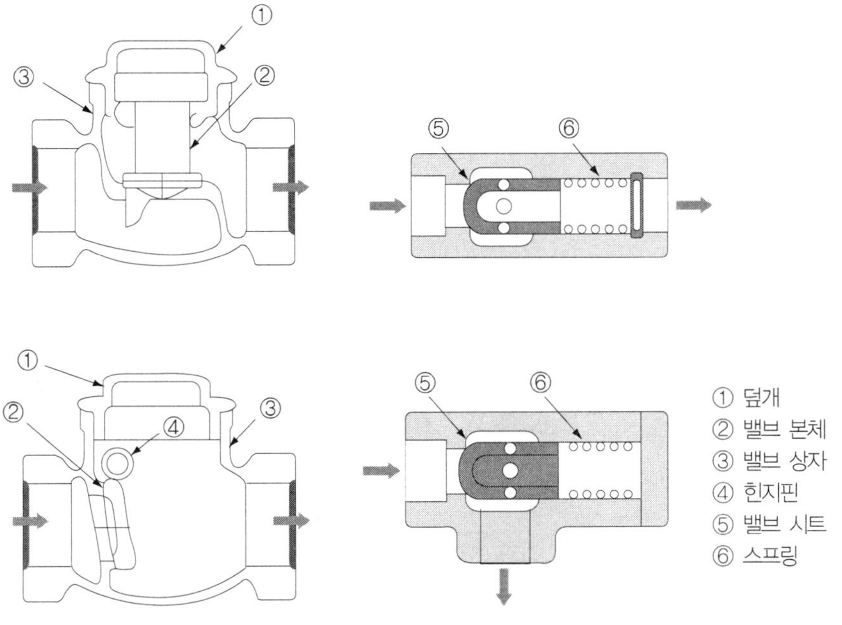

(a) 배관용 체크밸브 (b) 유·공압용 체크밸브

그림 7.8 체크밸브류

토출구에서 10m 이내에 강한 서지(surge) 및 역서지(inverse surge)가 심하게 발생되는 관로에 설치하여 사용하는 체크밸브이다. 가장 큰 특징은 밸브가 콤팩트하여 경량, 소형으로 설계 제작이 가능한 것으로, 매우 미세한 차압상태에서도 개폐할 수 있어 근래에는 설계의 최적화 등으로 사용 추세가 증가하고 있다.

㉢ 스모렌스키 체크밸브(smolensky check valve) : 펌프 양수설비에 설치할 경우 펌프의 토출 측에 설치하여 배관 내의 역류를 방지하는 데 사용되며, 역류를 차단할 때 발생하는 소음 및 워터해머 현상을 획기적으로 차단할 수 있는 기능을 가진 미국에서 개발된 체크밸브이다. 주배관에 설치할 경우 평상시에는 체크밸브의 역할을 하다가 필요 시에 바이패스밸브를 개방하면 역류가 되는 체크밸브이다.

(3) 스트레이너

밸브나 펌프 등의 흡입 측 입구에 설치하여 물속의 이물질이 유입되지 않도록 하기 위해서 설치하는 것으로, 각종 소방설비시스템에서 유입, 발생될 수 있는 유기적 부유물 등을 매시망을 이용해 걸러내는 배관 부속이며 그림 7.9와 같은 모양이 대부분이다. 그림 7.9(e)는 상향식

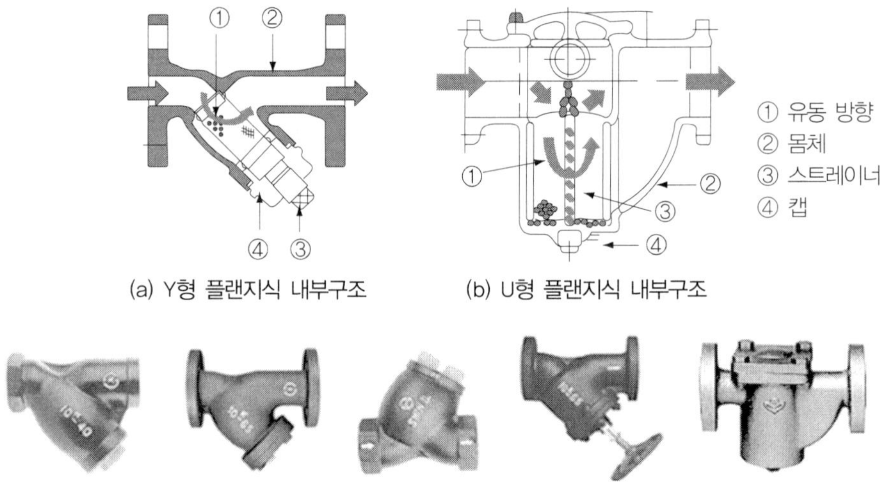

(a) Y형 플랜지식 내부구조 (b) U형 플랜지식 내부구조

(c) 나사식 (d) 플랜지식 (e) 상향식 (f) 밸브+스트레이너 기능 (g) U형 플랜지식

그림 7.9 스트레이너의 구조 및 외형

으로 설치토록 제작된 스트레이너(strainer)로 청소가 매우 간편하며 공구 없이도 분해 조립이 가능하다. 그리고 그림 7.9(f)는 밸브와 스트레이너 기능을 동시에 갖춘 밸브로서 초경량이며 배관 공간과 공수를 최대한 줄여 설치할 수 있다.

주요 설치위치로는 펌프의 전단에 설치, 임펠러케이싱을 보호해준다. 또 감압변 전단에 설치하게 되면 감압변의 미세한 내부구조를 보호해주고, 에어밴트의 전단에 설치할 때는 에어밴트로의 이물질 유입을 막아 오작동 방지를 해준다. 결국은 시스템 내에서 상대적으로 정밀한 작동을 요하는 장치가 있을 때 스트레이너를 전단에 설치해 장치를 보호하여 수명을 연장하는데 사용하는 것이다. 이에는 다음과 같은 종류가 있다.

① **Y형 스트레이너**

㉠ 원통형의 금속여과망을 배관에 대하여 45° 경사로 설치한다.

㉡ 유체의 마찰손실을 적게 하기 위하여 망의 안쪽에서 바깥쪽으로 유체 흐름이 발생하도록 되어 있다.

㉢ 밑부분에 플러그를 설치하여 여과된 불순물을 수시로 제거할 수 있다.

② **U형 스트레이너**

㉠ 원통형의 금속여과망을 배관에 수직으로 설치하며 망의 안쪽에서 바깥쪽으로 유체가 흐르도록 설치한다.

㉡ Y형에 비하여 유체에 대한 손실은 큰 편이나 보수점검이 쉬워 오일 스트레이너로 많이 사용되는 형식이다.

③ **V형 스트레이너**

㉠ 배관에 금속여과망을 V자형으로 설치하여 유체 내의 먼지 등을 여과하며 이어서 유체는 수평으로 흐르게 된다.

㉡ Y형 또는 U형보다 마찰저항이 적은 편이다.

(4) 플렉시블 조인트

펌프의 기동이나 정지가 발생하면 펌프는 상당히 많이 움직이지만 펌프와 연결된 배관은 작동 시 불리하다. 따라서 배관과 펌프 사이에 설치하여 펌프의 움직임이 배관에 전달되지 않도록 하는 용도로 사용되는 신축이음쇠를 말한다. 즉 연결하는 두 축의 중심이 일치하기 어려울 때, 또는 경년변화(經年變化)로 중심이 일치하지 않게 될 우려가 있을 때 고무 또는 가죽 등과 같은 탄성체를 추가 사용하여 축을 자연스럽게 연결하는 이음 방식을 말한다.

이러한 신축이음의 종류로는 그림 7.10이 있고 매우 다양하다. 가장 널리 사용되는 것으로 익스펜션 조인트(신축관 이음)의 경우가 있고 이것은 내부에 주름관이 설치되어 내통과 외통이 있고 신축 작용 시 꺾임을 방지하도록 되어 있다. 또 이와 유사한 장치의 하나로 슬리브 조인트가 있는데 이것은 내외통이 슬라이딩하면서 배관의 신축을 흡수하게 된다. 이때 배관의 신축을 흡수하기 위해서 사용하는 것은 신축관 이음이고, 배관의 위치 변화를 흡수하는 장치는 플렉시블 조인트(flexible joint)라고 정의할 수 있다. 따라서 플렉시블 조인트에 대하여 요약 정리하면 다음과 같다.

(a) 익스펜션(신축관) 이음쇠　　(b) 플렉시블 조인트

그림 7.10 소방펌프와 배관의 플렉시블 이음쇠류

① 펌프의 토출 측과 흡입 측에 직결 설치하여 주로 펌프의 진동 및 압력차에 의한 충격을 흡수하는 연결관 조인트를 말한다.
② 펌프 가까이에 설치하며 펌프의 움직임이 배관에 전달되지 않도록 하는 용도로 사용된다.
③ 금속재료의 특성인 탄성, 내압성, 내식성, 작동성 등을 갖는 이음방법으로 성능이 뛰어나며 누수의 염려가 거의 없어 소방펌프 설치배관 이음쇠로 많이 사용된다.

(5) 압력스위치

압력스위치(pressure switch, circuit switch)는 리타딩 체임버 상단에 연결되거나 바로 알람밸브에 연결되어 있다가 가압수가 압력스위치에 도달되면 압력스위치의 벨로스를 가압하여 접점이 이루어져 회로가 연결되어 수신부에 화재표시 및 경보를 발하는 장치이다.

이 압력스위치는 제어반의 펌프 및 수신반과 연결되어 펌프를 직접 가동시키는 방식과 단순히 작동에 의하여 경보와 수신반에 화재표시만 발하고 펌프의 기동 자체는 배관 내의 감압에 따라 기동용 수압개폐장치에 의한 작동으로 하는 방식의 두 가지가 있으나, 주로 기동용 수압개폐장치방식이 많이 사용되고 있다. 따라서 그 특징을 간단히 살펴보면 다음과 같다. 즉,

① 리타딩 체임버 내의 유체 압력이 소정의 값에 도달하였을 때 전기스위치를 자극하여 전기정점을 개폐하는 전기부품으로, 용도는 수압에 의한 소방 안전장치의 역할을 하는 하나의 검출 장치이다.
② 압력의 감지범위는 보통 0.1~1.5MPa 정도이다.
③ 벨로스는 고무튜브나 알루미늄튜브 형식으로 되어 있다.

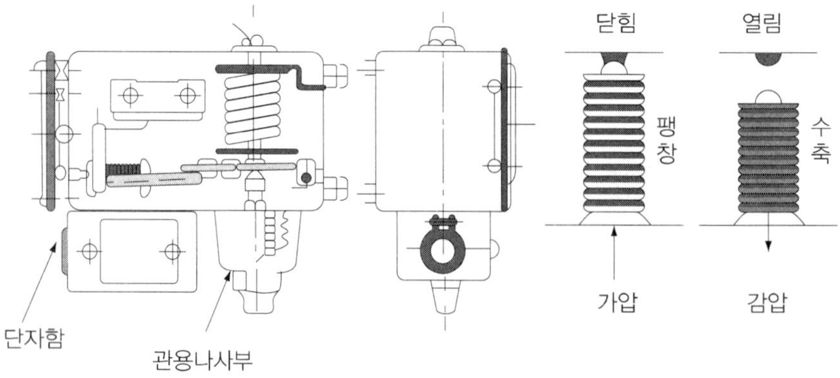

그림 7.11 습식 스프링클러 압력스위치

(6) 수격방지장치(surge absorber)

펌프가 작동 및 정지를 할 때 배관 내에 물의 유속 변화가 커서 수격현상이 일어날 수 있으며 이러한 유속 변화를 흡수하여 배관 내에 수격현상을 방지하는 기능을 한다. 이때 수격작용 혹은 수격현상이란 유체가 유동하고 있을 때 밸브를 차단할 경우 유체가 감속되어 운동에너지가 압력에너지로 변하여 유체 내의 고압이 발생하고 유속이 급격하게 변화하면서 압력 변화를 가져와 관로의 벽면을 타격하는 현상을 말한다.

1) 수격방지기의 작동

가압송수펌프가 기동되어 송수를 시작할 때 초기에는 펌프에서부터 급작스럽게 압력이 상승하여 관로망 배부로 퍼져나간다. 주펌프는 용량이 크므로 이 충격압력의 순간적인 고압은 배관에 연결된 방수장치인 스프링클러 헤드, 일제개방밸브 등에 악영향을 미칠 뿐만 아니라 배관의 진동, 누수 등을 초래하게 된다. 수격방지기(water hammer cushion : WHC)는 내부에 공기실이 있어 순간적인 이상고압을 흡수, 충격을 완화해준다. 특히 신축성이 없는 배관 내에서 가압송수장치로부터 초기 송수될 때 발생되는 강한 수격작용(water hammer)에 의한 충격을 줄여주는 역할을 한다.

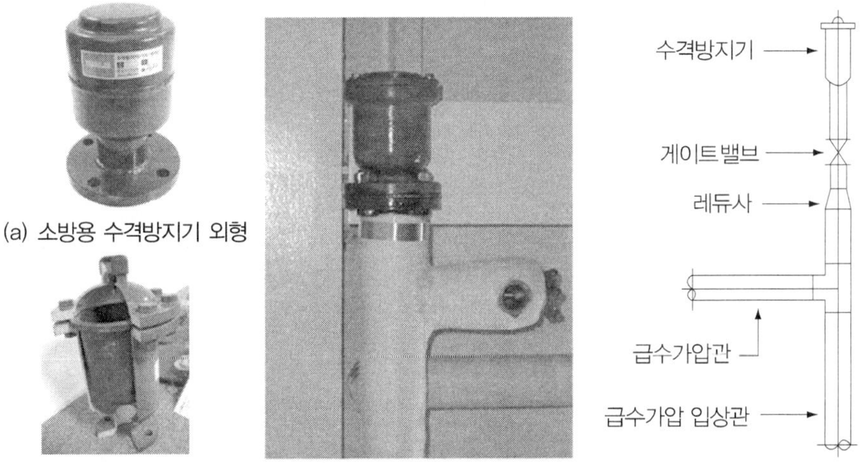

(a) 소방용 수격방지기 외형

(b) 수격방지부의 내부 (c) 수격방지기의 실제위치 (d) 수격방지기 설치방식

그림 7.12 소방용 수격방지기 및 설치

설치위치는 펌프의 직상부나 곡관부위 및 관의 말단이다. 이때 수격방지기 사용배관의 규격은 40~150A이고, 사용압력은 1.0~2.0MPa 범위이다.

(7) 압력수조 수위감시 스위치의 기동원리 및 설정방법

화재 시 스프링클러 헤드의 물은 스프링클러 주펌프부터 가압되어 나온다. 이때, 스프링클러 설비에 설치된 주모터는 처음 기동 시에만 동작하고 압력스위치의 신호를 받아 동작이 멈추게 되며 보조모터가 수시로 압력체크를 통하여 일정 압력 이상으로 스프링클러 관 내의 압력을 유지하여 준다. 따라서 소화전 보조펌프는 평소 배관 내의 압력을 유지하기 위하여 쓰이게 되며 화재 시 필요한 물은 우선 지하 수조 내의 물이 공급되거나 건물 입구 쪽에 있는 송수구를 통하여 소방서 물차에 의해 공급된다. 또한 화재 시 옥상에 있는 수조 내의 물도 쓰게 된다. 이 경우 지하 수조에는 수돗물을 받아두고 그 물을 다시 옥상의 수조로 퍼올려 소화수로 사용하게 되므로 옥상 수조에는 수위센서가 설치되어 신호를 받아 급수모터가 동작을 조절하게 된다. 이 경우 수조 내의 플로트가 수위에 따라 부력에 의해 떠오르고, 플로트 아래에 부착된 멈춤 판이 아래로 내려가면 접촉스위치를 접촉시켜 급수펌프를 가동하게 되며 수조가 만수위가 되어 급수펌프의 기동을 중지시키게 되는 원리이다.

최근에는 그림 7.13(a)와 같은 뉴매틱식 레벨스위치(SFP)가 많이 사용되고 있다. 이 레벨스위치는 수조 내에 설치된 계기의 공기 압력을 이용하여 동작하는 스위치이다. 액체용 탱크 등

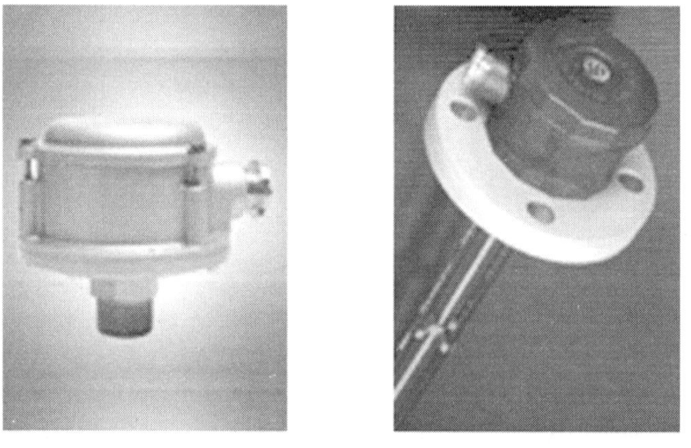

(a) 뉴매틱 레벨스위치(SFP)　　(b) 전극식 레벨스위치(SH)

그림 7.13 수위감지 레벨스위치

에 장착할 경우는 파이프 속에 공기가 고이도록 파이프의 윗부분을 막고 아랫부분은 열어놓아 액체가 차오를 때 파이프 내부에 모여 있던 공기가 압력을 받게 되면서 상부에 설치된 마이크로스위치를 동작시켜 출력접점을 내주어서 수위 레벨을 조절할 수 있도록 동작하는 수위감지기이다. 또한 그림 7.13(b)와 같이 전극식 수위 레벨스위치(SH)도 있다. 이것은 전도성의 원리를 이용하여 동작하는 계기로 액면의 변화에 의해 설치된 전극봉에 측정물질이 닿을 때 전극봉 간의 전도성에 의해 감지된 수위에 해당되는 신호가 출력되고 이 신호를 받아 수위의 레벨을 조절할 수 있도록 동작하는 수위감지기이다.

1) 압력스위치 설정, 기동 및 정지

그림 7.14는 대표적인 압력스위치의 RANGE(range)와 DIFF(difference)가 표시된 눈금을 나타내고 있는 작동 및 정지점 그리고 기동점을 표시한 그림이다. 눈금의 조정은 압력스위치 전면의 검정 세모로 표시된 압력지시기를 압력스위치 상단에 위치한 조절나사를 돌려 필요한 압력값 눈금에 맞춘다. 이것을 참고로 설정방법을 기술하면 다음과 같다.

① RANGE의 설정 : 펌프의 작동중지점으로 펌프가 기동된 후 압력이 충전되어 설정 압력범위 이내가 되면 펌프가 정지되는 점이다. RANGE에 맞춰야 할 압력값은 당해 소화설비 전체 양정의 10 : 1로 환산한 값이다. 보통은 주펌프의 전양정으로 설정한다. 만약 펌프의 전양정이 100m인 경우 1.0MPa으로 설정한다.

② DIFF의 설정 : 렌지에 설정된 압력에서 DIFF에 설정된 압력만큼 떨어지면 펌프가 기동되는 압력의 차이를 말해주는 값으로, 보통 0.1~0.15MPa 정도에 설정하면 원만한 작동이 이루어진다.

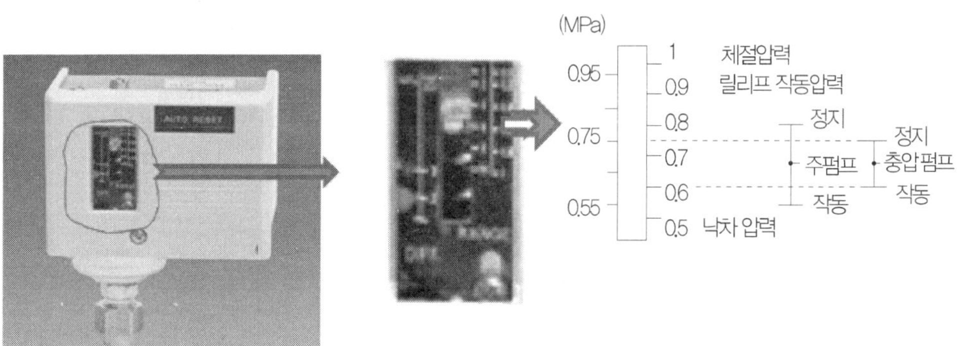

(a) 압력게이지 외형 (b) 압력게이지 눈금(RANGE, DIFF)의 설정

그림 7.14 압력스위치의 눈금 세팅

③ 기동 및 정지 : 렌지를 1.0MPa, 디퍼를 0.1MPa으로 설정했을 때 펌프는 0.1에서 기동되고, 압력이 1.0MPa가 되면 펌프가 기동 정지되며 0.9MPa에서 재기동된다.

(8) 프리액션밸브

프리액션밸브(preaction valve)는 습식 스프링클러설비의 단점을 보완하여 안전도를 향상시켜 오작동을 줄인 밸브로, 소화능력이 좀 더 신속한 준비작동식 스프링클러설비 또는 델류지설비에 사용하는 밸브이다. 이 밸브의 설치 및 주위 설비는 그림 7.15와 같고 시스템의 동작은 화재 시 스프링클러 헤드가 작동하기 전에 감지기가 열 또는 연기의 감지 신호를 보내면 전자밸브가 개방되어서 밸브 내에 있는 압력제어부의 압력이 낮아져 밸브가 개방된다. 곧이어 배관 내로 물이 흐르면 경보가 울리고 펌프가 작동하여 가압수가 토출하게 되고 물이 스프링클러 헤드에 도달한 후 헤드가 개방되면 물이 분사되어 소화하게 된다. 프리액션밸브는 평상시 2차측 배관에 물이 없는 건식에 사용되므로 동절기 동파의 위험이 많은 곳의 스프링클러설비에 설치하게 되고, 경보기능과 제어기능을 동시에 수행할 수 있다. 또한 포소화설비, 물분무소화설비, 드렌처 소화설비 등 여러 용도로도 사용 가능한 밸브이다.

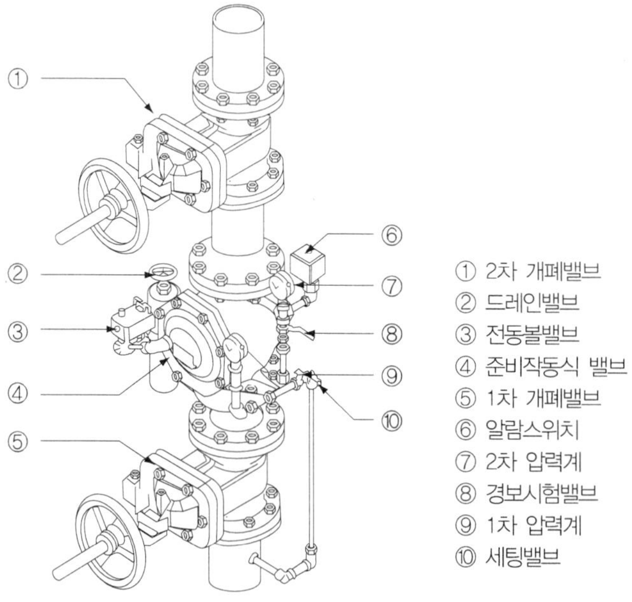

그림 7.15 프리액션밸브 및 주위 설비

7.2 스프링클러설비 시스템 수원의 양

일반적으로 스프링클러설비는 물 입자를 방수하여 소화하는 자동소화설비를 말한다. 따라서 소화를 위해 사용되는 물은 스프링클러 헤드에서 자동방수하여 실내 및 바닥 등의 일반 가연물의 화재(A급 화재)를 소화하는 데 사용하게 되고 이때 필요한 수원의 양은 소방대상물의 용도에 따라 규정되어 있다. 즉 폐쇄형 헤드를 사용하는 경우와 개방형 헤드를 사용하는 경우에 따라, 소방대상물의 용도에 따라, 헤드의 설치기준 수 및 방수시간 등을 고려하여 수원의 양을 결정해야 한다. 스프링클러설비의 화재안전기준(NFSC 103) 제4조 수원의 기준에서 정하고 있는 수원의 양을 정리하면 다음과 같다.

(1) 폐쇄형 스프링클러 헤드를 사용하는 경우

폐쇄형 스프링클러 헤드를 사용하는 경우에는 표 7-1 스프링클러 화재안전기준(NFSC 103) 제4조의 기준에 따른다. 즉 설치장소별 스프링클러 헤드의 기준개수[단, 스프링클러 헤드의 설치개수가 가장 많은 층(아파트의 경우에는 설치개수가 가장 많은 세대)에 설치된 스프링클러 헤드의 개수가 기준개수보다 적은 경우에는 그 설치개수를 말한다]에 1.6m^{3}를 곱한 양 이상이 되도록 한다. 따라서 그 양을 정하는 것은 다음 식으로 가능하다.

$$Q[\mathrm{m}^3] = N(\text{최대 30개}) \times 1.6\mathrm{m}^3 : (80\ell \times 20\mathrm{min}) \text{ 이상}$$

단, 헤드 수 : $N = 10$개, 20개, 최대는 30개

(2) 개방형 스프링클러 헤드를 사용하는 경우

개방형 스프링클러 헤드를 사용하는 스프링클러설비의 수원은 최대 방수구역에 설치된 스프링클러 헤드의 개수가 30개 이하일 경우에는 설치헤드 수에 1.6m^{3}를 곱한 양 이상으로 하고, 30개를 초과하는 경우에는 안전기준 제5조 제1항 제9호 및 제10호의 규정에 따라 산출된 가압송수장치의 1분당 송수량에 20을 곱한 양 이상이 되도록 한다. 따라서 이 기준에 따른 계산은 다음 식으로 가능하다.

표 7-1 소방대상물별 헤드 수와 수원의 양

<table>
<tr><th colspan="3" rowspan="2">스프링클러설비 설치대상물 및 장소</th><th rowspan="2">기준개수</th><th colspan="2">수원의 양</th></tr>
<tr><th>폐쇄형</th><th>개방형</th></tr>
<tr><td rowspan="6">지하층을 제외한 층수가 10층 이하인 소방대상물</td><td rowspan="2">공장 또는 창고(래크식 창고를 포함한다.)</td><td>특수가연물을 저장·취급하는 것</td><td>30</td><td>$48m^3$</td><td rowspan="8">1. 헤드의 수가 30개 미만인 경우 : $Q[m^3] = N \times 1.6$이상(N은 설치개수)
2. 헤드의 수가 30개 초과 50개 이하로 사용하는 경우 : $Q[m^3] = \{K\sqrt{P}$ $[\ell/min] \times 20min$ 이상}×헤드의 설치개수</td></tr>
<tr><td>그 밖의 것</td><td>20</td><td>$32m^3$</td></tr>
<tr><td rowspan="2">근린생활시설·판매시설 및 영업시설 또는 복합건축물</td><td>슈퍼마켓·도매시장·소매시장 또는 복합건축물(슈퍼마켓·도매시장·소매시장이 설치되는 복합건축물을 말한다.)</td><td>30</td><td>$48m^3$</td></tr>
<tr><td>그 밖의 것</td><td>20</td><td>$32m^3$</td></tr>
<tr><td rowspan="2">그 밖의 것</td><td>헤드의 부착 높이가 8m 이상인 것</td><td>20</td><td>$32m^3$</td></tr>
<tr><td>헤드의 부착 높이가 8m 미만인 것</td><td>10</td><td>$16m^3$</td></tr>
<tr><td colspan="3">아파트</td><td>10</td><td>$16m^3$</td></tr>
<tr><td colspan="3">지하층을 제외한 층수가 11층 이상인 소방대상물(아파트를 제외한다.)·지하가 또는 지하역사</td><td>30</td><td>$18m^3$</td></tr>
</table>

비고 : 하나의 소방대상물이 2 이상의 "스프링클러 헤드의 기준개수"란에 해당하는 때에는 기준개수가 많은 난을 기준으로 한다. 다만, 각 기준개수에 해당하는 수원을 별도로 설치하는 경우에는 그러하지 아니하다.

① 헤드 수가 30개 이하인 경우의 수원

$$Q[\mathrm{m}^3] = N \times 1.6\mathrm{m}^3 \text{ 이상}$$

② 헤드 수가 30개 초과 50개 이하인 경우의 수원

$$Q[\mathrm{m}^3] = K\sqrt{P}\,[\ell/\mathrm{min}] \times 20\mathrm{min} \text{ 이상} \times \text{헤드의 설치개수}$$

단, 이 경우 배관의 유속은 5.5m/sec 이하

(3) 수원의 저수조 설치위치 및 기준

스프링클러설비의 수원은 화재안전기준(NFSC 103) 제4조 제1항(표 7-1)의 설치규정에 따라 산출된 유효수량의 3분의 1 이상을 옥상(스프링클러설비가 설치된 건축물의 주된 옥상을 말한다. 이하 같다.)에 설치하여야 한다. 다만, 다음 각 호의 1에 해당하는 경우에는 그러하지 아니하다.

1. 옥상이 없는 건축물 또는 공작물
2. 지하층만 있는 건축물
3. 제5조 제2항의 규정에 따라 고가수조를 가압송수장치로 설치한 스프링클러설비
4. 수원이 건축물의 지붕보다 높은 위치에 설치된 경우
5. 건축물의 높이가 지표면으로부터 10m 이하인 경우
6. 주펌프와 동등 이상의 성능이 있는 별도의 펌프로서 내연기관의 기동과 연동하여 작동되거나 비상전원을 연결하여 설치한 경우
7. 제5조 제4항의 규정에 따라 가압수조를 가압송수장치로 설치한 스프링클러설비

이와 연결된 배관을 통하여 상시 소화수를 공급할 수 있는 구조인 소방대상물인 경우에는 둘 이상의 소방대상물이 있더라도 하나의 소방대상물에만 이를 설치할 수 있다. 스프링클러설비의 수원을 수조로 설치하는 경우에는 소방설비의 전용수조로 하여야 한다. 다만, 다음 각 호의 1에 해당하는 경우에는 그러하지 아니하다.

1. 스프링클러펌프의 풋밸브 또는 흡수배관의 흡수구(수직회전축펌프의 흡수구를 포함한다. 이하 같다.)를 다른 설비(소방용 설비 외의 것을 말한다. 이하 같다.)의 풋밸브 또는 흡수구보다 낮은 위치에 설치한 때
2. 제5조 제2항의 규정에 따른 고가수조로부터 스프링클러설비의 수직배관에 물을 공급하는 급수구를 다른 설비의 급수구보다 낮은 위치에 설치한 때

제1항 및 제2항의 규정에 따른 저수량을 산정함에 있어서 다른 설비와 겸용하여 스프링클러설비용 수조를 설치하는 경우에는 스프링클러설비의 풋밸브·흡수구 또는 수직배관의 급수구와 다른 설비의 풋밸브·흡수구 또는 수직배관의 급수구와의 사이의 수량을 그 유효수량으로 한다. 스프링클러설비용 수조는 다음 각 호의 1의 기준에 따라 설치하여야 한다.

1. 점검에 편리한 곳에 설치할 것
2. 동결방지조치를 하거나 동결의 우려가 없는 장소에 설치할 것
3. 수조의 외측에 수위계를 설치할 것. 다만, 구조상 불가피한 경우에는 수조의 맨홀 등을 통하여 수조 안의 물의 양을 쉽게 확인할 수 있도록 하여야 한다.
4. 수조의 상단이 바닥보다 높은 때에는 수조의 외측에 고정식 사다리를 설치할 것
5. 수조가 실내에 설치된 때에는 그 실내에 조명설비를 설치할 것
6. 수조의 밑부분에는 청소용 배수밸브 또는 배수관을 설치할 것
7. 수조의 외측의 보기 쉬운 곳에 "스프링클러설비용 수조"라고 표시한 표지를 한다. 이 경우 그 수조를 다른 설비와 겸용하는 때에는 그 겸용되는 설비의 이름을 표시한 표지를 함께하여야 한다.
8. 스프링클러펌프의 흡수배관 또는 스프링클러설비의 수직배관과 수조의 접속 부분에는 "스프링클러설비용 배관"이라고 표시한 표지를 한다. 다만, 수조와 가까운 장소에 스프링클러펌프가 설치되고 스프링클러펌프에 제5조 제1항 제15호의 규정에 따른 표지를 설치한 때에는 그러하지 아니하다

7.3 가압송수장치, 시험배관, 물올림장치

(1) 가압송수장치

1) 가압송수장치 설치기준

스프링클러설비의 가압송수장치는 설치기준이 화재안전기준(NFSC 103) 제5조에 4개 항에 명시되어 있다. 그것을 기준으로 가압송수장치 설치기준은 다음과 같다.

전동기 또는 내연기관에 따른 펌프를 이용하는 가압송수장치는 다음 각 호의 1의 기준에 따라 설치하여야 한다.

1. 쉽게 접근할 수 있고 점검하기에 충분한 공간이 있는 장소로서 화재 및 침수 등의 재해로 인한 피해를 받을 우려가 없는 곳에 설치할 것
2. 동결방지조치를 하거나 동결의 우려가 없는 장소에 설치할 것

3. 펌프는 전용으로 한다. 다만, 다른 소화설비와 겸용하는 경우 각각의 소화설비의 성능에 지장이 없을 때에는 그러하지 아니하다.
4. 펌프의 토출 측에는 압력계를 체크밸브 이전에 펌프 토출 측 플랜지에서 가까운 곳에 설치하고, 흡입 측에는 연성계 또는 진공계를 설치한다. 다만, 수원의 수위가 펌프의 위치보다 높거나 수직회전축 펌프의 경우에는 연성계 또는 진공계를 설치하지 아니할 수 있다.
5. 가압송수장치에는 정격부하 운전 시 펌프의 성능을 시험하기 위한 배관을 설치한다. 다만, 충압펌프의 경우에는 그러하지 아니하다.
6. 가압송수장치에는 체절운전 시 수온의 상승을 방지하기 위한 순환배관을 설치한다. 다만, 충압펌프의 경우에는 그러하지 아니하다.
7. 기동용 수압개폐장치(압력체임버)를 사용할 경우 그 용적은 100ℓ 이상의 것으로 할 것
8. 수원의 수위가 펌프보다 낮은 위치에 있는 가압송수장치에는 다음의 기준에 따른 물올림장치를 설치할 것
   가. 물올림장치에는 전용의 수조를 설치할 것
   나. 수조의 유효수량은 100ℓ 이상으로 하되, 구경 15mm 이상의 급수배관에 따라 당해 수조에 물이 계속 보급되도록 할 것
9. 가압송수장치의 정격토출압력은 하나의 헤드 선단에 0.1MPa 이상 1.2MPa 이하의 방수압력이 될 수 있게 하는 크기일 것
10. 가압송수장치의 송수량은 0.1MPa의 방수 압력 기준으로 80ℓ/min 이상의 방수 성능을 가진 기준개수의 모든 헤드로부터의 방수량을 충족시킬 수 있는 양 이상의 것으로 한다. 이 경우 속도수두는 계산에 포함하지 아니할 수 있다.
11. 제10호의 기준에 불구하고 가압송수장치의 1분당 송수량은 폐쇄형 스프링클러 헤드를 사용하는 설비의 경우 제4조 제1항 제1호의 규정에 따른 기준개수에 80ℓ를 곱한 양 이상으로도 할 수 있다.
12. 제10호의 기준에 불구하고 가압송수장치의 1분당 송수량은 제4조 제1항 제2호의 개방형 스프링클러 헤드 수가 30개 이하의 경우에는 그 개수에 80ℓ를 곱한 양 이상으로 할 수 있으나 30개를 초과하는 경우에는 제9호 및 제10호의 규정에 따른 기준에 적합하게 할 것
13. 기동용 수압개폐장치를 기동장치로 사용하는 경우에는 다음의 각 목의 기준에 따른 충압펌프를 설치할 것

가. 펌프의 토출압력은 그 설비의 최고위 살수장치(일제개방밸브의 경우는 그 밸브)의 자연압보다 적어도 0.2MPa이 더 크도록 하거나 가압송수장치의 정격토출압력과 같게 할 것
나. 펌프의 정격토출량은 정상적인 누설량보다 적어서는 아니되며 스프링클러설비가 자동적으로 작동할 수 있도록 충분한 토출량을 유지할 것

14. 내연기관을 사용하는 경우에는 제어반에 따라 내연기관의 자동기동 및 수동기동이 가능하고, 상시 충전되어 있는 축전지설비를 갖출 것
15. 가압송수장치에는 "스프링클러펌프"라고 표시한 표지를 한다. 이 경우 그 가압송수장치를 다른 설비와 겸용하는 때에는 그 겸용되는 설비의 이름을 표시한 표지를 함께 하여야 한다.
16. 가압송수장치가 기동된 경우에는 자동으로 정지되지 아니하도록 하여야 한다. 다만, 충압펌프의 경우에는 그러하지 아니하다.

이것을 기준으로 토출압력, 송수량, 토출량의 설치기준을 정리하면 다음과 같다. 즉,

① 정격토출압력

하나의 헤드 선단에 0.1MPa 이상, 1.2MPa 이하의 방수압력이 될 수 있게 한다.

② 송수량

0.1MPa의 방수압력을 기준으로 80ℓ/min 이상의 방수성능을 가진 기준개수의 모든 헤드로부터의 방수량을 충족시킬 수 있는 양 이상의 것으로 한다.

③ 토출량

폐쇄형 스프링클러 헤드를 사용하는 설비의 경우 표 5의 규정에 의한 기준개수에 80ℓ를 곱한 양 이상으로도 할 수 있다. 또한, 가압송수장치의 1분당 송수량은 개방형 스프링클러 헤드 수가 30개 이하의 경우에는 그 개수에 80ℓ를 곱한 양 이상으로 할 수 있으나 30개를 초과하는 경우에는 규정에 의한 기준에 적합하게 수리계산에 의하여 산출하여야 한다.

2) 가압송수장치의 종류별 설치기준

소화설비에 사용되는 가압송수장치의 설치기준 및 종류는 어떤 소화설비이든 모두가 같은 기술규정을 적용받는다. 즉, 스프링클러 소화설비의 경우도 앞서 기술한 내용을 기준으로 다시 간단하게 정리하면 다음과 같다.

① **고가수조방식의 설치기준**

고가수조의 자연낙차를 이용한 가압송수장치는 다음 각 호의 기준에 따라 설치하여야 한다. 고가수조의 자연낙차수두(수조의 하단으로부터 최고층에 설치된 헤드까지의 수직거리를 말한다.)는 다음의 식에 따라 산출한 수치 이상이 되도록 하고, 고가수조에는 수위계·배수관·급수관·오버플로관 및 맨홀을 설치해야 한다. 이때 고가수조의 중력에 의한 자연낙차 가압력은 수조의 하단으로부터 최고층에 설치된 헤드까지의 수직거리를 압력으로 환산한 것이며 그 계산된 값 이상으로 한다.

$$H = h_1 + 10\,\mathrm{m}\ (\text{산출한 수치 이상})$$

여기서, H : 필요한 낙차(m), h_1 : 배관 및 관 부속류의 마찰손실(m)

10m : 낙차환산수두

② **압력수조방식의 설치기준**

압력수조에 의한 압력은 다음의 식에 따라 산출한 수치 이상으로 압력수조를 설치하여 사용한다. 이때 압력수조에는 수위계·급수관·배수관·급기관·맨홀·압력계·안전장치 및 압력저하 방지를 위한 자동식 공기압축기를 설치해야 한다.

$$P = P_1 + P_2 + 0.1\,[\mathrm{MPa}]$$

여기서, P : 필요한 압력(MPa), P_1 : 낙차의 환산수두압(MPa)

P_2 : 배관의 마찰손실수두압(MPa)

③ **펌프방식의 설치기준**

펌프에 의해 소화기구에 공급하기 위한 펌프수두의 크기는 다음에서 요구하는 용량 이상이 되도록 펌프의 크기를 선정하여 설치한다.

$$H = h_1 + h_2 + 10\mathrm{m}$$

여기서, H : 필요한 수두(m), h_1 : 실양정(m),

h_2 : 펌프의 흡입과 토출 측의 전손실수두(m)

이때, 위와 같이 계산된 양정의 크기 H를 사용하여 펌프에 필요한 전동기 및 기관의 마력을 결정하기 위한 계산은 다음과 같다.

㉠ 전동기를 사용하는 경우 용량 계산 :

$$H_{KW} \geq \frac{0.163 \times Q \times H}{\eta} \times K = \frac{\gamma \times Q \times H}{102 \times 60 \times \eta} \times K \ [\mathrm{kW}]$$

여기서, Q : 토출유량(m^3/min), γ : 물의 비중량(Kg/m^3)
η : 펌프효율, K : 전동기의 전달계수

㉡ 내연기관을 사용하는 경우 용량 계산 :

$$H_{PS} \geq \frac{0.163 \times Q \times H}{0.75\eta} \times K = \frac{\gamma \times Q \times H}{102 \times 60 \times 0.75\eta} \times K \ [\mathrm{PS}]$$

여기서, Q : 토출유량(m^3/min), γ : 물의 비중량(Kg/m^3)
η : 펌프효율, K : 기관의 전달계수

④ 충압펌프의 설치기준

㉠ 정격토출압력의 설치기준

펌프의 정격토출압력은 설비의 최고위 살수장치(일제개방밸브의 경우는 그 밸브)의 자연압보다 적어도 0.2MPa가 더 크도록 하거나 가압송수장치의 정격토출압력과 같게 할 것

㉡ 정격토출량의 결정

펌프의 정격토출량은 정상적인 누설량보다 적어서는 안 되며 스프링클러설비가 자동적으로 작동할 수 있도록 충분한 토출량을 유지해야 한다.

⑤ 가압수조의 설치기준

가압수조를 이용한 가압송수장치는 다음 각 호의 기준에 따라 설치하여야 한다.

1. 가압수조의 압력은 화재안전기준 제5조 제1항 제10호의 규정에 따른 방수량 및 방수압이 20분 이상 유지되도록 할 것
2. 가압수조의 수조는 최대상용압력 1.5배의 물의 압력을 가하는 경우 물이 새지 않고 변형이 없을 것
3. 가압수조 및 가압원은 「건축법 시행령」 제46조에 따른 방화구획된 장소에 설치할 것
4. 가압수조에는 수위계·급수관·배수관·급기관·압력계·안전장치 및 수조에 소화수와 압력을 보충할 수 있는 장치를 설치할 것

5. 가압수조를 이용한 가압송수장치는 소방용 기계기구의 승인 등에 관한 규칙 제31조 및 별표 14 제30호에 적합한 것으로 설치할 것

3) 중간 가압송수장치 부스터 펌프의 설치

① 부스터 펌프의 원리

지하층을 제외한 건물의 높이가 60m를 초과하는 때에는 중간 가압송수장치[부스터 펌프(booster pump)장치]를 별도로 설치하여야 한다. 종래의 급수방식은 최고층의 옥상에 개방형 수조를 설치하고 저수조의 물을 고가수조에 양수하여 중력에 의해 건물 내의 필요 요소에 급수하는 고가수조방식을 많이 사용하였다. 최근에는 급수펌프를 이용한 가압수조방식으로 건물 내의 필요한 곳까지 직접 급수하는 방식을 채택함으로써 급수압력, 급수량 변화에 대응하고 있다. 이 방식은 그림 7.16과 같이 펌프를 건물의 중간기점에 여러 대 혹은 단독으로 설치하여 회전수 제어 및 펌프조합에 의한 제어방식을 선택하고 설계 시공하여 사용하고 있다. 이때 펌프의 회전수제어는 급수량의 변화에 대응하는 가장 일반적인 방식이고, 펌프대수를 여러 대 설치 제어하는 방식은 운전비용 및 설치시공비용이 크다는 단점은 있으나 고층화의 오피스 빌딩에서 많이 설치되고 있다.

② 운전 및 설치방식

공급량에 따라 유량이 적을 때는 1대의 펌프만 운전하고 공급유량이 증가하면 필요대수만큼 펌프를 차례로 제어하여 운전한다. 공급량이 점차 감소하면 펌프를 순차적으로 가동을 정지시키고 최종 정지된 펌프는 다이어프램식 압력탱크에 소량만큼 물을 축압시켜 저장한 후 펌프를

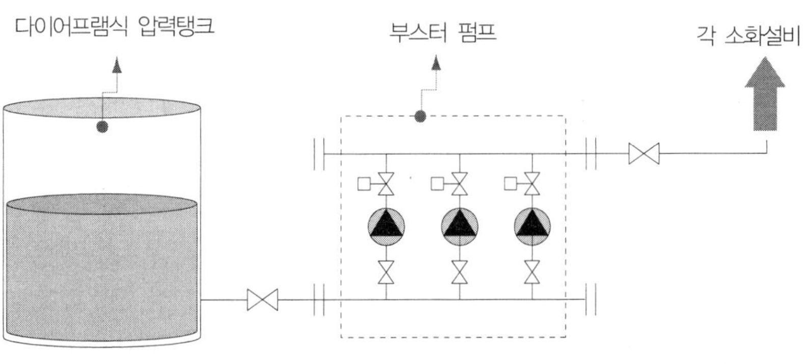

그림 7.16 부스터 펌프의 설치원리

(a) 입형 부스터 펌프 설비 (b) 횡형 부스터 펌프

그림 7.17 부스터 펌프 방식의 설치 예

정지시킨다. 이후 미량의 급수가 필요한 경우 펌프를 가동하지 않고 축압된 탱크 내의 물을 공급하여 불필요한 장비가동을 줄인다. 운전 시 일정압력의 급수성능을 유지하기 위해서는 펌프 1대만을 회전수로 제어하거나 각각의 펌프 토출 측에 PRV(감압밸브)를 설치하여 제어한다. 또 각 펌프의 기동, 정지순서를 일정 시간 차례로 교대시켜 각 펌프의 운전시간을 균등하게 배분하여 펌프 및 장비의 수명을 연장하도록 한다.

부스터 펌프의 설치 종류에는 설치방식에 따라 그림 7.17과 같이 입형 및 횡형의 두 가지 방식이 있다. 입형 부스터 펌프 설비는 모터를 수직으로 연결시켜 설치공간을 최소화한 입형 부스터 펌프방식이다. 이 방식은 축심의 정열이 정확하여 소음과 진동이 적고 소유량 고양정에 유리하며 유로 손실을 최소화한 방식이다. 또 하나의 방식으로 임펠러가 모터축과 직접 연결된 횡형 부스터 펌프방식이 있다. 이것은 볼류트 펌프를 설치한 방식으로 대유량 저양정에 적합한 방식이다.

(2) 펌프의 성능시험 배관

펌프의 성능은 체절운전 시 정격토출압력의 140%를 초과하지 아니하고, 정격토출량의 150%로 운전 시 정격토출압력의 65% 이상이 되어야 하며, 펌프의 성능시험배관은 다음의 기준에 적합하여야 한다. 이러한 기준에 의해 설치된 시험배관은 그림 7.18과 같다.

① 성능시험배관은 펌프의 토출 측에 설치된 개폐밸브 이전에서 분기하여 설치하고, 유량측정

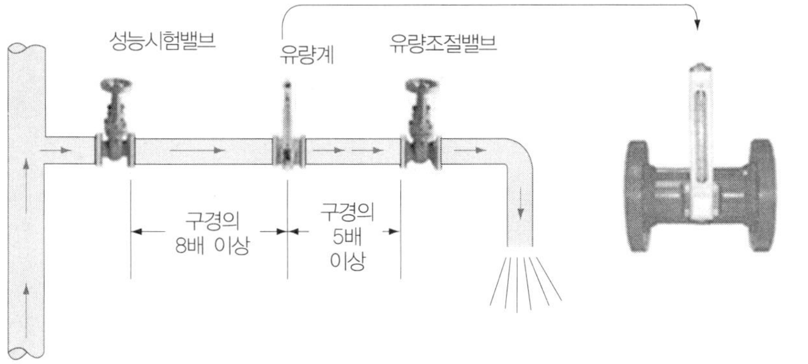

그림 7.18 성능시험배관

장치를 기준으로 전단직관부에 개폐밸브를, 후단직관부에는 유량조절밸브를 설치해야 한다.

② 유량측정장치는 성능시험배관의 직관부에 설치하되, 펌프의 정격토출량의 175% 이상 측정할 수 있는 성능이 있어야한다.

③ 시험배관을 통한 펌프시험은 기기 및 장치가 설계도에서 요구하는 기능을 만족하는지 확인하여야 한다. 스프링클러설비의 경우 규정개수의 스프링클러 헤드를 동시에 사용하는 경우와 1개를 사용하는 경우 모두 각 노즐 선단의 방수압력은 0.098～1.18MPa{1～12kg/cm^2}, 방수량은 80ℓ/min 이상인지를 확인한다.

④ 1차측 밸브는 게이트밸브이며, 유량계와 밸브 사이의 배관 길이는 배관 직경 D를 기준으로 8D를 적용한다. 그리고 2차측 밸브는 유량 조절이 가능한 글러브밸브로 하고, 설치위치는 배관 직경 D를 기준으로 유량계와의 거리가 5D가 되도록 적용한다.

1) 펌프성능 시험방법 및 순서

① 주배관의 개폐밸브를 잠근다.

② 제어반에서 충압펌프를 기동중지 한다.

③ 펌프성능시험배관의 2차측 밸브인 유량조절밸브를 완전히 잠그고 1차측 밸브 성능시험밸브를 완전히 개방한다.

④ 주펌프를 작동시킨다.

⑤ 펌프성능시험배관의 2차측 밸브인 유량조절밸브를 잠근 상태(체절운전)에서 펌프의 체절압력은 압력계를 보고 읽는다.

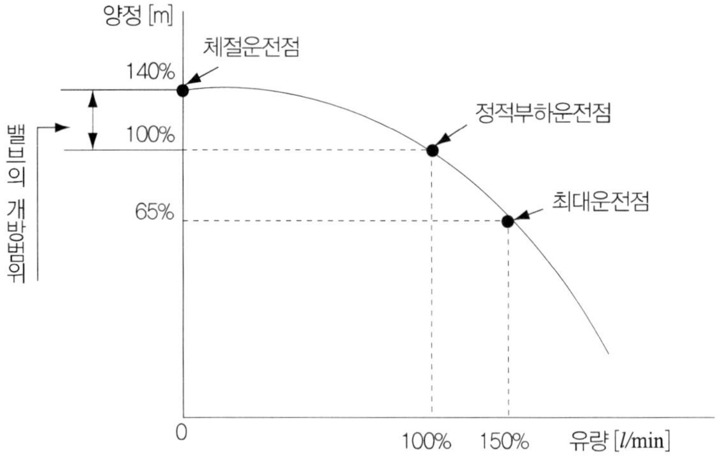

그림 7.19 펌프의 성능곡선

⑥ 펌프성능시험배관의 2차측 밸브인 유량조절밸브를 서서히 열면서 유량계와 압력계를 확인하고 펌프성능을 측정한다. 이때, 그림 7.19의 성능곡선을 이용하여 점검한다.

⑦ 측정 완료 후 복구방법은 다음과 같다. 즉 주배관의 개폐밸브를 개방한 후 펌프성능시험배관의 1차측 밸브를 잠근다. 이어서 제어반의 주 펌프 및 충압펌프의 스위치를 자동 위치로 돌려놓는다.

⑧ 시험운전 시 유의사항

정격부하운전점이란 정격토출양정 100%와 정격토출유량이 100%인 양정을 말하며, 최대운전점이란 정격토출량 150%로 운전 시 정격토출압력의 65% 이상이 되는 점이다. 따라서 그림 7.19 펌프 성능곡선을 비교하여 펌프의 성능이 떨어졌는지 확인해야 한다.

(3) 물올림장치

가압송수장치의 펌프 설치위치가 수원의 수위보다 높은 위치에 설치된 경우에는 펌프 내부 및 흡입 측 배관에 공기고임을 방지하기 위하여 펌프 케이싱 및 흡입 측 배관 내에 상시 물이 충만된 상태를 위지하기 위해 물을 상시 공급할 수 있는 장치가 필요하다. 이러한 장치를 물올림장치(호수조, priming tank)라고 하며 수직축 회전펌프에는 필요치 않고, 주로 수평회전축 펌프에만 필요하다.

물올림장치의 주요 구성요소는 물올림탱크, 배수관, 오버플로용 배수관, 물올림관, 감수경보장치의 수신부, 물올림탱크에 물을 자동적으로 보급할 수 있는 장치 등이다. 따라서 설치기준은 다음과 같다.

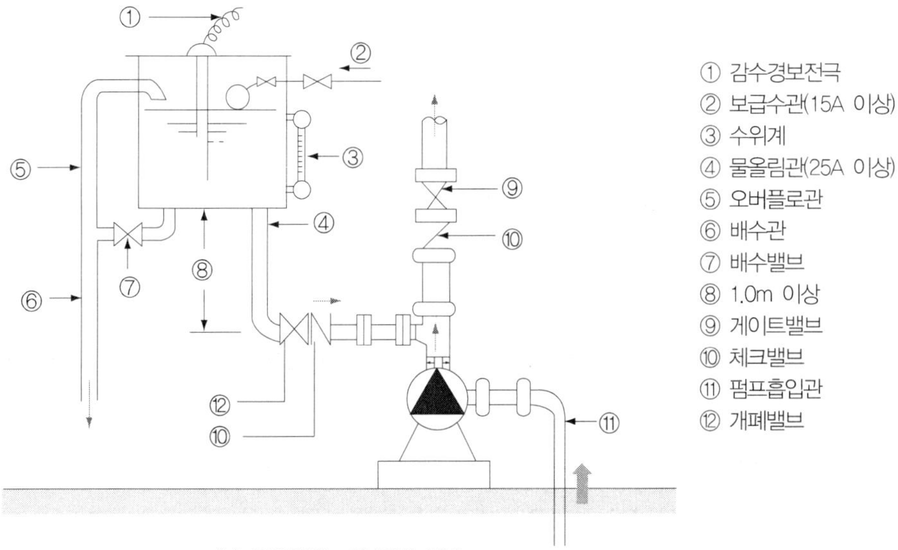

(a) 물올림탱크의 주위 설비

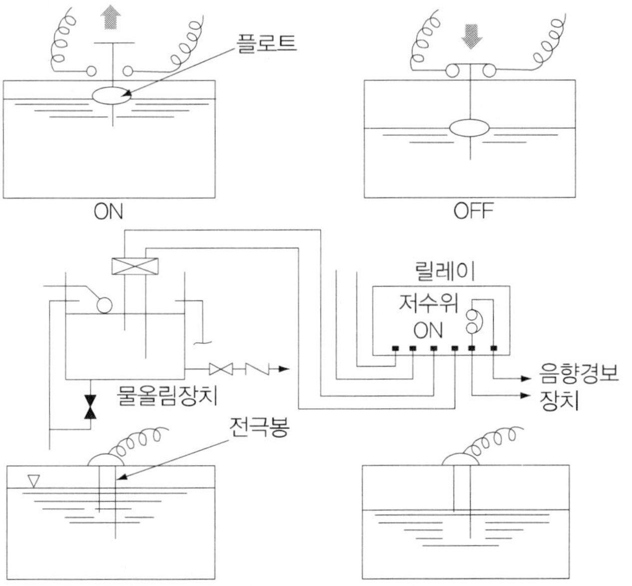

(b) 물올림탱크 내의 감수경보장치

그림 7.20 물올림장치(priming tank)

① 물올림탱크는 펌프 전용의 물올림탱크를 설치한다. 즉 철판재료를 사용하여 만들며 스프링클러 펌프 전용이어야 한다. 다만, 화재로 인한 피해의 우려가 없는 장소에 설치하는 경우에는 합성수지를 사용할 수도 있다.
② 물올림탱크의 용량은 100ℓ 이상의 유효수량을 확보할 수 있는 것이어야 한다.
③ 물올림탱크에 설치되는 배관의 구경은 유효수량이 100ℓ 이상의 용량일 때 구경 15mm 이상의 급수배관에 의하여 당해 탱크에 물이 계속 보급되도록 상수도 본관에서 분기배관한다. 다만, 물올림 관에 있어서 체크밸브의 중심선에서 물올림탱크까지의 높이가 1m 이하의 경우에는 호칭 지름 40mm 이상으로 하여야 한다.
④ 물올림탱크에는 감수경보장치(레벨스위치, 플로트스위치 등) 및 물올림탱크로 물을 자동으로 공급하는 볼 탭 등을 같이 설치하여야 한다. 또한 감수경보의 작동은 비정상으로 물이 감소한 경우에 작동되어야 하며, 경보장치는 중앙제어실 등 항상 사람이 상주하는 장소에 설치하여야 한다.

위와 같은 기준으로 설치된 물올림장치의 설치는 그림 7.20(a)와 같다. 특히 주의할 점 중의 하나로는 물올림탱크를 설치할 경우 펌프의 흡수배관에는 반드시 풋밸브가 설치되어 있어야 흡수배관 내에 채워진 물이 누설될 염려가 없게 된다. 그리고 물올림탱크 내에는 그림 7.20(b)와 같이 감수경보장치, 즉 저수위 경보장치가 필요하다. 이것은 물올림탱크 내의 물이 1/2 이상 감수하여 2/3 이하로 수위가 떨어지면 플로트스위치 또는 전극봉에 의하여 신호를 발신하여 감시제어반에 표시등 및 부저에 의해 음향경보를 발하는 장치이다.

7.4 스프링클러 헤드의 설치기준

(1) 설치기준

① 소방대상물의 천장, 반자, 천장과 반자 사이, 덕트, 선반, 기타 이와 유사한 부분(폭이 1.2m를 초과하는 것에 한한다.)에 설치하여야 한다. 다만, 폭이 9m 이하인 실내에 있어서는 측벽에 설치할 수 있다.
② 래크식 창고의 경우로서 "영" 별표 4의 특수가연물을 저장 또는 취급하는 것에 있어서는

높이 4m 이하마다, 그 밖의 것을 취급하는 것에 있어서는 높이 6m 이하마다 스프링클러 헤드를 설치하여야 한다. 다만, 래크식 창고의 천장 높이가 13.7m 이하로서 행정자치부장관이 정하여 고시한 화재조기진압용 스프링클러 헤드를 설치하는 경우에는 천장에만 스프링클러 헤드를 설치할 수 있다.

③ 스프링클러 헤드를 설치하는 천장, 반자, 천장과 반자 사이, 덕트, 선반 등의 각 부분으로부터 하나의 스프링클러 헤드까지의 수평거리는 다음과 같이 하여야 한다.

㉠ 무대부, "영" 별표 4의 특수가연물을 저장 또는 취급하는 장소에서는 1.7m 이하

㉡ 래크식 창고에 있어서는 2.5m 이하

㉢ 아파트에 있어서는 3.2m 이하

㉣ 무대부, "영" 별표 4의 특수가연물을 저장 또는 취급하는 장소, 래크식 창고, 아파트 외의 소방대상물에는 2.1m 이하로 설치하고, 단 내화구조로 된 경우에는 2.3m 이하로 할 수 있다.

④ 무대부 또는 연소할 우려가 있는 개구부에 있어서는 개방형 스프링클러 헤드를 설치하여야 한다.

⑤ 폐쇄형 스프링클러 헤드 설치 장소의 평상시 최고 주위 온도에 따라 표 7-2에 의하여 선정하여 설치한다. 다만, 높이가 4m 이상인 공장 및 창고(래크식 창고를 포함한다.)에 설치하는 폐쇄형 스프링클러 헤드는 그 설치장소의 평상시 최고 주위 온도에 관계없이 표시온도 121℃ 이상의 것으로 할 수 있다.

㉠ 스프링클러 헤드의 표시온도

스프링클러 헤드의 해당하는 온도이며 폐쇄형 스프링클러 헤드의 감열체가 화염에 의해서 작동하는 온도로서 미리 제조업체에서 표시한 온도를 말한다.

㉡ 부착 장소의 최고 주위 온도

폐쇄형 헤드의 설치장소에 관한 기준이 되는 온도로서 다음 식에 의하여 최고 주위 온도를 산출한다. 다만, 헤드의 표시온도가 79℃ 미만인 경우에서 최고 주위 온도는 다음 식에도 불구하고 39℃로 한다.

$$T_a = 0.9\,T_M - 27.3[℃]$$

여기서, T_a : 최고 주위 온도(℃), T_M : 헤드의 표시온도(℃)

⑥ 스프링클러 헤드는 다음 방법에 의하여 설치하여야 하며 설치관계의 예는 그림 7.21과 같다.

㉠ 살수가 방해되지 않도록 스프링클러 헤드로부터 반지름 60cm 이상의 공간을 보유해야 한다.

표 7-2 폐쇄형 스프링클러 헤드의 표시온도

설치 장소의 최고 주위 온도(℃)	표시온도(℃)	휴즈블링크형		유리벌브형	
		표시온도(℃)	색(프레임에 표시)	표시온도	색(액체의 표시)
39℃ 미만	79℃	77℃ 미만	표시없음	57℃	오렌지
		78 ~ 120℃	흰색	68℃	빨강
39℃ 이상 64℃ 미만	79℃ 이상 121℃ 미만	121 ~ 162℃	파랑	79℃	노랑
		163 ~ 203℃	빨강	93℃	초록
64℃ 이상 106℃ 미만	121℃ 이상 162℃ 미만	204 ~ 259℃	초록	141℃	파랑
106℃ 이상	162℃ 이상	260 ~ 319℃	오렌지	182℃	연한 자주
		320 이상℃	검정	227℃	검정

다만, 벽과 스프링클러 사이의 공간을 10cm로 한다.

㉡ 스프링클러 헤드와 그 부착면(상향식 헤드의 경우에는 그 헤드 직상부의 천장, 반자 또는 이와 비슷한 것을 말한다. 이하 같다.)과의 거리는 30cm 이하로 할 것. 다만, 천장, 반자, 선반 등이 불연재료로 된 경우에는 45cm 이하로 할 수 있다.

㉢ 배관, 행어 및 조명기구 등 살수를 방해하는 것이 있는 경우에는 ㉡의 규정에 불구하고 그로부터 밑으로 30cm 이상의 거리를 둘 것

㉣ 스프링클러 헤드의 반사판은 그 부착면과 평행하게 설치한다. 다만, 측벽형 헤드 또는 규정에 의하여 연소할 우려가 있는 개구부에 설치하는 스프링클러 헤드의 경우에는 그렇지 아니하다.

㉤ 천장의 기울기가 10분의 1을 초과하는 경우에는 가지관을 천장의 마루와 평행하게 설치하고 스프링클러 헤드는 다음 각 목의 기준에 적합하게 설치할 것

- 천장의 최상부에 스프링클러 헤드를 설치하는 경우에는 최상부에 설치하는 스프링클러 헤드의 반사판을 수평으로 설치할 것
- 천장의 최상부를 중심으로 가지관을 서로 마주 보게 설치하는 경우에는 최상부의 가지관 상호 간의 거리가 가지관 상의 스프링클러 헤드 상호 간의 거리의 2분의 1 이하(최소 1m 이상이 되어야 한다.)가 되게 헤드를 설치하고, 가지관의 최상부에 설치하는 스프링클러 헤드는 천장의 최상부로부터의 수직거리가 90cm 이하가 되도록 할 것. 톱날 지붕, 둥근 지붕 기타 이와 유사한 지붕의 경우에도 이에 준한다.

ⓑ 연소할 우려가 있는 개구부에는 그 상하좌우 2.5m 간격으로(개구부의 폭이 2.5m 이하인 경우에는 중앙에) 스프링클러 헤드를 설치하되, 스프링클러 헤드와 개구부의 내측면으로부터의 직선거리는 15cm 이하가 되도록 하여야 한다. 이 경우 사람이 상시 출입하는 개구부로서 통행에 지장이 있는 때에는 개구부의 상부 또는 측면(개구부의 폭이 9m 이하인 경우에 한한다.)에 설치하되, 헤드 상호 간의 간격은 1.2m 이하로 설치하여야

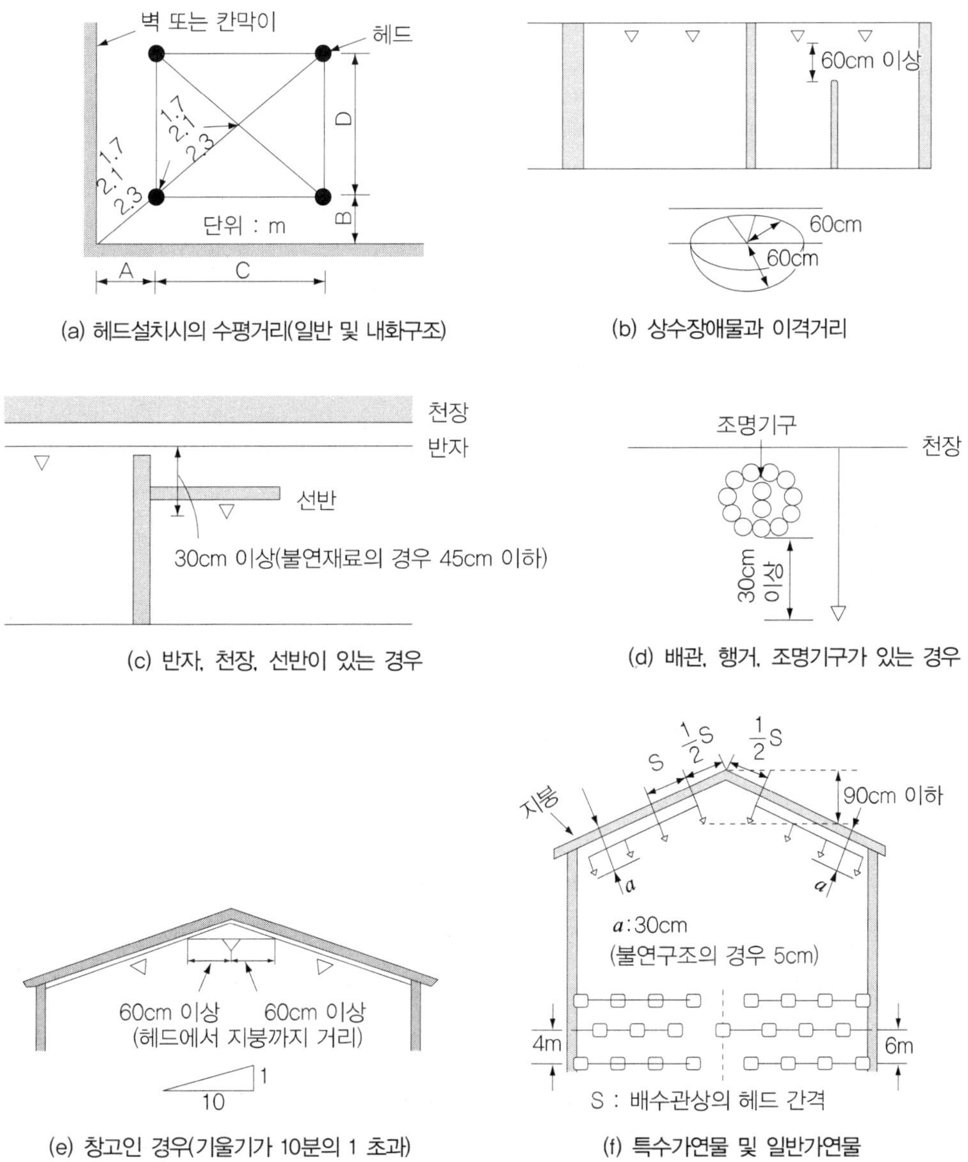

그림 7.21 스프링클러 헤드의 설치관계(계속)

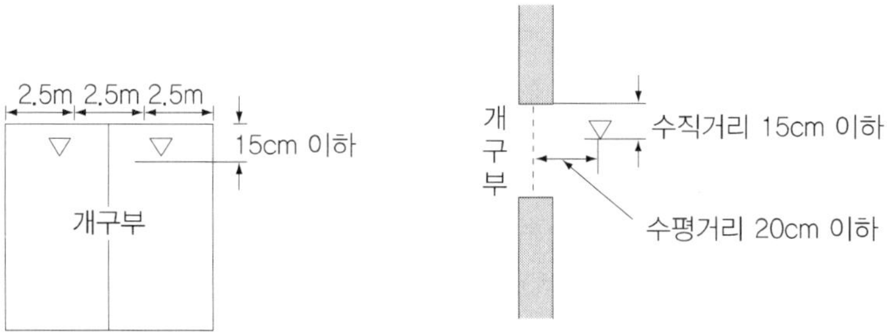

(g) 연소할 우려가 있는 개구부

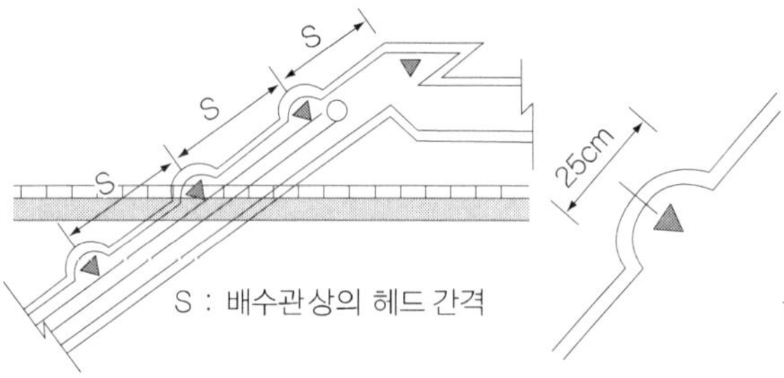

(h) 컨베이어 주위 반구형 구조물 내부 헤드

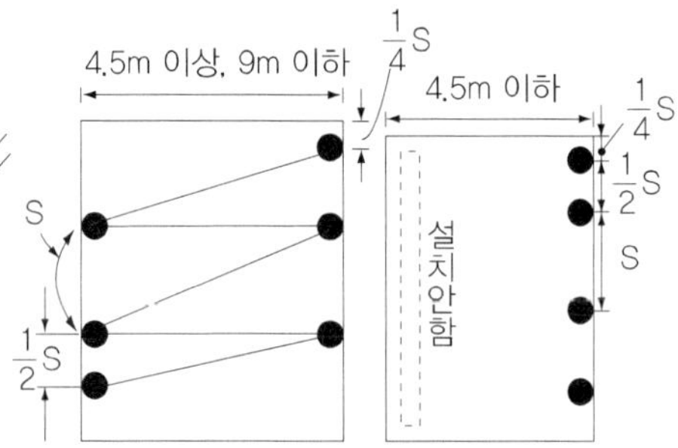

(i) 측벽형 헤드 설치

그림 7.21 스프링클러 헤드의 설치관계

한다. 연소할 우려가 있는 개구부에는 연소 방지를 위한 개방형 헤드 또는 드렌처 설비를 설치하여야 한다.

ⓢ 습식 스프링클러설비 외의 설비에는 상향식 스프링클러 헤드를 하여야 하며, 다만 다음 각 목에 해당하는 경우에는 그렇지 아니하다.

- 드라이펜던트 스프링클러 헤드를 사용하는 경우
- 스프링클러 헤드의 설치장소가 동파의 우려가 없는 곳인 경우
- 개방형 스프링클러 헤드를 사용하는 경우

ⓞ 측벽형 스프링클러 헤드를 설치하는 경우 폭 4.5m 미만의 실에 있어서는 긴 변의 한쪽 벽에 일렬로 설치하고, 폭이 4.5m 이상 9m 이하의 실에 있어서는 긴 변의 양쪽 벽에 각각 일렬로 설치하되 마주 보는 헤드가 나란히꼴형이 되도록 3.6m 이내마다 설치하여야 한다.

ⓩ 스프링클러 헤드와 그 부착면과의 거리는 30cm 이하로 하여야 한다. 다만 천장, 반자, 선반 등이 불연재료로 된 경우에는 45cm 이하로 할 수 있는 규정에도 불구하고 소방대상물의 보와 가장 가까운 스프링클러 헤드는 표 7-3과 같이 설치한다. 다만, 천장면에

표 7-3 스프링클러 헤드와 보의 간격

스프링클러 헤드의 반사판 중심과 보의 수평거리(L)	스프링클러 헤드의 반사판 높이와 보의 하단 높이의 수직거리(H)
0.75m 미만	보의 하단보다 낮을 것
0.75m 이상 1.0m 미만	0.1m 미만일 것
1.0m 이상 1.5m 미만	0.15m 미만일 것
1.5m 이상	0.3m 미만일 것

표 7-4 스프링클러 헤드의 설치기준

<table>
<tr><th colspan="3">설치장소</th><th>설치기준</th></tr>
<tr><td rowspan="5">폭 1.2m 초과하는 천장, 반자, 덕트, 선반, 기타 유사한 부분</td><td colspan="2">무대부, "영" 별표 4의 특수가연물</td><td>수평거리 1.7m 이하</td></tr>
<tr><td colspan="2">래크식 창고</td><td>수평거리 2.5m 이하</td></tr>
<tr><td rowspan="2">그 외의 소방대상물</td><td>기타 구조</td><td>수평거리 2.2m 이하</td></tr>
<tr><td>내화 구조</td><td>수평거리 2.3m 이하</td></tr>
<tr><td colspan="2">아파트</td><td>수평거리 3.2m 이하</td></tr>
<tr><td rowspan="2">연소할 우려가 있는 개구부</td><td colspan="2">개구부 폭이 2.5m 초과</td><td>상하좌우는 2.5m 간격으로</td></tr>
<tr><td colspan="2">개구부 폭이 2.5m 이하</td><td>중앙에</td></tr>
<tr><td rowspan="2">래크식 창고</td><td colspan="2">"영" 별표 4의 특수가연물</td><td>높이 4m 이하마다</td></tr>
<tr><td colspan="2">기타의 장소</td><td>높이 6m 이하마다</td></tr>
<tr><td rowspan="2">실내에 측벽형 헤드 설치</td><td colspan="2">폭 4.5m 미만</td><td>긴 변의 한쪽 벽에 일렬로 설치</td></tr>
<tr><td colspan="2">폭 4.5m 이상 9m 이하</td><td>긴 변의 양쪽에 각각 일렬로 설치, 마주 보는 헤드가 나란히꼴형이 되도록 3.6m 이내마다 설치</td></tr>
</table>

서 보의 하단까지의 길이가 55cm를 초과하고 보의 중심으로부터 스프링클러 헤드까지의 거리가 상호 간 거리의 2분의 1 이하가 되는 경우에는 스프링클러 헤드와 부착면과의 거리를 55cm 이하로 할 수 있다. 이상으로부터 스프링클러 헤드의 설치기준을 요약하면 표 7-4와 같다.

(2) 스프링클러 헤드의 배치

① 정방형 배치

그림 7.22과 같이 헤드 사이의 거리와 스프링클러 배수관의 거리가 같은 즉 정사각형을 이

루는 경우를 정방형 배치라 하며, 다음 식으로부터 헤드 사이의 간격을 결정할 수 있다.

$$S = 2R\cos 45°$$

여기서, S : 수평방향 헤드 사이의 간격, R : 수평거리
L : 배관 사이 거리(=S)

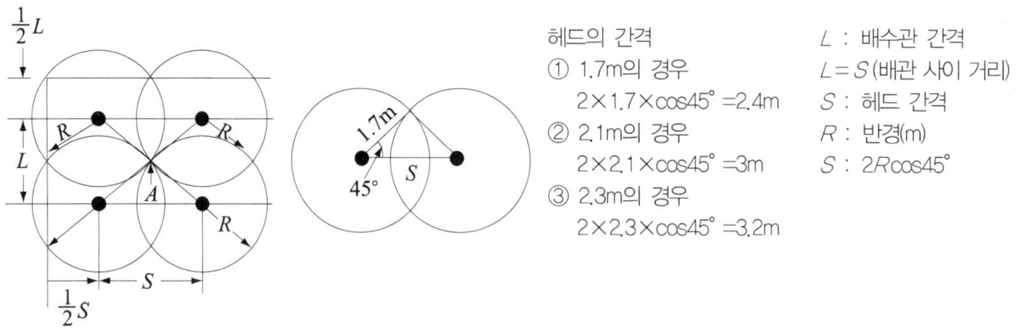

그림 7.22 정방형 스프링클러 헤드의 배치

② **장방형 배치**

그림 7.23과 같이 헤드 사이의 거리와 스프링클러 배관의 거리가 같지 않은, 즉 직사각형을 이루는 경우를 장방형 배치라 하며, 다음 식으로부터 헤드 사이의 간격을 결정할 수 있다.

$$S = \sqrt{4R^2 - L^2} \text{ 단, } X = 2R$$

여기서, S : 수평방향 헤드 사이의 간격
R : 수평거리
L : 배관 사이의 거리
X : 대각선 방향 헤드 사이의 간격

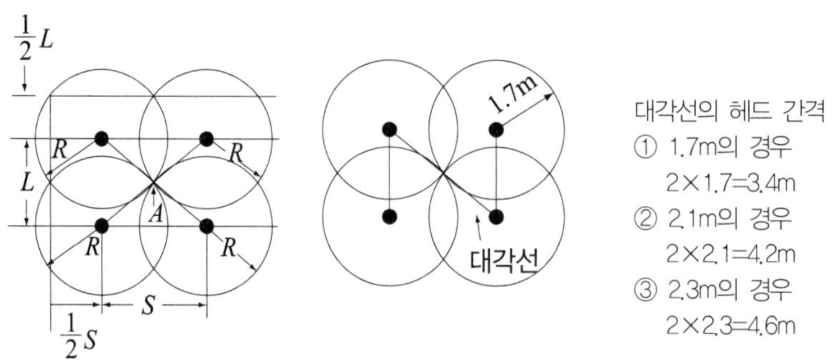

그림 7.23 장방형 스프링클러 헤드의 배치

③ 지그재그형 배치

그림 7.24와 같이 한 스프링클러가 2개의 스프링클러 사이점에서 삼각형을 이루고, 4개의 경우는 나란히 사각형을 이루는 경우를 지그재그형 배치라 하며, 다음 식으로부터 헤드 사이의 간격을 결정할 수 있다.

$$S = 2R\cos 30°$$

$$b = 2S\cos 30° \quad \text{단, } L = \frac{b}{2}$$

여기서, S : 수평방향 헤드 사이의 간격
R : 수평거리
L : 배관 사이의 거리
b : 수직방향 헤드 사이의 간격

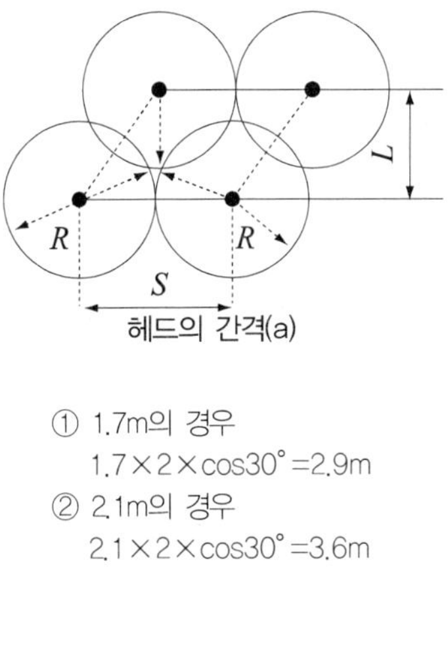

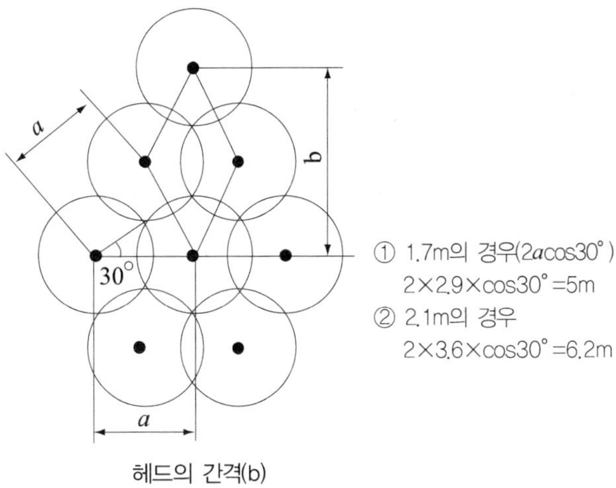

그림 7.24 지그재그형 스프링클러 헤드의 배치

④ 잡형 배치

앞 ①, ②, ③의 배치형식을 혼합한 형태로 그림 7.25와 같이 어느 것에도 속하지 않는 배치방식이다. 즉, 스프링클러 헤드의 배치는 건축물 규모와 층의 형상에 따라서 적절한 배치형태를 선정하면 된다. 따라서 그 설치간격도 정하여 있지 않다.

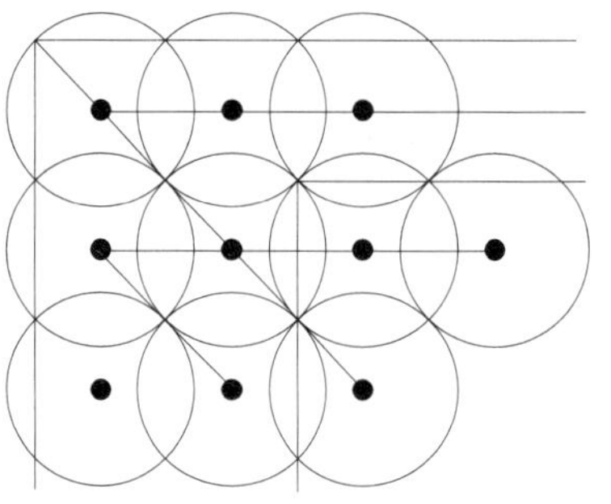

그림 7.25 잡형 스프링클러 헤드의 배치

7.5 스프링클러설비의 방호(방수)구역

폐쇄형 스프링클러 헤드 및 개방형 스프링클러설비의 방호구역은 다음 기준에 적합하여야 한다.

(1) 폐쇄형 스프링클러 헤드를 사용하는 경우 방호구역

① 하나의 방호구역의 바닥면적은 3,000m²를 초과하지 아니할 것

② 하나의 방호구역에는 1개 이상의 유수검지장치 또는 일제개방밸브(이하, 유수검지장치 등이라 한다.)를 설치할 것

③ 하나의 방호구역은 2개층에 미치지 아니하도록 하되, 1개층에 설치되는 스프링클러 헤드의 수가 10개 이하인 경우에는 3개층 이내로 할 수 있다. 다만, 계단실형 아파트(16층 이상 아파트)로서 하나의 계단으로부터 출입할 수 있는 세대수가 층당 2세대 이하인 경우에는 그 계단 및 그곳으로부터 출입하는 모든 층의 세대를 하나의 방호구역으로 하고, 복도형 아파트 등 그 외의 아파트는 2개층을 하나의 방호구역으로 한다.

④ 유수검지장치 등에는 바닥으로부터 0.8m 이상, 1.5m 이하의 위치에 설치하여야 하며, 유수검지장치 등을 실내에 설치하는 때에는 그 실에는 가로 0.5m 이상, 세로 1m 이상의 출입문을 설치하고 그 출입문 상단에 유수검지장치실(또는 일제개방실)이라고 표시한 표지를 하여야 한다.

⑤ 유수검지장치 등은 유수검지장치 등을 지나서 흐르는 물만이 스프링클러 헤드에 공급될 수

있도록 설치하여야 한다.

⑥ 자연낙차에 의한 압력수가 흐르는 배관상에 설치된 유수검지장치 등은 화재 시 물의 흐름을 검지할 수 있는 최소한의 압력이 얻어질 수 있도록 수조의 하단으로부터 낙차를 두어 설치하여야 한다.

(2) 일제개방밸브 및 개방형 스프링클러설비의 방호구역

① 하나의 방수구역은 2개층에 미치지 아니할 것

② 방수구역마다 일제개방밸브를 설치할 것

③ 하나의 방수구역을 담당하는 헤드의 개수는 50개 이하로 해야 한다. 다만, 2개 이상의 방수구역으로 나눌 경우에는 하나의 방수구역을 담당하는 헤드의 개수는 25개 이상으로 할 것

④ 일제개방밸브를 유수검지장치로 설치할 때는 일제개방밸브가 개방되어 가압송수가 되면 배관상에 설치된 압력스위치가 압력을 감지하고 유수를 감지하여 수신반 및 방호구역에 경보를 발할 수 있다.

7.6 스프링클러설비의 배관 및 배수

스프링클러설비의 화재안전기준(NFSC 103)에 의한 배관의 설치기준은 다음과 같다.

① 배관은 배관용 탄소강관(KS D 3507) 또는 배관 내 사용압력이 1.0MPa(10kg/cm^2) 이상일 경우에는 압력배관용 탄소강관(KS D 3562)이나 이와 동등 이상의 강도·내식성 및 내열성을 가진 것으로 하여야 한다. 다만, 습식 스프링클러설비의 배관은 이음매 없는 동 및 동합금(KS D 5301)의 배관용 동관을 사용할 수 있다.

② 제1항의 규정에 불구하고 다음의 1에 해당하는 장소에는 소방방재청장이 정하여 고시하는 성능시험기술기준에 적합한 소방용 합성수지배관으로 설치할 수 있다.

1. 배관을 지하에 매설하는 경우
2. 다른 부분과 내화구조로 구획된 덕트 또는 피트의 내부에 설치하는 경우
3. 천장(상층이 있는 경우에는 상층바닥의 하단을 포함한다. 이하 같다.)과 반자를 불연재료

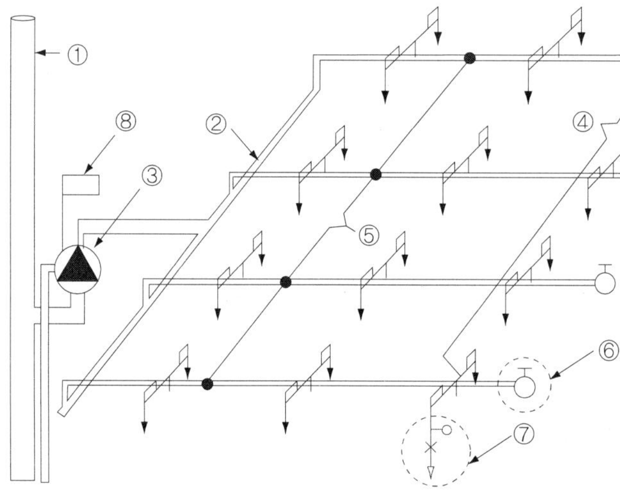

그림 7.26 스프링클러설비의 주요 배관 설치

로 설치하고 그 내부에 습식으로 배관을 설치하는 경우이다.

보통의 스프링클러 주요 배관설비의 예는 그림 7.26과 같고, 그 종류와 특징은 다음과 같다. 즉 급수주관(feeder main)이란 입상관이나 교차배관에 물을 공급하는 주관을 말하며, 입상관(riser)이란 수직배관을 말한다. 그리고 교차배관(cross main)은 입상관에서 가지배관에 이르는 배관을, 가지배관(branch line)은 헤드에 직접 물을 공급하는 배관을 말한다.

(1) 급수배관의 구경

수원 및 옥외송수구로부터 스프링클러 헤드에 급수하는 배관을 뜻하며, 스프링클러설비의 배관구경에 따른 설치 헤드 수는 규정에 의한 수리계산에 의하거나 표 7-5에 의한 기준에 의하여 설치하여야 한다. 따라서 급수배관은 다음의 기준에 따라 설치하여야 하고 그 내용을 요약 정리하면 다음과 같다.

① 전용으로 해야 한다. 다만, 스프링클러설비의 기동장치의 조작과 동시에 다른 설비의 용도에 사용하는 배관의 송수를 차단할 수 있거나, 스프링클러설비의 성능에 지장이 없는 경우에는 다른 설비와 겸용할 수 있다.

② 급수를 차단할 수 있는 개폐밸브는 개폐표시형으로 한다. 이 경우 펌프의 흡입 측 배관에는 버터플라이밸브 외의 개폐표시형 밸브를 설치하여야 한다.

③ 배관의 구경은 제5조 제1항 제10호의 규정에 적합하도록 수리계산에 의하거나 표 7-5의 기준에 따라 설치한다. 다만, 수리계산에 따르는 경우 가지배관의 유속은 6m/s, 그 밖의 배관의 유속은 10m/s를 초과할 수 없다.

④ 수직배수배관의 구경은 50mm 이상으로 하여야 한다. 다만, 수직배관의 구경이 50mm 미만인 경우에는 수직배관과 동일한 구경으로 할 수 있다.

위의 기준에 따른 일반적인 배관 구경에 따른 스프링클러 헤드 수의 결정방법으로는,

- 폐쇄형 스프링클러 헤드를 사용하는 설비의 경우로서 1개층에 하나의 급수배관(또는 밸브 등)이 담당하는 구역의 최대면적은 3,000m^{2}를 초과하지 아니해야 한다.
- 폐쇄형 스프링클러 헤드를 설치하는 경우에는 표 7-5의 "가"란의 헤드 수에 따른다. 다만, 100개 이상의 헤드를 담당하는 급수배관(또는 밸브)의 구경을 100mm로 할 경우에는 수리계산을 통하여 가지배관의 유속은 6m/s, 그 밖의 배관의 유속은 10m/s를 초과하지 아니하도록 하는 등 규정된 배관의 유속에 적합하도록 한다.
- 폐쇄형 스프링클러 헤드를 설치하고 반자 아래의 헤드와 반자 속의 헤드를 동일 급수관의 가지관 상에 병설하는 경우에는 표 7-5의 "나"란의 헤드 수에 따른다.
- 무대부·특수가연물을 저장 또는 취급하는 장소(래크식 창고는 제외)로서 폐쇄형 스프링클러 헤드를 설치하는 경우에 배관의 구경은 표 7-5의 "다"란의 구경에 의한다.
- 개방형 스프링클러 헤드를 설치하는 경우에는 하나의 방수구역이 담당하는 헤드의 개수가 30개 이하일 때는 "다"란의 헤드 수에 의하고, 30개를 초과할 때는 수리계산 방법에 따른다.

(2) 펌프 주위 배관

① 펌프의 흡입 측 배관은 다음의 기준에 따라 설치하여야 한다. 즉 공기고임이 생기지 아니하

표 7-5 급수관의 구경에 따른 스프링클러 헤드 수

(단위 : mm)

구분 \ 급수관의 구경	25	32	40	50	65	80	90	100	125	150
가	2	3	5	10	30	60	80	100	160	161 이상
나	2	4	7	15	30	60	65	100	160	161 이상
다	1	2	5	8	15	27	40	55	90	91 이상

는 구조로 하고 여과장치를 설치해야 하며, 수조가 펌프보다 낮게 설치된 경우에는 각 펌프(충압펌프 포함)마다 수조로부터 별도로 설치한다.

② 연결송수관설비의 배관과 겸용할 경우의 주배관은 구경 100mm 이상, 방수구로 연결되는 배관의 구경은 65mm 이상의 것으로 하여야 한다.

③ 펌프의 성능은 체절운전 시 정격토출압력의 140%를 초과하지 아니하고, 정격토출량의 150%로 운전 시 정격토출압력의 65% 이상이 되어야 하며, 펌프의 성능시험배관은 다음의 기준에 적합하여야 한다.

㉠ 성능시험배관은 펌프의 토출 측에 설치된 개폐밸브 이전에서 분기하여 설치하고, 유량측정장치를 기준으로 전단직관부에 개폐밸브를, 후단직관부에는 유량조절밸브를 설치한다.

㉡ 유량측정장치는 성능시험배관의 직관부에 설치하되, 펌프의 정격토출량의 175% 이상 측정할 수 있는 성능이 있어야 한다.

④ 가압송수장치의 체절운전 시 수온의 상승을 방지하기 위하여 체크밸브와 펌프 사이에서 분기한 구경 20mm 이상의 배관에 체절압력 미만에서 개방되는 릴리프밸브를 설치하여야 한다.

⑤ 동결방지조치를 하거나 동결의 우려가 없는 장소에 설치하여야 한다.

(3) 가지배관(지관)의 설치

가지배관의 설치 안전기준은 다음과 같다. 즉 가지배관의 배열은 다음의 기준에 따른다.

1. 토너먼트(tournament) 방식이 아니다.
2. 교차배관에서 분기되는 지점을 기점으로 한쪽 가지배관에 설치되는 헤드의 개수(반자 아래와 반자 속의 헤드를 하나의 가지배관상에 병설하는 경우에는 반자 아래에 설치하는 헤드의 개수)는 8개 이하로 할 것. 다만, 다음 각 목의 1에 해당하는 경우에는 그러하지 아니하다.
   가. 기존의 방호구역 안에서 칸막이 등으로 구획하여 1개의 헤드를 증설하는 경우
   나. 습식 스프링클러에 격자형 배관방식(2 이상의 수평주행배관 사이를 가지배관으로 연결하는 방식을 말한다.)을 채택하는 때에는 펌프의 용량, 배관의 구경 등을 수리학적으로 계산한 결과 헤드의 방수압 및 방수량이 소화목적을 달성하는 데 충분하다고 인정되는 경우. 다만, 중앙소방기술심의위원회 또는 지방소방기술심의위원회의 심의를 거친 경우에 한한다.

3. 가지배관과 스프링클러 헤드 사이의 배관을 신축배관으로 하는 경우에는 다음 각 목의 기준에 적합해야 한다.
   가. 최고사용압력은 1.4MPa 이상이어야 하고, 최고사용압력의 1.5배의 수압에 변형·누수되지 아니해야 한다.
   나. 진폭을 5mm, 진동수를 매초당 25회로 하여 6시간 동안 작동시킨 경우 또는 매초 0.35MPa부터 3.5MPa까지의 압력 변동을 4,000회 실시한 경우에도 변형·누수되지 아니해야 한다.
   다. 신축 배관의 설치 길이는 제10조 제3항의 거리를 초과하지 아니해야 한다.

(4) 교차배관의 위치·청소구 및 가지배관의 헤드 설치

교차배관의 위치·청소구 및 가지배관의 헤드 설치는 다음의 기준에 따른다.

1. 교차배관은 가지배관과 수평으로 설치하거나 또는 가지배관 밑에 설치하고, 그 구경은 제3항 제3호의 규정에 따르되 최소 구경이 40mm 이상이 되도록 한다. 다만, 패들형 유수검지장치를 사용하는 경우에는 교차배관의 구경과 동일하게 설치할 수 있다.
2. 청소구는 교차배관 끝에 개폐밸브를 설치하고, 호스접결이 가능한 나사식 또는 고정배수 배관식으로 한다. 이 경우 나사식의 개폐밸브는 옥내소화전 호스접결용의 것으로 하고, 나사보호용의 캡으로 마감하여야 한다.
3. 그림 7.27과 같이 하향식 헤드를 설치하는 경우에 가지배관으로부터 헤드에 이르는 헤드접속배관은 가지관상부에서 분기한다. 다만, 소화설비용 수원의 수질이 먹는 물관리법 제5조의 규정에 따라 먹는 물의 수질기준에 적합하고 덮개가 있는 저수조로부터 물을 공급받는 경우에는 가지배관의 측면 또는 하부에서 분기할 수 있다.

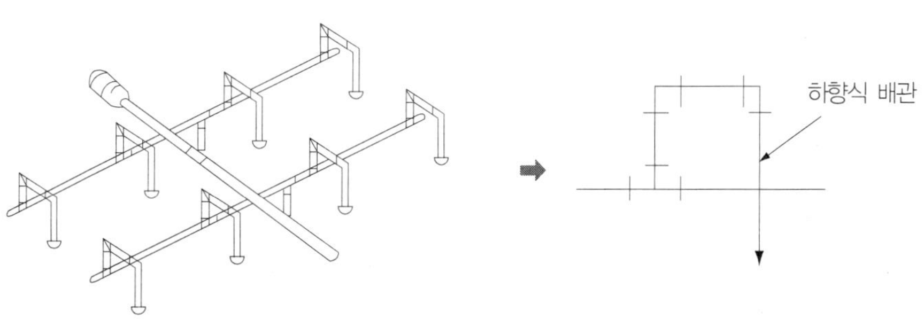

그림 7.27 하향식 스프링클러 헤드의 배관 및 설치

(5) 일제개방밸브를 사용하는 스프링클러의 배관

습식 스프링클러설비의 배관은 수평으로 해야 하며 배관의 구조상 소화수가 남아 있는 곳에는 배수밸브를 설치하여야 한다. 습식 외의 설비에는 헤드를 향하여 상향으로 수평주행배관의 기울기를 500분의 1 이상, 가지배관의 기울기를 250분의 1 이상으로 해야 한다. 다만, 배관의 구조상 기울기를 줄 수 없는 경우에는 배수를 원활하게 할 수 있도록 배수밸브를 설치하여야 한다. 일제개방밸브를 중심으로 습식은 1차측에 개폐표시형 밸브를 설치하고 습식 외의 것은 1차측과 2차측에 개폐표시형밸브를 설치하여야 하며 평상시 개폐밸브는 항상 열려 있어야 하고 배수관로상의 밸브는 닫혀 있어야 한다. 입상배수관은 관경 50mm 이상이어야 한다.

일제개방밸브를 사용하는 스프링클러설비에 있어서 2차측 배관의 부대설비는 다음의 기준에 의한다.

① 개폐표시형 밸브를 설치한다.

② 개폐표시형 밸브와 일제개방밸브 사이의 배관은 다음과 같은 구조로 한다.

㉠ 입상배수관과 연결하고 동 연결배관상에는 개폐밸브를 설치할 것

㉡ 자동배수장치 및 압력스위치를 설치할 것

㉢ ㉡항의 규정에 의한 압력스위치는 수신부에서 일제개방밸브의 개방 여부를 확인할 수 있게 설치할 것

(6) 스프링클러설비 시험장치

습식 유수검지장치 또는 건식 검지장치를 사용하는 스프링클러설비에는 동장치를 시험할 수 있는 시험장치를 다음의 기준에 따라 설치하여야 한다.

1. 유수검지장치에서 가장 먼 가지배관의 끝으로부터 연결하여 설치한다.
2. 시험장치 배관의 구경은 유수검지장치에서 가장 먼 가지배관의 구경과 동일한 구경으로 하고, 그 끝에 개방형 헤드를 설치한다. 이 경우 개방형 헤드는 반사판 및 프레임을 제거한 오리피스만으로 설치할 수 있다.
3. 시험배관의 끝에는 물받이통 및 배수관을 설치하여 시험 중 방사된 물이 바닥에 흘러내리지 아니하도록 한다. 다만, 목욕실·화장실 또는 그 밖의 곳으로서 배수 처리가 쉬운 장소에 시험배관을 설치한 경우에는 그러하지 아니하다.

위 설치기준에 따른 시험배관의 설치는 다음과 같다.

① 폐쇄형 스프링클러설비의 경우 실제로 헤드를 작동 방수시켜 각 기능을 점검한다는 것은 거의 불가능하기 때문에 배관계통에서 가장 먼 가지배관의 끝에 시험밸브장치를 설치하고 이 밸브를 개방하여 방수함으로써 경보장치, 가압송수장치 등의 계통이 정상적으로 작동하고 있음을 확인한다.

② 시험장치는 유수검지장치에서 가장 먼 가지배관 끝에 개방형 헤드를 설치한다.

③ 시험장치 배관의 구경은 25mm로 하고 그 끝에 개방형 헤드를 설치한다. 개방형 헤드는 반사판 및 프레임을 제거한 오리피스만으로 설치할 수 있다.

④ 시험배관의 끝에는 물받이통 및 배수관을 설치한다. 단 목욕실, 변소 등 배수 처리가 쉬운 장소에 시험배관을 설치한 경우는 배수관이 없어도 된다.

(7) 주차장 스프링클러설비 및 배관

주차장의 스프링클러설비는 습식 외의 방식으로 하여야 한다. 다만, 다음의 1에 해당하는 경우에는 그러하지 아니하다. 즉,

1. 동절기에 상시 난방이 되는 곳이거나 그 밖에 동결의 염려가 없는 곳
2. 스프링클러설비의 동결을 방지할 수 있는 구조 또는 장치가 된 것

(8) 급수배관에 설치되어 급수를 차단하는 개폐밸브

급수배관에 설치되어 급수를 차단할 수 있는 개폐밸브에는 그 밸브의 개폐상태를 감시제어반에서 확인할 수 있도록 급수개폐밸브 작동표시 스위치를 다음의 기준에 따라 설치하여야 한다.

1. 급수개폐밸브가 잠길 경우 탬퍼스위치의 동작으로 인하여 감시제어반 또는 수신기에 표시되어야 하며 경보음을 발한다.
2. 탬퍼스위치는 감시제어반 또는 수신기에서 동작의 유무 확인과 동작시험, 도통시험을 할 수 있어야 한다.
3. 급수개폐밸브의 작동표시 스위치에 사용되는 전기배선은 내화전선 또는 내열전선으로 설치한다.

(9) 스프링클러설비의 배관 및 배수

스프링클러설비 배관의 배수를 위한 기울기는 다음의 기준에 따른다.

1. 습식 스프링클러설비의 배관을 수평으로 한다. 다만, 배관의 구조상 소화수가 남아 있는 곳에는 배수밸브를 설치하여야 한다.
2. 습식 스프링클러설비 외의 설비에는 헤드를 향하여 상향으로 수평주행배관의 기울기를 500분의 1 이상, 가지배관의 기울기를 250분의 1 이상으로 할 것. 다만, 배관의 구조상 기울기를 줄 수 없는 경우에는 배수를 원활하게 할 수 있도록 배수밸브를 설치하여야 한다.

그 밖의 스프링클러설비 배관의 설치에 관하여는 옥내소화전설비의 규정을 준용한다.

(10) 배관의 고정

배관은 수격작용에 의한 진동과 기타 배관의 자체 중량, 외부의 충격, 진동 등에 의해 파손되지 아니하도록 지지하여야 한다. 가지배관 및 교차배관 등의 행거 설치위치는 그림 7.28과 같다. 즉, 가지배관에는 헤드의 설치지점 사이마다 1개 이상의 행거를 설치하되 상향식 헤드의 경우에는 그 헤드와 행거 사이에 8cm 이상의 간격을 두어야 한다. 다만 헤드 간의 거리가 3.5m를 초과하는 경우에는 3.5m 이내마다 1개 이상을 설치한다.

교차배관에는 가지배관과 가지배관 사이에 1개 이상의 행거를 설치하되 가지배관 사이의 거리가 4.5m를 초과하는 경우에는 4.5m 이내마다 1개 이상 설치하여야 한다. 또한 수평주행배관에도 마찬가지로 4.5m 이내마다 1개 이상 설치하여야 한다.

(11) 소방배관의 표시 및 분기배관을 사용할 경우

스프링클러설비의 배관(소방설비 배관)은 다른 설비의 배관과 쉽게 구분이 될 수 있는 위치에 설치하거나, 그 배관 표면 또는 배관 보온재 표면의 색상은 적색으로 소방용 설비의 배관임을 표시하여야 한다. 또 소방설비의 배관에서 분기배관을 사용할 경우에는 한국소방검정공사 또는 법 제42조 제1항의 규정에 따라 성능시험기관으로 지정받은 기관에서 그 성능을 검증받은 것으로 설치하여야 한다.

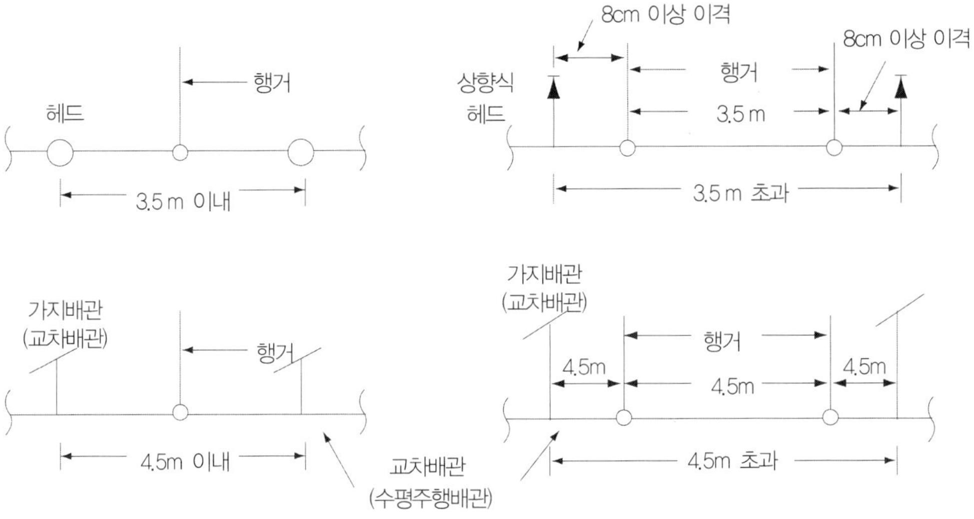

그림 7.28 가지배관 및 교차배관 등의 행거설치 위치

7.7 유수검지장치의 부속설비

(1) 건식 유수검지장치의 부속설비

1) 액셀러레이터

건식 유수검지장치에 사용되는 액셀러레이터(accelerator)는 그림 7.29에서 보듯이 대부분 중간체임버와 상부체임버 등 최소한 두 개의 압력체임버를 가지고 있으며, 이 장치의 작동은 아주 민감해서 시스템 내의 작은 압력 변화에도 쉽게 감지되고 시스템 내의 공기가 알람 토출구와 클래퍼(clapper) 밑으로 빠르게 통과하도록 되어 있다. 여기서 공급되는 물의 압력과 공기압력은 함께 증가하여 건식밸브의 클래퍼를 개방한다. 액셀러레이터는 건식밸브 바로 위에서 공기를 받아 중간체임버로 방출하는데 이는 건식밸브의 공기 클래퍼 아래에서 이루어지므로 2차측의 공기를 보다 빨리 낮추고 건식 밸브의 공기 클래퍼의 급수측 압력을 효과적으로 높혀 줌으로써 작동속도를 증가시킨다. 즉 액셀러레이터의 중요한 역할은 2차측의 공기를 신속하게 배출시켜서 클래퍼를 빨리 열리게 하는 보조장치로서 헤드의 작동에 따라 건식밸브 2차의 공

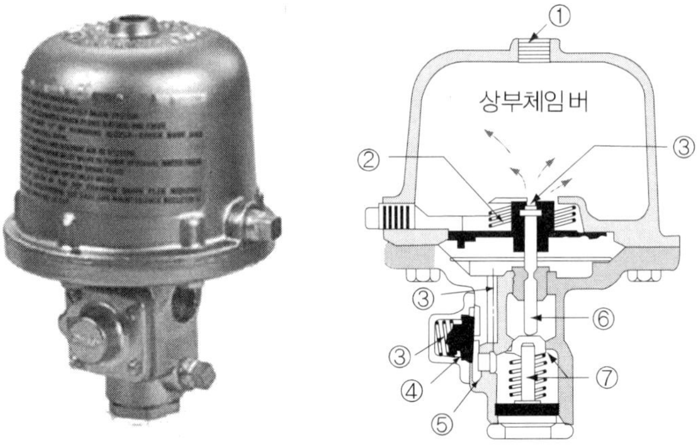

① 압력계 설치 구멍
② 격막장치
③ 통로
④ 셀로 체크막장치
⑤ 필터장치
⑥ 밀대
⑦ 포핏 및 스프링장치

그림 7.29 건식 유수검지장치의 엑셀러레이터

기 압력이 설정 압력보다 낮아졌을 때 가속기가 작동하여 2차측의 압축 공기 일부를 클래퍼의 1차측 중간체임버로 보내어 건식밸브가 신속하게 개방하도록 도와주는 장치이다.

2) 이그조스터

보통 이그조스터(exhauster)는 그림 7.30과 같고 액셀러레이터와 유사한 기능을 가진 것으로 시스템에 충전된 공기압의 아주 작은 미소압력의 강하에도 건식밸브의 2차측에 있는 공기압을 즉시 대기 중으로 배출시키는 기능을 가진 장치로서 건식밸브의 작동속도를 증가시키는 역할을 하는 급속개방장치 중의 하나이다. 이그조스터의 개방은 설비의 공기압을 효과적으로 낮추

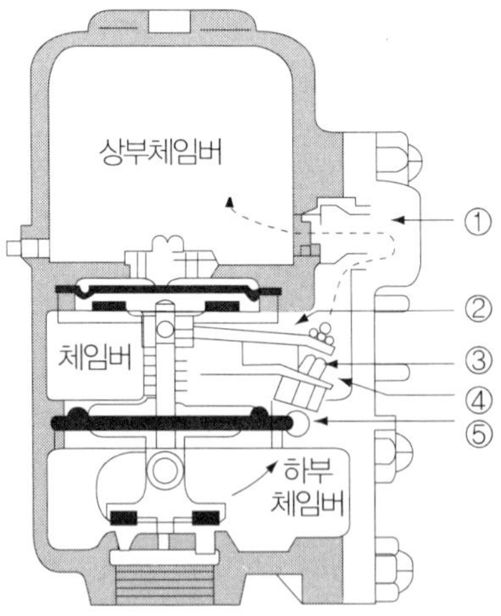

① 잔압방출
② 안전밸브 레버
③ 압력 균형 플러그
④ 안전밸브
⑤ 방출구와 연결

그림 7.30 이그조스터

어 15개의 스프링클러 헤드가 작동하는 것과 같다. 물론 건식밸브는 이그조스터의 작동 없이도 작동은 가능하다. 스프링클러 헤드의 작동은 작은 공기 압력의 저하에도 이그조스터 안의 압력은 균형을 잃어 수 초 이내에 자동으로 작동된다. 건식밸브의 2차측에 설치되며 건식밸브 2차측 배관 내의 공기 압력이 설정 압력보다 낮아졌을 때 공기배출기가 작동하여 2차측 배관의 압축 공기를 신속하게 배출시키고 건식밸브 2차측 배관 내의 급속한 압력 강하에 따라 클래퍼가 신속하게 개방하도록 돕는 장치이다.

3) 공기 압력조절기 및 로알람스위치

공기 압력조절기(air regulator)는 건식설비에서 스프링클러설비의 전용이 아닌 일반 컴프레서를 사용하는 경우에 그림 7.31과 같이 건식밸브와 주 공기공급관 사이에 설치된다. 이때 압력의 크기는 수동 또는 자동으로 조정된다.

로알람스위치(low alarm switch)의 경우는 건식설비 배관 어느 부분에 공기 누설이 발생하거나 헤드가 개방 작동했을 때 저압의 공기 분출에서도 감지하여 경보를 발하는 장치이다. 이것의 설치위치도 그림에서 보듯이 건식밸브와 주 공기공급관 사이에 설치된다.

4) 에어 컴프레서

에어 컴프레서(air compressor)는 건식 및 준비작동식 스프링클러설비에서 체크밸브 유수검지장치의 2차측에 압축공기를 공급하기 위하여 공기압축기를 설치하여 배관설비와 연동제어하여 사용한다.

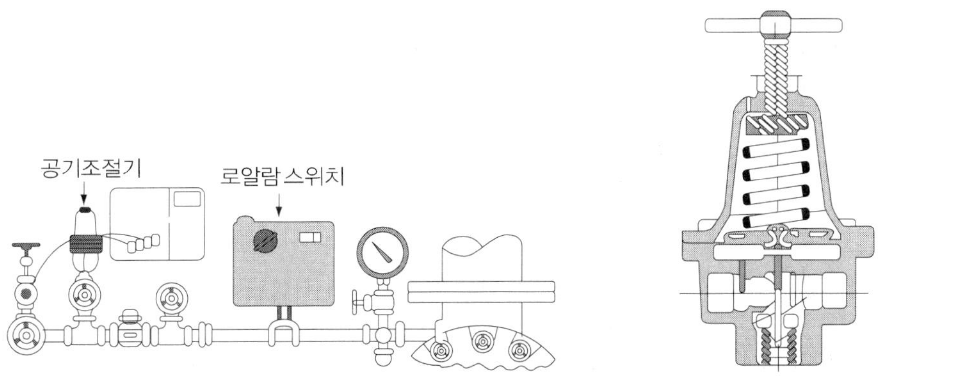

(a) 공기조절 및 압력스위치(로알람스위치)의 설치위치 (b) 공기조절기(에어 레귤레이터)의 상세구조

그림 7.31 공기조절기 및 압력스위치

5) 드라이펜던트형 스프링클러 헤드

건식 스프링클러설비의 헤드도 습식 스프링클러설비의 폐쇄형 헤드를 사용할 수 있는데, 이 경우 되도록 상향식 헤드를 이용해야 한다. 만약 하향식 헤드를 사용하는 경우에는 동파 방지를 위해 그림 7.32에서와 같은 드라이펜던트식 헤드를 설치한다. 건식 스프링클러설비에는 배관 내에 물이 없기 때문에 하향식 헤드 설치 시 작동되어 급수가 공급되면 하향식 헤드 내에 물이 차게 되어 배수를 시켜도 물이 남아 있게 되므로 일단 동파될 우려가 남아 있게 된다. 따라서 그림과 같이 드라이펜던트식 헤드를 설치하면 동파를 방지할 수 있게 된다. 이 경우도 작동이 된 이후 2차측 배관 내의 물은 완전히 배출하는 것이 좋다.

주요 드라이펜던트형 스프링클러 헤드의 특징은, 플러시형의 경우는 플런저부, 동관부, 플러시형 스프링클러 헤드부로 조립되어 있다. 화재 시 작동 온도 범위 72~105℃에 도달하면 휴즈메탈이 녹아내리면서 감열부의 탈락으로 내부의 반사판이 아래로 튕겨 나오면 헤드로 물이 나와 살수된다. 유리벌브형의 경우는 플런저부, 동관부, 유리벌브형 스프링클러 헤드부로 조립되어 있고, 화재 시 작동 온도 범위 68~93℃에 도달하면 벌브 내의 충전액체가 팽창하여 유리벌브가 파열되면서 스프링클러 헤드를 통해 물이 나와 살수된다. 그리고 측벽형의 경우도 유리벌브형의 경우와 같이 플런저부, 동관부, 유리벌브형 스프링클러 헤드부로 조립되어 있다. 화재 시 작동 온도 범위인 68℃에 도달되면 충전액체가 팽창하여 유리벌브가 파열되면서 벽쪽의 살수는 최소화하고 주로 벽 내부 쪽을 향해 화염부로 살수가 된다.

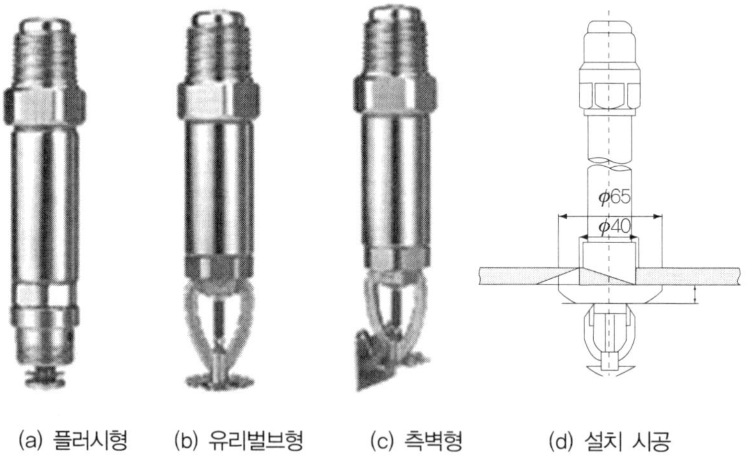

(a) 플러시형 (b) 유리벌브형 (c) 측벽형 (d) 설치 시공

그림 7.32 드라이펜던트형 스프링클러 헤드류

(2) 습식 유수검지장치의 부속설비

1) 유수검지장치

습식 유수검지장치로는 자동경보밸브, 패들형 유수검지기, 유수작동밸브, 오리피스형 유수검지기 등이 있으며 알람밸브(alarm valve)형 자동경보밸브가 가장 많이 사용된다.

그림 7.33은 자동경보 유수검지장치(알람밸브형)이며 하나의 방호구역마다 설치되는데 유수검지장치의 1차측에는 바로 가압송수장치가 연결되어 가압수를 계속 공급하고 있는 상태이다. 그림상의 압력계는 알람밸브를 중심으로 1차측(가압송수 장치 측)과 2차측(스프링클러 헤드 측)에 각 1개씩 부착되어 항상 같은 압력치를 지시하고 있다가 헤드가 개방되면 2차측의 압력이 감소되면서 알람밸브가 개방되어 수신반에 화재표시등을 점등시킴과 동시에 경보를 발령하게 된다. 자동경보(체크)밸브의 구조 및 동작은 평상시에는 밸브 내부의 클래퍼가 닫혀 있으며 펌프 측과 헤드 측의 압력이 동일하게 유지된다. 작동 시에는 클래퍼가 열리면서 2차측 배관에 물이 계속 공급되어 스프링클러 헤드에서 살수하게 된다.

알람밸브에는 체크 기능이 있어 2차측 가압수가 1차측으로 흐를 수는 없으며, 2차측 유수량이 15ℓ/min 이내일 때는 경보 없이 수원 공급이 가능하나, 일정량 이상 흐를 때에는 리타딩 체임버 내부에 가압수가 축적되어 경보를 울리는 구조이므로 순간 압력 변동 등의 충격에 강하고 오보가 없으며 작동이 확실하다.

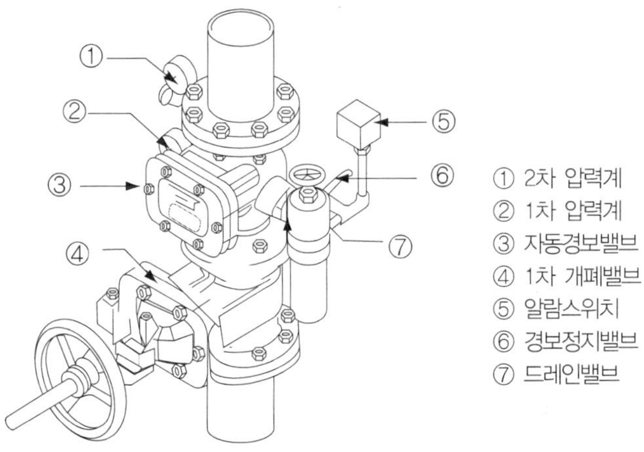

그림 7.33 자동경보 유수검지장치

2) 리타딩 체임버

알람밸브에 연결된 리타딩 체임버(retarding chamber)는 알람밸브의 클래퍼가 조금만 열려도 흘러 들어가는 압력수를 자동적으로 배수하고 일시에 많은 물이 유입되어 압력스위치나 워터모터공으로 압력수가 전달되는 것을 방지하기 위해서 설치한다. 리타딩 체임버의 설치위치와 상세모양은 그림 7.34와 같고 용량은 약 7.5ℓ형이 주로 쓰이며, 주요 기능은 누수로 인한 유수검지장치의 오동작을 방지하기 위한 안전장치로서 지속적이 아닌 순간적인 압력이 상부에 연결되어 있는 압력스위치나 워터에 전달되지 않게 함으로써 오보를 막아주고, 과도한 압력은 오리피스를 통해서 외부로 배출시켜 줌으로써 안전밸브의 역할도 하며, 배관 및 압력스위치의 손상을 막고 보호해 주는 순간 요동 압력을 조정하는 역할을 한다. 즉 전체 유수경보밸브의 오동작을 방지하기 위한 안전장치로서 누수, 기타의 이유로 압력이 저하되어 발생되는 펌프의 기동 및 화재경보를 미연에 방지하는 역할을 한다.

일반적으로 20초 정도는 압력스위치의 작동을 지연시킬 수 있으나 최근에 시공되는 설비에서는 바로 연결 압력스위치 내부에 지연타이머를 부착하여, 접점이 이루어지더라도 작동을 지연시켜서 오보를 방지하고 있다. 이상의 리타딩 체임버에 대하여 역할을 요약하면 다음과 같다.

① 경보밸브의 오동작을 방지하기 위한 안전장치로서 비화재 시의 오보를 방지한다.

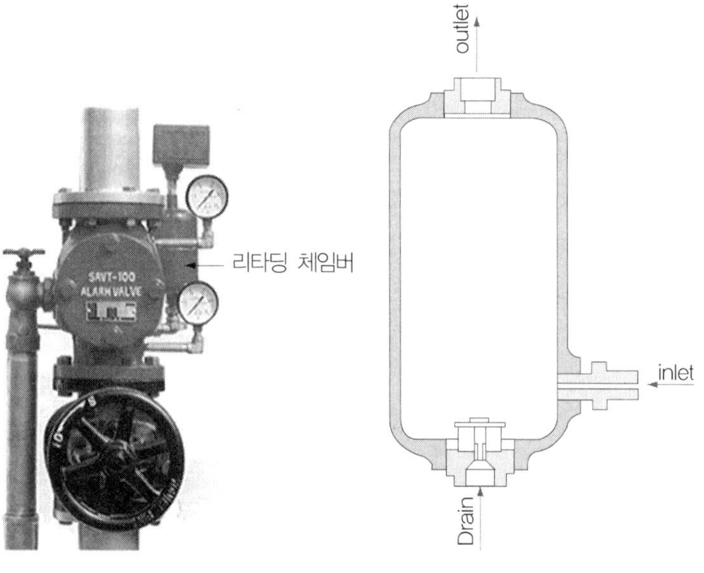

(a) 리타딩 체임버 (b) 리타딩 체임버 상세구조

그림 7.34 리타딩 체임버의 설치

② 워터해머링과 같은 순간압력의 변동으로 밸브가 잠시 열려서 발생되는 압력스위치의 오보 방지하고 압력스위치를 보호한다.

③ 용량은 7.5ℓ, 사용압력범위는 0.2~1.0MPa이고, 압력스위치의 작동 지연시간은 10~35초이다.

3) 패들형 유수검지장치

그림 7.35와 같이 배관 내에 패들(paddle)을 부착시켜 물의 흐름 양에 의하여 패들의 상하 위치가 변동됨에 따라 접점을 이루면 회로가 연결되어 경보신호를 발하게 되고 물의 흐름을 신호하게 된다. 이때 그림 7.36은 유수인 물이 흐르기 전후의 패들의 위치를 보여주고 있다.

4) 압력스위치

리타딩 체임버를 통하여 유수된 물의 압력이 압력스위치 내의 벨로스(주로 고무튜브나 알루미늄으로 되어 있음)를 가압하여 전기적 회로가 연결되면 수신부에 전기적 신호를 발신하여 화재표시와 경보를 발하게 되는 장치이다. 이때 벨로스로부터 압력스위치의 작동방식으로는, 제어반의 제어신호에 의한 수신반 연결신호로부터 펌프를 직접 가동시키는 방식과 수신반에 경보와 화재 표시만 되게 하는 두 가지 방식이 있다. 경보와 화재 표시만 되게 하는 경우 펌프 기동은 배관 내의 감압에 의한 기동용 수압개폐장치에 의한 것이 주로 사용되고 있다.

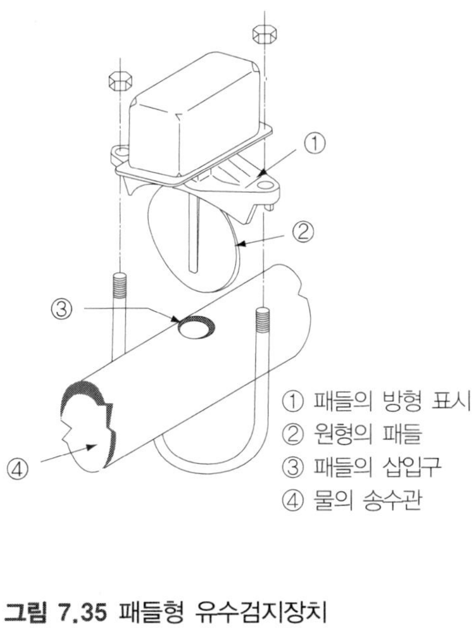

그림 7.35 패들형 유수검지장치

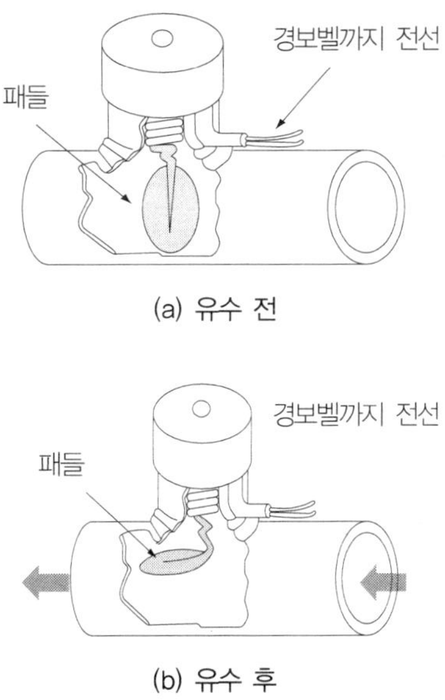

그림 7.36 패들의 작동관계

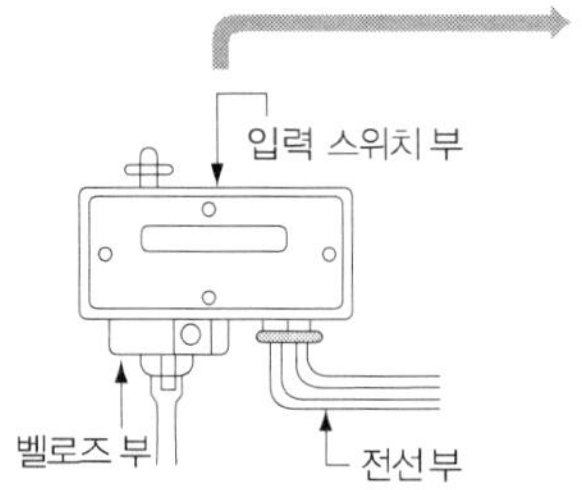

그림 7.37 압력스위치

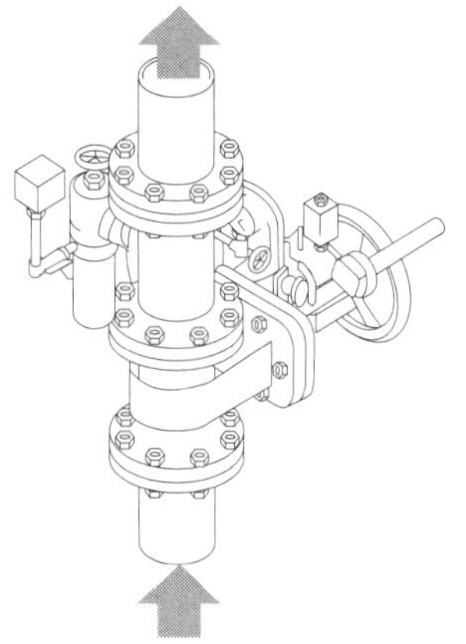

그림 7.38 유수검지장치 자동경보장치

(3) 준비작동식 스프링클러설비

준비작동식 스프링클러설비(preaction system)는 동절기 배관 내에 물이 차 있으면 동결로 인하여 설비의 작동이 이루어질 수 없는 것에 대응하기 위해 습식과 건식을 혼용한 형식으로 개발된 설비이다. 평상시에는 준비작동밸브를 설치하고 밸브의 1차측에는 가압송수장치로부터 가압수를, 2차측에는 저압 또는 무압 상태의 공기를 채우고 있게 된다. 만약 화재가 발생하면 감지기에 의해 준비작동밸브가 개방되고 물이 각 스프링클러 헤드까지 보내지고 이어 계속 화재가 성장하여 헤드에 열이 가해지면 헤드가 개방되면서 살수가 이루어져 소화가 이루어진다. 여기에 사용되는 주요 부속에는 다음과 같은 것들이 있다.

1) 클래퍼식 준비작동밸브

그림 7.39는 클래퍼식 준비작동밸브로서 평상시 정상상태에서는 그림과 같이 클래퍼가 걸쇠에 의해 지지되고, 밀대의 걸쇠를 해제시키지 않는 한 클래퍼는 1차측 수압에 의해서 열릴 수 없다. 만약에 솔레노이드가 동작시켜 밀대를 밀고 있던 가압수를 배출시키면 밀대는 밀려나고 걸쇠를 해제시키게 되므로 클래퍼 1차측 수압에 의해서 클래퍼는 열리고 준비작동밸브의 2차측으로 압력수를 송수하게 된다. 이러한 클래퍼 방식의 복구는 그림과 같이 소화가 완료된 후에 ⑫번의 복구레버를 정면에서 시계 반대 방향으로 돌리면 걸쇠의 클래퍼를 받친 위치에서 이탈되면서 클래퍼가 원래의 위치로 내려와 닫힘으로써 이루어진다. 따라서 이러한 준비작동밸브

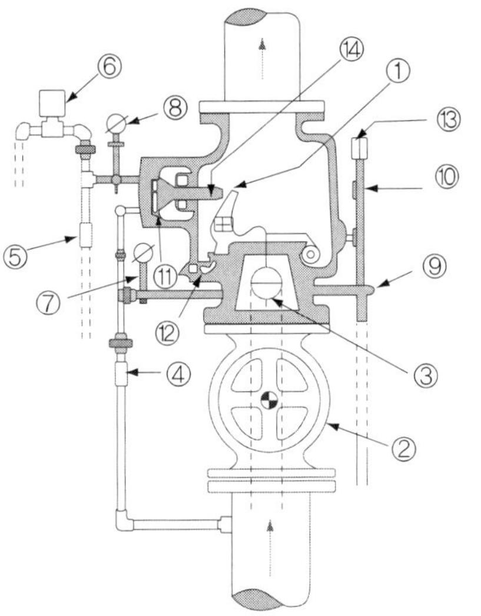

그림 7.39 클래퍼식 준비작동밸브의 구성

에는 P.O.R.V(뒤에서 설명)가 생략된다.

2) 다이아프램식 준비작동밸브

그림 7.40과 같이 다이아프램실 내의 스프링과 1차측에서 중간체임버 급수용 밸브에 의해서 공급된 가압수의 압력에 의해서 다이아프램을 가압하면 밸브디스크가 닫힌 상태를 유지하고 있다가 화재 시 화재감지기의 작동에 의해서 솔레노이드가 개방되고 다이아프램실 내의 압력이 감소되면서 밸브디스크가 앞쪽, 즉 다이아프램실 쪽으로 밀려나면서 밸브를 개방시키게 된다. 이어서 압력수가 공급되고 준비작동밸브의 2차측의 말단 스프링클러 헤드까지 압수되어 있다가 화재에 의해 헤드가 개방되면 계속 살수가 이루어져 소화하게 된다.

3) 솔레노이드밸브

그림 7.41은 배관 내에 솔레노이드를 설치하여 작동하는 솔레노이드밸브를 보여주고 있다. 위와 같은 다이아프램 형식의 준비작동밸브에서 사용되는 것으로, 화재 시 감지기에 의한 작동 또는 수동조작함의 기동스위치 조작이나 화재수신반의 수동 개방스위치 조작에 의해 솔레노이드밸브가 자동으로 동작하게 된다. 따라서 이 솔레노이드밸브의 동작에 의해 중간체임버의 압력을 감소시키게 되면 준비작동밸브 내의 디스크가 개방되며, 이때 사용되는 밸브로 평상시 솔레노이드밸브는 폐쇄상태를 유지한다.

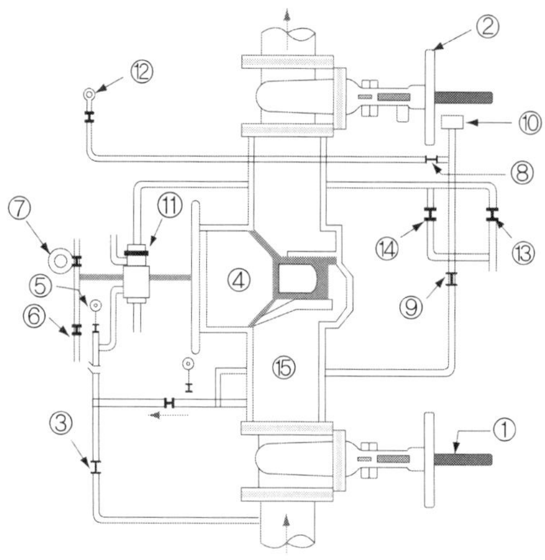

① 1차측 제어밸브
② 2차측 제어밸브
③ 중간체임버급수밸브
④ 중간체임버
⑤ 1차측 압력계
⑥ 긴급해제밸브
⑦ 솔레노이드밸브
⑧ 압력스위치밸브
⑨ 압력스위치시험밸브
⑩ 압력스위치
⑪ PORV
⑫ 2차측 압력계
⑬ 주배수밸브
⑭ 자동배수밸브
⑮ 준비작동밸브 본체

그림 7.40 다이아프램식 준비작동밸브의 구성

4) P.O.R.V

그림 7.42와 같이 다이아프램식 유수검수장치에 설치하는 것으로, 앞서 설명에서처럼 솔레노이드밸브와 같은 전자밸브(또는 긴급해제밸브)의 개방으로 밀대를 밀고 있던 가압수를 배출시켜 걸쇠를 해제시키면 클래퍼 1차측 수압에 의해 클래퍼가 열리면서 1차측 공급수가 2차측으로 공급된다. 이때 작동된 준비작동밸브의 디스크가 1차측 공급수의 압력으로 인해 자동으로 복구되는 것을 방지하기 위해 설치하는 밸브를 P.O.R.V(pressure operated relief valve)라 한다. 따라서 다이아프램식에만 있으며, 현재 일부 소방용기계·기구 제조회사에서는 솔레노이드밸브 상부에 복구방지 스위치를 달아 P.O.R.V 기능을 겸하는 제품을 생산하기도 한다.

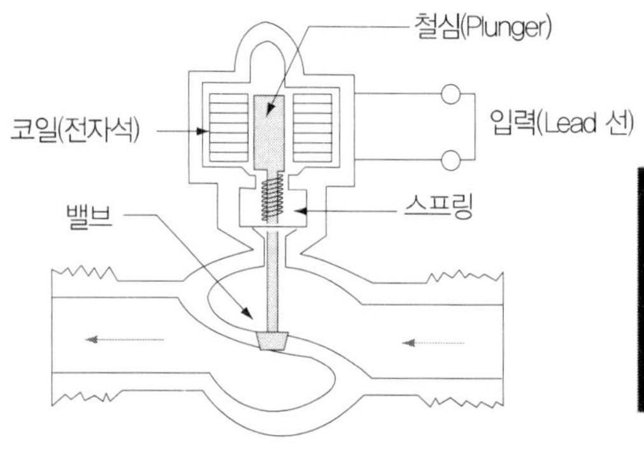

그림 7.41 솔레노이드밸브의 설치

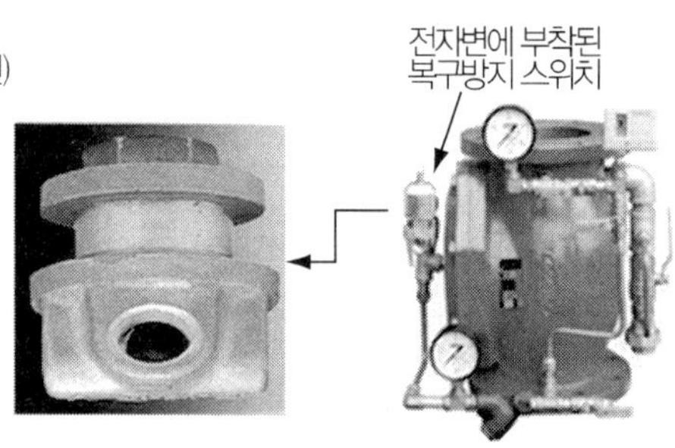

그림 7.42 P.O.R.V

5) 긴급해제밸브(수동기동밸브)

화재 발생 또는 밸브의 작동시험 시에 자동변의 오동작으로 인해 유수검지장치의 밸브가 동작하지 않을 때 사용을 주목적으로 하는 밸브로서, 수동으로 준비작동밸브를 개방시키는 밸브이다. 평상시에는 폐쇄상태를 유지시켜야 한다.

6) 슈퍼바이조리 패널

그림 7.43은 슈퍼바이조리 패널(supervisory panel)을 보여주고 있는 한 예이다. 이 패널은 준비작동밸브와 함께 설치되어 밸브와 전원의 상태를 감시하고 수동으로 직접 밸브를 개방시킬 수 있는 기능도 가지고 있다. 밸브가 정상상태일 때에는 상단부의 전원표시등만이 점등된다. 만약 준비작동밸브가 비정상상태, 즉 누수나 클래퍼 등의 밸브가 열려 정상복구상태가 아닌 때는 밸브주의 표시등이 점등된다. 패널 내의 기동스위치를 누르면 화재감지기가 동작된 것과 같이 솔레노이드밸브가 개방되어 준비작동밸브가 동작하게 된다.

7) 화재감지기 회로

준비작동식 스프링클러설비는 별도의 화재감지기를 설치하여야 한다. 이때 설치하는 화재감지기 회로(fire detector circuit)는 준비작동밸브의 오작동을 줄이기 위해 주로 2개 이상의 감지회로인 그림 7.44와 같이 교차회로방식으로 하여서 각 회로상에 있는 감지기의 동시 감지에 의해 준비작동밸브가 작동하게 하는 회로방식이다. 즉, 하나의 회로만 동작하면 경보만 울릴 뿐 준비작동밸브는 동작되지 않게 하고 2개의 회로가 동시에 동작될 때 비로소 준비작동밸브가 동작되도록 구성하는 감지기회로 설비를 말한다. 다만, 스프링클러설비의 배관 또는 헤드에

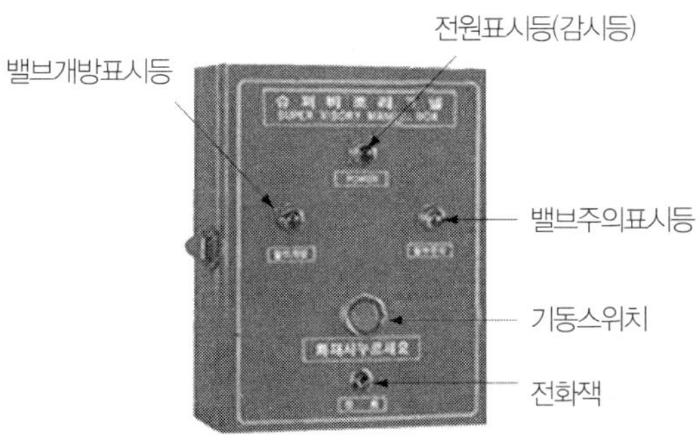

그림 7.43 슈퍼바이조리 패널

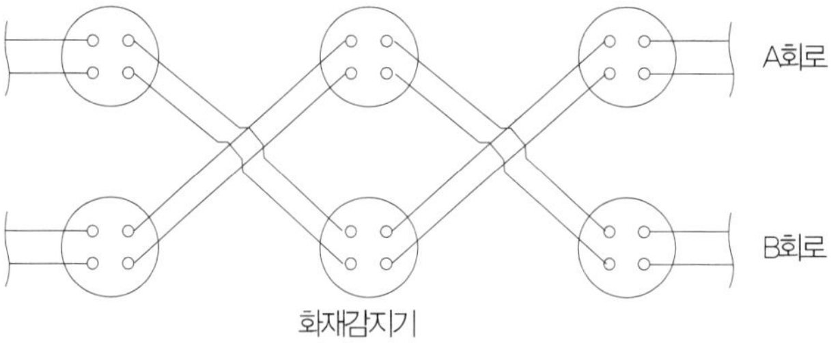

그림 7.44 교차회로 방식의 회로도

누설경보용 물 또는 압축 공기가 채워지는 경우와 자동화재 탐지설비의 화재안전기준(NFSC 203) 제7조 제1항 단서의 감지기류인 불꽃감지기, 아날로그방식의 감지기, 다신호방식의 감지기, 광전식 중 분리형 감지기, 정온식 감지선형 감지기, 분포형 감지기, 복합형 감지기, 축적식 감지기 등을 설치한 때에는 교차회로 방식으로 하지 않아도 된다.

8) 경보시험밸브

자동화재 소화설비 중 준비작동밸브 유수검지장치설비의 설치 후 정상적인 방법으로 작동하지 않고 화재 경보를 시험하는 시험밸브이다. 평상시에는 폐쇄상태로 유지하고 있다가 시험 시에 밸브의 개폐만으로 화재 경보를 시험할 수 있도록 설치된 밸브를 말한다.

(4) 일제살수식 스프링클러설비

일제살수식 스프링클러설비에서는 배관 말단에 개방형 스프링클러 헤드가 설치되어 있고, 유수검지장치에는 일제개방밸브(deluge valve), 준비작동밸브 등이 있는데 그 역할이 준비작동밸브와 유사하다. 단지 유수검지장치 2차측이 무압 상태(대기압 상태)의 공기로 차 있는 개방형 헤드를 설치하는 것에 차이가 있을 뿐이다. 이때 개방형 헤드로는 물분무설비, 포소화설비, 드렌처설비도 사용될 수 있어 개방형 스프링클러설비의 일제살수식과는 이 점에서 약간 다를 뿐이다.

일제개방밸브 유수검지장치에는 감압개방식과 가압개방식의 2가지 종류가 있으며 그 구조와 작동원리는 다음과 같다.

1) 가압개방식 일제개방밸브

가압개방식은 그림 7.45와 같은 구조의 밸브가 사용된다. 그림에서 보듯이 가압개방식 밸브의 1차측 배관에는 가압송수장치로부터 가압수가 충수되어 있으나 ①로 표시된 실내에는 가압수가 없다. 따라서 1차측 배관의 가압수로부터 바이패스관을 통하여 ① 실내로 가압수가 충수되도록 하는 원리이다. 그러므로 관로상에는 그림과 같이 솔레노이드밸브를 설치하거나, 수동개방밸브를 설치하고 있다가 화재 시 감지기가 화재를 감지할 경우 설치되어 있는 솔레노이드밸브 또는 수동개방밸브를 개방하게 되면 압력수가 충수되어서 ① 실내의 밸브피스톤을 밀어 올리고 이어 일제개방밸브가 열리면 1차측 가압수가 일제히 송수되며 2차측 배관을 통해 헤드로부터 방수되어서 소화되는 원리이다.

2) 감압개방식 일제개방밸브

감압개방식은 그림 7.46과 같은 구조의 밸브를 사용한다. 그림과 같이 밸브의 1차측 가압수가 바이패스 가압관을 통하여 ①실까지 충수되어 있다가 화재 시에 감지기가 화재를 감지할 경우 설치되어 있는 솔레노이드밸브 또는 수동개방밸브를 개방하게 되고 이어서 ① 실내의 압력이 감압되어 실린더가 위로 밀려 올라가면 일제개방밸브가 열리면서 ②를 밸브 2차측 배관을 통해 헤드로부터 방수되어서 소화되는 원리이다.

3) 전자개방밸브(솔레노이드밸브)

전자개방밸브는 일제개방밸브 또는 준비작동밸브에 설치하는 그림 7.41의 솔레노이드밸

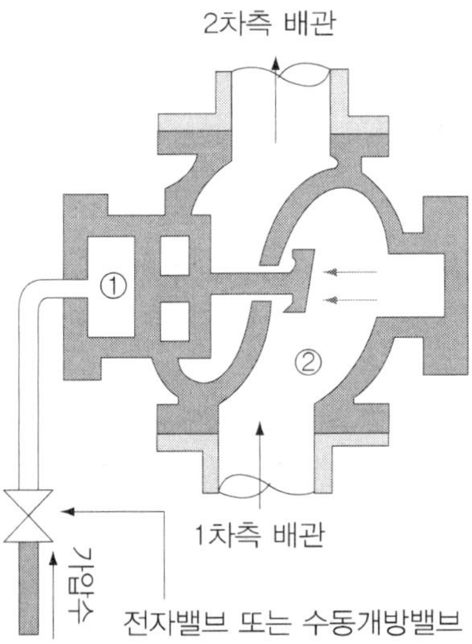

그림 7.45 가압개방식 일제개방밸브

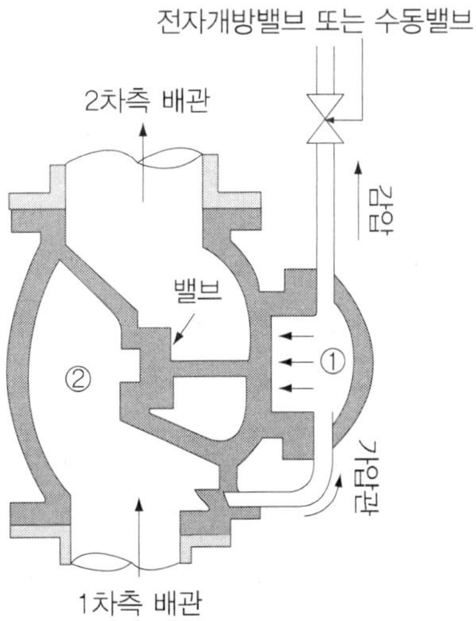

그림 7.46 감압개방식 일제개방밸브

브와 원리와 동작이 같다. 화재에 의해 화재감지기의 신호를 받아 솔레노이드가 작동되면 배관 내의 전자밸브를 작동시켜 1차측 가압수가 밸브를 통해 2차측 배관으로 통수되면서 헤드까지 가압되고 곧 헤드로부터 살수가 이루어져 소화가 된다.

7.8 음향경보장치 및 감시제어반, 기동장치

(1) 스프링클러설비에서 음향경보장치

스프링클러설비의 음향장치 및 기동장치는 다음의 기준에 따라 설치하여야 한다.

① 습식 유수검지장치 또는 건식 유수검지장치를 사용하는 설비에 있어서는 헤드가 개방되면 유수검지장치가 화재신호를 발신하고 그에 따라 음향장치가 경보되도록 한다.

② 준비작동식 유수검지장치 또는 일제개방밸브를 사용하는 설비에는 화재감지기의 감지에 따라 음향장치가 경보되도록 한다. 이 경우 화재감지기 회로를 교차회로방식(하나의 준비작동식 유수검지장치 또는 일제개방밸브의 담당구역 내에 2 이상의 화재감지기 회로를 설치하고 인접한 2 이상의 화재감지기가 동시에 감지되는 때에 일제개방밸브가 개방·작동되는 방식을 말한다.)으로 하는 때에는 하나의 화재감지기 회로가 화재를 감지하는 때에도 음향장치가 경보되도록 하여야 한다.

③ 음향장치는 유수검지장치 및 준비작동식 유수검지장치 또는 일제개방밸브의 담당구역마다 설치하되 그 구역의 각 부분으로부터 하나의 음향장치까지의 수평거리는 25m 이하가 되도록 한다.

④ 경종 또는 사이렌을 1개 이상 설치하여야 하며, 그 사이렌은 자동화재 탐지설비, 비상벨설비 또는 자동식 사이렌설비의 음향장치와 겸용할 수 있다.

⑤ 주음향장치는 수신기의 내부 또는 그 직근에 설치한다.

⑥ 5층(지하층을 제외한다.) 이상으로서 연면적이 3,000m^2를 초과하는 소방대상물 또는 그 부분에 있어서는 2층 이상의 층에서 발화한 때에는 발화층 및 그 직상층에 한하여, 1층에서 발화한 때에는 발화층·그 직상층 및 지하층에 한하여, 지하층에서 발화한 때에는 발화층·그 직상층 및 기타의 지하층에 한하여 경보를 발할 수 있도록 한다.

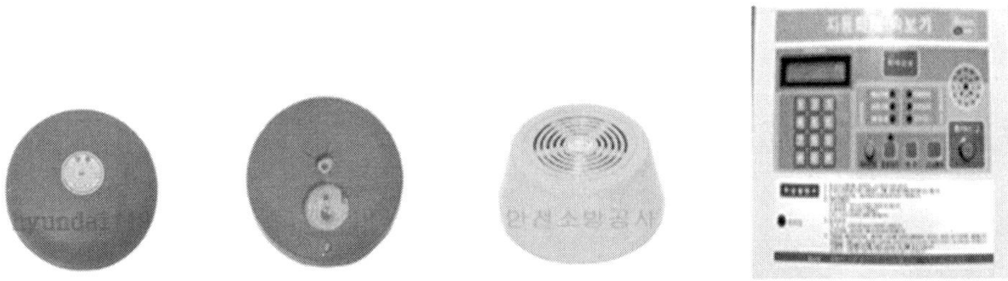

(a) 경종 (b) 발신기 (c) 전자 사이렌 (d) 자동 속보발신기

그림 7.47 주요 음향경보장치

⑦ 음향장치는 다음 각 목의 기준에 따른 구조 및 성능의 것으로 한다.

가. 정격전압의 80% 전압에서 음향을 발할 수 있는 것으로 한다.

나. 음량은 부착된 음향장치의 중심으로부터 1m 떨어진 위치에서 90dB 이상이 되는 것으로 한다.

(2) 제어반의 설치기준

제어는 크게 동력제어와 감시제어로 나누고 특히 감시제어반은 다음의 기준에 따라 설치되어야 한다.

① 화재 및 침수 등의 재해로 인한 피해를 받을 우려가 없는 곳에 설치할 것

② 감시제어반은 스프링클러설비의 전용으로 한다. 다만, 스프링클러설비의 제어에 지장이 없는 경우에는 다른 설비와 겸용할 수 있다.

③ 감시제어반은 다음 각 목의 기준에 따른 전용실 안에 설치한다. 다만, 제1항 각 호의 1에 해당하는 경우와 공장, 발전소 등에서 설비를 집중 제어·운전할 목적으로 설치하는 중앙제어실 내에 감시제어반을 설치하는 경우에는 그러하지 아니하다.

가. 다른 부분과 방화구획을 해야 하고, 이 경우 전용실의 벽에는 기계실 또는 전기실 등의 감시를 위하여 두께 7mm 이상의 망입유리(두께 16.3mm 이상의 접합유리 또는 두께 28mm 이상의 복층유리를 포함한다.)로 된 $4m^2$ 미만의 붙박이창을 설치할 수 있다.

나. 피난층 또는 지하 1층에 설치한다. 다만, 다음의 1에 해당하는 경우에는 지상 2층에 설치하거나 지하 1층 외의 지하층에 설치할 수 있다.

(1) 건축법시행령 제35조의 규정에 따라 특별피난계단이 설치되고 그 계단(부속실을 포함한다.) 출입구로부터 보행거리 5m 이내에 전용실의 출입구가 있는 경우

(2) 아파트의 관리동(관리동이 없는 경우에는 경비실)에 설치하는 경우

다. 비상조명등 및 급·배기설비를 설치할 것

라. 무선통신보조설비의 화재안전기준(NFSC 505) 제6조의 규정에 따른 무선기기 접속단자(영 별표 4 소화활동설비의 소방시설 적용기준란 제5호의 규정에 따른 무선통신보조설비가 설치된 특정소방대상물에 한한다.)를 설치한다.

마. 바닥면적은 감시제어반의 설치에 필요한 면적 외에 화재 시 소방대원이 그 감시제어반의 조작에 필요한 최소면적 이상으로 한다.

④ 제3호의 규정에 따른 전용실에는 소방대상물의 기계·기구 또는 시설 등의 제어 및 감시설비 외의 것을 두지 아니한다.

⑤ 각 유수검지장치 또는 일제개방밸브의 작동 여부를 확인할 수 있는 표시 및 경보기능이 있도록 한다.

⑥ 일제개방밸브를 개방시킬 수 있는 수동조작스위치를 설치한다.

⑦ 일제개방밸브를 사용하는 설비의 화재 감지는 각 경계회로별로 화재 표시가 되도록 한다.

⑧ 다음의 각 확인회로마다 도통시험 및 작동시험을 할 수 있도록 한다.

가. 기동용 수압개폐장치의 압력스위치회로

나. 수조 또는 물올림탱크의 저수위감시회로

다. 유수검지장치 또는 일제개방밸브의 압력스위치회로

라. 일제개방밸브를 사용하는 설비의 화재감지기회로

마. 제8조 제16항의 규정에 따른 개폐밸브의 폐쇄상태확인회로

바. 그 밖의 이와 비슷한 회로

(a) 감지센서 / 벽부형 (b) 감지센서 / 수신기 (c) 감지센서 중계기

그림 7.48 스프링클러 화재감지 센서 및 수신기, 중계기

⑨ 감시제어반과 자동화재 탐지설비의 수신기를 별도의 장소에 설치하는 경우에는 이들 상호 간에 동시 통화가 가능하도록 한다.

(3) 펌프기동 및 일제개방밸브의 제어

1) 펌프기동장치

스프링클러설비의 가압송수장치로서 펌프가 설치되는 경우에 그 펌프의 작동은 다음의 1의 기준에 적합하여야 한다.

① 습식 유수검지장치 또는 건식 유수검지장치를 사용하는 설비에 있어서는 동장치의 발신이나 기동용 수압개폐장치에 의하여 작동되거나 또는 이 두 가지의 혼용에 따라 작동될 수 있도록 한다.

② 준비작동식 유수검지장치 또는 일제개방밸브를 사용하는 설비에 있어서는 화재감지기의 화재감지나 기동용 수압개폐장치에 따라 작동되거나 또는 이 두 가지의 혼용에 따라 작동할 수 있도록 한다.

2) 일제개방밸브의 작동

일제개방밸브의 작동은 다음의 기준에 적합하여야 한다.

① 담당구역 내의 화재감지기의 동작에 따라 개방 및 작동되어야 한다.

② 화재감지기회로는 교차회로방식으로 한다. 다만, 다음 각 목에 해당하는 경우에는 그러하지 아니하다.

㉠ 스프링클러설비의 배관 또는 헤드에 누설경보용 물 또는 압축공기가 채워지는 경우

㉡ 화재감지기를 자동화재 탐지설비의 화재안전기준(NFSC 203) 제7조 제1항 단서의 각 호의 감지기로 설치한 때

③ 일제개방밸브의 인근에서 수동기동(전기식 및 배수식)에 따라서도 개방 및 작동될 수 있게 할 것

④ 위 제①호 및 제②호의 규정에 따른 화재감지기의 설치기준에 관하여는 자동화재 탐지설비의 화재안전기준(NFSC 203) 제7조 및 제11조의 규정을 준용한다. 이 경우 교차회로방식에 있어서의 화재감지기의 설치는 각 화재감지기 회로별로 설치하되, 각 화재감지기 회로별 화재감지기 1개가 담당하는 바닥면적은 자동화재 탐지설비의 화재안전기준(NFSC 203) 제

7조 제3항 제5호·제8호 내지 제10호의 규정에 따른 바닥면적으로 한다.

⑤ 화재감지기 회로에는 다음 각 목의 기준에 따른 발신기를 설치한다. 다만, 자동화재 탐지설비의 발신기가 설치된 경우에는 그러하지 아니하다.

㉠ 조작이 쉬운 장소에 설치하고, 스위치는 바닥으로부터 0.8m 이상 1.5m 이하의 높이에 설치한다.

㉡ 소방대상물의 층마다 설치하되, 당해 소방대상물의 각 부분으로부터 하나의 발신기까지의 수평거리가 25m 이하가 되도록 한다. 다만, 복도 또는 별도로 구획된 실로서 보행거리가 40m 이상일 경우에는 추가로 설치하여야 한다.

㉢ 발신기의 위치를 표시하는 표시등은 함의 상부에 설치하되, 그 불빛은 부착면으로부터 15° 이상의 범위 안에서 부착지점으로부터 10m 이내의 어느 곳에서도 쉽게 식별할 수 있는 적색등으로 한다.

7.9 스프링클러설비의 송수구, 전원 및 제어반 설치

(1) 송수구의 설치

스프링클러설비에는 소방차로부터 그 설비에 송수할 수 있는 송수구를 다음의 기준에 따라 설치하여야 한다.

① 송수구는 화재층으로부터 지면으로 떨어지는 유리창 등이 송수 및 그 밖의 소화작업에 지장을 주지 아니하는 장소에 설치한다.

② 송수구로부터 스프링클러설비의 주배관에 이르는 연결배관에 개폐밸브를 설치한 때에는 그 개폐 상태를 쉽게 확인 및 조작할 수 있는 옥외 또는 기계실 등의 장소에 설치한다.

③ 구경 65mm의 쌍구형으로 한다.

④ 송수구에는 그 가까운 곳의 보기 쉬운 곳에 송수압력범위를 표시한 표지를 한다.

⑤ 건물의 바닥면적이 3,000m^{2}를 넘을 때마다 1개 이상(5개를 넘을 경우에는 5개로 한다.)을 설치한다.

⑥ 지면으로부터 높이가 0.5m 이상 1m 이하의 위치에 설치한다.

⑦ 송수구의 가까운 부분에 자동배수밸브(또는 직경 5mm의 배수공) 및 체크밸브를 설치한다. 이 경우 자동배수밸브는 배관 안의 물이 잘 빠질 수 있는 위치에 설치하되, 배수로 인하여 다른 물건 또는 장소에 피해를 주지 아니하여야 한다.

⑧ 송수구에는 이물질을 막기 위한 마개를 씌워야 한다.

(2) 스프링클러설비의 전원

① 스프링클러설비에는 다음의 기준에 따른 상용전원회로의 배선을 설치하여야 한다. 다만, 가압수조방식으로서 모든 기능이 20분 이상 유효하게 지속될 수 있는 경우에는 그러하지 아니하다.

㉠ 저압수전인 경우에는 인입개폐기의 직후에서 분기하여 전용배선으로 하여야 하며, 전용의 전선관에 보호되도록 한다.

㉡ 특별고압수전 또는 고압수전일 경우에는 전력용 변압기 2차측의 주차단기 1차측에서 분기하여 전용배선으로 하되, 상용전원의 상시공급에 지장이 없을 경우에는 주차단기 2차측에서 분기하여 전용배선으로 한다. 다만, 가압송수장치의 정격입력전압이 수전전압과 같은 경우에는 제1호의 기준에 따른다.

② 스프링클러설비에는 자가발전설비 또는 축전지설비에 따른 비상전원을 설치하여야 한다. 다만, 차고·주차장으로서 스프링클러설비가 설치된 부분의 바닥면적[포소화설비의 화재안전기준(NFSC 105) 제13조 제2항 제2호의 규정에 따라 차고·주차장의 바닥면적을 포함한다.]의 합계가 1,000m^2 미만인 경우에는 비상전원수전설비를 설치할 수 있으며, 2 이상의 변전소(전기사업법 제67조의 규정에 따른 변전소를 말한다. 이하 같다.)에서 전력을 동시에 공급받을 수 있거나 하나의 변전소로부터 전력의 공급이 중단되는 때에는 자동으로 다른 변전소로부터 전력을 공급받을 수 있도록 상용전원을 설치한 경우와 가압수조방식에는 비상전원을 설치하지 아니할 수 있다.

③ 위 제②항의 규정에 따라 비상전원 중 자가발전설비 또는 축전지설비(내연기관에 따른 펌프를 설치한 경우에는 내연기관의 기동 및 제어용 축전지를 말한다.)는 다음의 기준을, 비상전원수전설비는 소방시설용 비상전원수전설비의 화재안전기준(NFSC 602)에 따라 설치하여야 한다.

㉠ 점검에 편리하고 화재 및 침수 등의 재해로 인한 피해를 받을 우려가 없는 곳에 설치한다.

㉡ 스프링클러설비를 유효하게 20분 이상 작동할 수 있어야 한다.

㉢ 상용전원으로부터 전력의 공급이 중단된 때에는 자동으로 비상전원으로부터 전력을 공급받을 수 있도록 한다.

㉣ 비상전원(내연기관의 기동 및 제어용 축전지를 제외한다.)의 설치장소는 다른 장소와 방화구획한다. 이 경우 그 장소에는 비상전원의 공급에 필요한 기구나 설비 외의 것(열병합발전설비에 필요한 기구나 설비는 제외한다.)을 두어서는 아니 된다.

㉤ 비상전원을 실내에 설치하는 때에는 그 실내에 비상조명등을 설치한다.

(3) 스프링클러설비의 제어반

① 스프링클러설비에는 제어반을 설치하되, 감시제어반과 동력제어반으로 구분하여 설치하여야 한다. 다만, 다음의 1에 해당하는 경우에는 감시제어반과 동력제어반으로 구분하여 설치하지 아니할 수 있다.

㉠ 다음 각 목의 1에 해당하지 아니하는 소방대상물에 설치되는 스프링클러설비 즉,

가. 지하층을 제외한 층수가 7층 이상으로서 연면적이 2,000m^2 이상인 것

나. 위 가목에 해당하지 아니하는 소방대상물로서 지하층의 바닥면적의 합계가 3,000m^2 이상인 것. 다만, 차고·주차장 또는 보일러실·기계실·전기실 등 이와 유사한 장소의 면적은 제외한다.

㉡ 내연기관에 따른 가압송수장치를 사용하는 스프링클러설비

㉢ 고가수조에 따른 가압송수장치를 사용하는 스프링클러설비

㉣ 가압수조에 따른 가압송수장치를 사용하는 스프링클러설비

② 감시제어반의 기능은 다음의 기준에 적합하여야 한다. 다만, 제1항 각 호의 1에 해당하는 경우에는 아래 제㉢호 및 제㉤호의 규정을 적용하지 아니한다[제1항은 화재안전기준(NFSC 103) 제13조 제1항 각 호, 즉 위 ①의 각 항 참고].

㉠ 각 펌프의 작동 여부를 확인할 수 있는 표시등 및 음향경보기능이 있어야 한다.

㉡ 각 펌프를 자동 및 수동으로 작동시키거나 작동을 중단시킬 수 있어야 한다.

㉢ 비상전원을 설치한 경우에는 상용전원 및 비상전원의 공급 여부를 확인할 수 있어야 한다.

㉣ 수조 또는 물올림탱크가 저수위로 될 때 표시등 및 음향으로 경보한다.

㉤ 예비전원이 확보되고 예비전원의 적합 여부를 시험할 수 있어야 한다.

제7장 연습문제

·e·x·e·r·c·i·s·e

01. 스프링클러 시스템에서 사용하는 주요 밸브 및 스트레이너의 종류를 들고 주기능을 기술하라.

02. 스프링클러 시스템에서 사용하는 압력스위치의 주기능과 동작원리를 설명하라.

03. 스프링클러설비의 가압송수장치의 설치기준은?

04. 스프링클러헤드의 설치기준은?

05. 표준 스프링클러 헤드의 상향식과 하향식을 비교하면?

06. 준비작동식 밸브에는 슈퍼바이죠리 패널(supervisory panel)과 비상조치용 스위치인 댐퍼스위치(damper switch)가 설치된다. 이 장치들이 시스템에서 행하는 주요 역할에 대하여 설명하라.

07. 건식 스프링클러설비에 사용하는 드라이펜던트형 헤드의 종류, 설치방식, 사용목적을 기술하라.

08. 유리벌브형 스프링클러 헤드는 벌브 내의 액체 색에 따라 사용 온도가 다르다. 이와 같이 색의 종류에 따른 스프링클러 헤드의 용도와 특징은?

09. 자동경보밸브의 작동순서를 기계식, 전기식을 구분하여 기술하라.

10. 기동용 수압개폐장치인 압력체임버의 설치목적과 동작원리는?

11. 건식밸브에는 급속개방장치의 이그조스터(exhauster)와 엑셀러레이트(accelater)가 있다. 이들의 설치목적과 동작원리를 설명하라.

12. 리타딩 체임버(retarding chamber)에 대하여 동작원리를 기술하라.

13. 압력탱크의 압력스위치에 의해서 가압송수장치를 기동하는 스프링클러 소화설비에 있어서, 정상상태에 있어서도 때때로 소화펌프가 기동한다. 그 원인과 대책에 대해서 설명하라.

14. 일제개방밸브의 종류와 그 특징을 간략히 기술하라.

15. 준비작동식 소화설비의 프리액션밸브의 종류 및 동작원리에 대하여 설명하라.

16. 스프링클러 헤드의 배치 종류와 설치방법은?

17. 자동경보밸브에 부착된 압력스위치와 압력탱크에 부착된 압력스위치의 작동원리와 목적에 대하여 비교 설명하라.

Chapter 8

물분무 소화설비

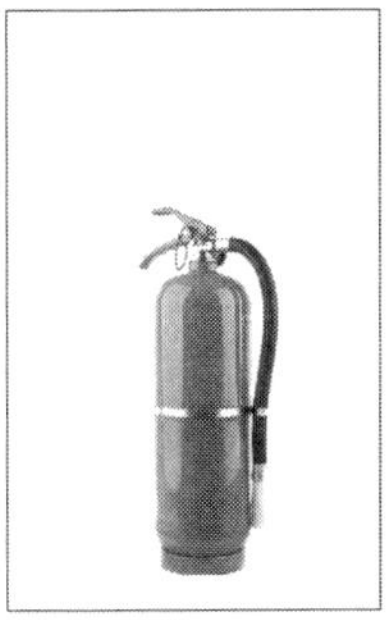
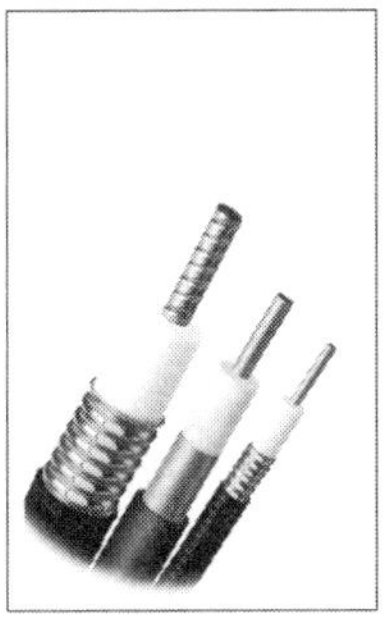

▣ 개요

물을 분사하여 화재 확산을 억제 또는 소화시키는 지배적인 방식으로는, 냉각시키는 방식과 물의 열에 의한 증기로 산소를 치환하여 질식시키는 방식 그리고 유류화재 시 기름 표면에 방사되어 불연성의 유화층을 형성하는 유화작용 방식이 있다. 이때 화재의 소화 및 확산 방지는 매우 작은 물방울에 의해 더욱 효과적이다. 즉, 안개와 같이 작은 물방울로 분해될수록 열을 흡수할 수 있는 총 표면적의 증가로 열 흡수율의 최대치가 증가하게 된다. 따라서 물분무 소화설비란 물분무용 헤드를 통하여 물을 안개와 같이 작은 입자로 분출시켜 화재가 그 이상 확산되지 않도록 설계된 소방설비를 말한다. 이때 물분무 소화설비에 이용되는 물분무 헤드는 방화대상물의 형상, 구조, 성질, 수량 또는 취급방법에 따라 달리 설치되며 각각 그 헤드의 설계에 따라 일제살수된다. 이 물분무 헤드를 사용하는 물분무 소화설비의 소화방식은 화재의 진압 및 확산 방지에 이상적인 성능을 발휘한다. 주로 위험물 저장소 및 취급소, 유류저장탱크, 화학공장, 특수산업시설 등에 설치·사용된다.

물분무 소화설비의 작동은, 물이 1차측 자동밸브 혹은 델류지밸브(Deluge Valve)까지 충압되어 있다가 화재 발생 시 화재감지기 혹은 감지용 스프링클러가 동작하여 전자밸브를 작동, 화재 해당구역의 자동밸브를 동작시키게 된다. 이어서, 균형을 이루고 있던 알람밸브 1차측과 2차측의 압력 균형이 깨지면서 1차측 압력 저하가 발생하고 압력탱크에 부착된 압력스위치가 접점됨과 동시에 소화펌프가 작동하여 물이 스프레이 노즐을 통해 계속 분사되어서 소화하게 된다. 위에서 "물분무 헤드"라 함은 화재 시 직선류 또는 나선류의 물을 충돌·확산시켜 미립상태로 분무함으로써 소화하는 헤드류의 하나이다.

8.1 물분무 소화설비의 적용범위, 설치대상

(1) 적용범위

소방시설설치유지 및 안전관리에 관한 법률(이하 "법"이라 한다.) 제9조 제1항 및 동법률시행령(이하 영이라 한다.) 별표 4 소화설비의 소방시설 적용기준란 제5호의 규정에 따른 물분무 소화설비는 이 기준에서 정하는 규정에 따라 설비를 설치·유지·관리하도록 되어 있다.

물분무 소화설비 설치 시스템은 그림 8.1과 같다. 그림에서 기동용 수압개폐장치의 경우 소화설비의 배관 내 압력 변동을 검지하여 자동적으로 펌프를 기동 및 정지시키는 것으로서 압력 체임버 또는 기동용 압력스위치 등으로 구성된다. 또 일제개방밸브는 화재 발생 시 자동 또는 수동식 기동장치에 따라 밸브가 열리는 밸브이다.

(2) 설치대상

물분무 등 소화설비를 설치하여야 하는 특정소방대상물(가스시설 또는 지하구를 제외한다.)은 다음 각 목과 같다. 즉,

① 항공기 격납고에 설치한다.

② 주차용 건축물(주차장법 제2조 제1호의 3의 규정에 따른 기계식 주차장을 포함한다.)로서 연면적 800제곱미터 이상인 것에 설치한다.

③ 건축물 내부에 설치된 차고 또는 주차장으로서 차고 또는 주차의 용도로 사용되는 부분(건축법시행령 제119조 제1항 제3호 라목 규정의 피로티를 주차용도로 사용하는 경우를 포함한다.)의 바닥면적 합계가 200제곱미터 이상인 것에 설치한다.

④ 주차장법 제2조 제1호 2의 규정에 의한 기계식 주차장으로서 20대 이상의 차량을 주차할 수 있는 것에 설치한다.

⑤ 전기실·발전실·변전실(가연성 절연유를 사용하지 아니하는 변압기·전류차단기 등의 전기기기와 가연성 피복을 사용하지 아니한 전선 및 케이블만을 설치한 전기실·발전실 및 변전실을 제외한다.)·축전지실·통신기기실 또는 전산실로서 바닥면적이 300제곱미터 이상인 것(동일한 방화구획 내에 2 이상의 실이 설치되어 있는 경우에는 이를 1개의 실로 보아 바닥면적을 산정한다.). 다만, 내화구조로 된 공정제어실 내에 설치된 주조정실로서 양압시설이 설치되고 전기기기에 220볼트 이상인 저전압이 사용되며, 종업원이 24시간 상주하는 것은 제외한다.

⑥ 소화수를 수집 처리하는 설비가 설치되어 있지 아니한 것 중 저준위방사성폐기물의 저장시설. 다만, 이 경우에는 이산화탄소 소화설비, 할로겐화합물 소화설비 또는 청정소화약제 소화설비를 설치하여야 한다.

⑦ 지하가 중 길이가 3천 미터 이상으로서 교통량, 경사도 등 터널의 특성을 고려하여 행정안

전부령으로 정하는 위험등급 이상에 해당하는 터널에 설치한다. 다만, 이 경우에는 물분무 소화설비를 설치하여야 한다.

⑧ 「문화재보호법」 제2조 제2항 제1호에 따라 문화재로 지정된 건축물 중 소방방재청장과 협의하여 정하는 것에 설치한다.

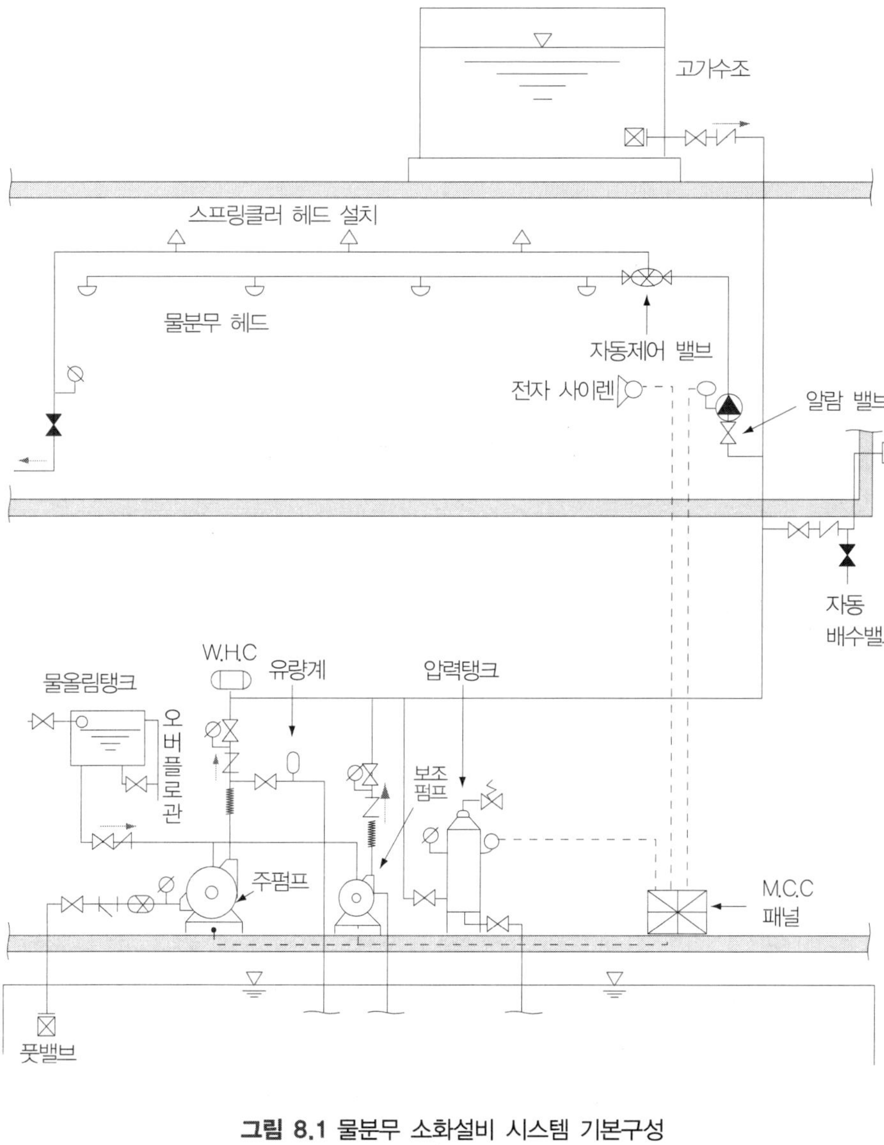

그림 8.1 물분무 소화설비 시스템 기본구성

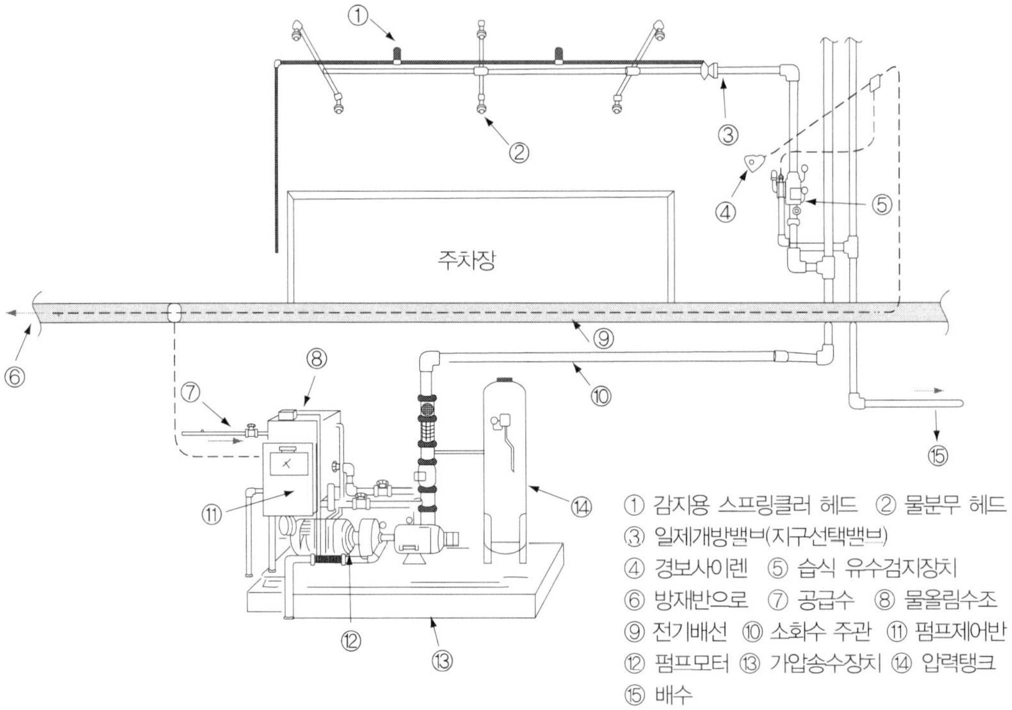

그림 8.2 물분무 소화설비의 설치 예

8.2 수원의 확보

(1) 물분무 소화설비의 수원 저수량 기준

소방 기본법시행령 별표 2의 특수 가연물을 저장 또는 취급하는 소방대상물 또는 그 부분에 있어서 그 바닥면적(50m^{2}를 초과할 경우에는 50m^2) 1m^{2}에 대하여 10ℓ/min로 20분 동안 방수할 수 있는 양 이상으로 한다. 차고 또는 주차장에 있어서는 그 바닥면적(50m^{2}를 초과할 경우에는 50m^2) 1m^{2}에 대하여 20ℓ/min로 20분 동안 방수할 수 있는 양 이상으로 한다.

절연유 봉입변압기에 있어서는 바닥부분을 제외한 표면적을 합한 면적 1m^{2}에 대하여 10ℓ/min로 20분 동안 방수할 수 있는 양 이상으로 한다. 케이블트레이, 케이블덕트 등에 있어서는 투영된 바닥면적 1m^{2}에 대하여 12ℓ/min로 20분 동안 방수할 수 있는 양 이상으로 한다. 또 컨베이어벨트 등에 있어서는 벨트 부분의 바닥면적 1m^{2}에 대하여 10ℓ/min로 20분 동안 방수할 수 있는 양 이상으로 한다.

(2) 수원을 전용수조로 설치하는 경우

물분무 소화설비의 수원을 수조로 설치하는 경우에는 소방설비의 전용수조로 하여야 한다. 다만, 다음에 해당하는 경우에는 그러하지 아니한다.

① 물분무 소화설비 펌프의 풋밸브 또는 흡수배관의 흡수구(수직회전축펌프의 흡수구를 포함한다. 이하 같다.)를 다른 설비(소방용 설비 외의 것을 말한다. 이하 같다.)의 풋밸브 또는 흡수구보다 낮은 위치에 설치한 때

② 제5조 제2항의 규정에 따른 고가수조로부터 물분무 소화설비의 수직배관에 물을 공급하는 급수구를 다른 설비의 급수구보다 낮은 위치에 설치한 때

(3) 수원을 겸용수조로 설치하는 경우

위 제1항의 규정에 따른 저수량을 산정함에 있어서 다른 설비와 겸용으로 물분무 소화설비용 수조를 설치하는 경우에는 물분무 소화설비의 풋밸브·흡수구 또는 수직배관의 급수구와 다른 설비의 풋밸브·흡수구 또는 수직배관의 급수구와의 사이 수량을 그 유효수량으로 한다.

(4) 물분무 소화설비용 전용수조의 설치기준

물분무 소화설비용 전용수조는 다음의 기준에 따라 설치하여야 한다. 즉, 점검이 편리한 곳에 설치하여야 하고, 동결방지조치를 하거나 동결의 우려가 없는 장소에 설치해야 한다. 수조의 외측에는 수위계를 설치하여 수조 내의 수위를 알 수 있게 하여야 하고 구조상 불가피한 경우에는 수조의 맨홀 등을 통하여 수조 안 물의 양을 쉽게 확인할 수 있도록 하여야 한다.

수조의 상단이 바닥보다 높은 때에는 수조의 외측에 고정식 사다리를 설치하고, 수조가 실내에 설치된 때에는 그 실내에 조명설비를 설치한다. 수조의 밑부분에는 청소용 배수밸브 또는 배수관을 설치하여 내부 청소에 무리가 없도록 한다. 수조의 외측의 보기 쉬운 곳에 "물분무 소화설비용 수조"라고 표시한 표지를 하여야 하며, 이 경우 그 수조를 다른 설비와 겸용하는 때에는 그 겸용되는 설비의 이름을 표시한 표지를 함께 하여야 한다.

물분무 소화설비의 흡수배관 또는 물분무 소화설비의 수직배관과 수조의 접속 부분에는 "물

분무 소화설비용 배관"이라고 표시한 표지를 한다. 다만, 수조와 가까운 장소에 물분무 소화설비 펌프가 설치되고 물분무 소화설비에 제5조 제1항 제13호의 규정에 따른 표지를 설치한 때에는 그러하지 아니하다.

8.3 가압송수장치

(1) 설치기준

1) 펌프를 이용하는 가압송수장치

전동기 또는 내연기관에 설치된 펌프를 이용하는 가압송수장치의 경우 다음 기준에 따라 설치하여야 한다. 즉 점검이 편리하고 화재 등의 재해로 인한 피해를 받을 우려가 없는 곳에 설치하고, 동결방지 조치를 하거나 동결의 우려가 없는 장소에 설치한다. 펌프는 전용으로 하되 다른 소화설비와 겸용으로 하는 경우에는 각각의 소화설비 성능에 지장이 없을 때에는 그러하지 아니해도 된다.

펌프의 토출 측에는 압력계를 설치한다. 이 토출 측 압력계의 설치 위치는 체크밸브 이전 펌프 토출 측 플랜지에서 가까운 곳에 설치하고, 흡입 측 압력계로는 연성계 또는 진공계를 설치한다. 다만, 수원의 수위가 펌프의 위치보다 높거나 수직회전축 펌프의 경우에는 연성계 또는 진공계를 설치하지 아니할 수 있다. 이때 연성계는 대기압보다 높거나 낮은 압력을 측정하는 압력계를 말하며, 진공계는 대기압보다 낮은 압력(부압 혹은 음압)을 측정하는 압력계이다.

가압송수장치에는 정격부하 운전 시 펌프의 성능을 시험하기 위한 배관을 설치한다. 다만, 충압펌프의 경우에는 그러하지 아니하다. 또 가압송수장치에는 체절운전 시 수온의 상승을 방지하기 위한 순환배관을 설치하며, 다만 충압펌프의 경우에는 그러하지 아니하다. 기동용 수압개폐장치로 압력체임버를 사용할 경우는 그 용적이 100ℓ 이상의 것으로 하여야 한다.

수원의 수위가 펌프보다 낮은 위치에 있는 가압송수장치에는 다음의 기준에 따른 물올림장치를 설치한다. 즉 물올림장치에는 전용의 수조를 설치하고, 수조의 유효수량은 100ℓ 이상으로 하되, 구경 15mm 이상의 급수배관에 따라 당해수조에 물이 계속 보급되도록 한다.

기동용 수압개폐장치를 기동장치로 사용할 경우에는 다음의 기준에 따른 충압펌프를 설치하여야 한다. 즉, 펌프의 토출압력은 그 설비의 최고위 호스접결구의 자연압보다 적어도 0.2MPa이 더 크도록 하거나 가압송수장치의 정격토출압력과 같게 한다. 또한 펌프의 정격토출량은 정상적인 누설량보다 적어서는 아니 되며, 물분무 소화설비가 자동적으로 작동할 수 있도록 충분한 토출량을 유지한다. 가압송수장치가 기동이 된 경우에는 자동으로 정지되지 아니하도록 하여야 한다.

내연기관을 사용하는 경우는 제어반에 따라 내연기관의 자동기동 및 수동기동이 가능하고, 상시 충전되어 있는 축전지설비를 갖춘다.

가압송수장치에는 "물분무 소화설비 펌프"라고 표시한 표지를 하고 이 경우 그 가압송수장치를 다른 설비와 겸용하는 때에는 그 겸용되는 설비의 이름을 표시한 표지를 함께 하여야 한다.

① **펌프의 1분당 토출량 및 펌프 양정**

펌프의 1분당 토출량은 다음의 기준에 따라 설치한다.

㉠ 소방기본법시행령 별표 2의 특수가연물을 저장·취급하는 소방대상물 또는 그 부분에 있어서는 그 바닥면적 $1m^2$당($50m^2$를 초과하는 경우에는 $50m^2$) 10ℓ를 곱한 양 이상이 되도록 한다.

㉡ 차고 또는 주차장에 있어서는 그 바닥면적 $1m^2$당($50m^2$를 초과하는 경우에는 $50m^2$) 20ℓ를 곱한 양 이상이 되도록 한다.

㉢ 절연유 봉입변압기에 있어서는 바닥면적을 제외한 표면적을 합한 면적 $1m^2$당 10ℓ를 곱한 양 이상이 되도록 한다.

㉣ 케이블트레이, 케이블덕트 등에 있어서는 투영된 바닥면적 $1m^2$당 12ℓ를 곱한 양 이상이 되도록 한다.

㉤ 컨베이어벨트 등에 있어서는 벨트 부분의 바닥면적 $1m^2$당 10ℓ를 곱한 양 이상이 되도록 한다.

이때 펌프의 양정은 다음의 식에 따라 산출한 수치 이상이 되도록 하여야 한다.

$$H = h_1 + h_2 \quad [m]$$

여기서, H: 펌프의 양정(m)

h_1: 물분무 헤드의 설계압력환산수두(m)

h_2: 배관의 마찰손실수두(m)

2) 자연낙차를 이용한 가압송수장치

자연낙차를 이용한 가압송수장치로는 고가수조를 이용한 중력방식이 있고 다음의 기준에 따라 설치하여야 한다.

① 고가수조의 자연낙차수두(수조의 하단으로부터 최고층에 설치된 물분무 헤드까지의 수직거리를 말한다.)는 다음의 식에 따라 산출한 수치 이상이 되도록 한다.

$$H = h_1 + h_2 \ [m]$$

여기서, H: 필요한 낙차(m)

h_1: 물분무 헤드의 설계압력 환산수두(m)

h_2: 배관의 마찰손실수두(m)

② 고가수조에는 수위계, 배수관, 급수관, 오버플로관 및 맨홀을 설치한다.

3) 압력수조를 이용한 가압송수장치

압력수조를 이용한 가압송수장치는 다음의 기준에 따라 설치하여야 한다.

① 압력수조의 압력은 다음의 식에 따라 산출한 수치 이상이 되도록 한다.

$$P = P_1 + P_2 + P_3 \ [MPa]$$

여기서, P: 필요한 압력(MPa)

P_1: 물분무 헤드의 설계압력(MPa)

P_2: 배관의 마찰손실수두압(MPa)

P_3: 낙차의 환산수두압(MPa)

② 압력수조에는 수위계, 급수관, 배수관, 급기관, 맨홀, 압력계, 안전장치 및 압력저하방지를 위한 자동식 공기압축기를 설치한다.

8.4 배관설비

(1) 배관의 재질

배관은 배관용 탄소강관(KS D 3507) 또는 배관 내 사용압력이 1.2MPa 이상일 경우에는 압력배관용 탄소강관(KS D 3562)이나 이와 동등 이상의 강도·내식성 및 내열성을 가진 것으로 한다. 다만, 다음에 해당하는 장소는 소방방재청장이 정하여 고시하는 성능시험기술기준에 적합한 소방용 합성수지배관으로 설치할 수도 있다.

① 배관을 지하에 매설하는 경우

② 다른 부분과 내화구조로 구획된 덕트 또는 피트의 내부에 설치하는 경우

③ 천장(상층이 있는 경우에는 상층바닥의 하단을 포함한다. 이하 같다.)과 반자를 불연재료 또는 준불연재료로 설치하고 그 내부에 습식으로 배관을 설치하는 경우 등

(2) 배관의 설치 및 기준

1) 급수배관 및 흡입 측 배관

급수배관은 급수전용으로 하여야 하나, 다만 물분무 소화설비의 기동장치의 조작과 동시에 다른 설비의 용도에 사용하는 배관의 송수를 차단할 수 있거나 물분무 소화설비의 성능에 지장이 없는 경우에는 다른 설비와 겸용으로 할 수 있다. 펌프의 흡입 측 배관은 다음의 기준에 따라 설치한다. 즉,

① 공기고임이 생기지 아니하는 구조로 하고 여과장치를 설치한다.

② 수조가 펌프보다 낮게 설치된 경우에는 각 펌프(충압펌프를 포함한다.)마다 수조로부터 별도로 설치한다.

③ 연결송수관설비의 배관과 겸용할 경우 주배관은 구경 100mm 이상, 방수구로 연결되는 배관의 구경은 65mm 이상의 것으로 하여야 한다.

④ 한 개의 일제개방밸브가 담당하는 유량은 8,300ℓ/min 이하로 한다.

⑤ 펌프의 성능은 체절운전 시에 정격토출압력의 140%를 초과하지 아니하고 정격토출량의 150%로 운전 시에는 정격토출압력의 65% 이상이 되어야 한다. 이때 펌프의 성능시험배관의 설치기준은 다음과 같다.

2) 펌프의 성능시험배관 설치기준

펌프의 성능시험배관은 다음의 기준에 적합하여야 한다. 즉,

① 성능시험배관은 펌프의 토출 측에 설치된 개폐밸브 이전에서 분기하여 설치하고, 유량측정장치를 기준으로 전단직관부에 개폐밸브를, 후단직관부에는 유량조절밸브를 설치한다.

② 유량측정장치는 성능시험배관의 직관부에 설치하되, 펌프의 정격토출량의 175% 이상 측정할 수 있는 성능이 있어야 한다.

③ 동결방지조치를 하거나 동결의 우려가 없는 장소에 설치한다.

3) 기타 배관의 설치기준

가압송수장치의 체절운전 시 수온의 상승을 방지하기 위해 설치하는 안전밸브는, 체크밸브와 펌프 사이에서 분기한 구경 20mm 이상의 배관에 체절압력 미만에서 개방되는 릴리프밸브를 설치한다. 급수배관에 설치되어 급수를 차단할 수 있는 개폐밸브는 개폐표시형으로 하여야 한다. 이 경우 펌프의 흡입 측 배관에는 버터플라이밸브 외의 개폐표시형 밸브를 설치하여야 한다.

급수배관에 설치하여 급수를 차단할 수 있는 개폐밸브에는 그 밸브의 개폐상태를 감시제어반에서 확인할 수 있도록 급수개폐밸브 작동표시 스위치를 다음의 기준에 따라 설치하여야 한다. 즉,

① 급수개폐밸브가 잠길 경우 탬퍼스위치의 동작으로 인하여 감시제어반 또는 수신기에 표시되어야 하며 경보음을 발할 것

② 탬퍼스위치는 감시제어반에서 동작의 유무 확인과 동작시험, 도통시험을 할 수 있을 것

③ 급수개폐밸브의 작동표시 스위치에 사용되는 전기배선은 내화전선 또는 내열전선으로 설치할 것 등

배관은 다른 설비의 배관과 쉽게 구분이 될 수 있는 위치에 설치하거나 그 배관 표면 또는 배관 보온재 표면의 색상을 달리하는 방법 등으로 소방용 설비의 배관임을 표시하여야 한다. 분기배관을 사용할 경우에는 한국소방검정공사 또는 법 제42조 제1항의 규정에 따라 성능시험기관으로 지정받은 기관에서 그 성능을 검증받은 것으로 설치하여야 한다.

(3) 송수구의 설치

물분무 소화설비에는 소방펌프자동차로부터 그 설비에 송수할 수 있는 송수구를 다음의 기

준에 따라 설치하여야 한다. 즉,

① 송수구는 화재층으로부터 지면으로 떨어지는 유리창 등이 송수 및 그 밖의 소화작업에 지장을 주지 아니하는 장소에 설치한다.

② 송수구로부터 물분무 소화설비의 주배관에 이르는 연결배관에 개폐밸브를 설치한 때에는 그 개폐상태를 쉽게 확인 및 조작할 수 있는 옥외 또는 기계실 등의 장소에 설치한다.

③ 구경 65mm의 쌍구형으로 한다.

④ 송수구에는 그 가까운 곳의 보기 쉬운 곳에 송수압력범위를 표시한 표지를 한다.

⑤ 송수구는 하나의 층 바닥면적이 3,000m^{2}를 넘을 때마다 1개(5개를 넘을 경우에는 5개로 한다.) 이상을 설치한다.

⑥ 지면으로부터 높이가 0.5m 이상 1m 이하의 위치에 설치한다.

⑦ 송수구의 가까운 부분에 자동배수밸브(또는 직경 5mm의 배수공) 및 체크밸브를 설치한다. 이 경우 자동배수밸브는 배관 안의 물이 잘 빠질 수 있는 위치에 설치하되, 배수로 인하여 다른 물건 또는 장소에 피해를 주지 아니하여야 한다.

⑧ 송수구에는 이물질을 막기 위한 마개를 씌운다.

8.5 기동장치 및 제어밸브의 설치

(1) 기동장치의 설치

물분무 소화설비의 수동식 기동장치는 다음의 기준에 따라 설치한다. 즉,

① 직접 조작 또는 원격 조작에 따라 각각의 가압송수장치 및 수동식 개방밸브 또는 가압송수장치 및 자동개방밸브를 개방할 수 있도록 설치할 것

② 기동장치의 가까운 곳의 보기 쉬운 곳에 "기동장치"라고 표시한 표지를 할 것 등

자동식 기동장치는 자동화재 탐지설비 감지기의 작동 또는 폐쇄형 스프링클러 헤드의 개방과 연동하여 경보를 발하고 가압송수장치 및 자동개방밸브를 기동할 수 있는 것으로 한다. 다만, 자동화재 탐지설비의 수신기가 설치되어 있는 장소에 상시 사람이 근무하고, 화재 시 물분무 소화설비를 즉시 작동시킬 수 있는 경우에는 그러하지 아니하다.

(2) 제어밸브의 설치

물분무 소화설비의 제어밸브 기타밸브는 다음의 기준에 따라 설치하여야 한다. 즉 제어밸브는 바닥으로부터 0.8m 이상 1.5m 이하의 위치에 설치하고, 제어밸브의 가까운 곳의 보기 쉬운 곳에 "제어밸브"라고 표시한 표지를 한다.

자동 개방밸브 및 수동식 개방밸브는 다음의 기준에 따라 설치하여야 한다. 즉 자동 개방밸브의 기동조작부 및 수동식 개방밸브는 화재 시 용이하게 접근할 수 있는 곳의 바닥으로부터 0.8m 이상 1.5m 이하의 위치에 설치하며, 자동 개방밸브 및 수동식 개방밸브의 2차측 배관부분에는 당해 방수구역 외에 밸브의 작동을 시험할 수 있는 장치를 설치한다. 다만, 방수구역에서 직접 방사시험을 할 수 있는 경우에는 그러하지 아니하다.

8.6 물분무 헤드, 배수설비, 전원설비

(1) 물분무 헤드

물분무 헤드는 표준방사량으로 당해 방호대상물의 화재를 유효하게 소화하는 데 필요한 수를 적정한 위치에 설치하여야 한다. 고압의 전기기기가 있는 장소에 있어서는 전기의 절연을 위하여 전기기기와 물분무 헤드 사이에 표 8-1에 따른 거리를 두어야 한다.

(2) 물분무 헤드의 설치제외

물분무 헤드의 설치제외로는 다음의 장소에 설치하지 아니할 수 있다. 즉 물에 심하게 반응하는 물질 또는 물과 반응하여 위험한 물질을 생성하는 물질을 저장 또는 취급하는 장소나, 고온의 물질 및 증류범위가 넓어 끓어 넘치는 위험이 있는 물질을 저장 또는 취급하는 장소, 또한 운전 시 표면의 온도가 260℃ 이상으로 되는 등 직접 분무를 하는 경우 그 부분에 손상을 입힐 우려가 있는 기계장치가 있는 장소에는 물분무 헤드를 하지 않을 수 있다.

표 8-1 고압전원으로부터 물분무 헤드의 설치거리

전압(kV)	거리(cm)	전압(kV)	거리(cm)
66 이하	70 이상	154 초과 181 이하	180 이상
66 초과 77 이하	80 이상	181 초과 220 이하	210 이상
77 초과 110 이하	110 이상	220 초과 275 이하	260 이상
110 초과 154 이하	150 이상		

(3) 배수설비

물분무 소화설비를 설치하는 차고 또는 주차장에는 다음의 기준에 따라 배수설비를 하여야 한다. 즉,

① 차량이 주차하는 장소의 적당한 곳에 높이 10cm 이상의 경계턱으로 배수구를 설치한다.

② 배수구에는 새어나온 기름을 모아 소화할 수 있도록 길이 40m 이하마다 집수관 및 소화피트 등 기름분리장치를 설치한다.

③ 차량이 주차하는 바닥은 배수구를 향하여 100분의 2 이상의 기울기를 유지한다.

④ 배수설비는 가압송수장치의 최대송수능력의 수량을 유효하게 배수할 수 있는 크기 및 기울기로 한다.

(4) 전원설비

물분무 소화설비에는 그 소방대상물의 수전방식에 따라 다음의 기준에 따른 상용전원회로의 배선을 설치한다. 즉,

① 저압수전인 경우에는 인입개폐기의 직후에서 분기하여 전용배선으로 하여야 하고, 전용의 전선관에 보호되도록 한다.

② 특별고압수전 또는 고압수전일 경우에는 전력용 변압기 2차측의 주차단기 1차측에서 분기하여 전용배선으로 하되, 상용전원의 상시공급에 지장이 없을 경우에는 주차단기 2차측에서 분기하여 전용배선으로 한다. 다만, 가압송수장치의 정격입력전압이 수전전압과 같은 경우에는 제1호의 기준에 따른다.

물분무 소화설비의 비상전원은 자가발전설비 또는 축전지설비(내연기관에 따른 펌프를 사용하는 경우에는 내연기관의 기동 및 제어용 축전지를 말한다.)로서 다음의 기준에 따라 설치하여

야 한다. 다만, 2 이상의 변전소(전기사업법 제67조의 규정에 따른 변전소를 말한다. 이하 같다.)에서 전력을 동시에 공급받을 수 있거나 하나의 변전소로부터 전력의 공급이 중단되는 때에는 자동으로 다른 변전소로부터 전원을 공급받을 수 있도록 상용전원을 설치한 경우와 가압수조방식에는 비상전원을 설치하지 아니할 수 있다. 따라서 비상전원의 설치기준은 다음과 같다. 즉,

① 점검에 편리하고 화재 및 침수 등의 재해로 인한 피해를 받을 우려가 없는 곳에 설치한다.
② 물분무 소화설비를 유효하게 20분 이상 작동할 수 있도록 한다.
③ 상용전원으로부터 전력의 공급이 중단된 때에는 자동으로 비상전원으로부터 전력을 공급받을 수 있도록 한다.
④ 비상전원의 설치장소는 다른 장소와 방화구획한다. 이 경우 그 장소에는 비상전원의 공급에 필요한 기구나 설비 외의 것(열병합발전설비에 필요한 기구나 설비는 제외한다.)을 두어서는 아니 된다.
⑤ 비상전원을 실내에 설치하는 때에는 그 실내에 비상조명등을 설치한다.

8.7 제어반의 설치기준 및 배선설비

(1) 제어반의 설치대상

물분무 소화설비에는 제어반을 설치하되, 감시제어반과 동력제어반으로 구분하여 설치하여야 한다. 다만, 다음의 각 호에 해당하는 경우에는 감시제어반과 동력제어반으로 구분하여 설치하지 아니할 수 있다.

① 다음에 해당하지 아니하는 소방대상물에 설치되는 물분무 소화설비는 감시제어반과 동력제어반으로 구분하여 설치하지 아니할 수 있다. 즉 지하층을 제외한 층수가 7층 이상으로서 연면적이 2,000m^2 이상인 것이거나, 제1호에 해당하지 아니하는 소방대상물로서 지하층의 바닥면적의 합계가 3,000m^2 이상인 것 이외는 감시제어반과 동력제어반으로 구분하여 설치하지 아니할 수 있다. 다만, 차고·주차장 또는 보일러실·기계실·전기실 등 이와 유사한 장소의 면적은 제외한다.
② 내연기관에 따른 가압송수장치를 사용하는 물분무 소화설비에는 역시 감시제어반과 동력제

어반으로 구분하여 설치하지 아니할 수 있다.

③ 고가수조 및 압력수조에 따른 가압송수장치를 사용하는 물분무 소화설비에도 역시 감시제어반과 동력제어반으로 구분하여 설치하지 아니할 수 있다.

(2) 감시제어반의 기능 및 설치기준

1) 감시제어반의 기능

감시제어반의 기능은 다음 각 호의 기준에 적합하여야 한다. 다만, 제1항 각 호의 1에 해당하는 경우에는 제3호 및 제6호의 규정을 적용하지 아니한다.

① 각 펌프의 작동 여부를 확인할 수 있는 표시등 및 음향경보기능이 있어야 할 것

② 각 펌프를 자동 및 수동으로 작동시키거나 중단시킬 수 있어야 한다.

③ 비상전원을 설치한 경우에는 상용전원 및 비상전원의 공급 여부를 확인할 수 있어야 할 것

④ 수조 또는 물올림탱크가 저수위로 될 때 표시등 및 음향으로 경보할 것

⑤ 각 확인회로(기동용 수압개폐장치의 압력스위치 회로·수조 또는 물올림탱크의 감시회로를 말한다.)마다 도통시험 및 작동시험을 할 수 있어야 할 것

⑥ 예비전원이 확보되고 예비전원의 적합 여부를 시험할 수 있어야 할 것

2) 감시제어반의 설치기준

감시제어반은 다음 각 호의 기준에 따라 설치하여야 한다. 즉,

① 화재 및 침수 등의 재해로 인한 피해를 받을 우려가 없는 곳에 설치한다.

② 감시제어반은 물분무 소화설비의 전용으로 할 것. 다만, 물분무 소화설비의 제어에 지장이 없는 경우에는 다른 설비와 겸용할 수 있다.

③ 감시제어반은 다음 각 목의 기준에 따라 전용실 안에 설치한다. 다만 제1항 각 호의 1에 해당하는 경우와 공장, 발전소 등에서 설비를 집중 제어·운전할 목적으로 설치하는 중앙제어실 내에 감시제어반을 설치하는 경우에는 그러하지 아니한다.

㉠ 다른 부분과 방화구획을 한다. 이 경우 전용실의 벽에는 기계실 또는 전기실 등의 감시를 위하여 두께 7mm 이상의 망입유리(두께 16.3mm 이상의 접합유리 또는 두께 28mm 이상의 복층유리를 포함한다.)로 된 $4m^2$ 미만의 붙박이창을 설치할 수 있다.

㉡ 피난층 또는 지하 1층에 설치한다. 다만, 다음에 해당하는 경우에는 지상 2층에 설치하거나 지하 1층 외의 지하층에 설치할 수 있다. 즉, 건축법시행령 제35조의 규정에 따라 특별피난계단이 설치되고 그 계단(부속실을 포함한다.) 출입구로부터 보행거리 5m 이내에 전용실의 출입구가 있는 경우와 아파트의 관리동(관리동이 없는 경우에는 경비실)에 설치하는 경우에는 지상 2층에 설치하거나 지하 1층 외의 지하층에 설치할 수 있다.

㉢ 감시제어반에는 비상조명등 및 급·배기설비를 설치한다.

㉣ 감시제어반에는 무선통신보조설비의 화재안전기준(NFSC505) 제6조의 규정에 따른 무선기기 접속단자(영 별표 4 소화활동설비의 소방시설 적용기준란 제5호의 규정에 따른 무선통신보조설비가 설치된 특정소방대상물에 한한다.)를 설치한다.

㉤ 바닥면적은 감시제어반의 설치에 필요한 면적 외에 화재 시 소방대원이 그 감시제어반의 조작에 필요한 최소면적 이상으로 한다.

④ 제3호의 규정에 따른 전용실에는 소방대상물의 기계·기구 또는 시설 등의 제어 및 감시설비 외의 것을 두지 아니할 것

(3) 동력제어반의 설치기준

동력제어반은 다음의 기준에 따라 설치하여야 한다. 즉,

① 앞면은 적색으로 하고 "물분무 소화설비용 동력제어반"이라고 표시한 표지를 설치한다.

② 외함은 두께 1.5mm 이상의 강판 또는 이와 동등 이상의 강도 및 내열성능이 있는 것으로 한다.

③ 그 밖의 동력제어반의 설치에 관하여는 제3항 제1호 및 제2호의 기준을 준용한다.

(4) 배선

물분무 소화설비의 배선은 전기사업법 제67조의 규정에 따른 기술기준에서 정한 것 외에 다음 각 호의 기준에 따라 설치하여야 한다.

① 비상전원으로부터 동력제어반 및 가압송수장치에 이르는 전원회로배선은 내화배선으로 한다. 다만, 자가발전설비와 동력제어반이 동일한 실에 설치된 경우에는 자가발전기로부터 그 제어반에 이르는 전원회로배선은 그러하지 아니하다.

② 상용전원으로부터 동력제어반에 이르는 배선, 그 밖의 물분무 소화설비의 감시·조작 또는 표시등회로의 배선은 내화배선 또는 내열배선으로 한다. 다만, 감시제어반 또는 동력제어반 안의 감시·조작 또는 표시등회로의 배선은 그러하지 아니하다.

제1항의 규정에 따른 내화배선 및 내열배선에 사용되는 전선 및 설치방법은 옥내소화전설비의 화재안전기준(NFSC 102) 별표 1의 기준에 따른다. 그리고 물분무 소화설비의 과전류차단기 및 개폐기에는 "물분무 소화설비용"이라고 표시한 표지를 하여야 한다.

물분무 소화설비용 전기배선의 양단 및 접속단자에는 다음의 기준에 따라 표지하여야 한다. 즉,

① 단자에는 "물분무 소화설비단자"라고 표시한 표지를 부착한다.

② 물분무 소화설비용 전기배선의 양단에는 다른 배선과 식별이 용이하도록 표시한다.

8.8 수원 및 가압송수장치의 펌프 등의 겸용

(1) 수원의 양

물분무 소화설비의 수원을 옥내소화전설비·스프링클러설비·간이스프링클러설비·화재조기진압용 스프링클러설비·포소화전설비 및 옥외소화전설비의 수원과 겸용하여 설치하는 경우의 저수량은, 각 소화설비에 필요한 저수량을 합한 양 이상이 되도록 하여야 한다. 다만, 이들 소화설비 중 고정식 소화설비(펌프·배관과 소화수 또는 소화약제를 최종 방출하는 방출구가 고정된 설비를 말한다. 이하 같다.)가 2 이상 설치되어 있고, 그 소화설비가 설치된 부분이 방화벽과 방화문으로 구획되어 있는 경우에는 각 고정식 소화설비에 필요한 저수량 중 최대의 것 이상으로 할 수가 있다.

(2) 펌프의 토출량

물분무 소화설비의 가압송수장치로 사용하는 펌프를 옥내소화전설비·스프링클러설비·간이스프링클러설비·화재조기진압용 스프링클러설비·포소화설비 및 옥외소화전설비의 가압송수장치와 겸용하여 설치하는 경우의 펌프의 토출량은 각 소화설비에 해당하는 토출량을 합한 양

이상이 되도록 하여야 한다. 다만, 이들 소화설비 중 고정식 소화설비가 2 이상 설치되어 있고, 그 소화설비가 설치된 부분이 방화벽과 방화문으로 구획되어 있으며 각 소화설비에 지장이 없는 경우에는 펌프의 토출량 중 최대의 것 이상으로 할 수 있다.

(3) 배관 및 송수구의 설치

옥내소화전설비·스프링클러설비·간이스프링클러설비·화재조기진압용 스프링클러설비·물분무 소화설비·포소화설비 및 옥외소화전설비의 가압송수장치에 있어서 각 토출 측 배관과 일반급수용의 가압송수장치의 토출 측 배관을 상호 연결하여 화재 시 사용할 수 있다. 이 경우 연결배관에는 개폐표시형 밸브를 설치하여야 하며, 각 소화설비의 성능에 지장이 없도록 하여야 한다.

물분무 소화설비의 송수구를 옥내소화전설비·스프링클러설비·간이스프링클러설비·화재조기진압용 스프링클러설비·포소화설비·연결송수관설비 또는 연결살수설비의 송수구와 겸용으로 설치하는 경우에는 스프링클러설비 송수구의 설치기준에 따르되 각각의 소화설비의 기능에는 지장이 없도록 하여야 한다.

제8장 연습문제

·e·x·e·r·c·i·s·e

01. 물분무 소화설비의 적용범위 및 설치대상은?

02. 물분무 소화설비에 있어서 수원의 저수량 기준에 대하여 기술하라.

03. 스프링클러 소화설비와 물분무 소화설비의 차이점에 대하여 기술하라.

04. 물분무 소화설비에 송수할 수 있는 송수구의 설치기준은?

05. 물분무 소화설비 시 사용되는 헤드의 종류 및 구조, 그리고 소화작용에 대하여 기술하라.

06. 물분무 소화설비의 기동장치에 대하여 간단하게 설명하라.

07. 물분무 소화설비에 사용하는 일제개방밸브의 유량은 분당 몇 ℓ인가?

08. 바닥면적이 150㎡인 주차장에 물분무 소화설비를 설치할 경우 다음을 구하라.

㉠ 수원의 최소 유효 저수량[ℓ]은 얼마인가?

㉡ 가압송수장치의 토출량[ℓ/min]은?

09. 물분무 소화설비에서 제어반의 종류와 설치기준은?

10. 물분무 소화설비는 다수의 가연성 액체연소에도 소화효과가 있는데, 그것은 물분무의 어떤 작용에 기인한 것인지 설명하라.

11. 물분무 소화설비의 배수설비 기준에 대하여 기술하라.

Chapter 9

소화활동 및 소화용수설비

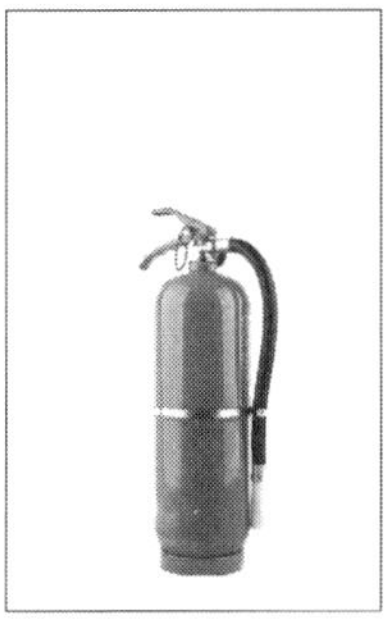
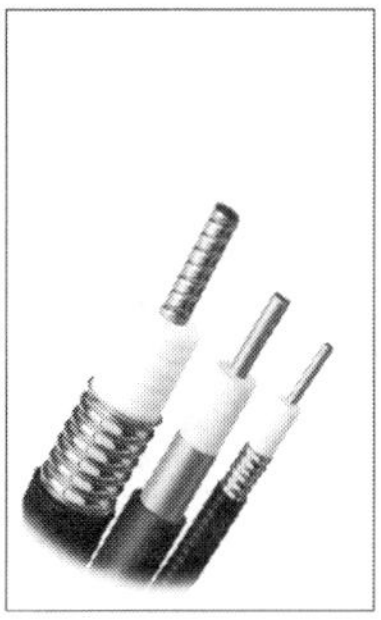

■ 개요

소화활동설비란 화재가 발생했을 때 소화활동 상 필요한 시설로서 발생하는 연기, 열, 화염에 의해 소화활동이 저해되거나 또는 고층 건물이나 지하도 등에서 소화활동이 곤란함이 예상되는 경우에 소화활동을 유효하게 하기 위하여 미리 방화대상물에 설치하는 것을 말한다. 따라서 제연설비는 화재에 의하여 발생하는 연기를 강제적으로 건축물 밖으로 배출하기 위한 일체 설비이다.

예를 들어 일반적으로 실내에서 소화활동이 곤란해도 사다리차, 스노켈차(공기호흡장치구비차량) 등을 사용하여 외부에서 소화활동을 하는 것은 가능한데, 고층건물의 경우에는 이 방법도 매우 곤란하게 된다. 마찬가지로 지하층의 경우도 한정된 공간에서 연기가 배연되지 못하여 내부에 충만되어 소화활동이 곤란하게 된다. 이와 같이 이러한 것을 예상하여 방화대상물에 설치하는 일련의 설비를 소화활동설비라 한다.

이러한 대표적인 설비들에는 화재 시 발생한 연기를 신속히 배출하기 위한 제연설비, 소화용수를 송수하기 위한 송수관설비 및 연결살수설비 그리고 비상 콘센트 및 소화활동의 연락을 위해 사용하는 무선 기능을 확보하기 위한 무선통신보조설비 등이 있다.

9.1 제연설비

(1) 적용범위 및 구성

제연설비는 제연설비의 설치유지 및 안전관리에 필요한 사항을 규정한 화재안전기준(NFSC 501)에서 정한 기준에 의해 설치·설비하여야 한다. 이와 관련된 법률은 소방시설설치유지 및 안전관리에 관한 법률(이하 “법”이라 한다.) 제9조 제1항 및 동법률시행령(이하 영이라 한다.) 별표 4 소화활동설비의 소방시설 적용기준에서 정하는 규정에 따라 설비를 설치하고 유지·관리하여야 한다.

제연설비는 그림 9.1과 같이 기계배연방식에 의해 크게 배연기, 배출풍도, 전원 등으로 구성

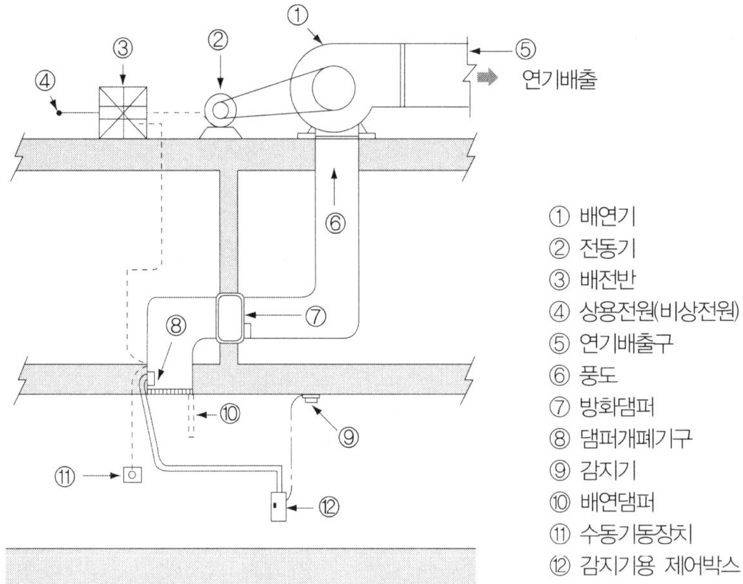

그림 9.1 제연설비의 구성

되어 있다. 연기의 배출방식은 연기를 흡입 배출하는 방식과 연기를 분출하는 방식으로 분류할 수 있는데 일반적으로는 연기를 흡입 배출하는 방식이 사용된다.

(2) 설치대상

소방시설설치유지 및 안전관리에 관한 법률(이하 "법"이라 한다.) 제9조 제1항 및 동법률시행령(이하 영이라 한다.) 별표 4에 의해 제연설비를 설치하여야 하는 특정소방대상물은 다음 각 목과 같다.

① 문화집회 및 운동시설로서 무대부의 바닥면적이 200제곱미터 이상 또는 문화집회 및 운동시설 중 영화상영관으로서 수용인원 100인 이상인 것

② 근린생활시설·위락시설, 판매시설 및 영업시설, 숙박시설로서 지하층 또는 무창층의 바닥면적이 1천 제곱미터 이상인 것은 당해 용도로 사용되는 모든 층

③ 판매시설 및 영업시설 중 시외버스정류장·철도역사·공항시설·해운시설의 대합실 또는 휴게시설로서 지하층 또는 무창층의 바닥면적이 1천 제곱미터 이상인 것

④ 지하가(터널을 제외한다.)로서 연면적 1천 제곱미터 이상인 것

⑤ 지하가 중 터널로서 길이가 1천 미터 이상인 것

⑥ 특정소방대상물(갓복도형 아파트를 제외한다.)에 부설된 특별피난계단 또는 비상용 승강기의 승강장

등이다.

이때 화재안전기준(NFSC 501)에서 사용하는 주요 용어의 정의는 다음과 같다. 즉 "제연구역"이라 함은 제연경계(제연설비의 일부인 천장을 포함한다.)에 의해 구획된 건물 내의 공간을 말한다. "예상제연구역"이라 함은 화재 발생 시 연기의 제어가 요구되는 제연구역을 말하며, "제연경계의 폭"이라 함은 제연경계의 천장 또는 반자로부터 그 수직 하단까지의 거리를 말하고, "수직거리"라 함은 제연경계의 바닥으로부터 그 수직 하단까지의 거리를 말한다.

"공동 예상제연구역"이라 함은 2개 이상의 예상제연구역을 말하며, "방화문"이라 함은 건축법시행령 제64조의 규정에 따른 갑종방화문 또는 을종방화문으로서 언제나 닫힌 상태를 유지하거나 화재로 인한 연기의 발생 또는 온도의 상승에 따라 자동적으로 닫히는 구조를 말한다. 또한 "유입풍도"라 함은 예상제연구역으로 공기를 유입하도록 하는 풍도를 말하고, "배출풍도"라 함은 예상제연구역의 공기를 외부로 배출하도록 하는 풍도를 말한다.

(3) 제연설비 설치장소의 구획

제연설비의 설치장소는 다음 각 호에 따른 제연구역으로 구획하여야 한다. 즉,

① 하나의 제연구역의 면적은 1,000m^2 이내로 할 것

② 거실과 통로(복도를 포함한다. 이하 같다.)는 상호 제연구획할 것

③ 통로 상의 제연구역은 보행중심선의 길이가 60m를 초과하지 아니할 것

④ 하나의 제연구역은 직경 60m의 원 내에 들어갈 수 있을 것

⑤ 하나의 제연구역은 2개 이상 층에 미치지 아니하도록 하고 다만, 층의 구분이 불분명한 부분은 그 부분을 다른 부분과 별도로 제연구획하여야 한다.

등이다.

제연구역의 구획에서 보·제연경계벽 및 벽(이때 화재 시 자동으로 구획되는 가동벽을 포함한다.)은 다음의 기준에 적합하여야 한다.

① 재질은 내화재료, 불연재료 또는 제연경계벽으로 성능을 인정받은 것으로서 화재 시 쉽게 변형·파괴되지 아니하고 연기가 누설되지 않는 기밀성 있는 재료로 한다.

② 제연경계는 제연경계의 폭이 0.6m 이상이고, 수직거리는 2m 이내이어야 한다. 다만, 구조상 불가피한 경우는 2m를 초과할 수 있다.
③ 제연경계벽은 배연 시 기류에 따라 그 하단이 쉽게 흔들리지 아니하여야 하며, 또한 가동식의 경우에는 급속히 하강하여 인명에 위해를 주지 아니하는 구조로 한다.

(4) 제연방식

예상제연구역에 대하여는 화재 시 연기 배출(이하 "배출"이라 한다.)과 동시에 공기 유입이 될 수 있게 하고, 배출구역이 거실일 경우에는 통로에 동시에 공기가 유입될 수 있도록 하여야 한다. 위 1항의 규정에 불구하고 통로와 인접하고 있는 거실의 바닥면적이 $50m^2$ 미만으로 구획되고 그 거실에 통로가 인접하여 있는 경우에는 화재 시 그 거실에서 직접 배출하지 아니하고 인접한 통로의 배출만으로 갈음할 수 있다. 다만, 그 거실이 다른 거실의 피난을 위한 경유거실인 경우에는 그 거실에서 직접 배출하여야 한다. 이때 제연경계에 따른 구획은 제외한다. 다만, 거실과 통로와의 구획은 그러하지 아니하다.

통로의 주요 구조부가 내화구조이며 마감이 불연재료 또는 난연재료로 처리되고 가연성 내용물이 없는 경우에 그 통로는 예상제연구역으로 간주되지 아니할 수 있다. 다만, 화재 발생 시 연기의 유입이 우려되는 통로는 그러하지 아니하다.

(5) 제연 배출량 및 배출방식

거실의 바닥면적이 $400m^2$ 미만으로 구획된 예상제연구역에 대한 배출량은 다음의 기준에 따른다. 다만, 거실과 통로와의 구획은 그러하지 아니하다. 이때 제연경계에 따른 구획을 제외한다.

① 바닥면적 $1m^2$당 $1m^3/min$ 이상으로 하되, 예상제연구역 전체에 대한 최저배출량은 $5,000m^3/hr$ 이상으로 한다. 다만, 예상제연구역이 다른 거실의 피난을 위한 경유거실인 경우에는 그 예상제연구역의 배출량은 이 기준량의 1.5배 이상으로 하여야 한다.
② 규정에 따라 바닥면적이 $50m^2$ 미만인 예상제연구역을 통로배출방식으로 하는 경우에는 통로보행중심선의 길이 및 수직거리에 따라 표 9-1에서 정하는 기준량 이상으로 한다.

표 9-1 제1항 제1호 표

통로 길이	수직거리	배출량	비고
40m 이하	2m 이하	25,000m^3/hr	벽으로 구획된 경우를 포함한다.
	2m 초과 2.5m 이하	30,000m^3/hr	
	2.5m 초과 3m 이하	35,000m^3/hr	
	3m 초과	45,000m^3/hr	
40m 초과 60m 이하	2m 이하	30,000m^3/hr	벽으로 구획된 경우를 포함한다.
	2m 초과 2.5m 이하	35,000m^3/hr	
	2.5m 초과 3m 이하	40,000m/hr	
	3m 초과	50,000m^3/hr	

바닥면적 400m^2 이상인 거실의 예상제연구역의 배출량은 다음의 기준에 적합하여야 한다. 즉,

① 예상제연구역이 직경 40m인 원의 범위 안에 있을 경우에는 배출량을 40,000m^3/hr 이상으로 한다. 다만, 예상제연구역이 제연경계로 구획된 경우에 그 수직거리에 따라 배출량은 표 9-2에 따른다.

② 예상제연구역이 직경 40m인 원의 범위를 초과할 경우에는 배출량을 45,000m^3/hr 이상으로 한다. 다만, 예상제연구역이 제연경계로 구획된 경우에 그 수직거리에 따라 배출량은 표 9-3에 따른다.

예상되는 제연구역이 통로인 경우 배출량은 45,000m^3/hr 이상으로 한다. 다만, 예상제연구역이 제연경계로 구획된 경우에는 그 수직거리에 따라 배출량은 위 제2항 제2호의 표에 따른다.

배출은 각 예상제연구역별로 위에 따른 배출량 이상을 배출하되, 2개 이상의 예상제연구역이 설치된 소방대상물에서 배출을 각 예상지역별로 구분하지 아니하고 공동 예상제연구역을

표 9-2 수직거리에 따른 배출량(제연구역 직경 40m 원 이내의 경우)

수직거리	배출량
2m 이하	40,000m^3/hr 이상
2m 초과 2.5m 이하	45,000m^3/hr 이상
2.5m 초과 3m 이하	50,000m^3/hr 이상
3m 초과	60,000m^3/hr 이상

표 9-3 수직거리에 따른 배출량(제연구역 직경 40m 원을 초과하는 경우)

수직거리	배출량
2m 이하	45,000m^3/hr 이상
2m 초과 2.5m 이하	50,000m^3/hr 이상
2.5m 초과 3m 이하	55,000m^3/hr 이상
3m 초과	65,000m^3/hr 이상

동시에 배출하고자 할 때의 배출량은 다음에 따라야 한다. 다만, 거실과 통로는 공동 예상제연구역으로 할 수 없다.

① 공동 예상제연구역 안에 설치된 예상제연구역이 각각 벽으로 구획된 경우(제연구역의 구획 중 출입구만을 제연경계로 구획한 경우를 포함한다.)에는 각 예상제연구역의 배출량을 합한 것 이상으로 한다.

② 공동 예상제연구역 안에 설치된 예상제연구역이 각각 제연경계로 구획된 경우(예상제연구역의 구획 중 일부가 제연경계로 구획된 경우를 포함하나 출입구 부분만을 제연경계로 구획한 경우를 제외한다.)에 배출량은 각 예상제연구역의 배출량 중 최대의 것으로 한다. 이 경우 공동제연예상구역이 거실일 때에는 그 바닥면적이 1,000m^2 이하이며, 직경 40m 원 안에 들어가야 하고, 공동제연예상구역이 통로일 때에는 보행중심선의 길이를 40m 이하로 하여야 한다. 또 수직거리가 구획부분에 따라 다른 경우는 수직거리가 긴 것을 기준으로 한다.

(6) 배출구, 배출기, 배출풍도의 설치

1) 배출구

예상제연구역에 대한 배출구의 설치는 다음의 기준에 따라야 한다.

① 바닥면적이 400m^2 미만인 예상제연구역에 대한 배출구의 설치는 다음 각 목의 기준에 적합해야 한다. 이때 통로인 예상제연구역을 제외한다.

㉠ 예상제연구역이 벽으로 구획되어 있는 경우의 배출구는 천장 또는 반자와 바닥 사이의 중간 윗부분에 설치한다.

㉡ 예상제연구역 중 어느 한 부분이 제연경계로 구획되어 있는 경우에는 천장·반자 또는

이에 가까운 벽의 부분에 설치한다. 다만, 배출구를 벽에 설치하는 경우에는 배출구의 하단이 당해 예상제연구역에서 제연경계의 폭이 가장 짧은 제연경계의 하단보다 높이 되도록 하여야 한다.

② 통로인 예상제연구역과 바닥면적이 400m^2 이상인 통로 외의 예상제연구역에 대한 배출구의 위치는 다음 각 목의 기준에 적합하여야 한다.

㉠ 예상제연구역이 벽으로 구획되어 있는 경우의 배출구는 천장·반자 또는 이에 가까운 벽의 부분에 설치한다. 다만, 배출구를 벽에 설치한 경우에는 배출구의 하단과 바닥 사이의 최단거리가 2m 이상이어야 한다.

㉡ 예상제연구역 중 어느 한 부분이 제연경계로 구획되어 있을 경우에는 천장·반자 또는 이에 가까운 벽의 부분(제연경계를 포함한다.)에 설치한다. 다만, 배출구를 벽 또는 제연경계에 설치하는 경우에는 배출구의 하단이 당해 예상제연구역에서 제연경계의 폭이 가장 짧은 제연경계의 하단보다 높이 되도록 설치하여야 한다. 또한 예상제연구역의 각 부분으로부터 하나의 배출구까지의 수평거리는 10m 이내가 되도록 하여야 한다.

2) 배출기 및 배출풍도

배출기는 다음의 기준에 따라 설치하여야 한다.

① 배출기의 배출능력은 제6조 제1항 내지 제4항의 배출량 이상이 되도록 한다.

② 배출기와 배출풍도의 접속부분에 사용하는 캔버스는 내열성이 있는 것으로 한다. 이때 석면재료는 제외한다.

③ 배출기의 전동기 부분과 배풍기 부분은 분리하여 설치하여야 하며, 배풍기 부분은 유효한 내열처리를 한다.

배출풍도는 다음의 기준에 따라야 한다. 즉 배출풍도는 아연도금강판 또는 이와 동등 이상의 내식성·내열성이 있는 것으로 하며, 내열성(이때 석면재료를 제외한다.)의 단열재로 유효한 단열처리를 하고, 강판의 두께는 배출풍도의 크기에 따라 표 9-4에 따른 기준 이상으로 한다.

또한 배출기의 흡입 측 풍도 안의 풍속은 15m/s 이하로 하고 배출 측 풍속은 20m/s 이하로 한다.

표 9-4 풍도의 크기에 따른 강판 두께

풍도 단면의 긴 변 또는 직경의 크기	450mm 이하	450mm 초과 750mm 이하	750mm 초과 1,500mm 이하	1,500mm 초과 2,250mm 이하	2,250mm 초과
강판 두께	0.5mm	0.6mm	0.8mm	1.0mm	1.2mm

(7) 공기 유입방식, 유입구, 유입풍도

1) 공기 유입방식 및 유입구

예상제연구역에 대한 공기 유입은 유입풍도를 경유한 강제유입 또는 자연유입방식으로 하거나, 인접한 제연구역 또는 통로에 유입되는 공기가 당해 구역으로 유입되는 방식으로 할 수 있다. 이때 유입되는 공기는 가압의 결과를 일으키는 경우를 포함한다.

예상제연구역에 설치되는 공기유입구는 다음의 기준에 적합하여야 한다. 즉,

① 바닥면적 400m^2 미만의 거실인 예상제연구역(제연경계에 따른 구획을 제외한다. 다만, 거실과 통로와의 구획은 그러하지 아니하다.)에 대하여서는 바닥 외의 장소에 설치하고 공기유입구와 배출구 사이의 직선거리는 5m 이상으로 한다. 다만, 공연장·집회장·위락시설의 용도로 사용되는 부분의 바닥면적이 200m^{2}를 초과하는 경우의 공기유입구는 제2호의 기준에 따른다.

② 바닥면적이 400m^2 이상의 거실인 예상제연구역(제연경계에 따른 구획을 제외한다. 다만, 거실과 통로와의 구획은 그러하지 아니하다.)에 대하여는 바닥으로부터 1.5m 이하의 높이에 설치하고 그 주변 2m 이내에는 가연성 내용물이 없도록 한다.

③ 위에 해당하는 것 외의 예상제연구역에 대한 유입구는 다음에 따른다. 이때 통로인 예상제연구역을 포함한다. 다만, 제연경계로 인접하는 구역의 유입 공기가 당해 예상제연구역으로 유입되게 한 때에는 그러하지 아니하다.

㉠ 유입구를 벽에 설치할 경우에는 제2호의 기준에 따를 것

㉡ 유입구를 벽 외의 장소에 설치할 경우에는 유입구 상단이 천장 또는 반자와 바닥 사이의 중간 아랫부분보다 낮게 되도록 하고, 수직거리가 가장 짧은 제연경계 하단보다 낮게 되도록 설치할 것

등이다.

공동 예상제연구역에 설치되는 공기유입구는 다음 각 호의 기준에 적합하게 설치하여야 한다. 즉,

① 공동 예상제연구역 안에 설치된 각 예상제연구역이 벽으로 구획되어 있을 때에는 위의 규정에 따라 설치한다.

② 공동 예상제연구역 안에 설치된 각 예상제연구역의 일부 또는 전부가 제연경계로 구획되어 있을 때에는 공동 예상제연구역 안의 1개 이상의 장소에는 위의 규정에 따라 설치한다.

인접한 제연구역 또는 통로에 유입되는 공기를 당해 예상제연구역에 대한 공기유입으로 하는 경우에는 그 인접한 제연구역 또는 통로의 유입구가 제연경계 하단보다 높은 경우 그 인접한 제연구역 또는 통로의 화재 시 그 유입구는 다음의 기준에 적합하도록 한다. 즉,

① 각 유입구는 자동폐쇄될 것

② 당해 구역 내에 설치된 유입풍도가 당해 제연구획부분을 지나는 곳에 설치된 댐퍼는 자동폐쇄될 것

등이다.

예상제연구역에 공기가 유입되는 순간의 풍속은 5m/s 이하가 되도록 하고, 유입구의 구조는 유입공기를 하향 60° 이내로 분출할 수 있도록 하여야 한다. 예상제연구역에 대한 공기유입구의 크기는 당해 예상제연구역 배출량 $1m^3/min$에 대하여 $35cm^2$ 이상으로 하여야 한다. 예상제연구역에 대한 공기유입량은 위의 공기유입량 규정에 따른 배출량 이상이 되도록 하여야 한다.

2) 유입풍도

유입풍도 안의 풍속은 20m/s 이하로 하여야 하고, 옥외에 면하는 배출구 및 공기유입구는 비 또는 눈 등이 들어가지 아니하도록 하며, 배출된 연기가 공기유입구로 순환 유입되지 아니하도록 하여야 한다.

(8) 제연설비의 전원 및 기동 설치기준

비상전원의 자가발전설비 또는 축전지설비는 다음의 기준에 따라 설치하여야 한다. 다만, 2 이상의 변전소(전기사업법 제67조의 규정에 따른 변전소를 말한다.)에서 전력을 동시에 공급받을 수 있거나 하나의 변전소로부터 전력의 공급이 중단되는 때 자동으로 다른 변전소로부터

전원을 공급받을 수 있도록 상용전원을 설치한 경우에는 그러하지 아니하다. 즉,

① 점검에 편리하고 화재 및 침수 등의 재해로 인한 피해를 받을 우려가 없는 곳에 설치한다.
② 제연설비를 유효하게 20분 이상 작동할 수 있도록 한다.
③ 상용전원으로부터 전력의 공급이 중단된 때에는 자동으로 비상전원으로부터 전력을 공급받을 수 있도록 한다.
④ 비상전원의 설치장소는 다른 장소와 방화구획한다. 이 경우 그 장소에는 비상전원의 공급에 필요한 기구나 설비 외의 것을 두어서는 아니 된다. 이때 열병합발전설비에 필요한 기구나 설비는 제외한다.
⑤ 비상전원을 실내에 설치하는 때에는 그 실내에 비상조명등을 설치한다.

또한 가동식의 벽·제연경계벽·댐퍼 및 배출기의 작동은 자동화재감지기와 연동되어야 하며, 예상제연구역(또는 인접장소) 및 제어반에서 수동으로 기동이 가능하도록 하여야 한다.

(9) 터널의 제연설비 설치기준

터널에 설치되는 제연설비는 위 규정에도 불구하고 도로의 구조·시설기준에 관한 규칙 제41조 규정에 따른 환기설비가 화재 발생 시 제연설비의 기능에 적합하도록 다음의 기준에 따라 설치하여야 한다. 즉,

① 화재 발생 상황을 자동으로 감지하여 유효하게 제연기능으로 전환될 수 있도록 한다.
② 화재 시 발생한 연기의 역류를 방지하고 연기층이 교란되지 않도록 한다.
③ 송풍기는 다음 각 목의 기준에 적합하게 한다.
  ㉠ 화재 시 열기류에 노출되는 송풍기와 그 부품들은 250℃의 온도에서 1시간 이상의 가동상태를 유지할 수 있도록 할 것
  ㉡ 화재에 직접 노출되는 송풍기를 설치할 경우에는 예비 송풍기를 별도로 확보할 것 등
④ 제연용량의 산정 시 화재 강도는 20MW 이상으로 한다.
⑤ 위 규정에 따른 비상전원을 설치할 것

(10) 제연설비 설치제외 및 설치·유지기준의 특례

제연설비를 설치하여야 할 소방대상물 중 화장실·목욕실 또는 사람이 상주하지 아니하는 50m^2 미만의 창고 등으로 사용되는 부분에 대하여는 배출구·공기유입구의 설치 및 배출량 산

정에서 이를 제외한다.

제연설비 설치·유지 기준의 특례사항으로는, 소방본부장 또는 소방서장은 기존 건축물이 증축·개축·대수선되거나 용도 변경되는 경우에 있어서 이 기준이 정하는 기준에 따라 당해 건축물에 설치하여야 할 제연설비의 배관·배선 등의 공사가 현저하게 곤란하다고 인정되는 경우, 당해 설비의 기능 및 사용에 지장이 없는 범위 안에서 제연설비의 설치·유지 기준의 일부를 적용하지 아니할 수 있다.

9.2 연결송수관설비

연결송수관설비는 소방대가 소화활동을 할 때에 소화용수를 화재 발생층까지 원활하게 송수하기 위해 미리 건물에 설치하는 송수배관설비이다. 따라서 연결송수관은 화재 시에 호스를 연장하는 것이 곤란한 고층 건축물, 아케이드 등에서 유효한 주수(注水) 소화를 할 수 있는 것을 목적으로 설치하는 것으로서, 방화대상물에 설치되어 있는 송수구, 배관 등을 통하여 소방자동차의 펌프로부터 송수하여 방수구에서 호스나 방수구 등에 의해 방수시켜 소화한다. 일반적으로 송수구, 배관, 밸브류로 구성되어 있고, 고층 건축물에 설치되는 것은 가압 송수장치와 방수용 기구를 적재한 케이스 등을 설치하게 되어 있다.

(1) 설치대상 및 구성

연결송수관설비는 소방시설설치유지 및 안전관리에 관한 법률(이하 "법"이라 한다.) 제9조 제1항 및 동법률시행령(이하 영이라 한다.) 별표 4 소화활동설비의 소방시설 적용기준란 제2호에서 정하는 규정에 따라 설비를 설치하고 유지·관리하여야 한다. 따라서 연결송수관설비를 설치하여야 하는 특정소방대상물(가스시설 또는 지하구를 제외한다.)은 다음과 같다. 즉,

① 층수가 5층 이상으로서 연면적 6천 제곱미터 이상인 것
② ①목에 해당하지 아니하는 특정소방대상물로서 지하층을 포함하는 층수가 7층 이상인 것
③ ①목 및 ②목에 해당하지 아니하는 특정소방대상물로서 지하층의 층수가 3개층 이상이고 지하층의 바닥면적의 합계가 1천 제곱미터 이상인 것

④ 지하가 중 터널로서 길이가 2천 미터 이상인 것
등이다.

연결송수관설비의 주요 구성을 살펴보면, 위 설치대상과 같은 큰 건물 등에서 화재가 발생한 경우 소방펌프 자동차에 송수용의 호스를 연장한다면 방수가 시작되기까지 준비에 시간이 소요되어 신속하게 소화시키는 데 제대로 역할을 수행할 수 없게 된다. 따라서 신속한 소화를 위해서 그림 9.1과 같이 미리 소화대상물의 외부에서 소방 펌프설치 자동차가 용이하게 접근할 수 있는 곳에 가압수를 송수할 수 있는 송수구 및 건물의 각 층에 추출용 방수구를 설치하고 그 사이를 배관으로 접속시켜 소방대가 송수구에 호스를 접속하여 화재 현장의 방수구로부터 소화 활동을 신속하게 할 수 있도록 구성해야 한다. 이때 송수 배관은 습식 또는 건식 중 선택할 수 있는데, 건식 배관에 송수하는 경우는 배관 내에 충수하는 과정에서 수격이 발생하거나 공기가 혼입된 방수가 계속되면 송수 압력의 변동으로 방수구의 조작이 곤란한 경우가 발생하므로, 배관이 길어지는 대형 건물에서는 습식이 좀 더 확실하고 사용이 용이하다.

11층 이상에서 70m를 초과하는 고층 건축물에서는 그림 9.2와 같이 중간층에 펌프 설비(부스터 펌프)를 설치하고 소방 펌프 자동차에서의 송수를 재가압하여 상층의 방수구부에서 800ℓ/min, 압력 0.6MPa(6kg/cm^2) 이상 확보할 수 있으며 또한 3개소 동시에 방수할 수 있도록 유량을 확보해야 한다. 중간층에 설치한 펌프 설비는 송수구 가까이에 또는 방재 센터에서 원격 시동을 할 수 있도록 조작 스위치를 설치할 필요가 있다. 가압 송수장치에 대해서는 2시간 이상 유효하게 작동할 수 있는 비상용 전원설비의 설치가 의무화되어 있다.

(2) 송수구의 설치 및 설치기준

송수구에는 자립 타입의 스탠드형과 건물의 외벽면에 설치된 매립형의 두 종류가 있다. 매립형은 그림 9.3과 같이 대형의 건물 외벽부에 스프링클러설비 송수구, 채수구 등과 함께 배치, 설치되어 있는 것을 많이 볼 수 있다. 송수구 결합기구는 먼지의 혼입, 변형 방지를 위해 캡이나 적색의 아크릴판으로 보호한다. 이때 송수구의 결합기구에는 삽입식 또는 스크루식의 종류가 있는데, 설치 시 소방대의 소방기구와 결합기구가 맞지 않으면 소방활동을 할 수 없기 때문에 설치 시에는 소방기관에 확인할 필요가 있다. 송수구의 결합기구는 검정품을 사용하고, 공업협회의 자체 인정에 합격한 것을 사용하도록 되어 있다.

연결송수관설비의 송수구는 다음의 기준에 따라 설치하여야 한다.

① 소방차가 쉽게 접근할 수 있고 노출된 장소에 설치한다.
② 지면으로부터 0.5m 이상 1m 이하의 위치에 설치한다.
③ 송수구는 화재층으로부터 지면으로 떨어지는 유리창 등이 송수 및 그 밖의 소화작업에 지장을 주지 아니하는 장소에 설치한다.
④ 송수구로부터 연결송수관설비의 주배관에 이르는 연결배관에 개폐밸브를 설치한 때에는 그 개폐상태를 쉽게 확인 및 조작할 수 있는 옥외 또는 기계실 등의 장소에 설치한다.
⑤ 구경 65mm의 쌍구형으로 한다.
⑥ 송수구에는 그 가까운 곳의 보기 쉬운 곳에 송수압력범위를 표시한 표지를 한다.
⑦ 송수구는 연결송수관의 수직배관마다 1개 이상을 설치한다. 다만, 하나의 건축물에 설치된 각 수직배관이 중간에 개폐밸브가 설치되지 아니한 배관으로 상호 연결되어 있는 경우에는 건축물마다 1개씩 설치할 수 있다.
⑧ 송수구 부근에는 자동배수밸브 및 체크밸브를 다음의 기준에 따라 설치한다. 이 경우 자동배수밸브는 배관 안의 물이 잘 빠질 수 있는 위치에 설치하되, 배수로 인하여 다른 물건이나 장소에 피해를 주지 아니하여야 한다.
   ㉠ 습식의 경우에는 송수구·자동배수밸브·체크밸브의 순으로 설치할 것
   ㉡ 건식의 경우에는 송수구·자동배수밸브·체크밸브·자동배수밸브의 순으로 설치할 것
⑨ 송수구에는 가까운 곳의 보기 쉬운 곳에 "연결송수관설비 송수구"라고 표시한 표지를 설치한다.

(3) 배관 및 커플링의 설치기준

커플링 배관의 지름은 100mm 이상으로 하며, 가장 말단 방수구까지 배관의 압력손실을 고려하여 계산에 의해 필요한 관지름을 결정해야 된다. 배관재, 관이음쇠, 밸브류는 다른 소화설비와 마찬가지로 규격품 또는 인정품을 사용한다. 설계 압력이 1.0MPa(10kg/cm^2)를 초과하는 부분에는 압력에 따라 KS D 3562 압력용 강관의 스케줄 40 이상인 것을 사용하고, 관이음쇠 중 플랜지(flange) 관이음쇠에서는 KS B 1511, 그 외의 관이음 쇠의 경우는 KS B 1541에 적합한 것 중 스케줄 40 이상인 것을 각각 사용한다.

연결송수관설비의 배관은 다음의 기준에 따라 설치하여야 한다. 즉 주배관의 구경은 100mm 이상의 것으로 한다. 지면으로부터의 높이가 31m 이상인 소방대상물 또는 지상 11층 이상인 소방대상물에 있어서는 습식설비로 한다.

연결송수관설비의 배관은 주배관의 구경이 100mm 이상인 옥내소화전설비·스프링클러설비 또는 물분무등소화설비의 배관과 겸용할 수 있다. 연결송수관설비의 수직배관은 내화구조로 구획된 계단실(부속실을 포함한다.) 또는 파이프덕트 등 화재의 우려가 없는 장소에 설치하여야 한다. 다만, 학교 또는 공장이거나 배관 주위를 1시간 이상의 내화성능이 있는 재료로 보호하는 경우에는 그러하지 아니하다.

분기배관을 사용할 경우에는 한국소방검정공사 또는 법 제42조 제1항의 규정에 따라 성능시험기관으로 지정받은 기관에서 그 성능을 검증받은 것으로 설치하여야 한다.

(4) 방수구의 설치 및 설치기준

방수구는 설치가 요구되는 건물의 3층 이상의 각 층에 설치한다. 설치 장소는 특별 피난층계의 부속실, 비상용 엘리베이터의 승강 로비실 등 화재 시에 소방대가 접근하기 쉽고 유효하게 소화 활동을 할 수 있는 장소로 하고, 건물 내에는 수평거리 5m 이내에 반드시 방수구가 있도록 배치한다. 소방대가 사용하는 호스와 같은 크기의 호칭 지름 65mm의 단구형의 방수구를 방수구함 내에 설치하고, 송수구와 같은 형상의 결합기구가 부속된 것으로 한다.

11층 이상의 층에는 외부에서의 소화 활동의 곤란성이 증가되기 때문에 연결송수관설비에 의존하는 정도가 높아질 것을 예상, 쌍구형의 방수구를 설치한다. 이때 옥내소화전설비를 설치하는 장소에는 방수구와 옥내소화전을 함께 동일한 함 내에 설치할 수 있다. 따라서 연결송수관설비의 방수구는 다음의 기준에 따라 설치하여야 한다.

① 연결송수관설비의 방수구는 그 소방대상물의 층마다 설치한다. 다만, 다음에 해당하는 층에는 설치하지 아니할 수 있다. 즉, 아파트의 1층 및 2층 또는 소방차의 접근이 가능하고 소방대원이 소방차로부터 각 부분에 쉽게 도달할 수 있는 피난층과 송수구가 부설된 옥내소화전을 설치한 소방대상물(집회장·관람장·백화점·도매시장·소매시장·판매시설·공장·창고시설 또는 지하가를 제외한다.)로서 다음에 해당하는 층, 즉 지하층을 제외한 층수가 4층 이하이고 연면적이 6,000m^2 미만인 소방대상물의 지상층 또는 지하층의 층수가 2 이하인 소방대상물의 지하층 등에는 방수구를 설치하지 아니할 수 있다.

② 방수구는 아파트 또는 바닥면적이 1,000m^2 미만인 층에 있어서는 계단(계단의 부속실을 포함하며 계단이 2 이상 있는 경우에는 그중 1개의 계단을 말한다.)으로부터 5m 이내에, 바닥면적 1,000m^2 이상인 층(아파트를 제외한다.)에 있어서는 각 계단(계단의 부속실을 포

함하며 계단이 3 이상 있는 층의 경우에는 그중 2개의 계단을 말한다.)으로부터 5m 이내에 설치하되, 그 방수구로부터 그 층의 각 부분까지의 거리가 다음의 기준을 초과하는 경우에는 그 기준 이하가 되도록 방수구를 추가하여 설치한다. 즉 지하가(터널은 제외한다.) 또는 지하층의 바닥면적의 합계가 3,000m^2 이상인 것은 수평거리 25m, 이에 해당하지 아니하는 것은 수평거리 50m 등이다.

③ 11층 이상의 부분에 설치하는 방수구는 쌍구형으로 한다. 다만, 다음에 해당하는 층에는 단구형으로 설치할 수 있다. 즉 아파트의 용도로 사용되는 층 또한 스프링클러설비가 유효하게 설치되어 있고 방수구가 2개소 이상 설치된 층 등이다.

④ 방수구의 호스접결구는 바닥으로부터 높이 0.5m 이상 1m 이하의 위치에 설치한다.

⑤ 방수구는 연결송수관설비의 전용방수구 또는 옥내소화전방수구로서 구경 65mm의 것으로 설치한다.

⑥ 방수구의 위치표시는 표시등이나 발광식 또는 축광식표지로 하되 다음 각 목의 기준에 따라 설치한다. 즉, 표시등을 설치하는 경우에는 함의 상부에 설치하되 그 불빛은 부착면으로부터 15° 이상의 범위 안에서 부착지점으로부터 10m 이내의 어느 곳에서도 쉽게 식별할 수 있는 적색등으로 한다. 또한 이 규정에 따른 적색등은 사용전압의 130%인 전압을 24시간 연속하여 가하는 경우에도 단선, 현저한 광속 변화, 전류 변화 등의 현상이 발생되지 아니하고, 발광식 또는 축광식표지를 설치하는 경우에는 유도등 및 유도표지의 화재안전기준(NFSC 303) 제8조 제3항의 기준에 적합해야 한다.

⑦ 방수구는 개폐기능을 가진 것으로 할 것

등이 설치기준이다.

(5) 방수기구함의 설치 및 설치기준

연결송수관설비의 방수용 기구함은 다음의 기준에 따라 설치하여야 한다.

① 방수기구함은 방수구가 가장 많이 설치된 층을 기준하여 3개층마다 설치하되, 그 층의 방수구마다 보행거리 5m 이내에 설치한다.

② 방수기구함에는 길이 15m의 호스와 방사형 관창을 다음의 기준에 따라 비치한다. 즉 호스는 방수구에 연결하였을 때 그 방수구가 담당하는 구역의 각 부분에 유효하게 물이 뿌려질 수 있는 개수 이상을 비치한다. 이 경우 쌍구형 방수구는 단구형 방수구의 2배 이상의 개수

를 설치하여야 한다. 또한 방사형 관창은 단구형 방수구의 경우에는 1개, 쌍구형 방수구의 경우에는 2개 이상 비치해야 한다.

③ 방수기구함에는 "방수기구함"이라고 표시한 표지를 한다.

(6) 가압송수장치의 설치 및 설치기준

지표면에서 최상층 방수구의 높이가 70m 이상인 소방대상물에는 다음의 기준에 따라 연결송수관설비의 가압송수장치를 설치하여야 한다.

① 쉽게 접근할 수 있고 점검하기에 충분한 공간이 있는 장소로서 화재 및 침수 등의 재해로 인한 피해를 받을 우려가 없는 곳에 설치한다.

② 동결방지조치를 하거나 동결의 우려가 없는 장소에 설치한다.

③ 펌프는 전용으로 한다. 다만, 다른 소화설비와 겸용하는 경우 각각의 소화설비의 성능에 지장이 없을 때에는 예외로 한다.

④ 펌프의 토출 측에는 압력계를 체크밸브 이전에 펌프 토출 측 플랜지에서 가까운 곳에 설치하고, 흡입 측에는 연성계 또는 진공계를 설치한다. 다만, 수원의 수위가 펌프의 위치보다 높거나 수직회전축 펌프의 경우에는 연성계 또는 진공계를 설치하지 아니할 수 있다.

⑤ 가압송수장치에는 정격부하 운전 시 펌프의 성능을 시험하기 위한 배관을 설치한다. 다만, 충압펌프의 경우에는 그러하지 아니하다.

⑥ 가압송수장치에는 체절운전 시 수온의 상승을 방지하기 위한 순환배관을 설치한다. 다만, 충압펌프의 경우에는 그러하지 아니하다.

⑦ 펌프의 토출량은 2,400ℓ/min(계단식 아파트의 경우에는 1,200ℓ/min) 이상이 되는 것으로 한다. 다만, 당해 층에 설치된 방수구가 3개를 초과(방수구가 5개 이상인 경우에는 5개)하는 것에 있어서는 1개마다 800ℓ/min(계단식 아파트의 경우에는 400ℓ/min)를 가산한 양이 되는 것으로 한다.

⑧ 펌프의 양정은 최상층에 설치된 노즐 선단의 압력이 0.35MPa 이상의 압력이 되도록 할 것

⑨ 가압송수장치는 방수구가 개방될 때 자동으로 기동되거나 또는 수동스위치의 조작에 따라 기동되도록 할 것. 이 경우 수동스위치는 2개 이상을 설치하되, 그중 1개는 다음 각 목의 기준에 따라 송수구의 부근에 설치하여야 한다. 즉 송수구로부터 5m 이내의 보기 쉬운 장소에 바닥으로부터 높이 0.8m 이상 1.5m 이하로 설치한다. 또 1.5mm 이상의 강판함에 수

납하여 설치하며, 이 경우 문짝은 불연재료로 설치할 수 있다. 그리고 전기사업법 제67조의 규정에 따른 기술기준에 따라 접지하고 빗물 등이 들어가지 아니하는 구조로 한다.

⑩ 기동용 수압개폐장치(압력체임버)를 사용할 경우 그 용적은 100ℓ 이상의 것으로 한다.

⑪ 수원의 수위가 펌프보다 낮은 위치에 있는 가압송수장치에는 다음의 기준에 따른 물올림장치를 설치한다. 즉, 물올림장치에는 전용의 탱크를 설치하고, 탱크의 유효수량은 100ℓ 이상으로 하되 구경 15mm 이상의 급수배관에 따라 당해 탱크에 물이 계속 보급되도록 한다.

⑫ 기동용 수압개폐장치를 기동장치로 사용할 경우에는 다음의 기준에 따른 충압펌프를 설치한다. 다만, 소화용 급수펌프로도 상시 충압이 가능하고 다음 가목의 성능을 갖춘 경우에는 충압펌프를 별도로 설치하지 아니할 수 있다. 즉 펌프의 토출압력은 그 설비의 최고위 호스접결구의 자연압보다 적어도 0.2MPa이 더 크도록 하거나 가압송수장치의 정격토출압력과 같게 하고, 펌프의 정격토출량은 정상적인 누설량보다 적어서는 아니 되며, 연결송수관설비가 자동적으로 작동할 수 있도록 충분한 토출량을 유지해야 한다.

⑬ 내연기관을 사용하는 경우에는 다음의 기준에 적합한 것으로 한다. 즉, 내연기관의 기동은 제9호의 기동장치의 기동을 명시하는 적색등을 설치하고, 제어반에 따라 내연기관의 자동기동 및 수동기동이 가능하고 상시 충전되어 있는 축전지설비를 갖출 것 등이다.

⑭ 가압송수장치에는 "연결송수관펌프"라고 표시한 표지를 한다. 이 경우 그 가압송수장치를 다른 설비와 겸용하는 때에는 그 겸용되는 설비의 이름을 표시한 표지를 함께하여야 한다.

⑮ 가압송수장치가 기동이 된 경우에는 자동으로 정지되지 아니하도록 하여야 한다.

(7) 전원 및 배서의 설치 및 설치기준

1) 전원의 설치기준

가압송수장치의 상용전원회로의 배선 및 비상전원은 다음의 기준에 따라 설치하여야 한다. 저압수전인 경우에는 인입개폐기의 직후에서 분기하여 전용배선으로 한다. 특별고압수전 또는 고압수전일 경우에는 전력용 변압기 2차측의 주차단기 1차측에서 분기하여 전용배선으로 하되, 상용전원회로의 배선기능에 지장이 없을 경우에는 주차단기 2차측에서 분기하여 전용배선으로 한다. 다만, 가압송수장치의 정격입력전압이 수전전압과 같은 경우에는 제1호의 기준에 따른다.

비상전원은 자가발전설비 또는 축전지설비(내연기관에 따른 펌프를 사용하는 경우에는 내연기관의 기동 및 제어용 축전지를 말한다.)로서 다음의 기준에 따라 설치하여야 한다. 즉,

① 점검에 편리하고 화재 및 침수 등의 재해로 인한 피해를 받을 우려가 없는 곳에 설치한다.
② 옥내소화전설비를 유효하게 20분 이상 작동할 수 있도록 한다.
③ 상용전원으로부터 전력의 공급이 중단된 때에는 자동으로 비상전원으로부터 전력을 공급받을 수 있도록 한다.
④ 비상전원의 설치장소는 다른 장소와 방화구획할 것. 이 경우 그 장소에는 비상전원의 공급에 필요한 기구나 설비 외의 것(열병합발전설비에 필요한 기구나 설비는 제외한다.)을 두어서는 아니 된다.
⑤ 비상전원을 실내에 설치하는 때에는 그 실내에 비상조명등을 설치한다.

2) 배선의 설치기준

다음 연결송수관설비의 배선은 전기사업법 제67조의 규정에 따른 기술기준에서 정한 것 외에 다음의 기준에 따라 설치하여야 한다.

비상전원으로부터 동력제어반 및 가압송수장치에 이르는 전원회로의 배선은 내화배선으로 한다. 다만, 자가발전설비와 동력제어반이 동일한 실에 설치된 경우에는 자가발전기로부터 그 제어반에 이르는 전원회로 배선은 그러하지 아니하다.

상용전원으로부터 동력제어반에 이르는 배선, 그 밖의 연결송수관설비의 감시·조작 또는 표시등 회로의 배선은 옥내소화전설비의 화재안전기준(NFSC 102) 별표 1의 내화배선 또는 내열배선으로 한다. 다만, 감시제어반 또는 동력제어반 안의 감시·조작 또는 표시등 회로의 배선은 그러하지 아니하다.

연결송수관설비의 과전류차단기 및 개폐기에는 "연결송수관설비용"이라고 표시한 표지를 하여야 한다. 또 연결송수관설비용 전기배선의 양단 및 접속단자에는 다음의 기준에 따라 표지하여야 한다. 즉 단자에는 "연결송수관설비단자"라고 표지한 표지를 부착하고, 연결송수관설비용 전기배선의 양단에는 다른 배선과 식별이 용이하도록 표시한다.

(8) 송수구의 겸용, 설치·유지기준의 특례

연결송수관설비의 송수구를 옥내소화전설비·스프링클러설비·간이스프링클러설비·화재조기진압용 스프링클러설비·물분무 소화설비·포소화설비 또는 연결살수설비와 겸용으로 설치하는 경우에는 스프링클러설비의 송수구 설치기준에 따르되 각각의 소화설비의 기능에 지장이 없도록 하여야 한다.

연결송수관설비 설치·유지기준의 특례로는, 소방본부장 또는 소방서장은 기존 건축물이 증축·개축·대수선되거나 용도 변경되는 경우에 있어서 이 기준이 정하는 기준에 따라 당해 건축물에 설치하여야 할 연결송수관설비의 배관·배선 등의 공사가 현저하게 곤란하다고 인정되는 경우에는 당해 설비의 기능 및 사용에 지장이 없는 범위 안에서 연결송수관설비의 설치·유지기준의 일부를 적용하지 아니할 수 있다.

9.3 연결살수설비

지하도나 건축물의 지층에서 화재 시에 연기나 열기가 충만되어 소방활동이 곤란할 것으로 예상될 때, 이들 부분에 미리 배관, 살수헤드, 송수구 등을 설치하여 화재 시 소방대의 소방 펌프 자동차에서 송수구를 통하여 압력수를 송수하고 살수헤드에서 방수함으로써 유효하게 소화하는 설비로, 송수구, 배관, 살수헤드, 밸브류로 구성된다. 따라서 연결살수설비는 소화 활동상 필요한 시설의 하나로서 설치대상 및 설치기준은 다음과 같이 소방관계법에서 정하고 있다.

(1) 설치대상 및 주요 정의

소방시설설치유지 및 안전관리에 관한 법률(이하 "법"이라 한다.)의 별표 4 소화활동설비의 소방시설 적용기준란 규정에 따른 연결살수설비의 설치 소방대상물(지하구를 제외한다.)은 다음과 같다. 즉,

① 판매시설 및 영업시설로서 당해 용도로 사용되는 부분의 바닥면적의 합계가 1천 제곱미터 이상인 것

② 지하층으로서 바닥면적의 합계가 150제곱미터 이상인 것. 다만, 주택법시행령 제3조 제1항의 규정에 의한 주택규모 이하인 아파트의 지하층(대피시설로만 사용하는 것에 한한다.)과 학교의 지하층에 있어서는 700제곱미터 이상인 것

③ 가스시설 중 지상에 노출된 탱크의 용량이 30톤 이상인 탱크시설

④ ①항 및 ②의 특정소방대상물에 부속된 연결통로

등이다.

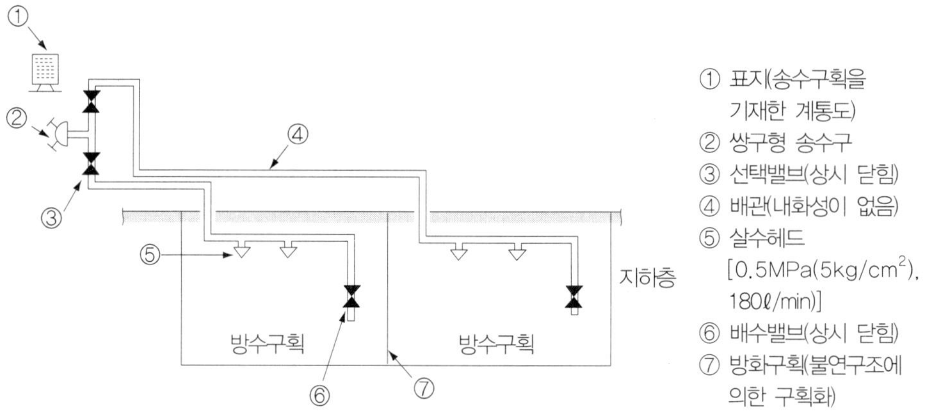

그림 9.2 연결살수설비 시스템 구성도(매립형)

연결살수설비에서 사용하는 주요 용어의 정의는 다음과 같다. "호스접결구"라 함은 호스를 연결하는 데 사용되는 장비 일체를 말하며, "체크밸브"라 함은 흐름이 한 방향으로만 흐르도록 되어 있는 밸브를 말한다. 또한 "주배관"이라 함은 수직배관을 통해 교차배관에 급수하는 배관을 말하고, "교차배관"이라 함은 주배관을 통해 가지배관에 급수하는 배관을 말한다. 이때 "가지배관"이라 함은 헤드가 설치되어 있는 배관을 말한다. 그리고 "송수구"라 함은 소화설비에 소화용수를 보급하기 위하여 건물 외벽 또는 구조물에 설치하는 관을 말하며, "연소할 우려가 있는 개구부"라 함은 각 방화구획을 관통하는 컨베이어·에스컬레이터 또는 이와 유사한 시설의 주위로서 방화구획을 할 수 없는 부분을 말한다.

연결살수설비 작동 원리·시스템은 다음과 같은 순서로 사용한다.

① 소방펌프 자동차에 의하여 송수구에서 송수한다.

② 화재 발생 장소에 대응하는 방수구역의 선택 밸브를 개방한다.

③ 개방 헤드에서 방수 소화한다.

건식설비에서는 살수시험 후 배관 내에 잔수가 남아서 부식의 원인이 되지 않도록 관 내의 배수를 편리한 위치에 할 수 있도록 배수밸브를 설치한다.

(2) 송수구의 설치기준

연결살수설비의 송수구는 다음의 기준에 따라 설치하여야 한다.

① 소방차가 쉽게 접근할 수 있고 노출된 장소에 설치한다. 이 경우 가연성 가스의 저장·취급 시설에 설치하는 연결살수설비의 송수구는 그 방호대상물로부터 20m 이상의 거리를 두거

나 방호대상물에 면하는 부분이 높이 1.5m 이상, 폭 2.5m 이상의 철근 콘크리트벽으로 가려진 장소에 설치하여야 한다.

② 송수구는 구경 65mm의 쌍구형으로 설치한다. 다만, 하나의 송수구역에 부착하는 살수헤드의 수가 10개 이하인 것에 있어서는 단구형의 것으로 할 수 있다.

③ 개방형 헤드를 사용하는 송수구의 호스 접결구는 각 송수구역마다 설치한다. 다만, 송수구역을 선택할 수 있는 선택밸브가 설치되어 있고 각 송수구역의 주요 구조부가 내화구조로 되어 있는 경우에는 그러하지 아니하다.

④ 지면으로부터 높이가 0.5m 이상 1m 이하의 위치에 설치한다.

⑤ 송수구로부터 주배관에 이르는 연결배관에는 개폐밸브를 설치하지 아니한다. 다만, 스프링클러설비·물분무 소화설비·포소화설비 또는 연결송수관설비의 배관과 겸용하는 경우에는 그러하지 아니하다.

⑥ 송수구의 부근에는 송수구역 일람표를 설치한다. 다만, 다음 아래 항의 규정에 따른 선택밸브를 설치한 경우에는 그러하지 아니하다.

연결살수설비의 선택밸브는 다음의 기준에 따라 설치하여야 한다. 다만, 송수구를 송수구역마다 설치한 때에는 그러하지 아니하다.

① 화재 시 연소의 우려가 없는 장소로서 조작 및 점검이 쉬운 위치에 설치한다.

② 자동개방밸브에 따른 선택밸브를 사용하는 경우에 있어서는 송수구역에 방수하지 아니하고 자동밸브의 작동시험이 가능하도록 한다.

③ 선택밸브의 부근에는 송수구역 일람표를 설치한다.

그리고 연결살수설비에는 송수구의 가까운 부분에 자동배수밸브 및 체크밸브를 다음의 기준에 따라 설치하여야 한다.

① 폐쇄형 헤드를 사용하는 설비의 경우에는 송수구·자동배수밸브·체크밸브의 순으로 설치한다.

② 개방형 헤드를 사용하는 설비의 경우에는 송수구·자동배수밸브의 순으로 설치한다.

③ 자동배수밸브는 배관 안의 물이 잘 빠질 수 있는 위치에 설치하되, 배수로 인하여 다른 물건 또는 장소에 피해를 주지 아니해야 한다.

또 개방형 헤드를 사용하는 연결살수설비에 있어서 하나의 송수구역에 설치하는 살수헤드의 수는 10개 이하가 되도록 하여야 한다.

(3) 연결살수설비 배관의 설치기준

배관은 배관용 탄소강관(KS D 3507) 또는 압력배관용 탄소강관(KS D 3562)이나 이와 동등 이상의 강도·내식성 및 내열성을 가진 것으로 하여야 한다. 다만, 다음의 1에 해당하는 장소에는 소방방재청장이 정하여 고시하는 성능시험기술기준에 적합한 소방용 합성수지배관으로 설치할 수 있다.

① 배관을 지하에 매설하는 경우

② 다른 부분과 내화구조로 구획된 덕트 또는 피트의 내부에 설치하는 경우

③ 천장(상층이 있는 경우에는 상층바닥의 하단을 포함한다. 이하 같다.)과 반자를 불연재료 또는 준불연재료로 설치하고 그 내부에 습식으로 배관을 설치하는 경우

등이다.

연결살수설비 배관의 구경은 다음의 기준에 따라 설치하여야 한다.

① 연결살수설비전용 헤드를 사용하는 경우에는 표 9-5에 따른 구경 이상으로 한다.

② 스프링클러 헤드를 사용하는 경우에는 스프링클러설비의 화재안전기준(NFSC 103) 별표 1의 기준에 따른다.

폐쇄형 헤드를 사용하는 연결살수설비의 주배관은 옥내소화전설비의 주배관(옥내소화전설비가 설치된 경우에 한한다.) 및 수도배관(연결살수설비가 설치된 건축물 안에 설치된 수도배관 중 구경이 가장 큰 배관을 말한다.) 또는 옥상에 설치된 수조(다른 설비의 수조를 포함한다.)에 접속하여야 한다. 이 경우 연결살수설비의 주배관과 옥내소화전설비의 주배관·수도배관·옥상에 설치된 수조의 접속부분에는 체크밸브를 설치하되, 점검하기 쉽게 하여야 한다.

또 폐쇄형 헤드를 사용하는 연결살수 설비에는 다음의 기준에 따른 시험배관을 설치하여야 한다. 즉,

① 송수구의 가장 먼 가지배관의 끝으로부터 연결하여 설치할 것

② 시험장치 배관의 구경은 가장 먼 가지배관의 구경과 동일한 구경으로 하고, 그 끝에는 물받

표 9-5 살수헤드 개수에 따른 배관의 구경

(단위 : mm)

하나의 배관에 부착하는 살수헤드의 개수	1개	2개	3개	4개 또는 5개	6개 이상 10개 이하
배관의 구경(mm)	32	40	50	65	80

이통 및 배수관을 설치하여 시험 중 방사된 물이 바닥으로 흘러내리지 아니하도록 할 것 다만, 목욕실·화장실 또는 그 밖의 배수처리가 쉬운 장소의 경우에는 물받이통 또는 배수관을 설치하지 아니할 것

등이다.

개방형 헤드를 사용하는 연결살수설비에 있어서의 수평주행배관은 헤드를 향하여 상향으로 100분의 1 이상의 기울기로 설치하고 주배관 중 낮은 부분에는 자동배수밸브를 제4조 제3항 제3호의 기준에 따라 설치하여야 한다. 그리고 가지배관 또는 교차배관을 설치하는 경우에는 가지배관의 배열은 토너먼트 방식이 아니어야 하며, 가지배관은 교차배관 또는 주배관에서 분기되는 지점을 기점으로 한쪽 가지배관에 설치되는 헤드의 개수는 8개 이하로 하여야 한다.

습식 연결살수설비의 배관은 동결방지 조치를 하거나 동결의 우려가 없는 장소에 설치하여야 하고, 급수배관에 설치되어 급수를 차단할 수 있는 개폐밸브는 개폐표시형으로 하여야 한다. 이 경우 펌프의 흡입 측 배관에는 버터플라이밸브(볼 형식의 것을 제외한다.) 외의 개폐표시형 밸브를 설치하여야 한다. 연결살수설비 교차배관의 위치·청소구 및 가지배관의 헤드 설치는 다음의 기준에 따른다.

① 교차배관은 가지배관과 수평으로 설치하거나 또는 가지배관 밑에 설치하고, 그 구경은 제2항의 규정에 따르되, 최소 구경이 40mm 이상이 되도록 한다.

② 폐쇄형 헤드를 사용하는 연결살수설비의 청소구는 주배관 또는 교차배관(교차배관을 설치하는 경우에 한한다.) 끝에 40mm 이상 크기의 개폐밸브를 설치하고, 호스접결이 가능한 나사식 또는 고정배수 배관식으로 한다. 이 경우 나사식의 개폐밸브는 옥내소화전 호스접결용의 것으로 하고, 나사보호용의 캡으로 마감하여야 한다.

③ 폐쇄형 헤드를 사용하는 연결살수설비에 하향식 헤드를 설치하는 경우에는 가지배관으로부터 헤드에 이르는 헤드접속배관은 가지관 상부에서 분기한다. 다만, 소화설비용 수원의 수질이 먹는 물 관리법 제5조의 규정에 따라 먹는 물의 수질기준에 적합하고 덮개가 있는 저수조로부터 물을 공급받는 경우에는 가지배관의 측면 또는 하부에서 분기할 것 등이다.

배관에 설치되는 행가는 다음의 기준에 따라 설치하여야 한다.

① 가지배관에는 헤드의 설치지점 사이마다 1개 이상의 행가를 설치하되, 헤드 간의 거리가 3.5m를 초과하는 경우에는 3.5m 이내마다 1개 이상 설치할 것. 이 경우 상향식 헤드와 행가 사이에는 8cm 이상의 간격을 두어야 한다.

② 교차배관에는 가지배관과 가지배관 사이마다 1개 이상의 행가를 설치하되, 가지배관 사이의 거리가 4.5m를 초과하는 경우에는 4.5m 이내마다 1개 이상 설치할 것
③ 제1호 내지 제2호의 수평주행배관에는 4.5m 이내마다 1개 이상 설치할 것

등이다.

기계실·공동구 또는 덕트에 설치되는 배관은 다른 설비의 배관과 쉽게 구분이 될 수 있는 위치에 설치하거나 그 배관 표면 또는 배관보온재의 색상을 달리하는 방법 등으로 소방용 설비의 배관임을 표시하여야 한다. 그리고 분기배관을 사용할 경우에는 한국소방검정공사 또는 법 제42조 제1항의 규정에 따라 성능시험기관으로 지정받은 기관에서 그 성능을 검증받은 것으로 설치하여야 한다.

(4) 연결살수설비 헤드의 설치기준

연결살수설비의 헤드는 연결살수설비 전용 헤드 또는 스프링클러 헤드로 설치하여야 한다. 그리고 건축물에 설치하는 연결살수 설비의 헤드는 다음의 기준에 따라 설치하여야 한다. 즉,

① 천장 또는 반자의 실내에 면하는 부분에 설치할 것
② 천장 또는 반자의 각 부분으로부터 하나의 살수헤드까지의 수평거리가 연결살수설비 전용 헤드의 경우는 3.7m 이하, 스프링클러 헤드의 경우는 2.3m 이하로 한다. 다만, 살수헤드의 부착면과 바닥과의 높이가 2.1m 이하인 부분에 있어서는 살수헤드의 살수분포에 따른 거리로 할 것

등이다.

폐쇄형 스프링클러 헤드를 설치하는 경우에는 위 ①, ②항의 규정 외에 다음의 기준에 따라 설치하여야 한다. 즉,

① 그 설치장소의 평상시 최고 주위 온도에 따라 표 9-6에 따른 표시온도의 것으로 설치한다. 다만, 높이가 4m 이상인 공장 및 창고(래크식 창고를 포함한다.)에 설치하는 스프링클러 헤드는 그 설치장소의 평상시 최고 주위온도에 관계없이 표시온도 121℃ 이상의 것으로 할 수 있다.
② 살수가 방해되지 아니하도록 스프링클러 헤드로부터 반경 60cm 이상의 공간을 보유해야 한다. 다만, 벽과 스프링클러 헤드 간의 공간은 10cm 이상으로 한다.

표 9-6 폐쇄형 스프링클러 헤드의 설치장소 최고 주위온도에 따른 표시온도

설치장소의 최고 주위 온도	표시온도
39℃ 미만	79℃ 미만
39℃ 이상 64℃ 미만	79℃ 이상 121℃ 미만
64℃ 이상 106℃ 미만	121℃ 이상 162℃ 미만
106℃ 이상	162℃ 이상

③ 스프링클러 헤드와 그 부착면(상향식 헤드의 경우에는 그 헤드의 직상부의 천장·반자 또는 이와 비슷한 것을 말한다. 이하 같다.)의 거리는 30cm 이하로 한다.

④ 배관·행가 및 조명기구 등 살수를 방해하는 것이 있는 경우에는 제2호의 규정에 불구하고 그로부터 아래에 설치하여 살수에 장애가 없도록 한다. 다만, 연결살수헤드와 장애물의 이격거리를 장애물 폭의 3배 이상 확보한 경우에는 그러하지 아니하다.

⑤ 스프링클러 헤드의 반사판은 그 부착면과 평행하게 설치한다. 다만, 측벽형 헤드 또는 제7호의 규정에 따라 연소할 우려가 있는 개구부에 설치하는 스프링클러 헤드의 경우에는 그러하지 아니하다.

⑥ 천장의 기울기가 10분의 1을 초과하는 경우에는 가지관을 천장의 마루와 평행하게 설치하고, 스프링클러 헤드는 다음의 기준에 적합하게 설치한다. 즉,

㉠ 천장의 최상부에 스프링클러 헤드를 설치하는 경우에는 최상부에 설치하는 스프링클러 헤드의 반사판을 수평으로 설치할 것

㉡ 천장의 최상부를 중심으로 가지관을 서로 마주 보게 설치하는 경우에는 최상부의 가지관 상호 간의 거리가 가지관 상의 스프링클러 헤드 상호 간의 거리의 2분의 1 이하(최소 1m 이상이 되어야 한다.)가 되게 스프링클러 헤드를 설치하고, 가지관의 최상부에 설치하는 스프링클러 헤드는 천장의 최상부로부터의 수직거리가 90cm 이하가 되도록 한다. 톱날지붕, 둥근지붕, 기타 이와 유사한 지붕의 경우에도 이에 준한다.

⑦ 연소할 우려가 있는 개구부에는 그 상하좌우에 2.5m 간격으로(개구부의 폭이 2.5m 이하인 경우에는 그 중앙에) 스프링클러 헤드를 설치하되, 스프링클러 헤드와 개구부의 내측면으로부터의 직선거리는 15cm 이하가 되도록 한다. 이 경우 사람이 상시 출입하는 개구부로서 통행에 지장이 있는 때에는 개구부의 상부 또는 측면(개구부의 폭이 9m 이하인 경우에 한한다.)에 설치하되, 헤드 상호 간의 간격은 1.2m 이하로 설치하여야 한다.

⑧ 습식 연결살수설비 외의 설비에는 상향식 스프링클러 헤드를 설치한다. 다만, 다음에 해당하는 경우에는 그러하지 아니하다.

㉠ 드라이펜던트 스프링클러 헤드를 사용하는 경우

㉡ 스프링클러 헤드의 설치장소가 동파의 우려가 없는 곳인 경우

㉢ 개방형 스프링클러 헤드를 사용하는 경우

등이다.

⑨ 측벽형 스프링클러 헤드를 설치하는 경우, 긴 변의 한쪽 벽에 일렬로 설치(폭이 4.5m 이상, 9m 이하인 실에 있어서는 긴 변의 양쪽에 각각 일렬로 설치하되 마주 보는 스프링클러 헤드가 나란히꼴이 되도록 설치)하고 3.6m 이내마다 설치한다.

또 가연성 가스의 저장·취급 시설에 설치하는 연결살수설비의 헤드는 다음의 기준에 따라 설치하여야 한다. 다만, 지하에 설치된 가연성 가스의 저장·취급 시설로서 지상에 노출된 부분이 없는 경우에는 그러하지 아니하다.

① 연결살수설비 전용의 개방형 헤드를 설치한다.

② 가스저장탱크·가스홀더 및 가스발생기의 주위에 설치하되, 헤드 상호 간의 거리는 3.7m 이하로 한다.

③ 헤드의 살수범위는 가스저장탱크·가스홀더 및 가스발생기의 몸체의 중간 윗부분의 모든 부분이 포함되도록 하여야 하고, 살수된 물이 흘러내리면서 살수범위에 포함되지 아니한 부분에도 모두 적셔질 수 있도록 한다.

(5) 연결살수설비 헤드의 설치제외

연결살수설비를 설치하여야 할 소방대상물 또는 그 부분으로서 다음에 해당하는 장소에는 연결살수설비의 헤드를 설치하지 아니할 수 있다. 즉,

① 상점(영 별표 2 제4호 판매시설 및 영업시설을 말하며, 바닥면적이 150m^2 이상인 지하층에 설치된 것을 제외한다.)으로서 주요 구조부가 내화구조 또는 방화구조로 되어 있고, 바닥면적이 500m^2 미만으로 방화구획되어 있는 소방대상물 또는 그 부분

② 계단실(특별피난계단의 부속실을 포함한다.)·경사로·승강기의 승강로·파이프덕트·목욕실·수영장(관람석 부분을 제외한다.)·화장실·직접 외기에 개방되어 있는 복도·기타 이와 유사한 장소

③ 통신기기실·전자기기실·기타 이와 유사한 장소

④ 발전실·변전실·변압기·기타 이와 유사한 전기설비가 설치되어 있는 장소

⑤ 병원의 수술실·응급처치실·기타 이와 유사한 장소

⑥ 천장과 반자 양쪽이 불연재료로 되어 있는 경우로서 그 사이의 거리 및 구조가 다음 각 목의 1에 해당하는 부분

㉠ 천장과 반자 사이의 거리가 2m 미만인 부분

㉡ 천장과 반자 사이의 벽이 불연재료이고 천장과 반자 사이의 거리가 2m 이상으로서 그 사이에 가연물이 존재하지 아니하는 부분

⑦ 천장·반자 중 한쪽이 불연재료로 되어 있고 천장과 반자 사이의 거리가 1m 미만인 부분

⑧ 천장 및 반자가 불연재료 외의 것으로 되어 있고 천장과 반자 사이의 거리가 0.5m 미만인 부분

⑨ 펌프실·물탱크실 · 그 밖의 이와 비슷한 장소

⑩ 현관 또는 로비 등으로서 바닥으로부터 높이가 20m 이상인 장소

⑪ 냉장창고의 냉장실 또는 냉동창고의 냉동실

⑫ 고온의 노가 설치된 장소 또는 물과 격렬하게 반응하는 물품의 저장 또는 취급장소

⑬ 불연재료로 된 소방대상물 또는 그 부분으로서 다음 각 목의 1에 해당하는 장소

㉠ 정수장·오물처리장 · 그 밖의 이와 비슷한 장소

㉡ 펄프공장의 작업장·음료수공장의 세정 또는 충전하는 작업장·그 밖의 이와 비슷한 장소

㉢ 불연성의 금속·석재 등의 가공공장으로서 가연성 물질을 저장 또는 취급하지 아니하는 장소

⑭ 실내에 설치된 테니스장·게이트볼장·정구장 또는 이와 비슷한 장소로서 실내바닥·벽·천장이 불연재료 또는 준불연재료로 구성되어 있고 가연물이 존재하지 않는 장소로서 관람석이 없는 운동시설 부분(지하층은 제외한다.)

등이다.

(6) 연결살수설비 겸용 설치 및 특례

연결살수설비의 송수구를 스프링클러설비·간이스프링클러설비·화재 조기진압용 스프링클러설비·물분무 소화설비·포소화설비 또는 연결송수관설비와 겸용으로 설치하는 경우에는 스

프링클러설비의 송수구 설치기준에 따르고, 옥내소화전설비의 송수구와 겸용으로 설치하는 경우에는 옥내소화전설비의 송수구의 설치기준을 따르되 각각의 소화설비의 기능에 지장이 없도록 하여야 한다.

설치·유지기준의 특례는 다음과 같다. 즉 소방본부장 또는 소방서장은 기존 건축물이 증축·개축·대수선되거나 용도 변경되는 경우에 있어서 이 기준이 정하는 기준에 따라 당해 건축물에 설치하여야 할 연결살수설비의 배관·배선 등의 공사가 현저하게 곤란하다고 인정되는 경우에는 당해 설비의 기능 및 사용에 지장이 없는 범위 안에서 연결살수설비의 설치·유지기준의 일부를 적용하지 아니할 수 있다.

9.4 비상콘센트설비

비상콘센트설비란 고층 건물이나 지하도 등에서 화재가 발생한 경우, 소방대가 문이나 창을 파괴하기 위한 파괴기구용 또는 제연설비나 조명용에 전원을 공급하기 위한 콘센트설비이다.

(1) 설치대상 및 주요 정의

소방시설설치유지 및 안전관리에 관한 법률(이하 "법"이라 한다.) 제9조 제1항 및 동법률시행령(이하 영이라 한다.) 별표 4 소화활동설비의 소방시설 적용기준란 제4호의 규정에 따른 비

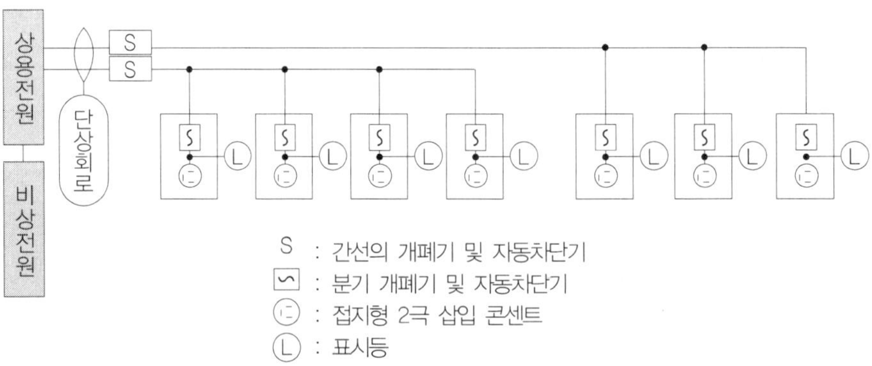

그림 9.3 비상콘센트설비 시스템 구성도

상콘센트설비는 이 기준에서 정하는 규정에 따라 설비를 설치하고 유지·관리하여야 하며, 비상콘센트설비를 설치하여야 하는 특정소방대상물(가스시설 또는 지하구를 제외한다.)은 별표 4에 따르면 다음과 같다. 즉,

① 지하층을 포함하는 층수가 11층 이상인 특정소방대상물의 경우에는 11층 이상의 층
② 지하층의 층수가 3개층 이상이고 지하층의 바닥면적의 합계가 1천 제곱미터 이상인 것은 지하층의 전 층
③ 지하가 중 터널로서 길이가 5백 미터 이상인 것

등이다.

비상콘센트설비 설치기준에서 사용하는 용어의 정의는 다음과 같다. 즉, "인입개폐기"라 함은 전기설비기술기준 제190조의 규정에 따른 것을 말하며, "저압"이라 함은 직류는 750V 이하, 교류는 600V 이하인 것을 말한다. 또한 "고압"이라 함은 직류는 750V를, 교류는 600V를 넘고 7,000V 이하인 것을 말하고, "특별고압"이라 함은 7,000V를 넘는 것을 말한다. 그리고 "변전소"라 함은 전기설비기술기준 제2조 제1호의 규정에 따른 것을 말한다.

(2) 비상콘센트설비의 전원 및 콘센트 설치기준

1) 비상콘센트설비에는 다음의 기준에 따른 전원을 설치하여야 한다. 즉,

① 상용전원회로의 배선은 저압수전인 경우에는 인입개폐기의 직후에서, 특별고압수전 또는 고압수전인 경우에는 전력용 변압기 2차측의 주차단기 1차측 또는 2차측에서 분기하여 전용배선으로 한다.
② 지하층을 제외한 층수가 7층 이상으로서 연면적이 2,000m^2 이상이거나 지하층의 바닥면적(차고·주차장·보일러실·기계실 또는 전기실의 바닥면적을 제외한다.)의 합계가 3,000m^2 이상인 소방대상물의 비상콘센트설비에는 자가발전기설비 또는 비상전원수전설비를 비상전원으로 설치할 것. 다만, 2 이상의 변전소에서 전력을 동시에 공급받을 수 있거나 하나의 변전소로부터 전력의 공급이 중단되는 때에는 자동으로 다른 변전소로부터 전력을 공급받을 수 있도록 상용전원을 설치한 경우 비상전원을 설치하지 아니할 수 있다.
③ 다음 제2호의 규정에 따른 비상전원 중 자가발전설비는 다음의 기준에 따라 설치하고, 비상전원수전설비는 소방시설용 비상전원수전설비의 화재안전기준(NFSC 602)에 따라 설치해야 한다.

㉠ 점검에 편리하고 화재 및 침수 등의 재해로 인한 피해를 받을 우려가 없는 곳에 설치할 것
㉡ 비상콘센트설비를 유효하게 20분 이상 작동시킬 수 있는 용량으로 할 것
㉢ 상용전원으로부터 전력의 공급이 중단된 때에는 자동으로 비상전원으로부터 전력을 공급받을 수 있도록 할 것
㉣ 비상전원의 설치장소는 다른 장소와 방화구획할 것. 이 경우 그 장소에는 비상전원의 공급에 필요한 기구나 설비 외의 것(열병합발전설비에 필요한 기구나 설비는 제외한다.)을 두어서는 아니 된다.
㉤ 비상전원을 실내에 설치하는 때에는 그 실내에 비상조명등을 설치할 것

등이다.

2) 비상콘센트설비의 전원회로(비상콘센트에 전력을 공급하는 회로를 말한다.)는 다음의 기준에 따라 설치하여야 한다.

① 비상콘센트설비의 전원회로는 3상교류 200V 또는 380V인 것과 단상교류 100V 또는 220V인 것으로서, 그 공급용량은 3상교류의 경우 3kVA 이상인 것과 단상교류의 경우 1.5kVA 이상인 것으로 한다.
② 전원회로는 각 층에 있어서 2 이상이 되도록 설치한다. 다만, 설치하여야 할 층의 비상콘센트가 1개인 때에는 하나의 회로로 할 수 있다.
③ 전원회로는 주배전반에서 전용회로로 한다. 다만, 다른 설비의 회로 사고에 따른 영향을 받지 아니하도록 되어 있는 것에 있어서는 그러하지 아니하다.
④ 전원으로부터 각 층의 비상콘센트에 분기되는 경우에는 분기배선용 차단기를 보호함 안에 설치한다.
⑤ 콘센트마다 배선용 차단기(KS C 8321)를 설치하여야 하며, 충전부가 노출되지 아니하도록 한다.
⑥ 개폐기에는 “비상콘센트”라고 표시한 표지를 한다.
⑦ 비상콘센트용의 풀박스 등은 방청도장을 한 것으로서, 두께 1.6mm 이상의 철판으로 한다.
⑧ 하나의 전용회로에 설치하는 비상콘센트는 10개 이하로 한다. 이 경우 전선의 용량은 각 비상콘센트(비상콘센트가 3개 이상인 경우에는 3개)의 공급용량을 합한 용량 이상의 것으로 하여야 한다.

3) 비상콘센트의 플러그 접속기는 3상교류 200V 또는 3상교류 380V의 것에 있어서는 접지형 3극 플러그접속기(KS C 8305)를 단상교류 100V 또는 단상교류 220V의 것에 있어서는 접지형 2극 플러그접속기(KS C 8305)를 사용하여야 한다.

4) 비상콘센트 플러그 접속기의 칼받이 접지극에는 접지공사를 하여야 한다.

5) 비상콘센트는 다음의 기준에 따라 설치하여야 한다.

① 바닥으로부터 높이 1m 이상, 1.5m 이하의 위치에 설치한다.
② 비상콘센트의 배치는 아파트 또는 바닥면적이 1,000m^2 미만인 층에 있어서는 계단의 출입구(계단의 부속실을 포함하며 계단이 2 이상 있는 경우에는 그중 1개의 계단을 말한다.)로부터 5m 이내에, 바닥면적 1,000m^2 이상인 층(아파트를 제외한다.)에 있어서는 각 계단의 출입구 또는 계단부속실의 출입구(계단의 부속실을 포함하며 계단이 3 이상 있는 층의 경우에는 그중 2개의 계단을 말한다.)로부터 5m 이내에 설치하되, 그 비상콘센트로부터 그 층의 각 부분까지의 거리가 다음의 기준을 초과하는 경우에는 그 기준 이하가 되도록 비상콘센트를 추가하여 설치한다.
   ㉠ 지하상가 또는 지하층의 바닥면적의 합계가 3,000m^2 이상인 것은 수평거리 25m
   ㉡ 가목에 해당하지 아니하는 것은 수평거리 50m
   ㉢ 터널은 주행방향의 측벽길이 50m
   등이다.

6) 비상콘센트설비의 전원부와 외함 사이의 절연저항 및 절연내력은 다음의 기준에 적합하여야 한다.

① 절연저항은 전원부와 외함 사이를 500V 절연저항계로 측정할 때 20MΩ 이상으로 한다.
② 절연내력은 전원부와 외함 사이에 정격전압이 150V 이하인 경우에는 1,000V의 실효전압을, 정격전압이 150V 이상인 경우에는 그 정격전압에 2를 곱하여 1,000을 더한 실효전압을 가하는 시험에서 1분 이상 견디는 것으로 한다.

(3) 비상콘센트 보호함, 배선 설치기준 및 비상콘센트설비의 특례

1) 비상콘센트를 보호하기 위하여 비상콘센트보호함은 다음의 기준에 따라 설치하여야 한다.

① 보호함에는 쉽게 개폐할 수 있는 문을 설치한다.

② 보호함 표면에 "비상콘센트"라고 표시한 표지를 한다.

③ 보호함 상부에 적색의 표시등을 설치한다. 다만, 비상콘센트의 보호함을 옥내소화전함 등과 접속하여 설치하는 경우에는 옥내소화전함 등의 표시등과 겸용할 수 있다.

2) 비상콘센트설비의 배선은 전기사업법 제67조의 규정에 따른 기술기준에서 정하는 것 외에 다음의 기준에 따라 설치하여야 한다.

① 전원회로의 배선은 내화배선으로, 그 밖의 배선은 내화배선 또는 내열배선으로 할 것

② 위 ①항 제1호의 규정에 따른 내화배선 및 내열배선에 사용하는 전선 및 설치방법은 옥내소화전설비의 화재안전기준(NFSC 102) 별표 1의 기준에 따른다.

3) 설치·유지기준의 특례는, 소방본부장 또는 소방서장은 기존 건축물이 증축·개축·대수선되거나 용도 변경되는 경우에 있어서 이 기준이 정하는 기준에 따라 당해 건축물에 설치하여야 할 비상콘센트설비의 배관·배선 등의 공사가 현저하게 곤란하다고 인정되는 경우에는 당해 설비의 기능 및 사용에 지장이 없는 범위 안에서 비상콘센트설비의 설치·유지기준의 일부를 적용하지 아니할 수 있다.

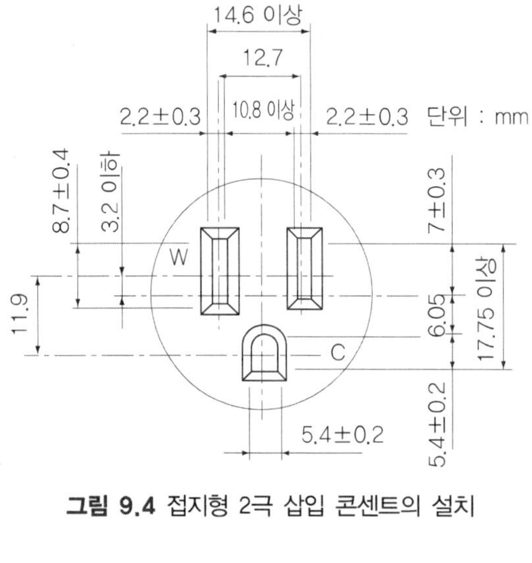

그림 9.4 접지형 2극 삽입 콘센트의 설치

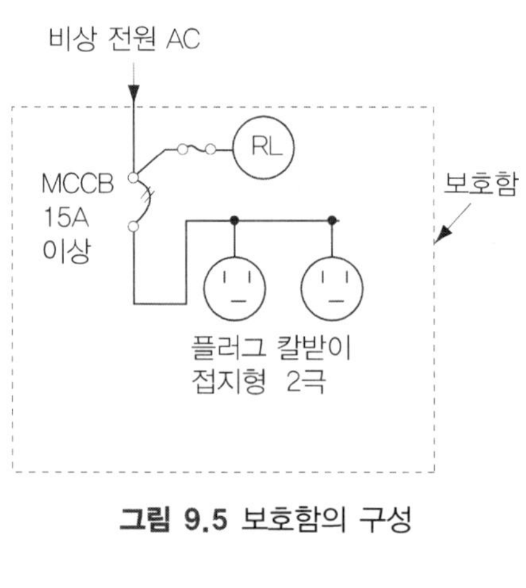

그림 9.5 보호함의 구성

9.5 무선통신보조설비

무선통신보조설비란 지하도나 터널과 같이 전파의 전달특성이 나쁜 소화현장에서 방재센터 또는 지상통제센터에서 지휘하는 소방대원과 터널 내에 있는 소방대원 사이의 무선통신의 원활화를 도모하기 위한 설비이다.

(1) 설치대상 및 주요 정의

소방시설설치유지 및 안전관리에 관한 법률(이하 "법"이라 한다.) 별표 4 소화활동설비의 소방시설 적용기준란 제5호의 규정에 따른 무선통신보조설비는 이 기준에서 정하는 규정에 따라 설비를 설치하고 유지·관리하여야 하며, 설치대상은 다음과 같다.

① 지하가(터널을 제외한다.)로서 연면적 1천 제곱미터 이상인 것

② 지하층의 바닥면적의 합계가 3천 제곱미터 이상인 것 또는 지하층의 층수가 3개층 이상이고 지하층의 바닥면적의 합계가 1천 제곱미터 이상인 것은 지하층의 전 층

③ 지하가 중 터널로서 길이가 5백미터 이상인 것

④ 지하구로서 국토의 계획 및 이용에 관한 법률 제2조 제9호의 규정에 의한 공동구

등이다.

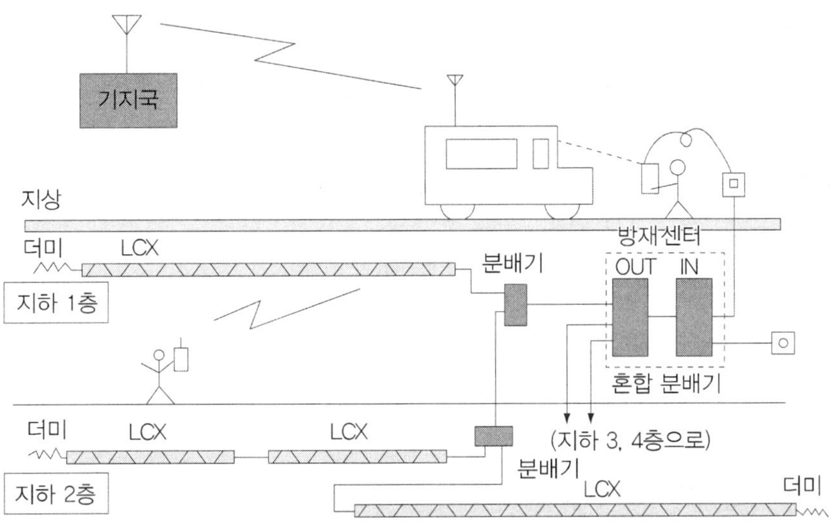

그림 9.6 무선통신보조설비 시스템 구성도

무선통신보조설비의 기준에서 사용하는 용어의 정의는 다음과 같다. 즉, “누설동축케이블”이라 함은 동축케이블의 외부 도체에 가느다란 홈을 만들어서 전파가 외부로 새어나갈 수 있도록 한 케이블을 말하며, “분배기”라 함은 신호의 전송로가 분기되는 장소에 설치하는 것으로 임피던스 매칭(Matching)과 신호 균등분배를 위해 사용하는 장치를 말한다. 또 “분파기”라 함은 서로 다른 주파수의 합성된 신호를 분리하기 위해서 사용하는 장치를 말하고, “혼합기”라 함은 두 개 이상의 입력신호를 원하는 비율로 조합한 출력이 발생하도록 하는 장치를 말한다. 그리고 “증폭기” 라 함은 신호 전송 시 신호가 약해져 수신이 불가능해지는 것을 방지하기 위해서 증폭하는 장치를 말한다.

(2) 누설동축케이블 설치기준

1) 무선통신보조설비의 누설동축케이블 등은 다음의 기준에 따라 설치하여야 한다. 즉,

① 소방전용 주파수대에서 전파의 전송 또는 복사에 적합한 것으로서 소방전용의 것으로 한다. 다만, 소방대 상호 간의 무선연락에 지장이 없는 경우에는 다른 용도와 겸용할 수 있다.
② 누설동축케이블과 이에 접속하는 공중선 또는 동축케이블과 이에 접속하는 공중선에 따른 것으로 한다.
③ 누설동축케이블은 불연 또는 난연성의 것으로서 습기에 따라 전기의 특성이 변질되지 아니하는 것으로 하고, 노출하여 설치한 경우에는 피난 및 통행에 장애가 없도록 한다.
④ 누설동축케이블은 화재에 따라 당해 케이블의 피복이 소실된 경우에 케이블 본체가 떨어지지 아니하도록 4m 이내마다 금속제 또는 자기제 등의 지지금구로 벽·천장·기둥 등에 견고하게 고정시킨다. 다만, 불연재료로 구획된 반자 안에 설치하는 경우에는 그러하지 아니하다.
⑤ 누설동축케이블 및 공중선은 금속판 등에 따라 전파의 복사 또는 특성이 현저하게 저하되지 아니하는 위치에 설치한다.
⑥ 누설동축케이블 및 공중선은 고압의 전로로부터 1.5m 이상 떨어진 위치에 설치한다. 다만, 당해 전로에 정전기 차폐장치를 유효하게 설치한 경우에는 그러하지 아니하다.
⑦ 누설동축케이블의 끝부분에는 무반사 종단저항을 견고하게 설치한다.

2) 누설동축케이블 또는 동축케이블의 임피던스는 50Ω으로 하고, 이에 접속하는 공중선·분배기·기타의 장치는 당해 임피던스에 적합한 것으로 하여야 한다.

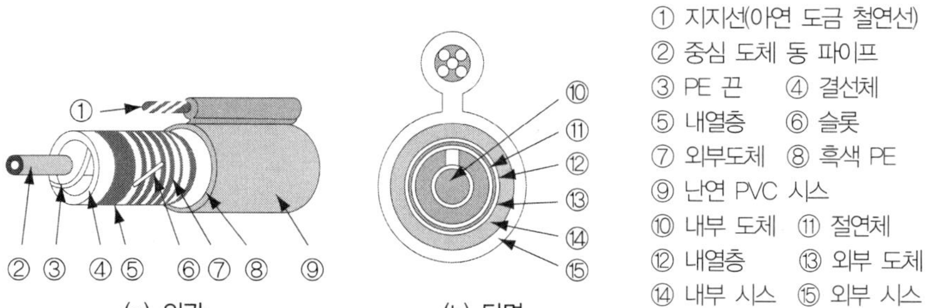

(a) 외관 (b) 단면

그림 9.7 누설 동축케이블 외관 및 단면도

(3) 무선기기 접속단자 설치기준

무선기기 접속단자는 다음의 기준에 따라 설치하여야 한다. 다만, 전파법 제46조의 규정에 따른 형식검정을 받은 무선이동중계기를 설치하는 경우에는 그러하지 아니하다.

① 지상에서 유효하게 소방활동을 할 수 있는 장소 또는 수위실 등 상시 사람이 근무하고 있는 장소에 설치한다.

② 단자는 한국산업규격에 적합한 것으로 하고, 바닥으로부터 높이 0.8m 이상 1.5m 이하의 위치에 설치한다.

③ 지상에 설치하는 접속단자는 보행거리 300m 이내마다 설치하고, 다른 용도로 사용되는 접속단자에서 5m 이상의 거리를 둔다.

④ 지상에 설치하는 단자를 보호하기 위하여 견고하고 함부로 개폐할 수 없는 구조의 보호함을 설치하고, 먼지·습기 및 부식 등에 따라 영향을 받지 아니하도록 조치한다.

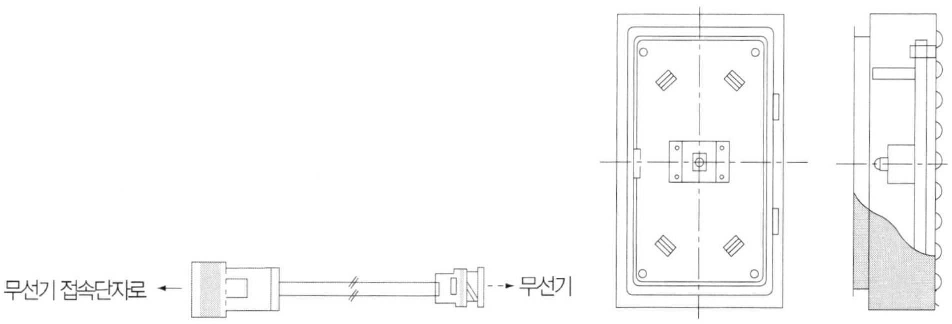

(a) 접속용 동축케이블 (b) 접속단자 보호함

그림 9.8 접속용 동축케이블 및 접속단자함

⑤ 단자의 보호함의 표면에 "무선기기 접속단자"라고 표시한 표지를 한다.

(4) 분배기, 증폭기 설치기준 및 특례

1) 분배기의 설치기준

분배기·분파기 및 혼합기 등은 다음의 기준에 따라 설치하여야 한다.

① 먼지·습기 및 부식 등에 따라 기능에 이상을 가져오지 아니하도록 한다.

② 임피던스는 50Ω의 것으로 한다.

③ 점검에 편리하고 화재 등의 재해로 인한 피해의 우려가 없는 장소에 설치한다.

2) 증폭기의 설치기준

증폭기 및 무선이동중계기를 설치하는 경우에는 다음의 기준에 따라 설치하여야 한다.

① 전원은 전기가 정상적으로 공급되는 축전지 또는 교류전압 옥내간선으로 하고, 전원까지의 배선은 전용으로 한다.

② 증폭기의 전면에는 주회로의 전원이 정상인지의 여부를 표시할 수 있는 표시등 및 전압계를 설치한다.

③ 증폭기는 비상전원이 부착된 것으로 하고 당해 비상전원 용량은 무선통신보조설비를 유효하게 30분 이상 작동시킬 수 있는 것으로 한다.

④ 무선이동중계기를 설치하는 경우에는 전파법 제46조의 규정에 따른 형식검정을 받거나 형식등록한 제품으로 설치한다.

3) 무선통신보조설비 설치제외 및 설치·유지기준의 특례

무선통신보조설비 설치제외로는, 지하층으로서 소방대상물의 바닥부분 2면 이상이 지표면과 동일하거나 지표면으로부터의 깊이가 1m 이하인 경우에는 해당 층에 한하여 무선통신보조설비를 설치하지 아니할 수 있다.

무선통신보조설비 설치·유지기준의 특례는, 소방본부장 또는 소방서장은 기존 건축물이 증축·개축·대수선되거나 용도 변경되는 경우에 있어서 이 기준이 정하는 기준에 따라 당해 건축물에 설치하여야 할 무선통신보조설비의 배관·배선 등의 공사가 현저하게 곤란하다고 인정되는 경우에는 당해 설비의 기능 및 사용에 지장이 없는 범위 안에서 무선통신보조설비의 설치·유지기준의 일부를 적용하지 아니할 수 있다.

9.6 연소방지설비

(1) 설치대상 및 주요 정의

소방시설설치유지 및 안전에 관한 법률(이하 "법"이라 한다.) 제9조 제1항 및 동법률시행령(이하 영이라 한다.) 별표 4 소화활동설비의 소방시설 적용기준란 제6호의 규정에 따른 연소방지설비 및 방화벽은 이 기준에서 정하는 규정에 따라 설비를 설치하여야 하고, 설치대상은 연소방지설비 및 방화벽은 지하구(전력 또는 통신사업용인 것에 한한다.)에 설치하여야 한다. 이때, 연소방지설비 및 방화벽의 설치기준에서 사용하는 용어의 정의는 다음과 같다. 즉, "분전반"이라 함은 분기개폐기·분기과전류차단기·그 밖에 배선용 기기 및 배선을 금속제 외함에 수납한 것을 말하며, "방수 헤드"라 함은 연소방지설비전용 헤드 또는 스프링클러 헤드를 말한다. 또 "방화벽"이라 함은 화재의 연소를 방지하기 위하여 설치하는 벽을 말하고, "연소방지도료"라 함은 케이블·전선 등에 칠하여 가열할 경우 칠한 막의 부분이 발포하거나 단열의 효과가 있어 케이블·전선 등이 연소하는 것을 지연시키는 도료를 말한다.

그리고 "발포성"이라 함은 불꽃이 접촉할 때 발포하여 불꽃의 전파를 지연 또는 차단시키는 성질을 말하며, "비발포성"이라 함은 불꽃이 접촉할 때 발포하지 아니하지만 단열효과가 있어 불꽃의 전파를 지연 또는 차단시키는 성질을 말한다. 또한 "유성도료"라 함은 유기용제에 용해 또는 희석하여 사용하는 도료를 말하고, "수성도료"라 함은 물에 용해 또는 희석하여 사용하는 도료를 말한다. 그리고 "난연테이프"라 함은 케이블·전선 등에 감아 케이블·전선 등이 연소하는 것을 지연시키는 테이프를 말한다.

(2) 연소방지설비 배관 설치기준

1) 배관은 배관용 탄소강관(KS D 3507) 또는 압력배관용 탄소강관(KS D 3562)이나 이와

동등 이상의 강도·내식성 및 내열성을 가진 것으로 하여야 한다. 다만, 다음의 1에 해당하는 장소에는 소방방재청장이 정하여 고시하는 성능시험기술기준에 적합한 소방용 합성수지배관으로 설치할 수 있다. 즉,

① 배관을 지하에 매설하는 경우
② 다른 부분과 내화구조로 구획된 덕트 또는 피트의 내부에 설치하는 경우

2) 급수배관(송수구로부터 연소방지설비 방수구에 급수하는 배관을 말한다. 이하 같다.)은 전용으로 하여야 한다.

3) 급수배관에 설치되어 급수를 차단할 수 있는 개폐밸브는 개폐표시형으로 하여야 한다.

4) 연소방지설비의 배관의 구경은 다음의 기준에 적합한 것이어야 한다.

① 연소방지설비전용 헤드를 사용하는 경우에는 표 9-7에 따른 구경 이상으로 한다.
② 스프링클러 헤드를 사용하는 경우에는 스프링클러설비의 화재안전기준(NFSC 103) 별표 1의 기준에 따른다.

5) 연소방지설비에 있어서의 수평주행배관의 구경은 100mm 이상의 것으로 하되, 연소방지설비전용 헤드 및 스프링클러 헤드("방수 헤드"라 한다. 이하 이 관에서 같다.)를 향하여 상향으로 1,000분의 1 이상의 기울기로 설치하여야 한다.

6) 연소방지설비 교차배관의 위치·청소구 및 가지배관의 헤드 설치는 다음 각 호의 기준에 따른다.

① 교차배관은 가지배관과 수평으로 설치하거나 또는 가지배관 밑에 설치하고, 그 구경은 제4항의 규정에 따르되, 최소 구경이 40mm 이상이 되도록 한다.
② 청소구는 주배관 또는 교차배관(교차배관을 설치하는 경우에 한한다.) 끝에 40mm 이상 크기의 개폐밸브를 설치하고, 호스접결이 가능한 나사식 또는 고정배수 배관식으로 할 것.

표 9-7 살수헤드 개수에 따른 배관의 구경

(mm)

하나의 배관에 부착하는 살수헤드의 개수	1개	2개	3개	4개 또는 5개	6개 이상 10개 이하
배관의 구경(mm)	32	40	50	65	80

이 경우 나사식의 개폐밸브는 옥내소화전 호스접결용의 것으로 하고, 나사보호용의 캡으로 마감하여야 한다.

③ 하향식 헤드를 설치하는 경우에 가지배관으로부터 헤드에 이르는 헤드접속배관은 가지관의 상부에서 분기한다.

7) 배관에 설치되는 행가는 다음의 기준에 따라 설치하여야 한다.

① 가지배관에는 헤드의 설치지점 사이마다 1개 이상의 행가를 설치하되, 헤드 간의 거리가 3.5m를 초과하는 경우에는 3.5m 이내마다 1개 이상 설치할 것. 이 경우 상향식 헤드와 행가 사이에는 8cm 이상의 간격을 두어야 한다.

② 교차배관에는 가지배관과 가지배관 사이마다 1개 이상의 행가를 설치하되, 가지배관 사이의 거리가 4.5m를 초과하는 경우에는 4.5m 이내마다 1개 이상 설치한다.

③ 제1호 내지 제2호의 수평주행배관에는 4.5m 이내마다 1개 이상 설치한다.

8) 연소방지설비는 습식 외의 방식으로 하여야 한다.

9) 기계실·공동구 또는 덕트에 설치되는 배관은 다른 설비의 배관과 쉽게 구분이 될 수 있는 위치에 설치하거나 그 배관 표면 또는 배관 보온재 표면의 색상을 달리하는 방법 등으로 소방용 설비의 배관임을 표시하여야 한다.

10) 분기배관을 사용할 경우에는 한국소방검정공사 또는 법 제42조 제1항의 규정에 따라 성능시험기관으로 지정받은 기관에서 그 성능을 검증받은 것으로 설치하여야 한다.

(3) 연소방지설비 방수 헤드 및 송수구 설치기준

1) 방수 헤드의 설치기준

방수 헤드는 다음의 기준에 따라 설치하여야 한다.

① 천장 또는 벽면에 설치한다.

② 방수 헤드 간의 수평거리는 연소방지설비 전용 헤드의 경우에는 2m 이하, 스프링클러 헤드의 경우에는 1.5m 이하로 한다.

③ 살수구역은 환기구 등을 기준으로 지하구의 길이 방향으로 350m 이내마다 1개 이상 설치

하되, 하나의 살수구역의 길이는 3m 이상으로 한다.

2) 송수구의 설치기준

연소방지설비의 송수구는 다음의 기준에 따라 설치하여야 한다.

① 소방차가 쉽게 접근할 수 있는 노출된 장소에 설치하되, 눈에 띄기 쉬운 보도 또는 차도에 설치한다.

② 송수구는 구경 65mm의 쌍구형으로 한다.

③ 송수구로부터 1m 이내에 살수구역 안내표지를 설치한다.

④ 지면으로부터 높이가 0.5m 이상 1m 이하의 위치에 설치한다.

⑤ 송수구의 가까운 부분에 자동배수밸브(또는 직경 5mm의 배수공) 및 체크밸브를 설치한다. 이 경우 자동배수밸브는 배관 안의 물이 잘 빠질 수 있는 위치에 설치하되, 배수로 인하여 다른 물건 또는 장소에 피해를 주지 아니하여야 한다.

⑥ 송수구로부터 주배관에 이르는 연결배관에는 개폐밸브를 설치하지 아니한다.

(4) 연소방지도료의 도포방법

지하구 안에 설치된 케이블·전선 등에는 다음의 기준에 따라 연소방지용 도료를 도포하여야 한다. 다만, 케이블·전선 등을 옥내소화전설비의 화재안전기준(NFSC 102) 제10조 제2항의 규정에서 정한 기준에 적합한 내화배선 방법으로 설치한 경우와 이와 동등 이상의 내화성능이 있도록 한 경우에는 그러하지 아니하다.

① 연소방지도료는 다음 각 호의 방법에 따라 도포할 것

㉠ 도료를 도포하고자 하는 부분의 오물을 제거하고 충분히 건조시킨 후 도포할 것

㉡ 도료의 도포 두께는 평균 1mm 이상으로 할 것

㉢ 유성도료의 1회당 도포 간격은 2시간 이상으로 하되, 환기가 원활한 곳에서 실시한다. 다만, 지하구 또는 유증기(油蒸氣)의 체류가 우려되는 공간에서 실시하여서는 아니 된다.

② 연소방지도료는 다음 각 항의 중심으로부터 양쪽 방향으로, 전력용 케이블의 경우에는 20m(단, 통신케이블의 경우에는 10m) 이상 도포한다.

㉠ 지하구와 교차된 수직구 또는 분기구

㉡ 집수정 또는 환풍기가 설치된 부분

㉢ 지하구로 인입 및 인출되는 부분

㉣ 분전반, 절연유 순환펌프 등이 설치된 부분

㉤ 케이블이 상호 연결된 부분

㉥ 기타 화재 발생 위험이 우려되는 부분

③ 연소방지도료 및 난연테이프의 성능기준 및 시험방법은 다음 항목에 따른다. 다만, 난연테이프의 경우 다음의 ㉣항 및 ㉤항의 규정만을 시험한다.

㉠ 연소방지도료에는 인체에 유해한 석면 등이 함유되어서는 아니 되며, 난연처리하는 케이블·전선 등의 기능에 변화를 일으키지 않아야 한다.

㉡ 건조에 대한 시험은, KS M 5000 중 시험방법 2511[도료의 건조시간 시험방법(바니시·락카·에나멜 및 수성도료) 또는 시험방법 2512(도료의 건조시간 시험방법(유성도료)]에 따라 7일간 자연 건조하였을 경우 고화 건조, 경화 건조, 불점착 건조 또는 완전 건조 중 하나에 해당해야 한다. 다만, 가열 건조할 경우는 65±2℃에서 24시간 건조한다.

㉢ 산소지수

- 시험을 위한 시료는 KS M 5000 중 1121(도료시험용 유리판 조제방법)의 방법으로 두께 3mm, 가로 6mm, 세로 150mm의 크기로 제작한다.
- 시료의 건조는 50±2℃인 항온 건조기 안에서 24시간 건조한 후 실리카겔을 넣은 데시케이터 안에 2시간 동안 넣어둔다.
- 시료의 연소시간이 3분간 지속되거나 또는 착염 후 탄화 길이가 50mm일 때까지 연소가 지속될 때의 최저의 산소유량과 질소유량을 측정하여 산소지수값을 다음 계산식에 따라 산출하되, 산소지수는 평균 30 이상이어야 한다. 다만, 난연테이프의 산소지수는 평균 28 이상이어야 한다.

$$\text{산소지수} = \frac{O_2}{O_2 + N_2} \times 100$$

여기서, O_2 : 산소유량(ℓ/min)

N_2 : 질소유량(ℓ/min)

㉣ 난연성시험

- 시료의 길이가 2,400mm인 전선에 연소방지도료 또는 난연테이프를 도포(감은)한 것으로 한다.

- 난연성 시험기는 금속제 수직형 트레이와 별도의 리본가스버너를 사용한다.
- 트레이는 사다리 형태이며, 깊이 75mm, 너비 300mm, 길이 2,440mm로 한다.
- 리본가스버너의 불꽃의 길이는 380mm 이상이어야 하고, 트레이 격자 사이의 시료 중심에 불꽃이 닿도록 한다.
- 버너면은 시험편 표면에서부터 76mm 간격을 두어야 하며, 수직형 트레이 바닥에서 600mm 높이에 수평으로 장치하여야 한다.
- 수직형 트레이 시험기의 온도측정용 온도감지센서는 불꽃 가까이에 설치하여야 하며, 시험편과 닿지 않도록 3mm의 거리를 두어 설치하여야 한다.
- 시료의 배열은 수직형 트레이 중심부분에 시료를 단층으로 배열하고 전선의 직경 1/2 간격으로 폭 150mm 이상이 되도록 금속제 사다리 중앙부에 배열한다.
- 가열온도를 816±10℃를 유지하면서 20분 동안 가열한 후 불꽃을 제거하였을 때 자연 소화되어야 하며, 시험체가 전소되지 아니하여야 한다.

㉤ 발연량은 ASTM E 662(고체물질에서 발생하는 연기의 특성광학밀도)의 방법으로 발연량을 측정하였을 때 최대연기밀도가 400 이하여야 한다.

④ 성능시험을 위한 시료채취는 다음에 따른다.

㉠ 시료채취는 KS M 5000(도료 및 관련 원료 시험방법) 중 시험방법 1021(도료의 시료채취방법)에 따른다.

㉡ 성능시험을 위한 시험판은 KS D 3512(냉간압연강판 및 강대) 또는 이와 동등 이상의 것으로 두께 0.8mm, 가로 70mm, 세로 150mm인 것으로 하며, 전선은 직경 10~20ϕ 또는 22.9kV CN-CV(동심 중성선 전력케이블) 325mm^2, 피복은 흑색 폴리에틸렌을 혼합한(Black Polyethylene Compound) 것으로 한다.

㉢ 시험을 위한 시험판 또는 전선에 도료를 분무기 또는 붓으로 칠하여 직사광선을 피하여 수직으로 7일 이상 건조한 것으로 할 것. 이 경우 건조한 도료의 도포 두께는 1.0mm 이내여야 한다.

(5) 방화벽의 설치기준 및 공동구의 통합감시시설의 구축 및 특례

1) 방화벽의 설치기준

① 내화구조로서 홀로 설 수 있는 구조로 한다.

② 방화벽에 출입문을 설치하는 경우에는 방화문으로 한다.

③ 방화벽을 관통하는 케이블·전선 등에는 내화성이 있는 화재차단재로 마감한다.

④ 방화벽의 위치는 분기구 및 환기구 등의 구조를 고려하여 설치한다.

2) 공동구의 통합감시시설 구축

"영 별표 4 경보설비의 소방시설 적용기준란" 제9호의 규정에 따른 통합감시시설을 구축하는 경우 다음의 기준에 따른다.

① 소방관서와 공동구의 통제실 간에 화재 등 소방활동과 관련된 정보를 상시 교환할 수 있는 정보통신망을 구축한다.

② 제1호의 규정에 따른 정보통신망은 광케이블 또는 이와 유사한 성능을 가진 선로로서 원격제어가 가능하여야 한다.

③ 주수신기는 공동구의 통제실에, 보조수신기는 관할 소방관서에 설치하여야 하고, 수신기에는 원격제어 기능이 있어야 한다.

④ 비상시에 대비하여 예비선로를 구축한다.

3) 연소방지설비 설치·유지기준의 특례

소방본부장 또는 소방서장은 기존 건축물이 증축·개축·대수선되거나 용도 변경되는 경우에 있어서 이 기준이 정하는 기준에 따라 당해 건축물에 설치하여야 할 연소방지설비의 배관·배선 등의 공사가 현저하게 곤란하다고 인정되는 경우에는 당해 설비의 기능 및 사용에 지장이 없는 범위 안에서 연소방지설비의 설치·유지기준의 일부를 적용하지 아니할 수 있다.

9.7 소화용수설비

화재를 소화하는 데 물보다 경제적이고 환경친화적이면서 소화 성능이 우수한 소화약제도 찾아보기 힘들다. 따라서 산업이 첨단화된 현재에도 소화약제로서 물만큼 많이 사용하는 것도 없으며, 화재 발생 시 화재 현장으로 소방차가 출동할 때 특수화재의 경우를 제외하고 소화약제로 물을 적재하고 출동하는 경우가 대부분이다. 따라서 소방차가 화재 현장에 도착하기 이전에 화재를 진압할 경우에는 문제가 없겠지만 화재가 확대될 경우와 소방대상물에 설치되어 있는 소화설비용 수원만으로 화재를 진압하지 못할 경우를 대비하여 화재 현장에 원활하게 소화수를 공급할 수 있도록 소방대상물 인근에 수원을 확보하는 설비를 소화용수설비라고 한다.

인근에 설치되어 있는 공설소화전에 의존하는 경우도 있지만 단수나 수압의 저하로 소화활동에 필요한 수압과 방수량을 기대하기 어려운 경우가 많이 발생한다. 소방법과 도시계획법에서 공설소방수리시설에 대한 기준이 규정되어 있으며 그 종류로는 소방수리, 지정소방수리, 소방용수로 크게 구분하고 있다. 이때 소방수리시설은 공설소방수리라고도 하며 소방에 필요한 전용의 수리라고 할 수 있는데, 전문소방대원이 화재 진압 활동에 필요한 다량의 물을 안정적으로 공급할 수 있도록 시·군에 설치하여 관리하는 것을 말한다. 일반적으로 수도의 배수관이 이용되며, 도로에 매설되어 있는 배수관의 적당한 간격으로 지하식 또는 지상식의 소화전을 설치하여 사용할 수 있도록 되어 있다. 또 지정소방수리란, 공설소방수리만으로 불충분한 지역에 연못, 샘물, 우물, 수조 등 소방용으로 공급할 수 있는 적당한 용수를 그 소유자 또는 점유자, 관리자의 승낙을 얻어 소방본부장 또는 소방서장이 소방용수로서 지정한 것을 말한다.

(1) 상수도 소화용수설비

1) 설치대상

소방시설설치유지 및 안전관리에 관한 법률(이하 "법"이라 한다.) 제9조 제1항 및 동법률시행령(이하 영이라 한다.) 별표 4 소화용수설비의 소방시설 적용기준란에 따른 상수도소화용수설비는 이 기준에서 정하는 규정에 따라 설비를 설치하고 유지·관리하여야 하며, 상수도소화용수설비를 설치하여야 하는 특정소방대상물은 다음과 같다. 다만, 상수도소화용수설비를 설치하여야 하는 특정소방대상물의 대지 경계선으로부터 180미터 이내에 구경 75밀리미터 이상인 상수도용 배수관이 설치되지 아니한 지역에 있어서는 소화수조 또는 저수조를 설치하여야 한다.

① 연면적 5천 제곱미터 이상인 것. 다만, 가스시설·지하구 또는 지하가 중 터널의 경우에는 그러하지 아니하다.

② 가스시설로서 지상에 노출된 탱크의 저장용량의 합계가 100톤 이상인 것

등이다.

2) 설치기준

상수도소화용수설비는 수도법의 규정에 따른 기준 외에 다음의 기준에 따라 설치하여야 한다.

① 호칭지름 75mm 이상의 수도배관에 호칭지름 100mm 이상의 소화전을 접속한다.

② 제1호의 규정에 따른 소화전은 소방자동차 등의 진입이 쉬운 도로변 또는 공지에 설치한다.

③ 제1호의 규정에 따른 소화전은 소방대상물의 수평투영면의 각 부분으로부터 140m 이하가 되도록 설치할 것

3) 주요 정의

상수도소화용수설비의 기준에서 사용하는 용어의 정의는 다음과 같다. 즉, "호칭지름"이라 함은 일반적으로 표기하는 배관의 직경을 말한다. 또 "수평투영면"이라 함은 건축물을 수평으로 투영하였을 경우의 면을 말한다.

4) 상수도 소화용수설비 설치·유지기준의 특례

소방본부장 또는 소방서장은 기존 건축물이 증축·개축·대수선되거나 용도 변경되는 경우에 있어서 이 기준이 정하는 기준에 따라 당해 건축물에 설치하여야 할 상수도소화용수설비의 배관 등의 공사가 현저하게 곤란하다고 인정되는 경우에는 당해 설비의 기능 및 사용에 지장이 없는 범위 안에서 상수도소화용수설비의 설치·유지 기준의 일부를 적용하지 아니할 수 있다.

(2) 소화수조 및 저수조의 설치기준

소방시설 설치유지 및 안전관리에 관한 법률(이하 "법"이라 한다.) 제9조 제1항 및 동법률시행령(이하 "영"이라 한다.) 별표 4 소화용수설비의 소방시설 적용기준란에 따른 소화수조 및 저수조는 이 기준에서 정하는 규정에 따라 설비를 설치하고 유지 관리하여야 하며, 소화수조 및 저수조의 설치기준은 다음과 같다.

① 소화수조, 저수조의 채수구 또는 흡수관 투입구는 소방차가 2m 이내의 지점까지 접근할 수 있는 위치에 설치하여야 한다.

② 소화수조 또는 저수조의 저수량은 소방대상물의 연면적을 표 9-8에 따른 기준면적으로 나누어 얻은 수(소수점 이하의 수는 1로 본다.)에 $20m^3$를 곱한 양 이상이 되도록 하여야 한다.

표 9-8 소방대상물 연면적과 기준면적

소방대상물의 구분	기준면적
1. 1층 및 2층의 바닥면적 합계가 15,000m^2 이상인 소방대상물	7,500m^2
2. 제1호에 해당되지 아니하는 그 밖의 소방대상물	12,500m^2

③ 소화수조 또는 저수조는 다음의 기준에 따라 흡수관 투입구 또는 채수구를 설치하여야 한다.

㉠ 지하에 설치하는 소화용수설비의 흡수관 투입구는 그 한 변이 0.6m 이상이거나 직경이 0.6m 이상인 것으로 하고, 소요수량이 80m^3 미만인 것에 있어서는 1개 이상, 80m^3 이상인 것에 있어서는 2개 이상을 설치하여야 하고, "흡관투입구"라고 표시한 표지를 한다.

㉡ 소화용수설비에 설치하는 채수구는 다음의 기준에 따라 설치한다.

- 채수구는 표 9-9에 따라 소방용 호스 또는 소방용 흡수관에 사용하는 구경 65mm 이상의 나사식 결합 금속구를 설치한다.
- 채수구는 지면으로부터의 높이가 0.5m 이상, 1m 이하의 위치에 설치하고 "채수구"라고 표시한 표지를 한다.

④ 소화용수설비를 설치하여야 할 소방대상물에 있어서, 0.8m^3/min 이상인 유수를 사용할 수 있는 경우에는 소화수조를 설치하지 아니할 수 있다.

이때 소화수조 및 저수조 시설의 기준에서 사용하는 용어의 정의는 다음과 같다. 즉, "소화수조 또는 저수조"라 함은 수조를 설치하고 여기에 소화에 필요한 물을 항시 채워두는 것을 말하고, "채수구"라 함은 소방차의 소방호스와 접결되는 흡입구를 말한다.

표 9-9 소요수량에 따른 채수구 수

소요수량	20m^2 이상 40m^2 미만	40m^2 이상 100m^2 미만	100m^2 이상
채수구의 수	1개	2개	3개

(3) 가압송수장치 설치기준

① 소화수조 또는 저수조가, 지표면으로부터의 깊이(수조내부바닥까지의 길이를 말한다.)가 4.5m 이상인 지하에 있는 경우에는 표 9-10에 따라 가압송수장치를 설치하여야 한다. 다만, 위 소화수조 및 저수조의 설치기준 ②항의 규정에 따른 저수량을 지표면으로부터 4.5m 이하인 지하에서 확보할 수 있는 경우에는 소화수조 또는 저수조의 지표면으로부터의 깊이

에 관계없이 가압송수장치를 설치하지 아니할 수 있다.

② 소화수조가 옥상 또는 옥탑의 부분에 설치된 경우에는 지상에 설치된 채수구에서의 압력이 0.15MPa 이상이 되도록 하여야 한다.

③ 전동기 또는 내연기관에 따른 펌프를 이용하는 가압송수장치는 다음의 기준에 따라 설치하여야 한다.

㉠ 쉽게 접근할 수 있고 점검하기에 충분한 공간이 있는 장소로서 화재 및 침수 등의 재해로 인한 피해를 받을 우려가 없는 곳에 설치한다.

㉡ 동결방지 조치를 하거나 동결의 우려가 없는 장소에 설치한다.

㉢ 펌프는 전용으로 한다. 다만, 다른 소화설비와 겸용하는 경우 각각의 소화설비의 성능에 지장이 없을 때에는 예외로 한다.

㉣ 펌프의 토출 측에는 압력계를 체크밸브 이전에 펌프 토출 측 플랜지에서 가까운 곳에 설치하고, 흡입 측에는 연성계 또는 진공계를 설치한다. 다만, 수원의 수위가 펌프의 위치보다 높거나 수직회전축 펌프의 경우에는 연성계 또는 진공계를 설치하지 아니할 수 있다.

㉤ 가압송수장치에는 정격부하 운전시 펌프의 성능을 시험하기 위한 배관을 설치한다.

㉥ 가압송수장치에는 체절운전 시 수온의 상승을 방지하기 위한 순환배관을 설치한다.

㉦ 기동장치로는 보호판을 부착한 기동스위치를 채수구 직근에 설치한다.

㉧ 수원의 수위가 펌프보다 낮은 위치에 있는 가압송수장치에는 다음의 기준에 따른 물올림장치를 설치한다.

- 물올림장치에는 전용의 탱크를 설치할 것
- 탱크의 유효수량은 100ℓ 이상으로 하되, 구경 15mm 이상의 급수배관에 따라 당해 탱크에 물이 계속 보급되도록 할 것

㉨ 내연기관을 사용하는 경우에는 다음의 기준에 적합한 것으로 한다.

- 내연기관의 기동은 채수구의 위치에서 원격조작으로 가능하고 기동을 명시하는 적색등을 설치할 것
- 제어반에 따라 내연기관의 기동이 가능하고 상시 충전되어 있는 축전지설비를 갖출 것

㉩ 가압송수장치에는 "소화용수설비펌프"라고 표시한 표지를 한다.

이 경우 그 가압송수장치를 다른 설비와 겸용하는 때에는 그 겸용되는 설비의 이름을 표시한 표지를 함께 하여야 한다.

표 9-10 소요수량에 따른 가압송수장치 1분당 양수량

소요수량	20m² 이상 40m² 미만	40m² 이상 100m² 미만	100m² 이상
가압송수장치의 1분당 양수량	1,100ℓ 이상	2,200ℓ	3,300ℓ 이상

(4) 소화수조 및 저수조의 유효수량

소화수조의 유효수량은 적어도 $20m^3$ 이상이 되어야 한다. 여기서 말하는 유효수량은 지반면 아래 수심이 4.5m 이내의 수량을 말한다. 그 이유는 소방펌프차가 소화수조를 이용하는 경우, 소방차에 적재하고 있는 흡수관을 수조에 투입하여 흡입이 가능한 범위이기 때문이다. 물론 유효수량은 소방대상물의 규모에 따라 필요한 수량이 결정되며 $60m^3$의 유효수량을 설치할 때 반드시 1개의 소화수조에 설치하시 않아도 된다. 즉, $20m^3$씩 나누어 3개의 소화수조에 분산하여 설치하는 것도 가능하다. 소화수조의 주요 점검사항은 소방자동차가 접근하는 데 장애가 없어야 하며, 수질의 보존 상태가 양호하여야 한다는 것이다.

(5) 소화수조 및 저수조 설치·유지기준의 특례

소방본부장 또는 소방서장은 기존 건축물이 증축·개축·대수선되거나 용도 변경되는 경우에 있어서 이 기준이 정하는 기준에 따라 당해 건축물에 설치하여야 할 소화수조 및 저수조의 배관·배선 등의 공사가 현저하게 곤란하다고 인정되는 경우에는 당해 설비의 기능 및 사용에 지장이 없는 범위 안에서 소화수조 및 저수조의 설치유지 기준의 일부를 적용하지 아니할 수 있다.

제9장 연습문제 · e·x·e·r·c·i·s·e

01. 소화활동설비에 속하는 소방설비의 종류를 들고 설비의 필요성, 설비요소, 설비 시 고려사항을 간략하게 기술하라.

02. 제연설비의 설치대상은?

03. 제연설비의 설치구역을 구획하는 경우 구획의 설치기준과 구획에 따른 배출량, 배출방식에 대하여 기술하라.

04. 제연설비에 사용되는 댐퍼의 종류를 작동방식과 기능 면으로 나누어 분류하고 각 기능을 비교하여 설명하라.

05. 터널의 제연설비 설치기준은?

06. 제연설비의 전원 및 비상전원 설치기준과 비상전원 설치 시 고려사항을 기술하라.

07. 제연설비에서 공기유입구의 설비기준에 대하여 기술하라.

08. 제연설비에서 배출구의 설치기준에 대하여 기술하라.

09. 스모크 해치(smoke hatch)와 스모크 타워(smoke tower)에 대하여 간단하게 설명하라.

10. 연결송수관설비란 무엇이며 타 소화설비와 다른 점을 비교하여 설명하고, 연결송수설비의 설치 시 주요 고려사항을 기술하라.

11. 연결송수관설비의 설치대상 및 구성에 대하여 기술하라.

12. 연결송수관설비에서 가압송수장치의 상용전원회로의 배선 및 비상전원의 설치기준은?

13. 연결송수관설비에서 건물의 11층 이상 부분에 대하여는 방수구를 쌍구형으로 하는 이유에 대하여 설명하라.

14. 연결살수설비란 무엇이며, 설치대상은?

15. 연결살수설비의 선택밸브 설치기준에 대하여 기술하라.

16. 연결살수설비 헤드의 설치기준과 설치제외 기준에 대하여 간략하게 기술하라.

17. 비상콘센트설비란 무엇이며, 설치대상 및 기준은?

18. 무선통신보조설비란 무엇이며, 설치대상과 설치기준은?

19. 연소방지설비 및 방화벽의 설치대상 및 설치기준은?

20. 소화용수설비의 설치필요성, 설치대상, 설치기준에 대하여 설명하라.

21. 소화용수설비의 소화수조 및 저수조의 설치기준, 유효수량은?

22. 유수를 사용하는 소화용수설비에서는 유수량[ℓ/min]이 얼마로 유지되도록 하는지 그 이유를 설명하라.

Chapter 10

화재의 탐지, 경보, 피난설비

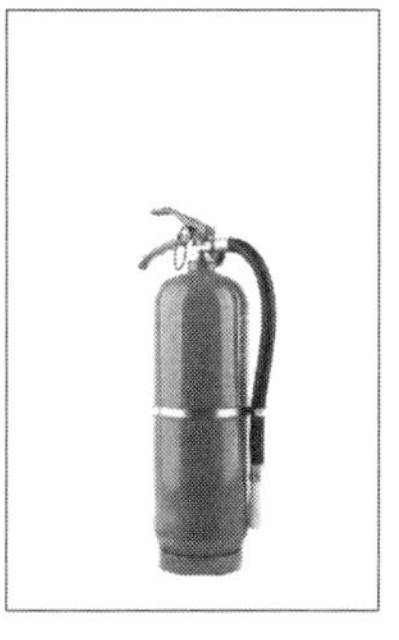
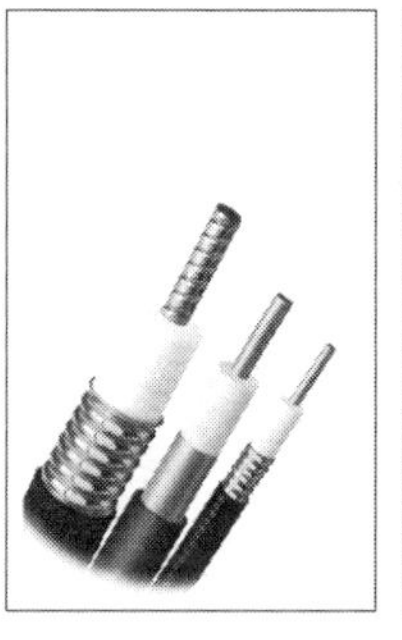

▣ 개요

화재에 의한 손해를 최소한으로 억제하기 위해서는 신속한 화재 검출이 매우 중요한 관건 중의 하나이다. 화재의 발견은 건물 관리자의 순시 등의 인적 운용 면에 의한 경우도 있는데, 일상의 모든 시간에 걸쳐 건물의 각 장소를 계속 감시하는 것은 한계가 있다. 자동화재 탐지설비는 화재 시에 생기는 열, 연기, 화염 등의 일상과는 다른 물리 현상을 화재감지기가 자동적으로 검출하고, 이 검출신호를 직접 또는 중계기를 통해 수신기에 송신하여 화재 발생 장소를 표시한다. 동시에 건물 각 부의 구역 레벨, 비상방송설비 등의 비상경보설비를 사용하여 건물 관리자나 재관자에게 화재의 발생을 알리는 것이다.

최근의 건물에 있어서 대규모화, 고층화, 심도화 등의 동향에 따라 화재 발생 시의 위험성은 더욱 증가하고 있으며, 이와 같은 상황을 감안하여 자동화재 탐지 및 경보설비에 대하여 단지 기계로서의 신뢰성뿐만 아니라, 실제로 사용하는 관리자와의 주요 머신과의 인터페이스로서의 성격이나 화재 상황을 보다 상세히 인식할 수 있는 고도 정보화에 대한 요구가 높아지고 있다. 이들 사회적 요구에 대응하는 형태로 최근에 컴퓨터기술의 급격한 진전을 배경으로 인텔리전트 시스템이 개발 제공되고 있다. 행정 면에서도 이들 최신 기술을 적극적으로 채용하는 법규의 개정이나 평가제도의 정비가 추진되고 있고 일부 내용을 살펴보면 다음과 같다.

10.1 자동화재 탐지설비

(1) 자동화재 탐지설비의 설치대상

소방시설설치유지 및 안전관리에 관한 법률(이하 “법”이라 한다.) 제9조 제1항 및 동법률시행령(이하 영이라 한다.) 별표 4 경보설비의 소방시설 적용기준란 제4호·제7호의 규정에 따른 자동화재 탐지설비 및 시각경보장치는 이 기준에서 정하는 규정에 따라 설비를 설치하고 유지·관리하여야 하며, 이 자동화재 탐지설비 및 시각경보장치 설치의 특정 소방대상물은 다음과 같다. 즉,

① 자동화재 탐지설비를 설치하여야 하는 특정 소방대상물은,

㉠ 근린생활시설(일반목욕장을 제외한다.)·위락시설·숙박시설·의료시설 및 복합건축물로서 연면적 600제곱미터 이상인 것

㉡ 근린생활시설 중 일반목욕장·문화집회 및 운동시설·통신촬영시설·관광휴게시설·지하가(터널을 제외한다.)·판매시설 및 영업시설·공동주택·업무시설·운수자동차 관련 시설·공장 및 창고시설로서 연면적 1천 제곱미터 이상인 것

㉢ 교육연구시설(교육연구시설 내에 있는 기숙사 및 합숙소를 포함하며, 숙박시설이 있는 청소년시설은 제외한다.)·동식물 관련 시설·위생 등 관련 시설 및 교정시설로서 연면적 2천 제곱미터 이상인 것

㉣ 지하구

㉤ 길이 1천 미터 이상의 터널

㉥ 연면적 400제곱미터 이상인 노유자시설 및 숙박시설이 있는 청소년시설로서 수용인원 100인 이상인 것

㉦ 나목에 해당하지 아니하는 공장 및 창고 시설로서 소방기본법시행령 별표 3에서 정하는 수량의 500배 이상의 특수가연물을 저장·취급하는 것

등이다.

② 시각경보기를 설치하여야 하는 특정 소방대상물은,

㉠ 근린생활시설, 위락시설, 문화집회 및 운동시설, 판매시설 및 영업시설

㉡ 숙박시설·노유자시설·의료시설 및 업무시설

㉢ 통신촬영시설 중 방송국, 교육연구시설 중 도서관

㉣ 지하상가 등이다.

(2) 자동화재 탐지설비의 구성 및 주요 정의

자동화재 경보설비는 수신기, 중계기, 감지기, 발신기 및 시각경보장치 등의 위치를 표시하는 표시등으로 구성되어 있다. 감지기 또는 발신기에서의 화재감지신호는 직접 또는 중계기를 통하여 수신기에 전송되며, 그 결과 수신기는 발화 장소의 표시와 비상경보설비를 사용하여 화재가 발생한 것을 통보한다. 이때에 수신기가 표시하는 발화 장소는 그 후의 소화, 피난 유동면에서도 확실하게 파악할 필요가 있으며, 방화대상물을 일정 규모로 구분하여 구역별로 표시

해야 한다. 이 구역은 규정에서 경계구역으로서 1장의 표 1-3과 같이 규정되어 있다. 자동화재 경보설비는 이 경계구역별로 신호처리를 하므로 각 경계구역에 대한 신호처리의 단위로서 회선이라는 호칭을 사용하고 있다.

자동화재 경보설비의 기준에서 사용하는 용어의 정의는 다음과 같다. 즉, "경계구역"이라 함은 소방대상물 중 화재신호를 발신하고 그 신호를 수신 및 유효하게 제어할 수 있는 구역을 말하고, "수신기"라 함은 감지기나 발신기에서 발하는 화재신호를 직접 수신하거나 중계기를 통하여 수신하여 화재의 발생을 표시 및 경보하여 주는 장치를 말한다. 또 "중계기"라 함은 감지기·발신기 또는 전기적 접점 등의 작동에 따른 신호를 받아 이를 수신기의 제어반에 전송하는 장치를 말하며, "감지기"라 함은 화재 시 발생하는 열, 연기, 불꽃 또는 연소생성물을 자동적으로 감지하여 수신기에 발신하는 장치를 말한다.

"발신기"라 함은 화재 발생 신호를 수신기에 수동으로 발신하는 장치를 말하고, "시각경보장치"라 함은 자동화재 탐지설비에서 발하는 화재신호를 시각경보기에 전달하여 청각장애인에게 점멸형태의 시각경보를 하는 것을 말한다. 그리고 "거실"이라 함은 거주·집무·작업·집회·오락 그 밖에 이와 유사한 목적을 위하여 사용하는 방을 말한다.

(3) 자동화재 탐지설비의 경계구역

① 자동화재 탐지설비의 경계구역은 다음의 기준에 따라 설정하여야 한다. 다만, 감지기의 형식 승인 시 감지거리, 감지면적 등에 대한 성능을 별도로 인정받은 경우에는 그 성능 인정 범위를 경계구역으로 할 수 있다.

㉠ 하나의 경계구역이 2개 이상의 건축물에 미치지 아니하도록 한다.

㉡ 하나의 경계구역이 2개 이상의 층에 미치지 아니하도록 한다. 다만, 500m^2 이하의 범위 안에서는 2개의 층을 하나의 경계구역으로 할 수 있다.

㉢ 하나의 경계구역의 면적은 600m^2 이하로 하고 한 변의 길이는 50m 이하로 한다. 다만, 당해 소방대상물의 주된 출입구에서 그 내부 전체가 보이는 것에 있어서는 1,000m^2 이하로 할 수 있다.

㉣ 지하구의 경우 하나의 경계구역의 길이는 700m 이하로 한다.

② 계단(직통계단 외의 것에 있어서는 떨어져 있는 상하계단의 상호 간의 수평거리가 5m 이하로서 서로 간에 구획되지 아니한 것에 한한다. 이하 같다.)·경사로·엘리베이터 권상기실·

리넨슈트·파이프덕트·기타 이와 유사한 부분에 대하여는 별도로 경계구역을 설정하되, 하나의 경계구역는 높이 45m 이하(계단 및 경사로에 한한다.)로 하고, 지하층의 계단 및 경사로(지하층의 층수가 1일 경우는 제외한다.)는 별도로 하나의 경계구역으로 하여야 한다.

③ 외기에 면하여 상시 개방된 부분이 있는 차고·주차장·창고등에 있어서는 외기에 면하는 각 부분으로부터 5m 미만의 범위 안에 있는 부분은 경계구역의 면적에 산입하지 아니한다.

④ 스프링클러설비 또는 물분무등소화설비의 화재감지장치로서 화재감지기를 설치한 경우의 경계구역은 당해 소화설비의 방사구역과 동일하게 설정할 수 있다.

(4) 수신기의 설치기준

① 자동화재 탐지설비의 수신기는 다음의 기준에 적합한 것으로 설치하여야 한다. 즉,

㉠ 당해 소방대상물의 경계구역을 각각 표시할 수 있는 회선수 이상의 수신기를 설치한다.

㉡ 4층 이상의 소방대상물에는 발신기와 전화 통화가 가능한 수신기를 설치한다.

㉢ 당해 소방대상물에 가스누설탐지설비가 설치된 경우에는 가스누설탐지설비로부터 가스누설신호를 수신하여 가스누설경보를 할 수 있는 수신기를 설치한다(가스누설탐지설비의 수신부를 별도로 설치한 경우에는 제외한다.).

② 자동화재 탐지설비의 수신기는 소방대상물 또는 그 부분이 지하층·무창층 등으로서 환기가 잘되지 아니하거나 실내면적이 $40m^2$ 미만인 장소, 감지기의 부착면과 실내바닥과의 거리가 2.3m 이하인 장소로서 일시적으로 발생한 열·연기 또는 먼지 등으로 인하여 감지기가 화재신호를 발신할 우려가 있는 때에는 축적기능 등이 있는 것(축적형 감지기가 설치된 장소에는 감지기회로의 감시전류를 단속적으로 차단시켜 화재를 판단하는 방식 외의 것을 말한다.)으로 설치하여야 한다. 다만, 감지기 설치기준 제1항 단서의 규정에 따라 감지기를 설치한 경우에는 그러하지 아니하다.

③ 수신기는 다음의 기준에 따라 설치하여야 한다.

㉠ 수위실 등 상시 사람이 근무하는 장소에 설치한다. 다만, 사람이 상시 근무하는 장소가 없는 경우에는 관계인이 쉽게 접근할 수 있고 관리가 용이한 장소에 설치할 수 있다.

㉡ 수신기가 설치된 장소에는 경계구역 일람도를 비치한다. 다만, 모든 수신기와 연결되어 각 수신기의 상황을 감시하고 제어할 수 있는 수신기(이하 "주수신기"라 한다.)를 설치하는 경우에는 주수신기를 제외한 기타 수신기는 그러하지 아니하다.

㉢ 수신기의 음향기구는 그 음량 및 음색이 다른 기기의 소음 등과 명확히 구별될 수 있는 것으로 한다.

㉣ 수신기는 감지기·중계기 또는 발신기가 작동하는 경계구역을 표시할 수 있는 것으로 한다.

㉤ 화재·가스·전기 등에 대한 종합방재반을 설치한 경우에는 당해 조작반에 수신기의 작동과 연동하여 감지기·중계기 또는 발신기가 작동하는 경계구역을 표시할 수 있는 것으로 한다.

㉥ 하나의 경계구역은 하나의 표시등 또는 하나의 문자로 표시되도록 한다.

㉦ 수신기의 조작스위치는 바닥으로부터의 높이가 0.8m 이상, 1.5m 이하인 장소에 설치한다.

㉧ 하나의 소방대상물에 2 이상의 수신기를 설치하는 경우에는 수신기를 상호 간 연동하여 화재 발생 상황을 각 수신기마다 확인할 수 있도록 한다.

(5) 중계기의 설치기준

① 자동화재 탐지설비의 중계기는 다음의 기준에 따라 설치하여야 한다. 즉,

㉠ 수신기에서 직접 감지기회로의 도통시험을 행하지 아니하는 것에 있어서는 수신기와 감지기 사이에 설치한다.

㉡ 조작 및 점검에 편리하고 화재 및 침수 등의 재해로 인한 피해를 받을 우려가 없는 장소에 설치한다.

㉢ 수신기에 따라 감시되지 아니하는 배선을 통하여 전력을 공급받는 것에 있어서는 전원 입력 측의 배선에 과전류 차단기를 설치하고 당해 전원의 정전이 즉시 수신기에 표시되는 것으로 하며, 상용전원 및 예비전원의 시험을 할 수 있도록 한다.

(6) 감지기의 설치기준

1) 자동화재 탐지설비의 감지기는 부착 높이에 따라 다음 표에 따른 감지기를 설치하여야 한다. 다만, 지하층·무창층 등으로서 환기가 잘되지 아니하거나 실내면적이 40m^2 미만인 장소, 감지기의 부착면과 실내바닥과의 거리가 2.3m 이하인 곳으로서 일시적으로 발생한 열·연기 또는 먼지 등으로 인하여 화재신호를 발신할 우려가 있는 장소(위 수신기 설치기준 제2

항 본문의 규정에 따른 수신기를 설치한 장소를 제외한다.)에는 다음에서 정한 감지기 중 적응성 있는 감지기를 표 10-1과 같이 설치 높이의 기준에 의해 설치하여야 한다. 이때

표 10-1 부착 높이에 따른 감지기별 적응성

부착 높이	감지기의 종류
4m 미만	차동식(스폿형, 분포형) 보상식 스폿형 정온식(스폿형, 감지선형) 이온화식 또는 광전식(스폿형, 분리형, 공기흡입형) 열복합형 연기복합형 열연기복합형 불꽃감지기
4m 이상 8m 미만	차동식(스폿형, 분포형) 보상식 스폿형 정온식(스폿형, 감지선형) 특종 또는 1종 이온화식 1종 또는 2종 광전식(스폿형, 분리형, 공기흡입형) 1종 또는 2종 열복합형 연기복합형 열연기복합형 불꽃감지기
8m 이상 15m 미만	차동식 분포형 이온화식 1종 또는 2종 광전식(스폿형, 분리형, 공기흡입형) 1종 또는 2종 연기복합형 불꽃감지기
15m 이상 20m 미만	이온화식 1종 광전식(스폿형, 분리형, 공기흡입형) 1종 연기복합형 불꽃감지기
20m 이상	불꽃감지기 광전식(분리형, 공기흡입형) 중 아날로그 방식

※비고 1) 감지기별 부착 높이 등에 대하여 별도로 형식승인 받은 경우에는 그 성능 인정범위 내에서 사용할 수 있다.

2) 부착 높이 20m 이상에 설치되는 광전식 중 아날로그 방식의 감지기는 공칭감지농도 하한값이 감광율 5%/m 미만인 것으로 한다.

감지기의 종류로는 다음과 같은 것들이 있다.

1. 불꽃감지기 2. 정온식 감지선형 감지기 3. 분포형 감지기 4. 복합형 감지기 5. 광전식 분리형 감지기 6. 아날로그 방식의 감지기 7. 다신호 방식의 감지기 8. 축적 방식의 감지기

2) 다음의 장소에는 연기감지기를 설치하여야 한다. 다만, 교차회로방식에 따른 감지기가 설치된 장소 또는 아래 제㉠항 단서 규정에 따른 감지기가 설치된 장소에는 그러하지 아니하다.

㉠ 계단 및 경사로(15m 미만의 것을 제외한다.)

㉡ 복도(30m 미만의 것을 제외한다.)

㉢ 엘리베이터 권상기실·리넨슈트·파이프덕트·기타 이와 유사한 장소

㉣ 천장 또는 반자의 높이가 15m 이상, 20m 미만의 장소

3) 감지기는 다음의 기준에 따라 설치하여야 한다. 다만, 교차회로방식에 사용되는 감지기, 급속한 연소 확대가 우려되는 장소에 사용되는 감지기 및 축적기능이 있는 수신기에 연결하여 사용하는 감지기는 축적기능이 없는 것으로 설치하여야 한다.

① 감지기(차동식 분포형의 것을 제외한다.)는 실내로의 공기유입구로부터 1.5m 이상 떨어진 위치에 설치한다.

② 감지기는 천장 또는 반자의 옥내에 면하는 부분에 설치한다.

③ 보상식 스폿형 감지기는 정온점이 감지기 주위의 평상시 최고 온도보다 20℃ 이상 높은 것으로 설치한다.

④ 정온식 감지기는 주방·보일러실 등으로서 다량의 화기를 취급하는 장소에 설치하되, 공칭작동온도가 최고 주위 온도보다 20℃ 이상 높은 것으로 설치한다.

⑤ 차동식 스폿형·보상식 스폿형 및 정온식 스폿형 감지기는 그 부착 높이 및 소방대상물에 따라 표 10-2와 같은 기준으로 바닥면적마다 1개 이상을 설치한다.

⑥ 스폿형 감지기는 45° 이상 경사되지 아니하도록 부착한다.

⑦ 공기관식 차동식 분포형 감지기는 다음의 기준에 따른다.

㉠ 공기관의 노출부분은 감지구역마다 20m 이상이 되도록 할 것

㉡ 공기관과 감지구역의 각 변과의 수평거리는 1.5m 이하가 되도록 하고, 공기관 상호간의 거리는 6m(주요 구조부를 내화구조로 한 소방대상물 또는 그 부분에 있어서는 9m) 이하가 되도록 할 것

㉢ 공기관은 도중에서 분기하지 아니하도록 할 것

㉣ 하나의 검출부분에 접속하는 공기관의 길이는 100m 이하로 할 것

표 10-2 부착 높이 및 소방대상물에 따른 차동식·보상식·정온식 감지기 설치

(단위 : m^2)

부착 높이 및 소방대상물의 구분		감지기의 종류						
		차동식 스폿형		보상식 스폿형		정온식 스폿형		
		1종	2종	1종	2종	특종	1종	2종
4m 미만	주요 구조부를 내화구조로 한 소방대상물 또는 그 부분	90	70	90	70	70	60	20
	기타 구조의 소방대상물 또는 그 부분	50	40	50	40	40	30	15
4m 이상 8m 미만	주요 구조부를 내화구조로 한 소방대상물 또는 그 부분	45	35	45	35	35	30	
	기타 구조의 소방대상물 또는 그 부분	30	25	30	25	25	15	

ⓜ 검출부는 5° 이상 경사되지 아니하도록 부착할 것

ⓑ 검출부는 바닥으로부터 0.8m 이상, 1.5m 이하의 위치에 설치할 것

⑧ 열전대식 차동식 분포형 감지기는 다음의 기준에 따른다.

㉠ 열전대부는 감지구역의 바닥면적 18m^2(주요 구조부가 내화구조로 된 소방대상물에 있어서는 22m^2)마다 1개 이상으로 한다. 다만, 바닥면적이 72m^2(주요 구조부가 내화구조로 된 소방대상물에 있어서는 88m^2) 이하인 소방대상물에 있어서는 4개 이상으로 하여야 한다.

㉡ 하나의 검출부에 접속하는 열전대부는 20개 이하로 한다. 다만, 각각의 열전대부에 대한 작동 여부를 검출부에서 표시할 수 있는 것(주소형)은 형식승인 받은 성능인정 범위 내의 수량으로 설치할 수 있다.

⑨ 열반도체식 차동식 분포형 감지기는 다음의 기준에 따른다.

㉠ 감지부는 그 부착 높이 및 소방대상물에 따라 표 10-3에 따른 바닥면적마다 1개 이상으로 한다. 다만, 바닥면적이 표 10-3에 따른 면적의 2배 이하인 경우에는 2개(부착 높이가 8m 미만이고, 바닥면적이 표에 따른 면적 이하인 경우에는 1개) 이상으로 하여야 한다.

㉠ 하나의 검출기에 접속하는 감지부는 2개 이상 15개 이하가 되도록 한다. 다만, 각각의 감지부에 대한 작동 여부를 검출기에서 표시할 수 있는 것(주소형)은 형식승인 받은 성능인정 범위 내의 수량으로 설치할 수 있다.

표 10-3 부착 높이 및 소방대상물에 따른 열반도체식 차동식 분포형 감지기 설치

(단위 m^2)

부착 높이 및 소방대상물의 구분		감지기의 종류	
		1종	2종
8m 미만	주요 구조부를 내화구조로 한 소방대상물 또는 그 부분	65	36
	기타 구조의 소방대상물 또는 그 부분	40	23
8m 이상 15m 미만	주요 구조부를 내화구조로 한 소방대상물 또는 그 부분	50	36
	기타 구조의 소방대상물 또는 그 부분	30	23

⑩ 연기감지기는 다음의 기준에 따라 설치한다.

㉠ 감지기의 부착 높이에 따라 표 10-4에 따른 바닥면적마다 1개 이상으로 한다.

㉡ 감지기는 복도 및 통로에 있어서는 보행거리 30m(3종에 있어서는 20m)마다, 계단 및 경사로에 있어서는 수직거리 15m(3종에 있어서는 10m)마다 1개 이상으로 할 것

㉢ 천장 또는 반자가 낮은 실내 또는 좁은 실내에 있어서는 출입구의 가까운 부분에 설치할 것

㉣ 천장 또는 반자 부근에 배기구가 있는 경우에는 그 부근에 설치할 것

㉤ 감지기는 벽 또는 보로부터 0.6m 이상 떨어진 곳에 설치할 것

⑪ 열복합형 감지기의 설치에 관하여는 위 제③호 내지 위 제⑨호의 규정을, 연기복합형 감지기의 설치에 관하여는 제⑩호의 규정을, 열·연기복합형 감지기의 설치에 관하여는 위 제⑤호 및 위 제⑩호 ㉡목 내지 ㉤목의 규정을 준용하여 설치한다.

⑫ 정온식 감지선형 감지기는 다음의 기준에 따라 설치한다.

㉠ 보조선이나 고정금구를 사용하여 감지선이 늘어지지 않도록 설치할 것

㉡ 단자부와 마감 고정금구와의 설치 간격은 10cm 이내로 설치할 것

㉢ 감지선형 감지기의 굴곡반경은 5cm 이상으로 할 것

㉣ 감지기와 감지구역의 각 부분과의 수평거리가 내화구조의 경우 1종 4.5m 이하, 2종 3m 이하로 한다. 기타 구조의 경우 1종 3m 이하, 2종 1m 이하로 할 것

㉤ 케이블트레이에 감지기를 설치하는 경우에는 케이블트레이 받침대에 마감금구를 사용하여 설치할 것

㉥ 지하구나 창고의 천장 등에 지지물이 적당하지 않는 장소에서는 보조선을 설치하고 그 보조선에 설치할 것

표 10-4 부착 높이 및 소방대상물에 따른 연기감지기 설치

(단위 : m^2)

부착 높이	감지기의 종류	
	1종 및 2종	3종
4m 미만	150	50
4m 이상 20m 미만	75	

ⓢ 분전반 내부에 설치하는 경우 접착제를 이용하여 돌기를 바닥에 고정시키고 그곳에 감지기를 설치할 것

ⓞ 그 밖의 설치방법은 형식승인 내용에 따르며 형식승인 사항이 아닌 것은 제조사의 시방(示方)에 따라 설치할 것

⑬ 불꽃감지기는 다음의 기준에 따라 설치한다.

㉠ 공칭감시거리 및 공칭시야각은 형식승인 내용에 따를 것

㉡ 감지기는 공칭감시거리와 공칭시야각을 기준으로 감시구역이 모두 포용될 수 있도록 설치할 것

㉢ 감지기는 화재감지를 유효하게 감지할 수 있는 모서리 또는 벽 등에 설치할 것

㉣ 감지기를 천장에 설치하는 경우에는 바닥을 향하여 설치할 것

㉤ 수분이 많이 발생할 우려가 있는 장소에는 방수형으로 설치할 것

㉥ 그 밖의 설치기준은 형식승인 내용에 따르며 형식승인 사항이 아닌 것은 제조사의 시방에 따라 설치할 것

⑭ 아날로그 방식의 감지기는 공칭감지온도 범위 및 공칭감지농도 범위에 적합한 장소에, 다신호 방식의 감지기는 화재신호를 발신하는 감도에 적합한 장소에 설치한다. 다만, 이 기준에서 정하지 않는 설치방법에 대하여는 형식승인 사항이나 제조사의 시방에 따라 설치할 수 있다.

⑮ 광전식 분리형 감지기는 다음의 기준에 따라 설치한다.

㉠ 감지기의 수광면은 햇빛을 직접 받지 않도록 설치할 것

㉡ 광축(송광면과 수광면의 중심을 연결한 선)은 나란한 벽으로부터 0.6m 이상 이격하여 설치할 것

㉢ 감지기의 송광부와 수광부는 설치된 뒷벽으로부터 1m 이내 위치에 설치할 것

㉣ 광축의 높이는 천장 등(천장의 실내에 면한 부분 또는 상층의 바닥 하부면을 말한다.) 높이의 80% 이상일 것

ⓜ 감지기의 광축의 길이는 공칭감시거리 범위 이내일 것

ⓑ 그 밖의 설치기준은 형식승인 내용에 따르며 형식승인 사항이 아닌 것은 제조사의 시방에 따라 설치할 것

등이다.

4) 위 제3항의 규정에 불구하고 다음의 장소에는 각각 광전식 분리형 감지기 또는 불꽃 감지기를 설치하거나 광전식 공기흡입형 감지기를 설치할 수 있다.

① 화학공장·격납고·제련소 등 : 광전식 분리형 감지기 또는 불꽃감지기. 이 경우 각 감지기의 공칭감시거리 및 공칭시야각 등 감지기의 성능을 고려하여야 한다.

② 전산실 또는 반도체 공장 등 : 광전식 공기흡입형 감지기. 이 경우 설치장소·감지면적 및 공기흡입관의 이격거리 등은 형식승인 내용에 따르며 형식승인 사항이 아닌 것은 제조사의 시방에 따라 설치하여야 한다.

5) 다음의 장소에는 감지기를 설치하지 아니한다.

① 천장 또는 반자의 높이가 20m 이상인 장소. 다만, 제1항 단서 각 호의 감지기로서 부착높이에 따라 적응성이 있는 장소는 제외한다.

② 헛간 등 외부와 기류가 통하는 장소로서 감지기에 따라 화재 발생을 유효하게 감지할 수 없는 장소

③ 부식성 가스가 체류하고 있는 장소

④ 고온도 및 저온도로서 감지기의 기능이 정지되기 쉽거나 감지기의 유지 관리가 어려운 장소

⑤ 목욕실·욕조나 샤워시설이 있는 화장실 · 기타 이와 유사한 장소

⑥ 파이프덕트 등 그 밖의 이와 비슷한 것으로서 2개층마다 방화구획된 것이나 수평단면적이 $5m^2$ 이하인 것

⑦ 먼지·가루 또는 수증기가 다량으로 체류하는 장소 또는 주방 등 평상시에 연기가 발생하는 장소(연기감지기에 한한다.)

⑧ 실내의 용적이 $20m^3$ 이하인 장소

⑨ 프레스공장·주조공장 등 화재 발생의 위험이 적은 장소로서 감지기의 유지 관리가 어려운 장소

6) 지하구에 설치하는 감지기는 위 제1항 각 호의 감지기로서 먼지·습기 등의 영향을 받지 아니하고 발화지점을 확인할 수 있는 감지기를 설치하여야 한다.

표 10-5 [별표 1] 설치 장소별 감지기 적응성(연기감지기를 설치할 수 없는 경우 적용)(제7조 제7항 관련)

설치장소		적응열감지기									불꽃감지기	비고
환경상태	적용장소	차동식 스폿형		차동식 분포형		보상식 스폿형		정온식		열아날로그식		
		1종	2종	1종	2종	1종	2종	특종	1종			
먼지 또는 미분 등이 다량으로 체류하는 장소	쓰레기장, 하역장, 도장실, 섬유·목재·석제 등 가공 공장	○	○	○	○	○	○	○	○	○	○	1. 불꽃감지기에 따라 감시가 곤란한 장소는 적응성이 있는 열감지기를 설치할 것 2. 차등식 분포형 감지기를 설치하는 경우에는 검출부에 먼지, 미분 등이 침입하지 않도록 조치할 것 3. 차등식 스폿형 감지기 또는 보상식 스폿형 감지기를 설치하는 경우에는 검출부에 먼지, 미분 등이 침입하지 않도록 조치할 것 4. 정온식 감지기를 설치하는 경우에는 특종으로 설치할 것 5. 섬유, 목재가공 공장 등 화재 확대가 급속하게 진행될 우려가 있는 장소에 설치하는 경우 정온식 감지기는 특종으로 설치할 것, 공칭작동 온도 75℃ 이하, 열아날로그식스폿형 감지기는 화재표시 설정은 80℃ 이하가 되도록 할 것

7) 위 제1항의 단서 규정에도 불구하고 일시적으로 발생한 열·연기 또는 먼지 등으로 인하여 화재신호를 발신할 우려가 있는 장소에는 별표 1(표 10-5) 및 별표 2(생략)에 따라 그 장소에 적응성 있는 감지기를 설치할 수 있으며, 연기감지기를 설치할 수 없는 장소에는 별표 1을 적용하여 설치할 수 있다.

(7) 음향장치 및 시각경보장치의 설치기준

① 자동화재 탐지설비의 음향장치는 다음의 기준에 따라 설치하여야 한다. 즉,

㉠ 주음향장치는 수신기의 내부 또는 그 직근에 설치한다.

㉡ 5층(지하층을 제외한다.) 이상으로서 연면적이 3,000m^2를 초과하는 소방대상물 또는 그 부분에 있어서는 2층 이상의 층에서 발화한 때에는 발화층 및 그 직상층에 한하여, 1층에서 발화한 때에는 발화층·그 직상층 및 지하층에 한하여, 지하층에서 발화한 때에는 발화층·그 직상층 및 기타의 지하층에 한하여 경보를 발할 수 있도록 한다.

㉢ 지구음향장치는 소방대상물의 층마다 설치하되, 당해 소방대상물의 각 부분으로부터 하나의 음향장치까지의 수평거리가 25m 이하가 되도록 하고, 당해 층의 각 부분에 유효하게 경보를 발할 수 있도록 설치한다. 다만, 비상방송설비의 화재안전기준(NFSC 202) 규정에 적합한 방송설비를 자동화재 탐지설비의 감지기와 연동하여 작동하도록 설치한 경우에는 지구음향장치를 설치하지 아니할 수 있다.

㉣ 음향장치는 다음 각 목의 기준에 따른 구조 및 성능의 것으로 하여야 한다.

- 정격전압의 80% 전압에서 음향을 발할 수 있는 것으로 한다.
- 음량은 부착된 음향장치의 중심으로부터 1m 떨어진 위치에서 90폰 이상이 되는 것으로 한다.
- 감지기 및 발신기의 작동과 연동하여 작동할 수 있는 것으로 한다.

㉤ 위 제㉢호의 규정에도 불구하고 제㉢호의 기준을 초과하는 경우로서 기둥 또는 벽이 설치되지 아니한 대형 공간의 경우 지구음향장치는 설치 대상 장소의 가장 가까운 장소의 벽 또는 기둥 등에 설치한다.

② 청각장애인용 시각경보장치는 한국소방검정공사 또는 법 제42조의 규정에 따라 성능시험업무를 위탁받은 기관에서 검증받은 것으로서 다음의 기준에 따라 설치하여야 한다.

㉠ 복도·통로·청각장애인용 객실 및 공용으로 사용하는 거실(로비, 회의실, 강의실, 식당, 휴게실 등을 말한다.)에 설치하며, 각 부분으로부터 유효하게 경보를 발할 수 있는 위치에 설치한다.

㉡ 공연장·집회장·관람장 또는 이와 유사한 장소에 설치하는 경우에는 시선이 집중되는 무대부 부분 등에 설치한다.

㉢ 설치 높이는 바닥으로부터 2m 이상, 2.5m 이하의 장소에 설치한다.
다만, 천장의 높이가 2m 이하인 경우에는 천장으로부터 0.15m 이내의 장소에 설치하여야 한다.

㉣ 시각경보장치의 광원은 전용의 축전지설비에 의하여 점등되도록 한다. 다만, 시각경보기

에 작동전원을 공급할 수 있도록 형식승인을 얻은 수신기를 설치한 경우에는 그러하지 아니하다.

③ 하나의 소방대상물에 2 이상의 수신기가 설치된 경우 어느 수신기에서도 지구음향장치 및 시각경보장치를 작동할 수 있도록 한다.

(8) 발신기의 설치기준

① 자동화재 탐지설비의 발신기는 다음의 기준에 따라 설치하여야 한다. 다만, 지하구의 경우에는 발신기를 설치하지 아니할 수 있다.

㉠ 조작이 쉬운 장소에 설치하고, 스위치는 바닥으로부터 0.8m 이상, 1.5m 이하의 높이에 설치한다.

㉡ 소방대상물의 층마다 설치하되, 당해 소방대상물의 각 부분으로부터 하나의 발신기까지의 수평거리가 25m 이하(지하가 중 터널의 경우에는 주행 방향의 측벽 길이 50m 이내)가 되도록 한다. 다만, 복도 또는 별도로 구획된 실로서 보행거리가 40m 이상일 경우에는 추가로 설치하여야 한다.

㉢ 제2호의 규정에도 불구하고 제2호의 기준을 초과하는 경우로서 기둥 또는 벽이 설치되지 아니한 대형 공간의 경우 발신기는 설치 대상 장소의 가장 가까운 장소의 벽 또는 기둥 등에 설치한다.

② 발신기의 위치를 표시하는 표시등은 함의 상부에 설치하되, 그 불빛은 부착면으로부터 15° 이상의 범위 안에서 부착지점으로부터 10m 이내의 어느 곳에서도 쉽게 식별할 수 있는 적색등으로 하여야 한다.

(9) 전원 및 배선의 설치기준

1) 전원의 설치

① 자동화재 탐지설비의 상용전원은 다음의 기준에 따라 설치하여야 한다.

㉠ 전원은 전기가 정상적으로 공급되는 축전지 또는 교류전압의 옥내간선으로 하고, 전원까지의 배선은 전용으로 한다.

㉡ 개폐기에는 "자동화재 탐지설비용"이라고 표시한 표지를 한다.

② 자동화재 탐지설비에는 그 설비에 대한 감시상태를 60분 동안 지속한 후 유효하게 10분 이상 경보할 수 있는 축전지설비(수신기에 내장하는 경우를 포함한다.)를 설치하여야 한다. 다만, 상용전원이 축전지설비인 경우에는 그러하지 아니하다.

2) 배선의 설치

배선은 전기사업법 제67조의 규정에 따른 기술기준에서 정한 것 외에 다음의 기준에 따라 설치하여야 한다.

① 전원회로의 배선은 옥내소화전설비의 화재안전기준(NFSC 102) 별표 1(표 10-5)에 따른 내화배선에 따르고, 그 밖의 배선(감지기 상호 간 또는 감지기로부터 수신기에 이르는 감지기회로의 배선을 제외한다.)은 옥내소화전설비의 화재안전기준(NFSC 102) 별표 1(표 10-5)에 따른 내화배선 또는 내열배선에 따라 설치한다.

② 감지기 상호 간 또는 감지기로부터 수신기에 이르는 감지기회로의 배선은 다음의 기준에 따라 설치한다. 다만, 감지기 상호 간의 배선은 600V 비닐절연전선으로 설치할 수 있다.

㉠ 아날로그식, 다신호식 감지기나 R형 수신기용으로 사용되는 것은 전자파 방해를 방지하기 위하여 실드선 등을 사용한다. 다만 전자파 방해를 받지 아니하는 방식의 경우에는 그러하지 아니하다.

㉡ 가목 외의 일반 배선을 사용할 때는 옥내소화전설비의 화재안전기준(NFSC 102) 별표 1(표 10-5)의 규정에 따른 내화배선 또는 내열배선으로 사용한다.

③ 감지기회로의 도통시험을 위한 종단저항은 다음의 기준에 따른다.

㉠ 점검 및 관리가 쉬운 장소에 설치할 것

㉡ 전용함을 설치하는 경우 그 설치 높이는 바닥으로부터 1.5m 이내로 할 것

㉢ 감지기 회로의 끝부분에 설치하며, 종단감지기에 설치할 경우에는 구별이 쉽도록 해당 감지기의 기판 등에 별도의 표시를 할 것

④ 감지기 사이의 회로의 배선은 송배전식으로 한다.

⑤ 전원회로의 전로와 대지 사이 및 배선 상호 간의 절연저항은 전기사업법 제67조의 규정에 따른 기술기준이 정하는 바에 의하고, 감지기회로 및 부속회로의 전로와 대지 사이 및 배선 상호 간의 절연저항은 1경계 구역마다 직류 250V의 절연저항측정기를 사용하여 측정한 절연저항이 0.1MΩ 이상이 되도록 한다.

⑥ 자동화재 탐지설비의 배선은 다른 전선과 별도의 관·덕트(절연효력이 있는 것으로 구획한

때에는 그 구획된 부분은 별개의 덕트로 본다.)·몰드 또는 풀박스 등에 설치한다. 다만, 60V 미만의 약 전류회로에 사용하는 전선으로서 각각의 전압이 같을 때에는 그러하지 아니하다.

⑦ 피(P)형 수신기 및 지피(G.P.)형 수신기의 감지기회로의 배선에 있어서 하나의 공통선에 접속할 수 있는 경계구역은 7개 이하로 한다.

⑧ 자동화재 탐지설비의 감지기회로의 전로저항은 50Ω 이하가 되도록 하여야 하며, 수신기의 각 회로별 종단에 설치되는 감지기에 접속되는 배선의 전압은 감지기 정격전압의 80% 이상이어야 한다.

(10) 자동화재 탐지경보 시스템의 종류

자동화재 탐지경보설비는 감지기 또는 발신기 등의 단말기기와 수신기 사이의 신호 전송의 형태에 따라 P형 및 R형 시스템으로 대별된다. P형 시스템은 회선(경계구역)별로 수신기와 단말 사이를 배선하는 데 비하여, R형 시스템에서는 시분할 방식 등의 전송기술을 이용하여 복수 회선의 신호를 동일한 신호선으로 전송하는 방식으로 하고 있다. 따라서 R형 시스템은 P형 시스템보다 배선 수를 줄일 수 있어 배선에 관련되는 비용을 절감시킬 수 있다. 한편 R형 시스템은 P형 시스템에 비하여 보다 고도의 전송방식을 사용하고 있으므로 기기 비용은 상대적으로 높아진다.

이 배선비용과 기기비용과의 관계에서 종전의 R형 시스템은 중·대 규모용으로, P형 시스템은 소·중 규모용으로 사용되어 왔다. 그러나 최근에 전자기술의 발전을 계기로 고기능으로 고가격보다 저가격의 전자부품을 용이하게 입수할 수 있게 되면서 인텔리전트 기능의 요구가 높아져 배선에 의존하지 않고도 정보량을 증가시킬 수 있는 R형 시스템의 우위성이 인정되어 비교적 소규모의 건물을 포함하여 모두에서 R형 시스템이 증가 경향에 있다. R형 시스템을 사용한 인텔리전트 자동화재 경보설비의 예로는 아날로그 시스템을 들 수 있다. 이 R형 시스템은, 종전의 감지기가 화재 여부의 ON/OFF적인 감지신호인 것에 비하여, 감지 장소의 연기 농도나 온도 정보를 저레벨에서 고레벨에 이르기까지 차례로 연속적으로 수신기에서 파악할 수 있는 것으로 비화재 통보의 감소나 발화 시 화재 발전의 상황 파악에 유효한 시스템이다.

이밖에 R형 시스템은 동일 부지 내에 복수의 고층 빌딩을 배치하는 대규모 건물에 대하여 각 빌딩에 개별적으로 R형 시스템을 구축하여 그들 복수의 시스템을 방재 센터 내의 종합 방재 조작테이블에서 총괄 관리하는 대규모 분산형 시스템에도 적용되고 있다. 다음에서 각 시스템의 기능에 대하여 설명한다.

1) P형 시스템

그림 10.1에 P형 시스템의 기본 구성을 들었다. P형 수신기와 감지기는 수신기에서 감지기에 공급되는 전원선을 겸용한 2개의 신호선으로 접속되어 있다. 동일한 신호선에는 같은 경계구역을 감시하는 복수의 감지기가 병렬로 접속되어 하나의 회선을 형성한다. 발신기를 설치하는 경우에는 회선에 대하여 하나의 발신기가 병렬로 접속된다. 발신기에는 신호선 이외에 발신기의 응답 등을 점등시키는 응답선이나 수신기와의 사이에서 통화를 하는 전화선이 배선되는 경우도 있다. 2개의 신호선 중 1개는 복수의 회선에서 공용되는데, 공용선의 전압 강하를 방지하기 위해 공용할 수 있는 최대 회선수는 7회선으로 제한되어 있다. 각 회선의 말단부에는 일반적으로 저항을 사용한 종단저항이 접속되어 있다.

수신기는 평상시에 종단저항으로 흐르고 있는 전류가 단선에 의하여 두절되는 것을 이용하여 회선의 단선을 검출한다. 화재가 발생하면 이것을 감지한 감지기가 내장된 스위치를 사용하여 신호선 간을 소통시켜 회선에 흐르는 전류를 증가시킨다. 수신기는 전류가 증가한 회선을 검출하여 대응하는 표시창을 점등시켜 화재가 발생한 경계구역을 표시한다. 동시에 수신기가 내장하고 있는 음향장치와 비상경보설비(구역 벨 또는 음성경보)를 사용하여 화재의 발생을 통보한다. 발신기의 푸시버튼을 조작할 경우에도 신호선이 도통하여 대응하는 표시창의 점등과 음향장치가 명동한다. P형 시스템에서는 동일한 회선 중의 어느 감지기가 작동한 경우에도 회선 전류는 마찬가지로 증가하므로 회선 중의 어느 감지기가 작동했는지까지는 식별할 수 없으며, 발화 장소는 회선 단위의 표시로 된다.

2) R형 시스템

그림 10.2에 R형 시스템의 기본 구성을 나타냈다. R형 수신기와 감지기는 전원선을 겸용하는 2개의 신호선이 직접 또는 중계기를 통하여 접속된다. 중계기를 통하여 접속하는 감지기는 P형 시스템과 같은 타입이 사용되는데 신호선에 직접 접속되는 감지기는 이와는 달리 수신기와의 사이에서 신호 전송을 하는 기능을 가지고 있다. 중계기도 수신기와의 사이에서 같은 신호 전송 기능을 가지고 감지기, 발신기, 구역 벨 등의 접속하는 기기류에 따라 몇 가지의 형식

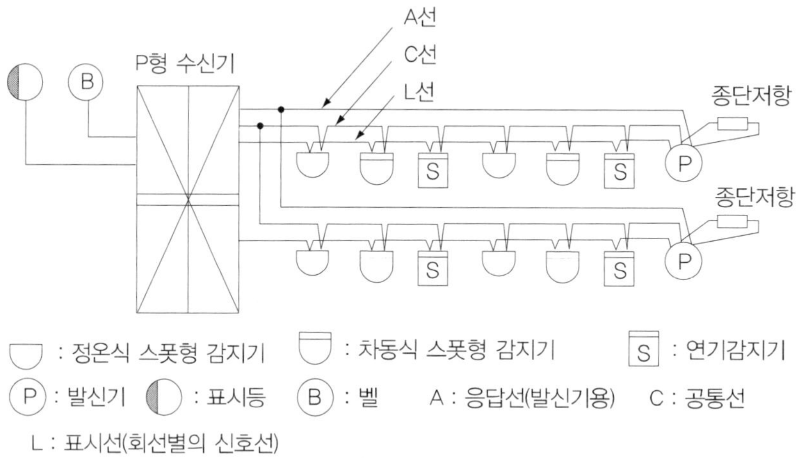

그림 10.1 P형 수신기 시스템의 기본 구성도

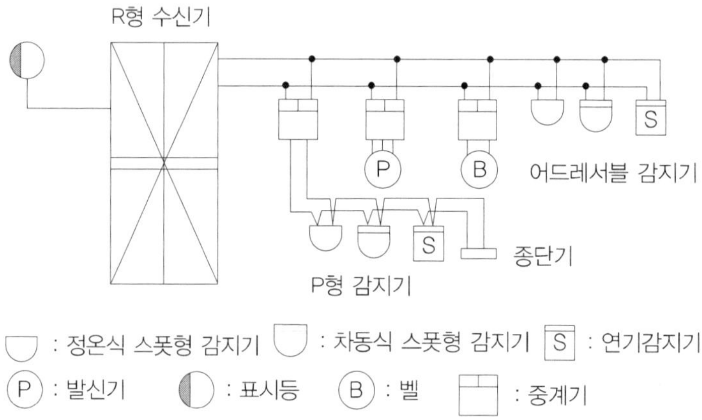

그림 10.2 R형 수신기 시스템의 기본 구성도

이 있다. 전송 기능을 가진 감지기 및 중계기의 각각에는 어드레스라고 하는 각 기기의 번지에 상당하는 고유번호가 설정되어 있다. 전송 방법은 몇 가지의 방식이 실용화되어 있는데, 일반적으로는 수신기가 어드레스를 지정한 호출신호를 송신하여 여기에 대응하는 기기가 정보의 반송이나 제어명령의 실행을 하는 전송을 하고 있다. 호출은 순차적으로 어드레스를 변경하여 사이클릭하게 실행되며 신호선의 단선은 호출기기에서 반송이 두절되면 검출된다. P형 시스템과 같은 타입의 감지기를 접속하는 중계기는 P형 수신기와 같은 화재신호 검출 기능과 중계기 감지기 간에 단선 검출 기능 및 수신기와의 전송 기능을 가지고 검출 결과의 유무를 수신기에 반송한다. 이와 같이 감지기의 화재감지신호는 수신기에서의 호출에 따라 직접 또는 중계기를 통하여 수신기에 반송된다. 수신기는 어드레스 값에서 발화 장소를 표시하는 동시에 내장된

음향장치를 명동시킨다. 발화 장소의 표시는 P형 시스템의 구역창과는 달리 디지털 수치로 표시된다. 동시에 수신기는 구역 음향장치가 설치되어 있는 경우에는 대응되는 중계기에 어드레스를 지정한 제어명령을 송신하여 이것을 수신한 중계기가 구역 음향장치를 명동시켜 화재의 발생을 통보하거나, 구역 벨을 대신한 음성경보가 설치되어 있는 경우에는 비상방송설비에 구동신호를 출력한다.

발신기의 누름버튼이 조작된 경우에도 중계기를 통하여 화재신호가 반송되어 발화 장소의 표시, 화재 발생의 통보가 된다. 여기서 전송 기능을 가진 감지기가 화재를 감지한 경우에는 어드레스 값에서 감지기를 특정할 수 있게 되어 P형 시스템의 회선 단위에 비하여 보다 한정된 발화 장소를 파악할 수 있고 초기 소화, 피난 등을 하는 데 유효하다. 이 전송 기능을 가진 감지기를 어드레서블 감지기라고 부른다.

3) 아날로그 시스템

그림 10.3에 아날로그 시스템의 기본 구성을 보여주고 있다. 이 아날로그 시스템은 아날로그식 감지기와 아날로그식 수신기를 사용하는 R형 시스템의 한 형태이다. 아날로그식 감지기는 종전의 감지기가 화재 여부에 따라 작동하는 감지정보인 것에 비하여, 화재 이전의 통상 상태에서 화재 확대까지의 감지정보(온도, 연기 농도 등)를 60~250레벨 정도의 아날로그 신호라고 하는 연속정보에 실어 수신기에 신호 전송을 하는 기능을 가지고 있다. 이 감지정보를 연속성 면에서는 아날로그식이라고 하는데, 실제의 수신기와 감지기 간의 신호 전송에서는 디지털 전송기술이 사용되고 있다.

앞의 R형 시스템에서 설명한 어드레서블 감지기는 전송 기능을 가진 감지기의 총칭이다. 따라서 아날로그식 감지기도 기본적으로 어드레서블이지만 어드레서블 감지기라고 호칭하는 경우에는 화재 여부의 단신호 또는 화재의 정도를 3단계 정도의 다신호로 전송하는 감지기를 의미하는 경우가 많다. 아날로그식 수신기는 감지기에서의 아날로그 신호를 트랜드 그래프로 표시하거나, 아날로그 신호에 대한 화재 한계값을 감지기 개별적인 설치 환경에 맞추어 설정·변경하는 기능을 가지고 있다. 종래의 한계값은 변경이 사실상 불가능하였는데 아날로그 시스템에서는 현장 환경에 대응하여 허용 감도 내에서의 변경이 가능하며, 즉 흡연장소와 비흡연장소 또는 주야간에 화재의 한계값을 변경할 수도 있다.

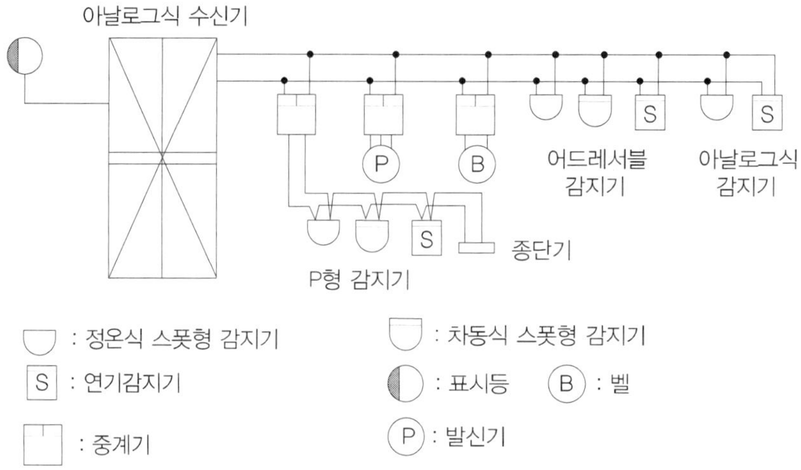

그림 10.3 아날로그 수신기 시스템의 기본 구성도

이밖에 화재 한계값에 이르기 전에 미리 주의를 환기하는 주의경보값을 화재 한계값과는 별도로 설정할 수도 있다. 이들 상세한 감지정보 처리에 의하여 아날로그 시스템은 비화재정보의 방지나 화재 진전상황의 파악에 유효한 시스템이다. 또한 아날로그식 수신기에서는 아날로그식 감지기 외에 비아날로그식의 어드레서블 감지기나 용도별 중계기를 접속할 수 있어 방화대상물에 대응하는 시스템을 구축하는 것이 가능하다.

(11) 자동화재 탐지설비 기기의 기능

1) 수신기의 기능

수신기는 감지기 또는 발신기에서 발한 화재신호, 감지기에서 발한 화재경보 신호, 또는 검지기에서 발한 가스누설 신호를 직접 또는 중계기를 통하여 수신하여 화재나 가스 누설 발생을 관계자에게 통보하는 것으로 정의된다. 여기서, 화재경보 신호란 아날로그 시스템에서의 아날로그 신호를 의미하는 것이다. 수신기는 P형 시스템용과 R형 시스템용으로 분류할 수 있으며, 다시 자동화재 경보설비 전용 타입(P형, R형)과 가스 누설 경보설비와의 복합 타입(GP형, GR형)으로 분류된다. 수신기의 기능별로 분류하면 그림 10.4와 같다.

그림 중의 축적식이란 일과성의 화재 이외의 요인(담배 등)에 의하여 경보가 발생하는 것(비화재 경보)을 방지하기 위하여 화재 상태가 소정시간(축적시간) 계속되는지를 확인한 후에 화재 경보를 발하는 방식이다. 이 축적기능은 수신기, 중계기 또는 감지기에 설치할 수 있는데

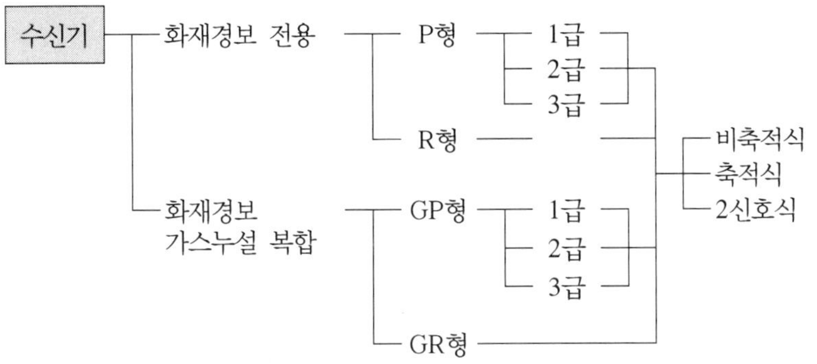

그림 10.4 수신기의 분류

축적시간의 합계가 60초를 초과하지 않도록 규정하고 있다. 현재는 축적기능을 수신기에 설치하고, 감지기에는 축적기능을 설치하지 않는 방식이 일반적이다. 축적식 수신기에 관한 주요 규정은 다음과 같다.

① 연기감지기를 접속하는 경우의 축적시간은 5초 초과, 60초 이내일 것
② 연기감지기 이외의 경우에 축적시간은 5초 초과, 20초 이내일 것
③ 발신기에서의 화재신호를 검출했을 때에는 축적기능을 자동적으로 해제할 것

또한 2신호식 수신기는, 감지기에서 최초의 화재신호(제1보)가 발화 장소의 표시와 수신기의 주음향장치만을 연동한다. 이어서 다른 감지기에서는 화재신호(제2보)가 수신된 경우에 화재등을 점등하고 또한 구역 음향장치가 구동되는 방식이다. 화재신호를 복수로 발하는 기능을 가진 다신호 감지기가 접속되어 있는 경우에는 다신호 감지기에서 최초의 화재신호로 제1보 처리를 하고, 다음의 화재신호에서는 제2보 처리를 한다. 발신기에서 화재신호가 수신된 경우는 사람이 조작한 정확도가 높은 신호이므로 2신호 처리를 하지 않으며, 수신과 동시에 화재등의 점등, 주음향 및 구역 음향변환장치의 구동, 발화 장소의 표시가 된다. P형 수신기 및 R형 수신기의 개략적인 주요 기능을 다음에 설명한다.

2) P형 수신기

그림 10.5에 P형 1급 수신기를 보여주고 있다. 감지기에서 화재신호가 수신되면 해당하는 회선의 구역 표시등과 적색의 화재등이 점등되는 동시에 주음향장치와 구역 음향장치가 명동하여 화재를 통보한다. P형 수신기에는 기능별로 1~3급까지의 타입이 있다. P형 1급 수신기를

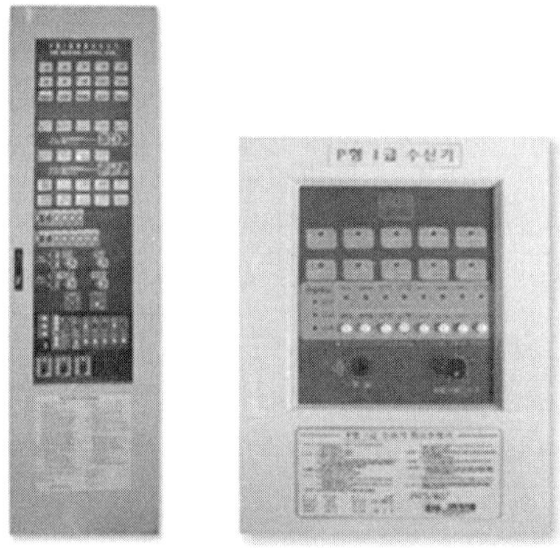

그림 10.5 P형 1급 수신기

필요로 하는 대표 기능으로는, 화재신호를 수신했을 때 적색의 화재등 및 주음향장치에 의하여 구역 표시장치에 화재가 발생한 경계구역을 자동적으로 표시하며, 또한 구역 음향장치를 자동적으로 명동시키는 기능을 갖는다. 이 밖에 수신기가 갖추어야 할 기능을 추가로 가지고 있다. 이 P형 1급 수신기는 회신수에 대하여 제한을 받지 않는 데 비해, P형 2급 수신기는 5회선 이하로, P형 3급 수신기는 1회선으로 제한하고 있어 그만큼 필요로 하는 기능이 1급 수신기보다 간략화되어 있다. 최신 P형 수신기는 기타 단선의 자동 감시기능이나 액정 화면에 발화 장소 정보를 표시하는 기능을 구비하고 있다.

3) R형 수신기

R형 수신기의 법령상 필요로 하는 기능은 P형 1급 수신기와 거의 같다. 발화 장소의 구역 표시는 두 개의 창에 방화대상물의 동이나 층 및 작동된 감지기 번호 등이 디지털로 표시된다. 발화 장소가 세 군데 이상인 경우에는 화재 후속등이 점등되며 후속 스위치를 조작하는 것으로 발화 장소가 차례로 표시된다. 그림 10.6과 같은 R형 수신기는 디지털 표시에 추가하여 액정 등의 화면에 발화 장소나 작동 단말의 상세정보를 표시하는 기능과 주음향 이외에 음성 합성에 의한 음성 메시지를 발하는 기능이 있다.

아날로그식 수신기의 경우는 위와 같은 기능 이외에 추가하여 감지기에서의 감지 정보를 그래프로서 표시하거나 화재의 한계값을 감지기 개별적으로 설정할 수 있는 기능을 가지고 있다. 아날로그식 수신기는 감지기 또는 발신기로부터 발하여지는 신호를 직접 또는 중계기를 통하

그림 10.6 R형 수신기

여 고유신호로서 수신하여 화재 발생을 경보하여 주는 수신기이다.

4) 감지기의 기능

감지기는 화재에 의하여 발생하는 열, 연기, 화염을 이용하여 자동적으로 화재의 발생을 감지하여 화재신호 또는 화재정보 신호를 수신기에 발하는 것으로 정의되고 있다. 여기서, 화재정보 신호란 아날로그 시스템에서의 아날로그 신호에 상당한다. 감지기는 검출기능별로 표 10-6과 같이 분류된다.

표 10-6 감지기의 종류 및 설치기준(바닥면적 기준)

부착 높이 및 소방대상물의 구분		감지기의 종류						
		차동식 스폿형		보상식 스폿형		정온식 스폿형		
4m 미만	주요 구조부를 내화구조로 한 소방대상물 또는 그 부분	90	70	90	70	70	60	20
	기타 구조의 소방대상물 또는 그 부분	50	40	50	40	40	30	15
4m 이상 8m 미만	주요 구조부를 내화구조로 한 소방대상물 또는 그 부분	45	35	45	35	35	30	설치 불가능
	기타 구조의 소방대상물 또는 그 부분	30	25	30	25	25	15	

5) 열 감지기의 기능

열 감지기의 감지방식에는 주위의 온도가 상승률 이상이 된 것을 감지하는 차동식과 소정의 온도 이상에 도달한 것을 감지하는 정온식이 있다. 또한 차동식 감지기는 1국소의 열효과에 의하여 작동하는 스폿형과 광범위한 열효과의 축적에 의하여 작동하는 분포형으로 분류된다. 또 1국소의 열효과로 작동되는 정온식 감지기는 외관이 전선상의 감지선형과 전선상 이외의 외관을 가진 스폿형으로 분류된다.

① 차동식 감지기

검출 감도에 따라 스폿형에서는 1종 및 2종, 분포형에서는 1종, 2종 및 3종의 종별로 구분된다. 공기실의 팽창을 이용한 차동식 스폿형 감지기의 외관은 그림 10.7(a)와 같다. 그림에서 에어 체임버는 공기가 들어 있는 방이며, 유량 저항을 수반하는 리크관을 통하여 외기와 연결되어 있다. 화재로 온도가 상승하면 에어 체임버 내의 공기가 팽창하여 금속의 박판으로 된 다이어프램이 변형되어 접점이 닫히고, 화재신호가 수신기에 발신된다. 일상적으로 발생하는 완만한 온도 상승으로 팽창한 공기는 리크관을 통하여 외기로 배출되어 접점이 닫히지 않는다. 그림 10.7(b)는 저항값이 온도로 변화하는 서미스터를 사용한 차동식 스폿형 감지기이며, 내장하는 마이크로 컴퓨터(CPU)가 서미스터 저항값의 검출과 온도값의 변환 및 기억한 시계열 온도 데이터에서 온도 상승률의 연산 감시를 하게 되는 것이다. 이밖에 열시정수가 다른 2개의 서미스터를 사용하여 그 저항차에서 온도 상승을 검출하는 차동식 감지기도 있다.

그림 10.7(c)는 차동식 분포형이며, 이는 다이어프램이나 리크관으로 된 검출 본체와 검출부에 접속하는 20~100m 정도의 동 파이프로 구성된다. 화재가 발생하면 천장에 설치한 동 파이프 내의 공기가 팽창하여 그 압력으로 다이어프램이 변형되어 접점이 닫히고, 수신기에 화재신호가 출력된다. 차동식 분포형은 스폿형보다 넓은 영역을 감시할 수 있다.

(a) 차동식 스폿형 감지기 (공기주머니식) (b) 차동식 스폿형 감지기 (반도체식) (c) 차동식 분포형 감지기 (공기관검출부)

그림 10.7 차동식 감지기류

(a) 정온식 방폭형 감지기 (방수형) (b) 정온식 방수형 감지기 (c) 정온식 스폿형 감지기 (바이메탈형) (d) 정온식 스폿형 감지기 (반도체식)

그림 10.8 정온식 감지기류

② **정온식 감지기**

검출 감도에 따라 특종, 1종 및 2종의 종별로 구분된다. 바이메탈을 이용한 정온식 스폿형 감지기의 외관은 그림 10.8(c), (d)이다. 바이메탈은 팽창률이 다른 두 종류의 금속이 접합된 것으로 화재의 온도가 60~80℃ 정도가 되면 바이메탈이 반전하여 절연 디스크를 눌러 접점이 닫히고, 화재신호가 수신기에 발신된다. 서미스터를 이용한 정온식 스폿형 감지기는 CPU를 내장한 타입이나 서미스터가 소정의 저항값이 되면 도통하는 반도체 스위치를 가진 것이 있다. 감지선형의 정온식 감지기는 2개의 도선을 이용 절연물로 절연한 전선상의 감지기이며, 화재의 열로 절연물이 녹아 2개의 도선이 접촉하게 되면 전류가 흘러 수신기에 화재신호를 발신하는 것이다.

6) 연기감지기의 기능

연기감지기는 내부에 발광 및 수광 소자를 가지고 이 발광소자의 광이 산란 또는 감쇠되는 것을 이용한 광전식 감지기와, 미량의 방사성 물질로 공기를 이온화하여 이 이온 전류의 변화로 연기를 감지하는 이온화식 감지기로 분류된다. 광전식 감지기에는 국소적인 연기를 포착하는 스폿형과 보다 광범위한 공간의 연기를 포착하는 분리형이 있다.

① **광전식 감지기**

감도에 따라 스폿형에서는 1종, 2종 및 3종, 분리형에서는 1종, 2종으로 구분된다. 이때, 광전식 스폿형 차광 래버린스는 연기의 유입이 용이하고, 또한 밖에서의 광을 차광하는 어둠상자 구조로 되어 있으며, 화재에 의한 연기가 검출부에 들어오면 연기의 입자로 발광소자의 광이

(a) 광전식 연기감지기 (인공지능형) (b) 광전식 연기감지기 (보통형) (c) 단독식 경보형 연기감지기 (건전지내장형)

그림 10.9 연기감지기류

산란되고 이 산란광이 수광소자로 수광되어 전기신호로 변환된다.

연기의 농도에 비례하여 증가하는 수광소자의 출력은 감지기 내부의 증폭회로로 증폭되며, 소정의 농도에 도달하면 수신기에 화재신호가 발신된다. 그림 10.9는 광전식 분리형 감지기이다. 이 감지기는 광을 발하는 송광부와 광을 받는 수광부로 분리되어 있으며, 체육관 등의 큰 공간의 벽면에 상대하여 설치된다. 검출방식은 연기에 의한 광의 감쇠작용을 이용한 것으로 간헐적으로 발광하고 있는 발광부에서의 광량을 수광부에서 계측하여 이 광량이 소정의 값으로 감쇠되었을 때에 수신기에 화재신호가 발신된다.

발광부와 수광부 간의 거리는 5m에서 100m까지 감지할 수 있으며, 발광·수광 소자에는 스폿형과 마찬가지로 발광 다이오드, 포토 다이오드가 사용된다.

② 이온화식 감지기

감도에 따라 1종, 2종 및 3종의 종별로 구분된다. 이온화식 스폿형 연기감지기의 경우 연기의 검출부는 밀봉된 미량의 방사선원(아메리슘 241)과 전압이 연결된 전극으로 구성되어 있으며, 연기가 검출부로 유입되면 연기 입자에 의하여 이온 전류가 감소된다. 이 이온 전류의 감소가 소정값에 도달하면 화재신호가 수신기에 발신된다.

7) 화염 감지기의 기능

화염 감지기에는 화재의 화염에서 방출되는 적외선을 검출하는 적외선식 스폿형 감지기와 자외선을 검출하는 자외선식 스폿형 감지기가 있다. 자외선·적외선 병용식 스폿형 감지기는 화염에서 방사되는 자외선 및 적외선의 방사량이 모두 소정량 이상으로 되었을 때에 화재신호가 발신되는 것이다. 화염 감지기의 감도는 각 시야각 포인트별 감시 가능 거리로 규정되어 있다.

① 적외선식 스폿형 감지기

검지소자로서 초전도체를 사용한 적외선식 스폿형 감지기를 들 수 있다. 이 감지기는 이산화탄소(CO_2)의 고유 에너지에 따르는 적외선 파장을 포착하는 CO_2 공명방사식, 요동식이라고 하는 검지방식을 사용하고 있다. CO_2 공명반사란 화염에 포함되어 있는 적외선의 진동수와 연소에서 발생한 CO_2가 기저상태로 복귀할 때에 적외선을 방출하여 다른 CO_2를 여기(勵起)하면 부근에 파장의 피크를 가진 특유한 적외선이 방출된다. 동시에 화염은 공급되는 산소의 양이 변동하기 때문에 파장 선택용 광학 필터와 저주파의 요동 선택용 전기 필터에서 화재를 감지하여 소정의 신호량이 되었을 때에 수신기에 화재신호를 발신한다.

② 자외선식 스폿형 감지기

그림 10.10은 자외선식 스폿형 감지기이다. 자외선식 스폿형 감지기는 화염에서 방출되는 180~260nm의 자외선을 검출하는 것으로, 자외선 검출관을 수광소자로서 사용하고 있다. 또 검출관은 자외선을 투과하는 UV 글라스 중에 전극(양극, 음극)이 가스 봉입된 것으로 전극 간에는 300V 정도의 고전압이 인가되어 있다. 자외선이 수광되면 음극면에서 전자가 방출되어 가스 증배작용에 의하여 양극과의 사이에 전류가 흐른다. 감지기는 이 현상의 단위 시간당 횟수를 셈하여 소정 횟수에 도달하면 수신기에 화재신호를 발신한다.

8) 복합식 감지기의 기능

복합식 감지기는 하나의 감지기에서 복수의 감지기능을 가진 감지기를 말한다. 가령 열복합식 감지기는 차동식과 정온식의, 연기복합식 감지기는 광전식과 이온화식의, 또한 화염복합식은 적외선식과 자외선식의 기능을 겸비한 것이다. 또한 열·연기 복합식 감지기는 열검출 기능(차동식 또는 정온식)과 연기 검출기능(광전식 또는 이온화식)을 겸비한 것이다. 그림 10.11에

그림 10.10 자외선 화염 감지기

그림 10.11 열·연기 복합형 감지기

정온식의 기능(서미스터 방식)과 광전식의 기능(산란방식)을 가진 열·연기 복합식 스폿 감지기의 외관을 들었다.

9) 다신호 감지기의 기능

다신호 감지기는 하나의 감지기에서 감지기능이나 종별, 정온식에서의 작동온도별로 복수의 화재신호를 발신하는 기능을 가진 감지기이다. 복합식 감지기에서 복수의 감지기능에 대하여 개별적으로 화재신호를 발하는 것이 다신호 감지기이다. 이 밖에 정온식 스폿형 감지기에서 화재 검출온도의 65와 75에서 개별적으로 화재신호를 발신하는 기능도 다신호 감지기에 포함된다. 아날로그식 감지기도 다단계(60~250 정도)의 신호를 발신하는데, 다신호 감지기의 신호수는 일반적으로 2~4 정도의 신호이며 아날로그식 감지기를 다신호 감지기라고는 하지 않는다.

10) 아날로그식 감지기의 기능

아날로그식 감지기에는 열 아날로그식 스폿형, 광전 아날로그식 스폿형, 광전 아날로그식 분리형, 이온화 아날로그식 스폿형 등이 있다. 일반 감지기와 같은 외관으로 되어 있는데, 검출값을 화재정보 신호(아날로그 신호)로 변환하여 연속 정보로서 수신기에 송신하는 기능을 가지고 있다. 통상 마이크로 컴퓨터를 내장하여 화재량의 검출, 화재정보 신호로의 변환, 수신기와의 송수신, 자기 기능의 감시 등의 제어를 일괄 관리하고 있다.

11) 감지기의 선택기준

감지기는 비화재보를 방지하고 화재를 정확히 검출하는데, 그 성능, 종별에 따라 설치 장소에 대응하는 적응감지기가 있다. 표 10-6에 선택기준의 개요가 나타나고 있다.

12) 중계기의 기능

중계기는 감지기 또는 발신기에서의 화재신호, 감지기에서의 화재정보 신호를 수신하여 이것을 수신기에 발신하고, 또는 소화설비, 배연설비, 경보설비, 기타 이들과 유사한 설비에 발신하는 것으로 정의되고 있으며, 감지기에 접속하여 화재신호를 접점신호로서 이전 통보하거나, 그림 10.12(a)의 분산형 중계기의 경우는 감지기 또는 발신기 작동에 의한 신호를 고유신호로 변환하여 R형 수신기에 전달(입력)하고, R형 수신기에서 발신한 출력신호를 경종 등에 전달하

(a) 분산형 중계기

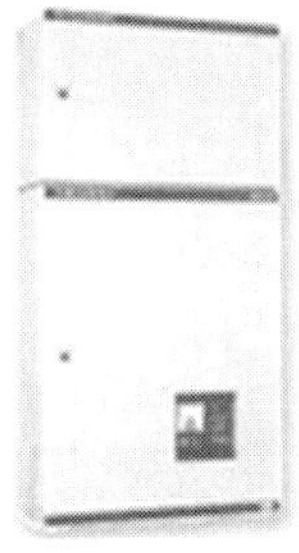

(b) 집합형 중계기

그림 10.12 중계기류

는 중계역할을 한다. 그림 10.12(b)의 집합형 중계기의 경우는 상단의 단자부와 하단의 중계장치부로 구성되어 있으며, 중계장치부는 전원모듈을 포함하고 있다. 분산형에 비해 입력 및 출력회선이 많으므로 알맞은 위치에 집합형을 설치하여 많은 입출력신호를 제어한다.

13) 발신기의 기능

발신기는 수동에 의하여 화재신호를 수신기에 발신하는 것으로, 누름버튼식의 P형과 전화식의 T형이 있으며 방식성의 유무에 따라 옥내형과 옥외형으로 분류된다. P형 발신기에는 1급과 2급이 있으며, P형 2급 발신기가 누름버튼식뿐인 데 비하여 P형 1급 발신기는 수신기가 수신했을 때에 점등하는 응답 램프나 수신기 간의 통화용 전화 잭이 있다. 일반적으로 P형 1급 발신기는 P형 1급 수신기에 접속되며, P형 2급 발신기는 P형 2급 수신기 또는 P형 3급 수신기에 접속되어 사용된다. 그림 10.13은 P형 1급 발신기이며, 화재를 발견한 사람이 합성수지로 되어 있는 보호판을 파괴하고, 누름스위치를 눌러서 수신기에 화재신호를 보낸다. 특히 그림 10.13(b)의 경우는 발신기 상부에 설치하는 발신기 위치표시등이 내장되어 있는 발신기로, 이 발신기를 설치하면 별도의 표시등을 설치할 필요가 없다.

(a) 1급 P형 발신기

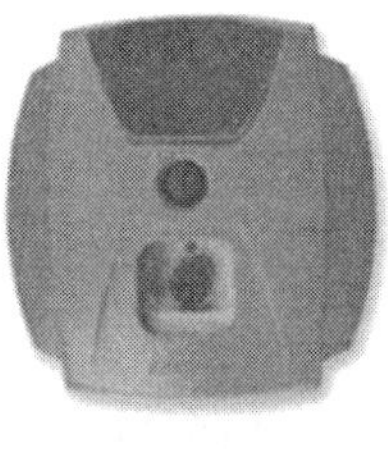

(b) 1급 P형 일체형 발신기

그림 10.13 발신기류

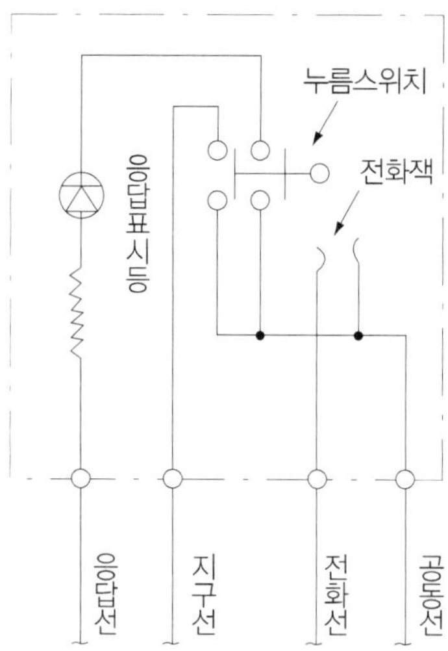

그림 10.14 P형 1급 발신기의 회로구성도

10.2 자동화재 속보설비

(1) 설치대상

소방시설설치유지 및 안전관리에 관한 법률(이하 "법"이라 한다.) 제9조 제1항 및 동법률시행령(이하 "영"이라 한다.) 별표 4 경보설비의 소방시설 적용기준란 제5호의 규정에 따른 자동화재속보설비는 이 기준에서 정하는 규정에 따라 설비를 설치하고 유지·관리하여야 하며, 자동화재 속보설비 설치의 특정 소방대상물은 다음과 같다.

① 자동화재 속보설비를 설치하여야 하는 특정 소방대상물은,

㉠ 공장 및 창고시설 또는 업무시설(사람이 근무하지 아니하는 시간에는 무인경비시스템으로 관리하는 시설에 한한다.)로서 바닥면적이 1,500m^2 이상인 층이 있는 것

㉡ 노유자시설로서 바닥면적이 500m^2 이상인 층이 있는 것

㉢ 교육연구시설 중 청소년시설(숙박시설이 있는 건축물에 한한다.)로서 바닥면적이 500m^2 이상인 층이 있는 것

등이다.

(2) 설치기준

① 자동화재 속보설비는 다음의 기준에 따라 설치하여야 한다.

㉠ 자동화재 탐지설비와 연동으로 작동하여 자동적으로 화재 발생 상황을 소방관서에 전달하도록 한다.

㉡ 스위치는 바닥으로부터 0.8m 이상, 1.5m 이하의 높이에 설치하고, 그 보기 쉬운 곳에 스위치임을 표시한 표지를 한다.

② 수신기가 설치된 장소에 상시 통화 가능한 전화가 설치되어 있고, 감시인이 상주하는 경우에는 자동화재 속보설비를 설치하지 아니할 수 있다.

10.3 누전경보기의 설치

누전 화재경보기는 벽 등의 바탕에 철강(와이어 라스, 메탈 라스 등)을 사용한 방화대상물에 대하여 누전에 따른 화재를 방지할 목적에서 교류전압 600V 이하의 경계 선로(또는 전로)의 누설 전류를 검출하여 방화대상물의 관계자에게 통보하는 설비로, 변류기(센서), 수신기, 음향장치로 되어 있다. 누전 화재경보기에는 정격 전류값이 60A 이하의 경계 선로(또는 전로)에만 사용되는 2급 누전 화재경보기와 모든 경계 선로(전로)에 사용되는 1급 누전 화재경보기가 있다. 또한 수신기와 변류기는 접속할 때의 호환성의 유무에 따라 호환성형과 비호환성형으로 구분되어 있다.

(1) 설치대상 및 주요 정의

소방시설설치유지 및 안전관리에 관한 법률(이하 "법"이라 한다.) 제9조 제1항 및 동법률시행령(이하 "영"이라 한다.) 별표 4 경보설비의 소방시설 적용기준란 제3호의 규정에 따른 누전경보기는 이 기준에서 정하는 규정에 따라 설비를 설치하고 유지·관리하여야 하며, 그 특정

소방대상물은 다음과 같다. 즉,

① 누전경보기는 계약전류용량(동일 건축물에 계약종별이 다른 전기가 공급되는 경우에는 그 중 최대계약전류 용량을 말한다.)이 100A(암페어)를 초과하는 특정 소방대상물(내화구조가 아닌 건축물로서 벽·바닥 또는 반자의 전부나 일부를 불연재료 또는 준불연재료가 아닌 재료에 철망을 넣어 만든 것에 한한다.)에 설치하여야 한다. 다만, 가스시설·지하구 또는 지하가 중 터널의 경우에는 그러하지 아니하다.

② 누전경보기의 설치에서 사용하는 용어의 정의는 다음과 같다. 즉 "누전경보기"라 함은 내화구조가 아닌 건축물로서, 벽, 바닥 또는 천장의 전부나 일부를 불연재료 또는 준불연재료가 아닌 재료에 철망을 넣어 만든 건물의 전기설비로부터 누설전류를 탐지하여 경보를 발하며 변류기와 수신부로 구성된 것을 말한다. 또 "수신부"라 함은 변류기로부터 검출된 신호를 수신하여 누전의 발생을 당해 소방대상물의 관계인에게 경보하여 주는 것(차단기구를 갖는 것을 포함한다.)을 말하며, "변류기"라 함은 경계 전로의 누설전류를 자동적으로 검출하여 이를 누전경보기의 수신부에 송신하는 것을 말한다.

(2) 수신부의 설치기준

① 누전경보기의 수신부는 옥내의 점검에 편리한 장소에 설치하되, 가연성의 증기·먼지 등이 체류할 우려가 있는 장소의 전기회로에는 당해 부분의 전기회로를 차단할 수 있는 차단기구를 가진 수신부를 설치하여야 한다. 이 경우 차단기구의 부분은 당해 장소 외의 안전한 장소에 설치하여야 한다.

② 누전경보기의 수신부는 다음의 장소 외의 장소에 설치하여야 한다. 다만, 당해 누전경보기에 대하여 방폭·방식·방습·방온·방진 및 정전기 차폐 등의 방호 조치를 한 것에 있어서는 그러하지 아니하다.

㉠ 가연성의 증기·먼지·가스 등이나 부식성의 증기·가스 등이 다량으로 체류하는 장소

㉡ 화약류를 제조하거나 저장 또는 취급하는 장소

㉢ 습도가 높은 장소

㉣ 온도의 변화가 급격한 장소

㉤ 대전류회로·고주파 발생회로 등에 따른 영향을 받을 우려가 있는 장소

③ 음향장치는 수위실 등 상시 사람이 근무하는 장소에 설치하여야 하며, 그 음량 및 음색은

다른 기기의 소음 등과 명확히 구별할 수 있는 것으로 하여야 한다.

(3) 구성 기기의 기능

1) 수신기의 기능

수신기는 변류기가 검출한 미소 신호를 수신·증폭하여 소정값 이상의 신호를 얻은 경우에 음향장치를 명동시키는 동시에 누전표시등을 점등시켜 관계자에게 누전의 발생을 통보한다. 수신기에 설정하는 누설 전류의 검출값은 누전 화재를 유효하게 검출하는 동시에 오보가 발생하지 않도록 하는 것이 중요하며, 일반적으로는 100~400mA, 제2종 접지선에 설치하는 경우에는 400~800mA를 표준 설정값으로 하고 있다.

기타 누전 화재수신기에 필요한 주요 기능은 다음과 같다.

① 수신기는 적색의 누전표시등과 음향장치에서 누전을 자동적으로 표시하고 차단기구를 가진 것은 전로를 차단한 후에도 누전 표시를 유지할 것
② 음향장치의 음압은 1m 떨어진 지점에서 1급의 것은 70dB 이상, 2급의 것은 60dB 이상일 것
③ 공칭 작동전류값에 대응하는 변류기 설계 출력전압의 2.5배 이하의 전압을 입력 단자에 가하여 음향장치, 누전표시등 등의 작동을 확인할 수 있는 시험장치를 가지고 있어야 하고 1급의 것은 변류기의 2차 권선과 수신기와의 사이에 도통을 시험할 수 있어야 한다.
④ 복수의 경계 전로를 감시하는 집합형 수신기에서는 누설이 발생한 경계 전로를 명확히 표시하는 장치를 설치하고 또한 두 개의 경계 전로에서 누설 전류가 동시에 발생한 경우에 기능에 이상이 발생하지 않아야 한다.
⑤ 감도 전환의 조정 범위의 최댓값은 1A 이하로 한다.

2) 변류기의 기능

변류기는 경계 전로의 누설 전류를 자동적으로 검출하여 이것을 수신기에 송신하는 것으로 구조상 관통형과 분할형으로 분류된다. 그림 10.15는 변류기의 외관과 구조이다. 변류기는 페라이트 코어 등의 환상 철심에 검출용 2차 권선을 설치하고 그 중심에 경계 전로를 관통시키는 구조로 되어 있다.

① 단상 전로에서 변류기의 작동 원리 : 그림 10.16에 단상 전로의 누전 검출의 모식도를 나타

냈다. 정상 전로에서의 왕로(往路)의 전류 I_1과 복로의 전류 I_2는 방향이 다른 같은 값이며, 따라서 각각 전류가 생기는 자속도 방향이 다른 같은 값으로 되어 상호 상쇄되도록 작용한다. 누전이 생겨 대지를 통하여 지락점에서 제2종 접지선을 향하여 누설 전류 I_g가 흐르면, 복로의 전류 I_2는 왕로의 전류 I_1보다 I_g만큼 감소하여 자속의 상쇄작용이 무너져 자속 Φ_g가 변류기에 생기게 된다.

자속 Φ_g는 변류기의 2차 권선에 전압의 세기를 발생한다. 즉,

$$E = 4.44 N f \Phi_g \times 10^{-8} (V)$$

단, N : 2차 권선의 권수, f : 주파수이다.

를 유기하며, 변류기는 이 유기전압을 수신기에 송신한다.

② 3상 전로에서 변류기의 작동 원리 : 그림 10.17에 3상 전로에서의 누전 검출의 모식도를 들었다. 정상 전로에서의 선로 전류와 부하 전류의 관계는 다음과 같다. 즉,

$$I_1 = I_b - I_a \qquad I_2 = I_c - I_b \qquad I_3 = I_a - I_c$$

가 되므로 $I_1 = I_2 - I_3 = 0$이 되며 각 전류가 생기는 자속도 상호 상쇄되고 있다. 여기서 대지를 통하여 지락점에서 제2종 접지선을 향하여 누설 전류 I_g가 흐르면, 다음 관계가 성립한다. 즉,

$$I_1 = I_b - I_a \qquad I_2 = I_c - I_b \qquad I_3 = I_a - (I_c - I_g)$$

가 되므로 $I_1 + I_2 + I_3 = I_g$가 되며 자속이 변류기에 생겨 위 단상 전로의 경우와 마찬가지로 변류기의 2차 권선에 전압이 유기되어 변류기는 이 유기전압을 수신기에 송신한다.

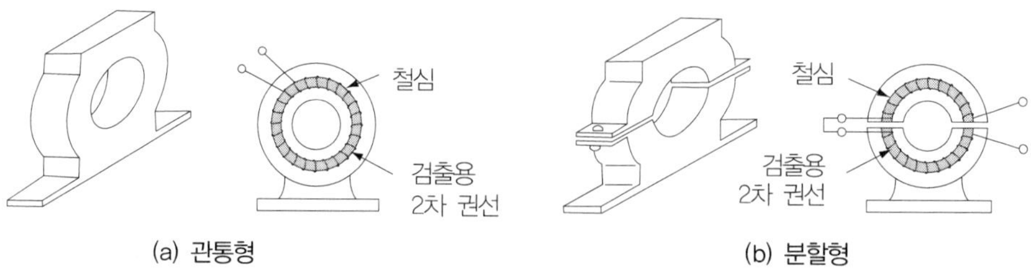

그림 10.15 변류기의 외관 및 내부구조

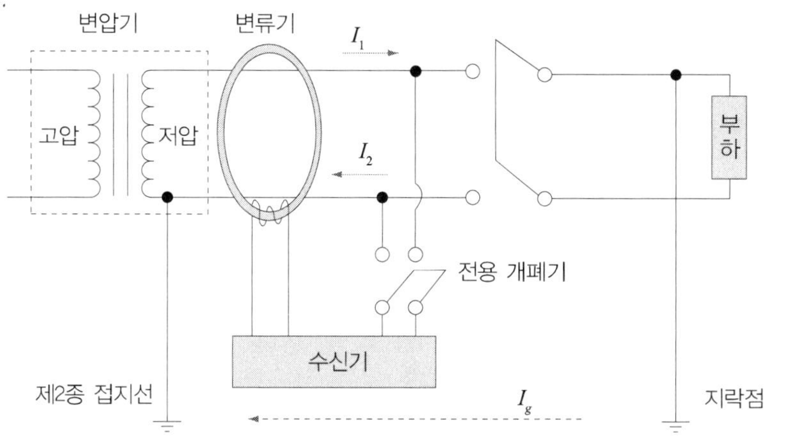

그림 10.16 단상전로 누전검출기의 모식도

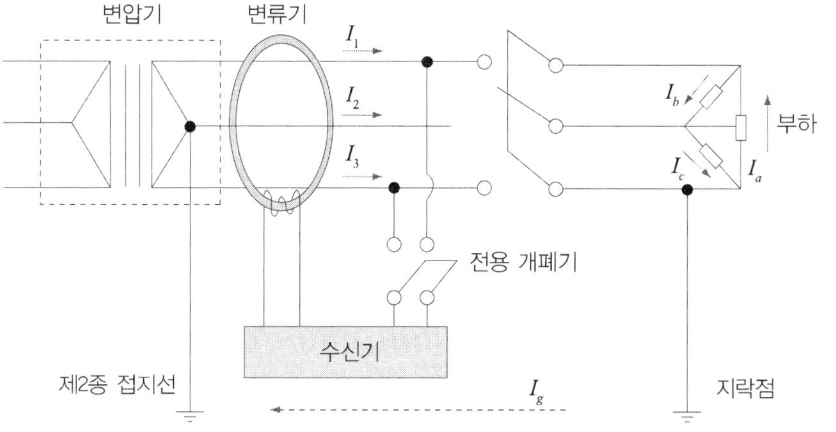

그림 10.17 3상전로 누전검출기의 모식도

(4) 누전경보기의 설치

누전경보기는 다음의 방법에 따라 설치하여야 한다. 즉,

① 경계 전로의 정격 전류가 60A를 초과하는 전로에 있어서는 1급 누전경보기를, 60A 이하의 전로에 있어서는 1급 또는 2급 누전경보기를 설치한다. 다만, 정격전류가 60A를 초과하는 경계 전로가 분기되어 각 분기회로의 정격 전류가 60A 이하로 되는 경우와 당해 분기회로마다 2급 누전경보기를 설치한 경우에는 당해 경계 전로에 1급 누전경보기를 설치한 것으로 본다.

② 변류기는 소방대상물의 형태, 인입선의 시설방법 등에 따라 옥외 인입선의 제1지점의 부하측 또는 제2종 접지선 측의 점검이 쉬운 위치에 설치한다. 다만, 인입선의 형태 또는 소방대상물의 구조상 부득이한 경우에 있어서는 인입구에 근접한 옥내에 설치할 수 있다.
③ 변류기를 옥외의 전로에 설치하는 경우에는 옥외형의 것을 설치한다.

10.4 비상경보설비

비상경보설비는 화재가 발생한 경우에 방화대상물의 내부에 있는 사람들에게 화재가 발생한 것을 알리는 설비이며 자동식 사이렌, 비상벨 또는 비상방송설비가 있다. 이 비상경보설비는 기동장치, 표시등, 음향장치, 비상전원, 조작장치(자동 사이렌 또는 비상벨에는 이것이 없는 것도 있다.) 등으로 구성되어 있다. 화재의 발생을 인지한 사람이 기동장치를 조작함으로써 계속적으로 경보를 발하거나 방송을 함으로써 경보를 발하는 것이다. 또한 비상방송설비에 대해서는 자동 화재통보설비와 연동하여 감지기 작동정보, 화재정보 또는 비화재정보를 음성에 의하여 방송하는 것이 기준화되어 있다.

(1) 설치대상 및 주요 정의

소방시설설치유지 및 안전관리에 관한 법률(이하 “법”이라 한다.) 제9조 제1항 및 동법률시행령(이하 “영”이라 한다.) 별표 4 경보설비의 소방시설 적용기준란 제1호·제6호의 규정에 따른 비상경보설비 및 단독경보형 감지기는 이 기준에서 정하는 규정에 따라 설비를 설치하고 유지·관리하여야 하며, 그 특정 소방대상물은 다음과 같다. 즉,

① 비상경보설비를 설치하여야 할 특정 소방대상물(가스시설 또는 자하구를 제외한다.)은,
  ㉠ 연면적 400제곱미터(지하가 중 터널을 제외한다.)이거나 지하층 또는 무창층의 바닥면적이 150제곱미터(공연장인 경우 100제곱미터) 이상인 것
  ㉡ 지하가 중 터널로서 길이가 500미터 이상인 것
  ㉢ 50인 이상의 근로자가 작업하는 옥내작업장

  등이다.

② 단독경보형 감지기를 설치하여야 하는 특정 소방대상물은 다음과 같다.

㉠ 연면적 1천 제곱미터 미만의 아파트

㉡ 연면적 1천 제곱미터 미만의 기숙사

㉢ 교육연구시설 내에 있는 합숙소 또는 기숙사로서 연면적 2천 제곱미터 미만인 것

㉣ 연면적 600제곱미터 미만의 숙박시설

㉤ 제4호 바목의 규정에 해당되지 아니하는 청소년시설(숙박시설이 있는 것에 한한다.)

등이다.

비상경보설비 및 단독경보형 감지기의 설치기준에서 사용하는 용어의 정의는 다음과 같다. 즉, "비상벨설비"라 함은 화재 발생 상황을 경종으로 경보하는 설비를 말하고, "자동식 사이렌설비"라 함은 화재 발생 상황을 사이렌으로 경보하는 설비를 말한다. 또 "단독 경보형 감지기"라 함은 화재 발생 상황을 단독으로 감지하여 자체에 내장된 음향장치로 경보하는 감지기를 말하며, "발신기"라 함은 화재 발생 신호를 수신기에 수동으로 발신하는 장치를 말한다. 그리고 "수신기"라 함은 발신기에서 발하는 화재신호를 직접 수신하여 화재의 발생을 표시 및 경보하여 주는 장치를 말한다.

(2) 비상벨 및 자동식 사이렌설비

비상벨의 설비는 그림 10.18과 같이 기동장치, 음향장치(벨), 표시등, 전원 및 배선으로 구성되는 것을 말한다. 화재를 발견한 사람이 기동장치를 조작하여 음향장치를 명동시킴으로써 화재가 발생한 것을 통보하는 것이다. 이 경우에 음향장치의 음압은 해당 음향장치의 중심에서 1m 떨어진 곳에서 90dB 이상의 음압을 가진 것으로, 기동장치가 조작된 후 10초 이내에 이 음압으로 음향장치가 명동한다. 표시등은 기동장치가 설치된 장소를 많은 사람의 눈에 띄기 쉽게 하기 위해 설치하는 것으로, 불연재료이면서 원형인 것으로 하고 그 크기는 전면 투영면적이 28cm^2 이상이고, 또한 측면 투영면적이 전면 투영면적의 1/4 이상의 것이 되도록 한다.

자동식 사이렌설비는 그림 10.18과 같이 기동장치, 음향장치(사이렌), 표시등, 전원 및 배선으로 구성되어 있다. 화재의 발생을 발견한 사람이 기동장치를 조작함으로써 음향장치인 사이렌이 명동하여 건물 내에 있는 사람들에게 화재가 발생한 것을 알리고 기동장치를 조작한 후 10초 이내에 사이렌의 중심에서 1m 떨어진 위치에서 90dB 이상의 음압을 발한다. 이 자동식 사이렌에는 비상 전원을 부가 설치하게 되어 있으므로 정전 시에도 기능하는 것이 필요하다.

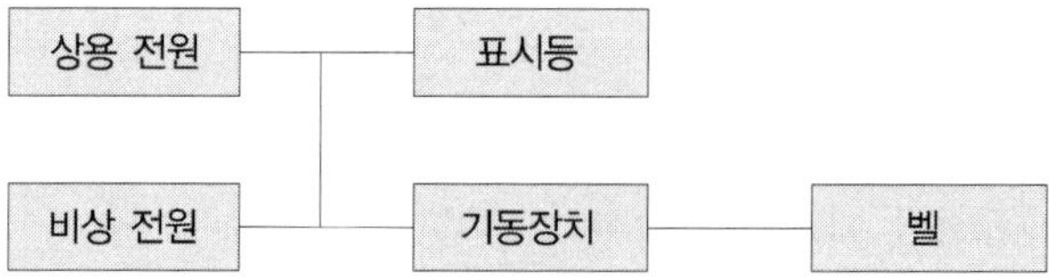

(a) 비상벨의 구성

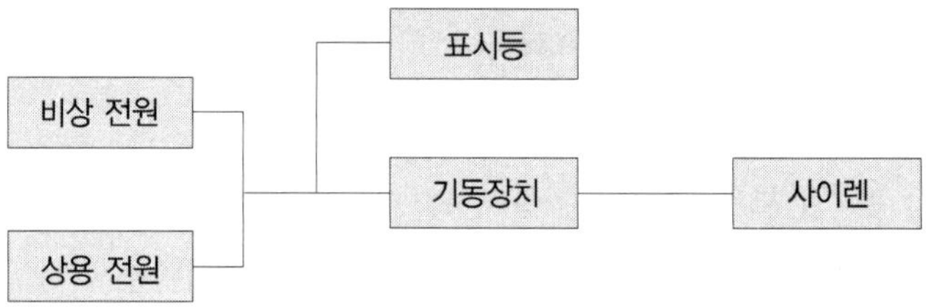

(b) 자동식 사이렌의 구성

그림 10.18 비상벨 및 사이렌의 구성

(3) 비상방송설비

화재 발생 시에 건물 내에 있는 사람들에게 화재가 발생한 것을 음성으로 알리는 방송설비로, 기동장치, 표시등, 스피커, 증폭기, 조작장치, 전원 및 배선으로 구성되는 것을 말한다.

이 비상방송설비는 화재를 발견한 사람이 기동장치를 조작함으로써 증폭기의 전원을 자동적으로 넣거나 또는 자동화재 경보설비의 감지기가 작동하여 자동화재 경보설비의 수신기에 화재신호를 보내는 것으로, 자동 또는 수동으로 증폭기의 전원이 들어가 조작장치의 마이크로폰을 사용하여 스피커를 통하여 음성으로 비상경보방송을 하는 것이다. 이때 음성은 녹음 테이프를 사용하는 경우도 있다.

(4) 방송설비의 구성 및 종류

비상경보설비에서 방송설비는 방화대상물의 재실자에게 확성 시스템에 의하여 화재의 발생, 피난 유도 등을 알리는 설비이며, 기동장치, 조작부, 증폭기, 전원, 스피커, 배선 등으로 구성된다.

1) 설비의 구성

① 방송설비의 기본 구성은 그림 10.19와 같이 전원부, 조작부, 증폭기, 스피커, 배선 등으로 구성된다.

② 기동장치를 포함하는 구성, 즉 방송설비와 기동장치를 조합한 경우의 구성 예는 그림 10.20 및 그림 10.21과 같다.

③ 운용형태, 설치형태에 의한 방송설비의 시스템 구성에는 방송설비가 원격조작기를 포함하는 경우로서 그림 10.20 및 그림 10.21과 같다.

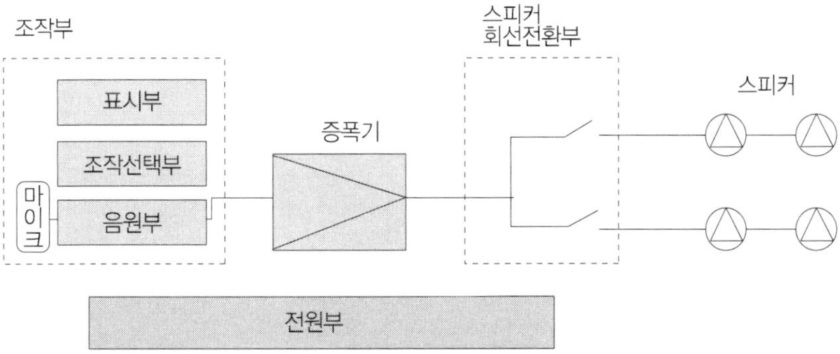

그림 10.19 방송설비의 기본 구성

(a) 누름버튼을 기동장치로 구성한 예

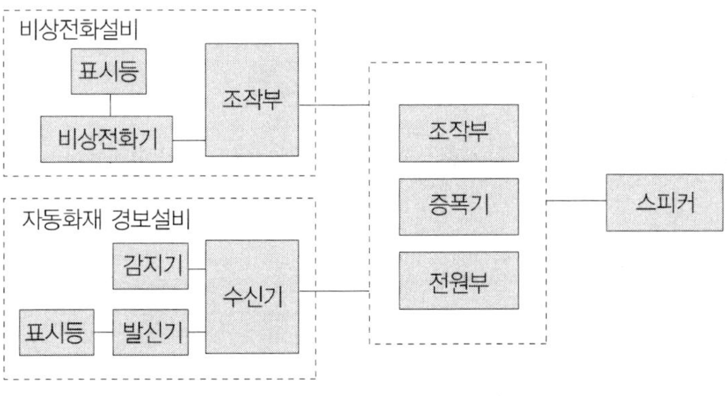

(b) 비상전화, 자동화재 통보설비를 기동장치로 구성한 예

그림 10.20 기동장치를 포함한 방송설비의 구성도

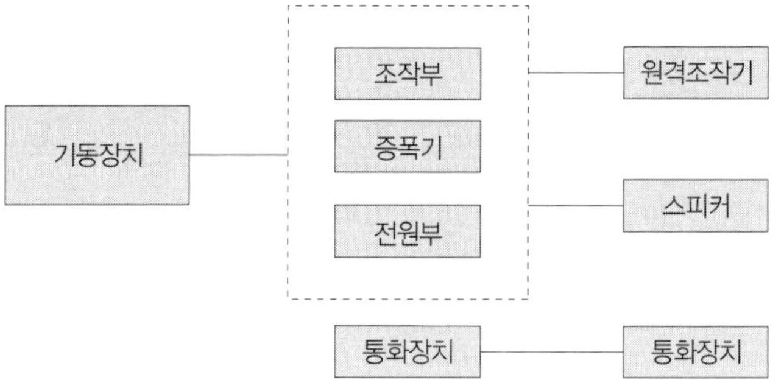

(a) 원격조작기를 포함한 구성 예

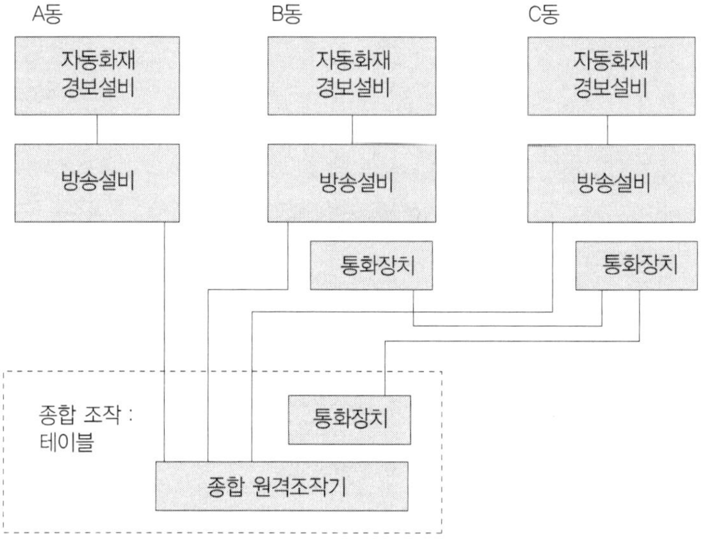

(b) 복수동에 설치된 종합 원격조작 방송 시스템 구성 예

그림 10.21 원격조작 방송설비의 구성도

2) 방송설비의 형식 구분

방송설비는 기기의 구조에 따라 탁상형, 래크형, 벽걸이형, 분할형, 증설용 증폭기 및 원격조작기로 구분되어 있다.

3) 인정 수준

방송설비는 고시된 기준에 따르며, 기준에 적합한지를 「비상용 방송설비에 관한 인정시험」에 의거한 테스트를 실시하여 합격한 내용을 첨부하게 되어 있다.

(5) 방송설비의 작동

1) 기본 작동

방송설비는 화재층 정보를 포함하는 음성경보 메시지를 자동화재 경보설비 등과의 연동에 의하여 자동적으로 방송하는 것으로, 작동 구성은 다음과 같다.

① 작동 흐름에 대한 기본 작동은 다음과 같이 세 가지 흐름으로 대별된다. 즉,

㉠ 감지기 기동에 의한 작동 흐름 차트, 즉 작동화재 경보설비의 화재감지 작동을 제1기동신호로 하는 방송설비의 동작 흐름을 그림 10.22에 나타내었다.

㉡ 발신기, 비상전화 기동에 의한 작동 흐름 차트에 대하여, 즉 현장 확인에 의한 발신기, 비상전화를 제1기동신호로 하는 방송설비의 작동 흐름을 그림 10.22에 나타내었다.

㉢ 수동조작에 의한 작동 흐름 차트에 대하여, 즉 내선 전화 등에 의하여 제1보가 들어온 경우의 방송설비의 작동 흐름을 그림 10.23에 들었다.

② 마이크로폰 방송의 우선, 즉 음성경보음에 의한 방송 중에 마이크로폰 방송을 하는 경우에는 조작자에 의한 방송이 우선하며 음성경보음을 중지하고 마이크로폰 방송을 한다.

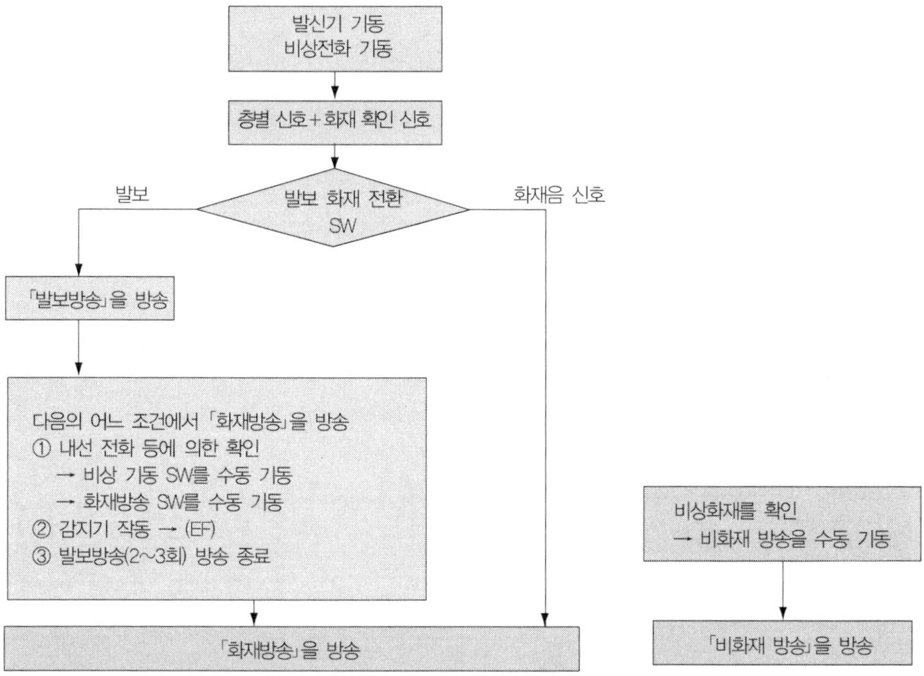

그림 10.22 발신기, 비상전화 기동에 의한 동작 흐름도

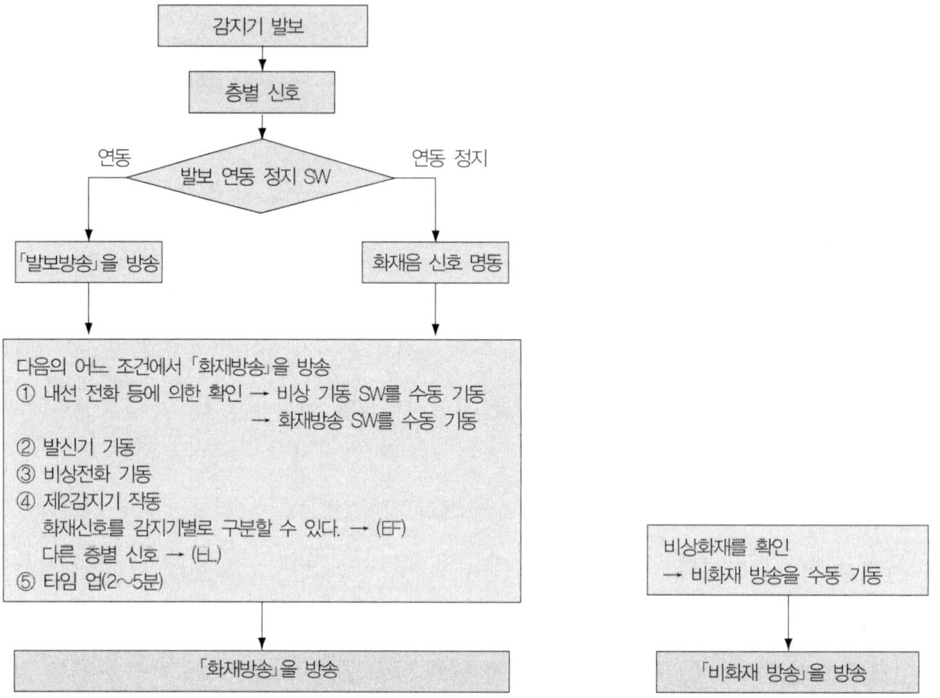

그림 10.23 감지기 기동에 의한 동작 흐름도

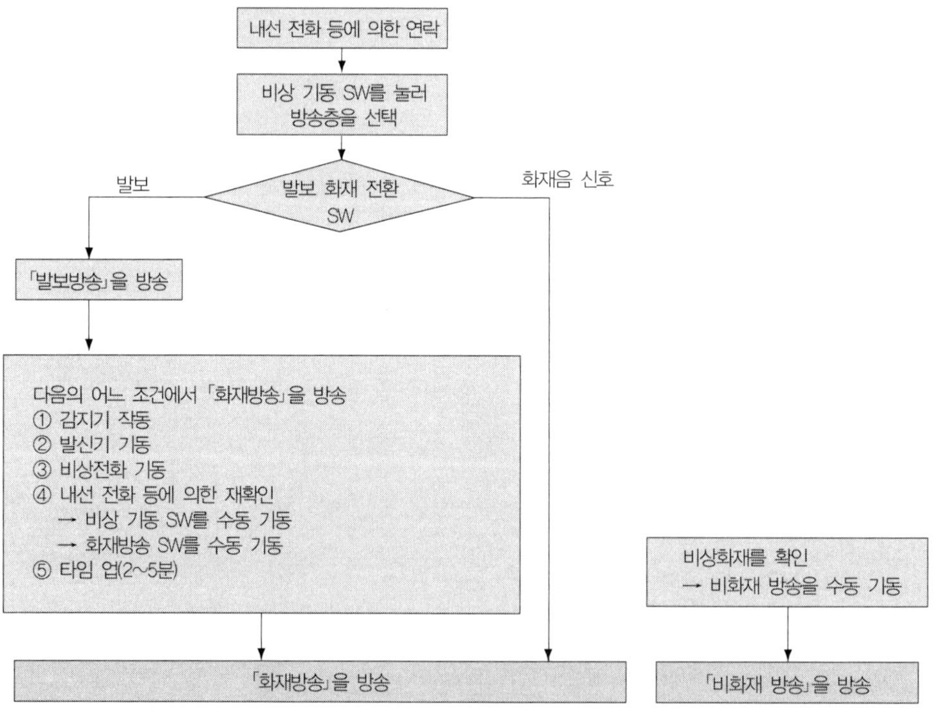

그림 10.24 수동조작에 의한 동작 흐름도

2) 통보 구역

감지기 등의 작동과 연동하여 발화층이 2층 이상의 경우에는 발화층 및 그 바로 위층, 발화층이 1층인 경우에는 발화층과 그 바로 위층 및 지층, 발화층이 지층인 경우에는 발화층과 그 바로 위층 및 기타의 지층 전부에 한하여 방송할 수 있도록 설비한다.

① 증폭기는 음성 경보음 및 마이크로폰 방송의 신호를 방화대상물에 설치된 전 스피커를 구동하는 출력으로 증폭하는 장치이며, 다음과 같은 기능이 요구된다.

㉠ 상용 전원이 정지한 경우에 10분 이상의 비상 방송을 계속하기 위해 비상 전원에서도 작동한다.

㉡ 방화대상물의 말단 스피커까지의 배선 거리가 길고, 이 거리에 의한 선로저항의 영향을 적게 하기 위해 하이 임피던스 방식으로 되어 있다.

3) 방송설비의 전원

① 상용 전원

방송설비의 전원은 전용회로로 하고, 개폐기에서 직접 접속한다.

② 비상 전원

비상 전원은 화재에 의하여 상용 전원이 정전되어도 방송설비의 전원을 확보할 수 있도록 설치되어 있는 것이다. 방송설비의 비상 전원으로는 축전지 설비, 비상전원 전용 수전설비의 방식이 있는데, 방송설비는 일반적으로 비상 전원을 내장하고 있다.

③ 축전지의 종류와 용량

축전지의 용량은 충전하지 않고, 1시간 이상 감시상태를 계속한 후에 10분 이상의 비상 방송을 할 수 있어야 하며, 그 성능은 KS규격에 합당한 것이어야 한다.

4) 원격조작기

원격조작기는 화재 시에 본체 설치 장소에서 떨어진 장소에서 비상 방송을 하는 경우에 사용하는 것이다. 원격조작기의 기능 및 조작은 본체의 조작부와 거의 같다. 또한 원격조작기가 설치되어 있는 경우에는 동일 방화대상물에 2개 이상의 조작장치가 존재하는 것이기 때문에 상호 통화장치의 설치가 필요하다.

5) 기동장치

기동장치는 화재가 발생했을 때 방송설비에 화재라는 취지의 신호를 송신하여 방송설비를 기동하는 것이며, 다음과 같은 두 종류로 분류된다. 또한 기동장치의 상방에는 표시등의 설치가 필요하다.

① 누름버튼

누름버튼을 조작함으로써 자동적으로 방송설비를 기동시킨다.

② 비상전화

비상전화기를 드는 것으로 조작장치에 신호가 송신되며, 이에 의하여 비상전화 조작장치로부터 방송설비에 작동신호를 이전 통보하여서 방송설비를 기동하는 것이다.

6) 스피커

스피커는 전기신호를 인간의 귀에 들리는 음파로 변환하는 것이다. 비상용 스피커의 경우 음성 경보음 및 마이크에 의한 피난유도 방송이 정확히 전달될 수 있는 명료성과 음압 레벨 및 화재 발생에서 피난까지의 사이에 발생하는 열에 견디는 내열성 등이 요구된다.

① 스피커의 기준

스피커는 제2신호를 정격전압으로 입력한 경우에 무향실(無響室)의 전방 1m에서 측정한 음압에 따라 표 10-7과 같이 3종류로 구분되어 있다.

② 스피커의 종류

스피커는 용도, 설치 장소 등에 따라 여러 가지의 형식이 있으므로 목적에 합치되는 스피커를 선택하여 설치할 필요가 있다. 이 경우에 기술기준에 적합한 스피커를 설치해야 한다. 또한

표 10-7 스피커의 종류에 따른 기준

구분	음압
L급	92dB 이상의 것
M급	87dB 이상 92dB 미만의 것
S급	84dB 이상 87dB 미만의 것

방송설비가 업무 방송과 겸용으로 스피커 음량조절기(감쇠기)가 사용되고 있는 경우에는 3선식 배선으로 할 필요가 있다.

(6) 설치 시 주의사항

1) 스피커의 설치

① 방송구역을 바닥, 벽 또는 문(장지문, 미닫이 등 차음 성능이 현저하게 낮은 것을 제외)으로 구획된 부분으로 정의하며, 원칙적으로 방송구역 단위로 스피커의 설치기준을 적용한다.

② 다음과 같이 방송구역의 넓이에 따라 스피커를 그림 10.25와 같이 설치한다.

㉠ $100m^2$를 초과하는 방송구역 : L급 스피커

㉡ $50m^2$ 초과, $100m^2$ 이하의 방송구역 : L급 또는 M급 스피커

㉢ $50m^2$ 이하의 방송구역 : S급, M급 또는 L급 스피커

㉣ 층계 또는 경사로 : L급 스피커

③ 스피커는 방송구역의 각 부분에서 10m(층계 또는 경사로의 경우에는 높이 15m마다) 이하가 되도록 설치한다.

④ 거실 및 거실에서 지상으로 통하는 주요 복도, 기타의 통로에서는 $6m^2$ 이하, 기타의 부분에서 $30m^2$ 이하의 방송구역에서는 스피커를 설치하지 않아도 된다. 단, 이 방송구역의 각 부분에서 인접한 방송구역에 설치된 스피커까지의 거리가 8m 이하가 되도록 설치되어 있어야 한다. 이 경우에는 그림 10.25와 같이 인접하는 2개의 스피커도 무방하다.

스피커의 설치를 필요로 하지 않는 방송구역이 존재하는 경우에는 인접한 스피커가 담당하는 방송구역에 면적을 합산하고, 이 면적의 예는 그림 10.26과 같다.

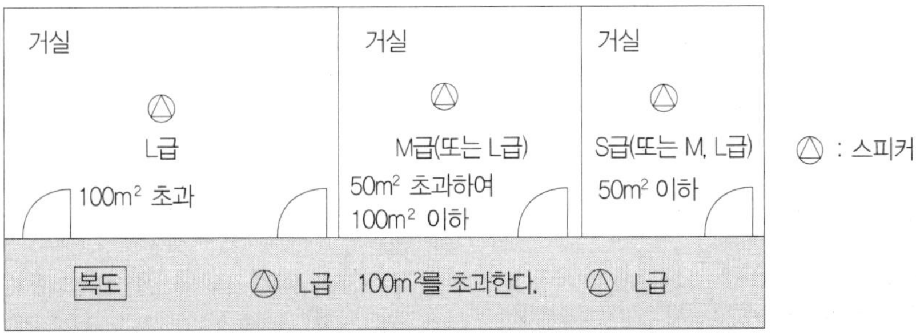

그림 10.25 스피커 설치 위치의 예

2) 조작부, 증폭기, 원격조작기의 설치

① 증폭기는 그림 10.27과 같이 점검상 및 사용상 필요한 공간을 확보할 수 있도록 설치한다.

② 조작부, 원격조작기에 대해서는 위의 ①을 충족시키는 동시에 다음 사항에 유의하여 설치한다.

㉠ 조작부 또는 원격조작기 중 하나는 수위실, 기타 평상시 사람이 있는 장소에 설치한다. 단, 중앙관리실이 설치되어 있는 경우에는 중앙관리실에 설치한다.

㉡ 조작 스위치는 바닥면에서의 높이가 0.8m(의자에 앉아서 조작하는 경우에는 0.6m) 이상, 1.5m 이하의 장소에 설치하고, 그 조작 스위치의 설치 예는 그림 10.28과 같다.

3) 배선

방송설비에 있어서 조작부, 증폭기에서 스피커, 원격조작기 및 기동장치까지의 배선은 그림 10.29와 같이 내열 배선으로 해야 된다. 따라시 내열전선을 사용하여 노출 배선으로 하거나, 600V 2종 비닐 절연전선(HIV)을 사용하여 금속관 공사 또는 금속덕트 공사를 해야 된다.

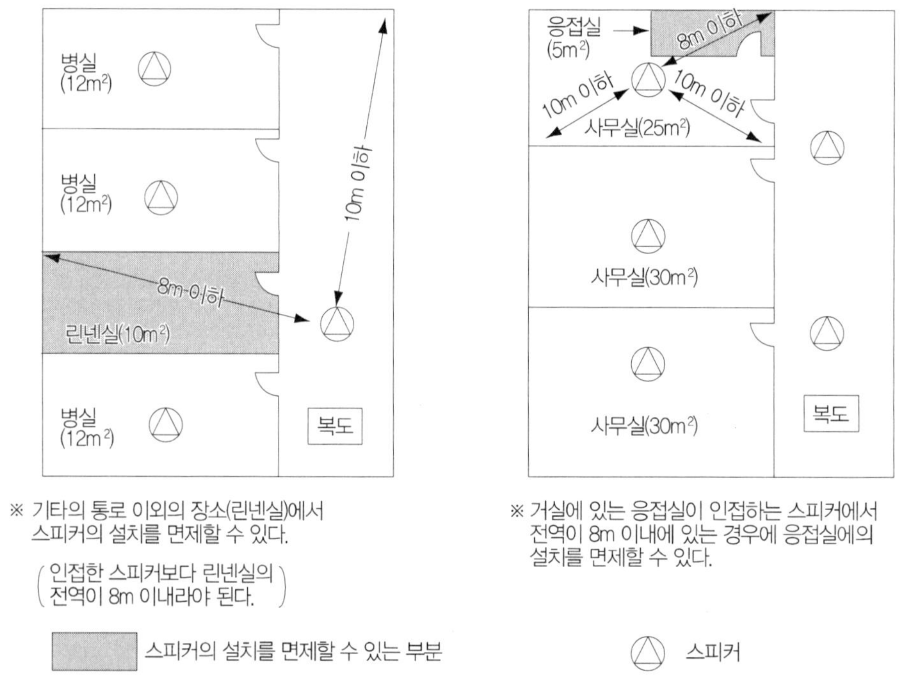

(a) 거실 또는 동실에서 지상으로 통하는 주요 복도. 기타의 통로 이외의 장소에서 스피커의 설치를 면제할 수 있는 경우

(b) 거실에서 스피커의 설치를 면제할 수 있는 경우

그림 10.26 스피커 설치를 면제할 수 있는 예

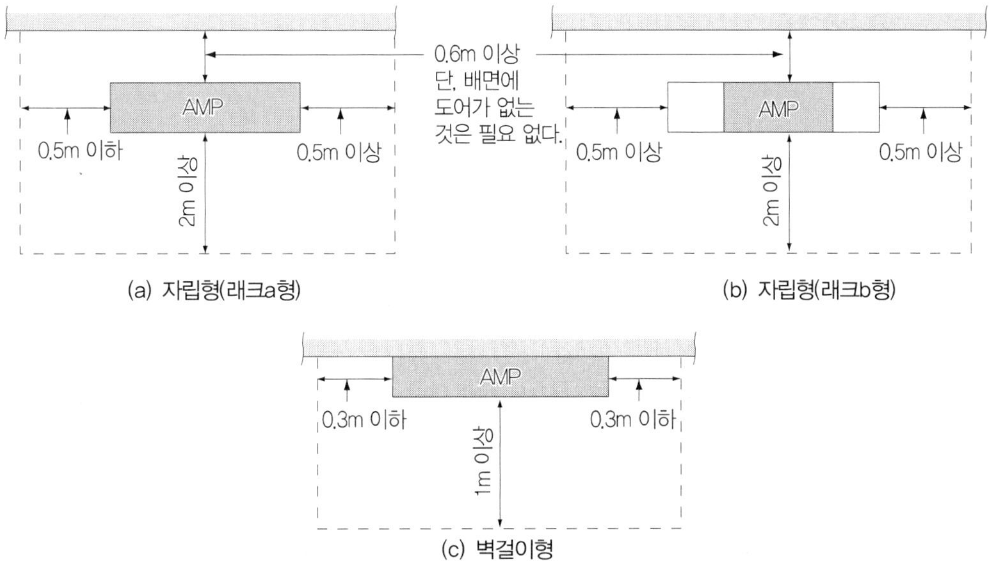

그림 10.27 증폭기의 설치위치[그림 (a), (b), (c)의 점선은 필요한 공간이다.]

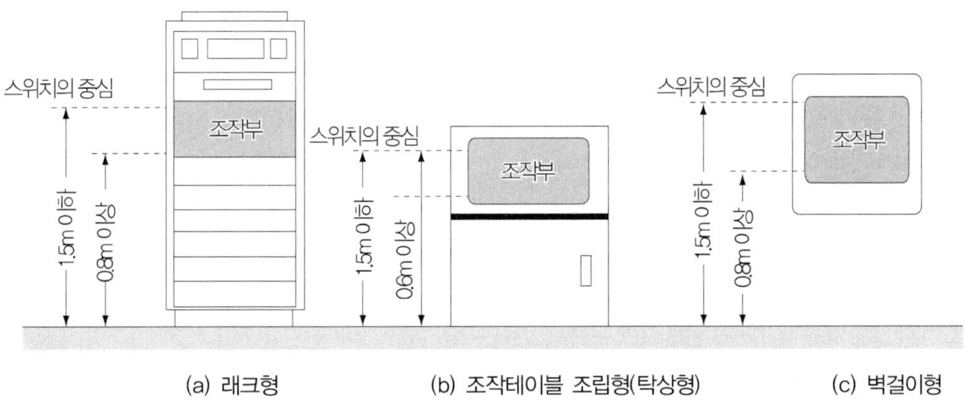

그림 10.28 조작 스위치의 높이

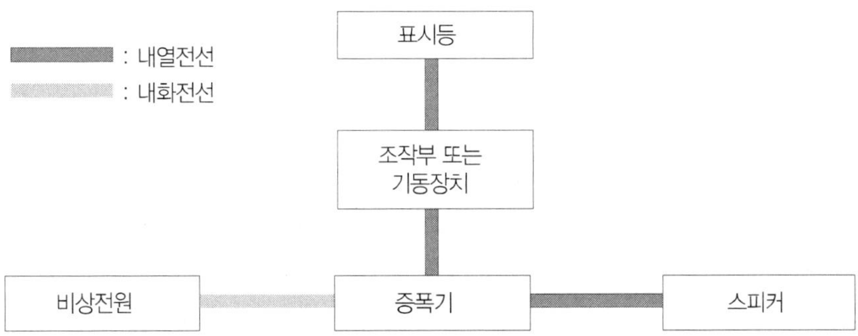

그림 10.29 방송설비의 배선

10.5 피난설비

(1) 피난기구의 설치

피난기구는 화재가 발생한 경우에 방화대상물로부터 피난하기 위해 사용하는 것이다. 건축물에는 일반적으로 건축기준법에 의하여 피난층(직접 지상으로 통하는 출입구가 있는 층을 말한다.)으로 직접 통하는 직통층계(방화적으로 안전한 조치를 강구한 것이 피난층계·특별 피난층계라고 하는 것이다.)가 설치되어 있으며, 화재가 발생한 경우의 피난은 이 직통층계를 이용하게 된다. 따라서 건축물에 화재가 발생한 경우에는 피난층계를 이용하는 것이 일반적인데, 피난층계로 가는 경로가 연기로 오염되거나, 화염에 싸여 있는 등 피난이 늦어질 경우를 가상할 수 있다. 이와 같은 경우에 대비하여 층계 이외의 장소(창문, 베란다 등)에 안전하고 신속하게 피난할 수 있는 기구를 비치해 두는 것이 피난기구이며, 건축물 내에 있는 사람 전원을 피난기구에 의하여 피난시키는 것을 고려한 것은 아니다. 그러나, 피난기구는 직접 인명을 구제하는 것이므로 그 품질의 확보를 도모할 필요가 있다. 이를 위해 금속제의 피난 사다리 및 완강기는 기능 구조에 관계되는 기술상의 규격을 정하고 있으며 검정 대상이다. 또한 이들 이외에 피난기구에 대해서도 기능 구조에 관계되는 기술상의 기준을 정하고 있다.

1) 피난기구의 설치대상 및 용어의 정의

소방시설설치유지 및 안전관리에 관한 법률(이하 “법”이라 한다.) 제9조 제1항 및 동법률시행령(이하 “영”이라 한다.) 별표 4 피난설비의 소방시설 적용기준란 제1호의 규정에 따른 피난기구는 이 기준에서 정하는 규정에 따라 설비를 설치하고 유지·관리하여야 하며, 그 특정 소방대상은 다음과 같다. 즉,

피난기구는 특정 소방대상물의 모든 층에 화재안전기준에 적합한 피난기구에 설치하여야 한다. 피난층·지상 1층·지상 2층 및 층수가 11층 이상의 층과 가스시설·지하구 또는 지하가 중 터널의 경우에는 그러하지 아니하다.

이 기준에서 사용하는 용어의 정의는 다음과 같다. 즉, “피난사다리”라 함은 화재 시 긴급대피를 위해 사용하는 사다리를 말하며, “완강기”라 함은 사용자의 몸무게에 따라 자동적으로 내려올 수 있는 기구 중 사용자가 교대하여 연속적으로 사용할 수 있는 것을 말한다. 또 “간이완강기”라 함은 사용자의 몸무게에 따라 자동적으로 내려올 수 있는 기구 중 사용자가 연속적으로 사용할

수 없는 것을 말하고, "구조대"라 함은 포지 등을 사용하여 자루 형태로 만든 것으로서 화재 시 사용자가 그 내부에 들어가서 내려옴으로써 대피할 수 있는 것을 말한다. "공기안전매트"라 함은 화재 발생 시 사람이 건축물 내에서 외부로 긴급히 뛰어 내릴 때 충격을 흡수하여 안전하게 지상에 도달할 수 있도록 포지에 공기 등을 주입하는 구조로 되어 있는 것을 말한다. 그리고 "피난밧줄"이라 함은 급격한 하강을 방지하기 위한 매듭 등을 만들어 놓은 밧줄을 말한다.

2) 피난기구의 적응 및 설치개수

① 피난기구는 피난기구의 화재안전기준(NFSC 301)에서 표 10-8(별표 1)에 따라 소방대상물의 설치장소별로 그에 적응하는 종류의 것을 설치하여야 한다.

표 10-8 [별표 1] 소방대상물의 설치장소별 피난기구의 적응성

구분 \ 층별 설치 장소별	지하층	2층	3층	4층 이상 10층 이하
의료시설(장례식장을 제외한다.)·노유자시설·근린생활시설 중 입원실이 있는 의원·산후조리원·접골원·조산소	피난용 트랩		미끄럼대·구조대·피난교·피난용 트랩	구조대·피난교·피난용 트랩
근린생활시설(입원실이 있는 의원·산후조리원·접골원·조산소는 제외한다.)·위락시설·문화집회 및 운동시설·판매시설 및 영업시설·숙박시설·공동주택·업무시설·통신촬영시설·교육연구시설·공장·운수자동차 관련 시설(주차용 건축물 및 차고, 세차장, 폐차장 및 주차장을 제외한다.)·관광휴게시설(야외음악당 및 야외극장을 제외한다.)·의료시설 중 장례식장	피난사다리·피난용 트랩		미끄럼대·피난사다리·구조대·완강기·피난교·피난용 트랩·간이완강기·피난밧줄·공기안전매트	피난사다리·구조대·완강기·피난교·간이완강기·공기안전매트

(주) 간이완강기의 적응성은 숙박시설의 3층 이상에 있는 객실에, 공기안전매트의 적응성은 아파트(주택법시행령 제48조의 규정에 해당하는 공동주택)에 한한다.

○ **주택법시행령 제48조의 규정에 의한 APT**

1. 300세대 이상의 공동주택
2. 150세대 이상으로서 승강기가 설치된 공동주택
3. 150세대 이상으로서 중앙집중식난방장치(지역난방장치를 포함한다.)의 공동주택

② 피난기구는 다음의 기준에 따른 개수 이상을 설치하여야 한다. 즉,

㉠ 층마다 설치하되, 숙박시설·노유자시설 및 의료시설로 사용되는 층에 있어서는 그 층의 바닥면적 500m²마다, 위락시설·문화집회 및 운동시설·판매시설로 사용되는 층 또는 복합용도의 층(하나의 층이 「소방시설설치유지 및 안전관리에 관한 법률 시행령」 별표 2 제1호 내지 제4호 또는 제8호 내지 제18호 중 2 이상의 용도로 사용되는 층을 말한다.)에 있어서는 그 층의 바닥면적 800m²마다, 계단실형 아파트에 있어서는 각 세대마다, 그 밖의 용도의 층에 있어서는 그 층의 바닥면적 1,000m²마다 1개 이상 설치한다.

㉡ 위 제㉠호의 규정에 따라 설치한 피난기구 외에 숙박시설(휴양콘도미니엄을 제외한다.)의 경우에는 추가로 객실마다 간이완강기 또는 피난밧줄을 설치한다.

㉢ 위 제㉡호의 규정에 따라 설치한 피난기구 외에 아파트(주택법시행령 제48조의 규정에 따른 아파트에 한한다.)의 경우에는 하나의 관리주체가 관리하는 아파트 구역마다 공기안전매트 1개 이상을 추가로 설치한다. 다만, 옥상으로 피난이 가능하거나 인접세대로 피난할 수 있는 구조인 경우에는 추가로 설치하지 아니할 수 있다.

③ 피난기구는 다음의 기준에 따라 설치하여야 한다. 즉,

㉠ 피난기구는 계단·피난구·기타 피난시설로부터 적당한 거리에 있는 안전한 구조로 된 피난 또는 소화활동상 유효한 개구부에 고정하여 설치하거나 필요한 때에 신속하고 유효하게 설치할 수 있는 상태에 둔다.

㉡ 피난기구를 설치하는 개구부는 서로 동일직선 상이 아닌 위치에 있어야 한다. 다만, 미끄럼봉·피난교·피난용 트랩·피난밧줄 또는 간이완강기·아파트에 설치되는 피난기구·기타 피난상 지장이 없는 것에 있어서는 그러하지 아니하다.

㉢ 피난기구는 소방대상물의 기둥·바닥·보·기타 구조상 견고한 부분에 볼트조임·매입·용접·기타의 방법으로 견고하게 부착한다.

㉣ 4층 이상의 층에 피난사다리를 설치하는 경우에는 금속성 고정사다리를 설치하고, 당해 고정사다리에는 쉽게 피난할 수 있는 구조의 노대를 설치한다.

㉤ 완강기는 강하 시 로프가 소방대상물과 접촉하여 손상되지 아니하도록 한다.

㉥ 완강기, 미끄럼봉 및 피난밧줄의 길이는 부착 위치에서 지면·기타 피난상 유효한 착지면까지의 길이로 한다.

㉦ 미끄럼대는 안전한 강하속도를 유지하도록 하고, 전락방지를 위한 안전조치를 한다.

㉧ 구조대의 길이는 피난상 지장이 없고 안정한 강하속도를 유지할 수 있는 길이로 한다.

④ 피난기구를 설치한 장소에는 가까운 곳의 보기 쉬운 곳에 피난기구의 위치를 표시하는 발광식 또는 축광식 표지와 그 사용방법을 표시한 표지를 부착하되, 축광식 표지는 다음의 기준에 적합한 것이어야 한다.

㉠ 방사성 물질을 사용하는 위치표지는 쉽게 파괴되지 아니하는 재질로 처리한다.

㉡ 위치표지는 주위 조도 0Lx에서 20분 동안 발광 후 직선거리 20m 떨어진 위치에서 보통 시력으로 표시면의 문자 또는 화살표 등을 쉽게 식별할 수 있는 것으로 한다.

㉢ 위치표지의 표시면은 쉽게 변형·변질 또는 변색되지 아니한다.

㉣ 위치표지의 표지면의 휘도는 주위 조도 0Lx에서 20분 동안 발광 후 24mcd/m^2으로 할 것 등이다.

3) 피난기구의 설치제외 규정

영 별표 5 제7호 피난설비의 설치면제 요건의 규정에 따라 다음에 해당하는 소방대상물 또는 그 부분에는 피난기구를 설치하지 아니할 수 있다. 다만, 앞 적응 및 설치개수의 제2항 제2호의 규정에 따라 숙박시설(휴양콘도미니엄을 제외한다.)에 설치되는 피난밧줄 및 간이완강기의 경우에는 그러하지 아니하다.

① 다음의 각 목의 기준에 적합한 층

㉠ 주요 구조부가 내화구조로 되어 있어야 한다.

㉡ 실내에 면하는 부분의 마감이 불연재료·준불연재료 또는 난연재료로 되어 있고 방화구획이 건축법시행령 제46조의 규정에 적합하게 구획되어 있어야 한다.

㉢ 거실의 각 부분으로부터 직접 복도로 쉽게 통할 수 있어야 한다.

㉣ 복도에 2 이상의 특별 피난계단 또는 피난계단이 건축법시행령 제35조의 규정에 적합하게 설치되어 있어야 한다.

㉤ 복도의 어느 부분에서도 2 이상의 방향으로 각각 다른 계단에 도달할 수 있어야 한다.

② 다음 각 목의 기준에 적합한 소방대상물 중 그 옥상의 직하층 또는 최상층(관람집회 및 운동시설 또는 판매시설을 제외한다.)

㉠ 주요 구조부가 내화구조로 되어 있어야 한다.

㉡ 옥상의 면적이 1,500m^2 이상이어야 한다.

㉢ 옥상으로 쉽게 통할 수 있는 창 또는 출입구가 설치되어 있어야 한다.

㉣ 옥상이 소방사다리차가 쉽게 통행할 수 있는 도로(폭 6m 이상의 것을 말한다. 이하 같

다.) 또는 공지(공원 또는 광장 등을 말한다. 이하 같다.)에 면하여 설치되어 있거나 옥상으로부터 피난층 또는 지상으로 통하는 2 이상의 피난계단 또는 특별 피난계단이 건축법시행령 제35조의 규정에 적합하게 설치되어 있어야 한다.

③ 주요 구조부가 내화구조이고 지하층을 제외한 층수가 4층 이하이며 소방사다리차가 쉽게 통행할 수 있는 도로 또는 공지에 면하는 부분에 "영" 제2조 제1호 각 목의 기준에 적합한 개구부가 2 이상 설치되어 있는 층(문화집회 및 운동시설·판매시설 및 영업시설 또는 노유자시설의 용도로 사용되는 층으로서 그 층의 바닥면적이 1,000m^2 이상인 것을 제외한다.)

④ 편복도형 아파트 또는 발코니 등을 통하여 인접세대로 피난할 수 있는 구조로 되어 있는 계단실형 아파트

⑤ 주요 구조부가 내화구조로서 거실의 각 부분으로 직접 복도로 피난할 수 있는 학교(강의실 용도로 사용되는 층에 한한다.)

⑥ 무인공장 또는 자동창고로서 사람의 출입이 금지된 장소(관리를 위하여 일시적으로 출입하는 장소를 포함한다.)

4) 피난기구 설치의 감소 규정

① 피난기구를 설치하여야 할 소방대상물 중 다음의 기준에 적합한 층에는 앞의 적응 및 설치 개수의 제②항 규정에 따른 피난기구 설치의 2분의 1을 감소할 수 있다. 이 경우 설치하여야 할 피난기구의 수에 있어서 소수점 이하의 수는 1로 한다.

㉠ 주요 구조부가 내화구조로 되어 있을 것

㉡ 직통계단인 피난계단 또는 특별 피난계단이 2 이상 설치되어 있을 것

② 피난기구를 설치하여야 할 소방대상물 중 주요 구조부가 내화구조이고 다음의 기준에 적합한 건널복도가 설치되어 있는 층에는 앞 적응 및 설치개수의 제②항 ㉡의 규정에 따라 피난기구의 수에서 당해 건널복도의 수의 2배의 수를 뺀 수로 한다.

㉠ 내화구조 또는 철골조로 되어 있을 것

㉡ 건널복도 양단의 출입구에 자동폐쇄장치를 한 갑종방화문(방화셔터를 제외한다.)이 설치되어 있을 것

㉢ 피난·통행 또는 운반의 전용 용도일 것

③ 피난기구를 설치하여야 할 소방대상물 중 다음에 기준에 적합한 노대가 설치된 거실의 바닥면적은 앞의 피난기구의 적응 및 설치 개수의 규정 제②항의 산정을 위한 바닥면적에서

이를 제외한다.

㉠ 노대를 포함한 소방대상물의 주요 구조부가 내화구조일 것

㉡ 노대가 거실의 외기에 면하는 부분에 피난상 유효하게 설치되어 있어야 할 것

㉢ 노대가, 소방사다리차가 쉽게 통행할 수 있는 도로 또는 공지에 면하여 설치되어 있거나 또는 거실 부분과 방화구획되어 있거나 또는 노대에 지상으로 통하는 계단 그 밖의 피난기구가 설치되어 있어야 할 것

등이다.

5) 피난기구의 종류

피난기구의 종류로는 다음과 같은 것을 들 수 있다.

① 피난밧줄 : 상단부를 고정시키고, 매달아 놓은 밧줄을 사용하여 강하하는 것으로 그림 10.30과 같고, 소방대상물의 2층 이상에 설치하는 피난기구이다. 즉 피난자가 밧줄을 손에 쥐고 손 또는 발의 마찰저항에 의해 하강 속도를 조절하면서 하강하는 설비로서, 피난밧줄, 후크, 상부 부착금구로 되어 있고, 밧줄은 일반적으로 나일론 등의 화학섬유 또는 마닐라로프가 사용되며 직경은 1.4~1.8cm가 적당하다. 후크는 철강제로 부착금구에 확실히 부착되고 벗어나지 않도록 하여야 한다.

② 활강봉 : 그림 10.31에서 보듯이 수직으로 고정시킨 봉을 활강하는 것으로, 소방대상물의 2층에 설치하는 피난기구로서 피난자가 봉을 안아 몸의 마찰 저항에 의하여 하강 속도를 조절하며 수직 하강하는 설비이다. 창바닥, 보 등과 같이 견고한 부분에 고정하여 설치하고 길이는 설치층 바닥면의 150cm 이상에서 강착면까지이며 봉은 직경 5~8cm 정도로 쥐기 쉬운 크기로 이음매가 없고, 마찰이 적은 강관을 사용하고, 봉의 본체는 390kg의 압축하중 시험에 변형 또는 이상이 없어야 한다.

③ 활강대 : 그림 10.32에서 보듯이 기울기형 또는 나선형의 고정된 슬라이드면을 활강하는 것으로 소방대상물의 2, 3층에 설치하는 피난기구로서 사용할 때 이외는 대의 하단을 위로 올려놓는 반고정식 구조대이며 평상시에는 수납하여 놓아두는 수납식도 있다. 방화대상물의 창 또는 발코니 등의 견고한 부분에 설치되어 미끄럼면은 25~35°의 구배를 가지고 직선상 또는 나선형의 형상이 있다. 미끄럼대는 측판과 밑판으로 되어 있으며 금속제 또는 철근콘크리트로 자중 적재하중 및 풍압 지진에 대해서 안전해야 한다. 적재하중은 미끄럼면의 1m 또는 그 단수마다에 130kg 이상인 것을 필요로 한다.

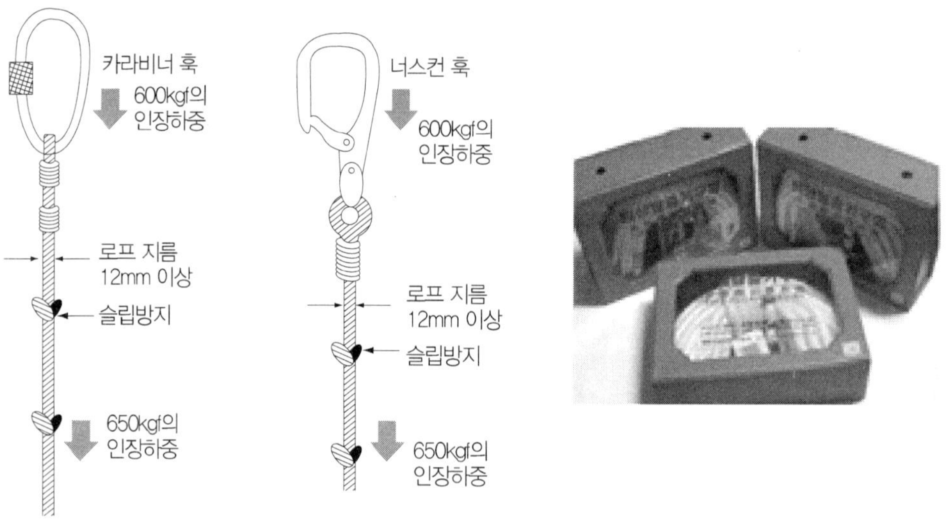

그림 10.30 피난밧줄

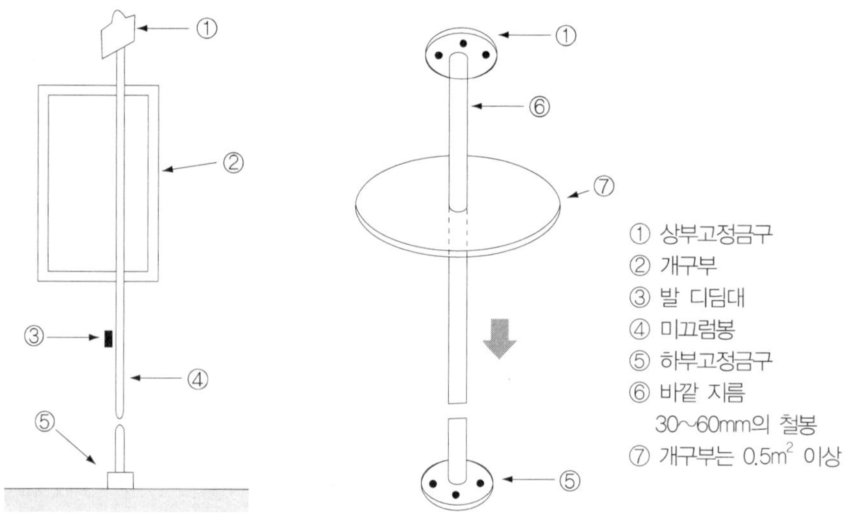

그림 10.31 활강봉(미끄럼봉)

④ 피난용 사다리 : 피난용 사다리에는 고정 사다리, 기대어 세우는 사다리 및 현수 사다리가 있다. 고정 사다리는 상시 사용이 가능한 상태로 방화대상물에 고정시켜 사용하는 것으로 그림 10.33(a)와 수납식의 것(가로대를 세로봉 내에 수납해 놓고, 사용시에 이것을 추출하여 사용이 가능한 상태로 할 수 있는 것), 그 하부를 접거나 신축시킬 수 있는 구조의 것이 있다. 기대어 세우는 사다리는 방화대상물에 세워 사용하는 것을 말하며, 현수 사다리는 방화대상물에 현수하여 사용하는 것이다.

사다리의 재료에 따라서는 금속제와 비금속제가 있다. 즉,

㉠ 금속제 피난사다리

- 고정식 사다리 : 소방대상물의 벽면 등에 고정시켜 상시 사용할 수 있도록 설치되어 있는 사다리로, 구조상으로 수납식, 접어개기식, 신축식 등이 있다.

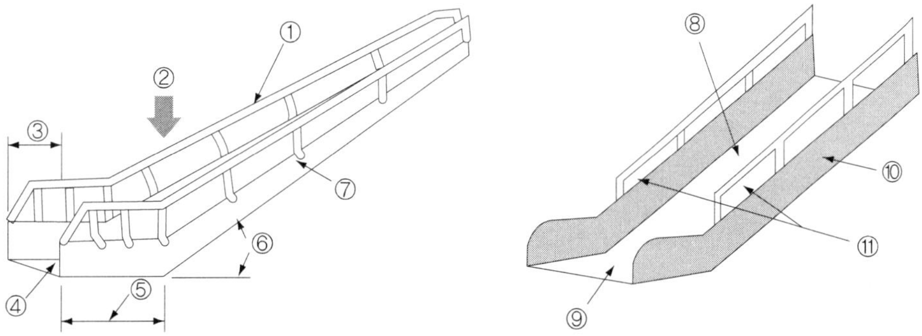

① 난간 : 높이 60cm 이상 ② 적재하중 : 1m당 130kgf ③ 폭 : 40cm 이상 ④ 저판 ⑤ 감속면
⑥ 기울기 : 25~35° ⑦ 측판 : 높이 40cm 이상 ⑧ 미끄럼면 ⑨ 저면 ⑩ 측판 ⑪ 손잡이

그림 10.32 활강대(미끄럼대)

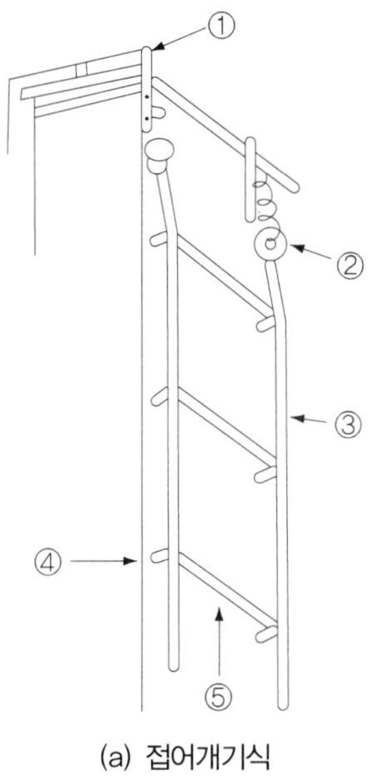

(a) 접어개기식

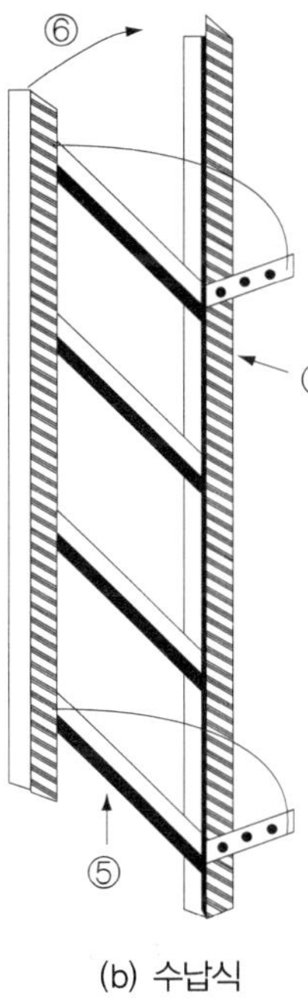

(b) 수납식

① 설치금구(자재식)
② 고리
③ 세로봉
④ 돌자
⑤ 가로봉
⑥ 수납식 접이방향

그림 10.33 금속제 고정 사다리

- 올림식 사다리 : 소방대상물의 상부 지지점은 걸고 위로 올려 받쳐서 사용하는 것으로 1연식과 3연식이 있으며, 신축적인 것과 접어 굽히는 식이 있다. 상부지점에는 안전장치를, 하부지점에는 미끄럼방지를 위해 미끄럼방지 장치를 하여야 한다.
- 내림식 사다리 : 이 사다리는 축소하여 접거나 달아놓은 상태에서 소방대상물의 단단하고 견고한 부분에 설치하고, 있던 곳에 달아 고정하여 사용하는 사다리로서 와이어식, 접어개기식, 체인식이 있다.

㉡ 비금속제 피난사다리

섬유제, 목재, 플라스틱을 사용하여 만들며, 금속제와 같은 구조로 되어 있으며, 강도는 이용자의 하중을 충분히 견딜 수 있도록 하여야 한다.

⑤ 피난용 트랩 : 그림 10.34와 같이 계단 형태로 사용 시에 난간을 이용하는 것을 말하며, 소방대상물의 지하층, 2층, 3층에 설치하는 피난기구로 소방대상물의 외벽 또는 지하층의 내벽에 설치하는 고정식과, 사용할 때 이외는 대의 하단을 들어 올려놓는 반고정식이 있다. 디딤폭은 1.2m 이상, 유효폭은 50cm 이상의 크기로 하고 디딤면은 미끄럼 방지의 조치가 이루어져야 하며, 강재와 알루미늄재 등은 내구성이 있어야 한다. 트랩은 내화구조로 구획하고, 적재하중은 각 디딤면마다 130kg 이상의 하중에 견딜 수 있도록 하여야 한다.

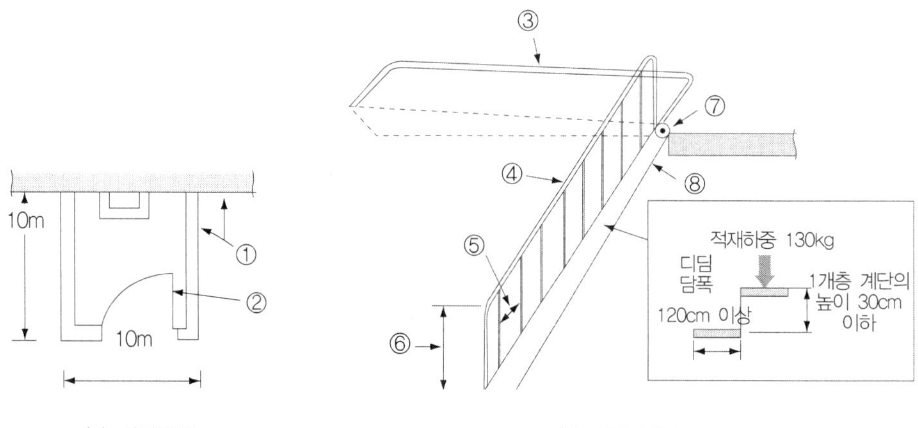

(a) 설치위치　　(b) 상세 구조

① 내화구조 ② 갑종방화문 ③ 평상시 ④ 사용 시 ⑤ 난간 세로대의 폭 18cm 이하
⑥ 난간의 높이 70cm 이상 ⑦ 지지부 ⑧ 트랩의 폭 50~60cm

그림 10.34 피난용 트랩

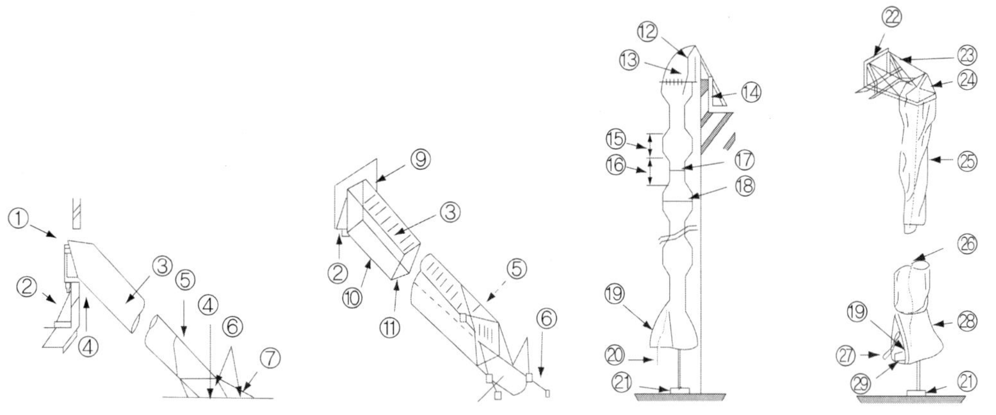

① 부착물 ② 상부부착금구 ③ 본체 ④ 보호매트 ⑤ 손잡이 ⑥ 공정용 로프 ⑦ 고정고리 ⑧ GL
⑨ 개구부 ⑩ 로프 ⑪ 보강망 ⑫ 진입로프 ⑬ 안전커버 ⑭ 상부설치금구 ⑮ 비협축부 40cm
⑯ 협축부 60cm ⑰ 폭 32cm ⑱ 폭 75cm ⑲ 탈출구 ⑳ 탈출로프 ㉑ 안전용 추
㉒ 지지금구 ㉓ 와이어 로프 ㉔ 하강구 ㉕ 포대 본체 ㉖ 메인로프 ㉗ 출구로프 ㉘ 캡슐 ㉙ 저부

그림 10.35 구조대의 종류 및 구조

⑥ 구조대 : 그림 10.35와 같고 사용할 때에 수직 또는 경사로 신장(伸張)시켜 주머니 본체의 내부에서 활강하는 것으로, 구조대는 비상시 건축물의 창이나 발코니 등에서 지면까지 포대를 이용하여 그 포대 속을 활강하는 피난기구이다. 주로 3층 이상에 설치하며, 구조대는 사강식과 수직하강식으로 구분한다.

㉠ 사강식 : 창이나 발코니 등 건축물의 개구부에서 지면까지 45°의 각도로 가설하여 그 각도에 의해 하강속도를 감속시키는 구조대이다.

㉡ 수직하강식 : 창이나 발코니 등 건축물의 개구부에서 지면까지 수직으로 설치되어 있는 것으로, 일정한 거리에 설치한 협축부에 의해 하강 속도를 감속시키는 구조대이다.

⑦ 완강기 : 완강기는 그림 10.36과 같은 구조로 사용자가 타인의 힘을 빌리지 않고 자중(自重)에 의하여 자동적으로 연속하여 교대로 강하할 수 있는 피난기구이며, 2층 이상에 설치하는 것으로 조속기, 로프, 벨트 및 후크로 구성되어 있다. 피난자의 중량에 의하여 로프의 강하속도를 조속기로 자동으로 조정하여 서서히 강하할 수 있는 가반식 피난기구로서 사용방법에 따라 1인용 또는 다수인용(2인용, 3인용)이 있는데, 다수인용은 현재 거의 사용하지 않는다.

㉠ 완강기의 구조 및 기능

- 조속기 : 피난자의 하강속도를 조정하는 것으로 피난자의 체중에 의해 주행하는 로프

가 V형 홈을 설치한 도르래를 회전시켜 회전의 치차 기구에 의해서 원심 브레이크를 작동하여 하강속도를 일정하게 조절하는 장치이다. 이 장치는 견고하고 내구성이 있어야 하고 내부에 모래 등의 물질이 들어가지 않도록 커버를 덮어두고 장시간 견딜수 있는 구조의 것으로서 상시 분해정비가 불필요한 기구이다. 이 조속기는 완강기의 주요 부분으로 안전 하강속도는 16~150cm/sec이다.

- 로프 : 로프는 직경이 3mm 이상의 와이어 로프의 심으로 면사를 외장한 것으로서 전체 길이가 균일하고 하중이 걸려도 비틀어지지 않아야 하며 로프 양단을 벨트의 연결 금구에 고정하여 이탈하지 않도록 매듭에 봉인을 한다.
- 벨트 : 폭 5cm 이상, 두께 0.3cm 이상, 가슴에 장착하는 부분의 길이는 160~180cm 이하로, 가슴둘레에 맞게 길이를 조정한 후 조정고리를 피난자의 흉부에 감아서 몸을 유지하는 부분이다. 이때, 최대 사용자 수 = 완강기의 최대 하중 ÷ 80kg으로 구한다.
- 후크 : 완강기 본체와 사용자의 체중을 지지하는 것으로, 건축물에 설치한 부착금구에 쉽게 결합하여 이용하고, 사용 중 꼬이거나 분해·절단·이탈되지 않아야 한다.

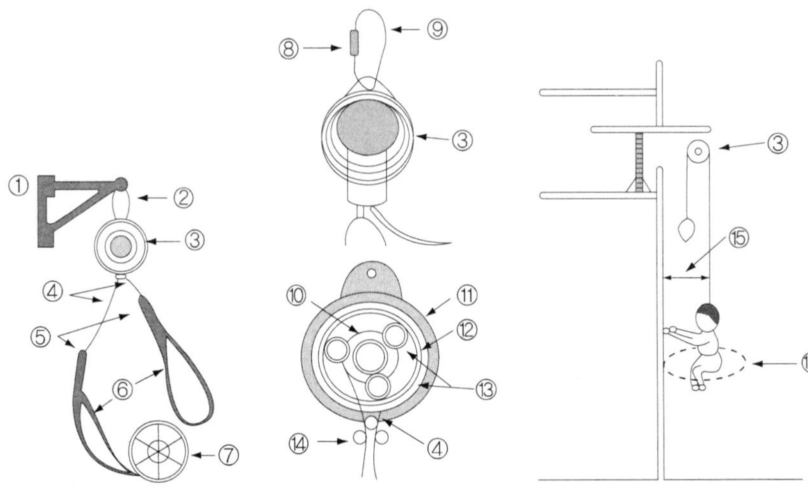

(a) 완강기의 구조　(b) 조속기의 구조　(c) 완강기의 설치

① 설치금구 ② 조속기의 연결부(후크) ③ 조속기 ④ 로프 ⑤ 체결금구 ⑥ 벨트 ⑦ 릴
⑧ 안전고리 ⑨ 후크 ⑩ 설치도르래 ⑪ 커버 ⑫ 원심 브레이크 ⑬ 기어 기구 ⑭ 가이드롤러
⑮ 30cm 이상 ⑯ 반경 50cm 정도의 공간 확보

그림 10.36 완강기의 구조와 설치

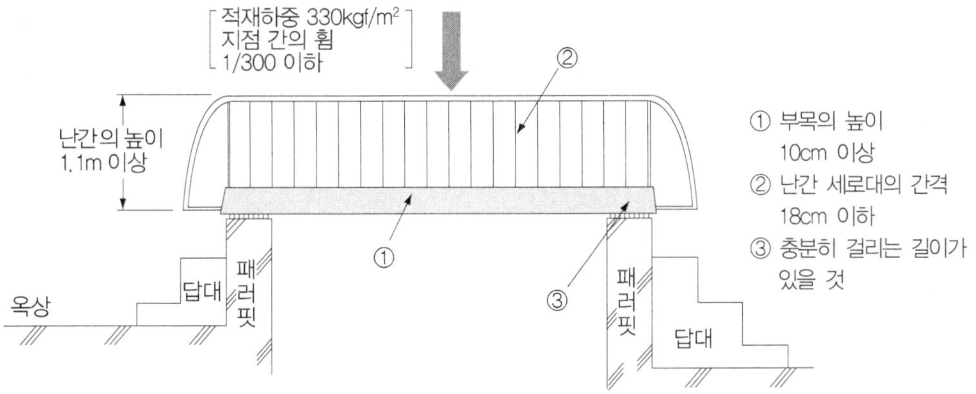

그림 10.37 고정식 피난교의 구조 및 설치

㉡ 완강기의 설치기준

- 완강기를 사용하는 개구부의 크기는 세로 80cm, 가로 50cm 이상의 것이 좋다. 또 개구부 창의 개폐구조로 돌출창, 미닫이 창, 위아래로 올리는 창들은 피하는 것이 좋다.
- 완강기의 미끄럼봉 및 피난밧줄의 길이는 부착 위치에서 지면 기타 장착면까지의 길이로 한다.
- 부착금구 하중의 크기는 최대 사용자 수 × 390kg + 완강기의 무게이다.

⑧ 피난교 : 그림 10.37과 같고 건축물 상호를 연결하는 다리 형태로 되어 있다. 소방대상물의 옥상 또는 중간층으로부터 인접한 건축물 등에 가교를 설치하여 상호 간 피난할 수 있는 것으로 고정식 또는 이동식이 있다. 바닥면의 구배는 1/5 미만으로 1/5 이상의 구배일 때는 계단식으로 하여야 하고, 바닥면은 미끄럼 방지를 하여야 한다. 피난교의 폭은 60cm 이상, 난간의 높이 1.1m 이상, 난간의 간격은 18m 이하, 적재하중은 350kg/m^{2}으로 하여야 한다.

(2) 유도등 및 유도표지의 설치

유도등·유도표지는 옥내에서 직접 지상으로 통하는 출입구, 피난층계, 특별 피난층계 등 유효하게 피난할 수 있는 장소를 표시하며, 당해 장소에서 안전하고 신속하게 유도하는 것 등을 목적으로 설치하는 것이다.

1) 설치대상 및 주요 정의

소방시설설치유지 및 안전관리에 관한 법률(이하 "법"이라 한다.) 제9조 제1항 및 동법률시행령(이하 "영"이라 한다.) 별표 4 피난설비의 소방시설 적용기준란 제4호의 규정에 따른 유도등 및 유도표지는 이 기준에서 정하는 규정에 따라 설비를 설치하고 유지·관리하여야 하며, 그 특정 소방대상은 다음과 같다.

① 특정 소방대상

피난구유도등·통로유도등 및 유도표지는 별표 2의 특정 소방대상물(지하구 및 지하가 중 터널을 제외한다.)에, 객석유도등은 유흥주점영업(식품위생법시행령 제7조 제8호 라목의 유흥주점영업 중 손님이 춤을 출 수 있는 무대가 설치된 카바레·나이트클럽 또는 그 밖에 이와 비슷한 영업에 한한다.)과 문화집회 및 운동시설에 설치하여야 한다.

② 유도등 및 유도표지의 기준에서 사용하는 용어의 정의

"유도등"이라 함은 화재 시에 피난을 유도하기 위한 등으로서 정상상태에서는 상용전원에 따라 켜지고 상용전원이 정전되는 경우에는 비상전원으로 자동전환되어 켜지는 등을 말한다. 또한 "피난구유도등"이라 함은 피난구 또는 피난경로로 사용되는 출입구를 표시하여 피난을

표 10-9 설치장소에 따른 유도등 및 유도표지의 종류

	설치 장소	유도등 및 유도표지의 종류
가.	공연장·집회장·관람장·운동시설	• 대형 피난구유도등 • 통로유도등 • 객석유도등
나.	위락시설·판매시설 및 영업시설·관광숙박시설·의료시설·통신촬영시설·전시장·지하상가·지하철역사	• 대형 피난구유도등 • 통로유도등
다.	일반숙박시설·오피스텔 또는 가목 및 나목 외의 지하층·무창층 및 11층 이상의 부분	• 중형 피난구유도등 • 통로유도등
라.	근린생활시설(주택용도 제외)·노유자시설·업무시설·종교집회장·교육연구시설·공장·창고시설·교정시설·기숙사·자동차정비공장·자동차운전학원 및 장비학원·가목 내지 다목 외의 다중이용업소	• 소형 피난구유도등 • 통로유도등
마.	그 밖의 것	• 피난 구축광 유도표지 • 통로축광 유도표지

비고 : 소방서장은 소방대상물의 위치·구조 및 설비의 상황을 판단하여 대형 피난구유도등을 설치하여야 할 소방대상물에 중형 피난구유도등 또는 소형 피난구유도등을, 중형피난구유도등을 설치하여야 할 소방대상물에 소형 피난구유도등을 설치하게 할 수 있다.

유도하는 등을 말한다. 그리고 "통로유도등"이라 함은 피난통로를 안내하기 위한 유도등으로서 복도통로유도등, 거실통로유도등, 계단통로유도등을 말한다.

"복도통로유도등"이라 함은 피난통로가 되는 복도에 설치하는 통로유도등으로서 피난구의 방향을 명시하는 것을 말하며, "거실통로유도등"이라 함은 거주, 집무, 작업, 집회, 오락, 그 밖에 이와 유사한 목적을 위하여 계속적으로 사용하는 거실, 주차장 등 개방된 통로에 설치하는 유도등으로 피난의 방향을 명시하는 것을 말한다. "계단통로유도등"이라 함은 피난통로가 되는 계단이나 경사로에 설치하는 통로유도등으로 바닥면 및 디딤 바닥면을 비추는 것을 말하며, "객석유도등"이라 함은 객석의 통로, 바닥 또는 벽에 설치하는 유도등을 말한다.

"피난구 유도표지"라 함은 피난구 또는 피난경로로 사용되는 출입구를 표시하여 피난을 유도하는 표지를 말하며, "통로 유도표지"라 함은 피난통로가 되는 복도, 계단 등에 설치하는 것으로서 피난구의 방향을 표시하는 유도표지를 말한다.

2) 유도등 및 유도표지의 종류

소방대상물의 용도별로 설치하여야 할 유도등 및 유도표지는 표 10-9에 따라 그에 적응하는 종류의 것으로 설치하여야 한다.

3) 피난구유도등의 설치

① 피난구유도등은 다음의 장소에 설치하여야 한다.
  ㉠ 옥내로부터 직접 지상으로 통하는 출입구 및 그 부속실의 출입구
  ㉡ 직통계단·직통계단의 계단실 및 그 부속실의 출입구
  ㉢ 위 ㉠ 및 ㉡의 규정에 따른 출입구에 이르는 복도 또는 통로로 통하는 출입구
  ㉣ 안전구획된 거실로 통하는 출입구
② 피난구유도등은 피난구의 바닥으로부터 높이 1.5m 이상의 곳에 설치하여야 한다.
③ 피난구유도등의 조명도는 피난구로부터 30m의 거리에서 문자 및 색채를 쉽게 식별할 수 있는 것으로 하여야 한다.

4) 통로유도등의 설치기준

① 복도통로유도등은 소방대상물의 각 거실과 그로부터 지상에 이르는 복도 또는 계단의 통로

에 다음의 기준에 따라 설치하여야 한다.

㉠ 복도통로유도등은 다음의 기준에 따라 설치할 것

- 복도에 설치할 것
- 구부러진 모퉁이 및 보행거리 20m마다 설치할 것
- 바닥으로부터 높이 1m 이하의 위치에 설치한다. 다만, 지하층 또는 무창층의 용도가 도매시장·소매시장·여객자동차터미널·지하역사 또는 지하상가인 경우에는 복도·통로 중앙부분의 바닥에 설치하여야 한다.
- 바닥에 설치하는 통로유도등은 하중에 따라 파괴되지 아니하는 강도의 것으로 할 것

㉡ 거실통로유도등은 다음의 기준에 따라 설치한다.

- 거실의 통로에 설치한다. 다만, 거실의 통로가 벽체 등으로 구획된 경우에는 복도통로유도등을 설치하여야 한다.
- 구부러진 모퉁이 및 보행거리 20m마다 설치할 것
- 바닥으로부터 높이 1.5m 이상의 위치에 설치할 것

㉢ 계단통로유도등은 다음의 기준에 따라 설치한다.

- 각 층의 경사로참 또는 계단참마다(1개층에 경사로참 또는 계단참이 2 이상 있는 경우에는 2개의 계단참마다) 설치할 것
- 바닥으로부터 높이 1m 이하의 위치에 설치할 것
- 통행에 지장이 없도록 설치할 것
- 주위에 이와 유사한 등화광고물·게시물 등을 설치하지 아니할 것

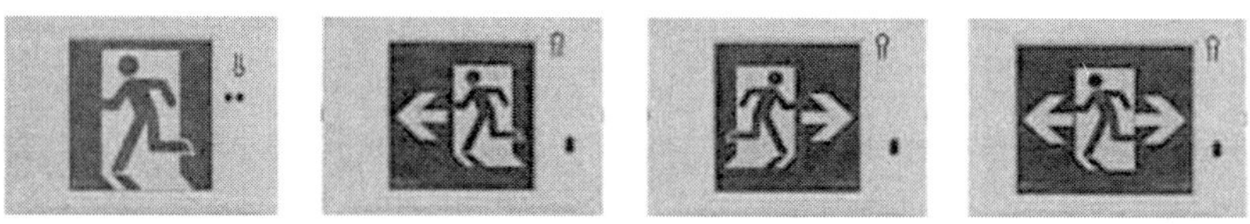

(a) 기본형 (b) 좌 방향 (c) 우 방향 (d) 양방향

그림 10.38 피난구유도등(LED형)

(a) 왼쪽 (b) 양쪽 (c) 오른쪽 (d) 층간

그림 10.39 통로유도등

② 조도는 통로유도등의 바로 밑의 바닥으로부터 수평으로 0.5m 떨어진 지점에서 측정하여 1Lx 이상(바닥에 매설한 것에 있어서는 통로유도등의 직상부 1m의 높이에서 측정하여 1Lx 이상)이어야 한다.

③ 통로유도등은 백색 바탕에 녹색으로 피난 방향을 표시한 등으로 하여야 한다. 다만, 계단에 설치하는 것에 있어서는 피난의 방향을 표시하지 아니할 수 있다.

5) 객석유도등 설치기준

① 객석유도등은 객석의 통로, 바닥 또는 벽에 설치하여야 한다.

② 객석 내의 통로가 경사로 또는 수평로로 되어 있는 부분에 있어서는 다음의 식에 따라 산출한 수(소수점 이하의 수는 1로 본다.)의 유도등을 설치하고, 그 조도는 통로 바닥의 중심선에서 측정하여 0.2Lx 이상이어야 한다.

$$\text{설치개수} = \frac{\text{객석 통로의 직선 부분 길이(m)}}{4} - 1$$

③ 객석 내의 통로가 옥외 또는 이와 유사한 부분에 있는 경우에는 당해 통로 전체에 미칠 수 있는 7중심선에서 측정하여 0.2Lx 이상이 되어야 한다.

6) 유도표지의 설치기준

① 유도표지는 다음의 기준에 따라 설치하여야 한다.

㉠ 계단에 설치하는 것을 제외하고는 각 층마다 복도 및 통로의 각 부분으로부터 하나의 유도표지까지의 보행거리가 15m 이하가 되는 곳과 구부러진 모퉁이의 벽에 설치한다.

㉡ 피난구 유도표지는 출입구 상단에 설치하고, 통로 유도표지는 바닥으로부터 높이 1.5m

(a) 매립형

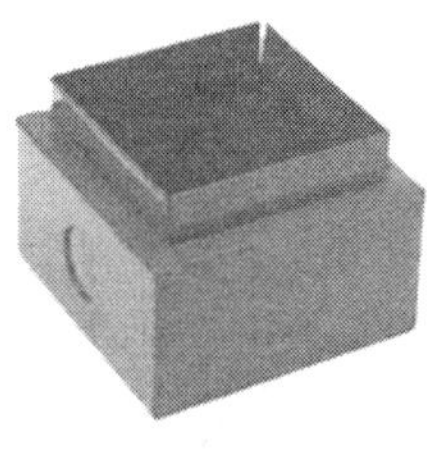

(b) BOX형

그림 10.40 객석유도등

이하의 위치에 설치한다.

㉢ 주위에는 이와 유사한 등화·광고물·게시물 등을 설치하지 아니할 것

㉣ 유도표지는 부착판 등을 사용하여 쉽게 떨어지지 아니하도록 설치할 것

② 피난 방향을 표시하는 통로유도등을 설치한 부분에 있어서는 유도표지를 설치하지 아니할 수 있다.

③ 유도표지는 다음의 기준에 적합한 것이어야 한다.

㉠ 방사성 물질을 사용하는 유도표지는 쉽게 파괴되지 아니하는 재질로 처리할 것

㉡ 유도표지는 주위 조도 0Lx에서 20분 동안 발광 후 직선거리 20m 떨어진 위치에서 보통 시력으로 표시면의 문자 또는 화살표 등을 쉽게 식별할 수 있는 것으로 할 것

㉢ 유도표지의 표시면은 쉽게 변형·변질 또는 변색되지 아니할 것

㉣ 유도표지의 표지면의 휘도는 주위 조도 0Lx에서 20분 동안 발광 후 24mcd/m^2 이상으로 할 것

표 10-10 유도표지의 크기

종류	가로의 길이(mm)	세로의 길이(mm)
피난구 유도표지	360 이상	120 이상
복도통로 유도표지	250 이상	85 이상

(a) 왼쪽 (b) 양쪽 (c) 오른쪽 (d) 층간

그림 10.41 통로 유도표지판

(a) 양방향(원형) (b) 일자방향(원형)

그림 10.42 바닥 유도표지판

(a) 구조대용 (b) 완강기용 (c) 피난사다리

그림 10.43 위치표시판

ⓜ 유도표지의 크기는 표 10-10의 기준에 따를 것

7) 유도등의 전원 설치기준

① 유도등의 전원은 축전지 또는 교류전압의 옥내간선으로 하고, 전원까지의 배선은 전용으로 하여야 한다.

② 비상전원은 다음의 기준에 적합하게 설치하여야 한다.

㉠ 축전지로 할 것

㉡ 유도등을 20분 이상 유효하게 작동시킬 수 있는 용량으로 한다. 다만, 다음 각 목의 소방대상물의 경우에는 그 부분에서 피난층에 이르는 부분의 유도등을 60분 이상 유효하게 작동시킬 수 있는 용량으로 하여야 한다.

- 지하층을 제외한 층수가 11층 이상인 층
- 지하층 또는 무창층으로서 용도가 도매시장·소매시장·여객자동차터미널·지하역사 또는 지하상가

③ 배선은 전기사업법 제67조에서 정한 것 외에 다음 각 호의 기준에 따라야 한다.

㉠ 유도등의 인입선과 옥내배선은 직접 연결할 것

㉡ 유도등은 전기회로에 점멸기를 설치하지 아니하고 항상 점등상태를 유지한다. 다만, 소방대상물 또는 그 부분에 사람이 없거나 다음 각 목의 1에 해당하는 장소로서 3선식 배선에 따라 상시 충전되는 구조인 경우에는 그러하지 아니하다.

- 외부광에 따라 피난구 또는 피난 방향을 쉽게 식별할 수 있는 장소
- 공연장, 암실 등으로서 어두워야 할 필요가 있는 장소
- 소방대상물의 관계인 또는 종사원이 주로 사용하는 장소

④ 위 제③항 ㉡의 규정에 따라 3선식 배선에 따라 상시 충전되는 유도등의 전기회로에 점멸기를 설치하는 경우에는 다음의 각 호에 해당되는 때에 점등되도록 하여야 한다.

㉠ 자동화재 탐지설비의 감지기 또는 발신기가 작동되는 때

㉡ 비상경보설비의 발신기가 작동되는 때

㉢ 상용전원이 정전되거나 전원선이 단선되는 때

㉣ 방재업무를 통제하는 곳 또는 전기실의 배전반에서 수동으로 점등하는 때

㉤ 자동소화설비가 작동되는 때

8) 유도등 및 유도표지의 제외

① 다음 각 호에 해당하는 경우에는 피난구유도등을 설치하지 아니한다. 즉,

㉠ 바닥면적이 1,000m^2 미만인 층으로서 옥내로부터 직접 지상으로 통하는 출입구(외부의 식별이 용이한 경우에 한한다.)

㉡ 거실 각 부분으로부터 쉽게 도달할 수 있는 출입구

㉢ 거실 각 부분으로부터 하나의 출입구에 이르는 보행거리가 20m 이하이고 비상조명등과 유도표지가 설치된 거실의 출입구

㉣ 출입구가 3 이상 있는 거실로서 그 거실 각 부분으로부터 하나의 출입구에 이르는 보행거리가 30m 이하인 경우에는 주된 출입구 2개소 외의 출입구(유도표지가 부착된 출입구를 말한다.). 다만, 공연장·집회장·관람장·전시장·판매시설 및 영업시설·숙박시설·노유자시설·의료시설의 경우에는 그러하지 아니하다.

② 다음 각 호에 해당하는 경우에는 통로유도등을 설치하지 아니한다.

㉠ 구부러지지 아니한 복도 또는 통로로서 길이가 30m 미만인 복도 또는 통로

㉡ 위 ㉠에 해당하지 아니하는 복도 또는 통로로서 보행거리가 20m 미만이고 그 복도 또는 통로와 연결된 출입구 또는 그 부속실의 출입구에 피난구유도등이 설치된 복도 또는 통로

③ 다음 각 호에 해당하는 경우에는 객석유도등을 설치하지 아니한다.

㉠ 주간에만 사용하는 장소로서 채광이 충분한 객석

㉡ 거실 등의 각 부분으로부터 하나의 거실 출입구에 이르는 보행거리가 20m 이하인 객석의 통로로서 그 통로에 통로유도등이 설치된 객석

④ 다음 각 호에 해당하는 경우에는 유도표지를 설치하지 아니한다.

㉠ 유도등이 제5조(피난구유도등 설치) 및 제6조(통로유도등 설치기준)의 규정에 적합하게 설치된 출입구·복도·계단 및 통로

㉡ 위 제①항의 ㉠ 및 ㉡, 제②항의 규정에 해당하는 출입구·복도·계단 및 통로

9) 유도등 및 유도표지의 설치 시 유의사항

① 피난구유도등의 밝기는 직선 거리에서 30m 떨어진 곳에서 표시면의 심벌 및 색채를 용이하게 식별할 수 있도록 피난구 하면에서의 높이가 1.5m 이상의 장소에 설치하도록 되어 있다(그림 10.44). 또한 피난구유도등의 설치장소는 다음과 같은 장소로 한다. 즉,

㉠ 옥내에서 직접 지상으로 통하는 출입구 및 그 부속실의 출입구

㉡ 직통 층계, 직통 층계의 층계실 및 그 부속실

㉢ 위 ㉠ 또는 ㉡의 출입구로 통하는 복도 또는 통로로 통하는 출입구(그 각 부분에서 용이하게 해당 출입구에 이를 수 있는 거실의 경우를 제외)

㉣ 위 ㉠ 또는 ㉡의 출입구로 통하는 복도 또는 통로에 설치하는 방화문을 직접 손으로 열 수 있는 것(쪽문이 딸린 방화 셔터를 포함)이 있는 장소.

② 통로유도등은 직하에서 0.5m 떨어진 위치에서 측정하여 1Lx(층계에 설치하는 것은 답면 및 층계참의 중심선에서 측정한다.) 이상이 되도록 설치한다. 통로유도등은 그림 10.44와 같이 설치하는 것으로 되어 있다.

㉠ 바닥면에서의 높이가 1m 이하인 장소(층계에 설치하는 것은 층계 천장의 실내에 면하는 부분 또는 벽체 등)에 설치한다.

단, 실내통로유도등은 실내 통로의 천장 부분에 통행, 운반에 지장이 없는 높이로 한다.

㉡ 통로유도등의 설치간격은 다음과 같이 한다.

- 층계 또는 경사지에 설치하는 것을 제외하고 그림 10.44와 같이 각 층 단위로 그 복도 또는 통로의 각 부분에서 하나의 통로유도등까지의 보행거리가 10m 이하가 되는 장소 및 코너에 설치한다.
- 벽체에 설치하는 경우에는 벽체에서 유도등의 표시면까지의 거리가 유도등의 크기에 따라 표 10-11과 같은 범위가 되도록 설치한다.
- 바닥면에 설치하는 경우에는 하중에 의하여 파괴되지 않도록 설치한다.
- 유도등의 주위에는 이와 혼동되거나 또는 이것을 방해하는 등화, 광고물, 게시판 등을 설치하지 않도록 한다.

㉢ 층계에 설치하는 통로유도등은 피난 방향을 명시할 필요는 없으며, 피난에 필요한 최소한도의 조도를 가진 것으로 되어 있다. 건축기준법에 의한 비상조명장치도 같은 취지로 정하고 있으므로 상시 점등되어 있을 것, 규정된 조도를 가지고 있을 것 등 소방법령 및 건축기준법령 모두에 적합한 경우에는 공유하는 것이 인정되고 있다.

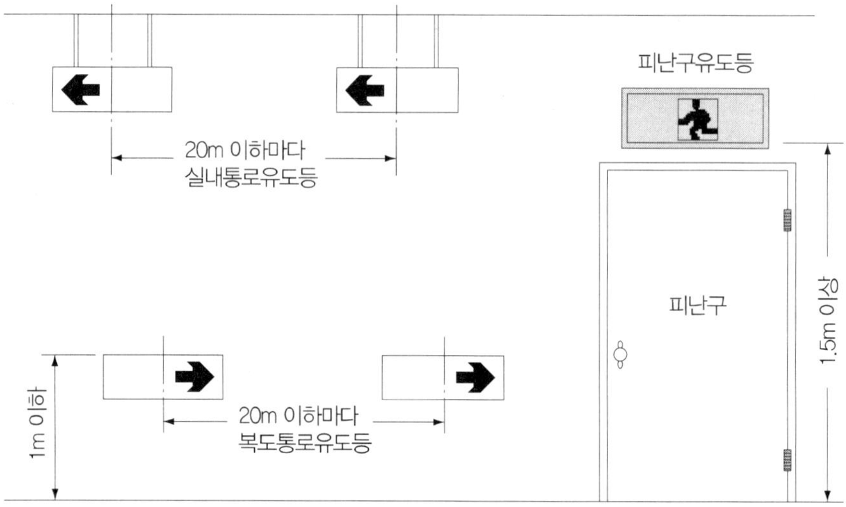

그림 10.44 유도등 설치위치

③ 유도표지는 다음과 같이 설치하는 것으로 되어 있다. 또한 피난구유도등 및 통로유도등이 기술상의 기준에 따라 설치되어 있는 경우에는 이들의 유효범위에 대하여 설치를 생략할 수 있다.

㉠ 피난구의 하면 또는 바닥면에서의 높이가 1.5m 이하의 장소에 설치한다.

㉡ 피난구 또는 층계에 설치하는 것을 제외하고 각 층 단위로 그 복도 및 통로의 각 부분에서 하나의 유도표지까지의 보행거리가 7.5m 이하가 되는 장소 및 코너에 설치한다.

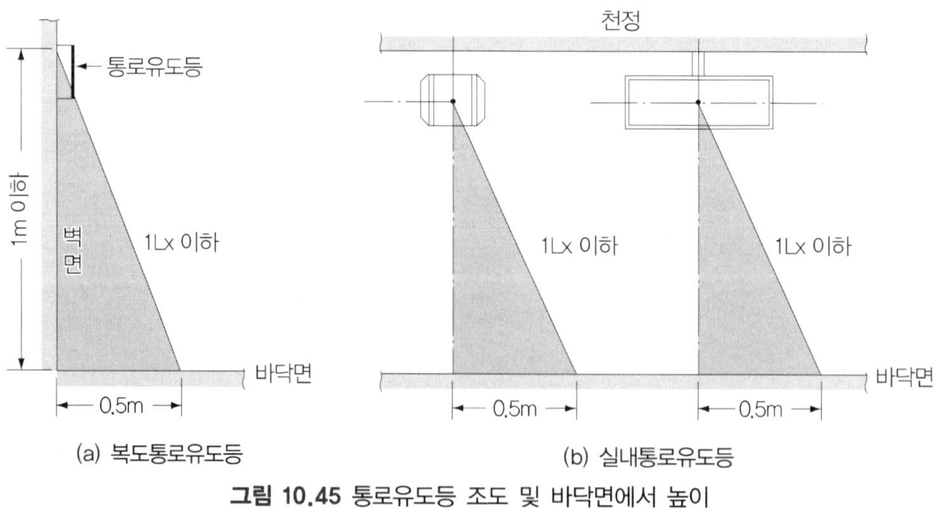

그림 10.45 통로유도등 조도 및 바닥면에서 높이

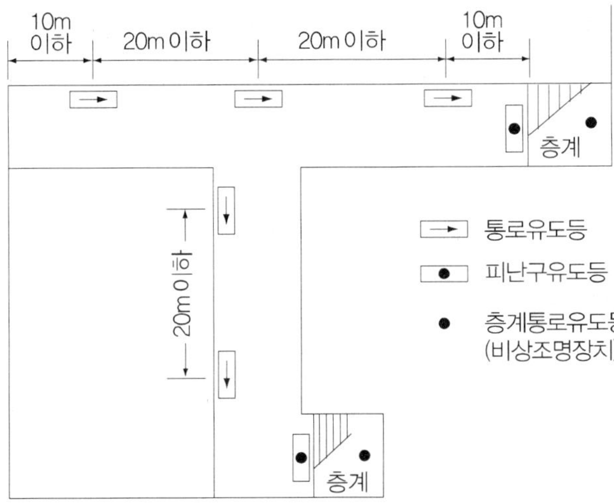

그림 10.46 통로유도등 설치 위치

표 10-11 벽체에서 표시면까지의 거리

종류	벽체에서 표시면까지의 거리
대형	3cm 이상 10cm 이하
중형	2cm 이상 8cm 이하
소형	1cm 이상 6cm 이하

㉢ 많은 사람의 눈에 띄기 쉽고, 채광이 식별상 충분한 장소에 설치한다.

㉣ 유도표지의 주위에 이것과 혼동되거나 또는 이를 방해하는 광고물, 게시물 등을 설치하지 않도록 한다.

(3) 인명구조기구의 설치

1) 인명구조기구의 설치대상 및 주요 정의

소방시설설치유지 및 안전관리에 관한 법률(이하 "법"이라 한다.) 제9조 제1항 및 동법률시행령(이하 "영"이라 한다.) 별표 4 피난설비의 소방시설 적용기준란 제2호의 규정에 따른 인명구조기구는 이 기준에서 정하는 규정에 따라 설비를 설치하고 유지·관리하여야 하며, 그 특정소방대상은 다음과 같다. 즉,

① 인명구조기구는 지하층을 포함하는 층수가 7층 이상인 관광호텔 및 5층 이상인 병원에 설치하여야 한다. 다만, 병원의 경우에는 인공소생기를 설치하지 아니할 수 있다.

② 수용인원 100인 이상의 지하역사·백화점·전문점·할인점·쇼핑센터·지하상가·영화상영관에는 인명구조용 공기호흡기(충전기 및 보조마스크를 제외한다.)를 층마다 2대 이상 비치하여야 한다.

인명구조기구의 설치기준에서 사용하는 용어의 정의는 다음과 같다. 즉, "방열복"이라 함은 고온의 복사열에 가까이 접근하여 소방활동을 수행할 수 있는 내열피복을 말한다. 또한 "공기호흡기"라 함은 소화활동 시에 화재로 인하여 발생하는 각종 유독가스 중에서 일정시간 사용할 수 있도록 제조된 압축공기식 개인호흡장비를 말한다. 그리고 "인공소생기"라 함은 호흡부전 상태인 사람에게 인공호흡을 시켜 환자를 보호하거나 구급하는 기구를 말한다.

2) 설치기준

인명구조기구는 다음의 기준에 따라 설치하여야 한다. 즉,

① 방열복·공기호흡기(보조마스크를 포함한다.) 및 인공소생기를 각 2개 이상 비치한다.
② 화재 시 쉽게 반출·사용할 수 있는 장소에 비치한다.
③ 인명구조기구가 설치된 가까운 장소의 보기 쉬운 곳에 "인명구조기구"라는 표지판 등을 설치한다.

(4) 비상조명등의 설치

1) 비상조명등의 설치대상 및 주요 정의

소방시설설치유지 및 안전관리에 관한 법률(이하 "법"이라 한다.) 제9조 제1항 및 동법률시행령(이하 "영"이라 한다.) 별표 4 피난설비의 소방시설 적용기준란 제5호·제6호의 규정에 따른 비상조명등 및 휴대용비상조명등은 이 기준에서 정하는 규정에 따라 설비를 설치하고 유지·관리하여야 하며, 특정 소방대상은 다음과 같다. 즉,

① 비상조명등을 설치하여야 하는 특정 소방대상물(가스시설 또는 창고와 이와 비슷한 것은 제외한다.)은 다음과 같다
   ㉠ 지하층을 포함하는 층수가 5층 이상인 건축물로서 연면적 3천 제곱미터 이상인 것
   ㉡ 위 ㉠목에 해당하지 아니하는 특정 소방대상물로서 그 지하층 또는 무창층의 바닥면적이 450제곱미터 이상인 경우에는 그 지하층 또는 무창층

㉢ 지하가 중 터널로서 그 길이가 500미터 이상인 것

② 휴대용비상조명등을 설치하여야 하는 특정 소방대상물은 다음과 같다.

㉠ 숙박시설

㉡ 수용인원 100인 이상의 지하역사·백화점·대형점·쇼핑센터·지하상가·영화상영관 등이다.

비상조명등 및 휴대용비상조명등의 설치기준에서 사용하는 주요 용어의 정의는 다음과 같다. 즉, "비상조명등"이라 함은 화재 발생 등에 따른 정전 시에 안전하고 원활한 피난활동을 할 수 있도록 거실 및 피난통로 등에 설치되어 자동 점등되는 조명등을 말한다. 또 "휴대용비상조명등"이라 함은 화재 발생 등으로 정전 시 안전하고 원활한 피난을 위하여 피난자가 휴대할 수 있는 조명등을 말한다.

2) 비상조명등 및 휴대용비상조명등의 설치기준

① 비상조명등은 다음의 기준에 따라 설치하여야 한다.

㉠ 소방대상물의 각 거실과 그로부터 지상에 이르는 복도·계단 및 그 밖의 통로에 설치한다.

㉡ 조도는 비상조명등이 설치된 장소의 각 부분의 바닥에서 1Lx 이상이 되도록 한다.

㉢ 예비전원을 내장하는 비상조명등에는 평상시 점등 여부를 확인할 수 있는 점검스위치를 설치하고 당해 조명등을 유효하게 작동시킬 수 있는 용량의 축전지와 예비전원 충전장치를 내장한다.

㉣ 예비전원을 내장하지 아니하는 비상조명등의 비상전원은 자가발전설비 또는 축전지설비를 다음 각 목의 기준에 따라 설치하여야 한다.

- 점검에 편리하고 화재 및 침수 등의 재해로 인한 피해를 받을 우려가 없는 곳에 설치한다.
- 상용전원으로부터 전력의 공급이 중단된 때에는 자동으로 비상전원으로부터 전력을 공급받을 수 있도록 한다.
- 비상전원의 설치장소는 다른 장소와 방화구획해야 한다. 이 경우 그 장소에는 비상전원의 공급에 필요한 기구나 설비 외의 것(열병합발전설비에 필요한 기구나 설비는 제외한다.)을 두어서는 아니 된다.
- 비상전원을 실내에 설치하는 때에는 그 실내에 비상조명등을 설치한다.

㉤ 제3호 및 제4호의 규정에 따른 비상전원은 비상조명등을 20분 이상 유효하게 작동시킬

(a) 백열전구식 (b) 방폭형

그림 10.47 비상조명등

수 있는 용량으로 한다. 다만, 다음 각 목의 소방대상물의 경우에는 그 부분에서 피난층에 이르는 부분의 비상조명등을 60분 이상 유효하게 작동시킬 수 있는 용량으로 하여야 한다.

- 지하층을 제외한 층수가 11층 이상의 층
- 지하층 또는 무창층으로서 용도가 도매시장·소매시장·여객자동차터미널·지하역사 또는 지하상가

ⓑ 영 별표 5 제10호 비상조명등의 설치면제 요건에서 "그 유도등의 유효 범위 안의 부분"이라 함은 유도등의 조도가 바닥에서 1Lx 이상이 되는 부분을 말한다.

② 휴대용비상조명등은 다음의 기준에 적합하여야 한다. 즉,

㉠ 다음 각 목의 장소에 설치할 것

- 숙박시설 또는 다중이용업소에는 객실 또는 영업장 안의 구획된 실마다 잘 보이는 곳(외부에 설치 시 출입문 손잡이로부터 1m 이내 부분)에 1개 이상 설치한다.
- 백화점·대형점·쇼핑센터 및 영화상영관에는 보행거리 50m 이내마다 3개 이상 설치한다.
- 지하상가 및 지하역사에는 보행거리 25m 이내 마다 3개 이상 설치한다.

㉡ 설치 높이는 바닥으로부터 0.8m 이상 1.5m 이하의 높이에 설치할 것

㉢ 어둠 속에서 위치를 확인할 수 있도록 할 것

㉣ 사용 시 자동으로 점등되는 구조일 것

㉤ 외함은 난연 성능이 있을 것

㉥ 건전지를 사용하는 경우에는 방전방지 조치를 하여야 하고, 충전식 배터리의 경우에는

상시 충전되도록 할 것

ⓢ 건전지 및 충전식 배터리의 용량은 20분 이상 유효하게 사용할 수 있는 것으로 할 것

3) 비상조명등의 설치제외 규정

① 다음에 해당하는 경우에는 비상조명등을 설치하지 아니한다. 즉,

㉠ 거실의 각 부분으로부터 하나의 출입구에 이르는 보행거리가 15m 이내인 부분 또는 의원·경기장·공동주택·의료시설·학교의 거실 등

㉡ 지상 1층 또는 피난층으로서 복도·통로 또는 창문 등의 개구부를 통하여 피난이 용이한 경우 또는 숙박시설로서 복도에 비상조명등을 설치한 경우에는 휴대용비상조명등을 설치하지 아니할 수 있다.

제10장 연습문제

·e·x·e·r·c·i·s·e

01. 자동화재 탐지설비의 설치대상 및 구성요소를 간략하게 기술하라.

02. 자동화재 탐지설비의 수신기의 설치기준과 화재탐지 기능은?

03. 자동화재 탐지설비의 감지기의 설치기준과 설치방법은?

04. 자동화재 탐지설비의 음향장치의 설치기준과 설치방법은?

05. 자동화재 탐지설비의 전원 및 배선의 설치기준과 설치방법은?

06. 자동화재 탐지경보시스템의 종류를 들고, 각 시스템의 기능과 설치기준을 기술하라.

07. 자동화재 탐지설비 기기의 종류와 각 기능을 설명하라.

08. 자동화재 속보설비란 무엇이며, 설치대상과 설치기준은 무엇인지 기술하라.

09. 누전경보기에 대해 설명하고 구성기기류의 기능을 간략하게 기술하라.

10. 비상경보설비란 무엇이며, 설치대상은?

11. 비상경보설비의 종류를 들고, 특징과 기능을 간략하게 기술하라.

12. 피난기구의 설치대상 및 설치기준, 설치제외에 대하여 기술하라.

13. 피난기구 중 구조대의 종류와 설치방법 기능을 각각 기술하라.

14. 유도표지의 설치기준에 대하여 설명하라.

15. 유도등 설치 시 주의사항을 기술하라.

16. 완강기의 설치방법, 구성요소의 기능을 설명하라.

17. 피난사다리의 종류를 들고, 사용방법을 간략하게 기술하라.

18. 피난교와 피난트랩의 설치기준 및 설치방법은?

19. 인명구조기구의 설치대상 및 설치기준은?

20. 비상조명등의 설치대상 및 설치기준은?

부 록

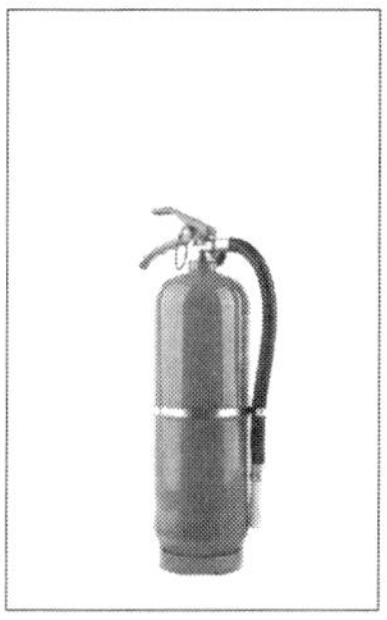
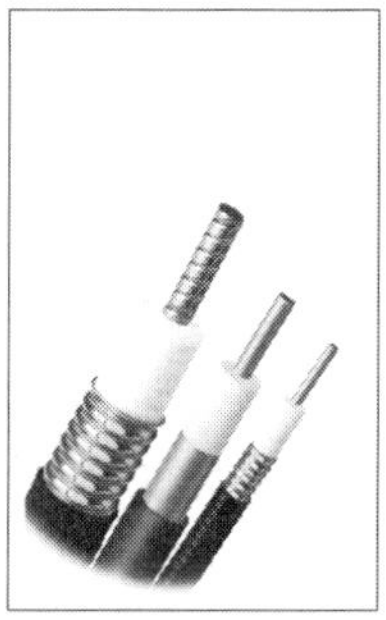

부록A-소방설비 도시기호 일체

부록B-단위 환산 인자

부록C-각종 물질의 상온(25℃)에서 각 상태량

부록A
소방설비 도시기호 일체

구분	도시기호	내용
밸브		체크밸브(Check Valve)
		스모렌스키 체크밸브
		안전밸브(Safety Valve)
	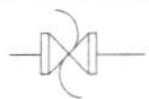	릴리프밸브(Relief Valve)
	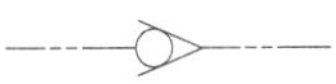	가스체크밸브 (Gas Check Valve)
		자동배수밸브
	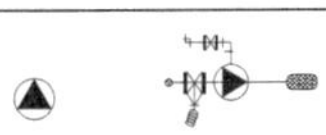	알람체크밸브 (Alarm Check Valve)
	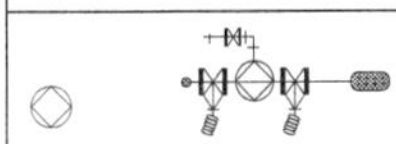	드라이파이프밸브 (Dry Pipe Valve)
	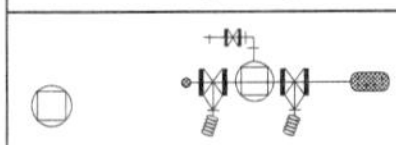	프리액션밸브 (Pre-Action Valve)
	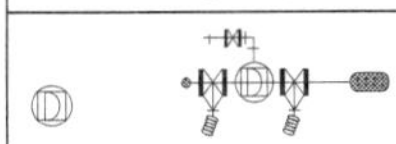	일제개방밸브 (Deluge Valve)
헤드		상향식 스프링클러 헤드 (79℃ 미만)
		상향식 스프링클러 헤드 (79℃~121℃)
		상·하향식 스프링클러 헤드 (79℃ 미만)
		상·하향식 스프링클러 헤드 (79~121℃)
		하향식 스프링클러 헤드 (79℃ 미만)
		하향식 스프링클러 헤드 (79~121℃)
		상·하향식 스프링클러 헤드 (79℃ 미만) -Flexible관 사용

구분	도시기호	내용
헤드		상·하향식 스프링클러 헤드 (79~121℃) -Flexible관 사용
		하향식 스프링클러 헤드 (79℃ 미만) -Dry Pendent Type
		상·하향식 스프링클러 헤드 (79℃ 미만) -Dry Pendent Type
		측벽식 스프링클러 헤드 (79℃ 미만)
		측벽식 스프링클러 헤드 (79~121℃)
	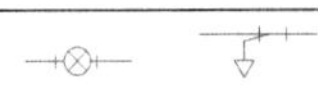	개방형 스프링클러 헤드
	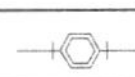	연결살수헤드
	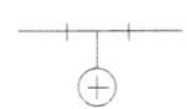	조기반응형 헤드 하향식 스프링클러 헤드 (79℃ 미만)
		조기반응형헤드 하향식 스프링클러 헤드 (79~121℃)
	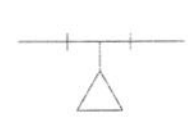	조기반응형헤드 측벽식 스프링클러 헤드 (79℃ 미만)
	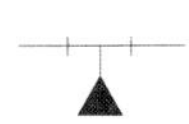	조기반응형헤드 측벽식 스프링클러 헤드 (79~121℃)
소화전	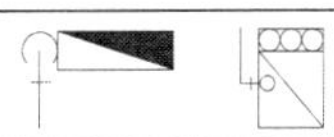	옥내소화전(단독형)
	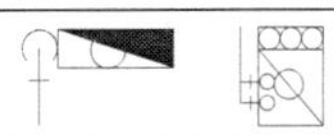	옥내소화전(단구형)
	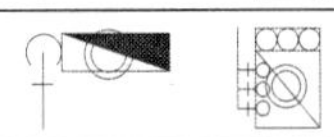	옥내소화전(쌍구형)
	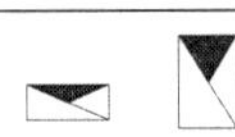	방수기구함(15M 호스 2본) -지하층

구분	도시기호	내용
소화전		방수기구함(15M 호스 3본) -지상층
		방수기구함(15M 호스 4본) -지상층
		옥외소화전
		옥외소화전함
		상수도소화전(지상식)
		ABC소화기(3단위)
		ABC소화기(2단위)
		하론소화기(1211)-3kg
소화기		대형 ABC소화기(10단위)
		이산화탄소 소화기-5kg
		자동식 소화기
		자동확산 소화기-3kg
부속품		여과기(Strainer)-Y자형
		유연관(Flexible Joint) -STS벨로즈형
		유량계-Screw Type
		압력계(Pressure Gage) W/사이폰관, 코크밸브 포함
		연성계
		연결송수구 (100A×65A, 단구형)
		연결송수구 (100A×65A×65A, 쌍구형)
		수격방지기(WHC)
		수격방지기(공기채움식) 청소용 앵글밸브 내장
		여과망(STS304)
		풋밸브(Foot Valve)
		시험밸브함(Test Valve)

구분	도시기호	내용
제연설비	M	전동댐퍼
		방화댐퍼
	A	자동 차압조절댐퍼
		덕트엘보
		수동복구함
피난기구		완강기
		간이완강기
		구조대
		공기안전매트
		인명구조용 공기호흡기
가스소화설비		하론헤드(하향식)
		하론헤드(상향식)
		하론용기
		하론패키지(캐비넷형)
감지기		정온식감지기 (스폿형 1종)
		차동식감지기 (스폿형 2종)
		연기감지기(광전식 2종)
소화전		옥내소화전(발신기 포함) -R형 중계기내장
		옥내소화전(발신기/비상콘센트 포함) -R형 중계기내장
		옥외소화전
밸브	A.V	알람체크밸브-R형 중계기내장 (1차측에 탬퍼스위치 설치)
	P.A.V	프리액션밸브 (1, 2차측에 탬퍼스위치 설치)
수신반	P	P형 수신반
	R	R형 수신반 (저수위감시경보, 오동작방지기 내장)

구분	도시기호	내용
유도등		피난구유도등(비상축전지 내장형, L : 대형, M : 중형, 표기 無 유도등 : 소형)
		통로유도등
		객석유도등
	ST	시각경보기(STROBE)
스위치	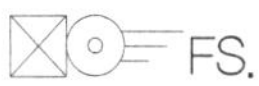	저수위감지스위치
	P	압력스위치 (Pressure Switch)
	T	탬퍼스위치 (Tamper Switch)
	SVP	슈퍼바이조리 패널 (Supervisory Panel) –R형 중계기 내장
가스설비	RM	소화가스 수동조작함
		소화가스 방출표시등
제연	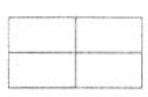	거실제연수동조작함 (R형 중계기 내장)
	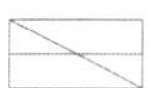	제연창 연동제어반 (R형 중계기 내장)
		제연댐퍼(R형 중계기 내장)
방화셔터	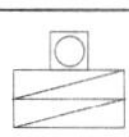	방화셔터 연동제어반 (R형 중계기 내장)
	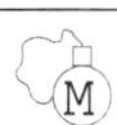	방화셔터용 모터, 제연창 모터
비상		비상콘센트

구분	도시기호	내용
비상		비상분전반
BOX		풀박스(Pull Box)
	J	조인트박스(Joint Box) 100×100×54
사이렌	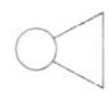	전자사이렌
MCC	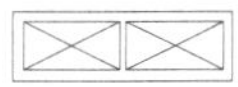	소방용 MCC (Motor Control Center)
조명등	L	휴대용비상조명등
배선	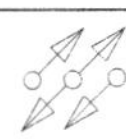	전선관 입상, 통과, 입하
종단저항		종단저항(감지기 도통시험용)
		종단저항(무선통신용)
무선통신	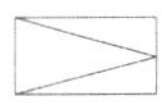	무선통신용 보조설비용 공용기
	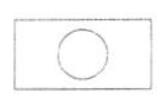	무선통신 보조설비용 옥내(외) 접속단자
		분배기(무선통신용)
	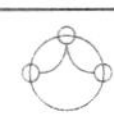	공용기(무선통신용)
		내부접속단자함 (무선통신용)
		외부접속단자함 (무선통신용)

부록B
단위 환산 인자

면적(A)	
1 mm^2 =1.0×10^{-6} m^2	1 ft^2=144 $in.^2$
1 cm^2 =1.0×10^{-4} m^2=0.1550 in^2	1 in^2=6.4516 cm^2=6.4516×10^{-4} m^2
1 m^2 =10.7639 ft^2	1 ft^2=0.92903 m^2
열전도도(k)	
1 W/m·K=1 J/s·m·k =0.577789 Btu/h·ft·°R	1 Btu/h·ft·°R=1.730735 W/m·k
밀도(ρ)	
1 kg/m^3=0.06242797 lbm/ft^3	1 lbm/ft^3=16.01846 kg/m^3
1 g/cm^3=1000 kg/m^3	
에너지(E, U)	
1 J =1 N·m=1 kg·m^2/s^2	
1 J =0.737562 lbf·ft	1 lbf·ft=1.355818 J =1.28507×10^{-3} Btu
1 cal(Int.) =4.18681 J	1 Btu(Int.)=1.055056 kJ =778.1693 lbf·ft
1 erg =1.0×10^{-7} J	
1 eV =1.60217733×10^{-19} J	
힘(F)	
1 N=0.224809 lbf	1 lbf=4.448222 N
1 kP=9.80665 N(1kgf)	
중력 가속도	
g=9.80665 m/s^2	g=32.17405 ft/s^2
비열(C_p, C_v, C), 엔트로피(s)	
1 kJ/kg·k=0.238846 Btu/lbm·°R	1 Btu/lbm·°R=4.1868 kJ/kg·K
단위 면적당 열유속	
1 W/m^2=0.316998 Btu/h·ft^2	1 Btu/h·ft^2=3.15459 W/m^2
열전달 계수(h)	
1 W/m^2·K=0.17611 Btu/h·ft^2·°R	1 Btu/h·ft^2·°R=5.67826 W/m^2·k
길이(L)	
1 mm =0.001 m=0.1 cm	1 ft =12 in.
1 cm =0.01 m=10 mm=0.3970 in.	1 in. =2.54 cm=0.0254 m
1 m =3.28084 ft=39.370 in.	1 ft =0.3048 m
1 km =0.621371 mi.	1 mi. =1.609344 km
1 mi. =1609.3 m(US statute)	1 yd =0.9144 m

질량(m)

1 kg =2.204623 lbm	1 lbm =0.453592 kg
1 tonne =1000 kg	1 slug =14.5939 kg
1 grain =6.47989×10^{-5} kg	1 ton =2000 lbm

모멘트(토크, T)

1 N · m=0.737562 lbf · ft	1bf · ft=1.355818 N · m

운동량(mV)

1 kg · m/s=7.23294 lbm · ft/s	1 lbm · ft/s=0.138256 kg · m/s
=0.224809 lbf · s	

동력(일률, $\dot{Q}$, $\dot{W}$)

1 W	=1 J/s=1 N · m/s	1 lbf · ft/s	=1.355818 W
	=0.737562 lbf · ft/s		=4.626.24 Btu/h
1 kW	=3412.14 Btu/h	1 Btu/s	=1.055056 kW
1 hp(metric)	=0.735499 kW	1 hp(UK)	=0.7457 kW
			=550 ibf · ft/s
			=2544.43 Btu/h
1 ton of refrigeration	=3.51684 kW	1 ton of refrigeration	=12000 Btu/h

압력(P)

1 Pa	=1 N/m^2=1 kg/m · s^2	1 lbf/in.^{2}	=6.894757 kPa
1 bar	=1.0×10^5 Pa=100 kPa		
1 arm	=101.325 kPa	1 atm	=14.69594 lbf/in.^{2}
	=1.01325 bar		=29.921 in.Hg[32°F]
	=760 mmHg[0℃]		=33.8995 ftH_2O[4℃]
	=10.33256 mH_2O[4℃]		
1 torr	=1 mmHg[0℃]		
1 mmHg[0℃]	=0.133322 kPa	1 in.Hg[0℃]	=0.49115 lbf/in.^{2}
1 mH_2O[4℃]	=9.80638 kPa	1 in.H_2O[4℃]	=0.036126 lbf/in.^{2}

에너지(e, u)

1 kJ/kg=0.42992 Btu/lbm	1Btu/lbm	=2.326 kJ/kg
=334.55 lbf · ft/lbm	1 lbf · ft/lbm	=2.98907×10^{-3} kJ/kg
		=1.28507×10^{-3} Btu/lbm

운동 에너지($\frac{1}{2}V^2$)

1 m^2/s^2=0.001 kJ/kg	1 ft^2/s^2=3.9941×10^{-5} Btu/lbm
1 kJ/kg=1000 m^2/s^2	1 Btu/lbm=25037 ft^2/s^2

위치 에너지(gZ)

1 m · g_{std} =9.80665×10^{-3} kJ/kg	1 ft · g_{std}=1.0 lbf · ft/lbm
=4.21607×10^{-3} Btu/lbm	=0.001285 Btu/lbm
	=0.002989 kJ/kg

비체적(v)	
$1\ cm^3/g = 0.001\ m^3/kg$	
$1\ cm^3/g = 1\ L/kg$	
$1\ m^3/kg = 16.01846\ ft^3/lbm$	$1 ft^3/lbm = 0.062428\ m^3/kg$
온도(T)	
1 K=1℃=1.8R=1.8F	1 R =(5/9)K
T C=T K−273.15	T F =T R−459.67
=(T F−32)/1.8	=1.8 T C+32
T K=T R/1.8	T R =1.8 T K
일반 기체 상수	
$\overline{R}$ $=N_0k=8.31451$ kJ/kmol · K	$\overline{R}$ =1.98589 Btu/lbmol · R
=1.98589 kcal/kmol · K	=1545.36 lbf · ft/lbmol · R
=82.0578 atm · L/kmol·K	$=0.73024$ atm · ft^3/lbmol · R
	$=10.7317(lbf/in.^2) \cdot ft^3$/lbmol · R
속도(V)	
1 m/s =3.6 km/h	1 ft/s =0.681818 mi./h
=3.28084 ft/s	=0.3048 m/s
=2.23694 mi./h	=1.09728 km/h
1 km/h =0.27778 m/s	1 mi./h =1.46667 ft/s
=0.91134 ft/s	=0.44704 m/s
=0.62137 mi./h	=1.609344 km/h
체적(V)	
$1\ m^3 = 35.3147 ft^3$	$1\ ft^3 = 2.831685 \times 10^{-2}\ m^3$
1 L =1 dm3=$0.001\ m^3$	$1\ in.^3 = 1.6387 \times 10^{-5}\ m^3$
1 Gal(US) =3.785412 L	1 Gal(UK) =4.546090 L
$= 3.785412 \times 10^{-3}\ m^3$	1 Gal(US) =$231.00\ in.^3$

부록C

각종 물질의 상온(25℃)에서의 각 상태량

각종 고체의 25°C에서의 상태량

물질	ρ (kg/m³)	C_{p0} (kJ/kg-K)
아스팔트	2120	0.92
일반벽돌	1800	0.84
다이아몬드	3250	0.51
탄소(흑연)	2000−1500	1.26
콘크리트	2200	0.88
판유리	2500	0.80
유리솜	20	0.66
화강암	2750	0.89
얼음(0℃)	917	2.04
종이	700	1.2
플라스틱 유리	1180	1.44
폴리스티렌	920	2.3
폴리염화비닐(PVC)	1380	0.96
(부드러운) 고무	1100	1.67
건조 모래	1500	0.8
암염	2100−2500	0.92
실리콘	2330	0.70
단단한 눈(snow)	560	2.1
단단한 나무(오크)	720	1.26
연한 나무(소나무)	510	1.38
양모	100	1.72
금속류		
알루미늄	2700	0.90
황동 6−4	8400	0.38
구리	8300	0.42
금	19300	0.13
주철	7272	0.42
강철	7820	0.46
납	11340	0.13
마그네슘, 2% Mn	1778	1.00
니켈, 10% Cr	8666	0.44
은, 99.9% Ag	10524	0.24
나트륨	971	1.21
주석	7304	0.22
텅스텐	19300	0.13
아연	7144	0.39

각종 액체의 25°C에서의 상태량

물질	ρ (kg/m³)	C_{p0} (kJ/kg-K)
암모니아	604	4.84
벤젠	879	1.72
부탄	556	2.47
사염화탄소	1584	0.83
이산화탄소	680	2.9
에탄올	783	2.46
가솔린	750	2.08
글리세린	1260	2.42
등유	815	2.0
메탄올	787	2.55
n−옥탄	692	2.23
엔진오일	884	1.9
경오일	910	1.8
프로판	51	2.54
R−12	1310	0.97
R−22	1190	1.26
R−32	961	1.94
R−125	1191	1.41
R−134a	1206	1.43
R−410a	1059	1.69
물	997	4.18
액체 금속류		
창연, Bi	10040	0.14
납, Pb	10660	0.16
수은, Hg	13580	0.14
NaK(56/44)	887	1.13
칼륨, K	828	0.81
나트륨, Na	929	1.38
주석, Sn	6950	0.24
아연, Zn	6570	0.50

* 또는 높은 경우 용융 온도

각종 이상기체의 25°C, 100kPa*에서의 상태량

기체	화학식	분자량 (kg/kmol)	R (kJ/kg-K)	ρ (kg/m^3)	C_{p0} (kJ/kg-K)	C_{v0} (kJ/kg-K)	$k=\frac{C_p}{C_v}$
수증기	H_2O	18.015	0.4615	0.0231	1.872	1.410	1.327
아세틸렌	C_2H_2	26.038	0.3193	1.05	1.699	1.380	1.231
공기	–	28.97	0.287	1.169	1.004	0.717	1.400
암모니아	NH_3	17.031	0.4882	0.694	2.130	1.642	1.297
아르곤	Ar	39.948	0.2081	1.613	0.520	0.312	1.667
부탄	C_4H_{10}	58.124	0.1430	2.407	1.716	1.573	1.091
이산화탄소	CO_2	44.01	0.1889	1.775	0.842	0.653	1.289
일산화탄소	CO	28.01	0.2968	1.13	1.041	0.744	1.399
에탄	C_2H_6	30.07	0.2765	1.222	1.766	1.490	1.186
에탄올	C_2H_5OH	46.069	0.1805	1.83	1.429	1.246	1.145
에틸렌	C_2H_4	28.054	0.2964	1.138	1.548	1.252	1.237
헬륨	He	4.003	2.0771	0.1615	5.193	3.116	1.667
수소	H_2	2.016	4.1243	0.0813	14.209	10.085	1.409
메탄	CH_4	16.043	0.5183	0.648	2.254	1.736	1.299
메탄올	CH_3OH	32.042	0.2595	1.31	1.405	1.146	1.227
네온	Ne	20.183	0.4120	0.814	1.03	0.618	1.667
일산화질소	NO	30.006	0.2771	1.21	0.993	0.716	1.387
질소	N_2	28.013	0.2968	1.13	1.042	0.745	1.400
아산화질소	N_2O	44.013	0.1889	1.775	0.879	0.690	1.274
n-옥탄	C_3H_{18}	114.23	0.07279	0.092	1.711	1.638	1.044
산소	O_2	31.999	0.2598	1.292	0.922	0.661	1.393
프로판	C_3H_8	44.094	0.1886	1.808	1.679	1.490	1.126
R-12	CCl_2F_2	120.914	0.06876	4.98	0.616	0.547	1.126
R-22	$CHClF_2$	86.469	0.09616	3.54	0.658	0.562	1.171
R-32	CH_2H_2	52.024	0.1598	2.125	0.822	0.662	1.242
R-125	CHF_2CF_3	120.022	0.06927	4.918	0.791	0.722	1.097
R-134a	CF_3CH_2F	102.03	0.08149	4.20	0.852	0.771	1.106
이산화황	SO_2	64.059	0.1298	2.618	0.624	0.494	1.263
삼산화황	SO_3	80.053	0.10386	3.272	0.635	0.531	1.196

* 또는 (100kPa 이하인 경우) 포화 압력

참고문헌

·r·e·f·e·r·e·n·c·e

1. 장태익 외 1인 공저『건축환경설비 상』, 문운당, 2009.
2. 남상욱 저,『소방시설의 설계 및 시공』, 성안당, 2003.
3. 손봉세 저,『소화시스템공학』, 일진사, 1998.
4. 손봉세 저,『소방학개론』, 동화기술, 1991.
5. 조동훈 외 6인 공저,『소방학개론』, 기문당, 2007.
6. 김영수 외 7인 공저,『소방학개론』, 신광문화사, 2007.
7. 방화설비 Handbook, 한국화재보험협회, 1993.
8. 박한종 역,『소방설비 기술독본』, 성안당[(원)일본 옴사], 1997.
9. 이영실 역,『소방설비』, 성안당[(원)일본 옴사], 1998.
10. 공하성 저,『소방설비기사』, 성안당, 2008.
11. 민세홍 저,『NFSC 소방설계공학』, 문운당, 2008.
12. 김정수 외 2인 공저『건축설비』, 광문각, 1998.
13. 서승직 저,『건축설비』, 일진사, 1989.
14. 서상호 외 7인 공역,『유체역학』, 텍스트북스, 2009.
15. 박영무 외 3인 공역,『열역학』, 사이텍미디어, 2005.
16. Claus Borgnakke / Richard E. Sonnatag, 7th Edition, *Fundamentals of Thermodynamics*, John Wiley & Son, Inc.U.S, 2008.
17. *Fire Protection Handbook*, 8th Edition, NFPA(U.S), 2008.
18. *Automatic Sprinkler & Standpipe System*, NFPA(U.S), 1997.
19. 김유식 외 5인 공저,『소방시설의 구조 및 원리』, 동화기술, 2006.
20. 남재호 외 1인 공저,『건축설비』, 세진사, 2001.
21. 김병효 저,『소방설비편람』, 기문당, 1996.
22. 김동우 외 1인 공저,『배관설비공학』, 세진사, 1987.
23. 문성호 저『건축설비시공』, 기문당, 2002.
24. 김대연 역『그림풀이 건축설비』, 성안당, 1999.
25. 이용재·이중호 공저,『핵심시리즈Ⅱ, 건축설비』, 성안당, 2002.
26. 최일경 저,『건축설비설계 및 시공실무』, 탐구원, 2000.
27. 조강래·유정렬·강신형 공역,『유체역학』, 희중당, 1995.
28. SI단위 간행위원회 저,『국제단위계』, (사)한국자동차공학회, 1997.
29. http://nfds.go.kr/fr_base_0001.jsf/

30. http://www.nema.go.kr/nema_cms_iba/show_nema/board/
31. http://www.nema.go.kr/nema_cms_iba/show_nema/sub/4/popup/popup.html/
32. http://www.dees.co.kr
33. http://www.m119.net
34. http://www.osan119.or.kr
35. http://www.sobang.co.kr

찾아보기

· i·n·d·e·x

ㄱ

ㅇ

ㅈ

ㅊ

소방설비개론

2013년 2월 20일 인쇄
2013년 2월 25일 발행

저 자 ◎ 장태익, 신철수, 김동우, 김원종
백승명, 윤동원, 정장근, 황재호

발행인 ◎ 조 승 식

발행처 ◎ (주) 도서출판 북스힐
서울시 강북구 수유 2동 240-225

등 록 ◎ 제 22-457 호

(02) 994-0071(代)

(02) 994-0073

bookswin@unitel.co.kr
www.bookshill.com

값 30,000원

잘못된 책은 교환해 드립니다.

ISBN 978-89-5526-855-3